T0135890

HISTOIRE DES TECHNIQUES
sous la direction d'Anne-Françoise Garçon, André Grelon
et Virginie Fonteneau
23

Des aliments en quête d'acteurs

Pierre Vigreux

Des aliments en quête d'acteurs

L'École nationale des industries agricoles (1880-2014)

Préface d'Albert Broder

PARIS
CLASSIQUES GARNIER
2021

Pierre Vigreux est ingénieur agronome et fut ingénieur du génie rural. La lecture de Marc Bloch lui fit prendre conscience de la profondeur historique de l'agriculture et de l'agro-alimentaire. C'est avec cette préoccupation qu'il s'attache à l'approfondissement de la relation entre l'agriculture et l'industrie.

ISBN 978-2-406-11928-9 (livre broché)
ISBN 978-2-406-11929-6 (livre relié)
ISSN 2118-8181

À toutes celles et à tous ceux qui, tels Émile Rémy[1],
eurent « une vie toute simple de travail et de labeur assidu ».

1 Sur le parcours d'Émile Rémy, voir chap. « Les ingénieurs des industries agricoles formés avant 1940 », p. 239.

ABRÉVIATIONS

A.C.T.I.A	Association de coordination technique pour l'industrie agro-alimentaire.
A.F.S.S.A.	Association française pour la sécurité sanitaire des aliments.
A.N.V.A.R.	Agence nationale pour la valorisation de la recherche.
A.P.R.I.A.	Association pour la promotion industrie agriculture.
B.I.P.C.A.	Bureau international de chimie analytique des produits destinés à l'alimentation de l'homme et des animaux domestiques.
C.D.I.U.P.A.	Centre de documentation des industries utilisatrices de produits agricoles.
C.E.A.	Commissariat à l'énergie atomique.
C.E.E.T.A.	Centre d'études économiques et techniques de l'alimentation.
C.E.M.A.G.R.E.F.	Centre national du machinisme agricole du génie rural, des eaux et des forêts.
C.E.N.E.C.A.	Centre national des expositions et concours agricoles.
C.E.P.A.L.	Centre d'étude en économie de la production pour les industries alimentaires.
C.E.R.B.A.	Centre d'enseignement et de recherche de bactériologie alimentaire.
C.E.R.I.A.	Centre d'enseignement et de recherches des industries alimentaires.
C.E.R.T.I.A.	Centre d'études et de recherches technologiques des industries alimentaires.
C.F.C.A.	Centre français de la coopération agricole.
C.I.I.A.	Commission internationale des industries agricoles.
C.I.R.A.D.	Centre de coopération internationale en recherche agronomique pour le développement.
C.N.A.	Conseil national de l'alimentation.
C.N.E.A.R.C.	Centre national d'études agronomiques des régions chaudes.
C.N.E.CA.	Commission nationale des enseignants chercheurs de l'agriculture.

C.N.E.R.N.A.	Centre national de coordination des études et recherches sur la nutrition et sur l'alimentation.
C.N.E.V.A.	Centre national d'études vétérinaires et alimentaires.
C.N.F.T.C.	Centre de formation des techniciens du conditionnement des boissons.
C.N.I.S.F.	Conseil national des ingénieurs et des scientifiques de France.
C.N.J.A.	Centre national des jeunes agriculteurs.
C.N.R.S.	Centre national de la recherche scientifique.
C.P.A.	Centre de préparation aux affaires.
C.P.C.I.A.	Centre de perfectionnement des cadres des industries agricoles et alimentaires.
C.R.E.G.A.M.	Centre de recherche en génie alimentaire de Massy.
C.T.C.P.A.	Centre technique de la conservation des produits agricoles.
D.A.T.A.R.	Délégation à l'aménagement du territoire et à l'action régionale.
D.G.R.S.T.	Délégation générale à la recherche scientifique et technique.
E.N.A.	École nationale d'administration.
E.N.G.R.E.F.	École nationale du génie rural, des eaux et des forêts.
E.N.I.A.	École nationale des industries agricoles.
E.N.I.A.A.	École nationale des industries agricoles et alimentaires.
E.N.I.T.IA.A.	École nationale d'ingénieurs des techniques des industrie agricoles et alimentaires.
E.N.S.A.	École nationale supérieure agronomique.
E.N.S.A.I.A.	École nationale supérieure d'agronomie et des industries alimentaires.
E.N.S.A.M.	École nationale supérieure agronomique de Montpellier.
E.N.S.A.R.	École nationale supérieure agronomique de Rennes.
E.N.S.A.T.	École nationale supérieure agronomique de Toulouse.
E.N.S.B.A.N.A.	École nationale supérieure de biologie appliquée à la nutrition et à l'alimentation.
E.N.S.I.A.	École nationale supérieure des industries agricoles et alimentaires.
E.N.S.S.A.A.	École nationale supérieure des sciences agronomiques appliquées.
E.P.S.C.P.	Établissement public à caractère scientifique culturel et professionnel.
E.S.C.A.I.A.	École supérieure de la coopération agricole et des industries alimentaires.
E.S.S.E.C.	École supérieure des sciences économiques et commerciales.

F.A.O.	*Food and agricultural organisation* (Rome).
F.I.A.	Fédération nationale des syndicats de l'alimentation.
F.N.S.E.A.	Fédération nationale des syndicats d'exploitants agricoles.
G.E.R.D.A.T.	Groupement d'études et de recherches pour le développement de l'agronomie tropicale.
G.E.V.	Grandes écoles du vivant.
G.I.E.	Groupement d'intérêt économique.
I.A.E.	Institut d'administration des entreprises.
I.A.M.	Institut agronomique méditerranéen.
I.A.V.F.F.	Institut agronomique, vétérinaire et forestier de France.
I.C.U.M.S.A.	*International commission for uniforms methods of sugar analysis.*
I.E.S.I.E.L.	Institut d'études supérieures d'industries et d'économie laitières.
I.F.A.C.	Institut international des fruits et produits dérivés.
I.F.F.I.	Institut français du froid industriel.
I.F.P.	Institut français du pétrole.
I.G.I.A.	Institut de gestion internationale agro-alimentaire.
I.N.A.-P.G.	Institut national agronomique Paris-Grignon.
I.N.P.L	Institut national polytechnique de Lorraine.
I.N.R.A.	Institut national de la recherche agronomique.
I.N.R.A.E.	Institut national de la recherche pour l'agriculture, l'alimentation et l'environnement.
I.N.S.E.R.M.	Institut national de la santé et de la recherche médicale.
I.R.I.S.	Institut de recherche de l'industrie sucrière.
I.R.S.T.E.A.	Institut national en sciences et technologies pour l'environnement et l'agriculture.
I.S.A.A.	Institut supérieur de l'agro-alimentaire.
I.S.E.A.E.	Institut supérieur européen des agro-équipements.
I.S.T.V.	Institut des sciences et techniques du vivant.
I.U.T.	Institut universitaire de technologie.
I.U.F.O.S.T.	*International union of food science and technology.*
J.A.C.	Jeunesse agricole catholique.
M.I.T.	*Massachusetts Institute of Technology.*
M.P.A.	Microbiologie des procédés alimentaires.
M.R.T.	Ministère de la Recherche et de la Technologie.
O.G.M.	Organismes génétiquement modifiés.
O.N.U.D.I.	Organisation des nations unies pour le développement industriel.
O.P.A.E.P.	Organisation des pays arabes exportateurs de pétrole.

P.A.C.	Politique agricole commune.
S.A.G.E.M.A.	Société d'aménagement et d'équipement du grand ensemble de Massy-Antony.
S.E.S.I.L.	Section d'études supérieures des industries du lait.
S.I.A.R.C.	Section des industries alimentaires des régions chaudes.
S.I.C.A.	Société d'intérêt collectif agricole.
U.N.I.A.	Union nationale des industries agricoles.
U.T.C.	Université de technologie de Compiègne.

PRÉFACE

La technologie a été et demeure un facteur clé du progrès matériel de la société. Au fur et à mesure que les nations communiquent et se mondialisent, un fait est évident : dans un monde chaque fois plus informé, donc compétitif, les économies les plus efficaces sont celles qui mettent en œuvre les meilleures technologies. Selon l'économiste américain Richard Easterlin le principal facteur des différences du niveau de vie entre les États développés réside dans l'extraordinaire croissance du changement technologique dans un petit nombre de pays ; en particulier dans la mutation scientifique et technique de l'agriculture et de ses transformations.

Ceci se réalise à partir de l'analyse du rôle des acteurs et des instructeurs ; d'où l'importance d'une étude du rôle joué par la formation des agents du changement scientifique et technique au cours des années de 1880 à nos jours.

Dégager la place occupée par la formation et la recherche technologiques dans la mutation des industries liées à l'agriculture constitue un travail complexe pour de nombreuses raisons. En premier lieu parce que leur fonction a été longtemps mal définie, ensuite parce que les canaux par lesquels la technique influe sur l'économie sont variables et difficiles à cerner. Enfin par la rareté et l'insuffisance des statistiques et des indicateurs disponibles concernant l'investissement dans les hommes et les technologies industrielles de l'agriculture.

Pour ces raisons, le fil directeur de l'ouvrage de Pierre Vigreux est constitué par la recherche du lien entre la formation des acteurs, le progrès technique, sa contribution à la croissance économique et à la satisfaction des besoins de l'homme et de son activité.

À la fois recherche sur l'histoire, combien difficile, de l'émergence et surtout de l'acceptation en France d'une formation scientifique de l'agriculture, de son industrie et de son intégration au sein de l'élite des Grandes Écoles, caractéristiques de l'enseignement supérieur français, l'ouvrage de Pierre Vigreux décrit et analyse un chapitre essentiel et jusqu'à nos jours peu connu et incompréhensiblement négligé de l'histoire économique de la France.

Il s'agit d'un ouvrage dense, d'une grande abondance documentaire et analytique, riche d'un impressionnant ensemble de faits et de données que l'auteur a analysés avec science, patience et rigueur sans que l'agrément de la lecture en soit affecté.

Il n'y a pas le moindre doute que cet ouvrage trouvera rapidement sa place dans les bibliothèques scientifiques et se convertira rapidement en un classique de l'histoire des techniques et de l'histoire économique de la France contemporaine.

Albert Broder
Professeur Émérite d'Histoire Économique
Université de Paris – Val de Marne (UPEC)

AVANT-PROPOS

Aux murs de la maison de ma grand-mère, agricultrice dans le Pas-de-Calais, chez qui, dans ma jeunesse, je venais passer mes vacances, deux diplômes de mon père étaient accrochés : celui du *Brevet supérieur* ainsi que celui d'*Ingénieur des industries agricoles*. C'était, certes, le témoignage d'une époque où l'école républicaine jouissait d'un prestige dont on peut regretter la baisse mais pour ma part une question m'intriguait. Le second me paraissait plus important que le premier alors que mon père évoquait de temps en temps le premier mais jamais le second. Ma perspicacité d'enfant, admiratif des talents paternels, n'avait pas été attirée par une mention figurant au bas du second : « À titre administratif ». Ce n'est que bien plus tard que j'appris ce que cette mention signifiait : mon père dont la carrière s'est déroulée dans l'administration des Impôts et, plus précisément dans ce qui s'appelait à l'époque les Contributions indirectes, avait pendant un an effectué un stage à l'École nationale des industries agricoles à Douai (Nord) au titre de cette même administration. Celle-ci estimait, en effet, nécessaire que certains de ses agents soient parfaitement au courant de la fabrication du sucre et de l'alcool afin d'être mieux à même de calculer les impôts perçus sur ces denrées.

Beaucoup plus tard, lorsqu'un appel d'offres lancé par le ministère de la Recherche, le CNRS et l'INRA a exposé qu'« une histoire, ou une sociologie, des diverses écoles d'ingénieurs agronomiques ou agro-alimentaires [...] est indispensable. », j'ai proposé une histoire de cette école. Ce projet a été accepté et s'est traduit par une thèse dont est issu l'ouvrage que j'ai l'honneur de présenter au lecteur et qui est donc le résultat d'une très ancienne interrogation.

Cet ouvrage doit beaucoup à de nombreux acteurs qui m'ont très utilement conseillé et que je ne peux remercier, pour la plupart, que par une trop discrète note de bas de page. Je n'oublie pas ce que je leur dois. Mes remerciements vont tout particulièrement aux ingénieurs issus de l'ENSIA qui, en acceptant que leur parcours soit présenté nominativement, ont fait preuve d'une remarquable transparence.

INTRODUCTION

De tout temps, des produits agricoles ont été transformés en produits alimentaires : la cuisson est probablement l'une des plus anciennes de ces opérations. Pendant très longtemps, ces procédés ont été considérés, soit comme un prolongement de l'agriculture, soit relevant du domaine domestique. C'est pourquoi le savoir collectif correspondant se trouvait donc inclus, soit dans des traités d'agriculture, soit dans des ouvrages de cuisine et relevait donc de l'économie rurale et de l'économie ménagère. C'est ainsi qu'Olivier de Serres traite de la vinification à la suite de la culture de la vigne[1] alors que la fabrication du pain et celle des confitures sont présentées à la suite « De l'usage des aliments parmi les techniques que doit posséder la mère de famille[2] ». Il a fallu, à la fin du XVIII e siècle, des circonstance extérieures à ces techniques : l'état de guerre prolongé limitant les relations avec les Antilles puis le Blocus continental (1806), pour que l'une de ces opérations, l'extraction du sucre de la betterave, soit réalisée immédiatement au stade industriel.

Ce constat doit cependant être nuancé sur deux points. D'une part, la nature des relations entre la France et ses premières colonies ainsi que les autres pays producteurs de canne à sucre avait conduit à la création de raffineries de sucre implantées essentiellement dans les ports et présentant déjà un caractère industriel. D'autre part, au cours du XIXe siècle, des agriculteurs particulièrement dynamiques, surtout dans la région Hauts-de-France, ont su mener « de front l'exploitation d'un domaine agricole et l'exploitation d'une fabrique » qui était la plupart du temps une sucrerie et dans certains cas, une distillerie[3].

1 Serres, Olivier de, *Le Théâtre d'agriculture et mesnage des champs*, 1600, éd. Roissard, Grenoble, 1979, t. 1, p. 231-271.

2 Serres, Olivier de, ouvr. cité, t. 4, p. 321-330.

3 Hubscher, Ronald, *L'Agriculture et la Société rurale dans le Pas-de-Calais du milieu du XIXe siècle à 1914*, Arras, Commission départementale des monuments historiques du Pas-de-Calais, t. XX, 2 vol., 1979 et 1980, p. 11. On pourra se reporter à la présentation des « *capitaines d'agriculture* », p. 254-270.

Le département du Nord possède l'originalité d'avoir vu s'y implanter à la fin du XIXe siècle un établissement, l'École nationale des industries agricoles, dans lequel sont enseigné plusieurs des techniques de transformation des produits agricoles en produits alimentaires parvenues au stade industriel : la sucrerie, donc, mais aussi la distillerie liée à la précédente activité par la matière première[4]. On y enseigne également la brasserie et la malterie qui avaient commencé à s'industrialiser en France au cours du XIXe siècle[5]. En Angleterre cette industrialisation avait été antérieure[6].

Cette école, créée à Douai (Nord), a donc eu, dès son origine, l'ambition d'enseigner l'ensemble des savoirs relatifs à la transformation des produits agricoles en produits alimentaires. Cette création peut être interprétée, d'une part, comme la prise de conscience, en France, de ce que ces différentes techniques avaient en commun et, d'autre part, la volonté des pouvoirs publics d'instituer une qualification répondant à cette prise de conscience. Cependant cette dernière est encore bien fragile, ainsi que l'atteste la création presque simultanée d'une école de brasserie à Nancy. Il y a là, avant tout autre pays, l'amorce de définition d'un domaine d'activités baptisé « agro-alimentaire » dans les années 1960 à la suite des travaux de John H. Davis et Ray A. Goldberg[7].

Il est donc nécessaire d'établir l'inventaire des besoins qu'à l'origine cette école était destinée à satisfaire, des intérêts et des volontés qui se sont exercés en vue de sa mise en place et plus généralement du contexte économique et politique dans lequel elle est apparue. Du fait de l'originalité de cette école, c'est la naissance puis le développement d'un enseignement de « technologie comparée » de transformation de produits agricoles en produits alimentaires que nous nous proposons de présenter. Toutefois, il nous paraît indispensable, afin de mettre en évidence la dynamique qui a conduit à la création de l'école, de remonter en deçà de 1893, date de l'ouverture effective de l'école.

4 Scriban, René (dir.), *Les Industries agricoles et alimentaires*, Paris, 1988. L'attention du lecteur non familiarisé avec ces techniques est attirée sur l'intérêt de cet ouvrage et en particulier sur les pages consacrées respectivement à l'industrie sucrière, la distillerie et la brasserie-malterie. On pourra également se reporter au *Bulletin de statistique et de législation comparée* du ministère des Finances, mars 1882, p. 236 et avril 1884, p. 431.

5 Pasteur, Louis, *Études sur la bière*, Paris, 1876. Préface p. VII.

6 Scriban, René, ouvr. cité,, p. 89.

7 Combris, Pierre et Neffussy, Jacques, *L'agro-alimentaire, une catégorie qui ne va pas de soi pour l'analyse économique*, INRA, septembre 1982.

Cette démarche historique est l'occasion d'apporter un éclairage sur les fonctions des grandes écoles d'ingénieurs dans la société française, en s'inscrivant tout particulièrement dans la problématique élaborée notamment par des chercheurs américains ou anglo-saxons[8]. Une école peut s'analyser comme une institution, où un enseignement est donné à des enseignés. L'histoire d'une école est donc une double histoire. D'une part, celle de l'enseignement donné à l'École nationale des industries agricoles[9] et d'autre part, celle des élèves, c'est-à-dire la population qui a reçu cet enseignement, en analysant d'abord leur origine puis quelques aspects de leur carrière. Ce dernier point nous montre quelle est leur place dans le système industriel français. Cependant c'est une présentation chronologique qui est privilégiée, étant donné l'importance de quelque événements extérieurs sur la vie de l'institution et tout particulièrement la Deuxième Guerre mondiale. Les événements majeurs de la vie de l'école sont présentés en même temps que l'histoire de l'enseignement. Dans chacune des trois parties, un chapitre présentera la population des élèves qui ont reçu cet enseignement. Mais il a paru indispensable d'exposer d'emblée les enjeux de société sur lesquels il nous a paru prioritaire de mettre l'accent dans cette recherche. Ce sera l'objet du premier chapitre.

Parmi les filières enseignées à l'origine de cette école, la sucrerie de betterave est celle qui, à la fin du XIXe siècle, présente le dynamisme le plus marqué, celle qui donne à cette école l'empreinte la plus forte. Compte tenu du fait que, comparativement aux autres techniques de transformation d'un produit agricole en produit alimentaire, ses origines sont relativement récentes, il a paru à la fois historiquement possible et pédagogiquement nécessaire de rappeler ce qu'a été, depuis ses origines jusqu'en 1880, l'évolution de l'enseignement de la sucrerie de betterave et des savoirs qui y sont liés.

Il est exposé, dans un premier temps, les conditions dans lesquelles est apparue la sucrerie de betterave, en soulignant le rôle joué par l'Allemand Achard, puis quel a été le premier système de formation instauré à l'époque napoléonienne. L'enseignement de la sucrerie de betterave en France de 1815 à 1880 sera présenté ensuite.

---

8 Voir bibliographie.

9 Cette école deviendra en 1961 l'École nationale supérieure des industries agricoles et alimentaires.

LA DÉCOUVERTE DU SUCRE DE BETTERAVE

S'il n'est pas contestable que la présence de sucre dans la betterave ait été signalée par Olivier de Serres[10], c'est un chimiste allemand, Andreas Sigismond Marggraf (1709-1782), qui propose le premier, en 1747, une méthode pour en extraire le sucre[11]. Il convient de noter que Marggraf est pharmacien d'origine[12] et participe notamment à la rédaction du *Recueil périodique d'observations, de médecine, chirurgie, pharmacie*[13]. Mais cette découverte tombe à l'époque dans l'indifférence générale et n'est pas suivie d'effet.

Franz Karl Achard (1753-1821), descendant de protestants français émigrés, est un des disciples de Marggraf et lui succède d'ailleurs à la direction de la « classe de physique » de l'Académie de Berlin. Il reprend les travaux de Marggraf, d'abord près de Berlin où il entreprend, à partir de 1786, d'industrialiser la fabrication du sucre[14]. Ses premiers travaux sont connus en France en 1799 par plusieurs articles publiés dans les *Annales de chimie*[15]. Signalons également qu'en l'An VIII un extrait d'un premier ouvrage d'Achard est donné dans la même revue[16]. Le retentissement de ces travaux en France est manifeste, mais ils ne sont pas suivis d'une application immédiate, en particulier sous l'influence de Parmentier qui préconise le sucre de raisin[17].

---

10 Serres, Olivier de, ouvr. cité, 1600, t. 3, p. 41.

11 Marggraf, Andréas Sigismond, *Opuscule chimique*, Paris, 1762, BNF R43087, 1er vol., 8e dissertation.

12 Staum, Martin S., *Dictionary of scientific biography*, New York, 1981, t. 9, p. 104.

13 C'est dans cette publication, qui paraît à partir de 1754, que se trouve pour la première fois le mot « pharmacie » dans le titre d'une revue française.

14 Gough, J B., *Dictionary of scientific biogaphy*, ouvr. cité, t. 1, p. 44. Voir également : Treillon, Roland, Guérin, Jean, « La guerre des sucres », *Culture technique*, n° 16 – Technologies agro-alimentaires, p. 225-226, note 1, p. 235.

15 *Annales de chimie*, 30 brumaire An VII (19 novembre 1799), t. 32, p. 163-168, la lettre d'Achard à Van Mons est considérée comme la première publication en France de ses travaux. Signalons, cependant, que quelques mois auparavant, la même revue publie l'extrait d'une lettre de Scherer à Van Mons qui donne déjà l'essentiel des résultats d'Achard, *Annales de chimie*, 30 germinal An VII (17 avril 1799), t. 32, p. 299-302.

16 *Annales de chimie*, 30 nivôse An VIII (19 janvier 1800), t. 33, p. 67-73.

17 Légier, Émile., *Histoire des origines de la fabrication du sucre en France*, Paris, 1901, p. 48-51, 30 Germinal An X (20 avril 1802). Cet ouvrage présente, tout particulièrement pour la période 1800-1814, un intérêt exceptionnel car il rassemble des textes originaux tels

Plus tard, c'est un autre pharmacien Charles Derosne (1780-1846)[18], qui présente en 1812 l'ouvrage dans lequel Achard rassemble les résultats de ses recherches. Derosne sera également, en association avec Jean-François Cail, l'un des créateurs d'une entreprise fabriquant en particulier du matériel de sucrerie, dénommée d'abord Derosne-Cail laquelle poursuit encore de nos jours son activité dans le cadre de l'entreprise Fives.

L'apparition du sucre de betterave étant la conséquence d'événements politiques ayant gravement perturbé le marché du sucre, il est normal que les pouvoirs publics se soient intéressés à cette nouvelle activité. À ce sujet, il nous paraît nécessaire de distinguer le cas de la Prusse de celui de la France. En Prusse, le roi Frédéric-Guillaume III, soutient financièrement les travaux d'Achard à partir de 1799 ce qui permet, en 1801, l'installation d'une nouvelle usine à Kunern près de Breslau en Silésie (actuellement Wroclaw en Pologne), où il poursuit ses recherches. Cette usine sera, sur l'ordre du roi de Prusse, transformée en école[19].

En France, les pouvoirs publics suivent de près l'émergence de cette technique, même si, du moins à l'origine, cette intervention est moins personnalisée qu'en Prusse. On relève, en particulier, que le *Moniteur universel* qui est l'organe officiel du régime fait état des travaux d'Achard à 4 reprises en moins de trois ans[20], ainsi que le 2 octobre 1808. Le premier de ces articles présente l'intérêt de signaler la possibilité de distiller les sous-produits : « on peut [...] tirer des betteraves qui l'auront produit [le sucre] une eau de vie meilleure que celle qu'on tire du grain ». Par ailleurs, le rôle de Napoléon Ier doit être relativisé[21]. Il paraît utile de préciser que la menace que les travaux d'Achard font peser à terme sur l'économie des colonies et le commerce maritime semble avoir été perçue par l'Angleterre. En effet, le *Journal de la Doire* du 20 avril 1812 reprenant une information parue dans le *Journal de l'Empire* de 1811 affirme que l'Angleterre aurait en 1800 et 1802 proposé à Achard de se désavouer

---

que mémoires, lettres, rapports relatifs aux divers procédés employés pour fabriquer du sucre en France. Toutefois certaines dates doivent être précisées.

18 *Dictionary of scientific biography*, ouvr. cité, t. 4, p. 41-42.

19 *Le Moniteur universel*, 26 mars 1811, p. 325-326.

20 *Le Moniteur universel*, 10 pluviôse, An VIII (30 janvier 1800), p. 516 ; 30 pluviôse An VIII (19 février 1800), p. 595 ; 9 nivôse, An X (30 décembre 1801), p. 395 ; 15 fructidor An X (1er septembre 1802), p. 1407.

21 Treillon, Roland, Guérin, Jean, *article cité.* Voir également Émile Légier, ouvr. cité, p. 590.

moyennant une compensation financière[22]. Si l'information d'origine ne peut être donnée qu'avec toutes réserves, étant donné la censure, cette présentation dans des publications à caractère officiel en 1811 et 1812 montre que le sucre de betterave devient un enjeu politique.

C'est surtout l'Institut de France qui, à la suite des premières publications d'Achard s'intéresse à ses travaux. Dans le but de les vérifier, l'Institut désigne une commission dont le rapport est présenté le 6 Messidor An VIII (24 juin 1800) par Nicolas Deyeux (1745-1837), qui a recours pour ces expériences au laboratoire de chimie de l'École de médecine de Paris[23]. Il est intéressant de noter la prédominance de chimistes issus de professions de la santé dans cette commission qui comprend ainsi 3 pharmaciens (Nicolas Deyeux, Antoine-Augustin Parmentier, Nicolas-Louis Vauquelin), 4 médecins (Jean-Antoine Chaptal, Jean Darcet, Antoine-François Fourcroy, Alexandre-Henri Tessier), un chimiste, juriste d'origine (Louis-Bernard Guyton de Morveau) et un botaniste (Jacques-Philippe Cels)[24].

C'est donc, pour répondre aux besoins créés par le Blocus continental, qu'Achard a été conduit à valoriser industriellement l'extraction du sucre à partir de la betterave.

LE TRAITÉ D'ACHARD, MANIFESTE DE L'INDUSTRIE AGRO-ALIMENTAIRE

Achard publie successivement trois ouvrages[25]. Nous nous référons au dernier traité édité en 1809 et plus particulièrement à sa traduction

22 Précisons que le département de la *Doire* était un département du premier Empire situé dans l'actuel Piémont italien.

23 Rapport publié au *Moniteur Universel* du 23 au 26 Thermidor An VIII (11 au 14 août 1800), p 1304, 1306-1307, 1311-1312, 1315-1316.

24 Les références des biographies utilisées sont : *Dictionary of scientific biography*, ouvr. cité, Cels, t. 3 ; p. 172 ; Chaptal, t. 3, p. 198 ; D'Arcet, t. 3, p. 560 ; Fourcroy, t. 5, p. 89 ; Guyton de Morveau, t. 5, p. 600 ; Parmentier, t. 10, p. 325 ; Vauquelin, t. 13, p. 596. *Dictionnaire de biographie française* : Deyeux, t. 11, p. 230, Paris, 1965. Deyeux, pharmacien de l'Empereur, avait été incité à s'intéresser à la fabrication du sucre de betterave à la demande de Napoléon Ier (E. Franceschini). *Grand dictionnaire encyclopédique Larousse*, Paris, 1985, Tessier, t. 14, p. 10157.

25 *Kurze Geschichte der Beweise welche ich von der Ausführbarkeit im Grossen und den vielen Vortheilen der von mir angegebenen Zuckerfabrication aus Runkelrüben gefurt habe*, Possibilités et avantages de la fabrication du sucre de betteraves, Berlin, 1800. *Anleitung zum Anbau der zur Zuckerfabrication anwendbaren Runkelrüben und zur vortheilhaften Gewinnung des Zuckers aus denshelben*, Instructions sur la culture et la récolte des betteraves, sur la manière d'en

française abrégée : *Traité complet sur le sucre européen de betteraves*[26]. Notons que cette édition est complétée par des observations de Charles Derosne, déjà cité[27].

La première partie, qui représente 20 % de l'ouvrage original est entièrement consacrée à la culture de la betterave. Notons que l'antagonisme potentiel entre agriculteurs et industriels est clairement perçu par Derosne[28]. La conception d'une chaîne agro-alimentaire englobant la production agricole est donc clairement exprimée, avec une perception nette, du moins chez Derosne, des risques de conflits, ce qui est apparu à une date beaucoup plus récente et en particulier dans les années 1960 du XXe siècle, sous le terme d'intégration des agriculteurs par les firmes agro-alimentaires. Si la profession betteravière s'avère aujourd'hui l'une des mieux organisées, l'ancienneté de la prise de conscience des risques de ces conflits et de la nécessité d'y remédier, n'y est probablement pas étrangère.

Le chapitre 8, consacré à la fabrication du sucre de betterave et qui constitue donc la partie essentielle de l'ouvrage, fait ressortir clairement l'importance des opérations successives de la sucrerie. On relève que l'utilisation d'acide sulfurique pour la clarification montre qu'Achard ne craint pas d'utiliser une chimie « dure ». Il n'y a pas de séparation entre chimie organique et chimie minérale. L'acide sulfurique a depuis été remplacé par la chaux, déjà utilisée par l'Institut de France en l'An VIII (Deyeux, 1800, p. 26-27).

Le chapitre 9 nous paraît présenter un exceptionnel intérêt. Achard y expose comment il tire de la betterave non seulement du sucre mais

extraire économiquement le sucre et le sirop, Kunern, 1802. La deuxième édition de la traduction française paraît en 1812. *Die europäische Zuckerfabrication aus Runkelrüben.* L'ouvrage porte en sous-titre : *in Verbindung mit der Bereitung des Brandweins, des Rums, des Essigs und eine Coffee-Surrogats aus ihren Abfällen*, Traité européen sur la fabrication du sucre. En connexion avec la production de l'eau-de-vie, du rhum, du vinaigre et d'un succédané du café que l'on tire des résidus, Leipzig, 1809.

26 Achard, Franz, Karl, *Traité complet sur le sucre européen de betteraves. Culture de cette plante considérée sous le rapport agronomique et manufacturier*, (traduction abrégée de M. Achard par M. D. Angar), précédé d'une introduction et accompagné de notes et observations par Ch. Derosne, éd. M. Derosne, pharmacien et D. Colas Imprimeur-Libraire Paris, 1812.

27 En tenant compte du nombre de caractères, on constate que la traduction ne représente que le tiers environ (32 %) de l'original. Ce chiffre doit être nuancé en ce qui concerne le chapitre 8 (chapitre 9 de l'original) consacré à l'exposé de la fabrication du sucre où le taux de réduction n'est que de 42 %, Pierre Vigreux, ouvr. cité, p. 18-22.

28 Voir Derosne, Charles, « observations sur l'ouvrage de M. Achard », note de bas de page, p. 215-216, *Traité complet sur le sucre européen de betteraves*, Paris, 1812.

également, de l'eau-de-vie, du vinaigre, un succédané du café, un succédané de la bière, un succédané du tabac cet aspect étant surtout développé dans l'original, de la nourriture pour le bétail ainsi que des engrais. Cette recherche de co-produits différents du produit principal est maintenant couramment pratiquée dans l'industrie agro-alimentaire notamment dans l'industrie du lait ou celle du maïs[29]. On relève que le sous-titre de l'ouvrage principal d'Achard montre clairement qu'il avait conscience des possibilités qui s'ouvraient, sous cette forme, à l'industrie de la sucrerie de betterave. Le chapitre 10, en portant l'attention sur la qualification de la main d'œuvre employée, nous paraît, quant à lui, préfigurer les recherches d'économie du travail dans l'industrie agro-alimentaire[30] La troisième partie du traité d'Achard est composée de documents qui expriment la relation étroite de cette recherche avec le pouvoir, ce qui a été souligné précédemment.

L'urgence avec laquelle il a fallu faire face à cette situation a conduit cette activité de transformation d'un produit agricole en produit alimentaire à implanter l'industrie, dans un premier temps, puis à ne rechercher qu'ensuite les agriculteurs à même de lui fournir les betteraves nécessaires. Cette spécificité a entraîné dès l'origine une rationalisation de cette activité, fondée sur la chimie, et dans laquelle tous les dérivés possibles de cette plante ont été envisagés. C'est cette démarche que les industries agricoles et alimentaires reproduiront pour l'appliquer à d'autres filières issues d'autres produits d'origine agricole.

Ce qui est exposé est donc un processus industriel qui, à partir d'un produit agricole complexe, permet la satisfaction d'une large gamme de besoins alimentaires. Contrairement aux autres procédés d'élaboration de produits alimentaires, la sucrerie de betterave présente la particularité que l'industrie y a un rôle moteur car elle a historiquement précédé l'agriculture. Cette industrialisation s'est appuyée sur un savoir chimique et elle s'est faite à partir d'un produit végétal plus simple qu'un produit animal. La modernité de cette approche nous conduit à considérer le traité d'Achard comme le manifeste de l'industrie agro-alimentaire.

---

29 Ces possibilités sont clairement exposées dans : Gaignault, Jean-Cyr et Deforeit, Huguette, *Industries agro-alimentaires et pharmacie, l'heure du rapprochement*, Paris la Défense, Institut scientifique Roussel, 1984, p. 76.

30 Voir Huiban, Jean-Pierre, *L'emploi dans les industries agro-alimentaires, analyses des stratégies de gestion de la main d'œuvre*, Villeneuve d'Ascq, INRA, 1988.

LES ÉCOLES SPÉCIALES DE CHIMIE POUR LA FABRICATION DU SUCRE DE BETTERAVE (1811-1814)

La sucrerie de betterave étant une activité tout à fait nouvelle, il est apparu, dès 1811, qu'un enseignement approprié était nécessaire. Un ensemble de 5 écoles auxquelles il faut adjoindre l'école annexée par Achard à son usine de Kunern en Prusse, s'est mise en place dès la fin de 1811. Sans être strictement les premières écoles d'enseignement technique d'une filière de transformation d'un produit agricole en produits alimentaires, puisque qu'avait été créée en 1780 une école de boulangerie[31], ces écoles constituent indiscutablement le premier réseau cohérent dans ce domaine.

Ces écoles ont été instituées par deux textes. C'est, tout d'abord, le décret du 25 mars 1811, qui prévoit la création de six « écoles expérimentales où l'on enseignera la fabrication du sucre de betterave[32] ». C'est, ensuite, l'objet du décret du 15 janvier 1812 qui réduit le nombre d'écoles à 5[33]. Signalons que ce décret, qui prévoit la délivrance de 500 licences pour la fabrication du sucre, est considéré par la profession sucrière comme le point de départ de son activité[34]. En définitive, ces écoles s'établiront de 1811 à 1812, respectivement à Aubervilliers (Seine-Saint-Denis), Douai (Nord), Wachenheim (Allemagne), Strasbourg (Bas-Rhin) et Castelnaudary (Aude)[35].

On doit souligner que ces écoles présentent trois caractéristiques communes. Sur le plan pédagogique, on relève que c'est autour de la chimie, enseignée à des étudiants ayant également une formation biologique (pharmacie ou médecine) que s'organise cet enseignement, ce qui est prévu explicitement par le décret. L'aspect pratique est pris en compte, car une usine est associée à chacune de ces écoles. Sur le plan technique, on note que la distillation est enseignée, dès l'origine, avec la sucrerie. Enfin sur le plan politique, on souligne que le pouvoir suit de près cet enseignement comme en témoigne la place accordée dans *Le Moniteur universel*, ainsi que l'importance des crédits mis à disposition de ces écoles[36].

31 Cette école est créée, en 1780 à Paris, à l'initiative de deux pharmaciens, Parmentier et Cadet de Vaux.

32 *Le Moniteur universel*, 26 mars 1811, p. 325-326.

33 *Le Moniteur universel*, 17 janvier 1812, p. 65.

34 Syndicat des fabricants de sucre, *Histoire centennale du sucre*, Paris 1912.

35 Pour plus de précisions sur chacune de ces écoles, voir annexe I.

36 Il a été attribué 60 000 Frs à l'école de Douai et 30 000 Frs à celle de Wachenheim.

Relevons, d'abord, le fait que, dans ces écoles, les professionnels de la santé ont pris une place tout à fait notable et ensuite que la sucrerie de betterave, et donc son enseignement, présentent dès l'origine un caractère européen continental, par opposition au sucre de canne, lié au trafic maritime. Cet antagonisme entraînera une véritable « guerre des sucres » qui sera lourde de conséquences durant la majeure partie du XIXe siècle[37].

L'ENSEIGNEMENT DE LA SUCRERIE DE BETTERAVE DE 1815 À 1880

À partir de 1815, en particulier par suite de la levée du Blocus, la sucrerie de betterave cesse pratiquement toute activité. Un seul industriel continuera cette activité : Crespel-Delisse, établi à Arras. Cependant la fabrication de sucre de betterave va reprendre peu à peu, bénéficiant en particulier d'une exemption de toute taxe. Cette reprise d'activité s'est traduite à la campagne 1836-1837 par une production de 49 000 tonnes, fabriquée dans 585 établissements répartis sur 55 départements. Cette extension menaçant les intérêts des colonies productrices de canne à sucre, ainsi que ceux de la marine marchande, le sucre produit sur le territoire métropolitain, dénommé « sucre indigène » est imposé à partir de 1837. Cette mesure se traduit par la fermeture de nombreux établissements, dont le nombre chute à 275 pour la campagne 1855-1856 pour remonter ensuite lentement et atteindre 525 en 1875-1876. Ces variations des taux d'imposition sont une conséquence de cette « guerre des sucres ».

Pour comprendre dans quel contexte se situe l'enseignement de la sucrerie au XIXe siècle, il convient de rappeler que malgré ces mesures fiscales, quelques années après, et tout particulièrement à partir du second Empire, la sucrerie de betterave fait preuve d'un dynamisme économique tout à fait remarquable. Ceci s'explique par le fait que « le sucre était arrivé à un prix assez bas pour être à la portée des bourses modestes ». À propos plus précisément du département de l'Aisne où la sucrerie de betterave est pratiquée depuis l'origine (1811), un auteur

37 Treillon, Roland, Guérin, Jean, *article. cité.*

parle d'un « enthousiasme indescriptible[38] ». Eugène Creveaux nous paraît illustrer parfaitement ce dynamisme :

> À partir de 1860, on cultive de la betterave partout ; des usines se montent de tous côtés : elles servent des dividendes fabuleux : on parle couramment de 50 et 60 %, mais on ne s'étonne pas de recevoir 80 ou 90 %. Voici d'ailleurs un fait qui montrera mieux que de longs discours, l'emballement qui dut s'emparer de la population : la première année de son fonctionnement, en 1865, la sucrerie de Puisieux (près de Laon) remboursera à ses actionnaires le capital qu'ils avaient versé : pour ses débuts, elle donnait du 100 %[39].

Nous présenterons l'enseignement de cette technique au cours de la période qui va de 1815 à 1880 en distinguant, d'abord, les établissements spécialisés dans l'enseignement de la sucrerie de betterave et ensuite, les établissements dispensant un haut enseignement général dans lequel s'est trouvé incluse la sucrerie de betterave.

LES ÉTABLISSEMENTS SPÉCIALISÉS DANS L'ENSEIGNEMENT DE LA SUCRERIE DE BETTERAVE

Deux établissements spécialisés dans l'enseignement de la sucrerie de betterave ont laissé une trace. Il s'agit du cours de Dubrunfaut (1827-1831) et de l'école de Fouilleuse (1837-1838).

Le Cours de chimie appliquée aux arts et à l'agriculture de Dubrunfaut (1827-1831)

Ce « Cours de chimie appliquée aux arts et à l'agriculture suivi d'un cours théorique et pratique de fabrication du sucre de betterave et des autres produits de l'industrie agricole » est enseigné de 1827 à 1831 dans le laboratoire de l'intéressé, situé dans le quartier du Marais à Paris. Auguste-Pierre Dubrunfaut (1797-1881)[40] naît à Lille, étudie la chimie avec Charles Desormes (1777-1862) et avec Louis-Joseph Gay-Lussac (1778-1850), s'oriente vers la distillation puis vers la sucrerie de betterave,

38 Decottignies, Gérard, *La betterave et l'industrie sucrière dans l'Aisne de ses débuts à nos jours.* Thèse de l'Université de Paris, présentée le 8 décembre 1949, p. 37-38.

39 Creveaux, Eugène, *Un siècle d'industrie sucrière dans le Laonnois, 1812-1912*, Imprimerie du « Démocrate », Vervins, 1911.

40 Sur Dubrunfaut, voir Gabriel Galvez-Behar, « Louis Pasteur ou l'entreprise scientifique au temps du capitalisme industriel », Paris, Éd. EHESS, 73e année, 2018/3, p. 634-636.

et présente en particulier, en 1823, devant la Société d'agriculture de la Seine, un *Mémoire sur la saccharification des fécules* et en 1825 un *Art de fabriquer le sucre de betterave.* Dubrunfaut a donc surtout publié des ouvrages traitant des questions qu'il avait à résoudre dans ses activités industrielles, préoccupations qui se sont également exprimées dans des périodiques techniques : *l'Industriel* de 1826 à 1829, *l'Agriculteur manufacturier* en 1830 et 1831[41]. Sur le plan scientifique on doit en particulier à Dubrunfaut la découverte d'un sucre, le maltose, et il a été qualifié par Pasteur lui-même d'« habile chimiste industriel[42] ». L'enseignement de ce cours est fondé sur le constat « des lacunes de l'industrie » (du sucre de betteraves).

> Ces causes sont la pénurie d'hommes capables de diriger des établissements avec tout le discernement que l'on est en droit d'attendre d'un praticien prudent et d'un théoricien éclairé ; elles sont dans l'incertitude qui enveloppe encore plusieurs opérations de l'art ; elles sont dans les connaissances théoriques insuffisantes des hommes qui dirigent aujourd'hui l'industrie, ou dans l'impossibilité où ils se trouvent, au milieu de leurs grands travaux industriels, d'éclairer par des expériences exactes les phénomènes anormaux qu'ils perçoivent[43].

L'essentiel de l'enseignement est constitué par un cours de chimie générale complété par l'étude des procédés de fabrication, d'abord au laboratoire et ensuite en atelier. Dubrunfaut avait également l'ambition de faire de cette école un centre de recherche :

> Ce cours, enfin, deviendra un centre ou toutes les tentatives et tous les travaux seront dirigés vers le bien et le mieux de l'industrie, où tous les procédés, toutes les méthodes viendront subir un examen rigoureux.

Le cours est complété par un enseignement relatif « aux techniques qui se lient à la fabrication du sucre de betterave ou à l'industrie agricole » et plus particulièrement : « ceux du distilleur, du raffineur, de l'amidonnier, du féculiste, du brasseur, de l'art de faire du vin, les vinaigres, les huiles

41 Dureau, Georges, *La Sucrerie belge*, 15 octobre 1881, p. 70-73. *Dictionnaire de biographie française*, Paris 1965, t. 11, p. 1095.

42 Pasteur, Louis, *Œuvres*, publiées par Pasteur Vallery-Radot, Paris 1922, t. 2, p. 55.

43 « Programme du cours de chimie appliquée professé par M. Dubrunfaut », *Bulletin de l'Association des chimistes (Bull. chimistes)*, t. 5, 1887-1888, p. 587-589. Le terme d'« industrie agricole » est employée ici dans le sens large d'activité agricole.

de graines, etc. » Le cours dure 7 mois. Le seul élève de cette école, dont nous ayons retrouvé une trace, est Auguste Petit-Lafitte, fils d'un négociant, né en 1804 à Bordeaux. Il est, en 1836 dans cette même ville, secrétaire du Comice agricole et y devient, à partir de 1838, professeur d'agriculture. Petit-Lafitte exerce cette fonction jusqu'en 1880, c'est à dire à 76 ans. Il est considéré comme le premier des professeurs départementaux d'agriculture, lesquels deviendront les ingénieurs des Services agricoles[44].

Cette tentative mérite l'attention, d'abord, par la conception d'une école jouant également le rôle d'un centre de recherches, ce que devait être l'école d'Achard à Kunern, à son époque et, ensuite, par l'extension de l'enseignement à des techniques voisines. Si les liens avec la raffinerie et la distillation avaient été vus dès l'origine de la fabrication du sucre de betterave, et si Achard parle également, dans son traité, de fabrication du vinaigre et de bière, la similitude établie avec l'amidonnerie, la féculerie, la vinification et l'huilerie est nouvelle. Le champ du savoir commun à ces techniques que perçoit Dubrunfaut est étendu dans *l'Agriculteur manufacturier* à la meunerie, la cidrerie, la fabrication du beurre et des fromages, la torréfaction du café auxquels sont joints également la fabrication de l'indigo et le travail des lins et des chanvres. Dans sa présentation, cette publication indique également qu'elle souhaite s'intéresser, d'une manière générale à « une série d'arts qui se lient plus ou moins directement, à la culture[45] ». Dubrunfaut, dans ses publications ultérieures, ne s'est pas expliqué sur les raisons de l'arrêt de ce cours, mais on peut supposer que l'ouverture en 1829 de l'École centrale, qui comporte une section de chimistes, n'y est pas étrangère.

L'École spéciale et pratique des sucreries de betteraves de Fouilleuse (1837-1838)

Le promoteur de cette école est un publiciste, Charles-François Bailly de Merlieux (1800-1862), originaire de l'Aisne et avocat de formation, profession qu'il abandonne très vite. Ce sont ses activités d'éditeur qui le conduisent à s'intéresser, d'abord à l'agriculture en publiant notamment

44 Boulet, Michel, « Il y a 50 ans, Auguste Petit-Lafitte, le premier professeur départemental d'agriculture », ministère de l'Agriculture, *Bulletin technique d'information*, n° 430, mai 1988, p. 301-315.

45 *L'Agriculteur manufacturier*, Paris 1830, t. 1, p. 1,3.

en 1834, en collaboration avec le docteur Alexandre Bixio *la Maison rustique du XIXe siècle*[46], puis en 1837 à la sucrerie, en créant une agence agricole, complétée par un *Bulletin des sucres*, dont le premier numéro est daté du 15 mars 1837. Ce bulletin est « destiné principalement à faire connaître et propager les meilleurs procédés pour la fabrication du sucre de betterave ». Il se présente comme « l'organe spécial de l'école pratique des sucreries de betteraves » dont la création est annoncée dès le premier numéro, et constitue la première publication en France consacrée exclusivement au sucre.

L'agence agricole se veut un centre d'information pour les promoteurs soit de « sucreries, soit d'autres industries agricoles ». Ce terme d'industries agricoles est employé dans le sens strict d'industries de transformation de produits agricoles. Cette agence se propose également de mettre en place une banque agricole[47]. L'école devait donc, dans l'esprit de ses promoteurs, s'inscrire dans un dessein plus vaste. Les raisons pour lesquelles Bailly de Merlieux a créé plus particulièrement une école de sucrerie paraissent être de deux ordres. C'est, tout d'abord, le constat de l'insuffisance de la formation car il expose que :

> Jusqu'à ce moment, la plupart des fabriques étaient peu disposées à recevoir des élèves ou à leur communiquer ce que l'on appelle les secrets du métier ; le petit nombre de celles qui faisaient exception demandaient souvent pour cet apprentissage des sommes exorbitantes ;

C'est, ensuite, le projet de fiscalité sur le sucre de betterave qui risque d'éliminer les entreprises les moins compétitives[48]. Cette école est purement privée et constituée sous forme d'une société en commandite. Parmi les commanditaires on relève deux noms : tout d'abord celui de Robert Allard, négociant et ancien raffineur, et qui, à ce dernier titre, a contribué en 1810 avec Deyeux et Barruel à préparer les premiers pains de sucre de betterave présentés à l'Institut[49] et ensuite celui d'Anselme

46 Bixio publie également, à partir de 1837 le *Journal d'agriculture pratique, de jardinage et d'économie domestique*.

47 *Bulletin des sucres (Bull. sucres)*, n° 8, 1er août 1837, Art. 21 des statuts ; n° 10, 1er-15 septembre 1837, p. 193-194 ; n° 11 à 15, 1er-15 octobre 1837, p. 211-212 ; n° 16-17, 1er-16 novembre 1837, p. 243-244.

48 *Bull. sucres*, n° 1, 15 mars 1838, p. III de la couverture : présentation de l'agence agricole.

49 Lindet, Léon, « Sur quelques gravures relatives aux origines de la fabrication du sucre de betterave », *Bull. chimistes*, mai 1900, t. 17, p. 831.

Payen ancien fabricant de sucre et professeur à l'École centrale des arts et manufactures ainsi qu'au Conservatoire des arts et métiers[50].

L'école est implantée dans le domaine de Fouilleuse, situé sur la commune de Rueil-Malmaison[51] et elle est inaugurée le 12 novembre 1837[52]. Les cours commencent le 15 novembre 1837 et durent 4 mois et demi. Les élèves, au nombre de 31 à l'ouverture, atteignent 52 en fin de scolarité, parmi lesquels 32 étrangers, dont 16 polonais, ainsi que des représentants de l'Allemagne, du Piémont, de la Grèce et du Danemark[53]. Les principaux cours dispensés sont : la chimie appliquée ainsi que la technique de clairçage et raffinage du sucre et celle de distillation par Anselme Payen ; la mécanique industrielle par Léon Thomas[54]. Une sucrerie est annexée, afin de permettre aux élèves de s'initier aux opérations techniques. Cependant aucun autre candidat ne se présente pour l'année suivante[55] et le *Bulletin des sucres* arrête sa publication le 15 juillet 1838.

Les causes de l'échec de cette école, malgré la qualité de certains de ses enseignants tels que Payen et Thomas, sont de deux ordres. Une cause externe tient au renforcement de la fiscalité sur les sucres par la loi du 4 juillet 1838, qui est significativement présentée dans le dernier numéro du *Bulletin des sucres.* Une cause interne nous paraît résider dans le fait que dans cette entreprise deux buts ont été poursuivis simultanément : la formation des élèves d'une part[56], et, d'autre part, la rentabilité du placement : un rendement de 35 % est annoncé et on peut craindre que cette recherche de rentabilité ne se soit faite au détriment de la formation[57].

---

50 *Bull. sucres*, n° 8, 1er août 1837, p. 165. Sur Payen, voir plus loin p. 36-39 et annexe III.

51 Carte des environs de Paris au 1/80 000e publiée en 1837. Arch. dép. Hauts-de-Seine, 4 Fi 145. Une description des bâtiments subsistant en 1898 et un plan sont donnés dans le « Cahier des charges pour l'adjudication aux enchères publiques du domaine de Fouilleuse ». Arch. dép. Yvelines, 91 Y 1.

52 *La Sucrerie indigène*, t. 4, août 1869, p. 135.

53 *Bull. sucres* n° 16-17, 1er-15 novembre 1837, p. 243-244 et n° 26, 15 avril 1838, p. 26.

54 Léon Thomas est un ancien élève de la deuxième promotion de l'École centrale qui avait déjà construit plusieurs sucreries. Voir Francis Pothier *Histoire de l'École centrale des arts et manufactures*, Paris, Delamotte fils, 1887, p. 134.

55 *Bull. sucres*, 2e année n° 28, 15 mai 1838, p. 57-58.

56 Les frais de scolarité, y compris la pension, étaient évalués à 1000 F., ce qui est la somme qu'il était prévu d'allouer à chaque élève ayant suivi la scolarité complète de 3 mois en 1812, *Bull. sucres*, n° 10, 1er-15 septembre 1837 Ceci fait ressortir l'importance de l'effort consenti par les pouvoirs publics à l'origine.

57 *Bull. sucres*, n° 16-17, 1er-15 nov. 1837, p. 248. Il est d'ailleurs précisé que la sucrerie emploie « 7 ouvriers payés (au lieu de 28 pour [une sucrerie de] même importance) ».

Cette école de Fouilleuse, malgré la brièveté de son existence, présente quelques caractères qui méritent d'être soulignés. Les promoteurs rejoignent, en effet, Dubrunfaut dans l'analyse des insuffisances du système de formation de l'époque. Il faut noter, ensuite que certains enseignants ont ou ont eu ailleurs une activité technique ou d'enseignement tels : Allard, qui apporte l'expérience des origines, Payen, Thomas et Chevreul, professeur au Muséum d'histoire naturelle, cité à l'occasion d'une visite d'usine. On voit ainsi s'esquisser un réseau de formation entre différentes institutions traitant de la même discipline. Enfin, l'ouverture vers l'étranger du recrutement des élèves est notable puisque plus de la moitié en proviennent. Pour cette école, nous disposons donc d'information sur la nationalité des élèves mais malheureusement aucune sur leur origine sociale, leur formation antérieure ou leur carrière ultérieure.

Ces deux écoles spécialisées dans l'enseignement de la sucrerie de betterave ont donc eu une existence brève, mais elles ont toutes deux présenté la caractéristique d'avoir un enseignement à la fois théorique et pratique, ce dernier point étant concrétisé par la présence d'une sucrerie.

Jusqu'en 1880 il n'y a pas eu d'autres établissements spécialisés identiques, mais nous devons signaler que l'idée n'est pas complétement abandonnée. En effet, en 1869, Henri Tardieu, rédacteur en chef d'une revue spécialisée y publie un article intitulé « une école de sucrerie[58] » Il expose, en particulier, le risque de voir des constructeurs de matériel prendre une position dominante par rapport aux sucriers et propose :

> [...] de créer une école de Sucrerie où les jeunes gens iraient puiser les connaissances théoriques et pratiques qu'aucun des établissements fondés aujourd'hui n'est apte à leur dispenser.

Il se réfère expressément à l'école de Fouilleuse.

LES ÉTABLISSEMENTS DE HAUT ENSEIGNEMENT GÉNÉRAL INTÉRESSANT LA SUCRERIE DE BETTERAVE

C'est le Muséum d'histoire naturelle qui est le premier établissement où un enseignement de chimie est dispensé en France. La discipline scientifique fondamentale pour l'enseignement de la sucrerie étant la chimie, c'est donc dans cet établissement que seront d'abord enseignés

58 Tardieu, Henri, *La Sucrerie indigène*, t. 4, août 1869, p. 133-135.

des éléments de la technique de la sucrerie de betterave[59]. L'École centrale des arts et manufactures, créée en 1829 qui dispense également un tel enseignement est présentée ensuite. Enfin nous soulignerons la place toute particulière que prend, au Conservatoire des arts et métiers, l'enseignement de la sucrerie de betterave dans le cours de chimie appliquée.

Le Muséum national d'histoire naturelle et l'enseignement de Nicolas Vauquelin

Au moment où débute l'industrie sucrière en France l'enseignement de la chimie au Muséum est, depuis son établissement par le décret de la Convention du 10 juin 1793, divisé en deux chaires : la chimie générale, d'une part, les arts chimiques, d'autre part. Cette-dernière est occupée depuis 1804 par Nicolas Vauquelin (1763-1829). Précédemment il a fait partie de la commission de l'Institut désignée en l'an VIII pour vérifier les travaux d'Achard : il connaît donc depuis l'origine les questions de chimie relatives à la sucrerie de betterave. Le cours qu'il a professé pendant l'année 1825 est « spécialement destiné à l'étude des matières végétales et animales, de celles du moins dont les propriétés trouvent des applications dans les arts[60] ». Deux leçons sur 45 sont consacrées à la sucrerie qui s'insère ainsi dans une étude d'ensemble car Vauquelin aborde également la meunerie, la panification, la fabrication de pâtes alimentaires, l'huilerie, la vinaigrerie, la distillation, la brasserie, la cidrerie, la vinification, la fabrication de beurre et de fromage. Ce cours constitue, à notre connaissance, la première tentative d'étude systématique de la transformation des produits végétaux et animaux en produits alimentaires. On relève l'intérêt pédagogique de présenter d'abord les produits végétaux, plus simples que les produits animaux.

59 Muséum national d'histoire naturelle, *Présentation générale*, laboratoire de chimie appliquée aux corps organisés, Paris 1983.

60 Clément-Desormes, Nicolas, *Chimie industrielle, Journal des cours de 1825 à 1830*, 4 volumes, notes prises par J.-M. Baudot de 1824 à 1828. Le 3e volume est constitué par le journal du cours de chimie appliqué aux arts et aux manufactures de 1825 au Muséum d'histoire naturelle par Vauquelin. Le cours a été pris par la même personne qui suivait parallèlement les cours de chimie du Conservatoire des arts et métiers et qui a remis l'ensemble de ses notes à cette dernière institution. C'est pourquoi les notes du cours de Vauquelin de 1825 se trouvent actuellement à la bibliothèque du CNAM et sont incorporées, par erreur, dans le cours de Clément-Desormes.

Nous terminerons cette présentation du cours de Vauquelin, en citant une réflexion, sûrement inspirée par l'enseignement reçu, que l'étudiant qui a pris ce cours en notes a cru utile de faire figurer dans son avant-propos.

> La théorie est bien peu de choses sans la pratique, cependant on pourrait en dire presqu'autant de la pratique sans la théorie [...]. C'est leur réunion qui assure les grands succès, car les théories, qui sont toujours le résultat de la contemplation du procédé et qui doivent en être la représentation fidèle, tendent sans cesse à leur imprimer une direction de plus en plus avantageuse.

C'est dans des conditions assez particulières que Vauquelin, tombé en disgrâce en raison de ses idées libérales, devait enseigner, car une partie de son auditoire était composé de policiers en civil et de ce fait le nombre de ses auditeurs qui était d'une soixantaine en 1813, avait chuté à 10 et parfois moins en 1825[61] !

L'École centrale des arts et manufactures

Rappelons que l'École centrale, créée en 1829 avec un statut privé, prend, en 1857, un statut public[62]. Parmi les fondateurs de cette école, figure le chimiste Jean-Baptiste Dumas (1800-1884), qui assure l'enseignement de chimie industrielle dans lequel il est relayé, partiellement à partir de 1834, puis complétement par Anselme Payen qui, dès l'origine, fait partie du conseil de perfectionnement[63].

Les élèves disposent donc d'un enseignement leur permettant d'aborder les problèmes de la sucrerie et de la préparation d'autres produits alimentaires. Or nous connaissons les activités professionnelles des élèves des premières promotions par une enquête effectuée par l'école, probablement en 1846[64]. Une part faible mais non négligeable, 6 %, de ces ingénieurs a exercé effectivement son activité dans la transformation des produits agricoles en produits alimentaires, la branche la plus représentée étant

61 Clément-Desormes, Nicolas, ouvr. cité, 3e vol. 1re leçon, 9 mai 1825, p. 1.

62 Pothier, Francis, *Histoire de l'École centrale des arts et manufactures*, ouvr. cité, p. 37 et p. 426-429.

63 Sur Payen, voir plus loin, p. 36-39 et annexe III.

64 École centrale, liste des anciens élèves avec des renseignements sur les positions occupées et les travaux exécutés, s. d. (probablement 1846), Arch. nat., F 12/5773. Bien que cette enquête se veuille exhaustive, elle ne touche que 472 ingénieurs sur les 663 ayant suivi la scolarité complète des 14 premières promotions, ce qui constitue, avec 72 % un échantillon largement représentatif.

l'installation de sucreries. Dans la section des chimistes, cette proportion est de 13 %, donc nettement plus élevée, ce qui est normal. Mais on constate que très peu d'entre eux persévèrent dans cette voie. En 1846, il n'en subsiste aucun dans les 9 premières promotions, dont la durée moyenne d'activité professionnelle est de 11 ans. Tout se passe comme si les ingénieurs des arts et manufactures qui exercent dans la sucrerie ou les industries similaires cherchaient à quitter rapidement ce secteur.

La place du Conservatoire des arts et métiers dans l'enseignement de la sucrerie de betterave au XIX*e siècle*

C'est en 1819, donc postérieurement à la création du Conservatoire, qu'y est introduit « un enseignement public et gratuit pour l'application des sciences aux arts industriels », d'un haut niveau et en particulier une chaire de chimie appliquée aux arts[65]. Jusqu'en 1880, cette chaire ne sera occupée que par trois chimistes qui, pour des raisons diverses, ont tous un lien particulièrement étroit avec la sucrerie de betterave. Il s'agit successivement de Nicolas Clément-Desormes, Anselme Payen et Aimé Girard. Compte tenu du rôle joué par chacun de ces professeurs, nous dégagerons enfin la place jouée par le Conservatoire dans l'émergence du concept d'industrie agro-alimentaire.

– Nicolas Clément-Desormes (1778-1841)

Nicolas Clément, né à Dijon, vient s'établir très tôt chez un oncle notaire à Paris, et s'intéresse à la chimie. Il épouse la fille de Charles Desormes, et publie en commun avec son beau-père ses premiers travaux, puis accole le nom de sa femme au sien[66].

Clément-Desormes se signale par des travaux scientifiques sur l'acide sulfurique, ainsi que sur la chaleur spécifique des gaz. Parallèlement il exerce une activité industrielle, d'abord dans la sucrerie de betterave avant

65 Ministère de l'Éducation nationale, *Cent cinquante ans de Haut Enseignement technique au Conservatoire National des Arts et Métiers*, Paris, 1970.

66 Thépot, André, « Clément, Nicolas, dit Clément Desormes (1778-1841) Professeur de Chimie industrielle (1819-1836) », *in* Claudine Fontanon et André Grelon, (dir.), *Les professeurs du Conservatoire national des arts et métiers Dictionnaire biographique 1794-1955*, Paris, Institut national de la recherche pédagogique, Conservatoire national des arts et métiers, Paris, 1994, t. 1, p. 337-339. Nous nous sommes largement référés à cette excellente biographie.

1814, puis dans la distillation de pommes de terre[67]. Cette expérience explique qu'il devienne le premier titulaire de cette chaire. Les cours qu'il a dispensé de 1825 à 1830 nous sont connus par un de ses élèves qui les a conservés[68]. L'examen des cours montre que ce professeur s'intéresse non seulement à la sucrerie et à la distillation, pour lesquelles il a une expérience industrielle, mais aussi à la boulangerie, y compris sous sa forme industrielle, la meunerie, la fabrication de pâtes alimentaires, la raffinerie, la production d'eaux minérales, la brasserie. Plus généralement il y a dans ce cours une des premières présentations coordonnées quasi simultanée avec celle de Vauquelin, de plusieurs procédés de transformation de produits agricoles en produits alimentaires. Le successeur de Clément-Desormes est Eugène Péligot qui oriente son enseignement sur la chimie générale et la chimie minérale. Mais en 1839 une deuxième chaire de chimie appliquée est créée et orientée vers la chimie organique.

– Anselme Payen (1795-1871) : un industriel savant

Anselme Payen[69] naît à Paris le 6 janvier 1795. Son père, Jean-Baptiste avait fondé, à Grenelle, qui était alors dans la banlieue de Paris, une fabrique de produits chimiques. C'est ainsi que, dès 1813, il est associé à l'entreprise paternelle.

Or, Charles Derosne[70] avait repris l'idée d'utiliser le charbon d'origine animale pour la décoloration du sucre. Dans ce but, il s'associe avec Jean-Baptiste Payen et son fils Anselme dans l'entreprise desquels le noir animal était un sous-produit. Après quelques réticences au début, l'usage de ce produit se développe rapidement et Anselme Payen installe une usine à Orléans. Á partir de 1815, il dirige personnellement une sucrerie de betterave pendant 4 ans[71] ce qui en fait donc une des

67 Le Tourneur, St., *Dictionnaire de biographie française*, Paris, 1959, t. 8, p. 1451 – *Dictionary of Scientific Biography*, ouvr. cité, t. 3, p. 315-317.

68 Clément Desormes, Nicolas, *Chimie industrielle, Journal des cours de 1825 à1830*, ouvr. cité, voir ci-dessus, p. 33, note 60.

69 Pour une présentation plus détaillée d'Anselme Payen voir : Vigreux, Pierre, « Payen, Anselme (1795-1871) Professeur de Chimie appliquée à l'industrie (1839-1871), *in* Claudine Fontanon, et André Grelon, (dir.), *Les professeurs du Conservatoire des arts et métiers, dictionnaire biographique 1794-1955*, ouvr. cité, t. 2, p. 357-371. Nous nous sommes attachés, ici, à développer les aspects qui concernent plus particulièrement la sucrerie de betterave. Certains aspects de la personnalité d'Anselme Payen sont exposés en annexe III.

70 Sur Derosne, voir ci-dessus, p. 21

71 Payen, Anselme, *Traité de la fabrication et du raffinage des sucres*, Paris, 1832.

premières industries avec lesquelles il est confronté. En 1820, le décès de son père le place à la tête de l'entreprise familiale.

Simultanément, Anselme Payen complète sa formation en chimie et, dès 1822, expose la démarche qu'il a adoptée avec le noir animal dans un ouvrage, *Théorie de l'action du charbon animal.* Il s'agit d'un ouvrage de recherche technique mais qui manifeste par son titre les ambitions scientifiques de son auteur. D'ailleurs vers 1830, il renonce à son activité d'industriel et entreprend des recherches sur la composition chimique des végétaux. Ces recherches sont rassemblées et présentées à l'Académie des sciences, accompagnées d'une synthèse qui affirme l'unité du monde vivant :

> Je rappellerai que les corps doués des fonctions accomplies dans les tissus des plantes sont formés des éléments qui constituent, en proportions peu variables, les organismes animaux ; qu'ainsi l'on est conduit à reconnaître une immense unité de composition élémentaire dans tous les corps vivants de la nature[72].

Payen entrevoit que cette unité doit entraîner une unité des méthodes de transformation de la matière vivante. Déjà en 1841 il expose que « la physiologie végétale deviendra un jour le guide le plus sûr de l'art agricole ». Puis dans le dernier de ces mémoires il annonce que « des applications [...] aux industries agricoles et manufacturières » sont à tirer de l'unité de composition chimique des végétaux. En 1833, il est élu membre de la Société centrale d'agriculture, qui deviendra l'actuelle Académie d'agriculture.

Peut-être est-ce par suite de son expérience d'industriel qu'Anselme Payen est spontanément attiré par l'application. En tous cas, il garde toujours le souci de diffuser ses connaissances, ce qu'il fait par l'enseignement et par les ouvrages.

Enseignant à l'École centrale, dès sa création, Payen devient professeur de chimie industrielle en 1835. Si l'on ne considère que les établissements orientés exclusivement vers la sucrerie de betterave, nous avons vu précédemment qu'il est un des commanditaires et le principal enseignant de l'École de Fouilleuse. Presque simultanément, en février 1838, il assure à Paris un « cours pratique de fabrication du sucre indigène ». Ces deux expériences s'avèrent sans lendemain, mais montrent que Payen qui, à

72 *Compte-rendu des séances de l'Académie des sciences*, séance du 19 février 1844, p. 274-275.

cette époque, est pourtant engagé dans ses recherches sur les végétaux, garde le souci d'assurer un enseignement appliqué.

C'est essentiellement au Conservatoire des arts et métiers qu'il va exercer pleinement ses talents de pédagogue. Il y est nommé professeur de chimie appliquée le 26 septembre 1839. Son cours nous est connu par deux ouvrages constitués par la transcription des notes prises en cours : *Manuel du cours de chimie organique*, publié dès 1842 ; *Cours de chimie appliquée* professé à l'École centrale et au Conservatoire des arts et métiers, publié en 1847. Ses cours sont suivis par un public important, puisque la moyenne des auditeurs aux 40 leçons annuelles de cours de chimie industrielle pour la période qui va de 1855 à 1859 inclus, est de 523. Son enseignement jouit d'une audience internationale certaine, puisqu'en 1866 le préparateur de Payen part pour fonder en Chine un enseignement de chimie industrielle.

On constate que Payen s'intéresse à de nombreuses techniques de transformation des produits agricoles en produits alimentaires. Toutefois, fidèle à son orientation de recherche il accorde une priorité à la transfor mation de produits végétaux. L'ensemble de l'enseignement de Payen au Conservatoire a le grand mérite d'apporter une présentation coordonnée de nombreuses opérations transformation de produits agricoles en produits alimentaires représentant, approximativement, les deux tiers des activités qui peuvent être regroupées dans ce qu'il est convenu d'appeler actuellement l'industrie agro-alimentaire.

Le 10 janvier 1842 Payen est élu membre de l'Académie des sciences dans la section d'économie rurale et il rejoint en 1868 l'Académie de médecine.

Si, sur le plan scientifique, ce sont ses travaux sur la cellulose qui dominent, il est nécessaire de rappeler que pour Payen ces derniers s'inscrivent dans un parti, qu'il exprime très clairement lorsqu'il présente sa candidature à l'Académie des sciences en 1839 dans une *Notice sur les travaux de chimie agricole [...] et sur les principaux résultats (des) recherches de chimie générale.* On notera que la « chimie agricole » est présentée d'abord, et il précise d'entrée la direction qu'il a donnée à ses recherches en ce domaine :

> La chimie appliquée à l'agriculture pouvait, suivant deux grandes directions, éclairer la pratique par des expériences et des théories rationnelles, faire comprendre à tous l'utilité d'une science positive visant aux progrès

> de l'économie rurale. Il s'agissait d'indiquer clairement aux cultivateurs les principaux agents de la fertilité des sols, et de leur offrir des procédés certains pour [...] accroître la valeur des récoltes par des transformations économiques.

L'apport de Payen sur ce dernier aspect, c'est à dire la transformation des récoltes, a été considérable, autant par son enseignement, et tout particulièrement celui donné au Conservatoire des arts et métiers, que par ses travaux scientifiques. Ce qui nous paraît tout à fait remarquable dans la démarche d'Anselme Payen c'est sa dynamique qui, à partir de la fabrication du noir animal, utilisé pour le raffinage du sucre de canne comme de betterave, l'aura conduit à s'intéresser à la sucrerie, puis à la transformation des produits végétaux, et à prendre ainsi conscience de l'importance du champ d'investigation scientifique qui s'ouvrait devant lui et ce au point de compléter sa formation et d'abandonner ses fonctions d'industriel pour se consacrer à la recherche et à l'enseignement et aboutir à une approche globale de l'ensemble des produits alimentaires et des questions soulevées par leur élaboration et leur conservation.

Le rôle central de la sucrerie de betterave dans la démarche de Payen a été souligné notamment par Max Phillips :

> *Because of his work on sugar beets, Payen very early in his life became interested in agricutural chemistry, and in the application of science in general to the improvement of agricultural practices, and interest he retained throughout his long and useful life*[73].
>
> « En raison de ses travaux sur la betterave à sucre, Payen, très tôt dans sa vie, s'est intéressé à l'agrochimie et à l'application de la science en général à l'amélioration des pratiques agricoles et lui a gardé un intérêt tout au long de sa longue et utile vie. »

Plus généralement les conséquences sur l'« industrie agricole » des lois de la composition des végétaux qu'Anselme Payen annonçait, sans les développer, dans son mémoire à l'Académie des sciences de 1844, seront en fait présentées dans son enseignement à l'École centrale et au Conservatoire des arts et métiers.

73 Philips, Max, « *Anselme Payen, distinguished French chimist and pioneer investigator of the chemistry of lignin* », *Journal of the Washington acadèmy of sciences*, vol. 30, 15 février 1940, p. 67.

– Aimé Girard (1831-1898) : le concepteur de l'agro-alimentaire

Né à Paris le 22 décembre 1830, dans une famille d'origine bourguignonne, Aimé Girard se présente à l'École polytechnique, à la limite d'âge, dans de mauvaises conditions de santé et échoue. Paradoxalement c'est cet échec qui allait décider de son orientation définitive. En effet, il lui est alors conseillé de s'orienter vers la chimie.

C'est ainsi qu'Aimé Girard débute en 1850[74] dans le laboratoire de Théophile Pelouze (1807-1867). En 1852, il ajoute le journalisme scientifique à ses activités, et assure jusqu'en 1858 les comptes-rendus de la Société d'encouragement pour l'industrie nationale dans le journal *La Patrie*. Par ailleurs, chargé par un autre journal, *Le Globe industriel et artistique*, de rendre compte de l'état de l'industrie chimique à l'Exposition universelle de 1855, il prend conscience de l'importance des applications industrielles de la chimie. Ce thème est exposé dans son premier ouvrage *Les Arts chimiques à l'Exposition universelle* (1855). En 1857 il participe à la création de la Société chimique de Paris dont il assure la présidence pendant l'année 1858.

La fermeture du laboratoire de Pelouze en 1857, alors qu'il a 27 ans à peine, marque incontestablement une rupture dans la carrière d'Aimé Girard. Sa maîtrise en chimie pure s'est affirmée mais son activité a été surtout celle d'un chercheur. Après un court passage au laboratoire de Jean-Baptiste Dumas à la Sorbonne, Girard inaugure en 1858 une nouvelle activité, l'enseignement, qu'il va exercer dans deux institutions différentes et qui se révélera être son orientation définitive.

En mars 1858, il est nommé conservateur des collections de chimie et de minéralogie de l'École polytechnique puis, en avril 1862, répétiteur du cours de chimie professé par Victor Regnault (1810-1878). Dans le laboratoire de cette école, il poursuit des travaux orientés vers la chimie organique Une de ses communications à l'Académie des sciences est consacrée à la nature des dépôts formés dans les chaudières d'évaporation de la canne à sucre.

74 Pour une présentation plus détaillée d'Aimé Girard, voir Vigreux, Pierre, « Girard, Aimé (1830-1898) Professeur de Chimie industrielle (1871-1897), *in* Claudine Fontanon, et André Grelon, (dir.), *Les professeurs du Conservatoire national des arts et métiers, dictionnaire biographique 1794-1955*, ouvr. cité, t. 1, p. 555-566.

En 1871, Aimé Girard succède à Payen à la chaire de chimie industrielle du Conservatoire des arts et métiers. Il exercera cet enseignement jusque en 1897. C'est pour préparer ses cours qu'Aimé Girard entreprend, à cette période, la plupart de ses recherches, dont il réserve la primeur à ses élèves. Du fait de ses travaux antérieurs, Aimé Girard est l'un des premiers à utiliser dans ses cours des projections photographiques, notamment sous la forme de microphotographies de coupes minces de tissus végétaux ou animaux. Ces cours remportent un vif succès : l'assistance atteint, par soirée, environ 600 auditeurs provenant de milieux très divers.

> Les manufacturiers les plus considérables, les propriétaires, les hauts fonctionnaires [...] y venaient s'inspirer des meilleurs procédés à suivre, les uns pour accroître et améliorer leurs produits, les autres pour s'éclairer sur des points souvent délicats de leur ministère. Les auditeurs réguliers y apprenaient leurs métiers que jusqu'alors ils avaient pratiqués souvent sans les bien comprendre. La foule en emportait cette impression que les choses les plus vulgaires en apparence méritaient qu'on les examinât plus attentivement et y acquérait des notions précieuses sur tout ce qui sert à la vie : alimentation, boissons, hygiène, éclairage usuel, plusieurs parties du vêtement, etc.

Le rétablissement, en 1876, de l'Institut national agronomique[75] va donner une nouvelle dimension à l'enseignement d'Aimé Girard Cet Institut est installé provisoirement dans les locaux du Conservatoire des arts et métiers et Girard est très logiquement chargé d'y enseigner, et ce jusqu'en 1891, la « technologie agricole », expression utilisée alors pour désigner les techniques de transformation des produits agricoles en produits alimentaires. Or ces techniques avaient évolué rapidement, et tout particulièrement la sucrerie. L'enseignement était donc à créer. C'est pourquoi, à partir de 1876, Girard va se consacrer essentiellement, à ces techniques ainsi que, dans quelques cas, aux cultures productrices de ces matières premières, Déjà, à l'occasion de l'Exposition de Vienne en 1873, Aimé Girard s'était signalé par un rapport sur la fabrication des bières à fermentation basse alors peu connues en France, malgré les travaux de Pasteur[76].

---

75 Voir à ce sujet chap. « Le projet des sucriers », p. 115.

76 Pasteur avait publié un premier article, à ce sujet, en 1871. Ses *Études sur la bière* ne seront publiées qu'en 1876. Sur la distinction entre fermentation basse et fermentation haute, voir Glossaire.

On peut rassembler les recherches d'Aimé Girard relatives à ces techniques autour de 4 thèmes principaux : le développement du raisin et la vinification ; la betterave à sucre et la sucrerie ; le blé et la meunerie ainsi que la culture et l'utilisation de la pomme de terre.

C'est par l'étude de la saccharimétrie qu'Aimé Girard aborde la fabrication du sucre. En 1875, en effet, la législation impose en fait cette méthode comme base des transactions commerciales. C'est pourquoi, en collaboration avec de Luynes, Aimé Girard détermine le pouvoir rotatoire du saccharose ; les valeurs ainsi déterminées deviennent obligatoires. Ces recherches sont motivées par la supériorité que l'industrie sucrière allemande et autrichienne manifeste alors au détriment de la nôtre. C'est pourquoi, de 1881 à 1887, Aimé Girard étudie dans une ferme dépendant de l'Institut agronomique, et située à Joinville le Pont (Val de Marne), les différentes étapes du développement de la betterave à sucre, dans toutes ses parties : feuilles, racines et radicelles. Ceci lui permet de définir la saccharogénie et de montrer que le sucre se forme dans les feuilles pendant la journée et migre vers la racine pendant la nuit. Il s'est attaché notamment à déterminer les dimensions du système radiculaire. Étant donné l'ampleur atteinte par ce système radiculaire, il préconise des labours profonds. Enfin, il aborde des recherches sur la lutte contre les parasites de la betterave tels que le nématode et le mildiou.

En 1884, Aimé Girard entreprend, en 1884, des recherches sur la composition du blé et des farines, En effet, la meunerie d'Autriche-Hongrie avait depuis quelques années, remplacé les meules en pierre par des cylindres métalliques et les farines ainsi produites venaient concurrencer dangereusement la production française. Il contribue à démontrer que le son et les germes sont mieux séparés par les cylindres métalliques dont il établit ainsi la supériorité.

Pour répondre aux besoins de son enseignement Aimé Girard fait cultiver la pomme de terre à la ferme de Joinville. L'originalité de sa démarche est qu'il y associe des agriculteurs dont le nombre s'élèvera jusqu'à 600 en 1892. La principale de de ses publications relatives à ce sujet est constituée par les *Recherches sur la culture de la pomme de terre industrielle.*

L'ensemble des publications d'Aimé Girard s'élève, au total, à près de 150 dont 11 ouvrages, avec une prépondérance marquée pour les industries agricoles et l'agronomie. Par ailleurs, il est appelé à participer à plusieurs sociétés savantes. C'est le cas, en 1882, où il succède à Dubrunfaut à la Société nationale d'agriculture et en 1890, où il est nommé secrétaire de la Société d'encouragement pour l'industrie nationale. Son élection, en 1894, à l'Académie des sciences dans la section d'économie rurale, concrétise la reconnaissance de ses travaux par la communauté scientifique.

L'œuvre d'Aimé Girard nous paraît devoir s'analyser d'abord dans le prolongement de celle d'Anselme Payen. En lui succédant au Conservatoire des arts et métiers, Girard se situe dans la continuité de ses travaux bien qu'il n'ait pas à son actif un travail aussi fondamental que l'élaboration des bases de la chimie de la cellulose. Les travaux d'Aimé Girard portent, en effet, essentiellement sur la chimie appliquée à l'agriculture et aux industries agricoles : cette convergence d'intérêt entre ces deux chimistes est à noter[77]. Il convient de signaler que le rapport de présentation de la classe « matériel et procédés des usines agricoles et des industries alimentaires » qu'il présente à l'Exposition universelle de 1889, peut être considéré comme le manifeste du Génie industriel alimentaire, discipline qui ne sera enseigné qu'à partir des années 1950. Mais, le mérite d'Aimé Girard, est surtout d'avoir assuré la réflexion qui aura permis l'institutionnalisation de cet enseignement, à partir de l'Institut national agronomique. Il est, en effet, le premier à dispenser, dans ce dernier établissement, un enseignement exclusivement consacré aux filières de transformation de produits agricoles en produits alimentaires[78]. Il a, ainsi, su poser les bases institutionnelles de cette convergence scientifique dans ce qui deviendra l'École nationale des industries agricoles. Pour ces raisons, Aimé Girard peut être considéré comme le véritable concepteur de ce qui ne s'appellera que presque un siècle plus tard, l'« agro-alimentaire ».

Avant 1880, des cours portant sur la sucrerie de betterave ont donc été dispensés dans plusieurs établissements de haut enseignement général.

---

77 Sources relatives à Aimé Girard : Archives de l'Académie des sciences : dossier Aimé Girard (non côté) ; Archives du Conservatoire des arts et métiers, conseils de perfectionnement des 22 juillet, 14,16 août, 16 octobre 1871 (Musée n° 10642) ; *Bull chimistes*, t. 5, septembre 1887, p. 368 ; *Annales du Conservatoire des arts et métiers*, 3e série, t. 1, 1899 ; E. Fleurent, La vie et les travaux d'Aimé Girard, p. 114-144 ; Aimé Laussedat, discours prononcés au centenaire du Conservatoire des arts et métiers, p. 13-19 ; Léon Lindet, *Le Moniteur scientifique du Docteur Quesneville*, janvier 1899, p. 19-30 ; A. Tétry, *Dictionnaire de biographie française*, Paris, 1985, t. 16, p. 136,

78 Une réserve doit être faite : un tel enseignement a, peut-être, existé au premier Institut agronomique de Versailles dont l'existence a été éphémère (1850-1852). Ce point n'a pas été vérifié.

Parmi eux, le Conservatoire des arts et métiers a joué un rôle majeur par l'enseignement dispensé dans la chaire de chimie industrielle. Nicolas Clément-Desormes, d'abord puis Anselme Payen, sur le plan scientifique et enfin Aimé Girard, sur le plan institutionnel vont, chacun, apporter une contribution majeure à une compréhension d'ensemble de la transformation des produits agricoles en produits alimentaires. Le Conservatoire des arts et métiers, plus que tout autre établissement, doit donc être considérés comme étant, en France, à l'origine du savoir portant sur l'industrie agro-alimentaire.

Cette présentation des établissements d'enseignement de la sucrerie de betterave entre 1815 et 1880 ne serait pas complète s'il n'était rappelé que Mathieu de Dombasle (1777-1843), créateur et animateur de l'Institut de Roville (Meurthe et Moselle) avait été, dès l'origine, fabricant de sucre de 1809 à 1815[79]. Nous croyons nécessaire de signaler ce fait quand on sait que l'Institut de Roville, qui existe de 1824 à 1843, est à l'origine de tout l'enseignement supérieur agronomique français, que ce soit AgroParisTech ainsi que les écoles supérieures agronomiques de Montpellier et de Rennes[80]. Aux origines de l'enseignement agronomique français il y a ainsi une expérience sucrière.

LA SUCRERIE DE BETTERAVE EN 1880 : UN SAVOIR EN QUÊTE D'INSTITUTION

Sur le plan de l'économie générale, les années 1880 constituent une période de crise dénommée « la longue stagnation » qui débute, en fait, en 1873[81]. Toutefois, il faut attendre le krach de l'Union générale en 1882 pour que l'opinion publique prenne conscience de cette crise

79 Mathieu de Dombasle, Christophe-Joseph-Alexandre, *Faits et observations sur la fabrication du sucre de betteraves*, p. XV et p. XX, 2e édition, Paris, 1823. On lui doit, dans cet ouvrage, l'expression d'« aplomb manufacturier » pour qualifier la nécessité pour l'agriculture de pouvoir faire transformer sa production par des industries.

80 Knittel, Fabien, *Agronomie et innovation. Le cas Mathieu de Dombasle (1777-1843)*, collection Histoire des institutions scientifiques, Nancy, Presses universitaires de Nancy, 2009.

81 Breton, Yves, Broder, Albert, Lutfalla, Michel, (dir.), *La Longue Stagnation en France. L'autre grande dépression* (1873-1897), Paris, Economica, 1997.

généralisée[82]. L'économie française ne connaît de reprise durable qu'à l'extrême fin du XIXe siècle. Sur le plan de l'économie agricole, cette date est le début d'une longue crise qui marquera la fin du XIXe siècle. Michel Augé-Laribé, en particulier, a adopté cette coupure[83]. Cette dernière a été confirmée par l'ensemble des auteurs qui se sont, depuis, exprimés sur cette question[84]. Il s'agit d'une conjugaison de crises spécifiques dont la chronologie est différente, mais qui s'emboîtent telles les tuiles d'un toit parmi lesquelles celle du phylloxéra, décelée en 1863, atteint son apogée en 1893. La betterave à sucre constitue la seule exception à cette baisse des prix. Sur le plan de la vie politique, l'élection à la présidence de la République de Jules Grévy le 30 janvier 1879 marque le début de « la République des républicains ».

Il est nécessaire, pour la compréhension de cette période, d'avoir présent à l'esprit que le développement de cet enseignement n'a pu que subir les contre-coup de cette « guerre des sucre » que nous venons d'évoquer. Nous ne saurions mieux faire, pour situer ce contexte que de reprendre les propres termes de l'article de Roland Treillon et Jean Guérin :

> La situation de blocus qui caractérisait la France au début du XIXe siècle appelait des décisions énergiques et brutales. L'affrontement des intérêts sociaux a imposé une chronologie différente.

Aucune école spécialisée dans l'enseignement de la sucrerie de betterave n'a donc pu subsister avant 1880. On peut avancer l'hypothèse que ces écoles étaient prématurées. Le savoir disponible à l'époque où ces établissements se créent est encore restreint et peut être assimilé par le chef d'entreprise. On en veut pour preuve l'évolution du nombre d'ouvrages publiés sur la sucrerie de betterave depuis l'origine ainsi que cela a été établi d'après les ouvrages existants à ce sujet à la bibliothèque du Conservatoire des arts et métiers, ce qu'illustre la figure 1.

---

82 Bouvier, Jean, *Le Krach de l'Union générale*, Paris, Presses universitaires de France, 1960.

83 Augé-Laribé, Michel, *La Politique agricole de la France de 1880 à 1940*, Paris, Presses universitaire de France, 1950.

84 Duby, Georges, Wallon, Armand, (dir.*)*, *Histoire de la France rurale*, t. 3, « 3e partie : l'ébranlement 1880-1914 », Paris, Le Seuil, 1976, p. 383-407.

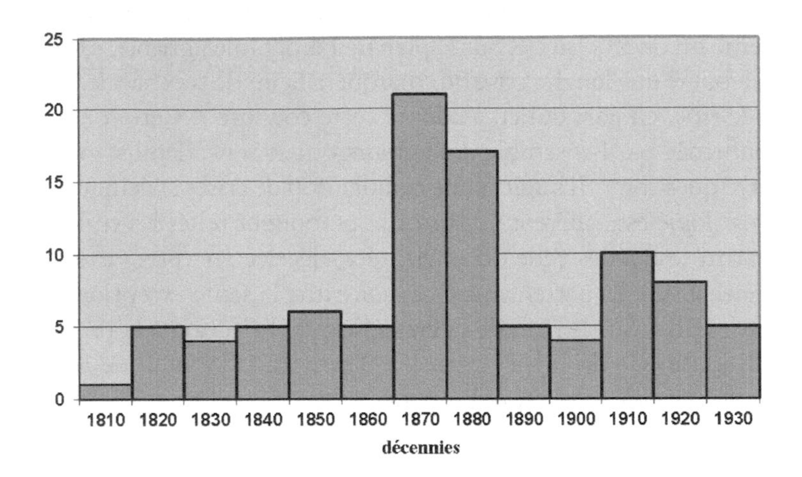

FIG. 1 – Nombre d'ouvrages concernant le sucre par décennies d'après le fichier « Sucre » de la bibliothèque du Conservatoire des arts et métiers.

Avant 1880, la sucrerie de betterave est donc un savoir en quête d'institution.

PREMIÈRE PARTIE

LA MISE EN PLACE DE L'ÉCOLE NATIONALE DES INDUSTRIES AGRICOLES

DOUAI, 1880-1939

Cette place où l'on ne s'était jamais avisé de mettre personne, on y a mis les ingénieurs [...] Pour l'occuper il leur faut de la vertu. Une vertu qui tient à ce qu'ils ne sont pas seulement situés au point de rencontre de la théorie savante et de la pratique tâtonneuse, des rigueurs déductives et des synthèses constructives, des opérations techniques et des tâches manœuvrières, mais aussi parce qu'ils sont au carrefour d'intérêts contraires et qu'il leur faut convenir à tout prix.
Hélène VÉRIN, *La Gloire des ingénieurs*, Paris, Albin Michel, 1993, p. 402-403.

Cette première partie est consacrée à la création puis à la mise en place de l'École nationale des industries agricoles

Durant le XIXe siècle, toutes les tentatives de création d'une école de sucrerie ayant été sans lendemain, l'une des originalités de cette école est donc d'être la première école de sucrerie à avoir duré.

Mais avant de présenter le récit de la vie et du rôle de cette école, il est nécessaire d'exposer le parti historique avec lequel cette histoire sera abordée, c'est-à-dire d'élucider ce que nous paraissent être, aujourd'hui, les enjeux de l'histoire d'une telle école. Ce sera l'objet du premier chapitre intitulé : « La revanche de Cérès ».

Le deuxième chapitre explicite les conditions dans lesquelles s'est concrétisée cette volonté de la profession sucrière que, pour faire bref, nous appellerons : « le projet des sucriers » et présente ce projet pédagogique fondateur qui couvre la période 1882-1903. En effet, la convention conclue en 1902 à Bruxelles entre les principaux pays producteurs de sucre en mettant fin au contexte dans lequel a été créée l'école met, de fait, un terme au projet des sucriers.

Le troisième chapitre présente la période qui s'ouvre en 1904 avec la nomination d'un nouveau directeur et s'interrompt en 1939 avec la Deuxième Guerre mondiale qui constitue une rupture majeure dans l'histoire de l'école. Nous appellerons : « Le projet des distillateurs » la nouvelle dynamique qui va, alors, marquer l'école.

De l'origine à 1939 l'école reste implantée à Douai. La présentation de la population des ingénieurs des industries agricoles formés à l'école avant 1940 fait l'objet du quatrième chapitre.

LA REVANCHE DE CÉRÈS

Si tout le monde connaît la première phrase de l'article premier de la Déclaration des droits de l'homme et du citoyen de 1789[1], la deuxième phrase qui expose que « Les distinctions sociales ne peuvent être fondées que sur l'utilité commune. », l'est beaucoup moins. C'est cette phrase qui, de fait, sert de fil conducteur à la recherche dont cet ouvrage rend compte. Nous verrons, ultérieurement, quelle a été l'« utilité commune » de cette école. Dans un premier temps nous essaierons dans ce chapitre, d'appréhender ce qu'a été, pour cette école, la « distinction sociale », laquelle pourrait être assimilée à un prestige reconnu.

Cette école de sucrerie dont nous avons vu émerger la nécessité au cours du XIXe siècle, loin de rester centrée sur la sucrerie de betterave avec une approche par filière, va contribuer à élaborer un savoir capable d'appréhender et de maîtriser l'ensemble des filières du secteur des industries agricoles et alimentaires. Le titre d'École nationale supérieure des industries agricoles et alimentaires (ENSIA) consacrera, en 1960, cette évolution. C'est pourquoi, il convient, au préalable, de souligner le caractère particulier, dans notre société, de l'acte alimentaire auquel, à sa façon, participe cette école. En effet, d'un côté cet acte est quotidien, banalisé et qui plus est, dont la préparation est habituellement dévolue aux personnes du sexe féminin lesquelles ont subi pendant longtemps un statut dévalorisé dans notre société. Mais, de l'autre, il présente un caractère vital car il permet la poursuite de la vie et, en outre dans une société où la religion d'État fut pendant des siècles la religion catholique dont la Transsubstantiation du pain et du vin constitue un dogme fondamental, l'acte de manger revêt une dimension sacrée.

Cette double dimension antinomique est portée, qu'ils l'investissent ou non, par ceux qui ont la charge de ce secteur d'activité qui ne peut être

---

1 « Les hommes naissent et demeurent libres et égaux en droits. » *Déclaration des Droits de l'Homme et du Citoyen*, 1789, Article 1er.

réduit à sa dimension économique mais qui est chargé, en outre, d'une forte dimension symbolique. On comprendra aisément que les questions de cet ordre qui relèvent des mentalités, obéissent à une temporalité beaucoup plus longue que celles relevant du progrès technique ou de la conjoncture économique. C'est pourquoi, nous nous permettrons, dans ce chapitre de parcourir l'ensemble de la période qui va du début des années 1880 à nos jours.

Nous avons vu que l'enseignement relatif à la sucrerie a toujours été dispensé avant 1880 par des chimistes. Il n'est donc pas étonnant que la démarche qui conduira à la création de cette école de sucrerie émane des chimistes dont nous allons présenter le rôle vers 1880.

L'ÉMERGENCE DE LA FONCTION DE CHIMISTE DE SUCRERIE ET DE DISTILLERIE

L'importance prise par les chimistes de sucrerie est née de la situation à laquelle doit faire face l'industrie sucrière au début des années 1880.

L'INDUSTRIE SUCRIÈRE À LA FIN DU XIXe SIÈCLE

La chute de la production française au tournant des années 1880

En 1880, il existe sur le territoire métropolitain 493 établissements fabriquant du sucre, qui donnent 283 602 tonnes de sucre raffiné, ce qui est loin d'être la plus forte production enregistrée puisque la campagne 1875-1876 avait produit 406 560 tonnes[2]. Compte tenu du dynamisme de l'industrie sucrière pendant les décennies qui ont précédé la période qui nous intéresse, l'impôt sur le sucre s'est révélé une source appréciable du budget et atteint, en 1879, le montant record de 200 402 768 Frs (droit de douane inclus) soit 5,74 % de l'ensemble des ressources fiscales.

2 Les sources consultées à ce sujet ont été : les *Enquêtes décennales agricoles* de 1882 et 1892, *les Statistiques agricoles annuelles*, le *Bulletin de statistique et de législation comparée (Bull. stat. législat. comp.)* publié par le ministère des Finances ainsi que *l'Économiste français*, hebdomadaire de tendance libre-échangiste.

Mais alors que l'industrie sucrière française de la betterave à sucre était la première d'Europe jusqu'en 1878, pour la campagne 1880-1881, l'Allemagne produit 573 000 tonnes de sucre brut et l'Autriche-Hongrie 510 000 t, la France ne produisant que 330 869 t suivie par la Russie avec 277 000 t. Ce développement très rapide des industries allemandes et austro-hongroises, à la fin des années 1870, est essentiellement dû au mode d'assiette de l'impôt. Alors qu'en France, l'impôt est calculé d'après le produit fabriqué, il l'est, en Allemagne, sur le poids des betteraves mises en œuvre et en Autriche-Hongrie, sur la capacité de production des usines. Ces deux systèmes incitent les industriels à améliorer la productivité de leurs établissements et, par ailleurs, en cas d'exportation, ils bénéficient de ristournes calculées sur des rendements notablement inférieurs à ceux qui servent pour le calcul des taxes, ce qui se traduit par des primes déguisées à l'exportation. De ce fait, les sucres allemands et austro-hongrois viennent concurrencer fortement la production française sur le marché national.

On constate, en effet, que les échanges extérieurs de sucre français présentent un solde régulièrement exportateur jusqu'en 1879, variant entre 36 000 t et 105 000 t, de 1875 à 1879, alors que ce solde devient brusquement importateur à partir de 1886[3]. Il est précisé que les sucres provenant des colonies sont assimilés aux sucres étrangers, ce qui est tout à fait admissible puisque nous ne considérons ici que la sucrerie de betterave.

Face à cette situation, les industriels français réagissent de deux manières. Tout d'abord, en favorisant l'amélioration de la qualité des betteraves par l'achat à la densité de sucre. Ensuite, en améliorant les procédés de fabrication[4]. Cet effort n'a pu atteindre pleinement ses effets que grâce à la loi du 29 juillet 1884 qui a institué, en France, le système de l'impôt sur la betterave mise en œuvre, analogue au système allemand. Cette loi a été adoptée notamment à la suite d'une action du *Journal des fabricants de sucre* fondé par Dureau dont la personnalité mérite d'être présentée.

---

3 *Bull. stat. législat. comp.*, avril 1896 et suivants ; *Statistiques agricoles*, 1937 qui fournit des tableaux rétrospectifs pour les périodes suivantes : betteraves industrielles, 1902-1937 ; sucres, 1883-1884 à 1936-1937.

4 *Bull. stat. législat. comp.*, avril 1882, p. 319.

Jean-Baptiste Dureau (1820-1896) débute comme employé dans une raffinerie de Nantes puis, à la suite de la révolution de 1848[5], part aux États-Unis et plus particulièrement en Louisiane, où il devient directeur d'une plantation de cannes à sucre et d'une fabrique de sucre. Il rentre en France en 1860 et fonde, sous le nom de *Journal des fabricants de sucre et distillateurs*, une publication qui se veut explicitement le continuateur du *Bulletin des sucres* qui était, nous l'avons vu, l'organe des promoteurs de l'École de Fouilleuse. Ce journal s'impose par la solidité de son information et par le discernement de son directeur dans ses prises de position, ainsi que l'atteste sa campagne concernant la réforme de la fiscalité de sucre. Cette publication existe encore à l'heure actuelle, sous le nom de *Sucrerie française*. On lui doit un ouvrage : *L'industrie du sucre depuis 1860*[6].

La relance de la production sucrière grâce aux mesures fiscales de 1884

C'est en tenant compte de cette modification fiscale qu'il convient d'analyser l'évolution de l'industrie sucrière française. Cette dernière se caractérise, d'abord, par une diminution du nombre des établissements qui passent de 493 à 332 en 1901, avec une chute marquée à partir de la campagne 1884-1885. Elle montre, ensuite, un doublement de la taille des établissements puisque le tonnage moyen de betteraves mises en œuvre passe de 13 434 t pour la campagne 1881-1882 à 28 166 t en 1901-1902. Ce tonnage moyen augmente légèrement jusqu'à la campagne 1883-1884, puis diminue très fortement pour descendre au minimum de 8 196 t en 1885-1886, et remonte ensuite lentement, pour atteindre en 1889-1890, des valeurs supérieures à celles de 1883-1884. La campagne 1901-1902 constitue, avec 338 000 hectares, l'extension maximale de la superficie de betteraves industrielles qui ne sera approchée, ensuite, qu'en 1934[7]. On relève également que

5 *Bull. chimistes*, t. 13 (avril 1896). Au sujet de 1848, il est évoqué « sa jeunesse ardente et généreuse où, après avoir sacrifié un moment, en 1848, à la passion de la liberté, à l'amour de la démocratie ».

6 Dureau, Jean-Baptiste, *L'industrie du sucre depuis 1860 (1860-1890)*, Paris, Bureaux du Journal des fabricants de sucre, 1894.

7 Augé-Laribé, Michel, ouvr. cité, p. 166. L'auteur indique 1930. C'est effectivement au cours de la campagne 1930-1931 que la production de sucre (1 084 000 tonnes de sucre raffiné)

le rendement en sucre par tonne de betteraves traitées double. Ce rendement reste stable jusqu'à la campagne 1884-1885 et augmente ensuite pour dépasser régulièrement 110 Kg de sucre par tonne de betteraves à partir de la campagne 1897-1898. Ce doublement est le résultat, d'une part, de l'amélioration de la densité des betteraves à partir de 1884, ce qui rend, d'ailleurs, les comparaisons difficiles de part et d'autre de cette date, notamment pour les tonnages de betteraves et d'autre part, de l'amélioration technique, caractérisée par la généralisation de méthodes nouvelles. Ensuite la production triple, passant de 283 000 t pour la campagne 1880-1881 à 1 051 931 t pour celle de 1901-1902, ces valeurs étant exprimées en sucre raffiné. Enfin, le solde exportateur net redevient positif à partir de 1890 pour atteindre, lors de la campagne 1901-1902, l'excédent record de 539 000 tonnes.

On relève donc la très nette inflexion de l'industrie sucrière en 1884.

La prédominance de l'industrie sucrière dans le Nord de la France

L'activité sucrière étant localisée dans les mêmes régions que la culture de la betterave à sucre, la figure 2, illustrant la statistique agricole décennale en 1882, en donne une bonne représentation et montre une forte concentration dans les départements situés au nord de Paris. Une analyse plus détaillée, de l'évolution de l'implantation des sucreries par départements, de 1838 à 1880, montre qu'il n'y a que cinq départements dans lesquels une production significative s'est poursuivie sans interruption : ce sont ceux qui constituent l'actuelle région Hauts-de-France. Cette permanence peut s'expliquer par la proximité du marché parisien et des agglomérations urbaines du Nord, ainsi que par la facilité des approvisionnements en combustibles[8].

dépasse pour la première fois la production de la campagne 1901-1902 (1 052 000 tonnes).

8 « La production du sucre de betterave en France depuis l'établissement de l'impôt », *Bull. stat. législat. comp.*, février 1886, p. 234.

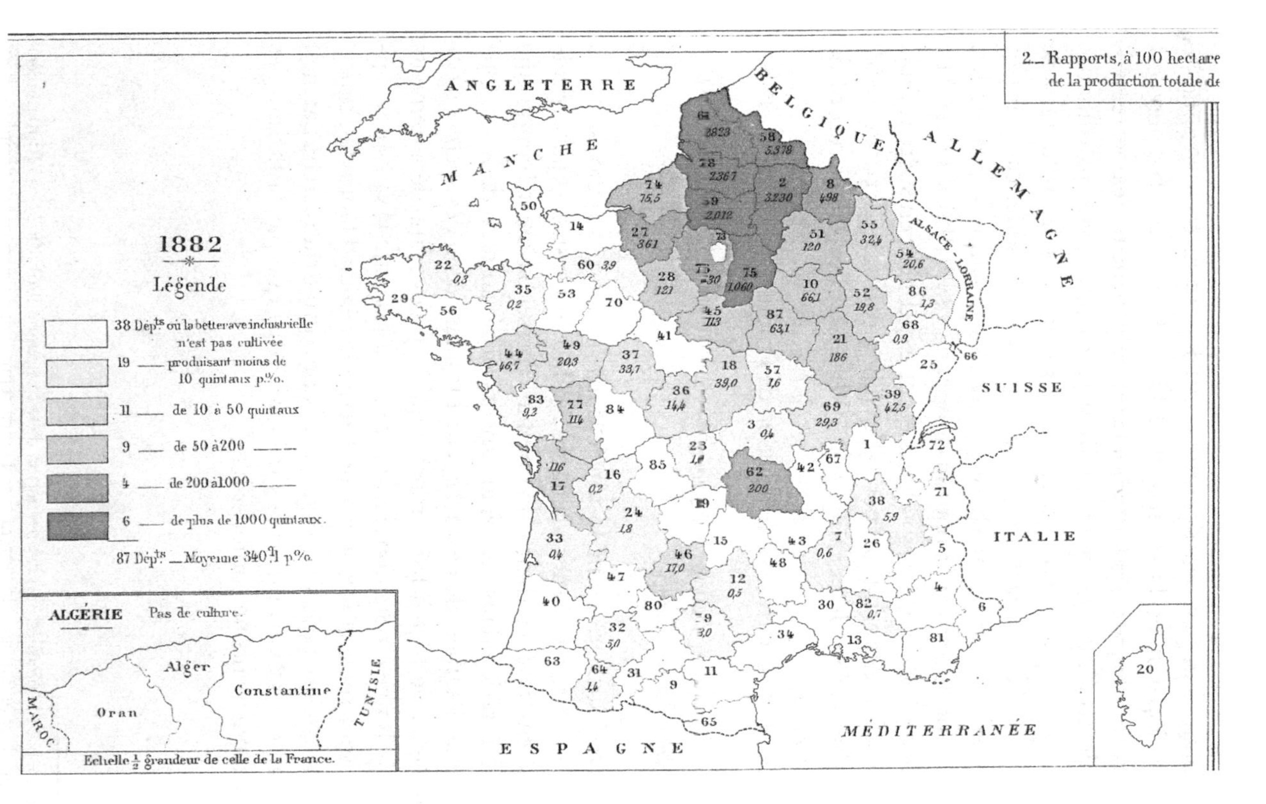

FIG. 2 – Localisation de la culture de la betterave à sucre en 1882. Rapport de la production totale de betterave à sucre exprimée en quintaux pour 100 hectares de terres labourables. Ministère de l'Agriculture, 1887, *Statistique agricole de la France, Résultats généraux de l'enquête décennale de 1882*, Nancy.

L'évolution de la répartition des établissements par département, sur la période 1880-1901, fait apparaître trois zones de répartition des sucreries en France à cette époque. Une première zone rassemble l'actuelle région Hauts-de-France dans laquelle l'activité sucrière est toujours constante et importante, auxquels s'adjoignent, en périphérie, les départements des Ardennes ainsi que la Seine-et-Marne et l'ancien département de Seine-et-Oise. Cette zone constitue le « bastion historique » de la sucrerie de betterave. Une deuxième zone comprend 12 autres départements du Bassin parisien au sens large[9]. En dernier lieu, une troisième zone comprend le reste du territoire, dans lequel seuls 8 départements disposent de sucreries. Une comparaison de la production totale, exprimée en sucre raffiné, de chacune de ces trois zones, fait apparaître une écrasante et constante prédominance de la première zone qui représente 98 % pour la campagne 1880-1881, dont la part relative décline cependant légèrement ensuite. L'importance relative de la deuxième zone, d'abord faible, augmente ensuite légèrement pour représenter 10 % à la campagne 1901-1902. Quant au poids relatif de la troisième zone, il est quasi négligeable. Cette forte concentration de l'activité sucrière sur le territoire métropolitain est donc déjà acquise dès 1880 et diminue légèrement ensuite.

L'industrie sucrière métropolitaine, menacée en 1880, a donc su se redresser au début du XXe siècle, essentiellement grâce à une modification fiscale. Le dynamisme de la sucrerie lui permet même de maintenir le prix d'achat des betteraves, il est vrai d'une richesse sucrière supérieure, alors que le prix de vente du sucre baisse.

LA SITUATION DES CHIMISTES DE SUCRERIE ET DE DISTILLERIE AU DÉBUT DES ANNÉES 1880

Pour des raisons à la fois réglementaires, techniques et économiques, la chimie prend de plus en plus de place dans les opérations de sucrerie.

Longtemps, les méthodes de dosage de la teneur en sucre pur sont restées empiriques, par référence à des types de sucre. Mais les lois des 29 juillet 1875 et 19 juillet 1880 imposent des mesures scientifiques. Les chefs d'entreprises ont donc besoin de s'appuyer sur des analyses chimiques en cas de litiges, soit avec des clients, soit avec l'administration

9 Il s'agit des départements suivants : Aube, Marne, Haute-Marne, Côte-d'Or, Saône-et-Loire, Yonne, Cher, Eure-et-Loir, Indre, Loiret, Eure, Seine-Maritime.

fiscale, puisque à partir de 1880 l'impôt est calculé sur le sucre pur produit[10]. C'est surtout l'aspect fiscal qui a rendu nécessaire la présence de chimistes dans les sucreries. En effet, l'impôt étant perçu par catégorie de richesse, il est de l'intérêt de l'industriel de s'approcher le plus possible de la limite, tout en évitant d'atteindre la catégorie supérieure, pour laquelle l'impôt est plus élevé. Rétrospectivement, Lucien Lévy, professeur à l'École des industries agricoles, nous paraît avoir très bien présenté la question :

> Le problème était celui-ci : étant donné que pour une richesse de 0 à 6 %, l'impôt était le même aux 100 kilos de sucre, les fabricants devaient : 1° nécessairement ne pas dépasser la limite supérieure 6 sous peine de payer un impôt plus élevé ; 2° et s'approcher le plus possible de 6, puisque l'impôt était réparti pour 100 kilos de sucre brut sur une plus grande quantité de sucre pur[11].

Il est d'ailleurs révélateur que les chimistes, agréés pour intervenir dans ce genre de conflits en Belgique, soient dénommés chimistes « départageurs[12] ».

Par ailleurs, il faut rappeler que des progrès essentiels dans la sucrerie de betterave sont intervenus depuis 1825. C'est, tout d'abord, le cas de la diffusion, qui n'est cependant introduite en France qu'en 1876, ensuite, la double carbonatation, imaginée en 1859 afin d'épurer le jus de betterave et enfin l'évaporation à triple effet, mise au point en 1830 aux États-Unis par Norbert Rillieux[13]. Ces techniques, et tout particulièrement la diffusion, se généralisent au cours de la période 1880-1901 et, pour atteindre leur pleine efficacité, doivent être suivies par des chimistes.

Le contexte économique nécessite également une plus grande rigueur dans le suivi ces opérations chimiques. À la suite de la crise du phylloxéra, les viticulteurs souhaitent utiliser des alcools industriels pour augmenter le degré alcoolique des vins, ce qu'on appelle le vinage, méthode qui était déjà pratiquée durant toute la première moitié du XIXe siècle. Dès 1853, l'oïdium avait sévi sur les vignes. Les récoltants, trouvant plus d'avantages à vendre leur vin en nature, renoncent à les distiller ce qui

---

10 Dureau, Jean-Baptiste, ouvr. cité, p. 249. Voir également Saillard, Émile, *Betterave et sucrerie de betteraves*, 3e éd., Paris, 1913, p. 18.

11 *Bull. chimistes*, t. 45, août 1927, p. 119.

12 *La Sucrerie belge*, t. 9, 9 octobre 1880, p. 47.

13 Pour le sens de ces termes, voir annexe II et glossaire.

entraîne une transformation complète de l'industrie de la fabrication de l'alcool. Beaucoup de fabriques de sucre de betterave se convertissent en distilleries. Mais le vinage est interdit à partir de 1864. Il reste qu'il y a là une éventualité à laquelle les distillateurs doivent se tenir prêts à répondre pour fournir un alcool de qualité. Des critiques sont en effet formulées à l'égard des alcools industriels qui tendent à remplacer les eaux-de-vie naturelles. Ces critiques sont particulièrement manifestes dans le rapport de la commission extra-parlementaire des boissons publié en 1888 et incitent fortement les distillateurs à améliorer les procédés de fabrication[14]. Cette prise de conscience est également très nette en Belgique :

> La fabrication sera scientifique ou elle sera ruineuse. Il n'y a pas de milieu. Il faut que le laboratoire chimique soit installé dans toutes les usines et que des chimistes [...] instruits président à toutes les opérations de la fabrique et en contrôlent tous les résultats[15].

Toutes ces raisons favorisent l'apparition d'une nouvelle profession : le chimiste de sucrerie et de distillerie. Toutefois, ces chimistes se heurtent parfois à des réticences et certains fabricants de sucre croient pouvoir encore s'en passer, ce qu'illustre parfaitement le témoignage suivant :

> Nous avons constaté un jour, dans une usine où les analyses étaient faites par une jeune fille du village, que le registre d'analyses portait généralement l'épuisement des écumes à 0,40 et à 0,60 gr de sucre. Le fabricant m'ayant prié de bien vouloir vérifier les opérations du chimiste, je trouvai 2,90 gr de sucre dans le lot d'écumes analysé, inscrit pour une richesse de 0,60. Plusieurs analyses opérées sur les écumes prises, soit aux filtres-presses, soit au tas dans la cour, me donnèrent constamment une teneur en sucre comprises entre 2 et 3 %. Avant ma visite, le fabricant était persuadé que l'épuisement des écumes marchait à souhait. Pour économiser un chimiste, qui lui aurait coûté 3 000 frs par an, ce fabricant perdait journellement pour 300 frs de sucre dans ses écumes[16].

Pourtant, ces chimistes se trouvent dans une position inconfortable, d'abord parce qu'elle est instable : les fabricants de sucre les recrutent

---

14 *Journal officiel*, 9 juillet 1888, p. 2924.

15 *La Sucrerie belge*, t. 9, 1er novembre 1880, p. 81.

16 Dupont, François, « État actuel de la fabrication du sucre en France au point de vue technique », *Bull. chimistes*, t. 6, août 1888, p. 182.

la plupart du temps pour une campagne de trois à quatre mois. « Les difficultés qu'on rencontre actuellement à recruter les personnels des chimistes de sucrerie est précisément le peu de temps pendant lequel ils sont employés[17] ». Par ailleurs leur rémunération est très modeste : le *Journal des fabricants de sucre* indique, en 1883, des salaires de 1 800 à 2 000 frs par an et estime qu'il s'agit « d'appointements d'employés aux écritures[18] ».

Aux États-Unis et notamment en Louisiane, l'évolution de la profession sucrière dans les vingt dernières années du XIXe siècle a été semblable à celle que nous venons de présenter. La raison de l'émergence de ce nouveau savoir et de ce nouveau métier est la volonté des planteurs de Louisiane de se prémunir « *against the dynamic European beet sugar industry*[19] » (contre le dynamisme de l'industrie sucrière européenne). Mais de même qu'en France, l'action des chimistes n'est pas toujours facilement acceptée, les intéressés ressentent le besoin d'une organisation :

> *In particular, the factory chemists wanted to overcome both the skepticism of their employers and the criticisms of the artisans whom they were gradually displacing from the sugar houses. The sugar chemists in Louisiana viewed organization as the best strategy for securing their professional goals.*
>
> « En particulier, les chimistes d'usine ont voulu surmonter tant le scepticisme de leurs employeurs, que les critiques des ouvriers qu'ils ont progressivement évincé des sucreries. Les chimistes de sucrerie de Louisiane ont vu dans une organisation la meilleure stratégie pour sécuriser leurs objectifs professionnels. »

C'est pourquoi, la *Louisiana sugar chemist's association* est créée le 15 juin 1889[20].

Au début des années 1880, les chimistes de sucrerie et de distillerie se trouvent donc dans une situation paradoxale. D'une part, leur action prend de l'importance car nous venons de voir que leur compétence scientifique

---

17 *Bull. chimistes*, t. 1, p. 16.

18 Ces salaires annuels sont cohérents avec le salaire de 200 Frs par mois donnés par le *Bull. chimistes*, t. 1, mai 1883, p; 136. À titre de comparaison, le salaire moyen annuel des ouvriers masculins des manufactures de l'État s'établit, en 1895, à 1 492 Frs, *Bull. stat. législat. comp.*, t. 1, 40, octobre 1896, p. 398.

19 Heitman, John A., « A new science and a new profession : sugar chemistry in Louisiana, 1885-1895, Traynhman, James G., (dir.), *Essay on history of organic chemistry*, Bâton Rouge et Londres, 1986, p. 80. Cet article nous a été très obligeamment signalé par Mme Micheline Charpentier.

20 Heitman, John A., art. cité, p. 88.

et technique est indispensable pour aider l'industrie sucrière à faire face à ses défis. Mais, d'autre part, ils se trouvent dans une situation précaire. C'est pour faire face à cette instabilité professionnelle que ce sont eux qui seront, en France, à l'origine de cette école qui deviendra l'ENSIA.

Ainsi que nous y invite la phrase de la *Déclaration des droits de l'homme* rappelée ci-dessus, voyons ce qu'a été le statut social de l'école jusqu'à nos jours.

LES CHEMINS DE LA RECONNAISSANCE

Ce sont les étapes de cette quête de reconnaissance à laquelle a dû se livrer l'ENSIA que nous présentons maintenant. Nous distinguerons ce qu'ont été ces étapes de part et d'autre de la Deuxième Guerre mondiale, dont nous verrons l'importance pour l'histoire de cette école[21]. Mais en tout premier lieu, nous voudrions attirer l'attention du lecteur sur un épisode des débats qui ont précédé la création de l'école.

LE STATUT DE L'ÉCOLE À SES DÉBUTS

C'est en avril 1887, pendant la phase préparatoire à la création de l'école, que le ministère de l'Instruction publique publie le premier communiqué officiel annonçant l'intention de l'État de créer à Douai « une grande école de sucrerie, de distillerie et de brasserie[22] ». Si deux journaux professionnels font part de cette information de façon neutre, il n'en est pas de même de *L'Économiste français* qui adopte un ton nettement sarcastique.

> Une École nationale de sucrerie, distillerie et brasserie, cela sera sans doute fort beau [...], Messieurs les ministres, un peuple ne vit pas seulement de sucre, d'alcool et de bière [...]. Élargissez et diversifiez vos dons. Il vous faudra créer une École de vinification, car dans notre vieux pays de France, le vin vaut bien le sucre, l'alcool et la bière ; une École nationale de panification car le pain a bien sa place dans l'alimentation de l'homme et l'on est encore, pour le faire, à des procédés bien primitifs ; une École nationale de minoterie et

21 Voir, en particulier, chap. « Le projet d'école centrale des industries alimentaires ».
22 Voir chap. « Le projet des sucriers », p. 112.

> féculerie ; [...] une ou plusieurs Écoles nationales de mégisserie et tannerie ; une École nationale de mercerie etc. La nomenclature peut s'étendre ; elle n'a pas de bornes. Pourquoi n'iriez-vous pas, Messieurs les ministres, pendant que vous êtes engagés dans ce grand travail scolaire, jusqu'à créer des écoles nationales de fabrication de corsets, de préparation de cheveux ouvrés, etc. ? [...] Nous approuvons encore que l'État conserve les établissements spéciaux qui lui ont été légués par le passé, comme les Gobelins, Sèvres, etc. Mais quant à créer des Écoles nationales de sucrerie, distillerie, brasserie, minoterie, féculerie vinification, etc., ce n'est pas là son affaire[23].

Précisons que l'auteur de cette critique est l'économiste Paul Leroy-Beaulieu (1843-1916), directeur de la publication et professeur d'économie politique au Collège de France. Il est également président du Syndicat des viticulteurs de France. De tendance nettement libre-échangiste, Leroy-Beaulieu exprime les conceptions de cette école selon laquelle l'intervention de l'État dans le domaine de l'enseignement technique n'est pas justifiée. C'est donc une personnalité de premier plan, à la fois du monde de l'économie politique et de la presse qui manifeste un avis très nettement défavorable au principe de la création de l'école.

Par ailleurs, nous devons constater que, à plusieurs reprises pendant la phase préparatoire à la création de l'école, ceux qui en furent les initiateurs se montrèrent, d'une façon ou d'une autre, en marge du monde dominant. C'est ainsi que les pharmaciens[24], qui étaient clairement dominés par les médecins, ont joué un rôle essentiel dans la mise en place de la sucrerie de betterave, industrie « promotrice » de l'école.

Anselme Payen, dont nous avons souligné le rôle essentiel dans l'émergence du savoir agro-alimentaire, appartenait manifestement à un milieu favorisé, nous dirions aujourd'hui un « grand bourgeois[25] ». Le moins que l'on puisse dire est, qu'aussi bien par sa formation, son parcours professionnel et la reconnaissance que le monde scientifique lui a accordée, il aura eu un parcours que l'on peut qualifier de « hors norme ». En particulier, il n'était pas habituel pour un industriel dont

---

23 Leroy-Beaulieu, Paul, « Du rôle de l'État, des localités et des particuliers dans l'enseignement technique », *L'Économiste français*, 15e année, 1er vol., n° 15, 9 avril 1887, p. 433-435.

24 Sur le rôle des pharmaciens dans l'élaboration de la chimie à la fin du XVIIIe siècle, on se reportera avec beaucoup d'intérêt à : Simon, Jonathan, *Chemistry, pharmacy and Revolution in France, 1777-1809*, [2005], Londres, Routledge, 2016 et « Pharmacy and Chemistry in the Eighteenth Century : what lessons for the history of science », *Osiris*, 2014, 29, p. 283-297.

25 Sur Anselme Payen, voir « Introduction », p. 34-40 et annexe III.

l'entreprise était prospère de se reconvertir, volontairement, en chercheur et en professeur.

Ensuite dès 1896, c'est-à-dire quelques années seulement après sa création, l'école est menacée dans son existence même, alors que l'économie générale redémarre après la longue stagnation dont on estime qu'elle s'est terminée en 1897[26]. L'école n'aura d'ailleurs, pendant 8 ans, qu'un directeur intérimaire. Après la victoire de 1918, la reconnaissance de l'école[27], qui a été saccagée par la guerre et qui ressent sa position excentrée comme un exil, est au plus bas.

Rappelons qu'en 1923, Charles Mariller, s'exprimant en tant que président des anciens élèves et évoquant un épisode des origines, manifestait clairement la conscience qu'ils avaient que l'école pouvait légitimement prétendre à un statut plus élevé, à une époque où il ne leur était pas encore reconnu le titre d'ingénieur. C'est en ce sens que peut être interpréter le passage suivant :

> Les uns et les autres doivent, là où ils se trouvent, exercer leur influence, travailler au progrès de nos industries et ne pas oublier que, seul, un effort semblable à celui de nos Fondateurs donnera à l'École le rang qu'elle mérite d'occuper[28].

Ce rappel est clairement une invitation à partir à la reconquête d'un projet qui paraît en voie de se perdre.

Relevons que ce manque d'intérêt du monde dominant pour l'industrie agro-alimentaire se rencontre également à l'égard de l'agriculture. C'est ce qu'exprime clairement Michel Augé-Laribé :

> Comme Léon Say le trouvait tout naturel, on sacrifie les vins aux soieries. Jamais un diplomate de la Carrière ou un fonctionnaire du Commerce n'attacheront le même intérêt aux salades qu'aux robes et chapeaux. [...]
>
> Le directeur de cabinet d'un ministre des affaires étrangères à qui je disais un jour, en pleine période de prospérité de l'automobile, que toute cette industrie avec ses accessoires et ses réparations ne totalisait pas un chiffre d'affaires égal à la valeur d'une récolte moyenne d'avoine, me répondit sans une hésitation : « Oui, mais l'automobile a un autre prestige[29] ! »

---

26 Breton, Yves, Broder, Albert, Lutfalla, Michel (dir.), ouvr. cité, 1997.

27 Voir chap. « le projet des distillateurs », p. 168-172.

28 Mariller, Charles, « Après 30 ans », *Agriculture et Industrie*, 1923, p. 5. Voir chap. « Les ingénieurs des industries agricoles formés de 1941 à 1968 », p. 223.

29 Augé-Laribé, Michel, ouvr. cité, p. 266.

Tout cela montre que, dès sa genèse, cette école s'est inscrite en marge du monde dominant de l'époque et que pendant ses premières années son statut social dans la nation est resté longtemps faible. Pour reprendre la problématique de la Déclaration des droits de l'homme de 1789, il est flagrant que, avant même sa création, cette école ne semblait pas destinée à bénéficier d'une grande « distinction sociale ». On peut s'étonner que, s'agissant d'une activité aussi nécessaire donc évidente que l'alimentation, cette dernière ait fait si peu l'objet de l'attention aussi bien des puissants que des hommes de science.

Ce n'est qu'à partir de 1934 que le statut de l'école se relève, d'une part, du fait de cette conjonction de facteurs favorables que nous dénommerons : le projet des distillateurs[30] et, d'autre part, de l'action déterminante d'Étienne Dauthy[31]. À cette même période, une initiative, particulièrement intéressante est prise par la création, en 1933, du Centre d'études économiques et techniques de l'alimentation (CEETA)[32]. Cette structure rassemble des polytechniciens, des centraliens, des agronomes et des anciens élèves de l'École des hautes études commerciales. Pourtant, malgré la qualité de son recrutement et l'intérêt de ses travaux, l'action de ce centre ne se poursuivra que pendant quelques années après la Deuxième Guerre mondiale. Tout s'est passé comme si la qualité des intervenants était trop élevée pour s'intéresser à un savoir aussi vulgaire que l'alimentation.

Pour analyser de manière plus approfondie ce statut, il paraît d'abord nécessaire de caractériser comment, à travers l'histoire de cette école, l'activité à laquelle s'est consacrée l'ENSIA, c'est-à-dire les industries agricoles et alimentaires, se situent dans la nation puis, dans un deuxième temps, d'analyser la situation actuelle. Nous nous placerons après la Deuxième Guerre mondiale qui marquera une forte rupture dans l'histoire de l'école.

APRÈS LA DEUXIÈME GUERRE MONDIALE

Dans la France dévastée après la guerre 1939-1945, l'école voit s'ouvrir devant elle de larges possibilités dans la reconstruction d'une nouvelle économie, ainsi que l'attestera la vitalité de l'Association des anciens élèves. Les réticences à l'égard de l'école vont encore se manifester dans l'immédiat après-guerre, à la fois dans la recherche d'une implantation

30 Voir chap. « le projet des distillateurs », p. 179-188.

31 Voir chap. « le projet des distillateurs », p. 202.

32 Voir chap. « Le projet d'école centrale des industries alimentaires », p. 290.

en région Île-de-France, d'abord à titre provisoire, ensuite à titre définitif, ainsi que dans celle d'un hébergement approprié pour les élèves originaires de la province.

De leur côté les professionnels de l'alimentation constatent que leurs métiers sont insuffisamment valorisés[33]. Ceci montre que, non seulement l'école, son enseignement et les ingénieurs qui y sont formés mais plus généralement l'activité que représente l'industrie alimentaire, ne sont reconnus qu'avec difficulté par la société. Le savoir dispensé par cette école nous paraît ainsi avoir encore les caractères d'un savoir dominé, ce qui est parfaitement illustré par, d'une part, l'accueil fait par la Cité universitaire de Paris au directeur de l'école, André Bonastre et, d'autre part, les contraintes rencontrées par Marcel Loncin lors de la première publication de son traité.

Le témoignage d'André Bonastre

Après avoir obtenu, en 1956, la construction d'un pavillon à la Cité internationale universitaire de Paris[34], le directeur vient, très normalement à cette occasion, présenter l'école au conseil d'administration de cette institution. La façon dont il a été accueilli peut surprendre si l'on en juge par le souvenir qu'il en a gardé près de vingt ans après :

> [...] le directeur de l'ENSIA n'oubliera pas de sitôt le sourire ironique de ses collègues de la conférence des directeurs de fondation de la Cité internationale, pour la plupart brillants universitaires, quand en 1956, il leur fit innocemment part de cette donnée : si la nécessité de cadres de haut niveau scientifique était admise dans la fabrication des chaînes de bicyclettes ou des appareils ménagers, leur besoin dans la fabrication des biscuits, de la confiture ou du saucisson était encore matière à plaisanterie[35].

Le titre initial de l'ouvrage de Marcel Loncin

Lorsque Marcel Loncin[36], 1961 vient pour la première fois présenter à l'édition son ouvrage fondateur, il souhaite que celui-ci soit publié

33 Voir chap. « Le projet d'école centrale des industries alimentaires », p. 297.
34 Voir chap. « Le projet d'école centrale des industries alimentaires », p. 327.
35 ENSIA, *Les structures : Centres – Départements et Chaires*, Massy, novembre 1972, p. 12.
36 Sur le rôle de Marcel Loncin, voir chap. « Le projet du génie industriel alimentaire », p. 404-409.

sous le titre de *Génie industriel alimentaire.* Mais l'éditeur, jugeant qu'une référence au domaine alimentaire ne serait pas attractive, impose le titre : *Les opérations unitaires de génie chimique*[37] alors que le texte ne porte que sur l'industrie alimentaire[38]. Ultérieurement, en 1976, lorsque Loncin met à jour son ouvrage, le titre primitivement envisagé pour la première édition sera accepté[39]. Ce savoir avait donc acquis droit de cité.

Deux autres aspects nous montrent que ce statut dévalorisé s'est poursuivi jusqu'à une date plus récente. Il s'agit de la place occupée par ces activités, d'une part dans une publication scientifique, en l'occurrence les *Bulletins signalétiques du CNRS* et, d'autre part dans les structures politiques et administratives.

Les Bulletins signalétiques *du Centre national de la recherche scientifique (CNRS)*

Les références relatives aux industries agro-alimentaires se trouvent présentées dans ces *Bulletins analytiques* sous les rubriques suivantes :

- de l'origine (1940) à 1941 : section P, industries agricoles[40] ;
- de 1942 à 1951, il est créé une 2ᵉ partie qui rassemble : « Sciences biologiques, Industries alimentaires, Agriculture », les industries agro-alimentaires étant regroupées plus particulièrement sous la rubrique : Aliments et industries alimentaires[41] ;
- en 1952 : toujours dans la 2ᵉ partie, la rubrique devient : Aliments, industries alimentaires et de fermentation[42] ;

À partir de 1956, cette publication devient le *Bulletin signalétique* qui présente les disciplines de la manière suivante :

37 Loncin, Marcel, *Les opérations unitaires de génie chimique*, Masson, 1961.

38 Témoignage de Bernard Guérin : entretien du 5 février 1988. Sur B. Guérin voit chap. Le projet d'Institut des sciences et techniques du vivant », p. 493.

39 Loncin, Marcel, *Génie industriel alimentaire*, Paris, 1976.

40 Voir Dandan, Najah, *Bulletin signalétique du CNRS Reflets de l'évolution des sciences et techniques*, Lyon, 1980, en ligne.

41 CNRS, *Bulletin analytique*, Paris, vol. 11, 1950, n° 1, p. 238-247 ; n° 11-12, p. 2535-2543 ; vol. 12, n° 1, p. 273-282 ; n° 11-12, p. 2885-2896.

42 CNRS, *Bull. cit.*, vol. 13, 1952, n° 1, p. 310-320 ; n° 11-12, p. 3218-3228 ; vol. 15, 1954, n° 1, p. 342-350 ; n° 11-12, p. 4181-4196.

– de 1956 à 1968 : section 18, sciences agricoles (zootechnie, phytiatrie, phytopharmacie, aliments et industries alimentaires) ;
– de 1969 à 1978 : section 380, Agronomie, zootechnie, phytopathologie, industries alimentaires[43] ;
– de 1979 à 1982 ; section 380, Produits alimentaires, le numéro de section indiquant dans ce cas la continuité thématique ;
– en1982 : section 215, Biotechnologies ;
– à partir de 1983 : section 210, Industries agro-alimentaires[44].

Ce dernier bulletin adopte un plan de classement reprenant la bibliographie internationale et reprend celui du Centre de documentation internationale des industries utilisatrices de produits agricoles (CDIUPA), existant depuis 1967 et qui avait pris la suite d'une publication de la Commission internationale des industries agricoles datant de 1939[45]. Précisons que le CDIUPA est lui-même implanté sur le site de Massy où se trouve également l'ENSIA.

Les structures politiques et administratives chargées des industries agro-alimentaires

Le ministère de l'Agriculture exerce, depuis son origine en 1881, la tutelle administrative des activités de transformation de produits agricoles en produits alimentaires. Cependant, cette tutelle ne s'est longtemps exercée que sur des produits très particuliers : le sucre, la distillerie pour en gérer les contingents de production ainsi qu'il en a été pour la meunerie et enfin les abattoirs dont le contrôle sanitaire est assuré par les services vétérinaires. À la fin de la Deuxième Guerre mondiale, après un passage sous la tutelle du secrétariat d'État au Ravitaillement, ces activités reviennent sous la tutelle du ministère de l'Agriculture en 1946. Dans le domaine des industries agro-alimentaires, c'est donc sur des filières très particulières que ce ministère intervient. En 1962, la création d'un service des industries agricoles marque, au sein du ministère de l'Agriculture, la prise de conscience de la nécessité d'une approche globale de ce secteur. Ce service devient une direction en 1968.

43 On peut s'étonner que le CNRS ne découvre le terme « agronomie » qu'en 1969.
44 Ce bulletin est connecté avec la base de données IALINE, créée par le ministère de l'Agriculture en 1963 et consacrée à l'agro-alimentaire.
45 En 1993, ce bulletin est géré uniquement par le CDIUPA.

En 1976, un secrétariat d'État aux industries agricoles et alimentaires est créé puis supprimé la même année. Il est remplacé en 1977 par une délégation aux industries agricoles et alimentaires, rattachée au ministère de l'Agriculture et remplacée à son tour en 1979 par un secrétaire d'État, rattaché directement au Premier ministre. L'alternance de mai 1981 provoque le retour de ce secteur au ministère de l'Agriculture. En 1987, est créée, par regroupement avec une partie des services vétérinaires, une direction générale de l'alimentation, laquelle est réformée en 1997 par le transfert de ses compétences économiques à la direction générale des politiques agricoles, agro-alimentaire et des territoires.

Dans cet ordre de préoccupations, on se doit de signaler l'existence de deux structures officielles mais ayant uniquement un caractère consultatif : le Conseil national d'études et de recommandations pour la nutrition et sur l'alimentation (CNERNA)[46] ainsi que le Conseil national de l'alimentation (CNA). Le CNERNA, créé en 1946 sous la dénomination de « Centre national de coordination des études et recherches sur la nutrition et l'alimentation », était un centre de recherches dépendant du CNRS. En 1992, il a pris la dénomination actuelle et est devenu un groupement scientifique rassemblant, outre les ministères des Finances, de l'Agriculture et de la Santé, le CNRS, l'INRA, l'Institut national de la santé et de la recherche médicale (INSERM), le Centre national d'études vétérinaires et alimentaires (CNEVA) et l'Association de coordination technique pour l'industrie agro-alimentaire (ACTIA). Son rôle est de dégager les fondements scientifiques des mesures envisagées par les autorités compétentes.

Le CNA, créé en 1985, est placé auprès des ministères de l'Environnement, de la Santé, de la Consommation et de l'Agriculture et a pour rôle de formuler, à l'intention des pouvoirs publics ainsi qu'à celles des acteurs privés, des propositions relatives à la politique de l'alimentation. La loi d'avenir agricole de 2014 en a précisé les attributions[47].

Aussi bien au niveau des publications du CNRS qu'au niveau des structures politiques et administratives, on constate donc une instabilité due à ce qui ne peut être expliqué autrement que par la difficulté, pour

46 Des liens anciens unissent le CNERNA et l'ENIA puisque Raymond Guillemet, directeur de 1946 à 1950, en était issu. Voir annexe XVIII.

47 Les avis du CNA sont consultables sur Internet. L'attention du lecteur est attirée par le très pertinent éditorial du président Philippe Guérin, en 2007 qui donne un excellent aperçu de l'activité du CNA, *Industries alimentaires et agricoles*, 101e année, janvier-février 2007, p. 2-3.

la société, à reconnaître ce savoir qui a tous les caractères d'un savoir secondaire, que nous nous risquerons à qualifier de savoir « dominé ». Cet état de fait peut s'expliquer par la situation des industries agro-alimentaires qui apparaissent comme un secteur coincé entre le poids économique de la grande distribution et le poids politique des agriculteurs[48]. À la position de ce savoir dans la société française, il faut peut-être chercher des causes plus lointaines et plus profondes, du moins si l'on suit David Landes qui analyse ainsi la situation :

> [...] la France, victime en un sens de ses gloires passées, et trop encline à se bercer des prédilections et des préjugés de la société pré-industrielle. La France de Louis XIV, celle de Napoléon, avait dominé l'Europe ; elle avait inspiré, par la majesté de son apparat, une crainte respectueuse au reste du monde ; elle avait étincelé de tous ses talents artistiques et littéraires. Chemin faisant, elle s'était formée, surtout dans les hautes sphères de la société, un ensemble de valeurs très complet, qu'inondait un sentiment de satisfaction et de supériorité. Comme en tous les cas où s'identifient style de vie et valeurs d'une part, amour-propre de l'autre, la France a eu une réaction caractéristique devant les activités où elle ne pouvait assurer sa prééminence : elle les refusa tout simplement comme indignes[49].

Toutefois, l'analyse de D. Landes doit être fortement nuancée bien que ce thème ait fait l'objet d'un séminaire de l'École des hautes études en sciences sociales de 1989 à 1994[50]. On ne peut pas conclure à un échec industriel de la France, mais on doit constater qu'« il est difficile de changer de modèle d'industrialisation[51] ». Il reste que l'alimentation, tâche qui est plus habituellement réservée aux femmes, lesquelles, jusqu'à une date récente, subissaient dans la société française un statut dévalorisé, ne pouvait, avec de telles pesanteurs historiques, attirer les hauts responsables de la société.

La situation particulière de ce savoir dans la nation explique probablement le fait que, au cours de cette période, d'autres écoles plus

---

48 Pierre Leroy, *Le problème agricole français*, Économica, Paris, 1982.

49 Landes, David, *The unbound Prometheus*, [Londres, 1969], *l'Europe technicienne, Révolution technique et libre essor industriel en Europe occidentale de 1750 à nos jours*, Paris, Galimard, 1975, p. 747.

50 Bergeron, Louis, Bourdelais, Patrice, (dir.), *La France n'est-elle pas douée pour l'industrie ?* Paris, Belin, 1998.

51 Boyer, Robert, « La spécificité de l'industrialisation française en quête de théories : essor et crise d'une variante étatique du modèle fordiste » (1945-1995), *in* Louis Bergeron et Patrice Bourdelais (dir.), ouvr. cité, p. 202.

prestigieuses ou présentant un niveau de recrutement scolaire plus élevé, aient manifesté avec netteté leur manque de motivation pour les industries agro-alimentaires, activités considérées comme socialement peu valorisantes. Malgré le relèvement très net du niveau scolaire des étudiants à partir de 1940, l'ENSIA, école moins prestigieuse, était en quelque sorte « condamnée » à s'investir toute entière dans ce champ du savoir. Son statut défavorisé l'obligeait à réussir.

LES CONSÉQUENCES DE LA DÉCOLONISATION

La décolonisation[52] va avoir pour l'ENSIA une conséquence indirecte qui doit être soulignée. Elle découle de l'appréciation portée par certains historiens, tel Fernand Braudel, qui considèrent que 1962 marque la fin de plusieurs siècles dominés par une histoire essentiellement militaire. Sur ce dernier point, on peut se référer au témoignage de Tocqueville lorsque, au milieu du XIXe siècle, il présente le peuple français comme : « [...] ; apte à tout, mais n'excellant que dans la guerre[53] ; ». La place de notre pays allait maintenant se jouer notamment sur le terrain économique. Or les industries agro-alimentaires apparaissent comme une activité porteuse d'avenir et non sujette aux aléas de l'histoire.

Avant d'examiner plus profondément ce qu'ont été les conséquences de cet événement pour l'ENSIA, il paraît utile de jeter un regard rétrospectif sur l'action des pouvoirs publics en ce domaine.

Y-a-t-il eu un projet politique pour la formation des cadres des industries agro-alimentaires ?

La politique des pouvoirs publics en matière d'enseignement supérieur des industries agro-alimentaires aura donc été essentiellement, mais pas uniquement, celle du ministère de l'Agriculture à l'égard de l'ENSIA. De cet examen nous paraissent ressortir deux idées-majeures : d'une part, les lois fondamentales concernant soit l'enseignement agricole au sens large, soit celui des industries agricoles plus particulièrement correspondent chacune à un régime politique différent ; d'autre part,

---

52 La décolonisation va avoir des conséquences directes qui seront exposées ultérieurement. Voir chap. « Le projet du génie industriel alimentaire », p. 394.

53 Tocqueville, Alexis de, *L'Ancien régime et la Révolution*, [1856], Paris, Gallimard, 2004, la Pléiade, t. 3, p. 231.

l'enseignement supérieur des industries agro-alimentaires est allé en se dissociant partiellement de l'enseignement supérieur agronomique.

On ne peut que constater que, aussi bien les textes créant l'ENIA, la loi du 23 août 1892 et l'arrêté du 20 mars 1893[54] que la loi du 2 août 1918[55] réorganisant l'ensemble de l'enseignement agricole, portent la marque de la IIIe République. De même, la loi du 13 janvier 1954[56], ne concernant que l'ENIAA, est caractéristique de la IVe République, notamment dans son mode d'élaboration. Enfin, les lois d'orientation agricoles de1960[57] sont la traduction législative du projet politique de la Ve République à l'endroit du monde agricole même si, en toute rigueur, la décision des nouveaux pouvoirs publics le 13 août 1958[58] d'implanter à Massy les installations nécessaires à la première année de l'ENSIA a constitué pour l'école une étape très importante.

Par ailleurs, on observe une dissociation progressive et partielle entre l'enseignement des industries agro-alimentaires, et l'enseignement agronomique. Il est évident que, à sa création, l'École nationale des industries agricoles est intégrée dans le projet politique du ministère de l'Agriculture[59], projet qui était de former des cadres afin d'implanter le régime républicain dans les campagnes. Mais ultérieurement on constate que les décisions majeures concernant l'ENSIA, l'attribution du titre d'ingénieur en 1926, son départ partiel de Douai en 1940, la reconnaissance de son extension aux industries alimentaires en 1954 et enfin son implantation partielle à Massy en 1958, ont toutes été prises indépendamment de celles relatives à l'enseignement supérieur agronomique et vétérinaire. On soulignera également que, mis à part la dernière de ces mesures, elles ont été prises en dehors d'une volonté explicite des pouvoirs publics nationaux. Au contraire, les grandes lois concernant l'enseignement supérieur agronomique et vétérinaires, que ce soit celle de 1918 ou celle de 1960, n'ont que fort peu affecté l'ENSIA.

Nous venons donc de voir, d'une part, que chacun des régimes politiques qui se sont succédé depuis ont affecté la vie de l'ENSIA,

---

54 Voir chap. « Le projet des sucriers », p. 121-126.
55 Voir chap. « Le projet des distillateurs », p. 165-172.
56 Voir chap. « Le projet d'école centrale des industries alimentaires », p. 315-317.
57 Voir chap. « Le projet du génie industriel alimentaire », p. 389-393.
58 À cette date, il s'agit encore, juridiquement, de la IVe République. Voir chap. « Le projet d'école centrale des industries alimentaires », p. 329.
59 Voir chap. « Le projet des sucriers », p. 114.

consciemment ou non[60], ce qui indique que ce type d'enseignement présente une dimension politique et, d'autre part, qu'on a assisté à une dissociation partielle entre les décisions des pouvoirs publics la concernant et celles concernant l'enseignement supérieur agronomique, ce qui est le signe d'une autonomisation au moins partielle de cette dimension politique. On est donc conduit à se demander s'il y a eu un projet politique spécifique pour la formation des cadres des industries agricoles et alimentaires.

En bref, cela signifie que, mis à part le projet politique initial, il n'y a pas eu de projet politique national à ce sujet avant l'instauration de la Ve République. Or la décolonisation en est l'événement fondateur. Du moins à ses débuts, la Ve République exprime un projet politique à l'égard du monde agricole par les lois d'orientation de 1960, dont celle du 2 août n'exprime que le volet concernant l'enseignement. Mais la place des industries de transformation n'y est que très marginale, ce qui, compte tenu de la volonté très nette de rupture avec le régime précédent, équivaut à une confirmation de la loi de 1954.

L'amélioration récente de la reconnaissance sociale

Toutefois, plusieurs éléments incitent à penser que, à une date récente cette situation a évolué dans un sens favorable pour les industries agro-alimentaires et donc pour l'ENSIA. On peut, en effet à ce sujet, relever deux faits.

Tout d'abord, en 1977, l'utilisation de l'expression « pétrole vert » par le président de la République[61] consacre l'importance nationale de cette activité. Il est clair que le point de départ de cette reconnaissance est le constat que les performances françaises à l'exportation, dans le domaine agro-alimentaire sont insuffisantes, en comparaison de celles de l'Allemagne et surtout des Pays-Bas. Le délégué aux industries agricoles et alimentaires, en 1983, est parfaitement explicite à ce sujet[62].

---

60 L'exemple le plus frappant de décision inconsciente est la création de la « zone interdite » par les occupants allemands en 1940. Voir « Le projet d'école centrale des industries alimentaires », p. 283. On peut légitimement supposer que ceux-ci n'avaient pas prévu que cette décision entraînerait l'implantation durable de l'ENSIA en région parisienne, événement qui nous paraît être le plus important depuis la création de l'école.

61 Voir chap. « Le projet d'Institut des sciences et techniques du vivant », p. 454.

62 Voir chap. « Le projet d'Institut des sciences et techniques du vivant », p. 457.

Ensuite, en 1984, le « Rapport sur l'organisation d'un enseignement supérieur des sciences de l'agronomie et des industries alimentaires » ne renferme aucune critique contre les industries agro-alimentaires. C'est au contraire l'aptitude de l'enseignement supérieur agronomique, au sens large, à préparer aux carrières les concernant, qui est l'interrogation majeure du rapport[63].

À une date plus récente, la fusion de l'ENSIA avec l'INA-PG[64] et l'ENGREF[65], dans AgroParisTech constitue une étape supplémentaire dans la reconnaissance sociale qui lui est accordée, reconnaissance encore accentuée par la création, en 2014, de l'Institut agronomique vétérinaire et forestier de France (IAVFF) qui a, de fait, en charge la préparation aux carrières dans ces industries.

Compte tenu des faits rapportés, on peut estimer que cette reconnaissance se situe entre 1961 et 1976. La construction européenne a certainement contribué à cet intérêt pour l'industrie agro-alimentaire mais c'est la décolonisation qui nous paraît être l'explication majeure de ce retournement d'attitude. Plus généralement, on peut, à cette occasion, se risquer à qualifier le statut de l'ENSIA de statut « inverse ». On ne peut en effet que constater que le statut de l'école dans la nation est allé à contre-courant de la situation générale. À l'origine, l'école a été conçue pendant la longue stagnation. Elle a connu ses premières difficultés alors que l'économie redémarrait. Quelques années après la crise de 1930, elle a connu un très net regain d'activité. La défaite de 1940 a entraîné pour l'école un exode dont les conséquences ont été bénéfiques et la crise des années 1970 a eu des conséquences favorables pour l'école.

On constate donc que la crise économique révélée par le premier choc pétrolier de 1973 a également permis de prendre conscience de l'importance de l'industrie agro-alimentaire. Y-aurait-il un lien entre cette dernière et les crises économiques ? Par ailleurs, le président de l'INRA formule en 1999 un diagnostic qui nous invite à nous interroger sur la nature de l'agro-alimentaire et sur les conséquences qu'il propose d'en déduire. Ce sont sur ces deux interrogations qu'il convient maintenant de nous arrêter.

---

63 Voir chap. « Le projet d'Institut des sciences et techniques du vivant », p. 487.

64 Institut national agronomique Paris-Grignon. Voir annexe XXIV.

65 École nationale du génie rural, des eaux et des forêts. Voir annexe XXIII.

DEUX INTERROGATIONS SUR LA FORMATION TECHNIQUE POUR L'AGRO-ALIMENTAIRE

Voyons d'abord quelles ont été pour l'école les répercussions des crises économiques qu'elle a eu à traverser.

LES CRISES ÉCONOMIQUES INFLUENT-ELLES SUR LA FORMATION TECHNIQUE ?

Les crises économiques auraient-elles eu des répercussions favorables sur l'ENSIA ? Les événements qui viennent d'être rappelés nous incitent à formuler cette hypothèse. Afin de vérifier cette dernière, nous adoptons le parti de prendre en considération, d'une part, non pas le début de la crise mais l'événement qui en fait prendre conscience dans l'opinion publique et, d'autre part, le moment où a été pris une décision importante lançant ou relançant la dynamique de l'ENSIA quelque temps après. Nous allons examiner successivement les trois crises économiques majeures qui ont marqué l'histoire de l'ENSIA.

La Longue stagnation (1873-1897)[66]

C'est le krach de la banque de l'Union générale[67] le 19 janvier 1882 qui fait prendre conscience à l'opinion publique française de cette crise.

Or, il est incontestable que le communiqué du ministère de l'Instruction publique d'avril 1887 annonçant l'intention de créer à Douai : « une grande école de sucrerie, de distillerie et de brasserie[68] » est l'acte qui marque, en quelque sorte le point de non-retour de l'engagement des pouvoirs publics en faveur de la création de cette école.

La Grande dépression des années 1930

Le krach boursier survenu à Wall Street le jeudi 24 octobre 1929, le « Jeudi noir », a eu un retentissement planétaire. Toutefois, la plupart

66 Breton, Yves, Broder, Albert, Lutfalla, Michel (dir.), ouvr. cité, 1997.

67 Voir Bouvier, Jean, ouvr. cité, 1960.

68 Voir chap. « Le projet des sucriers », p. 112.

des auteurs s'accordent sur le fait que la crise qui s'est manifestée aux États-Unis, en 1929, ne touche la France qu'avec plusieurs mois de retard. Il semble acquis que le renversement de la conjoncture se situe dans le courant de 1930[69].

Parallèlement, il faut rappeler que c'est en 1934 qu'Étienne Dauthy[70] est nommé directeur de l'école, C'est à ce titre que Dauthy décidera en 1940 d'installer l'école à Paris. Ensuite, en tant que directeur général, il suivra le développement de l'école jusqu'au début des années 1950 c'est-à-dire pendant une période essentielle au développement de l'ENSIA.

Le Choc pétrolier et la crise des années 1970

Bien que selon la plupart des auteurs, dont Raymond Barre, cette crise économique ait commencé plusieurs années avant 1973, c'est le premier choc pétrolier qui, par son retentissement considérable, en fait prendre conscience à l'opinion.

> Le 17 octobre 1973, pendant la guerre israélo-arabe dite du Kippour, les ministres de l'Organisation des pays arabes exportateurs de pétrole (OPAEP) avaient pris une série de décisions qui aboutirent au triplement du prix du pétrole, puis à son quadruplement[71].

Or c'est en 1979 qu'est prise la décision de créer l'Institut supérieur de l'agro-alimentaire (ISAA) qui marque la volonté des pouvoirs publics et de renforcer l'enseignement de l'agro-alimentaire et qui renforce le rôle de l'ENSIA.

Nous constatons qu'il s'écoule un nombre d'années à peu près équivalent entre l'événement qui fait prendre conscience de la crise et le moment d'une prise de décision favorable pour l'ENSIA : ce nombre d'années est de 5 dans le premier cas, de 4 dans le deuxième et de 6 dans le troisième. À plusieurs reprises, une crise économique a eu des conséquences favorables pour l'ENSIA.

On notera que toutes les décisions concernant l'enseignement de l'agro-alimentaire prises précédemment sont confirmées par les nouvelles autorités issues de l'alternance de mai 1981, ce qui indique qu'il y a un

69 Broder, Albert, *Histoire économique de la France au XXe siècle*, ouvr. cité, 1998. p. 58.
70 Voir chap. « Le projet des distillateurs », p. 202.
71 Becker, Jean-Jacques avec la collaboration de Pascal Ory, *Crises et alternances 1974-1995*, Paris, Le Seuil, Nouvelle histoire de la France contemporaine-19, 1998, p. 63-64.

consensus pour renforcer cet enseignement et qu'il ne s'agit pas d'un enjeu idéologique. Ceci nous paraît être une confirmation que c'est bien la crise économique qui est le moteur véritable de ces mesures.

Quelle explication peut-on donner à cette relation ? Nous nous risquerons à émettre l'hypothèse suivante. Après une crise économique, la société prend conscience que les industries agro-alimentaires, activité vitale et non sujette aux aléas de l'Histoire, nécessitent qu'on leur accorde d'avantage d'intérêt et donc qu'on prenne des mesures favorables à leur enseignement. Nous rejoignons totalement dans cette voie René Chatelain :

> Les lendemains de batailles, perdues ou gagnées, ont toujours incité la France, de toute manière affaiblie, à chercher dans son agriculture les moyens de son relèvement. [...]
> 1870, 1918, 1940 : chaque fois, aussi, l'on « redécouvre » l'enseignement agricole[72].

C'est pourquoi il nous paraît indispensable de souligner que les rapports de la société avec les industries agro-alimentaires sont complexes et qu'il doit en être, logiquement, de même pour l'enseignement scientifique et technique les concernant. Un acteur particulièrement qualifié nous invite clairement à nous engager dans cette voie : il s'agit de Guy Paillotin, président de l'INRA de 1991 à 1999.

LE DIAGNOSTIC DU PRÉSIDENT DE L'INSTITUT DE LA RECHERCHE AGRONOMIQUE

Le président de l'INRA exprime son point de vue dans un ouvrage au titre parfaitement éloquent : *Tais-toi et mange*[73] *!* Il souligne ainsi qu'il est indispensable, selon lui, d'exprimer davantage ce qu'implique l'acte alimentaire afin de mieux prendre conscience des enjeux qu'il recouvre.

D'emblée Guy Paillotin en expose la complexité :

---

72 Chatelain, René, ouvr. cité, p. 99.

73 Paillotin, Guy, Rousset, Dominique, « *Tais-toi et mange !* » *L'agriculteur, le scientifique et le citoyen*, Paris, Bayard Éditions, Sciences-Société, 1999. Dominique Rousset est une journaliste qui a pris l'initiative de cet ouvrage. Elle a ainsi permis à Guy Paillotin d'apporter son témoignage. Pour ces raisons, nous la remercions très vivement. Par ailleurs, nous devons à Charles Riou, directeur de recherches honoraire de l'INRA, de nous avoir signalé le très grand intérêt de cet ouvrage. Nous l'en remercions très amicalement.

> Indispensable et quotidienne, l'activité de manger n'est jamais anodine : elle nous inscrit dans une relation étroite avec la nature, dont nous consommons les produits ; elle s'accompagne également de rites sociaux et culturels dont chaque société a fait son génie distinctif [...]. L'assiette et la table sont bien moins futiles qu'il n'y paraît au premier abord[74].

Et précise plus loin en quoi l'acte alimentaire est bien plus que la réponse à un strict besoin nutritif :

> Manger est un acte social qui mêle nos choix personnels, nos rêves, nos représentations de la nature et l'apport de notre culture, y compris religieuse. Le goût est certes le sens qui nous permet de percevoir les saveurs, mais il représente aussi une forme de savoir-vivre[75].

On relèvera que cette dimension culturelle de l'alimentation est confirmée par des recherches plus récentes et tout particulièrement celles de Sébastien Abis[76] :

> Étonnamment, les dimensions culturelles et religieuses semblent mésestimées dans les analyses portant sur l'évolution de la sécurité alimentaire et les dynamiques de consommation dans le monde. [...] Marqueur fort de l'intimité et de l'identité de chacun, ce que nous mangeons nous définit en très grande partie tant sur le plan de notre propre santé que sur celui de notre rapport aux autres. [...]
>
> Insistons simplement sur la centralité des liens entre cultures, croyances et alimentation[77].

Cependant les attentes sociales sont diverses et ont évolué d'abord dans le temps car la société s'est très largement urbanisée et ce sont l'industrie agro-alimentaire puis la grande distribution qui ont assuré l'« interface » entre l'agriculteur et le consommateur.

Ces attentes varient également dans l'espace :

> À Moscou et dans toute la Russie, Coca-Cola et Pepsi-Cola ont beaucoup séduit à leur arrivée, car ils avaient valeur de symbole. Cependant, aujourd'hui le pic de consommation est atteint, et les Russes reviennent à leurs boissons traditionnelles[78].

74 Paillotin, Guy, Rousset, Dominique, ouvr. cité, 1999, p. 7.
75 Paillotin, Guy, Rousset, Dominique, ouvr. cité, 1999, p. 119.
76 Sébastien Abis est chercheur associé à l'Institut de relations internationales et stratégiques (IRIS) et directeur du club Déméter.
77 Abis, Sébastien, « Le goût des autres », *in Sésame*, n° 4, novembre 1918, p. 8.
78 Paillotin, Guy, Rousset, Dominique, ouvr. cité, 1999, p. 156.

La seconde partie du titre de l'ouvrage : *l'agriculteur, le chercheur et le citoyen*, nous suggère des voies d'une thérapeutique. Il définit ainsi ce que nous pouvons appeler la « tentation du chercheur » :

> L'affrontement se fait entre ceux qui croient toujours que la production, l'industrie, aidées de la science dans sa neutralité distante, sont les uniques moteurs du progrès pour une économie dont le consommateur n'a qu'à recueillir les fruits, et ceux qui pensent que l'innovation et l'économie doivent se développer à partir des aspirations de la société. [...] Les travaux scientifiques les plus récents en sociologie de l'innovation ont bien démontré que la deuxième thèse est la bonne[79].

Le chercheur, et plus généralement le scientifique, a donc un rôle de médiation entre l'agriculteur qui se situe à l'amont de la filière et le consommateur qui est aussi un citoyen. L'exemple suivant illustre parfaitement la manière dont le chercheur doit gérer « l'interface » entre l'agriculteur et le consommateur.

> Il y a dix ans, on entendait des discours sur l'uniformisation des modes alimentaires à l'INRA. À cette époque, les chercheurs s'étaient laissés convaincre que le pain de mie tranché sous cellophane allait s'imposer au détriment du pain français, beaucoup plus compliqué à fabriquer. Pour accompagner cette tendance, on a cessé de sélectionner les blés sur leur « force », c'est-à-dire leur teneur en protéines – le pain français exige en effet une certaine force, alors que le pain de mie ne doit pas en avoir. Or, au début des années quatre-vingt-dix, la demande de pains différents s'est manifestée très nettement et la plupart des boulangeries en proposent aujourd'hui plusieurs variétés[80].

Aujourd'hui, le consommateur ressent le besoin d'une alimentation diversifiée ainsi que cela s'exprime par le comportement des innombrables visiteurs des salons de l'Agriculture dont le succès ne se dément pas. Ce rappel implique que le rôle essentiel de l'agriculture reste de produire des aliments qui satisfasse le consommateur et fasse accepter ainsi la diversité de ses autres fonctions.

Or, pour satisfaire ce besoin du consommateur d'une alimentation diversifiée, notre Pays dispose d'incontestables atouts. Sa surface agricole est relativement modeste c'est pourquoi il ne peut prétendre nourrir le

---

79 Paillotin, Guy, Rousset, Dominique, ouvr. cité, 1999, p. 107.

80 Paillotin, Guy, Rousset, Dominique, ouvr. cité, 1999, p. 155-156.

monde[81]. Mais compte tenu de la qualité de son appareil industriel de transformation et, en particulier, des liens qu'il a établi avec les pays ayant dépendu autrefois de sa souveraineté, il peut agir, à l'échelle mondiale, dans le sens de l'autonomie alimentaire du plus grand nombre de régions.

Plus concrètement, une action pertinente dans ce domaine doit être entreprise dans une double perspective. D'abord dans un souci de développement durable auquel l'ouvrage se réfère explicitement[82], ainsi que dans le cadre de l'Europe dont les dirigeants expriment, de plus en plus nettement, leur ambition en ce domaine ce qui n'exclut pas le respect de la diversité des cultures de chacune des nations.

En définitive cet acte aussi banal et quotidien que celui de se nourrir ne nous interpelle-t-il pas sur une question beaucoup plus profonde ?

> D'où vient donc la spécificité de l'agro-alimentaire ? En grande partie de l'idée que nous nous faisons de nos relations avec la nature[83].

> Ouvrir sa table garnir les assiettes sont des gestes forts qui relèvent de la liberté non de la prescription. [...] notre table reste le lieu inviolable de notre liberté individuelle, que la science doit servir et non asservir. [...] L'alimentation a sa pesanteur, elle reste le lieu privilégié des relations de l'homme avec la nature. Il ne s'agit pas tant de rompre avec cette dernière que de l'apprivoiser[84].

C'est, d'ailleurs, cette même question qui au cœur des polémiques engendrées par les organismes génétiquement modifiés (OGM) et leur présence possible dans notre alimentation. En définitive, ce sont des questions d'éthique que soulève la nature même de l'agro-alimentaire. Rappelons que, dès 1979, Fernand Braudel avait déjà souligné cette dimension éthique de l'alimentation.

> « Dis-moi ce que tu manges, je te dirai qui tu es. » Le proverbe allemand, [...] l'affirme à sa façon : *Der Mensch ist was er isst* (L'homme est ce qu'il mange).

---

81 On relève que cette remarque implique une limite à la politique du « Pétrole vert » telle qu'elle est exposée chap. « Le projet d'Institut des sciences et techniques du vivant », p. 454-457. On remarquera, d'ailleurs, que Jean Wahl, un des promoteurs de l'expression, est tout à fait conscient des limites de notre capacité exportatrice en ce domaine. Voir, plus loin, p. 83.

82 Paillotin, Guy, Rousset, Dominique, ouvr. cité, 1999, p. 64. Voir La Commission mondiale sur l'environnement et le développement, *Notre avenir à tous*, Introduction de Gro Harlem Brundtland, Montréal, Éditions du Fleuve, chap. 5 « Sécurité alimentaire : soutenir le potentiel » p. 141-176.

83 Paillotin, Guy, Rousset, Dominique, ouvr. cité, 1999, p. 116.

84 Paillotin, Guy, Rousset, Dominique, ouvr. cité, 1999, p. 15.

> Sa nourriture porte témoignage sur son rang social, la civilisation, la culture qui l'entoure[85].

À cette occasion faisons remarquer que, dans l'industrie, l'ingénieur est celui qui a pour fonction d'introduire dans le processus de production les derniers résultats des travaux des scientifiques.

Ainsi l'analyse des conséquences des crises économiques aussi bien que le diagnostic du président de l'INRA nous obligent à constater que les réactions des acteurs de la chaîne alimentaire et tout particulièrement les consommateurs n'obéissent pas toujours à la stricte rationalité nutritionnelle ou économique. Il nous semble que nous nous trouvons face à des motivations essentiellement d'ordre culturel. Ce sont les enjeux de cette nature qu'il nous paraît maintenant indispensable d'explorer.

LES ENJEUX CULTURELS DE L'AGRO-ALIMENTAIRE

Nous avons conscience qu'il serait imprudent de quitter les chemins relativement sûrs de l'histoire et de l'économie pour nous aventurer dans ce qui peut apparaître comme une psychanalyse collective. Vouloir nous plonger dans l'exploration d'une sorte de « subconscient collectif » à propos de l'agro-alimentaire peut paraître déraisonnable mais nous paraît indispensable.

C'est pourquoi nous croyons utile d'approfondir la relation qui s'établit entre la société et les industries agro-alimentaires en nous référant à quelques-uns des mythes fondateurs de notre héritage gréco-latin et plus précisément à Prométhée, à Mars et à Cérès.

LE SOUPIR DE PROMÉTHÉE

Nous verrons que l'ENSIA a été fondée en application d'une loi qui instituait des « écoles des cultures industrielles et des industries annexes de la ferme[86] », ce qui indiquait de la part du législateur la

85 Braudel, Fernand, *Civilisation matérielle, économie et capitalisme, XVe-XVIIIe siècle*, t. 1, Les structures du quotidien : le possible et l'impossible, Armand Colin, 1979, p. 81.

86 Voir chap. « Le projet des sucriers », p. 124.

volonté de mettre sur le même plan la production et la transformation. Mais, en application de cette loi, l'arrêté[87] fondateur lui donne le nom d'école des « industries agricoles », ce qui met de fait l'accent sur l'aspect industriel. Ensuite, et jusqu'à une date récente, les efforts de l'ENSIA ont été d'introduire une rationalité scientifique et technique, bref une démarche industrielle, dans des activités qui, pour la plupart, s'étaient constituées de manière empirique.

Prométhée étant traditionnellement considéré comme le « dieu de la fonction technique[88] », c'est donc en nous référant à ce personnage mythologique que nous essaierons d'évaluer cette action.

La dimension prométhéenne de l'action de l'ingénieur, et plus généralement du monde de la technique, a été mise en évidence notamment par l'historien américain David Landes, ainsi qu'en témoigne le titre de son ouvrage *The unbound Prometheus.* Or ce titre qui, littéralement, veut dire « Le Prométhée désenchaîné », a été traduit en français par *l'Europe technicienne*, bien que complétée en sous-titre par *Révolution technique et libre essor industriel en Europe occidentale de 1750 à nos jours*[89]. Cette formulation est non seulement plate mais elle constitue une forme de trahison du sens. En effet, le titre américain fait ressortir clairement le dynamisme créateur de l'ingénieur qui, en modifiant l'état des choses, conteste implicitement l'ordre traditionnel, dimension totalement absente de la traduction française. Cela ne signifierait-il pas que la société française a du mal à admettre une créativité qui ne soit pas purement intellectuelle[90] ?

En tous cas, le mythe de Prométhée doit nous inviter à la réflexion ainsi que cela a été clairement ressenti par Pierre Vidal-Naquet, commentant la pièce d'Eschyle, *Prométhée enchaîné* :

> [...] les problèmes qui affleurent dans cette pièce, ceux des rapports entre le pouvoir et le savoir, entre la fonction politique et la fonction technique, ces problèmes-là n'ont peut-être pas fini de nous tourmenter[91].

---

87 Voir chap. « Le projet des sucriers », p. 125.

88 Vidal-Naquet, Pierre, « Eschyle, le passé et le présent », *in*, Jean-Pierre Vernant et Pierre Vidal-Naquet, *Mythe et tragédie en Grèce ancienne*, La Découverte, t. 2, 1986, 2001, p. 114.

89 Landes, David, S., ouvr. cité.

90 Il faut préciser que la dernière édition française de l'ouvrage de D. Landes, est publiée, en 2000, sous le titre suivant : *L'Europe technicienne ou le Prométhée libéré.* Prométhée est donc toujours vivant !

91 Vidal-Naquet, Pierre, « Eschyle, le passé et le présent » *in* Jean-Pierre Vernant et Pierre Vidal-Naquet, ouvr. cité, Paris, 2001, p. 114.

Nous verrons que l'histoire de l'ENSIA nous donne l'exemple d'un fort contraste entre, d'une part la continuité avec laquelle elle met en place son enseignement et, d'autre part l'instabilité, d'abord de son implantation et ensuite celle de son encadrement administratif. Ne peut-on pas considérer cette unité des savoirs de l'industrie agro-alimentaire mise en relief à l'ENSIA, comme la conséquence de l'unité de la structure de la matière vivante révélée par la biologie moderne ? Ne peut-on pas également considérer cette instabilité de l'implantation comme la conséquence de la volonté, voire des caprices des hommes ? Et cette victoire de la première sur la seconde ne peut-elle pas être interprétée comme une victoire du savoir créateur de Prométhée ?

Il est flagrant que c'est la sucrerie qui a été la filière fondatrice de l'ENSIA. Les raisons qui ont imposé l'implantation d'industries avant que la betterave y soit cultivée, en bref qui ont conduit à ce que l'industrie y précède l'agriculture, ont déjà été exposées[92]. Ce qui nous paraît confirmer, *a contrario*, le rôle essentiel qu'a joué la sucrerie dans la naissance de l'enseignement agro-alimentaire, c'est le fait que deux institutions auraient pu, pour des raisons diverses, jouer ce rôle de précurseur en matière d'enseignement agro-alimentaire. Il s'agit, d'une part de l'Institut Pasteur et, d'autre part, de la chocolaterie Menier.

Ultérieurement, sera exposé le rôle qu'une industrie agricole, en l'occurrence la distillerie, a joué dans les découvertes de Pasteur[93]. Ensuite, l'Institut Pasteur crée une école de brasserie et s'intéresse à la distillerie ainsi qu'à la laiterie. Mais les initiatives de cet institut qui jouit pourtant d'un prestige intellectuel très supérieur à celui de l'ENSIA, n'ont pas été poursuivies.

De son côté, Émile-Justin Menier (1826-1881), fils et héritier du fondateur de l'entreprise du même nom, a manifesté, en particulier dès 1875 par la création de la revue *La Réforme économique*, sa volonté d'étendre sa réflexion bien au-delà des problèmes posés par l'industrie chocolatière. Il a su s'entourer de collaborateurs de qualité tels que Yves Guyot (1843-1928)[94] rédacteur en chef de cette revue. É. J. Menier est devenu député de 1876 à 1881, prenant parfois des positions qu'on peut

92 Voir « Introduction », p. 20-24.
93 Voir chap. « Le projet des distillateurs », p. 190.
94 Yves Guyot, économiste, a été député (1885-1893) et ministre (1889-1892). Il est l'auteur de nombreux ouvrages.

qualifier d'avant-garde pour son époque, telle que l'impôt sur le capital et l'amnistie aux condamnés de la Commune. Pourtant, ni lui-même ni aucun des autres membres de la famille Menier[95] n'a pris la moindre initiative allant dans le sens d'un enseignement pour les industries agro-alimentaires.

On peut considérer que le fait, qu'en 1977, l'industrie agro-alimentaire ait été qualifiée de « pétrole vert » afin d'en marquer le poids économique illustre sa dimension prométhéenne. C'est pourquoi il paraît utile de s'attarder sur les enjeux que recouvre cette expression et, également, d'en nuancer le sens. C'est Jean Wahl[96] qui exprime le mieux ce que recouvre l'usage de ce terme et le lien ainsi établi avec l'enseignement pour l'industrie agro-alimentaire.

> Cette formule du « pétrole vert » a parfois suscité des commentaires critiques, voire l'ironie d'éminents économistes. Elle est pourtant juste. Non parce que son industrie alimentaire pourrait permettre à la France de solder sa facture pétrolière : les possibilités d'amélioration du commerce extérieur de l'industrie alimentaire française, bien que fort appréciables, sont médiocres au regard de l'importance de notre déficit énergétique. Mais parce que, dans le monde « développé », se produit actuellement dans le secteur agro-industriel une formidable révolution qui modifie les habitudes alimentaires, transforme l'industrie de l'alimentation, bouleverse les méthodes de l'agriculture et, surtout, révèle, pour les produits agricoles, un grand avenir en tant que matière première renouvelable pour l'industrie non alimentaire, souvent en concurrence avec les « grands intermédiaires » actuellement fournis par l'industrie de la pétrochimie.
>
> [...] Pour y parvenir, il ne faut pas rompre avec nos habitudes seulement dans l'agriculture. Il faut aussi transformer notre enseignement et notre recherche-développement agro-industriels[97].

Mais, paradoxalement, l'utilisation du terme « pétrole » ne marque-t-il pas une dépendance culturelle par rapport à un modèle extérieur ? Tout se passe comme si les pouvoirs publics, au plus haut niveau, ne concevaient pas de meilleure illustration de l'importance de l'industrie agro-alimentaire que de la comparer à une activité, essentielle certes, mais qui était depuis 1973, avec le relèvement brutal du prix du pétrole,

---

95 Gaston Menier (1855-1934), l'un des fils d'Émile-Justin sera également parlementaire.
96 Sur Jean Wahl, voir chap. « Le projet d'Institut des sciences et techniques du vivant », p. 454.
97 Wahl, Jean, ouvr. cité, p. 8-9.

un grave souci pour l'économie française. Implicitement, ceux qui détiennent les « gisements » des industries agro-alimentaires, c'est-à-dire les agriculteurs et les industriels, sont invités à suivre le chemin que suit l'activité pétrolière et concrétise donc la dépendance culturelle de ces industries.

Cette référence à l'activité pétrolière et à son rôle, d'ailleurs plus conjoncturel que structurel, dans le déclenchement de la crise économique incite à se demander si un parallèle n'est pas à établir entre le rôle que joue cette crise vis-à-vis des industries agricoles et alimentaires et le rôle qu'a joué, au début du XIXe siècle, le Blocus continental vis-à-vis de l'industrie sucrière. Cette industrie est, en effet, l'archétype des industries agro-alimentaires modernes et elle est à l'origine directe de l'ENSIA.

Pourtant, à partir de 1922 et pendant plusieurs années, les ingénieurs ENSIA donnent comme titre à leur bulletin d'information celui d'*Agriculture et Industrie*[98]. Ultérieurement, nous relevons, lors des débats du début des années 1960 ce passage d'une prise de position du président de l'amicale des anciens élèves de l'Institut agronomique, s'interrogeant plus précisément sur la généralisation de l'attribution du titre d'ingénieur agronome. Il soulignait que grâce aux anciens élèves de l'Institut agronomique :

> […] il a pu s'établir le contact primordial entre Agriculture et Industrie, une conjonction de deux formes de pensée que […] on cherche à opposer trop souvent[99].

N'est-il pas étonnant de voir, en cette circonstance et en quelque sorte sous la pression d'un projet de réforme perçu par les intéressés comme un danger, réapparaître la même expression d'« Agriculture et Industrie » que celle que les ingénieurs ENSIA avaient inventée 38 ans plus tôt pour en faire le titre de leur bulletin Pour les représentants de ces deux écoles, c'est cette relation entre l'agriculture et l'industrie qui est apparue aux intéressés comme la justification profonde de leur existence.

Tout se passe comme si ces deux institutions, bien qu'animées par des préoccupations scientifiques et techniques différentes se trouvaient

98 Ce titre a été adopté de 1922 à 1946. Du fait de la guerre, cette publication a cessé de paraître de 1940 à 1945 inclus.

99 *Cahiers des ingénieurs agronomes*, mars 1960, p. 21.

devant la question suivante : jusqu'où peut-on industrialiser l'agriculture ? Pour proposer des éléments de réponse à cette question, nous prendrons comme point de départ un article d'Odile Maeght-Bournay et Egizio Valceschini[100]. En 1969 un colloque international intitulé : « Rôle et dynamique des industries agricoles et alimentaires », est organisé par le Centre national des expositions et concours agricoles (CENECA) au moment du Salon de l'agriculture. Il revient à Michel Albert de conclure ce colloque en déclarant en particulier :

> C'est cela le progrès économique. Il consiste à s'affranchir des contraintes de la nature et de l'histoire [...] Cette vérité, elle signifie qu'à la limite, les industries alimentaires ne pourront, dans leur totalité, être vraiment des industries au sens le plus strict du mot que si elles ne sont plus du tout des industries agricoles.

Il poursuit en préconisant une stratégie duale[101] avec d'un côté :

> Le pôle fonctionnel, c'est le fromage fabriqué au laminoir, comme la tôle d'acier, le « *convenience food* », l'aliment complètement industrialisé, [de l'autre] le pôle que nous tendons à oublier malheureusement, [...] c'est le pôle « haute couture[102] ».

Cette prise de position, qui pose la question des relations entre l'agriculture et l'industrie, ne nous oriente-t-elle pas vers la recherche d'une solution ? En effet, face à cette suggestion d'une « stratégie duale », nous sommes conduits à interpréter l'évolution, non seulement de l'ENSIA mais également de l'enseignement agronomique depuis leurs origines par ce que nous nous risquerons à appeler une dialectique entre l'agriculture et l'industrie. C'est en tout cas ce à quoi nous invitait, dès 1965, Michel Cépède et Gérard Weil à propos de l'administration de l'agriculture au sens large :

---

100 Maeght-Bournay, Odile, Valceschini, Egizio, (à paraître), Industrialiser l'alimentation dans les années 1970 : l'innovation nouveau paradigme modernisateur », *in* Christophe Bonneuil, Léna Humbert, Margot Lyautey, (dir.), *Une autre histoire des modernisations agricoles au* XX*e siècle*, Presses Universitaires de Rennes. Nous remercions très vivement Egizio Valceschini de nous avoir très aimablement communiqué cet article.

101 Cette expression est d'Odile Maeght-Bournay et Egizio Valceschini, *article cité*.

102 CENECA, « Rôle et dynamique des industries agricoles et alimentaires », Paris, 26-28 février, *Cahiers du CENECA*, n° spécial, t. 3, p. 246, *in* Maeght-Bournay, Odile, Valceschini, Egizio, *article cité*.

> [...] ce qui est le plus difficile à apprendre est aussi ce dont on a le plus besoin dans ce domaine : comment la vie se joue des contradictions, comment et pourquoi elle est dialectique.
>
> Or les tâches exaltantes qui sont celles de l'administration de l'agriculture sont aussi des tâches contradictoires et [...] il faudrait inscrire au fronton de [la maison] de la Rue de Varenne[103] : « Que nul n'entre ici s'il n'est dialecticien[104] ».

Et cette « dialectique » ne nous renvoie-t-elle pas à une question plus profonde : celle des relations de l'homme et de la nature ? Nous avons vu que c'est la même question que pose, de son côté, Guy Paillotin.

Précédemment, nous avons exposé que l'activité agro-alimentaire ne disposait, dans la société française que d'un faible prestige. Pourtant, en nous plaçant sur un tout autre plan, il a été rappelé que l'acte alimentaire revêt un caractère est, à la fois vital et sacré

Cette dimension religieuse est plus particulièrement explicitée ainsi :

> L'expression religieuse est souvent plus affirmée dans l'assiette que dans les activités quotidiennes et la participation au culte. [...] Une frange non négligeable de la population projette ainsi dans son assiette un corpus complexe de valeurs et de croyances. [...] Plus que des tendances passagères, ces régimes alimentaires deviennent progressivement des modes de vie et des arts de consommer reposant sur un éventail large de croyances sociétales et de quête de comportements « éthiques[105] ».

Or, le mythe de Prométhée a longtemps été considéré comme un symbole de l'athéisme. Prométhée n'avait-il pas volé le feu aux dieux ? Pourtant, il a été mis en évidence depuis quelque temps que l'Église catholique n'était nullement opposée au progrès technique ainsi que l'expose, de manière très complète, Michel Lagrée[106]. On relèvera, cependant, que dans cet ouvrage, la médecine n'est pas abordée et l'auteur l'expose très clairement en le justifiant en particulier par « de lourds problèmes

103 Le ministère de l'Agriculture et de l'Alimentation est situé 78 rue de Varenne, 75007, Paris.

104 Cépède, Michel, Weil, Gérard, *L'agriculture*, Paris, Presses universitaires de France, coll. « L'administration française », 1965, p. 491.

105 Abis, Sébastien, *article cité*, p. 9.

106 Voir Lagrée, Michel, *La bénédiction de Prométhée Religion et technologie*, Avant-propos de Jean Delumeau, Paris, Fayard, 1999. Pour ceux qui souhaiteraient approfondir la position de l'Église catholique sur ces questions, voir, en particulier : les enseignements du P. Rideau p. 92-93 ; sur l'agriculture et la pêche, p. 101-130 et plus généralement chap. IX et conclusion, p. 345-385. L'attention est tout particulièrement attirée sur la section : « Transmettre : catholicisme et enseignement professionnel », p. 366-376.

éthiques[107] ». Or, nous n'avons pas trouvé trace d'un passage concernant directement l'industrie agro-alimentaire, alors que l'agriculture et la pêche sont largement abordées. Doit-on conclure de cette convergence des silences, que ces deux activités recouvrent de semblables problèmes éthiques ?

En tout cas, Prométhée semble s'être assagi.

Par ailleurs nous verrons qu'en 2007 l'ENSIA fusionne, en définitive, avec l'Institut agronomique et l'ENGREF, mettant de fait l'accent sur son lien avec l'agriculture. Tout cela semble indiquer que le dynamisme créateur de la technique que symbolise Prométhée a trouvé une limite avec l'aliment.

LA PRÉSENCE DE MARS

L'importance de la décolonisation pourrait faire croire que le lien historique entre les préoccupations de défense et la profession d'ingénieur[108] aurait été définitivement effacé. Nous devons constater que cette relation est plus complexe et nous demander si les ingénieurs formés par l'ENSIA ne seraient pas également les officiers de la guerre alimentaire.

Nous constaterons[109] que les pouvoirs publics s'intéressent, au plus haut niveau, à la formation des ingénieurs destinés aux industries agricoles et alimentaires à partir de 1977. On peut légitimement se demander si cet intérêt soudain n'est pas dû à un ordre de préoccupation tout à fait différent de celui qui, jusque-là, animait les pouvoirs publics dans ce domaine.

Il s'agit plus précisément de s'interroger sur le lien éventuel entre les ingénieurs ENSIA et deux problématiques qui, tout en étant liées, sont clairement distinctes : la faim dans le monde et l'arme alimentaire. Les famines qui constituent un manque de nourriture totale pendant un moment donné et qui entraînent inévitablement des morts ne doivent pas, non plus, être confondues avec les disettes qui constituent un manque provisoire de denrées indispensables et tout particulièrement de nourriture. Pour s'en tenir au cas de la France, on peut considérer que la dernière famine est celle de 1709-1710 alors que nous avons connu une disette en 1816-1817. La faim dans le monde, à laquelle nous nous intéressons plus particulièrement ici pour la période postérieure à la

107 Lagrée, Michel, ouvr. cité, p. 383-384.

108 Voir Vérin, Hélène, *La gloire des ingénieurs L'intelligence technique du XVIe au XVIIIe siècle*, Paris, Albin Michel, L'évolution de l'humanité, 1993.

109 Voir chap. « Le projet d'Institut des sciences et techniques du vivant », p. 454-462.

Deuxième Guerre mondiale, est surtout constituée par celle des pays en voie de développement, dépendant éventuellement pour leur approvisionnement alimentaire, des pays développés et tout particulièrement des États-Unis. Deux auteurs ont particulièrement attiré l'attention de l'opinion sur cette question, un médecin brésilien, Josué de Castro[110] (1908-1973) et un agronome français, René Dumont[111]. Cette question qui est donc très ancienne reste une question permanente. On considère qu'une personne souffre de la faim quand elle ne dispose pas de 1800 calories par jour. Rappelons qu'on estimait que, pendant la décennie 1980, 50 000 humains en mouraient chaque jour et que l'UNICEF évaluait à 17 milions le nombre d'enfants qui en étaient décédés en 1981[112]. D'ailleurs, depuis 1990, l'Institut international de recherche sur les politiques alimentaires (*International Food Policy Research Institute*) publie, à un intervalle régulier, un index de la faim dans le monde (*Global Hunger Index*).

Cette question de la faim dans le monde constitue donc la « toile de fond » de la question de l'arme alimentaire dont on peut considérer qu'elle s'est posée à partir de 1972, car :

> L'hiver 1971-1972, particulièrement rude, détruit le tiers de la récolte soviétique de blé d'hiver. C'est le point de départ d'importants bouleversements du marché céréalier international. Confrontée à une pénurie catastrophique, l'U.R.S.S. se tourne vers le seul pays capable de lui fournir rapidement des quantités massives de céréales, et en achète 19 millions de tonnes aux États-Unis. Dès 1972, le gouvernement américain lui accorde un crédit de 750 millions de dollars pour des livraisons de blé échelonnées sur trois ans. Mais cette année-là voit également la mousson tardive ravager les récoltes du sous-continent indien, la sécheresse s'abattre sur une partie de la Chine et continuer de sévir en Afrique sahélienne. Presque toutes les réserves mondiales sont à peu près vendues en même temps et, aux États-Unis, les prix du blé doublent avant même que les livraisons à l'U.R.S.S. n'aient commencé. [...].
>
> Depuis 1972, une série de réactions en chaîne marque l'évolution du commerce provoquant à tous les niveaux des ruptures d'équilibre[113].

110 Castro, Josué de, *Géopolitique de la faim*, [1951], 2e éd., Paris. Les Éditions ouvrières, 1973.

111 Dumont, René, *Nous allons à la famine*, [1966], Paris, Le Seuil, rééd. 1974 ; *Agronome de la faim*, [1974], Paris, éd. Robert Laffont, 2e éd. 1975. Je me permets d'ajouter un souvenir personnel : en 1957, René Dumont terminait son cours d'*Agriculture comparée* à l'Institut agronomique en proposant que, de même que les médecins prêtent le serment d'Hippocrate, les ingénieurs agronomes devraient prêter serment de toujours lutter contre la faim.

112 Pascaud, Marc, *Encyclopædia Universalis*, *Corpus*, t. 13, 1985, p. 296.

113 Bessis, Sophie, *L'arme alimentaire*, Paris, Maspero, 2e éd. 1981, p. 253-254.

Comme on peut le constater, la faim dans le monde vient, à ce moment-là, interférer avec un autre conflit, l'antagonisme Est-Ouest et plus particulièrement États-Unis-URSS, c'est-à-dire ce qui est encore à l'époque, la guerre froide. Les États-Unis prennent alors conscience du fait que la question alimentaire est un moyen de pression sur tous les autres états. Il semble que ce soit Earl Butz, secrétaire d'État à l'agriculture du Président Gérald Ford, qui soit à l'origine de l'expression « arme alimentaire » puisqu'il déclare : « l'alimentation est une arme ; c'est l'un de nos principaux instruments de négociations[114] ».

En France, l'opinion public prend connaissance de cette problématique selon l'ordre chronologique suivant. La première publication est, selon nous, l'article de Joseph Collins dans le *Monde diplomatique*[115] en 1975 puis, en 1976, un article de Perrin de Brichambaut[116] dans la revue *Économie rurale*. Enfin, en 1979, Sophie Bessis[117] publie sur ce sujet un ouvrage qui sera réédité en 1981. On peut légitimement s'interroger sur le point de savoir s'il n'y a pas une relation de cause à effet dans cette quasi-concordance entre, d'une part, la prise de conscience de cette question de l'arme alimentaire dans l'opinion publique et, d'autre part, les décisions prises par les pouvoir publics. Ces dernières ayant été initiées par le président Valéry Giscard d'Estaing classé politiquement à droite et poursuivie par les ministres de l'Agriculture, Michel Rocard et Henri Nallet, classés politiquement à gauche, on soulignera la continuité des pouvoirs publics dans ce domaine.

En tout état de cause, il faut être conscient que la sécurité alimentaire des populations reste une préoccupation majeure de la défense. C'est ce qu'illustre, en particulier, le fait que l'Institut national des hautes études de la sécurité et de la justice (INHESJ) ait organisé, en 2014, un colloque dont le thème était : « Les crises alimentaires au XXIe siècle

114 Collins, Joseph, « Une arme politique de choc : l'alimentation. La C.I.A. et l'arme alimentaire », *Le Monde diplomatique*, septembre 1975, p. 13. Gérald Ford (1913-2006) a exercé la présidence des États-Unis du 9 août 1974 au 20 novembre 1977, la déclaration d'E. Butz se situe donc entre août 1974 et septembre 1975.

115 Collins, Joseph, *article cité*.

116 Perrin De Brichambaut, Marc, « L'arme alimentaire existe-t-elle ? ». *Économie rurale*, nº 115, 1976. Les produits alimentaires stratégiques – Première partie, p. 63-66. On relèvera que Marc Perrin de Brichambaut, énarque, est, en 1976, conseiller d'État.

117 Bessis, Sophie, ouvr. cité [1979], 2e éd. 1981. Sophie Bessis est une historienne et journaliste, ayant la double nationalité française et tunisienne, qui s'est particulièrement intéressée aux relations entre les pays développés et le Tiers monde ainsi qu'en témoigne le titre d'un de ses ouvrages ; *L'Occident et les autres, Histoire d'une suprématie*, Paris, La Découverte, 2001.

Enjeu mondial de sécurité[118] ». La sécurité alimentaire ne peut être indifférente aux pouvoirs publics.

LA REVANCHE DE CÉRÈS

On relèvera que, dans un souci de concentration des établissements publics, la fusion de l'ENSIA dans AgroParisTech obéit à une logique historique. Nous verrons que c'est une initiative du ministre de l'Instruction public[119] qui sera à l'origine de la décision d'implanter l'école à Douai puis que le ministère du Commerce, qui avait la tutelle administrative de l'enseignement technique, se récusera et, qu'en définitive, c'est le ministère de l'Agriculture qui intégrera cette école dans son propre projet pédagogique. C'est également un professeur de l'Institut agronomique, Aimé Girard[120], qui jouera un rôle majeur dans la conception de l'école.

Ce rattachement à une logique qui peut être qualifié de plus « agricole » conduit à placer cet enseignement sous le signe de Cérès qui peut être définie ainsi : « Déesse de la croissance, elle veille au déroulement du cycle végétal mais aussi sur la famille humaine[121] ». Cela se traduit, en particulier, par la nécessité de prendre davantage en compte, dans le développement de l'enseignement pour les industries agro-alimentaires une complexité qui nous paraît tout à fait cohérente avec cette industrie qui recouvre les moyens de transformer des produits d'origine biologique pour satisfaire les besoins d'autres êtres vivants. C'est cette même complexité que certains qualifient de « spécificités » de l'agriculture lesquelles avaient été parfaitement exposées dans une publication spécialisée commentant une « semaine de l'agriculture » en 1985 :

> Ils [les médias] ont parlé de l'agriculture, de ses problèmes et fatalement de ses spécificités, ces fameuses spécificités qui empêchent les économistes, [...] et les ministres redresseurs de crise de danser en rond[122].

Dans cet ordre de préoccupation, il nous paraît utile de revenir sur une des interventions de Michel Albert citées plus haut et, plus

118 Ce colloque se tenait à l'École militaire ce qui souligne que cette question reste une préoccupation de défense.

119 Voir chap. « Le projet des sucriers », p. 112.

120 Sur Aimé Girard, voir « Introduction », p. 40-43 et chap. « Le projet des sucriers », p. 116.

121 Encyclopœdia Universalis, *Thésaurus index**, 1985, p. 551.

122 *Agra-France*, n° 1976, 12 janvier 1985, Pano 1.

précisément, quand il évoque la « haute couture » de l'alimentation. Il est en effet tout à fait normal qu'une partie des produits alimentaires soient obtenus au prix le plus bas possible, à condition bien sûr que les conditions d'hygiène soient respectées. Par contre, à l'heure actuelle, les consommateurs ressentent incontestablement le besoin de disposer d'une alimentation diversifiée et de qualité, quitte à y mettre le prix. Cela a été, nous l'avons vu, très clairement exprimé par Guy Paillotin. C'est pourquoi, il serait très souhaitable de pouvoir identifier ce qui est industrialisable, dans ce que Michel Albert appelle la haute couture de l'alimentation. À ce sujet, nous croyons utile de souligner le très grand intérêt de l'initiative prise par une école privée orientée vers les métiers de la gastronomie, l'école Ferrandi qui dispense, en partenariat avec AgroParisTech, une formation donnant des notions de base de gastronomie à des ingénieurs exerçant leur activité dans l'agro-alimentaire. Ces notions doivent leur permettre de disposer d'un langage commun avec des chefs-cuisiniers afin d'établi avec eux un dialogue constructif dans le but de créer de nouveaux produits. Deux professeurs de l'ENSIA, Joseph Hossenlopp et Hubert Richard[123] y ont exercé leur activité.

D'une manière plus générale si, comme nous le verrons, l'ENSIA a subi un parcours qui a parfois été quelque peu chaotique, il ne faut pas trop s'en étonner car le système éducatif de notre Pays a quelques difficultés à préparer aux applications de la biologie, mis à part la médecine. Cela a été clairement exposé en 1979 par François Gros, François Jacob et Pierre Royer dans leur rapport sur les sciences de la vie :

> Notre système éducatif privilégie de plus en plus un nombre très limité de types culturels associés à ce qui paraît aujourd'hui représenter la réussite sociale. À la tradition universitaire française, centralisatrice par essence, viennent s'allier les souhaits des parents et les schémas véhiculés par la télévision, pour faire de notre système d'éducation une machine à reproduire un même modèle d'excellence, somme toute assez étriqué[124].

Dans le même ordre de préoccupation, il serait utile d'envisager un rapprochement, à la fois sur le plan scientifique et sur le plan industriel,

123 Sur Hubert Richard, voir chap. « Le projet du génie industriel alimentaire », p. 431. Son parcours donne davantage de précisions sur cette école. Nous remercions très vivement Hubert Richard pour ces informations.

124 Gros, François, Jacob, François, Royer, Pierre, *Science de la vie et société*, Rapport présenté à M. le Président de la République, Paris, La Documentation française, 1979, p. 278.

avec la pharmacie qui a été une des disciplines fondatrices du savoir alimentaire. Il existe en effet déjà de nombreuses passerelles entre ces deux types d'activité[125]. Citons, à titre d'exemple, le cas du sorbitol[126], extrait du maïs très utilisé en pharmacie, en particulier comme excipient. Par ailleurs, des médicaments, tels que l'insuline, sont extraits de certains sous-produits de l'abattage du bétail.

En se plaçant d'un point de vue tout à fait différent, on doit souligner l'augmentation très importante, à une date récente, de la présence de jeunes filles dans cette école. On rappellera, à ce sujet, que ce n'est qu'à partir de 1956 que les jeunes filles y sont expressément admises[127]. En effet, une première jeune fille est admise qu'en 1951[128] mais uniquement parce que rien ne s'y opposait. Le fait que cette interdiction n'ait pas été expressément prévue laisse supposer que les responsables de l'école n'imaginaient pas, avant cette date, que des jeunes femmes puissent se présenter à l'ENSIA. Mais depuis la fusion, en 2007, de l'école dans AgroParisTech, la présence de jeunes filles parmi les élèves est devenue majoritaire, de l'ordre de 60 % chaque année. Ce fait constitue certainement une réponse très forte de la société française à l'égard de l'enseignement supérieur agronomique et agro-alimentaire. On peut trouver plusieurs explications à cette présence féminine majoritaire. La première part du constat que les garçons sont attirés par les établissements les plus prestigieux. Cette présence féminine majoritaire signifierait que l'école jouit d'un faible prestige. Or nous venons de voir que cette situation s'était considérablement améliorée ces dernières années. Une autre explication serait à chercher en partant du constat que les jeunes filles ont un rapport plus étroit que les garçons avec la vie. Cette présence majoritaire de jeunes filles dans l'enseignement supérieur agronomique est cohérente avec l'importance de la place des femmes dans les filières des sciences de la vie. L'évolution de cette présence dans l'ENSIA qui n'a pas été abordée dans cette recherche mériterait certainement d'être approfondie par ailleurs.

---

125 Voir Gaignault, Jean-Cyr et Deforeit, Huguette, ouvr. cité, Paris la Défense, Institut scientifique Roussel, 1984.

126 L'entreprise Roquette implantée dans le Pas-de-Calais est le leader mondial de la fabrication du sorbitol.

127 Voir chap. « Les ingénieurs des industries agricoles et alimentaires formés à l'ENSIA de 1941 à 1968 », p. 335.

128 Il s'agit de Jeanne Fournaud qui fera carrière à l'INRA.

CONCLUSION

La dimension culturelle de l'acte alimentaire est donc essentielle. Mais cet acte répond d'abord à un besoin physiologique et qui plus est à un besoin vital dont il a été rappelé que pour certaines populations ce caractère vital était toujours actuel. C'est pourquoi, il n'est pas étonnant que la question de l'alimentation de la population ait périodiquement fait l'objet de débats publics.

Un auteur américain, Steven Kaplan nous a dans un ouvrage récent[129] rappelé que cela avait fait l'objet, dans la deuxième moitié du XVIIIe siècle, d'une vive controverse qu'il paraît utile de rappeler très brièvement. En effet, en 1763 et 1764, des édits royaux avaient autorisé la libre circulation puis l'exportation du blé, rompant ainsi avec une très vieille tradition du pouvoir royal qui, dans le but d'éviter les famines, réglementait, au contraire, très strictement la circulation des grains, base alors de l'alimentation. Ce changement de politique était dû, en grande partie à l'influence des Physiocrates. Mais en 1768 une disette éclate, ce qui déclenche une fronde antilibérale. C'est dans ce contexte que l'abbé Galiani, secrétaire d'ambassade du roi de Naples, par ailleurs très introduit auprès des encyclopédistes, est incité à discuter du bien-fondé de cette politique[130]. Cet ouvrage a, à l'époque, un profond retentissement ainsi qu'en témoigne le nombre d'auteurs qui le critiquent car il heurte de front la position des Physiocrates. Mais il faut également noter la notoriété de ceux qui interviennent dans cette querelle tels que Turgot et surtout Diderot qui le soutient.

Plus brièvement, la pensée de Galiani nous paraît être très bien résumée par cette phrase : « … l'entreprise d'ôter le seul superflu et de laisser le juste nécessaire d'une denrée qui vient partout, dont on a besoin partout, […] est une entreprise d'une extrême difficulté[131]. » L'un des mérites de Galiani est d'ailleurs d'avoir contribué à préciser la notion

129 Kaplan, Steven, L., *Raisonner sur les blés, Essais sur les Lumières économiques*, Fayard, Histoire, Paris, 2017.

130 Galiani, Ferdinand, *Dialogues sur le commerce des blés*, première édition, Londres 1770. Réédition : Corpus des œuvres de philosophie en langue française, Fayard, Paris 1984. C'est à cette dernière édition que nous nous référons ici.

131 Galiani, Ferdinand, ouvr. cité, p. 170.

de superflu en économie agro-alimentaire c'est-à-dire l'inélasticité de la demande de produits agricoles[132].

D'ailleurs les pouvoirs publics ne tardent pas à réagir, dans le même sens, puisque, en décembre 1769, l'abbé Terray, partisan d'un retour à une réglementation de la circulation des grains, est nommé contrôleur général, ce qui était l'équivalent de ministre des Finances. Ce dernier ne tarde pas à concrétiser ses conceptions puisqu'un édit de juillet 1770 interdit l'exportation des blés. Ces mesures se révéleront d'ailleurs insuffisantes puisqu'en 1775 une nouvelle disette éclatera, connue sous le nom de « guerre des farines ».

Ce que révèle cet épisode des débats récurrents sur l'alimentation de la population est qu'il porte sur l'approvisionnement en pain dont Fernand Braudel nous a déjà exposé le caractère dominant :

> La trinité : blé, farine, pain remplit l'histoire de l'Europe. Elle est la préoccupation majeure des villes, des États, des marchands, des hommes pour qui vivre « c'est mordre dans son pain » Personnage envahissant, le pain, dans les correspondances du temps, a eu sans fin la vedette[133].

La filière blé-farine a donc été pendant très longtemps, du moins en Europe, la pourvoyeuse essentielle de l'alimentation des populations. Par ailleurs, elle a, en particulier il y a plus de deux siècles, fait l'objet de débats conceptuels que l'on peut considérer comme très avancés. Il eut été logique que ce soit à partir de cette filière que se soit constitué l'enseignement français de l'agro-alimentaire. Or nous voyons que c'est à partir de la filière du sucre, qui n'est pas un aliment de première nécessité, que cet enseignement va se mettre en place. Ceci n'est pas le moindre des paradoxes que l'histoire de cette école va nous révéler.

En son temps Marc Bloch nous avait excellemment rappelé la profondeur historique de l'agriculture :

> Lorsque s'ouvrit [...] [le] moyen-âge, lorsque, lentement, commencèrent à se constituer un État et un groupement national que l'on peut qualifier de français, l'agriculture était déjà, sur notre sol, chose millénaire[134].

132 Cette inélasticité résulte du constat que lorsqu'on a mangé à sa faim, on n'éprouve pas le besoin de manger davantage, quel que soit le prix de cette denrée. Au-delà de cette limite, on a affaire à du superflu.

133 Braudel, Fernand, *Civilisation matérielle, économie et capitalisme*, XVe-XVIIIe *siècle*, t. 1, Les structures du quotidien : le possible et l'impossible, Armand Colin, 1979, p. 118.

134 Bloch, Marc, *Les Caractères originaux de l'histoire rurale française*, Oslo, 1931, nouvelle éd., Paris, Armand Colin, 1960, t. 1, p. 1.

Or, on ne peut que constater que l'espèce humaine existe toujours. C'est donc que nos prédécesseurs, depuis l'origine des temps, ont pu se nourrir tant bien que mal. Le rattachement, en définitive, de l'ENSIA à une grande école orientée essentiellement vers l'agriculture n'est-il pas, en particulier, le constat que cette dernière activité partage avec l'alimentation cette même profondeur historique ?

C'est, plus précisément en se référant à la notion de « projet », telle qu'elle est définie par Jean-Daniel Reynaud[135], que cette histoire va être présentée, dans les prochains chapitres. Ces différentes étapes vont nous montrer les chemins, parfois inattendus et souvent difficiles, que Cérès a dû emprunter pour veiller sur nous.

135 Reynaud, Jean-Daniel, *Les règles du jeu, L'action collective et la régulation sociale*, Armand Colin, 3^eéd., 1997, p. 41-44, 80-83, 113.

LE PROJET DES SUCRIERS (1880-1903)

Cette volonté de la profession sucrière que nous dénommons le projet des sucriers sera d'abord caractérisée par ses acteurs ainsi que par leurs buts. Nous distinguerons le ou les acteurs collectifs, ainsi que le ou les acteurs individuels ayant eu un rôle particulièrement significatif. Les conditions dans lesquelles l'école a été effectivement créée sont présentées ensuite ainsi que l'enseignement, dans la période de démarrage. Enfin sera mis en évidence le faisceau d'événements qui met fin à ce projet, ce qui sera l'occasion d'en dresser le bilan, en en distinguant les conséquences immédiates et les enjeux à long terme.

L'enseignement relatif à la sucrerie et à la distillerie ayant toujours été dispensé avant 1880 par des chimistes[1], il n'est pas étonnant que la démarche qui conduira à la création d'une école de sucrerie émane, en France, de cette profession.

LE RÔLE DE L'ASSOCIATION DES CHIMISTES DE SUCRERIE ET DE DISTILLERIE

Ce sont, en effet, les chimistes de sucrerie et de distillerie, dont le rôle essentiel dans ces industries a été présenté précédemment[2], qui éprouvent le besoin de s'organiser et créent, en 1882, une association qui va être l'acteur collectif majeur de la création de cette école.

1 L'Introduction l'expose dans sa majeure partie.
2 Voir chap. « La revanche de Cérès », p. 57-60.

LE CONGRÈS SUCRIER DE SAINT-QUENTIN (31 MAI – 1er JUIN 1882)

Ce congrès se réunit dans l'Aisne à Saint-Quentin à l'initiative du Comité central des fabricants de sucre, organisation représentative de la profession disposant d'un périodique déjà cité, *La Sucrerie indigène et coloniale*[3], et dans le cadre d'un concours agricole régional.

L'industrie sucrière française était, en 1882, dans une situation difficile et la profession sucrière n'avait pas tenu de congrès depuis celui d'Arras en 1876. De leur côté, les producteurs de sucre de betteraves s'étaient réunis à Paris quelques mois auparavant, en février 1882. Parmi les participants à chacune de ces deux journées, on peut relever l'intervention d'Armand Vivien, chimiste à Saint-Quentin, lors de la première journée.

> M. Vivien explique la façon d'opérer des chimistes qui sont de la part des fabricants l'objet d'une suspicion peu honorable. Le jour où on sera convenu d'une méthode uniforme entre vendeurs et acheteurs, les chimistes l'accepteront et feront ce que le commerce décidera[4].

Ceci montre clairement que les relations entre chefs d'entreprise et chimistes ne sont pas exemptes de tension. Par ailleurs, est adoptée une résolution portant sur le mode de perception de l'impôt établi sur le degré saccharimétrique[5].

> Considérant que, si le droit au degré était transformé en un droit unique, appliqué indistinctement à toute espèce de sucre, il en résulterait une grande simplification et une forte économie dans la perception ainsi qu'un sensible accroissement de recettes, par la suppression de nombreux abus ; [...]
>
> Émet le vœu : Que M. le Ministre des finances veuille bien examiner, dans un court délai, si les circonstances permettent de transformer le régime de l'impôt au degré en un droit unique de 25 francs par quintal de sucre de toute espèce[6].

Ce vœu montre que la place des chimistes est menacée en tant qu'experts pour la détermination de l'impôt, mais, même si la simplification de cet impôt est souhaitée, c'est en même temps reconnaître leur rôle. C'est

3 Dans la suite ce périodique sera désigné : *La Sucrerie indigène*.
4 *Journal de Saint Quentin*, 3 juin 1882, p. 3.
5 Pour le degré saccharimétrique, voir le glossaire.
6 *Journal des fabricants de sucre*, 7 juin 1882.

pourquoi, à l'issue de ce congrès et à l'initiative de François Dupont, chimiste à la sucrerie de Francières dans l'Oise, 19 personnes se réunissent et décident la fondation d'une association. Il s'agit, tout d'abord de chimistes d'entreprises, outre François Dupont, de Ferdinand Blin de la sucrerie de Liez (Aisne), Fernand Delavière, de la sucrerie de Souppes (Seine-et-Marne), A. Dubaele, des sucreries de Dreslincourt et de Mesnil-Saint-Nicaise (Somme), Grondel, de la sucrerie de Rue (Somme), K.W. de Jonge, de la sucrerie de Crèvecœur-le-Grand (Oise), J. Legrand, de la sucrerie de Villeneuve-sur-Verberie (Oise), de chimistes indépendants, B. Corenwinder à Sequedin (Nord), Edmond Durin à Paris, Jules Durot à Saint-Quentin, Hippolyte Leplay à Paris, Edmond Riffard, ingénieur-chimiste à Paris, H. Pellet à Paris et Armand Vivien déjà cité, de Charles Gallois directeur de la sucrerie de Francières (Oise), Daix, ingénieur constructeur à Saint Quentin, H. Lachaume, ingénieur à Douai (Nord), Aimé Pagnoul, directeur de la station agronomique d'Arras (Pas-de-Calais) et d'Henri Tardieu, rédacteur en chef de *La Sucrerie indigène* déjà citée[7].

Le concours agricole est clôturé le 6 juin en présence de trois ministres, ceux des Finances, de l'Intérieur et de l'Agriculture, ce dernier étant accompagné du directeur de l'agriculture Eugène Tisserand. Ceci montre l'importance que les pouvoirs publics attachent à cette manifestation. Le ministre des Finances, Léon Say, souligne l'avance technique de l'agriculture du nord de la France et l'importance que la sucrerie et la distillerie occupent dans cette région. Reprenant les préoccupations du congrès sucrier, il expose en particulier que :

> L'impôt tel qu'il est établi actuellement donne lieu à une perception très compliquée. Il a pour base la richesse et s'établit par des opérations de laboratoire. Une forme aussi compliquée ne peut pas durer bien longtemps[8].

Cette intervention vient appuyer les raisons qui justifient la création de l'Association des chimistes, à la fois en soulignant leur importance et en

---

7 *Bull. chimistes*, t. 7, juillet-août 1889, p. 17. Il y a un léger écart entre cette liste et celle retenue définitivement comme membres fondateurs par l'Association des chimistes. Cette dernière ne retient ni Grondel ni Tardieu pourtant cités expressément en 1889. Il est compréhensible que Tardieu, journaliste, n'ait pas été retenu comme membre fondateur. Par contre Daix n'est pas cité en 1889 et Leplay est indiqué (p. 18) comme ayant rejoint très rapidement l'Association. Voir *Industries agricoles et alimentaires*, décembre 1953, p. 894.

8 *Journal officiel*, 8 juin 1882, p. 3020.

comportant, à terme, une menace pour leur emploi. Le retentissement de ce congrès est attesté par le fait qu'il en fait mention, dans trois publications nationales[9], deux publications sucrières de diffusion nationale[10], deux publications agricoles[11], une publication belge[12], ainsi que dans des journaux locaux[13]. C'est à ce congrès que débute véritablement la dynamique qui conduira à la création de l'École nationale des industries agricoles, dont cette association sera le « promoteur ».

L'ACTION DE L'ASSOCIATION DES CHIMISTES JUSQU'EN 1887

Cette association se structure très vite et ses effectifs croissent rapidement. Le 15 juillet 1882, une réunion préparatoire se tient à l'École centrale : 112 adhérents y sont recensés, parmi lesquels 34 industriels et 7 journalistes. Le 31 juillet se tient la première réunion du comité de direction provisoire qui élit comme président une personnalité scientifique : Dehérain.

Pierre-Paul Dehérain (1830-1902) qui a commencé sa carrière comme préparateur au Conservatoire des arts et métiers, est, depuis 1865, professeur de chimie agricole à l'école d'agriculture de Grignon et, depuis 1880, professeur de physiologie végétale au Muséum national d'histoire naturelle. Il s'est illustré par des travaux sur la betterave et jouit d'une notoriété qui lui vaudra d'être élu à l'Académie des sciences en 1887[14].

C'est le 11 septembre 1882 qu'est fondée officiellement l'Association des chimistes de sucrerie et de distillerie de France et des colonies. Ainsi qu'il ressort des statuts, les deux filières concernées sont uniquement celles désignées nommément dans le titre. Cette association publie régulièrement, à partir de 1883, un *Bulletin* où sont présentés des travaux de premier plan. Le premier numéro de ce bulletin relate l'écho que cette création a rencontré jusque Outre-Atlantique : « les journaux mêmes

9 *Le Temps*, 7 juin 1882 et 9 juin 1882. *L'Économiste français*, 10 juin 1882, p. 712. *Le Journal des débats*, 7 juin 1882, p. 2.

10 *Journal des fabricants de sucre*, 7 juin 1882, p. 1. *La Sucrerie indigène*, t. 19, 7 juin 1882, p. 497-501.

11 *Journal d'agriculture pratique*, 1882, t. 1, p. 799-801. *Journal de l'agriculture*, 1882, t. 1, p. 402, 403.

12 *La Sucrerie belge*, t. 10, juin 1882, p. 394 ; t. 10, juillet 1882, p. 442-446 ; t. 11, septembre 1882, p. 8-15, p. 25-47.

13 *Journal de Saint Quentin*, 1er-3, 7 juin 1882.

14 *Bull. chimistes*, t. 20, p. 723.

du Nouveau Monde font ressortir l'importance de cette création[15] ». L'initiative de cette création revient incontestablement à des chimistes employés dans des sucreries ou des distilleries puisque la publication de l'association affirme d'emblée que :

> Dans ces industries, (la sucrerie et la distillerie), le concours des chimistes est devenu indispensable, leur rôle est prépondérant ; à mesure que les procédés se perfectionnent, la chimie sera appelée de plus en plus à en assurer le succès par ses méthodes scientifiquement pratiquées[16].

Il faut relever que la situation socioprofessionnelle des premiers adhérents montre que des industriels ainsi que des journalistes comprennent rapidement l'intérêt de cette initiative. D'ailleurs, dès la première assemblée générale tenue à Amiens le 10 mai 1883, Dehérain, exposant le double but de l'association, en souligne l'originalité :

> Notre association, Messieurs, vise deux buts différents, elle s'intéresse à toutes les questions techniques de la fabrication du sucre [...]. La plus grande partie de cette séance va être consacrée à l'étude de quelques-unes d'entre elles ; l'Association s'occupe en outre de l'intérêt de ses membres, fabricants et chimistes. En effet, et c'est là ce qui donne à notre association toute sa valeur et lui permettra sans doute de réaliser quelques améliorations importantes : les fabricants, loin de voir d'un œil jaloux leurs jeunes auxiliaires se grouper, s'associer pour discuter ensemble leurs intérêts, les ont aidés, soutenus, guidés et, aujourd'hui, le tiers environ des membres de l'association est formé de chefs d'usine[17].

Puis Dehérain aborde la question de la précarité de la situation des chimistes :

> Il y a longtemps, Messieurs, que je dirige des laboratoires et que j'ai à m'occuper des jeunes gens qui viennent y travailler ; souvent déjà, il m'est arrivé d'en placer dans des sucreries, ils partaient remplis d'entrain, joyeux, tout fiers de leurs 200 frs par mois. L'hiver se passait et bien souvent, au printemps,

15 *Bull. chimistes*, t. 1, janvier 1883, p. 2-3. Nous avons cherché à retrouver cette trace dans les publications américaines. Grâce à l'obligeance de Judy Bolton, de *la Louisiana State University* à Baton Rouge, ainsi qu'à celle de Kathryn Page, *Curator of maps and manuscrits* du *Louisiana State Muséum* à New-Orléans, il nous a été possible d'établir qu'il ne s'agissait pas de *The Louisiana sugar bowl*, publication représentative des planteurs de canne à sucre de Louisiane. Nous les remercions, l'une et l'autre, très vivement.

16 *Bull. chimistes*, t. 1, janvier1883, p. 1.

17 *Bull. chimistes*, t. 1, mai 1883, p. 136.

> je les voyais revenir, l'oreille un peu basse, demander à reprendre leur place au laboratoire. La campagne terminée, on n'avait plus trouvé d'occupation à leur fournir, on ne pouvait les garder à ne rien faire, ils avaient été remerciés ; au mois d'août suivant, on cherchait souvent à les reprendre, rarement ils consentaient à faire une nouvelle campagne, ils avaient pris une autre direction, ils avaient cherché une occupation plus régulière ; l'expérience acquise pendant la première année de travail était ainsi perdue, c'était un nouveau venu qui allait occuper la place laissée vide par son camarade, il y faisait un nouvel apprentissage, tombant dans les erreurs, recommençant les écoles qu'aurait évitées celui qu'une première campagne avait déjà instruit.
>
> Je crois, Messieurs, que l'instabilité de la position des chimistes de sucrerie, le peu de durée de leur fonction, est un des grands obstacles que rencontre leur recrutement et l'une des causes qui amoindrit l'influence heureuse qu'ils pourraient exercer sur la fabrication[18].

Cette stabilisation est recherchée dans une assistance technique aux agriculteurs :

> À la période de fabrication pendant laquelle on est tout entier à la besogne courante succéderait une période de recherche, portant sur la culture de la betterave et sur les perfectionnements dont la fabrication peut être l'objet[19].

On peut interpréter la présence significative des chefs d'entreprise comme la volonté de ces derniers, non de s'opposer à cette association, mais d'y être présents pour y avoir un droit de regard. Il reste que les propriétaires d'entreprises n'y occupent pas de responsabilités majeures, mais que des succès réels vont être enregistrés dans le placement des chimistes puisque le nombre de ceux qui en bénéficient passe de 10 en 1883 à 44 en 1887.

À l'occasion du cinquantenaire de l'association, le but initial sera résumé de la façon suivante :

> Ne pourrait-on chercher à utiliser toute l'année le travail des chimistes en dehors de la fabrication : 1° Par la surveillance et la confection des graines de betteraves ; 2° Par l'étude du développement de la betterave sous l'influence de divers engrais dans les diverses natures de terre ; 3° Par les analyses de terre, d'engrais, de semences et autres produits agricoles, pour l'usine ou pour le compte du cultivateur[20] ?

---

18 *Bull. chimistes*, t. 1, mai 1883, p. 136.

19 *Bull. chimistes*, t. 1, mai 1883, p. 138.

20 Sidersky, David, « Historique de l'Association des chimistes », *Bull. chimistes*, t. 49, janvier 1932., p. 20.

Ce rappel historique montre qu'un demi-siècle après sa création, l'association avait conservé la mémoire de son objectif originel. Il faut signaler, cependant, que dès l'origine, un objectif complémentaire est mis en avant : « On créerait ainsi une multiplicité de laboratoires, représentant autant de stations agronomiques sucrières[21] ». L'accroissement souhaité du rôle des chimistes nécessite, cependant, une formation adaptée, ce que, le premier au sein de l'association, demande explicitement un chimiste, Edmond Durin (1834-1905), au cours de la même assemblée générale :

> M. Durin rappelle, à cette occasion, qu'à l'étranger il y a des écoles de sucrerie [...] Il demande que l'association s'adjoigne au Comité central des fabricants de sucre, afin d'obtenir dans les écoles, même gouvernementales, des cours plus spéciaux relatifs à la sucrerie. On pourrait même créer une école sucrière[22].

C'est donc timidement mais très précocement qu'est lancée l'idée d'une école sucrière. La situation à l'étranger étant donnée en exemple, il est maintenant nécessaire de faire le point sur quelques-unes des formations sucrières dispensées dans d'autres pays.

LES FORMATIONS SUCRIÈRES À L'ÉTRANGER À LA FIN DU XIXe SIÈCLE

L'École de Braunschweig en Allemagne, créée en 1876, est incontestablement celle qui constitue, à l'époque, la référence. Il s'agit d'une école privée, aidée cependant par l'État ainsi que par la profession sucrière allemande. Les cours durent 4 mois et ont lieu en dehors de la période de fabrication. Cette durée sera portée à 6 mois à partir de 1888. Le régime intensif des cours compense la brièveté de la période d'étude, puisque les cours représentent 48 heures par semaine. Cette durée sera portée à 56 heures à partir de 1884. L'effectif va en augmentant légèrement puisque, par décennie, l'effectif moyen passe de 39 pour la décennie 1876-1885 à 55 pour la période 1886-1895[23]. Le caractère international du recrutement de cette école illustre le rayonnement. En effet, durant les vingt premières années, l'école recevra 547 Allemands, 188 Hollandais et Indonésiens, 74 Russes et Polonais, 37 Suédois, 28 Austro-Hongrois,

---

21 *Bull. chimistes*, t. 1, mai 1883, p. 136.

22 *Bull. chimistes*, t. 1, mai 1883, p. 139

23 *Bull. chimistes*, t. 2, février 1884, p. 67 ; t. 6, décembre 1888, p. 314 ; t. 7, 7 février 1890, p. 345. *La Sucrerie belge*, t. 11, janvier 1883, p. 201 ; t. 13, août 1885, p. 506 ; t. 17, janvier 1889, p. 185 ; t. 18, p. 248. *La Sucrerie indigène*, t. 41, janvier1893, p. 79.

11 Belges, 10 Nord-Américains et Hawaïens, 8 Anglais, 5 Français, deux Espagnols, deux Danois, deux Australiens et un Brésilien[24]. L'importance numérique des Hollandais et Indonésiens est à relever.

Outre cette école, il y a lieu de citer le Laboratoire de sucrerie de Berlin. Ainsi que le rapporte Edmond Kayser, en 1886, ce laboratoire est une création conjointe de l'industrie sucrière et de l'État prussien ; il se trouve implanté à proximité de l'Institut agronomique de Berlin. Outre les analyses que ce laboratoire effectue pour le compte des industriels, il dispense un enseignement sur l'industrie sucrière[25]. Les cours ont lieu de septembre à mars[26].

En Belgique, l'École sucrière de Glons est créée en 1889 à partir d'un laboratoire privé, lui-même créé en 1886. Après un début timide, 6 élèves la première année, l'école atteint un effectif de 30 élèves en 1901. Sur les 17 élèves qui obtiennent le diplôme on compte, outre 5 Belges, trois Français, trois Italiens, deux Polonais, un Argentin, un Hongrois, un Roumain et un Russe. L'école est donc, comme celle de Braunschweig, largement ouverte aux étrangers[27].

Aux États-Unis, il faut signaler l'École sucrière de la Nouvelle Orléans qui se crée en 1891 en annexe de la « *Louisiana sugar experiment station* », elle-même créée en 1885 à l'initiative des planteurs de Louisiane et implantée à Audubon Park (Nouvelle Orléans)[28]. En complément de cette station il est apparu nécessaire de créer une école de sucrerie ; mais ce n'est ni l'association des planteurs ni celle des chimistes, dont la création a été présentée ci-dessus, qui en est le promoteur mais l'association des Sciences et de l'Agriculture de la Louisiane[29]. La durée des études y est de deux ans. La proximité du lien existant entre les deux institutions est concrétisée par le fait que la même personne assure la direction de l'école et celle de la station. En janvier 1896, le *Journal des fabricants de sucre*, dans un article consacré aux écoles de sucrerie, présente cette école de

24 *Journal des fabricants de sucre*, n° 3, 15 janvier 1896, p. 2.

25 *Annales de l'Institut national agronomique*, n° 10, année 1884-1885, Paris, 1887, p. 76.

26 *Bull. chimistes*, t. 4, décembre 1886, p. 318.

27 *La Sucrerie indigène*, t. 41, janvier 1893, p. 79. *Bull. chimistes*, t. 10, septembre 1892, p. 342 ; t. 11, décembre 1893, p. 379, juin 1894, p. 811 ; t. 16, août 1898, p. 249 ; t. 18, septembre 1900, p. 188 ; t. 19, juillet-août 1901, p. 228.

28 Heitman, John A., art. cité, p. 81.

29 *Journal des fabricants de sucre*, 23 septembre 1891. *Bull. chimistes*, t. 9, décembre 1891, p. 508.

manière élogieuse[30]. Mais à la fin de cette même année 1896, elle ferme et est remplacée par un cours de chimie sucrière donné à l'Université Tulane, implantée également à la Nouvelle Orléans[31].

LES DÉBATS, EN FRANCE, SUR LA FORMATION DES CHIMISTES DE SUCRERIE

Deux tentatives de création d'écoles sucrières sont à signaler dans les années qui suivent immédiatement les débuts de l'Association des chimistes. Il s'agit, tout d'abord, du cours de chimie sucrière de L'École municipale de physique et de chimie industrielle de la ville de Paris. Ce cours de chimie, également destiné à ceux qui envisagent les industries de l'alcool, est prévu en trois années et doit commencer pendant l'année scolaire 1884-1885[32]. Ce projet se réalise effectivement mais ne donne pas satisfaction à l'Association des chimistes. Le *Journal des fabricants de sucre* le commente et émet des doutes sur la formule envisagée. D'autre part, en 1884, un projet d'école nationale de sucrerie à Compiègne (Oise) est lancé par Edmond Robert, député républicain de l'arrondissement de Compiègne. Ce projet est en définitive rejeté.

Les débats se poursuivent au sein de l'Association des chimistes et, en particulier, au cours de l'assemblée générale tenue à Paris le 13 juillet 1885, Dehérain, faisant le point des discussions en cours avec l'École de physique et de chimie de la ville de Paris, manifeste explicitement son intention de dépasser ce stade. On relève que Dehérain reprend, pour qualifier la sucrerie, le terme d'« industrie agricole ».

Bien qu'étrangère à la formation des chimistes de sucrerie, il faut noter que l'année 1885 est marquée par le retentissement, dans l'opinion publique, de la découverte du vaccin de la rage par Pasteur, ce qui valorise l'action des scientifiques et ne peut que renforcer l'Association dans sa détermination. La revendication de l'Association prend une nouvelle ampleur en 1886 à partir des rapports établis par Edmond Kayser, ingénieur agronome, envoyé en mission d'études en Allemagne par le ministère de l'Agriculture[33]. Cette mission montre que le ministère de

30 *Journal des fabricants de sucre*, 15 janvier 1896, p. 1.

31 *Bull. chimistes*, t. 14, décembre 1896, p. 649.

32 *Bull chimistes*, t. 2, juillet 1883, p. 215, 217 ; août 1883, p. 252 ; novembre 1883, p. 329.

33 Ministère de l'Agriculture, Rapport sur l'industrie de la brasserie, les écoles et stations de brasserie en Allemagne. *Bulletin* n° 2, mars 1885, p. 186 ; Rapport sur la distillerie

l'Agriculture partage les préoccupations de l'Association des chimistes sur la nécessité de mieux former les responsables des industries de transformation des produits agricoles en produits alimentaires, mais qu'il a des priorités différentes : la brasserie et la distillerie font l'objet d'un rapport avant celui concernant la sucrerie. Cependant, pour l'un comme pour l'autre, c'est l'Allemagne qui est considérée comme référence. Ce contexte conduit l'Association des chimistes à s'intéresser également aux industries de fermentation et, parmi elles, à la brasserie qui, à partir de cette année-là, prend la même place dans ses préoccupations que les deux filières fondatrices. Dehérain, prend acte de cette évolution et fait le point de la question dans discours à l'assemblée générale tenue le 26 juillet 1886. Cette intervention est suivie par un débat au terme duquel l'Association s'accorde sur un vœu demandant la création d'écoles distinctes pour chacune des filières. Dans ce contexte l'Association décide d'entreprendre une véritable campagne d'opinion en faveur de la création d'un enseignement de sucrerie et de distillerie. Un article, dans le *Bulletin des chimistes*, du secrétaire général François Dupont, fait le point sur les différentes initiatives entreprises en vue de la création d'écoles de sucrerie[34].

Cette détermination de ne va pas tarder à se concrétiser. Plusieurs organismes prennent, en effet, au début de 1887, des initiatives montrant l'écho favorable que cette campagne a rencontrée auprès d'eux. C'est ainsi que la Société des agriculteurs de France adopte, lors de la séance du 17 février, à l'instigation de l'inspecteur général de l'enseignement agricole, Boitel, un vœu en faveur de la création d'écoles pratiques de distillerie, de féculerie et de sucrerie[35]. Le 26 février 1887, le Comice agricole de l'arrondissement de Lille, émet « un vœu favorable à la

---

en Allemagne, *Bulletin*, n° 2, mars 1886, p. 156. Rapports sur les stations agronomiques et les stations spécialement affectées aux industries agricoles en Allemagne, *Annales de l'Institut national agronomique*, n° 10, 9e année, 1884-1885, Paris 1887, p. 75 à 101. Ce rapport fait la synthèse des précédents et, bien que publié en 1887, a été présenté au mois de mars 1886. Ces rapports sont cités expressément dans *Bull. chimistes*, les deux premiers : t. 4, p. 318 ; le dernier : t. 5, p. 428.

34 *Bull. chimistes*, t. 4, 15 décembre 1886, p. 318-323.

35 *Journal d'agriculture pratique*, t. 1, 1887, p. 314. Cet intérêt est encore faible car cette publication, dans sa chronique du 3 mars 1887 (p. 295), ne relève pas cette initiative. *Journal de l'Agriculture*, t. 1, 1887, p. 346. Dans sa chronique du 12 février, cette publication souligne les perfectionnements en cours de l'industrie de la distillation (p. 269). *Bull. chimistes*, t. 5, février 1887, p. 33.

création d'écoles de sucrerie, de distillerie et de brasserie[36] ». Le journal *Le Moniteur industriel* publie deux articles allant dans ce sens, l'un le 17 février 1887, l'autre le 10 mars 1887. Le second apporte un témoignage provenant d'un lecteur belge :

> Un de nos lecteur insiste sur ce point que la création d'écoles spéciales est tout aussi nécessaire en Belgique qu'en France et il nous en fournit une preuve bien convaincante : un des plus vastes établissements du pays comprenant une fabrique centrale et un certain nombre d'usines d'extraction vient de changer de propriétaire. La nouvelle société procède à certaines transformations et modifications, entre autres à l'installation de contrôles chimiques dans chacune des usines, en remplacement du laboratoire central. Pour ce service, elle n'a point recruté le nouveau personnel parmi les nombreux ingénieurs sortis des Écoles de Liège, de Louvain, de Gand ou de Bruxelles, mais elle est allée chercher en Allemagne 17 chimistes de sucrerie sortant des écoles spéciales de ce pays[37].

Le premier mars 1887, *Le Progrès de la Somme* publie, un article de A. Nantier, directeur de la station agronomique de la Somme, demandant la création d'écoles « spéciales de sucrerie, de distillerie et de brasserie[38] ». Relevons, que dans ces deux dernières initiatives, c'est l'Allemagne qui est citée en exemple.

En mars, l'association dressant l'inventaire des publications ayant répercuté ses préoccupations recense outre les journaux des départements sucriers, plusieurs publications agricoles ainsi que quelques organes de la presse scientifique. Il est donc patent que la campagne de presse décidée par l'association a trouvé de nombreux relais qui, pour certains d'entre eux, ont associé une autre filière à la sucrerie et à la distillerie, filières fondatrices de l'association, prenant ainsi acte de l'extension de fait de ses préoccupations.

Mais à la fin du mois de mars 1887, un événement tout à fait indépendant de l'association, va placer cette question dans un contexte tout

36 Arch. dép. Nord M 507/10. Si nous avons retrouvé la trace des vœux, la date est celle donnée par *Bull. chimistes*, t. 5, 15 mars 1887. Ce vœu est donc sûrement antérieur à cette dernière date.

37 *Le Moniteur industriel*, 1887, p. 49-50, 73. Précisons qu'une autre publication spécialisée, *Le Génie civil*, après s'être fait l'écho de la création en Allemagne en 1884 reprend en décembre 1886 l'article déjà cité de François Dupont consacré aux initiatives en faveur d'une école de sucrerie puis en 1887 le discours prononcé à l'assemblée générale de l'Association des chimistes par Dehérain consacré également à cette question.

38 Bibl. mun. Amiens, 259 PER (1).

à fait nouveau. Avant d'en exposer les causes et les conséquences, il nous paraît indispensable de revenir sur un acteur essentiel de l'Association des chimistes.

FRANÇOIS DUPONT (1847-1914), CHEVILLE OUVRIÈRE DE L'ASSOCIATION DES CHIMISTES DE SUCRERIE ET DE DISTILLERIE

François Dupont, issu d'une famille d'agriculteurs modestes de Haute-Savoie qui y exerçaient cette activité depuis au moins deux générations est né à Charvonnex en 1847[39]. Il fait ses études au collège de la Roche-sur-Foron (Haute-Savoie) puis entreprend des études supérieures littéraires à Paris[40]. François Dupont est d'abord professeur de lettres au collège de Thônes (Haute-Savoie) en 1871 et 1872. Puis, à partir de 1873, il dirige une institution secondaire à Montmorency (Val d'Oise). C'est dans cette fonction qu'il entre en contact avec Charles Gallois, directeur de la sucrerie de Francières dans l'Oise dont il deviendra le précepteur de ses enfants.

La sucrerie de Francières, située dans l'arrondissement de Compiègne, avait été fondée en 1829 et en 1833, rachetée par Louis Crespel-Delisse (1789-1864), originaire de Lille, installé à Arras en 1815 qui fut, au début de la Restauration, le seul fabricant de sucre de betterave subsistant en France. Mais ses affaires se détériorant, la sucrerie de Francières est vendue, en 1859, à F. Grieninger, banquier et à D.M. Bachoux, négociant, tous deux parisiens[41].

En 1882, cette sucrerie est dirigée par Charles Gallois. Ce dernier, né en 1828 à Verviers (Belgique) de parents français entre en 1852 à l'École centrale de Paris. Après avoir occupé en France des fonctions en sucrerie et en distillerie, il est, de 1856 à 1861, en Égypte où il installe une sucrerie. Revenu en France en 1861, il exerce diverses activités, en France avant de devenir, en 1876, directeur de la sucrerie de Francières. Dans cette fonction, Gallois met au point, en 1878, des procédés d'amélioration de la fabrication par un meilleur épuisement des pulpes et des écumes

39 Arch. dép. Haute-Savoie, 4 E Charvonnex 1847 ; 5 MI 124 T.D. Charvonnex ; 5 MI 76 Cuvat (naissance de Joseph père de François) ; 5 MI 657 Arbusigny-en-Bornes (naissance de François grand-père paternel) ; 6 M 166, Dénombrement de la population, 1861.

40 Le caractère littéraire de ses études est attesté par Edmond Perrier, vice-président de l'Académie des sciences et président de l'Association des écrivains scientifiques, lors des funérailles de François Dupont : *Bull. chimistes*, t. 31, janvier 1914, p. 489.

41 C'est au nom de ce dernier que l'entreprise figure dans l'annuaire sucrier de 1883.

de sucrerie[42]. En 1884, il quitte la sucrerie de Francières[43], pour créer, à Paris, un laboratoire de chimie particulièrement orienté vers la sucrerie de betterave dans lequel il s'associe avec François Dupont qui y invente plusieurs appareils de mesure. Il se sépare ensuite de Dupont et son laboratoire est repris par son fils Edouard (1859-1938) qui devient bibliothécaire de l'Association des chimistes, de 1910 à 1914[44]. Charles Gallois reprend, ensuite de 1898 à 1904, des fonctions de directeur de sucrerie, à la tête de celle de Sainte-Marie-Kerque (Pas-de-Calais) appartenant à la famille Stoclin[45]. Il est, nous l'avons vu, un des membres fondateurs de l'Association. Il en assure la vice-présidence dès l'origine, puis la présidence de 1889 à 1891 et, à nouveau, de 1893 à 1895.

À la création de l'Association, François Dupont devient trésorier puis, très vite, il assure les fonctions de secrétaire général à partir de juillet 1883 et jusqu'en 1900. Il en est, en fait, la véritable cheville ouvrière, les successeurs de Dehérain à la présidence, à partir de 1889, n'assurant en effet cette fonction que deux années consécutives. L'activité de Dupont est consacrée en grande partie à la rédaction du Bulletin, qui devient le support majeur des réflexions scientifiques et techniques relatives à la sucrerie ainsi qu'aux industries similaires. L'extension de l'activité de l'Association se manifeste ainsi, sous son impulsion, à la fois vers d'autres filières de transformation de produits agricoles en produits alimentaires ainsi que vers d'autres professions. Cette double orientation est parfaitement résumée dans l'article premier des nouveaux statuts adoptés lors de l'assemblée générale du 2 avril 1896 :

> L'Association dite des chimistes de sucrerie et de distillerie de France et des colonies, fondée le 11 septembre 1882, a pour but de réunir les chimistes, ingénieurs, industriels, constructeurs, etc., intéressés aux industries de la sucrerie, de la raffinerie, de la distillerie, de la glucoserie, de la féculerie, de la brasserie, de l'œnologie, de la cidrerie, de la vinaigrerie et de l'agriculture dans ses rapports avec les industries ci-dessus, dans le but de faciliter les travaux de ses membres et d'assurer l'amélioration de ces diverses industries

42 Dossier Légion d'honneur, Charles Gallois, Arch. nat., F 12/5150.

43 *Bull. chimistes*, t. 5, 15 janvier 1887, p. 4. Il est indiqué qu'il n'est plus à Francières.

44 *Bull. chimistes*, t. 55, mars 1938, p 193. Le laboratoire Gallois sera repris en 1921 par le fils d'Édouard, Robert. On retrouve trace de l'activité du laboratoire en 1952, Revue *Industries agricoles et alimentaires*, t. 69, p. 930.

45 Cette information nous a été très obligeamment communiqué par Mme Odile Gaultier-Voituriez, descendante de la famille Stoclin. Nous l'en remercions très vivement.

François Dupont s'éloigne ensuite de France puis devient président de l'Association, d'abord de 1904 à 1906, puis de 1908 à 1910.

Outre son activité en association avec Charles Gallois et en complément de ses fonctions de secrétaire général de l'Association, François Dupont organise deux congrès de chimie appliquée, tenus à Paris en 1896 et 1900. En 1900, il part à Ripiceni (Roumanie) installer une sucrerie[46] puis, pour la même raison, repart en Bulgarie en 1911. La guerre dans les Balkans le contraint à rentrer définitivement en France en 1913.

Parmi ses publications, le plus grand succès est, sans conteste, le *Manuel agenda du fabricant de sucre et du distillateur*, publié avec Charles Gallois, où ils exposent leur expérience sous une forme très accessible. Cet ouvrage connaît deux éditions (1888 et 1891). François Dupont publie également, *État actuel de la fabrication du sucre en France*, (1889), *Jaugeage et graduation des instruments de chimie* (1890), *Traité de la culture de la betterave* (posthume, 1914), *Traité de la fabrication du sucre*, (posthume, 1914).

François Dupont est délégué officiel à plusieurs congrès de chimie appliquée, Vienne 1898, Berlin 1903, Rome 1906, Londres 1909. Il est également membre de la commission internationale d'unification des méthodes d'analyse du sucre. Dupont garde des attaches avec sa région d'origine, puisqu'en 1889 il est admis à l'Académie Florimontane de Savoie[47]. Ces activités le conduisent à être élu maire de sa commune natale de Charvonnex en 1908 et réélu en 1912[48]. Dans cette commune, il préside également la Société républicaine. François Dupont décède à Paris le 1er janvier 1914[49]. Son engagement politique sera attesté, lors de ses obsèques, par Émile Chautemps, ancien ministre.

Si, en particulier lors de son association avec Charles Gallois, François Dupont a mis au point des méthodes de mesure et de contrôle chimique

---

46 *Journal des fabricants de sucre*, 14 août 1901.

47 *Revue savoisienne*, 1889 et 1914, n° 1, p. 1 (hommage). Cette revue est l'organe de cette société savante d'Annecy.

48 Arch. dép. Haute Savoie, 3 M 186 ; 3 M 206.

49 Le Tourneur, St., *Dictionnaire de biographie française*, t. 12, Paris 1970, p. 438. Cette notice omet de rappeler le rôle essentiel de Charles Gallois dans l'itinéraire de François Dupont. *Bull. chimistes*, t. 31, p. 482-494. Il s'agit du numéro publié en hommage au disparu. S'agissant de la publication créée par l'intéressé, il y a évidemment un risque de dérive hagiographique. Mais ce numéro comporte essentiellement les discours prononcés aux obsèques qui, pour certains (Edmond Perrier et Émile Chautemps déjà cités, ainsi que le président de la société philanthropique savoisienne) éclairent des aspects de l'activité de Dupont extérieurs à cette association.

de la fabrication du sucre et s'il a créé des sucreries, à l'étranger, c'est essentiellement son rôle dans la création puis dans l'animation de l'Association des chimistes et, à un moindre degré, son activité de publiciste qui restent. Le premier de ces rôles est attesté par la profession sucrière qui, lorsqu'elle veut célébrer son centenaire en 1912, confie à Dupont, qui à l'époque n'en était plus le président, le soin de présenter l'Association[50]. Quant au second, on peut retenir que sa formation littéraire initiale a pu ne pas y être étrangère. Plus généralement, ce qui nous paraît remarquable dans la carrière de François Dupont c'est, à partir de contacts fortuits avec un industriel de la sucrerie, une démarche qui le conduit à élargir le champ de ses investigations scientifiques et techniques. Cette démarche présente des analogies avec celle d'Anselme Payen même si, à l'inverse de ce dernier, il est passé de la recherche à l'industrie. Durant cette période, François Dupont illustre, à travers l'Association des chimistes, le dynamisme technique et scientifique de l'industrie sucrière.

Le rôle d'acteur collectif, que joue l'Association des chimistes comme cadre institutionnel d'un élargissement de la réflexion scientifique sur les techniques de transformations de produits agricoles en produits alimentaires, nous paraît être exprimé clairement par un passage du discours de Marcellin Berthelot, le 27 juillet 1896, au deuxième congrès de chimie appliquée.

> C'est grâce aux ressources fournies par les industries chimiques que l'agriculture a réussi à doubler la production du blé, à donner à la culture des betteraves et à la fabrication du sucre cet immense développement qui soulève aujourd'hui tant de problèmes économiques. Les grandes découvertes des chimistes et des physiologistes dans l'étude des microbes n'ont pas modifié à un moindre degré les industries de la fermentation, les fabrications anciennes du vin, de la bière, de l'alcool, celles du lait et du fromage ; aussi bien que les pratiques qui règlent la conservation et le transport de la viande et des matières alimentaires[51].

Cette même année 1896, l'Association est reconnue d'utilité publique[52].

Plus généralement, l'Association des chimistes de sucrerie et de distillerie, tout particulièrement sous l'action de François Dupont, aura été l'acteur collectif d'une prise de conscience implicite de l'unité des industries de transformation des produits agricoles en produits alimentaires.

---

50 *Histoire centennale du sucre de betterave*, Paris, 1912, p. 114.

51 *Bull. chimistes*, t. 14, août-septembre 1896, p. 289.

52 *Bull. chimistes*, t. 14, août-septembre 1896, p. 331.

LA CONTRAINTE INSTITUTIONNELLE

La création d'une université catholique à Lille va inciter le pouvoir républicain à regrouper l'ensemble des enseignements supérieurs à Lille et donc à transférer les facultés de lettres et de droit de Douai à Lille. Cette opération est décidée très rapidement en mars 1887. Le projet est déposé à la Chambre des députés le 26 mars et dès le 29 mars, le conseil municipal de Douai démissionne en signe de protestation[53]. Ce contexte va conditionner le cadre institutionnel dans lequel va pouvoir se concrétiser le projet des sucriers.

L'INTERVENTION DÉCISIVE DU MINISTÈRE DE L'AGRICULTURE

La mise en place de l'école va être conditionnée par l'attitude face à cet événement des principaux partenaires, tant publics que privés, concernés par la création d'une école de sucrerie.

La détermination de l'Association des chimistes en 1887

Le ministère de l'Instruction publique étant à l'origine du départ des facultés de Douai, il est normal que le ministre de l'Instruction publique, qui est alors Marcellin Berthelot, fasse annoncer, en avril 1887, par la presse, son intention « d'utiliser les bâtiments qui vont devenir vacants à Douai [...] pour créer une grande école de sucrerie, de distillerie et de brasserie[54] ». Cette information est reprise en particulier par le *Journal des débats*, le *Journal des fabricants de sucre*, et *L'Économiste français*. Ce projet est présenté de manière neutre par le premier de ces journaux, nettement approbatrice par le deuxième et très réservée par le dernier.

Le projet est ensuite transmis au ministère du Commerce, tuteur de l'enseignement technique. Le directeur de cet enseignement, Gustave Ollendorff, vient à Lille le 28 avril 1888 pour examiner la création d'une école d'arts et métiers et se propose de rencontrer des délégués de Douai pour examiner cette question. Mais il n'y a pas, manifestement, de volonté très nette, de la part de ce ministère, de faire aboutir l'affaire.

53 Rouche, Michel, (dir.), *Histoire de Douai*, Dunkerque, éd. des Beffrois, 1985, p. 227-228.
54 *Le Temps*, 4 avril 1887.

Quant aux deux acteurs collectifs privés concernés, la profession sucrière, d'une part, l'Association des chimistes, de l'autre, ils vont avoir, à ce moment-là, deux attitudes différentes.

Dans la décennie 1880, on aurait pu raisonnablement s'attendre, de la part d'une industrie se situant parmi les plus évoluées techniquement et devant faire face à la très rude concurrence allemande, qu'elle cherche à bénéficier d'un effort de formation. La profession sucrière aurait pu prendre l'initiative de créer une école privée. Mais l'échec de l'école de Fouilleuse en 1838 et le fait que l'École centrale soit devenue publique en 1857, ne l'a vraisemblablement pas incitée à persévérer dans cette voie. Dans ces conditions, il est compréhensible que cette industrie se soit retournée vers l'État, en tenant également compte de l'importance des rentrées fiscales apportées par le sucre. Pourtant, la profession sucrière n'a manifestement pas cru utile de saisir cette opportunité. En effet, *la Sucrerie indigène et coloniale*, porte-parole officiel de la profession sucrière, ne mentionne pas le communiqué du ministère de l'Instruction publique d'avril 1887.

Par contre, l'Association des chimistes réagit très rapidement et son bureau comprenant Dehérain, président, Dupont, Durin et Gallois, est reçu le premier avril par le ministre de l'Agriculture, Jules Develle, auquel il fait part du « vœu plusieurs fois exprimé par notre association, tendant à ce qu'il soit créé une ou plusieurs écoles de sucrerie, distillerie, brasserie, féculerie et glucoserie[55] ». Le compte rendu, que la délégation de l'Association donne de sa visite, montre clairement, d'une part, que le débat sur l'unicité ou la pluralité des écoles par filières n'est pas tranché et on peut penser que, devant l'opportunité présentée par l'utilisation éventuelle des locaux de Douai, l'Association n'a pas voulu exclure la possibilité de rassembler les écoles en un seul établissement, d'autre part, que l'extension à d'autres filières que les trois premières retenues reste envisagée.

Les deux ministères directement concernés, celui de l'Instruction publique et celui du Commerce se récusant, la réalisation du souhait de l'Association des chimistes va finalement revenir au ministère de l'Agriculture qui l'intègre dans son propre projet pédagogique. Signalons que le chef de cabinet du ministre de l'Agriculture, à ce moment, n'est autre que Raymond Poincaré dont Jules Develle a été le « patron » à ses débuts.

55 *Bull. chimistes.*, t. 5, avril 1887, p. 106.

Le contexte favorable offert par le ministère de l'Agriculture

L'individualisation de l'administration de l'Agriculture, jusque-là commune avec celle du commerce, est décidée par Léon Gambetta dès qu'il devient président du Conseil, le 14 novembre 1881. Une première initiative dans ce sens avait été la création, en 1880, de la Société nationale d'encouragement à l'agriculture[56]. Cette institutionnalisation obéit à des considérations économiques qui figurent dans l'exposé des motifs[57], mais surtout politiques. Il s'agit de traduire, dans les structures administratives, la volonté déjà affirmée dès 1880 de consolider le régime républicain dans les campagnes et de battre en brèche l'influence des notables conservateurs, regroupés dans la Société des agriculteurs de France[58]. Quelques années plus tard, Albert Viger, ministre de l'Agriculture de 1893 à 1895, exprimera très clairement cette préoccupation en présentant son action :

> Il n'est point de branche de notre administration où, sans se laisser guider par l'esprit de parti, on puisse faire plus d'amis et ramener plus de partisans à la République[59].

Cette création n'est pas appréciée par tous, notamment par Paul Leroy-Beaulieu[60] qui considère, dès 1884, « ce ministère comme l'une des plus regrettables inventions de Gambetta » et demande sa suppression en 1889 puis en 1899[61]. Un *Bulletin*, publié à partir de 1882, devient le moyen d'expression du ministère de l'Agriculture.

Quant à l'enseignement agricole public, il reste organisé, à l'époque, par le décret du 3 novembre 1848 lequel est le premier édifice d'ensemble qui ait existé dans notre pays en ce domaine. Il faut préciser toutefois que la IIe République avait, sur ce point, bénéficié de travaux déjà engagés

---

56 *Journal des fabricants de sucre*, 19 mai 1880.

57 *Journal officiel*, 15 novembre 1881, p. 6346.

58 Augé-Laribé, Michel, ouvr. cité, p. 74-75.

59 Viger, Albert, *Deux années au ministère de l'Agriculture, 11 janvier 1893 – 27 janvier 1895*, Paris 1895.

60 Paul-Leroy-Beaulieu est un économiste, professeur au Collège de France et directeur de *L'Économiste français*. Sur sa réaction à l'annonce de la création de l'école, voir chap. « La revanche de Cérès », p. 61.

61 *L'Économiste français*, 15 novembre 1884, p. 599 ; 23 février 1889, p. 227 ; 2 décembre 1899, p. 782.

auparavant[62]. Ensuite, le second Empire laissera péricliter cette œuvre et ce n'est qu'après 1875 que la IIIe République prend conscience du retard pris sur les grands pays agricoles voisins et en particulier l'Allemagne[63]. Bien que les moyens accordés à cet enseignement soient insuffisants[64], l'Institut agronomique, en particulier, qui avait été supprimé en 1852, est rétabli en 1876.

Pour comprendre les conditions dans lesquelles l'école de sucrerie va se créer, il est indispensable de souligner le rôle essentiel joué au sein du ministère de l'Agriculture par Eugène Tisserand.

L'action d'Eugène Tisserand en faveur de l'enseignement technique

Eugène Tisserand (1830-1925)[65] s'oriente, à partir de 1870 dans l'administration du ministère de l'Agriculture, vers le renforcement de l'enseignement agricole, ce qui lui permet de participer à la création, en 1875, des écoles pratiques d'agriculture puis de devenir, en 1876, directeur de l'Institut agronomique reconstitué. Il va poursuivre cette action lorsqu'il accède, en 1879, au poste de directeur de l'Agriculture du ministère et c'est à ce titre qu'il va intervenir dans la mise en place de l'école de sucrerie[66].

Les conceptions de Tisserand sur l'enseignement agricole nous sont connues par un rapport publié en 1894 donc après la création de l'ENIA. Cette dernière est présentée plus précisément comme : « l'École des industries agricoles et des cultures industrielles », et vient compléter, dans le nord de la France, le réseau des autres écoles nationales : Grignon pour la région parisienne ; Grandjouan (Loire-Atlantique), déplacée depuis à Rennes, pour l'ouest ; Montpellier pour le sud ; l'école d'industrie laitière de Mamirolle pour l'est[67]. Il est clair que la préoccupation principale de

62 Charmasson, Thérèse, Lelorrain, Anne-Marie, Ripa, Yannick, *l'Enseignement agricole et vétérinaire, de la Révolution à la Libération*, Institut national de la recherche pédagogique, Publications de la Sorbonne, Paris 1992.

63 Chatelain, René, *L'agriculture française et la formation professionnelle*, Librairie du recueil Sirey, Paris, 1953, p. 9-17.

64 Augé-Laribé, Michel, ouvr. cité, p. 124-128.

65 Sur Eugène Tisserand, voir annexe IV.

66 *Bulletin de l'amicale des anciens élèves de l'Institut agronomique*, décembre 1925, p. 282. Archives de l'Académie des sciences, *Notice sur les titres et les travaux de Eugène Tisserand*, non coté.

67 Ministère de l'Agriculture, *Bulletin*, 13e année, juin 1894, p. 229-296. L'ENIA est traitée dans les p. 249-252.

Tisserand est d'assurer une répartition géographique la plus équilibrée possible et, qu'ainsi, il se situe tout à fait dans la préoccupation définie par Gambetta. Il reste que le rôle de Tisserand dans la création de l'École des industries agricoles est reconnu par la profession sucrière[68].

Il faut ajouter que Tisserand a joué également un rôle essentiel en permettant, par son appui, la concrétisation des conceptions d'Aimé Girard déjà présenté. On doit en particulier relever, dans l'œuvre de Girard, la part prépondérante prise par la chimie appliquée aux industries agricoles et à l'agronomie[69]. Ce qui fait l'originalité de cette école, à sa création, est exposé dans un discours du ministre de l'Agriculture, François Barbe, prononcé en septembre 1887, dans lequel il reprend publiquement les conceptions que lui a exposées Girard au cours d'un entretien :

> Pourquoi ne pourrait-on pas commencer de la façon suivante : il y a à Paris, plusieurs établissements qui donnent l'instruction technologique ; le premier, et naturellement M. Girard parlait pour le sien, c'est l'Institut agronomique ; j'en connais d'autres, ne fût-ce que le Muséum, dont le directeur, mon ancien professeur M. Frémy est ici ; pourquoi ne créerait-on pas des laboratoires relativement considérables pouvant fabriquer quelques hectolitres de bière pour une école de brasserie, ou quelques hectolitres de farine pour une école de meunerie, ou d'alcool pour une école de distillerie ? Et ces grands établissements, dans lesquels on installerait le matériel le plus perfectionné, étant installés les uns à côté des autres, pourraient recevoir d'abord chaque année, 6, 8 ou 10 élèves ; les élèves, après avoir acquis dans l'établissement même une instruction aussi large que possible, passeraient trois mois dans chacun de ces laboratoires, où ils seraient ouvriers, et quand ils auraient travaillé et produit, quand ils seraient bons ouvriers, deviendraient contre-maîtres, chimistes, ingénieurs, après avoir parcouru le cycle entier de ce laboratoire industriel. Ils diraient ensuite : J'ai plus de goût pour la brasserie, je me vois destiné à la brasserie. Le directeur de l'entreprise s'adresserait à l'un des grands industriels avec lesquels il est en relations et pourrait lui envoyer le jeune homme comme ouvrier ou contre-maître pendant quelque temps, sauf à y rester d'une façon définitive, si une entente pouvait intervenir. Ce serait pour eux une sorte d'école d'application au sortir de laquelle ceux qui voudraient se perfectionner viendraient encore passer quelques mois dans l'Institut agronomique, pour contrôler les résultats qu'ils auraient obtenus à l'aide des ressources de la physique et de la chimie, pour arriver aussi près de la perfection que possible[70].

---

68 Syndicat des fabricants de sucre, *Histoire centennale du sucre*, (1812-1912), Paris 1912, p. 108.

69 Sur Aimé Girard, voir Introduction, p. 40-43.

70 *Bull. chimistes.*, t. 5, 15 septembre 1887, p. 368-369.

La conception d'un enseignement de « technologie agricole[71] » comparée nous paraît exposé ici à travers le fait « d'installer les uns à côté des autres » des laboratoires à l'échelle industrielle, relatifs à plusieurs filières de transformation. On remarquera qu'il n'est pas question de sucrerie dans l'intervention du ministre. Peut-être est-ce dû à un oubli de sa part par rapport aux conceptions qu'aurait exposées Girard. Mais cela indique, à coup sûr, que dans cette démarche, la sucrerie n'occupe pas la place centrale qu'elle occupe chez l'Association des chimistes.

C'est donc une démarche intellectuelle différente de celle du projet des sucriers, mais qui vient le compléter. En effet, s'il existait à cette date des écoles renommées dont l'enseignement portait sur une technique de transformation de produits agricole en produits alimentaires, comme l'école de sucrerie de Braunschweig en Allemagne, dans aucune d'entre elles on n'enseignait simultanément plusieurs de ces techniques. Cet état de choses nous paraît avoir été parfaitement exposé près de 10 ans plus tard, quand est créé l'Institut des fermentations de l'Université de Bruxelles :

> Le problème qui se pose au point de vue logique comme au point de vue de la prospérité des industries est bien d'instituer, pour l'éducation de ceux qui sont appelés à les diriger, un enseignement technique donné par des spécialistes et dans lequel la théorie et la pratique se balancent d'une façon rationnelle. En Allemagne, cette nécessité a été bien ressentie, mais l'organisation parcellaire de l'enseignement y force les futurs praticiens à voyager de ville en ville pour suivre consécutivement les cours des spécialistes des différentes branches de fermentation[72].

LA CRÉATION DE L'ÉCOLE (1889-1893)

La phase qui s'ouvre, en 1889, est une phase d'institutionnalisation, d'abord sur le plan législatif et réglementaire, puis sur le plan pédagogique

---

71 Nous reprenons dans cette expression le terme de technologie dans le sens où il est couramment utilisé sur la période que nous étudions, c'est-à-dire les techniques de transformation de produits agricoles en produits alimentaires. L'expression « technologie agricole », malgré son ambiguïté sémantique, a le mérite de la brièveté. Ce sens, adopté par le ministre en 1887, sera repris par l'Institut national de la recherche agronomique (INRA), de 1952 à 1980, comme titre de l'une de ses publications. Pour un approfondissement des débats actuels sur la signification du terme « technologie », voir Anne-Françoise Garçon, « Technologie : histoire d'un régime de pensée, XVIe-XIXe siècle », *in* Robert Carvais, Anne-Françoise Garçon et André Grelon, (dir.), *Penser la technique autrement, XVIe-XXIe siècle*, Paris, Classiques Garnier, 2017, p. 73-102.

72 *Bull. chimistes.*, t. 13, avril 1896, p. 795.

lors des débuts de l'école. Au cours de ces étapes, plusieurs inflexions sont apportées au projet de l'Association des chimistes de sucrerie et de distillerie. C'est, d'abord, une démarche législative qui va caractériser cette période. En effet, une impulsion nouvelle est donnée à ce projet par l'élection, le 22 septembre 1889 dans la première circonscription de Douai d'un nouveau député, Alfred Trannin[73], lui-même agriculteur et fabricant de sucre. Toutefois, malgré le désistement d'acteurs qui auraient pu être intéressés, l'action de Trannin va être elle-même infléchie par les interventions de trois acteurs publics, le ministère de l'Agriculture, la municipalité de Douai et le Conseil général du Nord.

Les actions préparatoires

Après le communiqué d'avril 1887 consécutif au transfert des facultés de Douai à Lille, s'ouvre, au ministère de l'Agriculture, une phase d'interrogation sur la meilleure manière de mettre en place cette école dont le principe a été arrêté. Une première proposition est cependant adressée en décembre 1887 : il s'agit d'une école de distillerie et de brasserie[74].

Dès avant l'élection de Trannin, une nouvelle proposition est adressée au préfet, le 2 avril 1889, concernant une école professionnelle des industries agricoles. Cette lettre pose le principe d'une répartition des charges de fonctionnement : l'État assurerait la rétribution du personnel et les frais d'enseignement, la commune et le département assureraient les frais d'entretien. Cette proposition est complétée par une lettre adressée le 5 avril au sénateur Charles Merlin, qui propose un enseignement sur deux ans et trace déjà, en fait, les grandes lignes de l'école telle qu'elle se réalisera. On relève, en effet, dans cette lettre le passage suivant :

> Les cultures variées qu'on y fait [dans le Nord], les industries multiples qui y fonctionnent en utilisant le produit des fermes, donneraient matière à un vaste et bel enseignement spécial et à un ensemble de laboratoire de recherches dont les travaux ne tarderaient pas, assurément, à rendre des services.
>
> Il y aurait donc à établir à Douai une école d'agriculture, comme il n'en existe nulle part encore ; son programme embrasserait toutes les cultures du

73 Hilaire, Yves-Marie, *Atlas électoral du Nord-Pas-de-Calais 1876-1936*, Villeneuve d'Ascq, 1977, p. 76. La première circonscription comprenait les ex-cantons de Douai-nord, Douai-ouest et Douai-sud, Arch. dép., Nord, M 37/24. Sur Trannin, voir annexe V.

74 Rouche, Michel, (dir.), ouvr. cité, p. 320.

> Nord et la technologie des industries annexes de l'agriculture, telles que les sucreries, les distilleries, les brasseries, etc.[75]

Mais cette proposition n'est pas acceptée et le projet met encore plusieurs années à se réaliser. Il reste que Trannin va rencontrer rapidement des appuis auprès du ministère de l'Agriculture. L'obstacle vient surtout, à ce moment-là, des conditions posées à cette réalisation.

La municipalité de Douai, quant à elle, va se montrer réticente. En effet, les élections de mai 1888 portent à la tête de la ville une nouvelle municipalité qui va exiger, outre une école, le remboursement par l'État d'une somme de 350 000 frs, qu'elle estime représenter le préjudice subi par la ville du fait du départ des facultés[76]. Cette période va être marquée par des affrontements avec les pouvoirs publics sur cette question, si l'on en juge par cette déclaration faite par le maire, Mention, en 1900 devant le Conseil général du Nord : « J'ai été, pour mon malheur, maire de Douai pendant trois ans et j'ai toujours été opposé à la création de cette école à l'endroit où on l'a placée[77] ». Mention démissionne en 1891.

Cependant, la volonté locale de voir se réaliser cette école va trouver un appui auprès du Conseil général qui, apprès avoir rappelé l'intérêt d'une formation professionnelle et l'avance prise en ce domaine à l'étranger, adopte, le 26 août 1890, un vœu demandant la création à Douai, d'une « école de brasserie[78] ». Cette prise de position a sûrement renforcé Alfred Trannin dans sa détermination de voir se réaliser cette école, bien qu'elle montre que, pour les responsables locaux, une école de brasserie apparaît plus urgente qu'une école de sucrerie.

---

75 Arch. dép. Nord, 1 T 176.

76 Arch. dép. Nord, 1 T 176.

77 Procès-verbaux des séances du Conseil général du Nord, séance du 23 août 1900, p. 248, Arch. dép. Nord, 1 N 134.

78 Ce vœu expose en particulier : « En ce qui concerne le lieu précis où il conviendrait d'installer cette école, le bureau estime que la ville de Douai, qui a subi, par le fait du retrait des facultés, un préjudice incontestable, mérite une compensation et qu'il serait de bonne justice distributive de profiter de la création d'une école de brasserie pour compenser, en partie, la perte qu'elle a faite, la ville de Douai, par sa situation centrale, convenant du reste parfaitement à l'installation dont il s'agit [...]. La création d'écoles professionnelles se fait sentir de plus en plus à notre époque et, en brasserie comme dans les autres industries, la nécessité s'impose d'abandonner la routine pour des méthodes scientifiques. Nos voisins nous ont devancés dans cette voie ; car, depuis longtemps déjà, il existe de nombreuses écoles de brasserie en Allemagne et en Angleterre et en Belgique, nous en comptons deux des plus prospères, à Gand et à Louvain. » Arch. dép. Nord, 1 T 143 (4).

Au début de 1890, Trannin reprend l'idée primitive de l'école de brasserie, sucrerie, distillerie[79]. Dès le premier semestre, les entreprises Cail et Fourcy fournissent des devis pour l'établissement d'une sucrerie, d'une distillerie et d'une brasserie de démonstration, à adjoindre à l'école envisagée[80]. Jules Develle étant revenu au ministère de l'Agriculture depuis mars 1890, Trannin présente, le 10 juin 1891, un mémoire qui prévoit l'installation de l'école dans les locaux des anciennes facultés. Ce mémoire comporte deux documents[81].

Un premier élément du mémoire justifie « l'établissement à Douai » d'une école « des industries extractives du sol » et rassemble les arguments déjà exposés précédemment par les différents acteurs présentés. Les trois filières retenues sont la sucrerie, la brasserie et la distillerie. Le principal élément nouveau avancé pour justifier l'implantation de cette école dans le Nord est le rappel de l'existence, dans ce département, de 149 sucreries, 134 distilleries et 1 717 brasseries.

Un deuxième élément concerne « l'installation générale de l'école » et prévoit l'implantation d'un hall technique dans le jardin attenant. Les appareils seraient en réduction, car le mémoire expose nettement que :

> Il ne faut pas songer à imiter nos voisins les Allemands, qui ont des usines produisant industriellement un nombre de quintaux de sucre, de litres d'alcool et de bière se rapprochant de la moyenne des usines de notre région.

Ce qui a été exposé ci-dessus, ainsi que le mémoire, font clairement ressortir que la conception initiale des appareils de démonstration revient aux établissements Cail, pour la sucrerie et aux établissement Fourcy, de Corbehem (Pas-de-Calais), pour la distillerie et la brasserie. Ce mémoire précise que les programmes ont été élaborés avec le concours de trois experts, Vivien[82], ingénieur-conseil à Saint Quentin pour la sucrerie, Durin[83], de l'Association des chimistes pour la distillerie et Duclaux, proche collaborateur de Pasteur, pour la brasserie. « L'appui de MM. Aimé Girard, Pasteur, Duclaux est acquis à cette nouvelle école qu'ils considèrent

79 Délibération du Conseil municipal de Douai, du 28 mars 1890, p. 7, Arch. mun. Douai, R1-158.

80 Lettre de Trannin au maire de Douai du 30 mai 1890. À cette lettre sont joints les devis Cail du 24 mai et Fourcy du 26 mai 1890.

81 Arch. mun. Douai, R 1-176.

82 Sur Vivien, voir ci-dessus, p. 98, plus loin, p. 128 et annexe VI.

83 Sur Durin, voir ci-dessus, p. 99, 103, 113 et plus loin p. 125.

comme le champ d'expérience de leurs savantes recherches de laboratoire ». L'ensemble des travaux nécessaires pour l'aménagement des bâtiments existants et de la réalisation du hall technique est évalué à 270 000 frs[84].

Bien que l'Association des chimistes soit à l'origine du projet, elle ne s'estime pas satisfaite et elle réagit, lors de son conseil du 5 octobre 1891. Le président Charles Gallois émet de sérieuses réserves.

> M. le Président ne croit pas au succès de l'école de Douai, cette ville ne présentant, à part les bâtiments, aucune des ressources nécessaires à sa réussite. Il trouve illogique de créer une école uniquement pour utiliser des bâtiments. C'est vouloir d'avance sacrifier une école à des considérations qui lui sont étrangères. On comprendrait que l'on pût choisir Lille comme centre de cette école, parce que Lille offre des ressources infiniment supérieures à celle de Douai, à tous les points de vue et notamment au point de vue du personnel enseignant. Mais c'est à Paris seule que cette école serait réellement à sa place, tant à cause de la proximité de cette ville avec un grand nombre de sucreries, de distilleries et de brasseries, glucoseries, amidonneries, des maisons de construction, que parce que on y serait à la source même de tous les professeurs.

Après discussion, il est décidé qu'il y a lieu de poursuivre la création d'une école de sucrerie et de distillerie à Paris[85].

La création des écoles des cultures industrielles et des industries annexes de la ferme de Douai par la loi du 23 août 1892

Ce projet va entrer dans la phase législative au cours de l'année 1892. Raymond Poincaré, député de la Meuse, est chargé de présenter le projet à la Chambre des députés, au nom de la commission du Budget. Il connaît donc déjà le dossier et reprend le mémoire établi par Trannin l'année précédente. Le rapporteur évoque d'abord la menace que la « concurrence allemande » fait peser sur les industries annexes de la ferme, mais, par comparaison avec le mémoire Trannin, innove sur deux points[86]. Il s'agit, tout d'abord, de créer « une école des cultures industrielles et des industrie annexes de la ferme ». Le mémoire de Trannin préconisait, certes d'annexer à l'école « un champ d'expérience d'un hectare » mais mettait l'accent sur

84 Une partie de ce mémoire est cité dans le *Journal des fabricants de sucre*, du 3 août 1892.
85 *Bull. chimistes*, t. 9, novembre 1891, p. 390.
86 *Journal officiel, – Documents parlementaires – Chambre des députés*, séance du 18 février 1892, Annexe n° 1920, p. 228, 239.

l'enseignement industriel. Il s'agit ici d'enseigner des méthodes de culture en même temps que des techniques de transformation. Cette extension en amont rejoint les préoccupations initiales des chimistes de sucrerie qui cherchaient à obtenir une stabilisation de leur situation par le conseil aux agriculteurs[87]. Ceci est également une conséquence de la contrainte institutionnelle qui a conduit ce projet d'école à se réaliser dans le cadre du ministère de l'Agriculture. En second lieu, les filières de transformation expressément citées comprennent également la laiterie et l'amidonnerie, ainsi que la culture du lin et du chanvre. Il s'agit d'une extension thématique qui, pour les trois premières, rejoint également les réflexions des chimistes. Les deux dernières marquent un souci d'extension vers des cultures destinées à être transformées en produits non alimentaires.

Par contre, le rapport indique clairement que cette école intéresse surtout les « départements septentrionaux » et il est précisé que ce projet a été étudié à la demande « des représentants des sociétés et les notabilités agricoles et industrielles de la région ». Il y a restriction du champ géographique de l'école, qui est donc prévue pour répondre à un besoin plus régional que national.

Le projet, présenté une première fois à la Chambre des députés le 18 février est repoussé. Il est présenté une deuxième fois le 2 juillet, avec une légère modification. En effet, ont été abandonnés les deux derniers paragraphes ainsi rédigés :

> Or, il résulte de la discussion qui vient de s'engager au sein du Parlement, que les représentants du Pays, tout en accordant une protection aux produits nationaux, sont décidés à tout mettre en œuvre pour améliorer nos procédés de culture et de production. Tout enseignement permettant de réduire les frais de production aurait pour conséquence immédiate de placer nos agriculteurs et nos industriels dans des conditions favorables.
>
> L'enseignement professionnel s'impose et le Parlement s'est toujours trouvé d'accord avec le Gouvernement toutes les fois que ces questions d'intérêt social ont été agitées.

Ceci indique que le souci d'un enseignement professionnel, dans lequel le rapporteur avait voulu inscrire ce projet, est moins vif que précédemment.

Ce projet, est adopté en première lecture, le 7 juillet, mais avec une modification, puisque ce sont des écoles et non une seule, dont la création

87 Voir ci-dessus, p. 102.

est approuvée[88]. Le pluriel, qui ne figure absolument pas dans le mémoire de Trannin, peut s'expliquer par l'intention d'y englober éventuellement une autre école, celle de Wagnonville dans les environs de Douai, qui est simultanément en cours de préparation, à l'initiative du Conseil général du Nord. Ce texte est adopté le 11 juillet par le Sénat, après un rapport d'Ernest Boulanger[89] puis, en définitive, par la Chambre des députés, le 12 juillet après un rapport de Labrousse[90]. Il semble que la position du législateur sur la pluralité de cet établissement d'enseignement ait évoluée au cours de débats car Labrousse, dans son rapport reprend le singulier. En tout état de cause, c'est bien le pluriel qui sera retenu, en définitive, dans le texte de la loi. Il faut signaler que ce dernier rapport donne déjà de nombreuses précisions sur la future organisation interne de l'école.

Avant même la promulgation de cette loi, la profession sucrière, tout en se félicitant de cette création, émet quelques réserves :

> Nos lecteurs ont remarqué que le programme d'enseignement de la nouvelle École est très étendu, puisqu'il comprend, outre les cultures industrielles, toutes les industries annexes de la ferme, telles que la sucrerie, la distillerie, la brasserie, l'amidonnerie, la féculerie, etc. Il ne répond donc pas tout à fait à ce que nous aurions souhaité, ni par les études qu'il vise, ni par les appareils et procédés – aussi bien pour la distillerie que pour la sucrerie – qu'il met en œuvre. Mais le premier pas est fait et c'est le plus difficile. Ce sera là l'œuvre de la Commission d'organisation, dont M. Trannin, qui a tant contribué au succès de cette fondation, nous annonce la nomination, et aussi celle du temps[91].

Sur ce dernier point, le chroniqueur ne croyait pas si bien dire !

Il faut faire ressortir que ce qui se réalise n'est donc pas tout à fait, ni le projet de l'Association des chimistes, ni celui des fabricants de sucre.

La loi, datée du 23 août, est promulguée au *Journal officiel* du 24 août 1892. Le texte en est lapidaire :

> Article unique : il est ouvert au ministre de l'agriculture, en addition aux crédits alloués par la loi de finances du 26 janvier 1892, pour les dépenses du budget général (Algérie non comprise), un crédit extraordinaire de deux cent soixante-dix

---

88 *Journal officiel*, 1892, *Documents parlementaires – Chambre des députés*, séance du 2 juillet, Annexe n° 2232, p. 1458-1459.

89 *Journal officiel*, 1892, *Documents parlementaires – Sénat*, séance du 11 juillet, Annexe n° 2338, p. 468, Débats, p. 732-733, 757.

90 *Journal officiel*, 1892, *Documents parlementaires – Chambre des députés*, séance du 12 juillet, Débats, p. 1218, 1221, Annexe n° 2318, budget, p. 1935-1936.

91 *La Sucrerie indigène*, t. 40, 19 juillet 1892, p. 68.

> mille francs (270 000), qui sera inscrit à la première section, chapitre VII bis « écoles des cultures industrielles et des industries annexes de la ferme de Douai ».
> Il sera pourvu à ce crédit extraordinaire au moyen des ressources générales du budget de l'exercice 1892[92].

Il s'agit donc d'un simple complément à la loi de finances.

Mais la dénomination retenue indique clairement que, pour le législateur, les « cultures industrielles » sont mises sur le même plan que les techniques de transformation et que ces dernières ne sont envisagées que comme prolongements de l'activité agricole. Enfin, il n'est pas mentionné la destination alimentaire de ces productions. Au cours des débats, des filières textiles ont été envisagées, mais, en définitive, non retenues.

L'arrêté du 20 mars 1893, charte fondatrice de l'École nationale des industries agricoles

C'est au *Journal officiel* du 22 mars 1893 qu'est publié l'arrêté d'application signé le 20 mars[93] par le nouveau ministre de l'Agriculture, Albert Viger[94]. Ce dernier gardera cette fonction jusqu'au 26 janvier 1895, avant de la retrouver à deux reprises, fin 1895 et en 1898. Représentant du Loiret, département alors essentiellement agricole, Viger suit de près les questions relatives à l'enseignement agricole[95]. Signalons que le Président du Conseil est, de décembre 1892 au 4 avril 1893, Alexandre Ribot, élu du Pas-de-Calais, qui suit de près les questions touchant à l'économie betteravière[96].

Dès avant la promulgation de la loi, une commission est créée le 29 juillet 1892[97] et elle se réunit, notamment, le 27 mai 1893[98]. La présidence revenant comme il se doit, au ministre est assurée, en fait par son représentant, le directeur de l'agriculture Tisserand, par ailleurs membre[99]. Font également

---

92 *Bulletin des lois*, n° 1508, loi n° 25.609, p. 705.

93 *Journal officiel*, Mercredi 22 mars 1893, p. 1465-1467.

94 Sur Viger, voir ci-dessus, p. 114.

95 Robert, Adolphe, Bourloton, Edgar, Cougny, Gaston (dir.), ouvr. cité, Paris 1891, t. 5, p. 518. Jolly, Jean, (dir.), *Dictionnaire des parlementaires français de 1889 à 1940*, PUF, Paris 1977, t. 8.

96 Joseph Caillaux, dans ses *Mémoires*, (t. 1, *Ma jeunesse orgueilleuse* 1863-1909, p. 191), nomme A. Ribot : « défenseur le plus qualifié » des industriels du sucre. Toutefois, les archives du ministère de l'Agriculture, pour cette période, ayant été perdues, nous n'avons pu retrouver aucune trace d'une intervention de Ribot dans cette affaire, à ce moment-là.

97 Viger, Albert, ouvr. cité, Paris 1895.

98 Arch. nat. F 10/2492.

99 Cette liste a été complétée par les indications fournies par *La Brasserie du Nord*, 18 septembre 1892, p. 314.

partie de cette commission : Alfred Trannin, député, vice-président, Émile Barbet, ingénieur des arts et manufactures, constructeur de matériel de distillerie, Léon Claeys, sénateur du Nord, brasseur à Bergues[100], Florimond Desprez, agriculteur à Capelle (Nord), Émile Duclaux[101], Edmond Durin, chimiste[102], Aimé Girard, professeur au Conservatoire des arts et métiers et à l'Institut national agronomique, Edmond Kayser, ingénieur agronome[103], Désiré Linard, député des Ardennes, agriculteur, fabricant de sucre, Léon Lindet, professeur à l'Institut national agronomique, Gabriel Mamelle[104], Marsan[105], Charles Merlin, sénateur du Nord, Auguste Nugues, directeur de l'école, Armand Vivien[106], le maire de Douai. Jusqu'à l'ouverture effective de l'école, les décisions majeures la concernant seront prises par cette commission.

L'élément majeur de cet arrêté est le changement de nom de l'école qui prend le titre d'« école nationale des industries agricoles », ce qui appelle plusieurs commentaires. En toute rigueur juridique, cette dénomination est illégale puisqu'un arrêté, texte réglementaire, doit appliquer la loi qui avait prévu une autre dénomination. Les archives disponibles ne procurent aucun élément pouvant expliquer cette substitution d'expression, mais on peut constater que, d'une part, cette nouvelle dénomination est assurément plus brève et nettement plus lisible et que, d'autre part, cette évolution sémantique n'est pas neutre puisqu'elle occulte, au profit de l'enseignement à caractère plus particulièrement industriel, l'enseignement relatif aux cultures industrielles proprement dites. À vrai dire, l'enseignement relatif à ces dernières a déjà sa place par ailleurs, ainsi qu'en témoigne l'autorité acquise en matière de culture de la betterave sucrière par Dehérain, professeur à l'École de Grignon, qui a été le premier président de l'Association des chimistes. Ainsi mise en avant, la finalité industrielle de cet établissement reflète certainement mieux les souhaits des promoteurs de ce projet.

---

100 Arch. dép. Nord, 1 T 176 (3). Il est fait état de sa qualité de membre de la commission d'organisation lors des nominations au conseil de perfectionnement.

101 Sur Duclaux, voir ci-dessus, p. 120 et chap. « Le projet des distillateurs », p. 194.

102 Sur Durin, voir ci-dessus, p. 99, 103, 113, 120.

103 Sur Kayser, voir ci-dessus, p. 104.

104 Gabriel Mamelle est chef de bureau au ministère de l'Agriculture. Il a été un des interlocuteurs de Trannin lors de ses premières démarches auprès de ce ministère, *Bull. chimistes*, t. 23, avril 1906, p. 1074.

105 Le procès-verbal de la réunion du 27 mai 1893 signale aussi la présence de M. Leblond qui, ainsi que Marsan, à en juger par la nature de leurs interventions, devaient être des collaborateurs de l'architecte de la ville de Douai.

106 Sur Vivien, voir ci-dessus, p. 98, plus loin p. 128 et annexe VI.

L'adoption du terme « industries agricoles » paraît montrer que, dans l'esprit du pouvoir réglementaire plus que dans celui du législateur, cette école était appelée à enseigner les sciences et les techniques relatives à l'ensemble des filières de transformation industrielle de produits d'origine agricole. La pérennité de cette désignation est à souligner, puisque l'école la conservera inchangée jusqu'en 1954, où sera ajouté « et alimentaires » et en 1961, où elle recevra le qualificatif de « supérieure ». L'architecture de la dénomination de l'école est donc restée identique de 1893 à 2007 date de son intégration dans AgroParisTech.

Parmi les autres dispositions, celles relatives au recrutement, à l'enseignement et au fonctionnement méritent qu'on s'y arrête. La voie normale du recrutement est le concours ainsi qu'il est prévu à l'article 7. Cependant l'école peut recevoir également des « élèves sortant de l'Institut agronomique et des écoles nationales de l'État », pour lesquelles l'établissement constitue une école d'application (article 1). L'école peut également recevoir des auditeurs libres (article 12). Toutefois, pour toutes ces catégories, il est imposé d'avoir la nationalité française (article 2). Cette dernière mesure fait l'objet d'une forte réserve de la part de l'Association des chimistes, sous la signature de François Dupont :

> Il nous est impossible de donner notre approbation à cet article du Programme. La France, toujours hospitalière, s'est toujours fait une gloire et un honneur d'accueillir les étrangers[107].

Cette réserve est également partagée par le *Journal des fabricants de sucre* qui, de manière réaliste, s'étonne que l'école « puisse dédaigner les cotisations que les jeunes gens étrangers, appartenant généralement à de riches familles, apporteraient à son maigre budget[108] ».

L'enseignement théorique comprend d'une part, des cours généraux dont en particulier de mathématiques élémentaires et leurs applications, de mécanique, construction et dessin industriel, de physique et chimie, d'agriculture et zootechnie et de législation industrielle, économie rurale et comptabilité ainsi que, d'autre part, des cours techniques, d'industrie sucrière, de distillerie, de brasserie et d'industries diverses. L'enseignement pratique est constitué de travaux réalisés dans l'usine

107 *Bull. chimistes*, t. 11, décembre 1893, p. 76.
108 *Journal des fabricants de sucre*, 15 janvier 1896, p. 1.

de l'école ainsi que le spécifie l'article 13, comme cela se faisait déjà au début du siècle dans les écoles de sucrerie créées en 1812[109].

Seules trois filières sont mentionnées explicitement parmi les cours techniques. Très logiquement, il s'agit des deux filières fondatrices de l'Association des chimistes ainsi que de la brasserie, industries très fortement représentées dans les départements du nord de la France. L'élargissement à d'autres filières qui s'était dessiné dans le rapport Poincaré, s'est donc restreint à la brasserie.

Deux conseils sont prévus pour assurer la bonne marche de l'école. Le Conseil de l'école a en charge le fonctionnement interne, jouant, à la fois, le rôle de conseil des professeurs et de conseil de discipline. L'article 18 précise que seuls les « professeurs techniques » en font partie. Mais c'est le Conseil de surveillance et de perfectionnement qui est l'instance majeure de l'école. Aux termes de l'article 19, il comprend 14 membres nommés par le ministre : le préfet du Nord, président, le maire de la ville de Douai, un inspecteur général de l'enseignement agricole ou de l'agriculture, quatre notabilités industrielles, trois notabilités scientifiques et trois agriculteurs. On constate que ce conseil est composé de 4 groupes de personnalités, à savoir les autorités administratives, les représentants des industriels, ceux des scientifiques et ceux des agriculteurs. La représentation légèrement plus importante des administratifs et des industriels est conforme au contexte dans lequel l'école se crée, mais pas à l'esprit de la loi du 23 août 1892.

La presse générale se fait l'écho de cet arrêté[110] du 20 mars qui est la véritable charte fondatrice de l'École nationale des industries agricoles que nous désignerons par son sigle ENIA. Cependant, nous venons de le voir, la profession sucrière, d'une part, l'Association des chimistes, d'autre part, ne sont pas sans faire quelques réserves.

LES DÉBUTS DE L'ÉCOLE (AVRIL 1893 – JUILLET 1896)

Ce sont, d'abord des nominations et des aménagements de locaux qui vont marquer ces débuts. L'une des premières propositions présentées par la commission d'organisation, après la publication de l'arrêté du 20 mars 1893, est celle du directeur[111].

---

109 Voir Introduction, p. 25.

110 *Le Temps* du 23 mars 1893 publie, en p. 3, un résumé de 59 lignes.

111 *La Sucrerie indigène* du 25 avril 1893 est la première publication à donner l'information.

Auguste Nugues (1834-1896), un chimiste expérimenté à la direction de l'école

L'intéressé naît à Bouchain (Nord) dans une famille orientée vers les professions juridiques, puisque son grand-père paternel était huissier et son père clerc de notaire[112]. En 1855, il entre dans une entreprise de sucrerie, raffinerie de sucre et distillerie du Valenciennois, où il est employé, d'abord à la comptabilité, puis très rapidement au laboratoire. Ceci lui permet de s'initier non seulement au contrôle de la fabrication mais également à l'installation et au fonctionnement de l'outillage de plusieurs filières d'industries agricoles. En 1884, Nugues entre aux établissements Lebaudy comme responsable du laboratoire. Il y poursuit ses recherches sur l'extraction du sucre des mélasses en utilisant notamment la baryte[113] et installe deux usines, l'une à Aubervilliers (Seine), l'autre à Wallers (Nord), utilisant ce procédé[114]. Chez Lebaudy, il se signale par la mise au point de plusieurs procédés nouveaux[115]. Il devient membre de l'Association des chimistes en 1888[116].

C'est Alfred Trannin, lui-même industriel du sucre, qui propose son nom[117]. Ce choix est cohérent avec le projet des sucriers. Nugues a en effet une expérience d'ingénieur chimiste en sucrerie et en distillerie.

Les premiers professeurs

Dans sa séance du 27 juillet 1893, la commission nomme deux professeurs de chaires techniques, Armand Vivien[118], pour l'industrie sucrière et Georges Moreau[119] pour la brasserie. En outre, la chaire de législation et d'économie rurale est confiée à Berthauld, avocat à la Cour d'appel de

---

112 Arch. dép. Nord, Bouchain 17 ; Arch. mun. Douai, R 1 300. Faire-part de décès d'Auguste Nugues.

113 Il s'agit de l'oxyde de baryum (BAO). Afin de récupérer une partie du sucre de mélasse, il a été imaginé de le combiner avec la baryte pour constituer un sucrate de baryum. Ce combiné est ensuite isolé puis redécomposé en sucre, d'une part et en oxyde de baryum, d'autre part. Ce procédé n'est plus pratiqué. Sur le terme « mélasse », voir glossaire.

114 Vivien, Armand, « Éloge funèbre d'Auguste Nugues », *Bull. chimistes*, t. 14, p. 333-336 ; *Journal des fabricants de sucre*, 26 avril 1893.

115 *Bull. chimistes*, t. 9, novembre 1891, p. 416.

116 *Bull. chimistes*, liste des membres, t. 6, juillet 1888, p. 7.

117 Ceci ressort clairement de l'éloge funèbre déjà cité.

118 Sur Vivien, voir annexe VI.

119 Sur Moreau, voir annexe VII.

Douai[120]. Si la nomination de Vivien, membre fondateur de l'Association des chimistes, semble effectivement s'imposer, celle de Moreau, moins évidente, tient également au fait qu'il est le seul candidat. D'autre part, après mise au concours, trois chaires sont attribuées en octobre 1893[121] respectivement la distillerie à Lucien Lévy[122], l'agriculture et la zootechnie à Joseph Troude[123], la physique et la chimie à Émile Saillard[124].

Deux autres professeurs sont nommés, à savoir, à la chaire de mathématiques, Leduc, professeur à l'école normale de Douai et à celle de mécanique et de dessin industriel, Codron, ingénieur civil, professeur à l'Institut industriel du Nord. Les débats de la commission du 27 mai 1893 confirment l'importance accordée aux chaires dites « techniques », puisqu'il est prévu pour chacune d'elles, un professeur directeur, un chef de travaux, un préparateur. La résidence à Douai est rendue obligatoire. Le directeur et le personnel enseignant sont secondés en outre par un économe, A. Poncelet[125], nommé en avril 1893, et remplacé en 1897 par G. Dablincourt ainsi que par un chef mécanicien[126].

L'aménagement des locaux

Conformément aux dispositions envisagées par Trannin dans son mémoire de 1891, des aménagements sont réalisés, d'abord dans les anciens locaux des Facultés de droit et de lettres et surtout par la création d'une usine de démonstration. Les anciens locaux sont peu modifiés puisqu'ils disposaient déjà d'amphithéâtres, d'une bibliothèque et de ce qui est nécessaire à l'enseignement. Toutefois, des laboratoires ont dû être équipés, avec du matériel en quantité relativement limitée, mais sous la direction d'Aimé Girard, ce qui, compte tenu de l'expérience pédagogique de l'intéressé, en a sûrement garanti la qualité[127].

---

120 *La Sucrerie indigène*, t. 42, 1er août 1893, p. 112.

121 Arch. nat. F 10/2492 – Les mises au concours font l'objet d'avis insérés au *Journal officiel*, 27 août 1893, p. 4450. Les noms des titulaires figurent dans *Agriculture et industrie*, janvier 1934, p. 67, 69.

122 Sur Lévy, voir annexe VIII.

123 Sur Troude, voir annexe IX.

124 Sur Saillard, voir annexe X.

125 Arch. mun. Douai, R 1-176, Lettre du ministre de l'Agriculture au préfet du Nord, du 22 avril 1893.

126 *Annuaire du ministère de l'Agriculture*, 1900, p. 50.

127 *L'Alcool et le sucre*, février 1893, cité dans *La Bière et les boissons fermentées*, t. 1, 1893, p. 33.

L'usine de démonstration est abritée sous un hall de 11 m. de large et de 50 m. de long implanté dans le jardin de l'ancienne faculté. Les appareils de cette usine ne sont pas à l'échelle industrielle mais permettent une véritable production de sucre, d'alcool et de bière : c'est une usine en modèle réduit. La comparaison avec les équipements des sucreries fonctionnant alors montre que la sucrerie de l'ENIA est tout à fait représentative de la majeure partie des établissements du moment. La distillerie permet d'obtenir de l'alcool provenant, soit de la betterave, soit des grains. Une colonne de rectification[128] est prévue. Si l'enseignement de la sucrerie et celui de la distillerie ne semblent pas avoir posé de problèmes, il n'en a pas été de même pour la brasserie qui donne lieu à de vifs débats[129]. Les travaux d'aménagement des locaux de l'ancienne faculté et la construction du hall de l'usine de démonstration sont réalisés sous la direction de Pêpe, architecte de la ville de Douai. Les équipements de la sucrerie, d'une part, et ceux de la distillerie et de la brasserie, d'autre part, sont mis en place respectivement par l'entreprise Cail et par l'entreprise Fourcy, déjà citées. Deux documents permettent de se faire une idée plus précise de ces aménagements. D'une part, des plans annexés à un *Projet d'une École nationale de sucrerie, de distillerie et de brasserie* établi pour le compte de la ville de Douai en date du 30 septembre 1892 et dans lesquels se trouvent un plan du rez-de-chaussée du bâtiment d'enseignement ainsi qu'une coupe de l'usine de démonstration[130]. D'autre part, dans une brochure de présentation de l'école datant de 1907, sont insérés plusieurs photographies des bâtiments et de l'usine de démonstration[131] dont plusieurs sont reproduites sur les photographies des figures 3, 4, 5 et 6.

---

128 Voir glossaire.

129 Voir annexe XI.

130 Arch. dép. Nord, 1 T 176.

131 Ministère de l'Agriculture, *École nationale des industries agricoles, brasserie-distillerie-sucrerie, conditions d'admission et programmes des cours*, Douai, Imp. H. Brugère, A. Dalsheimer et Cie, 1907. Les illustrations reproduites sont des tirages de clichés pris très certainement avant 1903. En effet une collection de cartes postales, représentant des vues absolument identiques et datées de 1905, a été retrouvée en 1988 par Frédéric Dervieux (ingénieur ENSIA 1987) et l'une de ces cartes porte la date de 1903. Pour ces raisons ces illustrations sont maintenant dans le domaine public.

Fig. 3 – Vue de l'usine de démonstration. Ministère de l'Agriculture, 1907, *L'École nationale des industries agricoles, brasserie-distillerie-sucrerie, conditions d'admission et programme des cours*, Douai, Imprimerie H. Brugère, A. Dalsheimer et Cie.

FIG. 4 – Vue de la sucrerie. Ministère de l'Agriculture, 1907, *L'École nationale des industries agricoles, brasserie-distillerie-sucrerie, conditions d'admission et programme des cours*, Douai, Imprimerie H. Brugère, A. Dalsheimer et Cie.

DISTILLERIE — COLONNES À DISTILLER ET À RECTIFIER

FIG. 5 – Vue de la distillerie. Ministère de l'Agriculture, 1907, *L'École nationale des industries agricoles, brasserie-distillerie-sucrerie, conditions d'admission et programme des cours*, Douai, Imprimerie H. Brugère, A. Dalsheimer et Cie.

BRASSERIE ET SALLE DE LEVURES

FIG. 6 – Vue de la brasserie. Ministère de l'Agriculture, 1907, *L'École nationale des industries agricoles, brasserie-distillerie-sucrerie, conditions d'admission et programme des cours*, Douai, Imprimerie H. Brugère, A. Dalsheimer et Cie.

Ce qui nous paraît caractériser l'équipement de l'usine de démonstration, c'est la mise en pratique des conceptions d'Aimé Girard sur l'intérêt « d'installer les uns à côté des autres » des laboratoires à échelle industrielle, relatifs à plusieurs filières de transformation[132]. Ce sont les moyens d'un enseignement de « technologie agricole comparée » qui sont ainsi mis en place[133].

Afin de faire connaître l'école, Alfred Trannin invite la presse spécialisée nationale, ainsi que la presse locale et régionale, le 16 septembre 1893. Parmi les publications spécialisées qui répondent à son invitation, citons : *la Sucrerie indigène*, le *Journal des fabricants de sucre*[134], la *Distillerie française* et la *Revue universelle de la brasserie et de la malterie.* Cinq journaux locaux étaient représentés parmi lesquels deux journaux d'information générale républicains, *Le Progrès du Nord*, radicalisant et *Le grand Écho du Nord*, de tendance opportuniste. C'est surtout l'usine de démonstration qui a retenu l'attention des chroniqueurs. La presse sucrière relève la possibilité offerte de tester des appareils nouveaux et le *Journal des fabricants de sucre* souligne l'intérêt de pouvoir y effectuer des recherches chimiques. Cette dernière publication écrit que « l'équivalent n'existe dans aucun autre pays ». En effet, comme l'a exposé le rapport Kayser, en Allemagne, pays considéré comme le plus avancé en matière d'enseignement technique, la sucrerie est enseignée à Braunschweig alors que la distillerie, associée à la brasserie, l'est à Berlin[135]. Il n'y a effectivement, à l'époque, aucun pays où les équipements de démonstration nécessaires à l'enseignement de ces trois filières se trouvent réunis en un même lieu. La satisfaction qu'éprouvent les promoteurs de cette école est exprimée dans un rapport de l'inspecteur général, Henri Grosjean[136].

Les premières années

Les cours commencent à l'école le 17 novembre 1893[137]. Parmi les trois enseignements techniques, une hiérarchie de fait est instaurée entre eux, ce

132 Voir ci-dessus, p. 116.

133 Se reporter, au sujet du terme « technologie », ci-dessus, p. 117, note 71.

134 Ultérieurement, cette publication donnera une description très détaillée du fonctionnement des installations de sucrerie, *Journal des fabricants de sucre*, n° 52, 26 décembre 1894.

135 Sur le rapport Kayser, voir ci-dessus, p. 105.

136 Ministère de l'Agriculture, *Rapport sur l'enseignement agricole en France* publié par ordre de M. Viger, (1894). Rapport de Henri Grosjean du 5 août 1893, vol. II, BNF 4S 1471.

137 Des bulletins mensuels d'activité sont adressés au ministère de l'Agriculture à partir de mars 1894. Les doubles de ces bulletins, jusqu'en novembre 1896 inclus, ont été conservés à l'école.

que traduisent les coefficients. En effet sur un total de 336, il en est attribué 86 à la sucrerie, 80 à la distillerie et 66 à la brasserie-malterie. Pourtant, si l'on se réfère aux horaires, le temps consacré à la distillerie est inférieur à celui consacré à la brasserie, ce qui s'explique par la pression locale, plus intéressée par cette dernière formation[138]. On relève qu'aucun enseignement n'est consacré, du moins au début, aux autres filières, pourtant expressément prévues dans l'arrêté du 20 mars 1893 sous le nom d'industries diverses. Les coefficients attribués aux enseignements généraux sont de 80 pour les mathématiques, 80 pour la physique et de 70 pour la chimie. Le coefficient 70 est également attribué à chacune des autres matières, construction et dessin industriel, législation, agriculture. On relève que la chimie, dont nous avons montré le rôle fondateur dans les techniques de transformation des produits agricoles en produits alimentaires, ne dispose que d'un coefficient inférieur à celui de la physique. Pour les mathématiques, la moitié du coefficient est affectée à la géométrie et au dessin géométrique, ce qui n'est pas sans rapport avec le cours consacré à la construction et au dessin industriel.

La place accordée à l'enseignement de l'agriculture est tout à fait conforme à la loi du 23 août 1892, mais va être jugée exagérée par quelques parents d'élèves qui adressent une protestation au directeur. Les signataires demandent qu'un temps plus important soit accordée à la chimie, à la fois sous forme de cours et sous forme de travaux pratiques[139]. Cette pétition nous apprend que les laboratoires de chimie ne sont pas encore ouverts. Les signataires rappellent la finalité industrielle de l'école et se proposent d'apporter une participation financière pour l'achat de matériel de manipulation, particulièrement pour « l'étude des ferments ». C'est donc, à la fois, une mise en route effective des travaux pratiques de chimie, l'ouverture d'un cours de microbiologie et une diminution corrélative du temps consacré à l'agriculture qui sont demandées. Si la première de ces réclamations est rapidement satisfaite, la seconde le sera après un temps beaucoup plus long. La personnalité des sept signataires n'est pas sans intérêt. Notons d'abord que six d'entre eux sont les parents d'élèves de la première promotion, qui abordent donc leur deuxième année. Parmi eux, on compte quatre

138 Ceci se traduit par le fait que, localement, cette école est appelée « l'école de brasserie ». Cette appellation s'est conservée jusqu'à une date récente (1985).

139 Lettre du 12 décembre 1894 de MM. Lacombe, Dujardin, Defernez, Olivier Lecq, Rouzé, Jarry et Camille Ferrailh.

chefs d'entreprise, dont deux fabricants de sucre et un brasseur, les autres étant ingénieur chimiste, employé de commerce et agriculteur. Les propriétaires d'industries agricoles du Nord et du Pas-de-Calais représentent donc une part notable des signataires.

Cette réclamation pose plus généralement la question des places respectives de l'enseignement « agricole », prévue par la loi du 23 août 1892, face à l'enseignement à finalité « industrielle ». Cette question ressurgira périodiquement dans la vie de l'école, sous d'autres formes.

LA CONTRAINTE FISCALE

Les incidences de la fiscalité sur l'industrie sucrière ont déjà été soulignées, notamment, à propos de l'arrêt de l'École de Fouilleuse[140] ainsi qu'au sujet des effets bénéfiques de la loi de 1884. Cet aspect va prendre une dimension supplémentaire, avec l'arrivée à l'ENIA, pendant la deuxième année scolaire, c'est à dire l'année 1894-1895, de stagiaires de l'administration des impôts, en l'occurrence celle qui s'appelait, à l'époque les « Contributions indirectes ». Pour mieux évaluer le poids de cette nouvelle contrainte, il convient, tout d'abord, de situer la fiscalité sur le sucre et les alcools par rapport à l'ensemble de la fiscalité de l'époque. Le seul fait qu'une publication du ministère des Finances, en l'occurrence le *Bulletin de statistique et de législation comparée*[141], suive de près l'évolution technique de la sucrerie suffit à montrer l'importance que l'administration fiscale accordait à cette activité. Quelques années ensuite, une nouvelle donne fiscale va s'imposer à l'échelle européenne et avoir sur l'école de très profondes répercussions.

LA PLACE DES IMPÔTS SUR LE SUCRE ET LES BOISSONS ALCOOLISÉES

L'importance fiscale du sucre et des boissons alcoolisées doit être appréciée en rappelant trois aspects de la fiscalité à la fin du XIXe siècle. Tout d'abord, le sucre est une source essentielle des revenus de l'État, ce qu'exprime

140 Voir Introduction, p. 31.
141 Voir chap. « La revanche de Cérès », p. 52.

clairement Augé-Laribé : « Le sucre a toujours été une des bêtes de somme du budget parce qu'il a été considéré comme un aliment de luxe qu'on pouvait imposer sans remords[142] ». Ensuite, il se dessine, au début des années 1880, une évolution caractérisée par, d'une part, une baisse des taxes sur les boissons dites « hygiéniques », telles que le vin, la bière et le cidre et, d'autre part, une hausse des taxes sur les alcools proprement dits. Les pouvoirs publics cherchent en effet à limiter la consommation d'alcool[143].

Enfin, les impôts dits « spécifiques », ce qui signifie que leur montant est calculé d'après les quantités physiques, se développent au détriment de ceux déterminés d'après la valeur ou « ad valorem ». L'administration fiscale a donc besoin de méthodes sûres de détermination de la base de ce calcul, en terme fiscal l'« assiette » de l'impôt[144]. C'est pourquoi des membres de l'Association des chimistes sont, du fait de leurs compétences en analyse, appelés comme experts par l'Administration fiscale. C'est ainsi qu'en 1896, le président de l'Association, Léon Lindet, est nommé membre de la commission instituée au ministère des Finances afin d'unifier les méthodes d'analyse applicables aux produits à base d'alcool[145].

Grâce aux informations données annuellement sur les « Revenus de l'État[146] », il est possible d'évaluer la part de ces impôts et de déterminer que, sur la période 1880-1900, la part de l'ensemble, dans les recettes de l'État, ne descend jamais au-dessous de 15 %, en 1882, pour dépasser 20 %, en 1892.

Les difficultés fiscales et les solutions envisagées

Les années 1880 sont marquées par d'indiscutables difficultés fiscales, qui s'expliquent par la convergence d'une diminution des recettes et de l'augmentation des dépenses. La diminution des recettes a pour origine, d'abord une cause générale car le pays avait dû, au cours de la décennie précédente, consentir un effort particulièrement important pour rembourser l'indemnité consécutive à la guerre 1870-1871 et une diminution de cet effort est souhaitée. Mais il a, aussi, des causes particulières parmi lesquelles,

142 Augé-Laribé, Michel, ouvr. cité, p. 163. Thiers a déjà qualifié l'impôt sur les sucres et les alcools, de « vaches à lait » du budget.

143 Voir, plus loin, chap. « Le projet des distillateurs », p. 181.

144 Duverger, Maurice, *Éléments de fiscalité*, collection Thémis, 1re éd. 1976, p. 154, 286.

145 *Bull. chimistes.*, t. 14, décembre 1896, p. 650.

146 *Bull. stat. législat. comp.*, t. 33, février 1893, p. 141 ; t. 49, avril 1901, p. 390.

une baisse de rendement des impôts fonciers due en particulier à des exemptions temporaires accordées aux départements viticoles atteints par le phylloxéra ainsi qu'une stagnation des patentes. Pour toutes ces raisons, les recettes de l'État, après avoir atteint un maximum en 1881, baissent régulièrement jusqu'en 1886. Un graphique figurant dans la publication du ministère des Finances en 1893 est parfaitement éloquent à ce sujet[147].

Par ailleurs, l'État doit pourtant faire face à une augmentation des dépenses due à plusieurs causes, les travaux publics et en particulier le plan Freycinet d'équipement du territoire, l'effort scolaire, l'expansion coloniale et enfin le réarmement, notamment dans le domaine naval.

Parmi les solutions envisagées, figure, en particulier, le renforcement des impôts indirects qui constituent, à cette époque, l'essentiel des rentrées fiscales. Dans cette perspective, il devient nécessaire pour l'administration fiscale d'avoir des informations sur les quantités de sucre et d'alcool produites et de pouvoir les mesurer de façon précise, afin d'asseoir l'impôt de manière indiscutable. Il est donc logique que, dès 1893, et avant même l'ouverture de l'école, il soit envisagé d'y faire compléter la formation d'une partie des agents des impôts. En effet, le rapporteur de la Commission du budget, Philippe Labrousse, chargé de présenter les crédits de fonctionnement pour l'année 1893, écrit expressément : « Ceux qui se destinent à la carrière administrative des contributions indirectes gagneraient aussi beaucoup à passer un certain temps dans une école de ce genre[148] ».

Pour ces questions, l'action d'un homme politique va se révéler essentielle.

Le rôle de Léon Say (1826-1896)

Petit-fils de l'économiste Jean-Baptiste Say, et fils d'Horace Say, l'un des créateurs du *Journal des économistes*, Léon Say est également le petit neveu du fondateur des raffineries Say et le gendre du propriétaire du *Journal des débats*, dont il devient le directeur en 1855. Il a donc, par ses attaches familiales, des liens à la fois avec l'économie politique, le journalisme et les affaires. Léon Say est, à plusieurs reprises, ministre des finances et c'est à ce titre qu'il crée, en 1877, le *Bulletin de statistique et de*

---

147 *Bull. stat. législat. comp.*, t. 33, février 1893.

148 *Journal Officiel, Documents parlementaires, Chambre des députés*, Annexe n° 2318, (session ordinaire, séance du 12 juillet 1892), Rapport fait par M. Labrousse, député. p. 1935-1936.

législation comparée[149]. À partir de 1876, il est sénateur et devient député, de 1889 à son décès en 1896[150]. Léon Say est membre de nombreuses organisations dont la Société nationale d'agriculture, président de la Société d'économie politique de Paris et de la Société de statistique de Paris. Il entre à l'Académie des sciences morales et politiques en 1880 et à l'Académie française en 1886. Léon Say a joué un rôle très important à partir de 1871 et a fait, par ailleurs, l'objet de plusieurs recherches[151]. C'est pourquoi on se contentera, dans ce qui suit, de présenter les seuls aspects de son parcours qui intéressent la création de l'ENIA.

C'est, en particulier, au cours de conférences données en 1886 à l'École libre des sciences politiques que Léon Say nous paraît avoir le plus clairement exposé ses conceptions fiscales. Il refuse très clairement, à la fois, un alourdissement de l'impôt foncier ainsi qu'un impôt sur le revenu qui, se référant à la Révolution française, lui paraît avoir un caractère personnel, donc vexatoire. Il se prononce pour le renforcement des impôts sur la consommation[152] qui ont un caractère réel, en particulier ceux portant sur le sucre, les eaux-de-vie et les vins.

Léon Say clôture en 1882, nous l'avons vu, le congrès sucrier de Saint-Quentin, à la suite duquel est créée l'Association des chimistes. Il suit donc attentivement les questions relatives au sucre et à l'alcool, et s'intéresse au contrôle de ces activités : c'est ainsi qu'il encourage les recherches en vue de déceler les fraudes sur l'alcool[153]. C'est très logiquement que, dans le prolongement des conceptions fiscales que nous venons de présenter, il intervient au Sénat en faveur de l'impôt sur la betterave, au cour du débat d'où sortira la loi du 29 juillet 1884, présentée plus haut. Or le 4e alinéa de son intervention débute ainsi : « Pour l'industrie du sucre, pour l'industrie de l'alcool et pour

149 Le lien est d'autant plus direct que c'est un ancien membre du cabinet de Léon Say, Alfred de Foville, qui en assure la direction, de l'origine à 1893. Sur de Foville, voir *Dictionnaire de biographie française*, Paris, 1979, t. 14, p. 894.

150 Valynseele, Joseph, *Les Say et leurs alliances*, Paris (8 rue Cannebière 12e) [J. Valynseele], 1871, p. 61-66. Robert, Adolphe, Bourloton, Edgar, Cougny, Gaston, (dir.), ouvr. cité, t. 5, 1891, p. 281-282. Jolly, Jean, (dir.), ouvr. cité, 1977. p. 2973. Ministère des Finances. Archives du cabinet de Léon Say, 1882, F 30/2385.

151 Voir, Garrigues, Jean, *Léon Say et le centre gauche (1871-1896) – La grande bourgeoisie libérale dans les débuts de la Troisième République*, Université de Paris X-Nanterre, janvier 1993.

152 Say, Léon, *Les solutions démocratiques de la question des impôts*, Paris, Guillaumin, 2 vol., 1886, t. 1, p. 49 et t. 2, p. 274-278.

153 Stourm, René, *L'impôt sur l'alcool dans les différents pays*, Paris, Berger-Levrault, 1886, p. 67-68.

l'industrie de la bière, nous sommes très inférieurs à l'Allemagne[154] ». On relèvera que l'intervention de Léon Say porte sur les trois industries dont l'enseignement est demandé par l'Association des chimistes en 1886 et qui seront à la base de la future ENIA. En 1887, il préside la Commission extra-parlementaire des boissons, ce qui montre que son autorité est reconnue dans ce domaine[155].

La convergence des préoccupations de Léon Say et de l'Association des chimistes est évidente et il n'a pas pu se désintéresser de la création d'une école de sucrerie, de distillerie et de brasserie. Cependant, nous n'avons pas retrouvé trace d'une expression publique de Léon Say sur la création de l'ENIA alors que, nous venons de le voir, il avait eu plusieurs occasions de le faire et que, par ailleurs, il a beaucoup écrit et prononcé de nombreux discours. Ce silence peut être interprété de deux manières, qui ne s'excluent pas. D'une part, pour les économistes libéraux, l'État ne doit pas intervenir dans l'enseignement technique, qui est du ressort des entreprises. Or Léon Say se rattache à cette école[156]. D'autre part, en contribuant à faire, de l'ENIA, une école de perfectionnement des agents des impôts, il a permis à l'administration fiscale d'avoir des atouts vis-à-vis des entreprises, alors qu'il est manifeste que l'Association des chimistes voulait, au contraire, accroître le rôle de ses membres dans la défense des intérêts des entreprises vis-à-vis du fisc. Léon Say a, en quelque sorte, contribué à retourner la relation que les chimistes voulaient établir entre cette école et la fiscalité. On conçoit qu'il était difficile de l'exprimer publiquement. À l'appui de cette dernière interprétation nous relevons que, lors du décès de Léon Say en avril 1896, et alors que plusieurs publications soulignent l'intérêt qu'il a toujours marqué pour l'industrie du sucre[157], le *Bulletin des chimistes* passe complétement sous silence cet événement[158]. On observera également que trente ans plus tard, au décès d'Eugène Tisserand, cette même publication observera la

154 *Journal officiel, Débats parlementaires, Sénat*, séance du 28 juillet 1884, p. 1387.

155 *Bull. stat. législat. comp.*, t. 22, octobre 1887, p. 329. Voir également chap. « Le projet des distillateurs », p. 181.

156 Leroy-Beaulieu, Paul, *L'Économiste français*, 9 avril 1887, p. 433. L'article consacré à l'annonce de la création de l'ENIA est parfaitement explicite : voir chap. « La revanche de Cérès », p. 61. *Journal des débats*, 4 avril, éd. du matin, p. 1. Nous avons vu que cette publication est très proche de Léon Say.

157 *Journal des fabricants de sucre*, n° 18, avril 1896. *Journal de l'agriculture*, t. 1, 25 avril 1896, p. 642.

158 *Bull. chimistes*, t. 13.

même attitude. Ces omissions nous paraissent tout à fait significatives car le silence étudié est, parfois, le plus éloquent des discours.

On constate, donc, que pendant les toutes premières années de l'école, l'extension thématique que nous avons vu s'amorcer au cours des débats de l'Association des chimistes, puis prendre de l'ampleur dans le rapport Poincaré, est, en définitive, limitée à la brasserie ; la rubrique « industries diverses » laisse la possibilité à d'autres extensions qui ne se concrétisent pas au début. Cette place de la brasserie est logique compte tenu d'une part, de l'implantation de l'école dans le département du Nord, où les brasseries sont nombreuses et d'autre part, du fait que cette filière est apparue la première au cours des débats de l'Association ces chimistes, lorsque celle-ci a envisagé l'extension du champ de ses réflexions. Le contenu de l'enseignement retenu en définitive s'éloigne peu de ce qui était prévu par ce que nous avons appelé « le projet des sucriers ».

LA REMISE EN QUESTION DE L'ÉCOLE (1896-1903)

Quelques années seulement après sa mise en place, l'ENIA va être remise en question sur le plan national, à la fois pour des causes internes ainsi que pour des causes externes dont nous verrons les conséquences.

Les causes internes

La première difficulté rencontrée est due au fonctionnement de l'usine de démonstration. En effet, les règles de la comptabilité publique de l'époque n'étaient pas adaptées à la gestion d'une usine qui relevait d'avantage des règles de la comptabilité privée. Par ailleurs, la possibilité d'essayer de nouveaux appareils qui avait été présentée à l'ouverture de l'école comme d'un très grand intérêt, s'est très rapidement amoindrie[159]. Si une solution a fini par se dégager pour la première de ces questions, la seconde est révélatrice d'une dégradation rapide. La suivante va s'avérer porteuse d'un handicap encore plus lourd.

Rappelons que les anciens bâtiments universitaires sont situés au centre de Douai à environ 200 mètres de l'Hôtel de ville, localisée par le beffroi, ainsi que le montre clairement la photographie de la figure 7.

---

159 Il ressort du témoignage d'un chimiste, Besson, qui effectue des essais en octobre 1900, qu'à cette époque « l'installation de l'école était très défectueuse », *Bull. chimistes*, t. 19, janvier 1902, p. 800.

FIG. 7 – Emplacement de l'école dans la ville de Douai (entrée principale). Ministère de l'Agriculture, 1907, *L'École nationale des industries agricoles, brasserie-distillerie-sucrerie, conditions d'admission et programme des cours*, Douai, Imprimerie H. Brugère, A. Dalsheimer et Cie.

L'implantation de l'usine de démonstration dans les jardins de cet ensemble réduit considérablement la surface disponible et, dès que l'usine entre effectivement en fonctionnement, cela entraîne des nuisances qui sont à l'origine de nombreux litiges avec les voisins. Cette question est d'abord évoquée le 11 décembre 1894, dans une lettre adressée au maire de Douai par le ministre de l'Agriculture qui suggère d'agrandir la cour[160]. La même préoccupation est reprise presque simultanément en décembre 1894, d'une part, par le directeur de l'école dans une lettre adressée au ministre de l'Agriculture, d'autre part, par un article du *Journal des fabricants de sucre* qui expose cette préoccupation de manière très explicite :

> En un mot, l'École de Douai a besoin d'espace, et la condamner à vivre dans l'emplacement exigu dont elle dispose à cette heure, ce serait nuire à coup sûr à son développement et à son succès[161].

L'une des solutions envisagées, celle du déplacement de l'usine en périphérie de la ville sur un terrain provenant du démantèlement des fortifications, est reprise dans une lettre adressée par le ministère de l'Agriculture au maire de Douai le 9 janvier 1895[162]. Mais le financement de cette opération, que ce soit l'agrandissement ou le transfert partiel en périphérie, reste un sujet de désaccord. Le ministère de l'Agriculture exprime, par lettre adressée le 5 mars 1895, son refus d'apporter une contribution supplémentaire, estimant que, en la circonstance et compte tenu du financement initial apporté, c'est à la ville de Douai de prendre cette opération en charge. Le ministère relève que cette ville n'a pas, pour l'instant, participé financièrement à cette opération[163]. Le *Journal des fabricants de sucre*, dans l'article déjà cité, avait déjà adopté la même position :

> Il ne dépend plus que de la ville de Douai de faciliter, par des allocations de terrain et les subventions nécessaires, l'essor de l'École nationale des industries agricoles qu'elle a le privilège de posséder dans ses murs, et c'est maintenant à elle de parfaire l'œuvre de l'État qui a libéralement pris à sa charge toutes les dépenses de premier établissement.

---

160 Arch. mun. Douai, R1-300.
161 *Journal des fabricants de sucre*, n° 52, 26 décembre 1894.
162 Arch. mun., Douai, R1-300.
163 Arch. mun. Douai, R1-300.

Cependant, la ville de Douai maintient son refus de tout financement. Pour l'école, cette décision contient en germe le départ définitif de Douai.

Ce contexte défavorable va être aggravé par un événement inattendu. Le directeur, Auguste Nugues, décède subitement le 30 juillet 1896[164]. La rupture pour l'école est d'autant plus brutale que Nugues n'est pratiquement pas secondé. Un sous-directeur, Albert Orry, ingénieur agronome âgé de 38 ans, avait été nommé en mars 1896, mais il n'a pas encore pris une part active à l'administration de l'école[165]. Une vacance de fait s'ouvre donc à la tête de l'école. Compte tenu de ces circonstances, c'est la date de ce décès qui nous paraît marquer la remise en cause de l'école.

Les causes externes

L'ENIA va également être remise en question pour des causes externes qui sont, à la fois par ordre chronologique et par ordre d'importance, la demande de changement d'appellation, le décès de Léon Say et enfin le changement d'orientation de la politique du ministère de l'Agriculture.

La demande de changement d'appellation émane de la ville de Douai. Le conseil municipal, par délibération en date du 16 novembre 1894 et dans le but d'honorer la mémoire d'Alfred Trannin décédé le 29 octobre 1894, demande en effet que cette école soit dénommée « École Trannin[166] ». Cette requête est rejetée par le ministère de l'Agriculture, le 11 décembre 1894[167]. En définitive, cette tentative n'a pas de conséquences mais elle montre que la municipalité de Douai n'a pas compris le caractère novateur de cette école.

C'est à la même époque, le 21 avril 1896, que disparaît Léon Say qui, en créant un contexte favorable à l'ENIA a donc été, indirectement, un des concepteurs de l'école[168].

Au cours de l'année 1896, alors que l'ENIA fait face à ses premières difficultés, Jules Méline, qui a déjà été ministre de l'Agriculture de 1883 à 1885, devient président du Conseil des ministres et prend également,

164 Archives ENSIA, *Bulletins mensuels*, du 10 mars 1894 au 9 novembre 1896, p. 82.

165 Albert Orry prend ses fonctions le 17 avril, mais retourne à Paris le 25 avril pour raisons de santé. Il revient le 25 juin et repart le 26 juin, *Bulletins mensuels*, déjà cités, p. 74. Sur Orry, voir *Bull. chimistes*, t. 21, juin 1904, p. 1279.

166 Sur le rôle d'Alfred Trannin, voir ci-dessus, p. 118 et annexe V.

167 Lettre du ministre au préfet du Nord, Arch. dép. Nord, 1 T 176.

168 Sur Léon Say, voir ci-dessus p. 139-141.

fait unique dans les annales de la République, la tête du ministère de l'Agriculture, où il va rester jusqu'au 28 juin 1898, soit plus de deux ans. Cet événement va s'avérer lourd de conséquences car son action va se traduire par un changement de la politique en matière d'enseignement agricole et entraîner, en particulier, le départ de Tisserand.

En 1896, Eugène Tisserand exerce les fonctions de directeur de l'Agriculture depuis février 1879, c'est-à-dire depuis déjà 17 ans et un départ après une si longue période peut paraître normal. Il est alors âgé de 66 ans mais ceci ne peut être la cause de ce changement, l'âge de la retraite pour les hauts fonctionnaires étant, à l'époque, de 75 ans. Le contexte donne à penser qu'il s'agit plutôt d'une éviction. En effet, Christophe Charle écrit clairement « on évince Tisserand[169] ». C'est également dans ce sens qu'on peut interpréter le commentaire suivant que la nomination de Tisserand à la Cour des comptes inspire au journaliste Henri Sagnier[170], partisan déterminé de Méline[171].

> Avec l'estime, M. Tisserand a su conquérir l'affection générale. Pendant sa longue carrière, il a vu passer bien des ministres ; tous, à quelques très rares exceptions près, sont devenus ses amis fidèles. C'est à ce sentiment, comme à sa haute valeur, qu'il doit d'avoir renversé les obstacles que des jalousies inquiètes ont parfois semés sous ses pas. Demain, il quittera volontairement le ministère de l'Agriculture, en y laissant des souvenirs impérissables.

On voit donc écarté des fonctions de décision concernant l'ENIA un autre de ses concepteurs qui a exercé l'autorité directe de tutelle administrative et a continué à jouer un rôle actif aux débuts de l'école, puisqu'il a assisté au premier conseil de perfectionnement, le 7 août 1894[172].

Quant à la politique de Méline en matière d'enseignement agricole, elle nous est connue par l'exposé des motifs du décret du 25 mai 1898, instituant un Conseil supérieur de l'enseignement agricole[173]. En ne considérant que les aspects susceptibles de nous concerner, nous retiendrons, d'abord, un rappel de l'œuvre ébauchée en 1848, surtout « depuis près de trente ans » et, en particulier, la création de l'ENIA. D'une manière générale, Méline estime que :

169 Charle, Christophe, *Les élites de la République*, Paris, 1987, p. 218.
170 *Journal de l'agriculture*, 1er août 1896.
171 Augé-Laribé, Michel, ouvr. cité, p. 71.
172 *Délibérations du* Comité de surveillance et de perfectionnement (1894-1897), Arch. ENSIA.
173 Ministère de l'Agriculture, *Bulletin*, août 1898, p. 695.

> On peut dire qu'aujourd'hui l'agriculture française dispose d'un ensemble d'écoles techniques et de moyens d'instruction des plus complets et n'a rien à envier aux pays les mieux organisés sous ce rapport. [...] D'une façon générale, notre enseignement agricole a donc porté ses fruits et a profité largement à tous les producteurs[174].

Mais ce bilan appelle de sa part deux critiques. Tout d'abord, le nombre d'élèves, estimé au total à 2 850, est insuffisant, compte tenu, d'une part, des besoins de l'agriculture d'alors et, d'autre part, en regard du nombre des professeurs qui est de 651, soit un ratio de 4,38 élèves par enseignant et enfin cet « enseignement tend à devenir beaucoup trop théorique ; il n'est pas encore suffisamment professionnel ».

Non seulement l'originalité de l'ENIA, et notamment le lien qu'elle a entretenu avec la profession, du moins avec les sucriers et les distillateurs et qu'a concrétisé l'usine de démonstration, n'est pas relevé, mais un article paru dans le *Journal de l'agriculture* qui, nous l'avons vu, est proche de Méline, expose que le satisfecit qui peut être décerné à l'enseignement agricole proprement dit ne s'applique pas à l'enseignement des industries agricoles.

> L'agriculture tend à devenir de plus en plus industrielle ; déjà même beaucoup de fermiers ont une sucrerie, une distillerie ou une brasserie ; il faut que l'enseignement soit dirigé dans ce sens. Jusqu'à maintenant, nos écoles d'agriculture n'ont pas subi cette transformation ; elles continuent d'être ou agricoles ou industrielles ; mais elles ne s'occupent pas, à la fois, de la production et du travail dans les fabriques. C'est une lacune à combler. On avait senti cette nécessité quand on a créé l'École de Douai qui devait être une « École des cultures industrielles et des industries annexes de la ferme » ; mais l'intention première n'a pas été respectée et l'École ne s'occupe que d'industrie. Faute de place, on ne peut y installer ni une meunerie, ni une laiterie, ni une féculerie ; faute de terrain à elle appartenant, il est impossible d'y faire des expériences culturales[175].

On relève cependant que la critique vise l'institution mais non la démarche fondatrice de l'ENIA, telle que l'avait exposée très clairement Aimé Girard. Il est seulement reproché à l'école de n'être pas allée assez loin, en n'adjoignant pas d'autres filières à l'usine de démonstration.

174 Ce qui attire, en 1950, le commentaire suivant d'Augé-Laribé : « À relire cette déclaration monstrueuse, je ne parviens pas à retenir mon indignation », ouvr. cité, p. 300.

175 *Journal de l'agriculture*, 26 décembre 1896, p. 1036.

En bref, Méline exprime une volonté très nette de diminuer l'effort des pouvoirs publics en faveur de l'enseignement agricole. La chute du gouvernement Méline, quelques semaines après la parution de ce décret, n'enlève pas à l'intérêt de cet exposé des motifs, qui garde une valeur explicative de ce qu'a été la politique menée en ce domaine par ce gouvernement. Signalons que, durant cette période, le soutien le plus net à l'ENIA vient de l'Association des chimistes de sucrerie, ce qui n'est pas étonnant, même si on avait pu noter que cette association avait marqué sa réserve sur certaines dispositions[176]. En effet, à l'occasion d'un congrès tenu à Douai en 1898, une visite de l'école est organisée, ce qui lui donne l'occasion de rappeler que cette école « n'offre guère de similaire dans aucun pays[177] ».

Le projet de fusion avec l'école d'agriculture de Douai-Wagnonville

Rien n'illustre mieux la remise en cause de l'école que le fait qu'il ne soit pas désigné de nouveau directeur titulaire, mais seulement un intérimaire, puisqu'il s'agit d'Adolphe Manteau, déjà directeur de l'école pratique d'agriculture de Douai-Wagnonville. Manteau est un ancien élève de l'école nationale d'agriculture de Grignon. En 1885, il est nommé professeur départemental d'agriculture dans l'Aisne ; en 1891, directeur de l'École pratique d'agriculture de Rethel (Ardennes) puis, en 1894, directeur de celle de Douai-Wagnonville[178]. Manteau devient membre de l'Association des chimistes de sucrerie en 1898[179] et quitte la direction de l'ENIA en 1903. Bien qu'un sous-directeur de l'ENIA, ait été nommé, le contexte donne à penser que les pouvoirs publics, en chargeant Manteau de l'intérim de l'ENIA, ont voulu tester la possibilité d'une fusion entre les deux écoles.

Rapidement un mouvement en faveur d'une fusion des deux écoles se dessine. Le premier qui se manifeste contre ce projet est le maire de Douai dans une lettre, adressée à Tisserand, le 16 juillet 1895 dans laquelle, se faisant l'écho de « divers projets prêtés au ministre ou au préfet », expose :

176 Se reporter ci-dessus, p. 121, note 85.

177 *Bull. chimistes*, t. 15, avril 1898, p. 1037.

178 Ministère de l'Agriculture, *Bulletin*, n° 5, 1885, p. 582 ; n° 1, 1891, p. 17 ; n° 6, 1894, p. 486.

179 *Bull. chimistes*, t. 15, janvier 1898, p. 780.

> D'aucuns voudraient la voir réunie à l'école d'agriculture de Wagnonville, qui serait disposée de façon à recevoir des pensionnaires. On en détacherait cependant les cours pratiques de brasserie qui seraient, selon eux, plus utilement professés à Paris qu'à Douai[180].

C'est donc non seulement une fusion, mais aussi un démembrement partiel, qui est redouté par le maire, lequel, dans ce contexte, peut difficilement participer financièrement à une opération d'agrandissement ou de déplacement partiel, qui avait été conseillée par le ministre en janvier de la même année[181]. L'intervention en faveur de la fusion devient plus explicite dans l'article du *Journal de l'agriculture*, déjà cité. L'auteur poursuit en effet :

> L'école pratique d'agriculture de Wagnonville se trouve aux portes de Douai ; elle dispose d'un terrain de 50 hectares et s'occupe exclusivement de la production des céréales, du bétail et des fourrages.
>
> Elle nous offre donc un moyen facile de résoudre la difficulté. En réunissant l'École des industries agricoles et celle de Wagnonville, nous aurions un établissement répondant aux besoins de l'heure présente ; les fils d'agriculteurs pourraient apprendre à y produire la matière première, et à la travailler industriellement ; des expériences pourraient y être instituées sur la sélection des semences, sur les nouveaux procédés de fabrication, sur l'utilisation des résidus industriels, etc., et en livrant à la publicité les résultats obtenus, on mettrait un terme à l'incertitude dans laquelle se trouve l'industriel lorsqu'on lui propose une nouvelle méthode de travail[182].

Compte tenu de la proximité, déjà signalée, de cette publication avec Jules Méline, on peut supposer qu'il s'agit là d'un « avis autorisé ». De manière encore plus nette, le Conseil général de l'Aisne émet, à sa session d'août 1900, le vœu suivant :

> Que l'École nationale des industries agricoles soit transférée à Wagnonville, dépendance de la même commune, pour former avec l'école départementale existant à ce dernier endroit, un seul et même établissement, sous le nom d'« École des cultures industrielles et des industries de la ferme », selon la prévision et la dénomination résultant de la loi du 23 août 1892[183].

---

180 Arch. mun. Douai, R1-300. Lettre du maire au directeur de l'agriculture, E. Tisserand, 16 juillet 1895.

181 Se reporter ci-dessus, p. 144.

182 *Journal de l'agriculture*, 26 décembre 1896, p. 1036.

183 Arch. mun. Douai, R1-300.

C'est le respect strict de la loi fondatrice de l'école qui est demandé.

Les commerçants du centre ville de Douai réagissent contre ce projet. Ils craignent que la fusion avec l'école pratique d'agriculture de Wagnonville ne se traduise en fait par un déplacement de l'ENIA, d'où un manque d'activité dans le centre ville préjudiciable au commerce local. Cette opération représenterait « pour la ville en général et pour le commerce en particulier, l'anéantissement complet des compensations promises et espérées » Les commerçants, au contraire, demandent l'agrandissement sur place de l'école[184].

Devant cette situation, les différents acteurs publics vont devoir prendre position. L'administration ne reste pas inactive et le ministère de l'Agriculture envoie, en février 1897, dans le but d'étudier les projets, soit de fusion, soit de juxtaposition des deux écoles, un inspecteur général de l'enseignement agricole, Henri Grosjean, qui connaît l'école, puisqu'il l'avait présentée, en 1893, de manière fort élogieuse[185].

Un conseil de perfectionnement consacré exclusivement aux « moyens qui pourraient permettre l'agrandissement de l'École » est réuni le 29 avril 1897. Le nouveau directeur de l'agriculture, Léon Vassilière, qui avait déjà participé à la réunion du 16 novembre 1895, a tenu à être présent et ouvre la séance par un rappel des difficultés de l'école, liées à l'exiguïté des locaux. Le passage suivant des délibérations est particulièrement explicite :

> Tout le monde reconnaît que les bâtiments actuels sont insuffisants. Les appareils sont les uns sur les autres. Les industries différentes, brasserie, distillerie, sucrerie, ne peuvent fonctionner en même temps et, conséquemment, l'enseignement pratique ne peut prendre l'importance qu'il devrait avoir. Les laboratoires sont très exigus, mal éclairés ; il est impossible de donner aux travaux de laboratoire le développement nécessaire, développement qui est de plus en plus urgent, grâce aux progrès qui se succèdent dans les industries agricoles[186].

Il est apparu en effet à l'usage que le voisinage trop étroit de la distillerie et de la brasserie n'était pas sans inconvénients. S'agissant de deux industries à base de fermentation, les germes microbiens de l'une des

184 Arch. mun. Douai, R1-300. *Douai Républicain*, 11février 1897.

185 Voir ci-dessus, p. 135, note 136.

186 *Délibérations* du Comité de surveillance et de perfectionnement (1894-1897), Archives ENSIA.

industries peuvent interférer avec l'autre et y créer des désordres. Le sous-préfet, qui préside, expose que la ville de Douai ne peut engager des frais que si « l'école est appelée à un succès suffisant ». Ce sont les professionnels et en particulier Testard, fabricant de sucre et Florimond Desprez, agriculteur et sélectionneur de semences dans le Nord, qui expriment le plus fortement leur attachement à l'école et par conséquent, la nécessité de son agrandissement.

À la suite de ce Conseil, Adolphe Manteau établit un rapport dans lequel il penche très explicitement pour un agrandissement de l'école sur place afin, en particulier, d'y installer une malterie, non prévue initialement. Une coopération accrue entre les deux écoles permettrait de résoudre quelques problèmes pratiques tels que le stockage des betteraves. Le directeur, assez logiquement, a tenu compte, d'une part de la réaction des commerçants et, d'autre part, des réticences financières de la ville de Douai[187].

Le président du Conseil, Jules Méline, rappelant le refus de l'État de financer le transfert éventuel, invite la municipalité de Douai à prendre une décision[188]. Charles Bertin, Sénateur-maire de Douai, donne connaissance de cette lettre au Conseil municipal du 26 novembre 1897, non sans dresser un tableau très pessimiste de la situation de l'école, puisqu'il déclare « ...bref, on assiste en ce moment à l'agonie de l'École[189] ». Le problème du transfert est repris sur le fond par le Conseil municipal le 10 décembre 1897 lequel se montre dans son ensemble pessimiste sur l'avenir de l'école. Cette position du Conseil municipal de Douai nous paraît marquer l'abandon de tout projet d'agrandissement de l'école hors de son site initial, soit par fusion avec l'école d'agriculture de Wagnonville, soit par transfert d'une partie de l'usine en périphérie de la ville. L'école est alors prise dans un cercle vicieux. La ville ne veut pas financer une école dont l'existence lui paraît compromise, et cette existence l'est d'autant plus que l'école ne peut s'agrandir.

Cette situation difficile due, en définitive, au manque de volonté politique, que ce soit à l'échelon national ou à l'échelon local, ne peut cependant s'apprécier qu'en situant l'économie sucrière dans son contexte international.

---

187 Ce document, non daté, a dû être établi entre avril et décembre 1897, puisque le Conseil municipal de Douai s'y réfère lors de sa séance du 10 décembre 1897.

188 Lettre de Jules Méline du 22 novembre 1897, Arch. mun. Douai, R1-300.

189 Arch. mun. Douai, R1-300.

LA CONVENTION DE BRUXELLES (MARS 1902)

L'activité sucrière est profondément marquée, au début du XXe siècle, par un accord conclu entre 10 nations européennes en mars 1902 : la convention de Bruxelles. Cette convention va avoir des conséquences pour l'ENIA car elle vient remettre complétement en question le faisceau d'intérêts économiques, techniques et politiques désigné sous le terme de projet des sucriers.

Les causes de la Convention de Bruxelles

L'extension prise au début du XIXe siècle par l'Empire napoléonien avait conduit à fabriquer du sucre de betterave dans d'autres pays que la France et l'Allemagne. L'ancienneté de cette fabrication jointe à l'extension de la liberté des échanges à partir de 1860 ont entraîné un développement du commerce du sucre de betterave en Europe. Il n'est donc pas étonnant que, à partir de cette date, des conférences européennes se soient tenues, afin de réglementer ces échanges. La première, tenue à Paris en 1863, est suivie de 9 autres dont l'élaboration s'est, en général, avérée laborieuse. Les causes de la Convention de Bruxelles sont de deux natures. D'une part, les causes lointaines dues au marché du sucre et plus particulièrement aux primes à l'exportation, d'autre part, des causes plus immédiates dues à l'attitude des colonies anglaises.

Depuis de nombreuses années, les pays producteurs de sucre avaient adopté des mesures financières incitant les producteurs nationaux à exporter. La première méthode utilisée fut celle dite des « bonis », consistant à calculer l'impôt dû, par les producteurs qui exportaient, sur des rendements que l'on savait pertinemment être inférieurs à la réalité. Il en résultait un avantage, un « boni », pour l'industriel exportateur. En 1864, un accord fut conclu avec la Belgique, la Grande-Bretagne et les Pays-Bas afin d'égaliser les conditions faites aux industriels de ces pays. Mais, à l'expiration de cet accord en 1874, l'Allemagne et l'Autriche-Hongrie, sollicitées, refusèrent d'y adhérer car leur législation donnait un avantage fiscal à tous les producteurs[190] et de ce fait, menaçaient les producteurs français sur le territoire métropolitain[191].

190 Voir chap. « La revanche de Cérès », p. 53.

191 *La Sucrerie indigène*, t. 59, n° 22, 3 juin 1902, p. 653-658, l'exposé des motifs du projet de loi portant approbation de la Convention signée à Bruxelles le 5 mars 1902 présente parfaitement cette situation.

C'est dans ce contexte qu'est votée la loi de juillet 1884, dont nous avons vu les effets salutaires pour les producteurs français[192] qui restaient, cependant, désavantagés, en particulier par rapport aux producteurs allemands et austro-hongrois. L'enjeu était, en effet, la conquête du marché anglais, les britanniques ayant renoncé à toute production et préférant profiter de la rivalité qui s'était instaurée entre les pays continentaux producteurs de sucre pour s'approvisionner à bas prix[193].

Joseph Caillaux qui, comme ministre des Finances, est un des négociateurs français de cette convention, présente la situation de manière très explicite dans ses *Mémoires*[194]. À partir des années 1890, les principaux pays producteurs prennent conscience qu'il est nécessaire de mettre un terme à cette escalade des aides à l'exportation qui devient coûteuse pour les budgets des états concernés[195]. C'est ainsi que pour la France, le manque à gagner pour le budget s'est élevée, de 1884 à 1901, à plus d'un milliard de francs.

Dans la perspective d'une négociation qui apparaît inévitable, la France, sous l'impulsion de Méline, adopte, en supplément des bonis, des primes à l'exportation, afin de disposer d'une marge de manœuvre. C'est dans ce contexte qu'une conférence, consacrée aux questions sucrières, s'ouvre à Bruxelles en juin 1898. Mais aucun accord ne peut être trouvé[196] et cette conférence est ajournée sans que, pour autant, les contacts soient rompus car les pourparlers se continuent par voie diplomatique. C'est en fait une cause extra-européenne qui va hâter la conclusion d'un accord.

En effet, les colonies anglaises des Antilles et plus particulièrement Antigua, la Barbade, la Jamaïque et la Trinité ainsi que la Guyane

192 Voir chap. « La revanche de Cérès », p. 54.

193 La position britannique nous paraît avoir été très bien résumée par Gladstone : « Nous n'avons qu'à tenir notre bouche bien ouverte pour consommer du sucre aux dépens des trésors étrangers », Augé-Laribé, Michel, ouvr. cité, p. 166.

194 Caillaux, Joseph, *Mes mémoires, t. 1, Ma jeunesse orgueilleuse 1865-1909*, Paris, Plon, 1942, p. 189-190.

195 *L'Économiste français* prend position dès 1888 pour la suppression des primes à l'exportation (1888, 2e vol., p. 297) et, en 1897 : Paul Leroy-Beaulieu y dénonce ce phénomène en rappelant que la production de sucre de betterave avait presque doublé depuis 1887 (1897, 2e vol., p. 457).

196 La correspondance diplomatique relative à la préparation de la conférence de Bruxelles est publiée, après la signature de la convention, dans *la Sucrerie indigène*, t. 59, nº 16, 22 avril 1902, p. 449-463 ; nº 17, 29 avril 1902, p. 503-509 (L'attitude de la France y est explicitée p. 505, 507) ; nº 18, 6 mai 1902, p. 513-514, 530-540 ; nº 19, 13 mai 1902, p. 550-560.

anglaise, productrices de sucre de canne, protestaient déjà depuis plusieurs années contre la concurrence qui leur était faite sur le marché anglais par le sucre de betterave provenant des autres pays européens dans les conditions que nous venons d'exposer. Cette protestation prend de « sérieuses proportions[197] » au cours de l'année 1898 et, après qu'une commission d'enquête ait été envoyée par le gouvernement britannique, un meeting se tient à la Barbade, le 3 septembre, qui met sur pied l'« *anti-bounty-league*[198] ». L'objectif de ce mouvement nous paraît parfaitement exprimé par leur porte-parole, Austin.

> Le but de notre meeting est de formuler publiquement la protestation la plus énergique contre le système qui conduit inévitablement les Indes occidentales à la ruine. Depuis plusieurs années, nous luttons contre les primes sucrières, mais nous sentons qu'il est impossible de soutenir cette lutte inégale. Nous ne pouvons pas être laissés plus longtemps désarmés en face de concurrents subventionnés par les trésors des Puissances continentales. C'est à l'appui des Nations européennes que les producteurs doivent de vendre meilleur marché, et nous souffrons du refus de la mère-patrie de nous apporter le secours que nous demandons et qui consiste à prendre des arrangements convenables pour placer nos produits sur le même pied que les sucres étrangers. Actuellement, les marchés de notre propre pays nous sont fermés, grâce au régime des primes[199].

Ce mécontentement va jusqu'à faire envisager par la Jamaïque un plébiscite et elle « se dispose à adresser au Parlement anglais une pétition demandant qu'on lui laisse la liberté de rechercher les moyens propres à assurer son annexion aux États-Unis[200] ».

Cette tendance s'accroît au cours de l'année 1899 puisque le consul général de France à Londres signale, le 13 juin de cette année, qu'un membre du Parlement, en accord avec l'animateur de la Ligue contre les primes, vient de publier un rapport :

> [...] dans lequel je relèverai seulement l'opinion que les tendances d'annexion aux États-Unis font des progrès dans ces Colonies. [Un responsable concerné] s'exprime ainsi à ce sujet : « l'idée fait son chemin, silencieusement mais graduellement, et j'ai la conviction que, si l'on veut en arrêter le développement,

---

197 Ce sont les propres termes de la dépêche adressée le 31 août 1898 par le vice-consul de France à Port-of-Spain, capitale de la Trinité. *La Sucrerie indigène*, t. 59, n° 16, 22 avril 1902, p. 450-452, 462.

198 Littéralement : « Ligue contre les primes ». On ne saurait être plus explicite.

199 *La Sucrerie indigène*, t. 59, n° 16, 22 avril 1902, p. 451.

200 *La Sucrerie indigène*, t. 59, n° 16, 22 avril 1902, p. 452.

> il faut, sans perdre de temps, ordonner les remèdes qu'il est de l'intérêt et du devoir de ce pays, d'appliquer avec promptitude et énergie[201]. »

C'est ce risque qui va inciter l'Angleterre à trouver un accord avec les pays européens producteurs de sucre, ce qu'exprime le Roi d'Angleterre dans son discours du trône, au début de 1902[202].

Parmi les facteurs qui ont permis d'aboutir à un accord il faut également relever l'assouplissement notable de la position française. Dans ses *Mémoires* déjà citées, Joseph Caillaux s'attribue la paternité de cet accord, ce qui est manifestement abusif et il ne cite pas les protestations provenant des colonies anglaises des Antilles qui sont, de l'avis de tous les observateurs, la cause principale de la conclusion d'un accord. Il reste que sa détermination a sûrement été un facteur favorable.

Les principales dispositions

Les discussions s'ouvrent le 16 décembre 1901 et se terminent au début du mois de mars 1902. La convention est signée le 5 mars 1902 entre l'Allemagne, l'Autriche-Hongrie, la Belgique, l'Espagne, la France, la Grande-Bretagne, l'Italie, les Pays-Bas, la Roumanie et la Suède. La Russie, bien que participant aux débats, a refusé de signer la convention.

La première disposition prise porte évidemment sur la suppression des primes à l'exportation ce qui est le motif même de la conférence. Cette disposition est étendue aux produits à base de sucre, tels que confitures, chocolats et biscuits. Afin d'assurer l'application de ces dispositions, l'article 2 prévoit que les sucreries et raffineries seront soumises au contrôle du fisc. Cette disposition entraîne une uniformisation de l'assiette des impôts sur le sucre.

Dans le but d'éviter ou du moins de limiter la constitution des cartels de producteurs, l'article 3 limite les droits de douane. Cette mesure a été particulièrement demandée par les Français pour tenir compte du cas de l'Allemagne et de l'Autriche-Hongrie, pays où ces

201 *La Sucrerie indigène*, t. 59, n° 16, 22 avril 1902, p. 462.

202 *L'Économiste français*, 25 janvier 1902, p. 116 – Le journaliste Jules Domergue avance l'idée que : « Pour l'Angleterre, tout l'intérêt de la convention se trouvait dans la suppression des cartels, obtenue grâce à la limitation du droit de douane sur le sucre à un taux qui rend impossible le fonctionnement de ces sortes d'ententes. » *La Réforme économique*, n° 10, 9 mars 1902, p. 356. Nous estimons que cette motivation, qui a pu animer les Anglais, est restée secondaire par rapport à la pression des colonies anglaises productrices de sucre.

cartels étaient particulièrement actifs et permettaient des pratiques de dumping. L'article 7 prévoit la mise en place d'une commission permanente, siégeant à Bruxelles, « chargée de surveiller l'exécution » de la convention. La mise en vigueur est prévue pour le 1er septembre 1903, pour une durée de 5 ans[203].

Les conséquences

La première conséquence est évidemment de diminuer les possibilités d'exportation du sucre vers le marché anglais. Ceci se traduit directement par une baisse très nette des emblavements en betterave à sucre qui, après avoir atteint le record de 338 800 hectares en 1901, chutent à 252 600 hectares dès 1902 et à 202 900 hectares en 1904 alors que, grâce à une lente remontée des cours, la récolte retrouve en 1912 une valeur de 217 millions de francs qui n'avait été dépassée que par celle de 1900. Ceci entraîne une baisse très nette de la production de sucre qui chute de 1 052 000 tonnes en 1901 à 776 000 tonnes en 1902. De son côté, la consommation intérieure augmente régulièrement et dès 1902, atteint 458 000 tonnes, quantité jamais atteinte auparavant. Ce sont donc les consommateurs qui sont en, définitive, les bénéficiaires de cette convention.

On conçoit que cette convention ait été accueillie sans enthousiasme par les planteurs de betteraves sucrières. C'est ainsi que le Comice agricole de Saint Quentin, réuni le 13 décembre 1902, conclut que :

> La convention de Bruxelles est donc, pour nous, un acte international accepté avec résignation ; elle n'est pas un de ces faits économiques dont nous puissions nous réjouir[204].

Une autre conséquence, indirecte, concerne, plus généralement, l'agriculture européenne. Paul Leroy-Beaulieu, dans l'article où il commente la Convention de Bruxelles, estime que son intérêt est plus large et peut constituer l'amorce d'une entente douanière européenne et, plus généralement, d'une action concertée à l'échelle européenne[205].

---

203 *Bull. chimistes*, t. 19, nº 11, mai 1902, p. 1388-1394. On se référera avec intérêt au commentaire de Paul Leroy-Beaulieu, « La convention internationale des sucres », *L'Économiste français*, 1902, 1er vol., p. 301.

204 *Journal d'agriculture pratique*, 8 janvier 1903, nº 2, p. 34.

205 « La grande importance de la convention internationale des sucres dépasse de beaucoup, toutefois, l'objet précis auquel elle s'applique. Cette importance réside dans l'accord de

La fin du projet des sucriers

À long terme la Convention de Bruxelles va également avoir des conséquences indirectes favorables pur l'ENIA : le marché du sucre se restreignant, la profession va être incitée à rechercher de nouveaux emplois de la betterave dans des débouchés pour l'alcool.

Mais, dans l'immédiat les conséquences sont nettement défavorables pour l'école. Dès 1896, la remise en question de l'ENIA doit être interprétée comme la traduction sur le plan des institutions du ralentissement de l'activité sucrière, dû à la perspective d'une remise en cause du système des primes à l'exportation. Les perspectives à l'exportation diminuant, les chimistes et les contremaîtres qualifiés s'avèrent moins nécessaires. Ainsi, lors du Conseil de perfectionnement du 29 avril 1897, le sous-préfet s'est-il interrogé sur l'avenir de l'école mais ni le ministère de l'Agriculture ni la municipalité de Douai n'ont voulu financer le déplacement de l'usine de démonstration en périphérie de la ville. Cette attitude montre que les pouvoirs publics se mettent à douter de l'utilité de l'école, au moment où il paraît évident que le système des primes à l'exportation doit être aboli. Toutefois, lors du Conseil de perfectionnement déjà cité, le représentant de la profession sucrière soutient nettement l'école[206], ce qui est le signe que cette dernière remplit effectivement la fonction que l'on attendait d'elle.

Si la Convention de Bruxelles a donc, dans l'immédiat, des effets négatifs sur l'ENIA, il ne faut absolument pas, par ailleurs, en nier la nécessité, ni pour le budget ni pour l'économie sucrière elle-même. Mais on ne peut que constater que cette convention met un terme au projet des sucriers. L'école créée pour permettre à la profession sucrière de disposer d'acteurs compétents face à la concurrence internationale perd de son intérêt. C'est plus particulièrement l'année 1903 que nous adopterons pour dater la fin de ce projet car en 1904, la nomination d'un nouveau directeur titulaire, va marquer un nouveau départ pour l'école.

---

presque toutes les puissances d'Europe pour réglementer en grande partie le régime intérieur de la production d'une denrée. C'est là un fait capital ; il peut en sortir, à la longue, des conséquences bonnes ou mauvaises. Espérons que les bonnes prévaudront. On pourrait voir là aussi un acheminement vers une combinaison que nous avons souvent recommandée : une fédération ou entente douanière européenne. », *L'Économiste français*, 1902, 1er vol., p. 303.

206 Il s'agit de Stanislas Testard, président des fabricants de sucre qui « fait remarquer que l'école répond à un besoin urgent », Arch. ENSIA.

BILAN PÉDAGOGIQUE DU PROJET DES SUCRIERS

Le projet des sucriers et chacune des deux contraintes, l'une institutionnelle, l'autre fiscale, avec lesquelles il a dû composer ont été analysées à partir de la notion d'« acteur collectif[207] ». Les conditions de constitution de chacun de ces acteurs collectifs peuvent être résumées ainsi : c'est pour remédier à la précarité des chimistes de sucrerie et de distillerie dont la fonction était devenue très importante qu'a été recherché un complément de formation. L'Association des chimistes de sucrerie et de distillerie s'est révélée être l'acteur collectif moteur de ce projet. C'est, ensuite, dans le cadre du ministère de l'Agriculture que ce besoin de formation s'est concrétisé. Ce ministère cherchait, alors, par ses écoles, à implanter le régime républicain dans le milieu rural. Mais cette réalisation a dû composer avec la nécessité pour le ministère des Finances d'être mieux à même, compte tenu des difficultés budgétaires des années 1880 de percevoir les impôts sur le sucre et sur l'alcool.

Toutefois, nous devons souligner que les dates respectives d'apparition de chacun d'entre eux ne les placent pas tous les trois dans la même situation par rapport à la création de l'ENIA. En effet, l'Association des chimistes a été créée, en fait, le 1er juin 1882 et le ministère de l'Agriculture, le 14 novembre 1881, ce qui indique quelques mois seulement d'antériorité, alors que le ministère des Finances est évidemment beaucoup plus ancien. Pour ce dernier nous retiendrons 1877, date de création du *Bulletin de statistique et de législation comparée*[208] dont les conceptions de la fiscalité, telles qu'elles s'y expriment, de sa création à 1901, nous concernent plus directement.

Ensuite, nous devons mettre en évidence le rôle essentiel d'un homme qui paraît avoir le mieux ressenti les aspirations, le mieux exprimé les buts et le mieux incarné chacun de ces acteurs collectifs. S'agissant de l'Association des chimistes, c'est François Dupont[209] qui en a été l'infatigable cheville ouvrière. De son côté, Eugène Tisserand[210] a été

---

207 Reynaud, Jean Daniel, ouvr. cité Voir p. 80-83, 117.

208 Cette publication a été créée à l'initiative de Léon Say et présentée p. 139. La date de 1877 peut paraître, de peu, antérieure à la création du ministère de l'Agriculture. Cependant, le sucre de betterave a été imposé à partir de 1838, voir « Introduction », p. 31.

209 Voir ci-dessus, p. 108-111.

210 Voir ci-dessus, p. 115-117.

l'incontestable maître d'œuvre de la mise en place de l'enseignement agricole et il a su donner à l'ENIA une place originale. Enfin Léon Say[211], à la fois par la connaissance exceptionnelle qu'il avait de la sucrerie et par l'importance des responsabilités économiques et financières qu'il a assumées, est incontestablement l'acteur majeur de la contrainte fiscale. Cependant, nous ne prétendons pas que ce projet et ses contraintes résultent uniquement de l'action de ces personnalités. En bref, c'est autant l'action qui a fait l'homme que l'inverse. Toutefois, on doit signaler que l'un des acteurs individuels n'est pas dans la même situation que les deux autres. En effet, Eugène Tisserand ne représente qu'une partie de la contrainte institutionnelle, car c'est Léon Gambetta qui a créé le ministère de l'Agriculture, et ce n'est que par suite de son décès prématuré en 1882, que sa volonté politique a été mise en œuvre par Eugène Tisserand en ce qui concerne l'enseignement agricole et selon des conceptions clairement exprimées dans le rapport de 1894. Relevons, au passage, que tous les acteurs individuels que nous venons de citer auxquels, il convient d'ajouter Alfred Trannin, ont une caractéristique commune : ils sont républicains.

Chacun de ces acteurs collectifs s'est exprimé plus particulièrement dans une publication. C'est le *Bulletin de l'Association ses chimistes de France et des colonies* qui est moyen d'expression privilégié du projet des sucriers proprement dit, le *Bulletin du ministère de l'Agriculture* celui de ce ministère et le *Bulletin de statistique et de législation comparée*, déjà cité, celui du ministère des Finances.

Ensuite, rappelons que les buts poursuivis par chacun de ces acteurs collectifs ont été respectivement les suivants : l'Association des chimistes souhaitait, essentiellement permettre aux chimistes de sucrerie d'avoir un emploi stable ; le ministère de l'Agriculture, renforcer l'enseignement agricole public et enfin celui des Finances, mieux asseoir les impôts sur le sucre et sur l'alcool.

Quant au résultat de l'action de chacun de ces acteurs collectifs, au moment où la dynamique ainsi mise en évidence cesse d'être opératoire, il peut être résumé de la façon suivante. À cette date, l'ENIA est une école de sucrerie et de distillerie, implantée dans le Nord où, de ce fait, on enseigne également la brasserie qui est une activité importante dans ce département. Cette école est rattachée au ministère de l'Agriculture et forme également des agents de l'administration des impôts.

211 Voir ci-dessus, p. 139-141.

Plus généralement, l'action de chacun de l'acteur collectif à l'origine de ce projet et des deux contraintes avec lesquelles il a dû composer nous paraît pouvoir être résumé ainsi. L'Association des chimistes, qui met en relation des scientifiques avec des industriels, assure un lien entre le savoir et les intérêts. Pour sa part, le ministère de l'Agriculture, par sa volonté de créer, pour le monde rural, des cadres dont la légitimité soit fondée sur leur formation, assure, dans le domaine des industries de transformation des produits agricoles en produits alimentaires, un lien entre le pouvoir et le savoir. Enfin, le ministère des Finances, par le moyen de l'impôt notamment, assure un lien entre le pouvoir et les intérêts[212].

L'articulation ainsi réalisée paraît pouvoir être schématisée par le schéma de la figure 8. Cet équilibre entre plusieurs types de préoccupations ne s'est probablement pas fait sans heurts, ainsi que l'atteste l'attitude adoptée par l'Association des chimistes, tant à l'égard de Léon Say que d'Eugène Tisserand[213] mais il paraît avoir fondé durablement le projet pédagogique de l'ENIA.

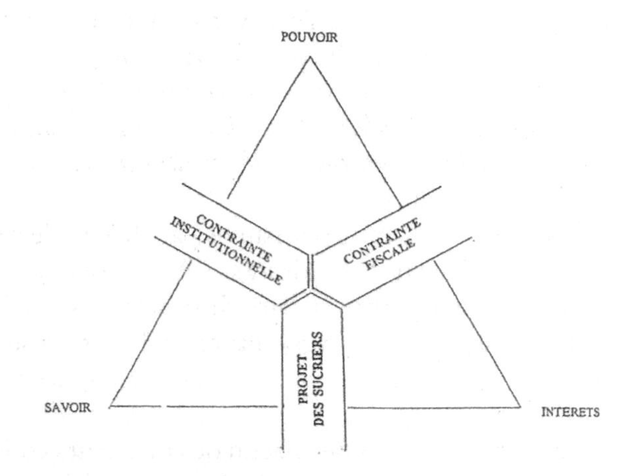

FIG. 8 – Le projet pédagogique fondateur de l'École nationale des industries agricoles.

212 Sur la distinction entre Avoir, Pouvoir et Savoir, se reporter à Balligand, Pierre, Cantier, Pierre, Davezies, Robert, Lajonchère, Jean, Trillard, Jean-Marie, *Échanges et dialogue ou la mort du clerc*, Paris, L'Harmattan, 1975, p. 270-274. C'est Albert Broder qui nous a conseillé de substituer le terme « intérêts » au terme « avoir ».

213 Voir, ci-dessus, p. 141.

CONCLUSION

La création de l'École nationale des industries agricoles issue de la volonté de l'Association des chimistes de sucrerie et de distillerie est, en fait, la traduction, sur le plan institutionnel, du dynamisme de la sucrerie de betterave au XIXe siècle. On soulignera la modernité de la démarche qui consiste à rechercher un complément de formation, afin de remédier au caractère précaire d'une activité.

Cette association a su saisir l'opportunité créée par le déplacement des facultés des lettres et de droit de Douai à Lille due à des causes complétement extérieures à son action, qui aboutissent à la concrétisation à Douai, de son projet d'école, sous l'égide du ministère de l'Agriculture. Un parlementaire local, Alfred Trannin a fortement contribué à la réalisation de ce projet. Mais il faut convenir que les contraintes du site de Douai sont porteuses d'un lourd handicap. Cette dynamique est brutalement freinée par la Convention de Bruxelles, ce qui nous conduit à considérer qu'elle s'arrête en 1903.

Le parcours personnel des principaux acteurs démontre que l'ENIA porte la marque de la IIIe République. Il reste que les conditions dans lesquelles le projet des sucriers s'est concrétisé, ont permis de trouver un équilibre entre des préoccupations très différentes. C'est cet équilibre qui nous paraît devoir être à l'origine de la fécondité et de la durabilité du projet pédagogique fondateur de l'École nationale des industries agricoles.

LE PROJET DES DISTILLATEURS (1904-1939)

Au début du XXe siècle, le mouvement technique, économique et social et que nous avons dénommé le projet des sucriers, a perdu de son dynamisme. C'est donc une nouvelle période qui s'ouvre pour l'ENIA. L'école ayant été dirigée pendant 8 années par un directeur intérimaire, la nomination, en 1904, d'un directeur titulaire lève l'hypothèque sur l'identité même de l'école[1] et marque la volonté du ministère de l'Agriculture de maintenir l'école dans ses structures initiales[2]. Ce nouveau directeur, Urbain Dufresse[3], restera d'ailleurs en place après la guerre 1914-1918, ce qui montre que la guerre, même si elle a entraîné une fermeture de 5 années, ne constitue pas une rupture pour l'école. La période qui s'ouvre en 1904 se situe après une période de marasme économique, puis est marquée par une crise économique majeure. C'est ce contexte économique qui, dans un premier temps, doit être brièvement rappelé. Cette période est donc marquée par deux phases très distinctes.

Tout d'abord, une phase de croissance (1904-1930) marquée par la fin de la « longue stagnation » dont les auteurs s'accordent à considérer qu'elle se termine en 1897. L'économie française retrouve incontestablement son dynamisme. La crise viticole de 1907, la « grande révolte du midi », n'affecte pas l'ENIA qui n'a pas encore d'audience nationale et n'est concernée que par la distillerie industrielle de betterave, de pomme de terre ou de grains. La Première Guerre mondiale ne fait que relancer cette croissance. En ce qui concerne la crise de l'entre-deux-guerres, la plupart des auteurs s'accordent sur le fait que la crise qui s'est manifestée aux États-Unis, en 1929, ne touche la France qu'avec plusieurs mois de retard. Il semble acquis que le renversement de la conjoncture

1 Voir chap. « Le projet des sucriers », p. 142-151.

2 Nous n'avons pas trouvé de traces, ni aux Archives nationales ni dans les archives de l'école, des raisons pour lesquelles cette décision a été prise.

3 Sur Urbain Dufresse, voir annexe XII.

se situe dans le courant de 1930 et que l'économie française n'entre donc véritablement en crise qu'en 1931[4]. C'est cette coupure économique qui structure ce chapitre. Cependant, entre ces deux phases il est nécessaire d'exposer les raisons qui vont donner, pendant cette période, à l'enseignement de la distillerie une importance toute particulière et conférer à l'ENIA un atout majeur.

L'ÉCOLE AU TEMPS DE LA CROISSANCE RETROUVÉE (1904-1930)

Le projet des sucriers ayant été le moteur du modèle pédagogique de l'école, il est donc à prévoir que l'enseignement donné à l'École des industries agricoles va devoir évoluer. Cette évolution est elle-même essentiellement le résultat de l'action de deux acteurs collectifs qui sont, d'abord, les pouvoirs publics et ensuite le nouveau directeur ainsi que le corps enseignant. L'École nationale des industries agricoles ayant été, dès l'origine, rattachée au ministère de l'Agriculture[5], c'est donc essentiellement par cet acteur collectif que va se manifester la politique des pouvoirs publics. Cependant, quatre précisions doivent être apportées. Tout d'abord, d'autres institutions publiques relevant de ministères différents vont dispenser également un enseignement supérieur en matière d'industries agricoles Par ailleurs, d'autres établissements d'enseignement supérieur, dépendant également du ministère de l'Agriculture, vont de leur côté enseigner des sciences et des techniques relatives à certaines de ces filières. C'est en fonction de leur répercussion sur l'ENIA que ces deux types d'établissements seront présentés. Ensuite on se doit de signaler, que l'ENIA n'est pas, pendant environ la première moitié du siècle, en fait, et pendant plusieurs années, en droit, un établissement de niveau supérieur. Enfin, à plusieurs reprises, des initiatives publiques importantes sont prises par d'autres instances que le ministère de l'Agriculture et ont des répercussions directes sur l'école.

---

4 Broder, Albert, *Histoire économique de la France au XXe siècle*, Gap, Paris, éd. Ophrys, 1998, p. 58.

5 Voir chap. « Le projet des sucriers », p. 114-117.

Après les textes fondateurs de 1892 et 1893, aucune initiative législative ou réglementaire concernant l'ENIA n'est à signaler jusqu'à la Première Guerre mondiale avant la promulgation de la loi du 2 août 1918.

LES CIRCONSTANCES DE L'ADOPTION DE LA LOI SUR L'ORGANISATION DE L'ENSEIGNEMENT PROFESSIONNEL PUBLIC DE L'AGRICULTURE DU 2 AOÛT 1918 ET SES CONSÉQUENCES SUR L'ENIA

Cette loi vaut surtout, en ce qui concerne l'ENIA, par la longueur et l'importance des débats préparatoires qui seront l'occasion de connaître la position de différents acteurs publics et privés.

Les travaux préparatoires et les débats sur l'enseignement des industries agricoles

Ces travaux ont été particulièrement longs, puisqu'ils ont commencé en 1886 et nous sont connus par le rapport du député Simon Plissonnier présenté le 20 février 1913[6]. Très vite s'est posée la question du classement des écoles nationale d'agriculture au « second degré[7] ». Mais le véritable point de départ de cette réforme est le constat de l'insuffisance quantitative de l'enseignement agricole, ce qui est parfaitement exprimé par le passage suivant du premier des rapports préparatoires :

6 *Journal officiel, Documents parlementaires, Chambre des députés*, Annexe n° 1860, séance du 30 mars 1912, p. 602-607. Ce dernier rapport présente le projet déposé par Jules Pams, ministre de l'Agriculture. Précisons que Simon Plissonnier est lui-même ingénieur des arts et métiers, ainsi que l'expose Bruno Marnot dans la thèse qu'il a consacrée aux *Ingénieurs parlementaires sous la Troisième République*, Université de Paris IV, 1999 ; Annexe n° 2542, séance du 20 février 1913, p. 668-765.

7 Ce classement est une survivance du décret fondateur de 1848. En fait, ces écoles, étaient fréquentées par des élèves sortant de l'enseignement secondaire. Ces écoles se situaient donc au-dessus de ce dernier niveau. Ce qui nous paraît le mieux exprimer cette situation est ce passage d'un rapport de Fernand David au nom de la commission du budget : « Ces écoles ne peuvent être considérées comme des établissements d'enseignement secondaire au sens qu'on attache à ce mot dans l'Université. Les élèves qui s'y présentent sortent pour la plupart des lycées ou collèges et abordent à l'école d'agriculture des études qui ne sont pas le prolongement de l'enseignement universitaire, mais bien des études nouvelles d'un ordre relativement élevé. Ces écoles sont, en réalité, placées entre l'enseignement secondaire et l'enseignement supérieur. », *Journal officiel, Documents parlementaires, Chambre des députés*, Annexe à la séance du 13 juillet 1906, Rapport n° 348.

> Nous avons un million de jeunes ruraux appartenant aux diverses classes de la société ; 2 500 environ sont répartis dans nos divers établissements. Comment assurer à tous le bénéfice de l'enseignement agricole ? Nous avons également un million de jeunes filles vivant à la campagne ; comment leur donner une bonne instruction agricole et ménagère[8].

C'est pourquoi le ministère de l'Agriculture souhaite mettre en place un « enseignement de masse[9] » Mais un tel enseignement nécessite des enseignants nettement plus nombreux et bien formés. C'est cette préoccupation qui va orienter l'ensemble des travaux. Dans ce qui suit, nous n'exposons que ce qui concerne l'enseignement des industries agricoles, au sujet desquelles deux questions sont abordées au cours de ces débats : d'une part, la nécessité de compléter l'architecture de l'enseignement agronomique et agricole par des écoles d'application et, d'autre part, le manque d'intérêt des stages en usine. Ces deux questions sont en fait liées et la première qui est au centre des travaux préparatoires, en ce qui concerne l'enseignement supérieur, est en partie une conséquence de la seconde. Le manque d'intérêt des stages en usine, question apparemment secondaire, va en fait avoir des répercussions importantes au cours de ces travaux préparatoires. Les parlementaires, ainsi que la plupart des personnalités consultées, se sont en effet accordés sur la nécessité de renforcer l'aspect pratique de l'enseignement ce qu'exprime, en matière d'industrie agricole, le passage suivant du rapport déjà cité :

> Le grave défaut que représente nos écoles professionnelles en France est de considérer l'application, la pratique, comme une illustration du cours, ce dernier étant presque tout ; et alors, nos écoles d'industries agricoles ne sont pas de vivantes réalités ; les fils de nos praticiens ne les fréquentent pas, parce qu'elles ne peuvent pas former elles-mêmes des praticiens éclairés[10].

Il ne peut être pallier à cet inconvénient que par deux moyens, soit des stages en usine soit des écoles d'application Les réserves sur les stages portent, d'une part, sur le peu d'empressement des chefs d'entreprise, à quelques exceptions près, ainsi que du personnel d'encadrement à recevoir des stagiaires et, d'autre part, le fait qu'un stage ne peut permettre

8 *Journal officiel*, *Documents parlementaires, Chambre des députés*, Annexe n° 1860, projet Pams, déjà cité, p. 603.

9 Charmasson, Thérèse, Le Lorain, Anne-Marie, Ripa, Yannick, ouvr. cité, p. CXXIII.

10 *Journal officiel*, *Documents parlementaires, Chambre des députés*, Annexe n° 1860, projet Pams, déjà cité, p. 603.

d'apprendre que les techniques qui sont effectivement utilisées dans l'entreprise, alors qu'un professeur bien informé peut donner à ses élèves un enseignement plus complet. Ce rapport illustre cette position en présentant des exemples tirés également de stages en exploitations agricoles mais également, et pour une large part, dans des industries agricoles, ce qui nous a incité à en donner de larges extraits et en particulier ce témoignage d'un ingénieur agronome.

> Dans une usine il y a toujours des accrocs de marche, des difficultés entre les fournisseurs etc., et l'industriel n'aime pas qu'on les voit. Il y a aussi des tours de main de fabrication acquis par une longue pratique et que les industriels ne tiennent pas à voir divulguer [...]
>
> Un stage en usine est-il plus fécond en résultats utiles ? Des circonstances personnelles nous ont amené, à la fin de notre première année d'études à l'Institut agronomique, à faire notre stage de vacances dans une sucrerie importante du centre de la France. Nous avons reçu du directeur de l'usine et des cultures un accueil charmant. Il nous a fait faire le tour du propriétaire avec une infinie bonne grâce et il nous a laissé émerveillé de tout ce qu'il nous a montré et heureux d'avoir trouvé un tel champ d'études ; mais rapidement nous nous sommes sentis isolé partout, comme renseignements. Nous ne savions pas voir seul et on ne nous instruisait de rien. Des relations amicales que nous entretenions avec le personnel secondaire de l'usine et de la culture qui s'y trouvait rattachée nous ont permis d'apprendre qu'ordre avait été donné, en haut lieu, de ne nous laisser prendre connaissance d'aucun document concernant la marche de l'affaire. Cela peut se concevoir aisément : les industriels sont très jaloux de leur fabrication qu'ils s'efforcent de perfectionner de leur mieux. Ils tiennent à ce qu'elle ne soit entravée par aucun accroc, et s'il s'en produit, ils s'efforcent de les voiler par amour-propre et surtout pour sauvegarder la réputation de leur maison. Ils ont, en outre, leurs méthodes de travail qu'ils croient supérieures à celles des voisins et qu'ils ne veulent pas voir sortir de chez eux. Ils n'aiment donc pas les indiscrets. [...].
>
> Pour apprendre [...] les industries agricoles, il faut donc avoir la possibilité d'étudier toutes les méthodes qui les régissent, d'en discuter la valeur pour les expérimenter dans les circonstances qui en permettent la judicieuse application. Il ne faut pas seulement appliquer une méthode particulière parce qu'elle réussit entre les mains d'un homme et la proclamer excellente partout, mais voir les meilleures méthodes et en faire un examen critique approprié aux divers besoins pour être dans la vérité. [...] Une installation industrielle [s'impose donc pour faire une étude pratique] des industries agricoles[11].

11 *Journal Officiel*, *Documents parlementaires*, *Chambre des députés*, Annexe n° 2542, séance du 20 février 1913, p. 711-712.

C'est pourquoi le législateur juge indispensable de permettre aux élèves de l'Institut agronomique et des écoles nationales d'agriculture de se perfectionner dans des écoles d'application et notamment pour les industries agricoles. Une autre justification aux écoles d'application est apportée par l'exemple de l'étranger. Cette préoccupation est très bien exprimée par le passage suivant du rapport préparatoire cité :

> Nous voulons à l'exemple des pays du nord de l'Europe, où les écoles professionnelles vraiment pratiques ont tant de succès, grouper autour de nos écoles nationales les diverses industries agricoles où les élèves apprendront réellement la pratique du métier, au lieu de se confiner dans les questions théoriques ; les cours ne seront alors que la pratique expliquée[12].

Pour répondre à ce besoin le projet de loi, élaboré en 1912, prévoit de transférer l'ENIA à Grignon. Remarquons que ces débats ne peuvent que renforcer l'intérêt des usines d'application de l'ENIA.

> L'administration demande, en effet, que l'école nationale des industries agricoles de Douai (comprenant une sucrerie, une distillerie et une brasserie) soit transportée à Grignon où est sa véritable place ; elle est imparfaitement installée à Douai dans un hall trop étroit, sans cour d'approvisionnement suffisante et en dehors de toute ferme de démonstration. Aussi, malgré un excellent personnel, cette école recrute très imparfaitement. On ne comprend pas en effet une école de ce genre loin d'une grande exploitation agricole dont elle est le complément indispensable pour l'utilisation de ses produits qu'elle manufacture en laissant ses résidus qui serviront pour l'alimentation des animaux ou pour les fumiers de terre. Les débouchés réservés aux élèves de cette école, qui coûtent à l'État 7 000 frs chacun, sont aussi malheureusement réduits, ce qui explique son petit nombre d'élèves. La sucrerie ne travaille que trois mois ; il en est de même de la distillerie de betteraves ; les élèves qui se placent comme chimistes dans ces usines ne sont donc presque jamais occupés à l'année, au début. Il leur faut, par suite, chercher des situations en dehors. Ils se casent alors comme chimistes dans des fabriques de produits chimiques ou d'autres industries qui n'ont pas toujours un caractère agricole.
>
> Quant aux petites brasseries du Nord, elles ne demandent guère de contremaîtres à l'école ; un garçon brasseur intelligent et qui sait être très propre, avec un bon comptable, suffisent à assurer leur prospérité. Les fabricants de sucre et les distillateurs ne trouvent pas, d'autre part, à

12 *Journal Officiel, Documents parlementaires, Chambre des députés*, Annexe n° 1860, déjà citée, p. 609. Toutefois, ce besoin d'écoles d'application n'est pas partagé par quelques personnalités consultées, dont Eugène Tisserand déjà cité. Voir *Journal officiel*, Annexe n° 2542, déjà citée, p. 708.

> Douai, l'enseignement complet qu'ils désirent; ils n'y trouvent pas non plus des cours élevés de mécanique et de construction qui correspondent aux besoins de leurs usines et lui préfèrent, pour leurs fils, l'école centrale. L'école de Douai reste donc avec un enseignement technique très bon, mais qui ne suffit pas à lui assurer un bon recrutement. Seule, elle ne constitue pas le tout complet qu'elle formerait avec l'école de Grignon, dont elle est le complément indispensable qui amènerait cette dernière à constituer une école d'agriculture idéale. Disons encore, pour compléter, qu'on trouve anormal de faire deux ans d'études pour devenir chimiste de sucrerie et ne travailler que trois mois par an. Pour corriger le défaut que présente l'école de Douai d'être loin d'une culture, on avait songé à l'annexer à une école pratique d'agriculture, mais le niveau des études de ces établissements secondaires ne permet pas d'aborder les études de chimie, de mathématiques et de construction qui se rapportent aux industries agricoles. Cette solution ne donnerait donc aucun résultat utile[13].

Ce projet de transfert de l'ENIA à Grignon va évidemment entraîner des réactions, à la fois des anciens élèves ainsi que de la ville de Douai. Le président de l'Association des anciens élèves, Adonaï Martin, donne son accord au transfert à Grignon pour des raisons qu'il exprime dans le rapport parlementaire de 1913.

> Le ministre de l'agriculture désireux de favoriser la sucrerie qui sortait d'une crise pénible, en même temps que de développer la distillerie et la brasserie, proposa d'y abriter « l'école des industries annexes de la ferme » qui prenait presqu'aussitôt le titre d'école des industries agricoles. L'emplacement trop réduit dont on disposait ne permit pas de donner à cette école toute l'importance qu'on avait projeté de lui attribuer.
>
> Les trois industries, sucrerie distillerie et brasserie, furent groupées sous un hall trop étroit, privées d'une cour insuffisante pour les approvisionnements de betteraves et dépourvues de caves froides appropriées aux besoins de la brasserie de fermentation basse. Le peu de place ne permit pas non plus de joindre à la brasserie une malterie comme l'exigeait son enseignement, ni de réserver une salle indispensable pour les essais pratiques d'appareils se rapportant à ces industries. [...]
>
> Dix-neuf ans se sont écoulés depuis sa création et l'école n'a pas réalisé les espérances qu'elle avait fait naître. [...].
>
> Les causes en sont nombreuses mais la plus importante est celle du manque de débouchés. La plupart des élèves de l'école se placent en sucrerie, comme chimistes, mais la campagne sucrière ne dure que trois mois, laissant presque tous ses chimistes sans travail pendant les neuf autres mois de l'année.

---

13 *Journal officiel, Débats parlementaires, Chambre des députés*, Annexe n° 2542 déjà citée, p. 713.

> C'est alors que commence la course aux emplois pour nos jeunes camarades et où il est bien difficile de trouver, aux plus intelligents et aux plus laborieux même, des situations qui leur permettent de subsister. [...].
>
> Il y a bien à l'école un très bon cours d'agriculture, c'est vrai, mais dans le cas présent, un élève de l'école nationale d'agriculture ne conviendrait pas non plus parfaitement, faute de connaissances pratiques industrielles pour la fabrication, alors qu'inversement un élève des industries agricoles manque de pratique agricole pour s'employer utilement à la ferme après la distillation.
>
> Un sujet parfait serait celui qui aurait reçu la préparation associée de l'école nationale d'agriculture et de celle des industries agricoles et [...] saurait s'employer successivement aux champs et à l'usine.
>
> Cultiver, produire et utiliser ses produits avantageusement constitue donc un programme agricole parfaitement adapté à la prospérité de la ferme et des industries qui s'y rattachent.
>
> C'est sans doute ce que vous voulez réaliser, monsieur le ministre et je vous prie de me permettre de vous dire que vous voyez juste. [...].
>
> Nous sommes amenés à constater, après ces observations, que ce qui paralyse et paralysera l'école, c'est son manque de débouchés. Une campagne de trois mois comme chimiste en sucrerie ne répond guère, en effet, aux sacrifices imposés par deux années d'études laborieuses. Les industries agricoles isolées ne peuvent pas constituer un enseignement capable de devenir florissant[14].

C'est du côté des instances régionales que vont venir, en bonne logique, les résistances à ce projet. C'est, principalement, Charles Goniaux (1872-1960), député de Douai de 1906 à 1932, qui intervient au Parlement en faveur du maintien de l'ENIA à Douai[15]. Lors d'un premier vote, le 20 février 1914, il n'obtient pas satisfaction mais se retourne ensuite auprès des sénateurs. Par une lettre adressée au maire de Douai, il nous donne le détail des démarches qu'il a effectué dans ce sens[16]. À ce niveau, son action va être efficacement appuyée par celle des agriculteurs. En effet, la Société des agriculteurs du Nord se saisit de la question en mars 1914 et se prononce également pour le maintien de l'école des industries agricoles à Douai[17]. Elle demande que soit réexaminée la fusion

---

14 *Journal Officiel, Documents parlementaires, Chambre des députés*, Annexe n° 2542, déjà citée, p. 713.

15 Hilaire, Yves-Marie, Legrand, André, Ménager, Bernard, Vandenbussche, Robert, *Atlas électoral du Nord Pas-de-Calais (1876-1936)* Villeneuve d'Ascq, 1977. Charles Goniaux, ancien mineur, appartient à la Section française de l'internationale ouvrière (SFIO). La notice le concernant a été établie par Robert Vandenbussche.

16 Lettre du 3 avril 1914.

17 *Journal des Agriculteurs*, Organe officiel de la Société des agriculteurs du Nord, 35e année, mars 1914. Intervention de M. Debuchy.

avec l'école pratique d'agriculture de Douai-Wagnonville, question qui avait déjà été étudiée à la fin du siècle précédent[18]. L'une des raisons avancées est que cette fusion permettrait de ne pas « avoir recours à des professeurs qui, venant de Paris, sont pour l'État une charge onéreuse ». La Chambre des députés adopte en première lecture le 6 mars 1914 le texte qui prévoit donc le transfert à Grignon.

Les prévisions de Charles Goniaux étaient justes et le Sénat retire de la loi le transfert de l'ENIA à Grignon. Devant cette assemblée, ce projet de loi fait l'objet d'un rapport d'Albert Viger, ancien ministre de l'Agriculture, qui est examinée le 11 janvier 1917[19]. Pour satisfaire à la nécessité d'écoles d'application, nécessité sur laquelle le Sénat ne revient pas, il est créé à l'ENIA une section pour les ingénieurs venus de l'Institut agronomique ou des écoles nationales d'agriculture. Ainsi modifié, le projet est adopté par le Sénat le 7 juin 1918 et définitivement après un nouveau rapport de Plissonnier le 11 juillet 1918[20].

La convergence des critiques qui sont exprimées très nettement contre l'enseignement de l'ENIA au cours de ces débats préparatoires est à relever. En effet, elles émanent à la fois du député rapporteur Simon Plissonnier ainsi que de l'Association des anciens élèves[21]. Nous venons de voir que le président de l'amicale constate que le caractère temporaire du métier de chimiste de sucrerie ou de distillerie subsiste, malgré « un très bon cours d'agriculture ». Or, c'était par le conseil aux agriculteurs que les chimistes de sucrerie voulaient rendre leur emploi permanent[22]. Le but essentiel, assigné à l'origine à l'ENIA, n'est donc pas atteint. Ces critiques vont être relayées par l'Inspection générale de l'agriculture, consultée en 1921 sur un projet de loi concernant l'ENIA, tendant à aligner son statut sur celui des écoles nationales d'agriculture[23] et à attribuer aux élèves

---

18 Voir chap. « Le projet des sucriers », p. 148-151.

19 *Journal officiel. Documents parlementaires, Sénat*, Annexe n° 7, p. 64. Albert Viger est le signataire de l'arrêté du 20 mars 1893 constitutif de l'école. Voir chap. « Le projet des sucriers », p. 124.

20 *Journal officiel, Documents parlementaires, Chambre des députés*, Annexe n° 4.813, séance du 2 juillet 1918, p. 876-892.

21 Juridiquement, l'association amicale des anciens élèves est une structure tout à fait indépendante de l'école. Mais on peut considérer que l'école et l'association constituent une unité sociologique de buts et d'intérêts que nous appellerons la « communauté ENIA ». Nous reprendrons cette expression par la suite.

22 Voir chap. « Le projet des sucriers », p. 101-103.

23 Rappelons qu'on désigne, à cette époque, sous cette appellation les écoles d'agriculture de Grignon, Montpellier et Rennes.

diplômés le titre d'ingénieur. À cette occasion, un jugement sévère est émis par l'un d'entre eux, l'inspecteur général Régnier :

> Monsieur Régnier estime que l'ENIA de Douai devrait être distraite du Ministère de l'Agriculture et rattachée au sous-secrétariat de l'enseignement technique. Il combat la proposition de donner aux élèves diplômés de l'école de Douai le titre d'Ingénieurs et, d'autre part, ce précédent obligerait à donner légalement le titre d'« Ingénieur » à des élèves d'autres écoles et, en particulier aux élèves de Versailles qui reçoivent un enseignement au moins aussi élevé que ceux de Douai. Il ajoute que si les élèves de Douai ne sont pas plus appréciés dans les Industries agricoles, cela ne vient pas de ce que le diplôme qui leur est délivré n'est pas suffisamment décoratif mais de ce qu'une partie de l'enseignement de l'école est très inférieure ; et il convient plutôt que de donner un titre honorifique aux élèves, de réformer cet enseignement[24].

Toutefois, malgré ces réserves, un avis favorable est donné à ce projet de loi, tout en l'assortissant de conditions très contraignantes :

> L'Assemblée donne un avis favorable au projet de loi, sous réserve que, d'une part l'examen d'entrée soit rendu plus difficile afin d'assurer une meilleure sélection des candidats et de pouvoir relever le niveau des études et que, d'autre part la réorganisation de l'enseignement et la création de sections d'application soient envisagées.

Les conséquences de la loi sur l'École nationale des industries agricoles

La loi du 2 août 1918 ne mentionne l'ENIA qu'une seule fois dans son article 3 qui traite des écoles d'application. Ceci peut être interprété comme une promotion de l'école de la part du législateur. On doit cependant s'interroger sur la portée réelle de cette loi pour l'ENIA. Les débats parlementaires ont, en effet, fait apparaître un aspect qui va à l'encontre du projet initial de l'école à savoir l'abandon de la recherche de l'unité des industries agricoles, ce que confirme le décret d'application du 23 juin 1920[25]. Ceci ressort clairement de la liste des

---

24 Compte-rendu du conseil permanent de l'Inspection générale de l'agriculture, séance du 8 novembre 1921. Aux termes du décret du 19 avril 1919 et de l'arrêté du 18 octobre 1920, ce sont les inspecteurs généraux de l'agriculture qui sont chargés de l'inspection des établissements d'enseignement agricole.

25 Ministère de l'Agriculture, *Enseignement agricole, lois, décrets, arrêtés, circulaires et instructions*, Paris 1921. Cette recherche a été, également, grandement facilitée par l'excellent ouvrage

filières de transformation d'un produit agricole en produit alimentaire dont l'enseignement est prévu dans les sections d'application envisagées dans chacune des écoles nationales d'agriculture.

On relève que la section d'application des « cultures industrielles et des industries de transformation des produits agricoles », dont la création est prévue à Grignon, reprend, sinon à la lettre du moins dans sa substance, la désignation d'origine de l'ENIA dans la loi du 23 août 1892[26]. Plus généralement, sachant qu'une école de brasserie a été créée à Nancy dès 1893 et que s'y trouve également une école de laiterie lesquelles, à cause de leur rattachement au ministère de l'Instruction publique, n'ont pas été concernées par ce débat, on retiendra de ces dispositions qu'il existe une menace potentielle de « régionalisation » de l'ENIA qui, implicitement, serait l'école des industries agricoles de la région du Nord. Cette intention du législateur de régionaliser les écoles concernant les industries de transformation des produits agricoles en produits alimentaires ressort clairement d'une comparaison de deux textes, d'une part, le deuxième rapport du député Simon Plissonnier[27] et, d'autre part, le décret du 23 juin 1920 dans son article 29. On constate, en effet, tout d'abord, que pour l'École de Grignon, après avoir envisagé une école de laiterie et une école des conserves alimentaires, il a été décidé d'y créer une Section des cultures industrielles et des industries de transformation des produits agricoles de la région parisienne. Ensuite, pour l'École de Montpellier, après y avoir envisagé une école d'œnologie, une école de distillerie et une école des conserves alimentaires, il a été décidé d'y créer une section de viticulture ainsi qu'une section des cultures et industries méridionales Enfin, pour l'École de Rennes, après y avoir envisagé une école de cidrerie, une école des conserves alimentaires et une école de laiterie, il a été décidé d'y créer une section des industries laitières et une section de pomologie et cidrerie.

En résumé, Douai a gardé l'ENIA mais cette dernière voit sa vocation nationale menacée. Ceci va être confirmé par un autre des textes d'application. L'arrêté du 18 décembre 1920 précise le fonctionnement de l'école. Son article 11, qui définit le contenu de l'enseignement, appelle

---

de Thérèse Charmasson, Anne-Marie Le Lorrain et Yannick Ripa, *L'enseignement agricole et vétérinaire, de la Révolution à la Libération*, ouvr. cité.

26 Voir chap. « Le projet des sucriers », p. 124.

27 *Journal Officiel*, *Documents parlementaires*, *Chambre des députés*, Annexe n° 4813 séance du 2 juillet 1918, p. 883-884.

un commentaire. Par rapport à l'article 13 de l'arrêté de 1893, ce nouveau texte prévoit plusieurs adjonctions mais également une suppression : les industries diverses ne figurent plus dans les cours techniques, alors que l'enseignement de filières autres que la sucrerie, la distillerie et la brasserie était explicitement prévu lors des travaux préparatoires de la loi de 1892. C'est la confirmation que, pour le pouvoir réglementaire, l'ENIA doit se limiter à l'enseignement des trois filières fondatrices, toutes les trois fortement représentées dans le nord de la France. Ce texte prévoyant, également, d'ajouter aux cours généraux, on doit en conclure que l'enseignement par filière est restreint au bénéfice des enseignements généraux.

Bien qu'il s'agisse d'un autre texte législatif, la loi du 9 août 1921 doit être présentée avec celle du 2 août 1918, car il s'agit expressément d'une modification de ce dernier texte. L'article 6 attribue à l'ENIA la personnalité civile qui devient, de ce fait, un établissement public[28]. Ceci a, en particulier, pour conséquences la mise en place d'un conseil d'administration dans les conditions prévues par la loi du 25 septembre 1920, texte qui à l'origine, ne s'appliquait qu'aux écoles nationales d'agriculture[29]. C'est ainsi que la séance du conseil de perfectionnement de 1919 s'est tenue avec la même composition qu'en1914. Ce n'est qu'en 1921 que l'ensemble des textes d'application de la loi de 1918 sont effectivement pris et donc, en fait, qu'à partir de 1922 que se mettent en place les nouvelles structures.

L'ENIA va être concernée, ensuite, par la loi du 29 avril 1926 qui n'est pas directement liée à la précédente mais qui aura d'importantes conséquences. Il s'agit d'une loi de finances, dont l'article 164, d'une part, assimile le personnel, tant en ce qui concerne le recrutement que l'avancement et le traitement, à celui des écoles nationales d'agriculture et, d'autre part et surtout, confère aux élèves diplômés de l'ENIA le titre d'ingénieur des industries agricoles. Ce titre est donné, à titre rétroactif, aux anciens élèves déjà sortis de l'école[30]. Cette mesure a été prise grâce à l'intervention de l'association amicale des anciens élèves qui a trouvé, en particulier, un appui précieux auprès de Paul Doumer, à l'époque rapporteur de la commission des finances du Sénat, et dont un des fils

28 *Journal Officiel*, 11 août 1921, p. 9430.

29 Ministère de l'Agriculture, *Enseignement agricole*, ouvr. cité, Paris, 1921, loi du 5 août 1920, article 3, p. 154 ; décret du 25 septembre 1920, articles 1 à 6, p. 157-159. La composition du conseil d'administration est fixée par un arrêté du 28 novembre 1921 et les premiers membres nommés par un arrêté du 15 février 1922. Arch. nat., F 10/2492, liasse 1.

30 *Journal Officiel*, 30 avril 1926, p. 4929.

avait été élève de l'ENIA de 1903 à 1905[31]. Ajoutons qu'en 1931, en raison de l'appui ainsi apporté, l'amicale des ingénieurs des industries agricoles adresse ses félicitations à Paul Doumer lors de son élection à la présidence de la République.

> M. Doumer, président de la République, a toujours témoigné à notre groupement et à notre école un intérêt très vif en souvenir de son fils, notre regretté camarade Marcel Doumer, de la promotion 1903, tombé au Champ d'Honneur. Notre président a adressé les félicitations des E.N.I.A. à M. Doumer lors de son élection et a reçu une lettre de remerciements dans laquelle M. le Président veut bien dire qu'il a été touché de nos félicitations et nous en remercie[32].

LES ASPECTS POSITIFS DE CETTE PÉRIODE

Les critiques parfois assez fortes que nous avons vu formuler à l'encontre de l'école ne doivent pas, cependant, occulter les aspects positifs pour l'ENIA, surtout s'agissant de la période qui précède immédiatement la Première Guerre mondiale. C'est ainsi qu'on peut relever, dans un rapport de Fernand David, député, consacré aux écoles nationales d'agriculture, le passage suivant qui porte également sur l'École d'horticulture de Versailles et l'École d'industrie laitière de Mamirolle (Doubs) : « Quant aux écoles spéciales de Versailles, Mamirolle et Douai, leur enseignement ne donne pas lieu aux mêmes critiques et paraît mieux adapté au but qu'elles poursuivent[33] ». D'autre part, la Société des agriculteurs du Nord intervenant en faveur du maintien de l'ENIA à Douai, en mars 1914, un des membres de cette société « indique que le but de l'École était de former des directeurs et des contremaîtres, alors qu'on a voulu en faire des savants[34] ». Cette intervention exprime, certes, une insatisfaction des agriculteurs du Nord, mais elle montre aussi que le niveau de l'enseignement était loin d'être négligeable. Cette appréciation est à rapprocher de la critique qui avait été faite, quelques années auparavant. En effet, en 1909, un membre du conseil de perfectionnement, le sénateur Hayez, s'était plaint, à propos

31 Le conseil d'administration du 19 juin 1926 exprime ses remerciements à Paul Doumer « pour le concours en tant que ministre des Finances et membre de la commission des finances du Sénat ».

32 Association des ingénieurs des industries agricoles, *Agriculture et industrie*, juin 1931, p. 71.

33 *Journal Officiel, Documents parlementaires, Chambre des députés*, rapport nº 348, séance du 13 juillet 1906, p. 38.

34 *Journal des Agriculteurs*, déjà cité, mars 1914, observation de M. Merchier.

de l'ENIA, de « l'insuffisance de son enseignement théorique[35] ». Le rapprochement, à quelques années d'intervalle de ces deux critiques, l'une allant en sens inverse de l'autre semble suggérer que l'enseignement de l'ENIA s'approchait d'un juste équilibre.

Le souci des conditions de vie des étudiants

Dès le début du XXe siècle apparaît à l'ENIA le souci de donner aux étudiants les meilleures conditions de vie. C'est ainsi qu'on peut lire dans la brochure présentant l'école en 1907, le passage suivant :

> Les élèves sont, sur la demande des parents, logés et nourris dans des familles très honorables qui sont indiquées aux intéressés, après enquête minutieuse, par l'Administration de l'École. Ce n'est pas le froid et pénible internat, ce n'est pas l'externat libre avec ses dangers, c'est la continuation du régime de famille. Il est établi d'après les méthodes anglaises et allemandes dont les résultats sont partout si appréciés. [...] Les jeunes gens sont d'ailleurs retenus à l'École, une grande partie de la journée, par l'enseignement et ils peuvent être astreints à y venir travailler, à la bibliothèque, le reste du temps, si les parents en font la demande. La bibliothèque, confortablement installée, bien aérée, bien chauffée et surveillée, ne saurait trop être recommandée aux Élèves, en dehors des heures de cours.
>
> Les jeunes gens prennent ainsi progressivement contact avec la société où ils apprennent à se mouvoir, sans danger. Guidés et conseillés à l'École, comme au dehors, ils apprennent à réfléchir, à raisonner, à se bien conduire. Quand leurs études seront terminées, ils auront fait leur éducation en même temps que leur instruction. Ils seront préparés à faire bonne figure à l'Usine où ils entreront. Le régime de l'École, ainsi compris, donne toute sécurité aux familles. Il est supérieur à l'ancien internat, et il épargne, aux jeunes gens qui l'ont suivi, les fautes que commettent ceux que l'on a étroitement éloignés du monde, pour les y jeter tout d'un coup, sans aucun apprentissage dans la société. Ce n'est donc qu'après une mûre réflexion, et dans l'intérêt général, que ce régime a été établi à l'École nationale des industries agricoles où il n'a cessé de donner de bons résultats.

Il y a de fortes raisons de penser que cet ordre de préoccupation porte la marque d'Urbain Dufresse, directeur depuis 1904, ce qui devait être exceptionnel pour l'époque.

---

35 Séance du 19 juin 1909, p. 3. Le sénateur Hayez regrette, lors de la séance du 28 mars 1912, que le ministère de l'Agriculture n'ait pas donné les moyens financiers suffisants. Archives ENSIA.

La lente reprise des années 1920

Rappelons que Douai n'est libéré qu'en septembre 1918, que l'école a été pillée et qu'une grande partie du matériel, surtout celui contenant du cuivre, ainsi qu'une partie des livres de la bibliothèque, ont disparu. La reconstitution du potentiel de l'ENIA, en particulier les usines de démonstration, s'étend jusqu'en 1924. La sucrerie ne fonctionne qu'à partir d'octobre 1923 et la brasserie à partir de 1924. Il sera pallié à ce manque en envoyant les élèves de la promotion entrée en 1913, dont les études avaient été interrompues par la guerre, ainsi que ceux entrés après 1918, en stage chez des industriels sucriers ou distillateurs de la région du Nord[36].

Par ailleurs, l'Association des anciens élèves se montre plus active dans la vie de l'école. Cette association a été fondée dès 1895 et nous avons vu que, dès 1912, l'avis de son président[37] est sollicité pour la préparation de ce qui sera la loi du 2 août 1918. Ce dernier, Adonaï Martin, appartient à la première promotion de l'ENIA et s'établit à Orchies (Nord) en tant qu'industriel dans les fournitures pour l'agriculture telles que les machines agricoles, les grains et les engrais. Il décède en 1930. À partir de 1921, c'est Charles Mariller[38] qui en assure la présidence et qui devient, de ce fait, membre des conseils de perfectionnement et d'administration[39]. Il peut donc intervenir activement dans la vie de l'école. En outre, à partir de 1923, l'Association publie un bulletin mensuel de qualité qui prend le titre d'*Agriculture et industrie*, où paraissent des articles techniques, des informations financières sur les principales industries agricoles ainsi que celles concernant la vie de l'école et les anciens élèves et qui, chaque année dans son numéro de janvier, donne la situation des anciens élèves de l'ENIA ainsi que la liste du corps enseignant complétée, à partir de 1934, par une récapitulation des titulaires des différentes fonctions depuis l'origine de l'école. Ce périodique paraît régulièrement jusqu'en juillet 1939.

36 Urbain Dufresse, « l'École Nationale des Industries Agricoles de 1914 à 1924 », *Agriculture et industrie*, février 1924, p. 17.

37 Voir ci-dessus, p. 169.

38 Voir plus loin, p. 197.

39 L'article 15 de l'arrêté du 18 décembre 1920 prévoit que le président de l'association amicale des anciens élèves est membre de droit du conseil de perfectionnement. Mariller est nommé à ce conseil par l'arrêté du 17 mai 1922. Pour le conseil d'administration cette nomination est prévue par les arrêtés des 28 novembre 1921 et du 15 février 1922, Arch. nat., F 10/2492.

D'autre part, en application de la loi de 1918, signalons que l'arrêté du 18 décembre 1920 prévoit, à l'ENIA, des cours temporaires « à l'usage des personnes désireuses de se spécialiser rapidement dans la brasserie, la distillerie ou la sucrerie ». En clair, il s'agit de ce que nous appelons aujourd'hui la formation continue. Cette initiative est tout à fait nouvelle. Bien que cette possibilité ait été prévue pour chacune des industries qui sont à l'origine de l'école, il n'est pas étonnant que ces cours temporaires débutent par la brasserie. En effet, un besoin de formation dans cette filière avait été clairement exprimé par les responsables locaux lors de la création de l'ENIA et c'est effectivement le conseil général du Nord qui en prend l'initiative[40]. Ces cours débutent en 1925 et se déroulent, de décembre à février, le samedi, rassemblant à la fois des chefs d'entreprise, des contremaîtres et des ouvriers professionnels. Dès 1927, ces cours temporaires présentent une section comptabilité et législation destinée en particulier aux comptables ainsi qu'à des employés[41]. À côté des cours organisés à Douai, d'autres cours similaires sont donnés à Aulnoye, Charleville, Dunkerque, Lille, Saint Quentin. Très rapidement, leur organisation est prise en charge par le Syndicat des brasseurs du Nord et tout particulièrement par son directeur administratif, Georges Charlie. Les sessions de 1926-1927 à 1928-1929 sont suivies par 32 chefs d'entreprise, 8 contremaîtres, 5 comptables, 25 ouvriers et employés soient 70 personnes au total[42]. Soulignons le fait que les mêmes cours sont donnés à chacune de ces catégories. Toutefois, ce sont les chefs d'entreprise qui sont les plus nombreux à en bénéficier. Cependant, il faut remarquer que, au cours des années 1920, les innovations introduites dans l'enseignement proviennent essentiellement d'initiatives extérieures.

Au cours des années 1920, un autre événement va contribuer à améliorer le statut de l'ENIA. En effet, alors qu'un concours avait été prévu initialement pour l'admission[43] les textes d'application de la loi ne prévoyaient qu'un examen[44], la possession de certains diplômes tels que le baccalauréat complet permettant l'admission directe. En 1927, l'ENIA est assimilée aux écoles nationales d'agriculture et l'entrée se

---

40 Conseils d'administration des 22 juin et 30 novembre 1925. Archives ENSIA.

41 La première année, il n'est établi qu'un seul classement. Mais dès la seconde session, il est apparu préférable d'établir un classement par catégorie socioprofessionnelle.

42 *Registre des cours temporaires de brasserie*, de 1925-1926 à 1928-1929, Archives ENSIA.

43 Arrêté du 20 mars 1893, article 7.

44 Arrêté du 18 décembre 1920, article 5.

fait à nouveau par un concours semblable à ces écoles, l'effectif étant fixé à 35[45]. D'ailleurs, pour illustrer le regain d'intérêt pour l'enseignement de l'ENIA qui commence à se manifester dans les années 1920, nous ne saurions trouver meilleur témoignage que celui d'un stagiaire roumain, A. Cafey, qui exerce dans son pays d'origine la fonction d'« instituteur agronome » et qui vient suivre les cours de l'ENIA durant l'année scolaire 1928-1929. Il est assez remarquable de constater que l'intéressé a dû vendre une partie de ses champs pour couvrir les frais de son voyage et de son séjour en France. Le renom de l'ENIA avait donc atteint l'Europe centrale.

Mais l'aspect positif le plus important de cette période réside dans une convergence d'intérêts politiques, économiques et techniques que, par analogie avec le projet des sucriers, nous appellerons le « projet des distillateurs » dont il convient d'étudier l'origine ainsi que les fondements scientifiques et techniques.

L'ATOUT DE LA DISTILLERIE INDUSTRIELLE

Avant de développer la place singulière que va prendre, à cette époque, la distillerie industrielle dans la vie de l'ENIA, il est utile de rappeler à la fois les profondes transformations de l'industrie de l'alcool au XIXe siècle ainsi que la complexité des relations que l'État, en France, a entretenu avec cette activité. Dans ce but, nous ne saurions mieux faire que de citer de larges extraits d'une publication du ministère des Finances, pourtant bien antérieure à la période qui nous concerne.

> Les alcools fabriqués par les bouilleurs et distillateurs de profession constituent presque la totalité de la production. Cette situation est le résultat de la transformation qui, depuis 1850, s'est opérée dans l'industrie de la fabrication des alcools et qui n'a fait que s'accentuer d'année en année. À cette époque, la distillation de la betterave était à peine connue en France et la fabrication de l'alcool avec des mélasses et des substances farineuses n'avait qu'une importance très restreinte.

45 Arrêté du 25 février 1927 ; Conseil de perfectionnement des 27 novembre 1926 et 3 décembre 1927. Archives ENSIA.

> L'oïdium et le phylloxera n'avaient pas encore dévasté nos vignobles ; les récoltes étaient très abondantes et, par suite, les prix du vin peu rémunérateurs. En outre, les moyens de communication étaient encore peu développés et les viticulteurs ne trouvaient pas facilement à écouler leurs produits en nature. Aussi la fabrication des alcools de vin se pratiquait-elle sur une large échelle. [...]
>
> Mais bientôt la création de nombreuses voies ferrées ouvrit de larges débouches aux vins. D'un autre côté, la récolte tomba de 400 millions d'hectolitres à une moyenne de 20 millions. À partir de ce moment et sauf pendant les années de récolte exceptionnelle, comme en 1865 et 1875, la fabrication des eaux-de-vie de vin s'est ralentie et il a fallu recourir à d'autres moyens pour subvenir aux besoins de la consommation. C'est alors que la distillation des mélasses et des grains a pris une grande extension et que l'idée est venue en outre de demander à la distillation des jus de betteraves le supplément de ressources que les départements producteurs de vin n'étaient plus en état de fournir. Des essais tentés dans ce sens, surtout dans la région du Nord, obtinrent un plein succès. [...]
>
> Cette transformation complète de l'industrie a été très profitable aux intérêts du Trésor. Concentrée entre les mains de fabricants soumis à la surveillance de la Régie[46], la production des alcools ne peut plus fournir d'aliments sérieux à la fraude. [...]. Presque tous les départements qui produisent des alcools d'industrie ont pris part à l'augmentation relevée en 1881. Le progrès est surtout sensible dans le département du Nord (100 000 hectolitres sur les résultats de 1880 et près de 25 000 hectolitres sur la production moyenne des dix dernières années) et dans les départements de l'Aisne, des Bouches-du-Rhône, de l'Oise, du Pas-de-Calais, de Seine-et-Oise et de la Somme.
>
> La distillation des substances farineuses, qui s'était subitement élevée de 66 p. 0/0, s'est encore accrue de plus de 22 p. 0/0 en 1881. C'est l'effet de l'importance qu'a prise l'industrie nouvelle de la distillation du maïs dans plusieurs établissements du Nord, du Pas-de-Calais et de la Seine-Inférieure[47].

LE PROJET DES DISTILLATEURS

La place prise par les questions touchant à la distillerie d'alcool, à cette période, est la résultante de deux préoccupations, d'origine différente, apparues avec un léger décalage dans le temps : la lutte contre l'alcoolisme, puis l'apparition de l'automobile.

---

46 La « Régie » désigne l'administration fiscale directe de l'État, par opposition à la « Ferme ». qui est une délégation.

47 « Production des alcools en 1881 et en 1880 », *Bull. stat. législat. comp.*, Contributions indirectes, mars 1882, p. 268-270.

La lutte contre l'alcoolisme

Rappelons que, au début des années 1880, apparaît dans l'opinion publique une prise de conscience des dangers de l'alcoolisme. C'est pourquoi les responsables politiques augmentent les taxes sur les alcools[48]. Les mesures prises paraissent cependant insuffisantes pour enrayer les progrès de l'alcoolisme et à la suite de l'initiative d'un sénateur des Vosges, Nicolas Claude, qui dépose, le 20 mars 1886 une proposition d'enquête sur la consommation de l'alcool, les pouvoirs publics créent une commission extra-parlementaire « à l'effet d'étudier les réformes qu'il convient d'apporter à la législation de l'alcool et, en général, au régime des boissons » désignée plus brièvement sous le terme de commission extra-parlementaire des boissons et dont la présidence est confiée à Léon Say[49]. En fait, cette commission étudie essentiellement ce qui est considérée à l'époque comme l'optimum, en matière de législation de l'alcool : le monopole des alcools. Cette solution est préconisée d'abord afin de mettre la consommation de l'alcool sous le contrôle de l'État et ensuite, pour lui permettre de mieux contrôler des rentrées fiscales importantes Quant à la forme :

> Le monopole peut d'ailleurs se concevoir sous diverses formes : l'État seul fabricant ; l'État laissant une certaine mesure de liberté de la fabrication et monopolisant la vente ; enfin, l'État s'attribuant un monopole intermédiaire, celui de la rectification[50].

Au moment où s'ouvre le débat, le projet le plus élaboré est celui qui a été proposé dès 1886 par Émile Alglave. Ce dernier est professeur de droit à la faculté de droit de Paris et a été, de 1870 à 1873, professeur à la faculté de droit de Douai. Il s'agit d'un monopole de vente[51]. En 1888, la solution du monopole est rejetée,

48 Voir chap. « Le projet des sucriers », p. 138.

49 *Journal Officiel*, 9 juillet 1888, p. 2924-2930. Cette commission comprend plusieurs personnes déjà citées : sur Aimé Girard, voir « Introduction », p. 40-43 et chap. « Le projet des sucriers », p. 116, ainsi que dans ce dernier chapitre : sur Edmond Durin, p. 99, 103, 113, 125, Léon Say, p. 139 et Eugène Tisserand, p. 115 et annexe IV.

50 *Journal Officiel*, 9 juillet 1888, rapport cité p ; 2925. Pour le sens du mot rectification, voir glossaire. Pour le monopole des alcools, on peut se reporter à : Joseph Baretge, *Le Monopole des alcools en France et à l'étranger*, thèse de doctorat en sciences politiques et économiques, Imprimerie coopérative ouvrière, Montpellier, 1911.

51 Fontanon, Claudine, Grelon, André, (dir.), ouvr. cité, t 1, p. 92-95, Alglave a, en effet, été professeur au CNAM et son projet de monopole y est présenté. Voir, également :

> [...] au nom du principe de la liberté du travail et en considération de l'intérêt général qui s'attache dans un pays vinicole à la prospérité d'un commerce d'exportation de produits renommés. En ce qui concerne l'hygiène, on se bornera à proposer des mesures d'efficacité réduite, limitation du nombre des débits, interdiction de la vente des flegmes ou alcools non rectifiés, etc.[52]

Cette question n'est pourtant pas définitivement tranchée puisque plusieurs autres projets d'instauration d'un monopole des alcools sont étudiés. C'est ainsi que sont mis en discussion successivement, les projets Guillemet[53] et Maujan[54] de 1894 à 1906, d'une part, et le projet Jaurès de 1903 à 1909, d'autre part. Il s'agit, pour le premier, d'un monopole de la rectification. Deux commissions extra-parlementaires sont constituées, l'une en 1896, la seconde en 1902[55]. Les conclusions de la première n'ont jamais été exprimées et la seconde a conclu à l'impossibilité d'appliquer ce système[56]. Le projet Jaurès consiste en un monopole de la fabrication, de la rectification et de l'importation de l'alcool[57]. Rappelons qu'un tel monopole existe en Russie, où cette solution a été adoptée depuis le milieu du XVIIe siècle jusqu'en 1862, puis rétablie en 1893[58], ainsi

---

Émile Alglave, « Le monopole facultatif de l'alcool comme moyen de suppression des impôts indirects et de l'impôt foncier », le *Journal des économistes*, t. 33, p. 382-413. Une réfutation est donnée par Paul Leroy-Beaulieu, « La mystification financière du monopole de l'alcool », *L'Économiste français*, 32e année, n° 26, 29 juin 1895 et n° 27, juillet 1895.

52 Augé-Laribé, Michel, ouvr. cité, p. 197.

53 Il s'agit de Gaston Guillemet, député de la Vendée.

54 Il s'agit d'Adolphe Maujan, député de la Seine.

55 La première commission extra-parlementaire portant sur ce projet a été constituée par un décret du 27 octobre 1896, *Bull. stat. législat. comp.*, Contributions indirectes, t. 15, novembre 1896, p. 678. Outre les personnalités citées ci-dessus, on y relève les noms d'Alexandre Ribot et Gaston Guillemet, députés, Émile Alglave, Émile Duclaux et Léon Vassilière, directeur de l'agriculture. Sur le projet Guillemet, voir également : A. Billet « Le monopole de la rectification des alcools par l'État », *La Réforme économique*, juillet 1894, p. 775. Dans la commission de 1902, la sous-commission chargée de l'étude du monopole de l'alcool est présidée par Joseph Caillaux qui a été le négociateur français de la Convention de Bruxelles. Sur ce dernier projet, voir également, *La Sucrerie indigène*, t. 60, 1er juillet 1902, p. 1.

56 Baretge, Joseph, ouvr. cité, p. 20-22.

57 Une argumentation contre ce projet est présentée par Paul Leroy-Beaulieu, « Le projet de monopole de l'alcool », *L'Économiste français*, t. 31, 21 février 1903, p. 241-243 et « Incohérences législatives. Monopole de l'alcool – Monopole de la raffinerie de pétrole », *même publication*, t. 31, 7 mars 1903, p. 307-309. Voir également : Henri Pascaud, « La course parlementaire aux monopoles », *même publication*, t. 31, 1er vol., 27 juin 1903, p. 935-936 et t. 31, 2e vol., p. 51-52.

58 *Journal officiel*, 9 juillet 1888, p; 2295, 2298. Voir Paul Leroy-Beaulieu, « La mystification du milliard de l'alcool, la faible productivité des monopoles en Russie »,

qu'en Suisse, où il est instauré en 1887[59]. Dans l'un et l'autre cas, le ministère des Finances publie chaque année des informations au sujet de chacun de ces monopoles. De même que pour les projets français, ces monopoles sont critiqués pat les économistes libéraux.

La permanence des critiques provenant de cette dernière famille de pensée et le fait que Jean Jaurès ait déposé un projet de monopole de l'alcool, incite à penser que, derrière cette question relevant, en première approche, de l'hygiène publique et de la technique fiscale, il y a un enjeu politique[60]. Cette question pourrait être une tentative de contrôle, par l'État, d'une branche de l'industrie, ce qui est souhaité par les socialistes et rejeté par les économistes libéraux. C'est, d'ailleurs, une position explicitement présentée par un excellent connaisseur de la législation sur les alcools, dans une publication de tendance libérale[61].

Une conséquence de la contrainte fiscale, mise en évidence lors de la création de l'école, est que l'administration des impôts envoie chaque année des stagiaires suivre les cours de la deuxième année de l'ENIA[62]. Le contrôle de la fabrication du sucre s'avère simple puisque les taxes sur le sucre sont assises sur le sucre produit[63]. Pourtant, l'administration fiscale continue, jusqu'en 1939, à envoyer des stagiaires des impôts pendant une année à Douai. C'est pourquoi on peut raisonnablement faire l'hypothèse que c'est dans l'éventualité de la mise en place de ce monopole que l'administration des impôts a continué à faire suivre une année de stage à quelques-uns de ses agents, afin de former des cadres compétents[64]. D'autant plus que

---

l'Économiste français, t. 24, 2e vol., n° 41, 10 octobre 1896, p. 473-475. Voir, également, « Russie, le monopole de l'alcool en 1901 », *Bull. stat. législat. comp.*, septembre 1903, p. 351-352.

59 *Journal officiel*, 9 juillet 1888, p; 2295-2296, Voir *Bull. stat. législat. comp.*, contributions indirectes, t. 8, novembre-décembre 1889, p. 614-651 ; t. 20, février 1901, p. 79-87. Voir, également, Paul-Leroy, Beaulieu, « Encore la mystification du monopole de l'alcool. L'échec écrasant du monopole en Suisse. Le rapport de la régie helvétique des alcools pour 1895 », *l'Économiste français*, t. 24, 2e vol., n° 34, 22 août 1896, p. 241-243.

60 Joseph Baretge l'exprime clairement : « Il semble que MM. Jaurès et Briand aient voulu tenter avec l'argent des contribuables une expérience collectiviste », ouvr. cité, p. 138.

61 Stourm, René, « les monopoles fiscaux et le socialisme », *l'Économiste français*, 11 novembre 1905, p. 691-692.

62 Voir chap. « Le projet des sucriers », p. 141 et chap. « Les ingénieurs des industries agricoles formés avant 1940 », p. 224.

63 Voir Comité de patronage et de perfectionnement de l'ENIA du 21 octobre 1909, Archives ENSIA.

64 Malgré de nombreuses recherches auprès des services d'archives du ministère des Finances, tant à Fontainebleau qu'à Bercy, nous n'avons trouvé trace d'aucun document émanant

cette question va revenir d'actualité quelques années plus tard, pendant et après la Première Guerre mondiale. On peut même se demander si les pouvoirs publics n'ont pas, pendant cette période de 1896 à 1904 où l'existence de l'ENIA a été fortement mise en cause, maintenue l'école uniquement dans ce but.

À l'origine, ce projet de monopole des alcools avait donc été envisagé comme un organisme d'État destiné à percevoir les taxes estimées nécessaires pour lutter contre l'alcoolisme. En définitive il va se réaliser partiellement, mais dans un contexte tout à fait différent. En effet, en temps de guerre, l'alcool étant nécessaire à la fabrication de la poudre, son approvisionnement est indispensable. Par ailleurs, la région productrice d'alcool du nord de la France a été rapidement envahie puis est devenue un champ de bataille. C'est pourquoi, un service des alcools est créé, en 1916 et rattaché au Service des poudres.

> Pour pallier cette situation, la loi du 30 juin 1916 établit un partage de la production : les alcools industriels [provenant de la distillation des betteraves, grains et mélasses] étaient réservés à l'État qui s'engageait à acquérir toute la production à un prix rémunérateur ; les alcools naturels [provenant de la distillation des fruits], en revanche, pouvaient être vendus librement à la consommation de bouche.
>
> Les hostilités terminées, ce régime fut néanmoins maintenu dans ses grandes lignes à la demande des viticulteurs qui désiraient conserver leur monopole des alcools de bouche et, le cas échéant, pouvoir vendre à l'État, l'excédent de leur production[65].

Il est nécessaire de souligner l'importance qu'a revêtue, à la charnière du XIXe et du XXe siècle, l'importance de la lutte contre l'alcoolisme. En effet l'alcool avait une connotation très marquée de virilité. Par ailleurs les lobbies viticoles et des spiritueux ont toujours été très actifs. Mais, à partir de la défaite de 1870, est apparu en France un mouvement « hygiéniste » tendant, en particulier, à expliquer cette défaite par les excès de la consommation d'alcool. Pour certains également l'alcoolisme est devenu une conséquence des difficultés de la condition ouvrière du moment. Cette prise de conscience a été amplifiée par la parution du

---

de ce ministère justifiant cette présence de stagiaires à Douai. Nous tenons à remercier vivement Madame Dijoux qui nous a aidé dans ces recherches à Bercy.

65 Ministère des Finances, *L'organisation du ministère des Finances (1957-1958)*, Arch. min. Finances, n° B 48374.

roman d'Émile Zola, l'*Assommoir*, en 1877. L'affrontement entre ces deux tendances va passer par des phases successives et va être marqué, en 1915, par une mesure forte obtenue par les partisans de la lutte contre l'alcoolisme : l'interdiction de l'absinthe. Rappelons que l'absinthe était une liqueur, originaire de la Suisse qui présentait une teneur de 70 degrés en alcool, devenue très répandue au point d'avoir été surnommée : « la fée verte ». La France et la Suisse réunies en consommaient davantage que le reste du monde[66] !

Les conséquences de l'apparition de l'automobile

Peu de temps après l'apparition de l'automobile, un intérêt marqué pour l'utilisation de l'alcool à des fins énergétiques se manifeste. Une exposition internationale de l'alcool se tient en 1892[67]. L'année de cette exposition est d'autant plus significative pour l'histoire de l'ENIA que c'est cette même année qu'a été promulguée la loi qui a créé l'école.

Les manifestations deviennent fréquentes, surtout au début du XXe siècle. On constate, en effet que, successivement, en janvier 1898, se crée l'Association pour l'emploi industriel de l'alcool[68] puis qu'en novembre 1901, se tient l'Exposition de l'alcool, au cours de laquelle sont présentés plusieurs moteurs utilisant l'alcool, soit pur, soit mélangé à l'essence[69] Cette exposition est suivie d'un Congrès des emplois industriels de l'alcool, du 18 au 20 novembre 1901[70] qui se tient à la Société des agriculteurs de France, ce qui souligne que ce sont les agriculteurs qui sont intéressés par ce débouché. Ensuite, en mai 1902, est organisé par le ministère de l'Agriculture, le « Circuit du Nord » à l'alcool qui comprend à la fois une épreuve pour les poids lourds le 10 mai sur le parcours de Beauvais à Paris, une épreuve de vitesse les 15 et 16 mai sur

---

66 Ce service sera supprimé en 1987, *Journal Officiel*, 27 janvier 1987, p. 943-944. El Mostain, Abdelhak, *L'industrie de la distillation des alcools de bouche à Fougerolles de 1839 à 1940. Capacité de résistance et dynamique socio-économiques des firmes familiales rurales*. Thèse soutenue à l'Université de technologie de Belfort-Montbéliard, Université de Franche-Comté, 27 avril 2017. Cette excellente thèse rappelle le contexte de la lutte contre l'alcoolisme de la fin du XIXe et au XXe siècle jusqu'en 1940, p. 59-131.

67 *Bull. chimistes*, t. 10, septembre 1892, p. 297.

68 *Bulletin de l'Association pour l'emploi industriel de l'alcool*, n° 4, août-décembre 1898.

69 *Bull. chimistes*, t. 19, novembre 1901, p. 625-629.

70 Sidersky, David, *Comptes rendus du Congrès des emplois industriels de l'alcool*, Paris, 1901. Sidersky est par ailleurs secrétaire et chimiste-conseil du syndicat de la distillerie agricole.

le trajet Paris – Avesnes – Arras, Arras – Abbeville – Saint-Germain de 865 kilomètres ainsi qu'une épreuve de consommation sur trois jours du 15 au 17 mai sur le circuit Paris, Arras, Abbeville, Paris, soit 730 kilomètres[71]. Du 16 au 23 décembre 1902, le Congrès international des applications de l'alcool dénaturé se réunit pendant la durée de l'exposition de l'automobile, ce qui souligne l'utilisation recherchée[72]. Puis, du 11 au 17 mars 1903, se tient le Congrès des études économiques pour les emplois industriels de l'alcool. Cette dénomination indique qu'il était déjà perçu que les difficultés à prévoir pour l'extension de l'alcool carburant seraient autant d'ordre économique que technique[73]. Au cours de ce congrès, est adopté un vœu souhaitant que « l'emploi de l'alcool carburé soit encouragé dans les automobiles circulant dans les villes ». Une accélération de ces manifestations à partir de 1902 est à remarquer. Ceci n'est pas dû au hasard. C'est parce que la Convention de Bruxelles a réduit considérablement les débouchés de la betterave à sucre que des utilisations industrielles de l'alcool sont recherchées. Cette explication est confirmée par le président de la Société des agriculteurs du Nord qui, recevant le ministre de l'Agriculture au tout début de 1914, déclare en particulier :

> Vous signalerai-je, Monsieur le Ministre, le marasme dans lequel se trouve la fabrication du sucre ? Depuis la convention de Bruxelles, la quantité emblavée en betteraves a diminué d'un tiers. [...] La culture de la betterave est nécessaire pour la tête de l'assolement. La sucrerie nous échappant, nous devrons nous tourner vers la distillerie. C'est pourquoi il faudrait que le Gouvernement, par tous les moyens possibles, favorise l'alcool pour la production de la force motrice[74].

Les pouvoirs publics sont donc sollicités afin de développer l'alcool à usage industriel. La Première Guerre mondiale souligne le caractère stratégique de la motorisation avec l'épisode des taxis de la Marne, l'apparition des avions de combat et celle des chars d'assaut. La guerre a, de cette façon, mis tout particulièrement en évidence le risque de dépendance énergétique de la France. Ceci vient relayer la recherche d'un débouché pour la culture de la betterave à sucre, sachant que les viticulteurs sont

---

71 *Bull. chimistes*, t. 19, mai 1902, p. 1398-1399. *La Réforme économique*, juin 1902, p. 808.
72 *Bull. chimistes*, t. 20, novembre 1902, p. 627-628 ; décembre 1902, p. 721-722.
73 *Bull. chimistes*, t. 20, février 1903, p. 879-881 ; mars 1903, p. 999-1002.
74 *Journal des Agriculteurs*, février 1914, p. 5.

également concernés par la question. Ces préoccupations se traduisent par plusieurs initiatives. Tout d'abord, un vœu est présenté par la Société des agriculteurs de France, le 24 février 1922, demandant, d'une part, que soit créé un Office d'achat et de vente d'alcool d'industrie, d'autre part, qu'une certaine quantité d'alcool soit obligatoirement incorporé dans les hydrocarbures importés[75]. Ensuite, un concours du carburant national est organisé par le Comice agricole de l'arrondissement de Béziers, en avril 1922. Un retentissement national est donné à cette manifestation qui compte, dans son comité scientifique des personnalités du monde scientifique et industriel de premier plan et, en particulier, 10 membres de l'Institut parmi lesquels deux professeurs au Collège de France et Léon Lindet, professeur à l'Institut agronomique[76], ainsi que Gabriel Bertrand, professeur à la Sorbonne, André Job, professeur au CNAM, Max Ringelman, professeur à l'Institut agronomique, directeur de la station d'essais de machines, le président de la Société des transports en commun de la Région parisienne et plusieurs personnalités déjà citées : Émile Barbet, industriel[77] et Lucien Lévy, professeur de distillerie à l'ENIA[78]. À cette occasion, le professeur de distillerie de l'ENIA est chargé d'effectuer les essais officiels[79]. Cette manifestation est surtout l'occasion d'une entente entre les distillateurs du Nord qui acceptent que leur production serve uniquement à des usages industriels, et les viticulteurs du Midi qui admettent que les alcools naturels réservés à la « consommation de bouche » acquittent une taxe suffisante pour permettre de céder l'alcool industriel au-dessous du prix de revient. Enfin, il faut signaler que L'Académie d'agriculture débat de cette question dans sa séance du 24 janvier 1923 et qu'une Société d'étude du carburant national est créée[80].

75 Sidersky, David, *Le Problème du carburant national*, Société des agriculteurs de France, Paris, 1922.

76 Voir chap. « Le projet du génie industriel alimentaire », p. 408.

77 Voir chap. « Le projet des sucriers », p. 125.

78 Sur Lévy, voir annexe VIII.

79 « Concours du carburant national », *Bulletin du Comice agricole de l'arrondissement de Béziers*, 48e année., Toulouse, 1922, p. 101.

80 Cette société publie la brochure suivante : Émile Barbet et Georges Legendre, *Un peu de lumière sur la question du carburant national*, préface de Paul Sabatier, membre de l'Institut, Paris 1924. Cette brochure comporte un intéressant historique de la question. Voir également : Philippe Girault, « L'alcool de betterave en France de 1914 à 1987 » *Sucrerie française*, n° 121, janvier-février 1988, p. 50-20. Voir également : Vincent Requillart, « Les biocarburants, un choix de politique agricole », *INRA sciences sociales*, n° 4, juillet 1989.

Ce mouvement d'opinion et d'intérêt se traduit par deux mesures législatives. Tout d'abord, la loi du 28 février 1923, impose, en concrétisation des accords de Béziers, aux importateurs d'hydrocarbures d'origine étrangère, d'incorporer un certain pourcentage d'alcool. À la suite de cette loi le débat sur la création d'un monopole industriel de l'alcool se poursuit au Sénat[81]. Enfin, la loi du 10 janvier 1925 crée un Office national des combustibles liquides[82] chargé de mettre en œuvre la précédente loi. Pour les alcools d'origine agricole, c'est le Service des alcools qui est chargé de la mise en œuvre des mesures décidées. En 1936, ce service passe sous le contrôle du ministère des Finances.

En définitive, compte tenu de l'implantation géographique de l'ENIA dans le Nord et d'une autorité scientifique qui lui est déjà reconnue, cette école apparaît comme devant être le lieu privilégié où doit s'élaborer le savoir relatif à l'utilisation énergétique de l'alcool. Pour ces raisons, l'enseignement de la distillerie va se révéler essentiel et apporter d'intéressantes perspectives de carrières aux élèves de l'ENIA. Cependant, la distillerie est une activité qui a pour point de départ une fermentation. Or, Louis Pasteur a consacré une part notable de ses travaux à ces phénomènes. C'est pourquoi, il convient d'examiner l'éventualité d'un lien entre Pasteur et l'ENIA.

L'HÉRITAGE DE PASTEUR

Rappelons qu'à l'origine des découvertes bactériologiques de Pasteur, dont il paraît superflu de souligner la portée, se trouve un industriel lillois qui fait appel à lui pour remédier à des troubles survenus dans sa distillerie. De ce fait, les industries agricoles occupent dans l'œuvre de Pasteur, une place singulière. Il est donc indispensable, avant de présenter plus complétement l'enseignement de la distillerie dispensée à l'école, d'établir le bilan de l'influence que lui et ses continuateurs ont exercée sur les industries agricoles en général ainsi que sur la création et le développement de l'ENIA en particulier.

81 *Journal Officiel, Débats parlementaires, Sénat*, Annexe n° 808, séance du 12 décembre 1923, 2e rapport supplémentaire de Maurice Sarraut ; Annexe n° 363, séance du 30juin 1926, 3e rapport supplémentaire de Maurice Sarraut ; Annexe n° 551, séance du 11 juin 1931, 5e rapport supplémentaire d'Isidore Tournan.

82 Cet office publie les *Annales de l'Office national des combustibles liquides* paraissant 6 fois par an à partir de 1926.

La place des industries agricoles dans l'œuvre de Pasteur

Cette place doit s'analyser à la fois dans la genèse de son œuvre et également par l'importance qu'il y a attachée. Dans la genèse de l'œuvre de Pasteur, on peut relever deux points d'importance inégale, le rôle de la distillation puis l'influence d'Appert.

Auparavant, il est cependant nécessaire d'exposer les sources utilisées. L'ensemble de l'œuvre écrite de Pasteur a été publiée de 1922 à 1939, sous la direction de son petit-fils Louis Pasteur Valléry-Radot. Les titres, dates de parution et nombres de pages de ces ouvrages sont récapitulés ci-dessous[83]. Ce sont ces ouvrages auxquels il est fait référence d'abord.

- 1er vol., *Dissymétrie moléculaire*, 1922, 480 p. ;
- 2e vol., *Fermentations, générations dites spontanées*, 1922, 664 p. ;
- 3e vol., *Études sur le vinaigre et sur le vin*, 1924, 519 p. ;
- 4e vol., *Études sur les maladies des vers à soie*, 1926, 761 p. ;
- 5e vol., *Études sur la bière*, 1928, 361 p. ;
- 6e vol., *Maladies virulentes, virus, vaccins et prophylaxie de la rage*, 1933, 906 p. ;
- 7e vol., *Mélanges scientifiques et littéraires – Index*, 1939, 447 p.[84]

D'autres ouvrages, dus la plupart à l'initiative de membres de la famille de Pasteur[85], nous ont procuré également d'utiles références.

La distillation va jouer un rôle tout particulier dans la genèse de l'œuvre de Pasteur. En effet, dès qu'il prend ses fonctions de doyen de la Faculté des sciences de Lille, Pasteur, qui enseigne la chimie, manifeste son intérêt pour les industries de la région et en particulier pour celles du sucre et de l'alcool[86]. Cet intérêt initial de Pasteur est clairement

83 Pasteur, Louis, *Œuvres*, publié sous la direction de Louis Pasteur Vallery-Radot, 7 vol., éd. Masson, Paris, 1922-1939. Par la suite ces publications sont citées ainsi : Pasteur, Louis, *Œuvres*, suivies du numéro du volume et de l'indication de la ou des pages concernées.

84 Ce nombre ne comprend pas les pages de l'index.

85 Voir Valléry-Radot, René, *La vie de Pasteur*, Flammarion, Paris, 30e éd., 1962, l'auteur est le gendre de Louis Pasteur ; Pasteur Valléry-Radot, Louis, *Pasteur inconnu*, Flammarion, Paris, 1954 ; Pasteur, Louis, *Correspondance*, réunie et annotée par Louis Pasteur Valléry-Radot, 4 vol., Flammarion, Paris 1946-1951. Au sujet de la correspondance avec Eugène Tisserand, voir annexe IV.

86 Sur la relation entre Pasteur et les industries du Nord, on se reportera avec intérêt à : Gabriel Galvez-Behar, *Louis Pasteur ou l'entreprise scientifique au temps du capitalisme industriel*, Éd. de l'EHESS, revue-annales-2018-3, p. 636-640.

exprimé dans ce passage du discours d'installation qu'il prononce devant les parents des futurs étudiants, le 7 décembre 1854, à Douai qui était à l'époque, ainsi qu'il a été vu au chapitre précédent, le siège de l'université, et où s'installera l'ENIA, 39 ans plus tard :

> Mais, je vous le demande, où trouverez-vous, dans vos familles, un jeune homme dont la curiosité et l'intérêt ne seront pas aussitôt éveillés lorsque vous mettrez entre ses mains une pomme de terre, qu'avec elle il fera du sucre, avec ce sucre, de l'alcool et avec cet alcool, de l'éther et du vinaigre[87] ?

Cet intérêt s'accentue en 1856 puisqu'il décide de consacrer, chaque semaine, un cours de chimie appliquée aux industries du Nord et commence par l'industrie des alcools de betterave[88]. C'est pourquoi un fabricant de sucre et distillateur de Lille, Louis Bigo-Tilloy, qui avait constaté des accidents de fabrication dans sa distillerie, vient écouter ses cours et fait appel à lui. Pasteur vient, le 4 novembre 1856, examiner les causes des accidents de fabrication constatés[89]. On ne saurait trop souligner à quel point l'initiative de cet industriel et l'importance de la date de cette visite doivent impérativement être rappelées car nous pouvons affirmer, sans exagération, que leurs conséquences indirectes ont été immenses. En effet, c'est à partir de l'étude des prélèvements effectués dans cette usine qu'il propose d'expliquer la fermentation alcoolique par la présence de micro-organismes. Pasteur présente ses premières conclusions dans ce sens dans le « Mémoire sur la fermentation appelée lactique », le 4 août 1857 devant la Société des sciences de Lille[90].

D'autre part, Nicolas Appert va exercer une certaine influence sur l'œuvre de Pasteur qui, à de nombreuses reprises, se réfère au pionnier de l'industrie de la conserve[91]. En se reportant à l'édition complète, on

87 Pasteur Vallery-Radot, Louis, *Pasteur inconnu*, p. 20, 27.

88 Cet auteur donne une autre interprétation dans : Pasteur, Louis. *Œuvres*, 2, p. v. C'est l'ensemble du cours de chimie appliquée de l'année 1856 qui aurait été consacré à l'« industrie des alcools de betterave ». Cette dernière interprétation nous paraît un peu trop hagiographique. C'est pourquoi, nous retiendrons la première interprétation. Par contre, cette préface montre bien comment l'intérêt pour l'alcool se situe dans la démarche de Pasteur.

89 Martin, Édouard, *Une étape de l'épopée pasteurienne*, Lille, 1968. Nous partageons, tout à fait, l'avis de l'auteur sur l'importance de cette date. La distillerie Bigo-Tilloy se trouvait, à l'époque, sur le territoire de la commune d'Esquermes, intégrée depuis à Lille.

90 *Mémoires de la Société des sciences, de l'agriculture et des arts de Lille*, 2e série, vol. 1858, p. 1, 13-26 et Pasteur, Louis, *Œuvres*, 2, p. 3-13.

91 Nous devons à Michel Munier, ingénieur ENSIA de la promotion 1952 de nous avoir signalé la place d'Appert dans l'œuvre de Pasteur. Qu'il en soit, ici, très vivement remercié.

constate que dans l'ensemble de l'œuvre écrite de Pasteur, Appert est cité dans 72 pages, venant ainsi en 10e position[92], sur 1 735 personnes citées. Pour donner un exemple de filiation intellectuelle entre Appert et Pasteur, on peut citer ce passage concernant la conservation des vins par la chaleur :

> Lorsque j'ai publié les premiers résultats de mes expériences sur la conservation possible du vin par le chauffage préalable, il était évident que je ne faisais que donner une application nouvelle de la méthode d'Appert, mais j'ignorais absolument qu'Appert eût songé avant moi à cette même application[93].

Après avoir rappelé que les recherches d'Appert étaient restées dans l'oubli, Pasteur ajoute :

> C'est néanmoins cet habile industriel qui, le premier, a nettement indiqué la possibilité de conserver le vin par l'application préalable de la chaleur.

Pasteur reconnaît donc que le procédé de conservation, qui est connu sous le nom de « pasteurisation[94] », a été en fait inventé par Appert, lequel cependant n'avait fourni aucune justification théorique, ce qui peut expliquer que ce procédé soit tombé dans l'oubli, à la différence de l'« appertisation » proprement dite[95].

À travers la place des industries agricoles dans l'œuvre écrite de Pasteur, il est ainsi, possible d'évaluer l'intérêt qu'il leur a accordées. En 1875, il était déjà intervenu sur le sucre à l'Académie des sciences et, en 1876, il avait publié les *Études sur la bière*[96]. La présentation typographique homogène de l'édition complète présentée ci-dessus permet une comparaison des places respectives accordée à ses différents centres d'intérêt. Relevons que le deuxième volume mérite un examen particulier car il expose les recherches de Pasteur sur les fermentations qui ont

92 Pasteur, Louis, *Œuvres*, 7, index général. Toutefois, il est nécessaire de tenir compte du fait que les personnes citées ne sont pas uniquement celles auxquelles Pasteur estime être redevable pour la genèse de son œuvre. Ce sont, parfois, des personnes auxquels Pasteur s'est fréquemment opposé.

93 Pasteur, Louis, *Œuvres*, 3, p. 210.

94 Sur la pasteurisation, voir annexe XIII.

95 Pasteur donne lui-même des « Extraits de la 1re et de la 5e édition du *Traité des conserves* d'Appert », Pasteur, Louis, *Œuvres*, 3, p. 362-363. Voir également : Appert, *L'art de conserver pendant plusieurs années toutes les substances animales et végétales*, Paris, Patris et Cie Imprimeurs-Libraires, 1810.

96 Voir Introduction, p. 41.

pratiquement toutes été consacrées à des transformations de produits d'origine agricole en produits alimentaires. De cette manière, on constate que, dans l'ensemble de l'œuvre écrite de Pasteur les industries agricoles y occupent 26 % de la place, alors que les maladies contagieuses n'en occupent que 22 %. On s'explique aisément que les travaux sur les maladies contagieuses aient eu, dans l'opinion publique, un impact beaucoup plus grand que ceux portant sur les industries agricoles mais la place de ces dernières y est tout à fait exceptionnelle.

Pasteur et la création de l'École nationale des industries agricoles

Compte tenu de la place qu'ont occupé les industries agricoles dans l'œuvre de Pasteur et, bien qu'il ait quitté Lille depuis 1857, le fait qu'il y ait passé des années qui ont été décisives, on se serait attendu à ce qu'il joue un rôle notable dans la création de l'ENIA. Ajoutons, qu'en 1887, moment de la conception de l'ENIA, il était parvenu à sa pleine notoriété puisque la découverte du vaccin de la rage se situe en 1885. Or, il n'est absolument pas intervenu, et il paraît nécessaire d'en rechercher les raisons. Sans être inexistante, l'influence directe de Pasteur a été très marginale. Ses travaux sur les maladies contagieuses l'accaparaient certainement beaucoup, mais cela ne paraît pas constituer une raison suffisante.

Il est établi que Pasteur n'est pas à Paris au début de 1887. Il est en Italie depuis décembre 1886, ses médecins lui ayant prescrit quelques semaines de repos[97]. Il ne regagne Paris que le 24 avril[98]. Or c'est plus précisément en avril que se décide le principe de la création, à Douai, d'une école de sucrerie qui deviendra l'ENIA. Rappelons qu'il se sera écoulé moins d'un mois entre l'engagement effectif de la procédure de transfert des facultés de Douai à Lille et l'annonce de la création de cette école, qui était demandée depuis 1883 mais ne se réalisera effectivement qu'en 1893[99].

Quand on sait que le ministre de l'Instruction publique de l'époque était Marcellin Berthelot, qui entretenait avec Pasteur des relations difficiles, on peut se poser raisonnablement la question de savoir si Berthelot n'a

97 Pasteur, Louis, *Correspondance*, t. 4, 1885-1895, p. 145.

98 Pasteur, Louis, *Correspondance*, t. 4, p. 191-192. Ces séjours en Italie puis à Arbois au retour sont confirmés par Vallery-Radot, ouvr. cité.

99 Voir chap. « Le projet des sucriers », p. 112.

pas profité de l'émoi causé par la décision de transfert, pour fixer à Douai et non à Paris, et en particulier à l'Institut Pasteur en cours de gestation, cette école de sucrerie, de distillerie et de brasserie, dont le projet était avancé depuis plusieurs années par l'Association des chimistes[100]. Pourquoi, en particulier, le communiqué du 4 avril 1887, annonçant la création de ce qui deviendra l'ENIA, émane-t-il du ministre de l'Instruction publique et non du ministre de l'Agriculture, qui a été saisi de ce projet et qui sera le ministre de tutelle de l'école ? Toutefois nous sommes réduits à deux hypothèses, qui ne s'excluent pas, sur l'absence de réaction de Pasteur, soit il n'était pas au courant, ce qui, compte tenu de son emploi du temps au moment des faits, paraît très vraisemblable, soit la création de cette école ne lui a pas paru présenter d'intérêt, ce qui expliquerait son absence d'initiatives en 1890 et 1891 au moment des débats précédant l'adoption de la loi créant l'ENIA. Aucune trace d'une réaction ou d'un commentaire de Louis Pasteur à ce moment-là[101] n'a pu être retrouvée. Quelles que puissent être les motivations de l'un ou de l'autre, il reste que, mis à part l'accord de principe donné, Pasteur ne s'est pas engagé au moment de la création de l'ENIA. Par contre, en 1893, une trace de d'une intervention a été retrouvée sur un document conservé au musée Pasteur[102]. Donc, mis à part ce dernier fait au moment de la réalisation, on doit en conclure, soit que la trace de l'intervention de Pasteur a été perdue, soit qu'elle a été très réduite. En tout état de cause, ce très faible engagement nous paraît être la cause profonde de l'apparition tardive de l'enseignement de la microbiologie à l'ENIA.

L'influence indirecte et le rôle de l'Institut Pasteur

Si le rôle de Pasteur, lui-même peut être considéré comme négligeable, son influence indirecte n'en a pas moins été importante. En particulier,

100 Cette association s'était prononcée pour une implantation à Paris, chap. « Le projet des sucriers », p. 121.

101 Entretien avec Mme Perrot, conservatrice du musée Pasteur, 1er juin 1989. Lettre de Pierre Petitmengin, bibliothécaire de l'École normale supérieure, 21 juillet 1993. Nous remercions très vivement ce dernier de cette information.

102 Une mention : « les plans de l'École de Douai (...) avaient été également présentés en 1893 » figurant sur un document conservé au musée Pasteur, *Histoire du Service des fermentations à l'Institut Pasteur*, 10 mai 1968. Ce document nous a été très aimablement communiqué par la conservatrice du musée Pasteur. Le passage cité figure en note de bas de p. 1.

trois personnes se réclamant de ses conceptions scientifiques ont joué un rôle décisif dans la conception ou les débuts de l'école : Émile Duclaux[103], Georges Moreau[104] et Émile Barbet[105]. Mais, au vu des débats de l'époque, on peut se demander si l'intransigeance scientifique de certains pastoriens n'a pas entraîné une regrettable absence de dialogue technique[106].

Par ailleurs, l'application des théories pastoriennes aux industries agricoles a conduit à l'utilisation de techniques qui ont pour but de détruire les bactéries pathogènes dans les liquides alimentaires, techniques connues sous le nom de « pasteurisation[107] ».

Mais c'est surtout l'Institut Pasteur qui a eu une influence notable. C'est plus particulièrement le « Service des fermentations[108] » créé au sein de cet institut qui va œuvrer à l'approfondissement scientifique des industries agricoles. Il ressort de la publication de ce service que la première industrie agricole à laquelle l'Institut Pasteur s'est intéressé est la brasserie. Toutefois, Émile Duclaux, dès 1892, a eu des ambitions plus grandes. En effet, il envisage la création d'un « institut de brasserie, de vinification » et s'intéresse également au lait et à la distillerie, non sans relever que l'Institut Pasteur, en 1892, laisse de côté les applications des travaux de Pasteur portant sur « les fermentations en général[109] ». La création, en 1896, d'un laboratoire de brasserie marque l'institutionnalisation de l'action de l'Institut Pasteur dans ce domaine : c'est en effet de cette manière que débute, de fait, le service des fermentations. L'École de brasserie proprement dite, bien qu'elle ait été, ainsi qu'il vient d'être vu, en gestation depuis 1892, ne débute qu'en 1900 et arrête son activité après la guerre 1914-1918[110]. Enfin, ce service s'étend, en 1939, à la microbiologie laitière.

103 Émile Duclaux est considéré par Pasteur lui-même comme un spécialiste de la brasserie puisque c'est à Duclaux qu'il dédie les *Études sur la bière*. Sur le rôle de Duclaux à l'ENIA, voir chap. « Le projet des sucriers », p. 120, 125. Au décès de Pasteur, Duclaux lui succède à la tête de l'Institut Pasteur. Pour une biographie d'Émile Duclaux, voir : *Annales de l'Institut Pasteur*, t. 18, p. 337-362 ; *Dictionary of scientific biography*, 1981, t. 4, p. 210.

104 Georges Moreau est le premier professeur de brasserie à l'ENIA. Voir annexe VII.

105 Émile Barbet fait partie de la commission d'organisation de l'école, chap. « Le projet des sucriers », p. 125.

106 Voir annexe XI.

107 Voir annexe XIII. Pour la filiation avec Appert, voir ci-dessus, p. 190.

108 L'historique de ce service est connu jusqu'en 1968, Institut Pasteur, *Histoire du Service des fermentations à l'Institut Pasteur*, document cité.

109 Duclaux, Émile, discours, mars 1892, Institut Pasteur, musée, pièce n° 18496.

110 Voir Voluer, Philippe, « L'École de brasserie de Nancy », in André Grelon et Françoise, Birck, (dir.), *Des ingénieurs pour la Lorraine*, éd. Serpenoise, Metz, 1998. Cet article présente

La première publication de l'Institut Pasteur dans ce domaine paraît sous le titre de *La Bière et les boissons fermentées*, ce qui indique clairement le champ d'activités auquel elle veut s'adresser[111]. Son promoteur est Auguste Fernbach (1860-1939) qui est d'abord collaborateur d'Émile Duclaux à la Faculté des sciences de Paris. C'est la raison pour laquelle il oriente rapidement ses recherches vers la biochimie, obtenant le doctorat ès sciences en 1890[112]. C'est également pourquoi il suit Duclaux à l'Institut Pasteur, où il consacre l'essentiel de ses travaux aux mécanismes de la fermentation. Cette activité scientifique est complétée par un intérêt apporté aux applications industrielles, ce qui justifie sa nomination, en 1922, au Conseil de perfectionnement de l'ENIA[113], fonction qu'il assume jusqu'à son décès, en 1939. En janvier 1898, cette publication, ayant pris le titre d'*Annales de la brasserie et de la distillerie*, est présentée par Duclaux qui a succédé à Pasteur. À cette occasion et parlant plus particulièrement de la brasserie Duclaux fait ressortir une conséquence fondamentale de l'œuvre de Pasteur pour les « Industries de fabrication des matières alimentaires », à savoir l'importance de la propreté :

> C'est Pasteur qui a introduit dans la pratique cet instrument nouveau, en donnant au mot propreté un sens inconnu ou méconnu jusque-là. Cette notion nouvelle a fécondé et transformé la pratique industrielle. Avec elle, la science a pris possession des usines où on pratique la fermentation, et il est sûr qu'elle n'en sortira pas[114].

Auguste Fernbach, rédacteur en chef, justifie ainsi le changement de titre :

> Il nous a paru utile de nous adresser dans une même publication aux deux industries de la Brasserie et de la Distillerie. Elles ont en effet bien des points communs et ne peuvent que tirer profit des rapports que nous voulons établir entre elles. Le maltage, cette opération fondamentale de la fabrication de la

---

le très grand intérêt de dresser un inventaire de toutes les tentatives de création d'écoles de brasserie.

111 Cette publication aurait, selon l'historique du service des fermentations, déjà cité, commencé à paraître en 1893. Bien qu'aucun exemplaire de cette date n'ait été retrouvé, il est certain qu'elle paraissait en juin 1893 puisqu'elle est citée dans *Bull. chimistes*, t. 10, juin 1893, p. 946.

112 Sa thèse est consacrée à l'influence de l'acidité sur l'action de la sucrase, *Agriculture et industrie*, février 1939, p. 50-53. La sucrase est un enzyme qui dédouble le saccharose en deux sucres plus simples, le glucose et le lévulose.

113 Arch. dép. Nord, F 10/2492.

114 *Annales de la brasserie et de la distillerie*, n° 1, p. 1.

> bière, joue souvent en distillerie un rôle des plus importants et exige du brasseur, comme du distillateur, une connaissance approfondie de la constitution physique et chimique des graines de céréales et de leur germination. [...] Cette parenté étroite qui, par la malterie, lie la distillerie de grains à la brasserie, nous la retrouvons encore plus accentuée et avec un caractère plus général, si nous envisageons la fermentation proprement dite[115].

C'est donc dans cette publication que commence l'approfondissement scientifique né du rapprochement de deux des filières fondatrices de l'ENIA et qui, de ce fait même, contribue fortement à la prise de conscience de l'unité des savoirs concernant ces différentes industries agricoles. Cette prise de conscience se développe d'autant mieux à l'ENIA que ces deux filières y sont enseignées dès l'origine, du fait des circonstances de la création de l'école. Cette nécessité d'établir une cohérence entre les savoirs relatifs à ces différentes filières se prolongera, nous le verrons, après la Deuxième Guerre mondiale[116] Pourtant, il ressort des archives de l'ENIA que ce n'est qu'en 1923 que l'école s'abonne à cette revue, ce qui illustre son manque de dynamisme scientifique au début du XXe siècle. Ce fait est cohérent avec la lenteur du démarrage de l'enseignement de la microbiologie à l'ENIA[117]. Cette publication prend, en 1935, le titre d'*Annales de fermentation* puis cesse de paraître en 1942.

En définitive, compte tenu de la place que les phénomènes en œuvre dans les industries agricoles tiennent dans l'origine des découvertes de Pasteur, l'influence de ce dernier sur la mise en place de l'ENIA n'a pas été ce qu'on aurait pu attendre. De son côté, l'Institut Pasteur, s'il n'a pas joué, dans l'ensemble, un rôle très important dans l'enseignement des industries agricoles, n'est cependant pas resté inactif ainsi qu'en témoigne le rôle joué au début du siècle par les *Annales de brasserie et de distillerie.* Relevons d'ailleurs que ces deux filières occupent une place privilégiée dans l'œuvre de Louis Pasteur, la distillerie se situant à l'origine de ses recherches et la brasserie étant la filière de transformation des produits agricoles en produits alimentaires à laquelle Pasteur a consacré le plus de place, du moins dans son œuvre écrite.

---

115 *Annales de la brasserie et de la distillerie*, n° 1, p. 2.

116 Voir, plus loin, chap. « Le projet du génie industriel alimentaire ».

117 Voir les difficultés rencontrées par L'ENIA à partir de 1896, chap. « Le projet des sucriers » p. 142-151.

Ajoutons que l'attribution, en 1965, du prix Nobel de médecine à trois pastoriens, François Jacob, André Lwoff et Jacques Monod, a eu un retentissement considérable et a fait prendre conscience à la communauté scientifique française de l'importance de la biochimie[118]. Ceci s'est traduit dans les universités par un développement de cette discipline, développement dont ont bénéficié ensuite les industries agricoles et alimentaires. Il reste que le rôle indirect de Pasteur et celui beaucoup plus direct des pastoriens, dans l'élaboration des savoirs intéressant les industries agricoles est immense.

CHARLES MARILLER (1889-1955), UN ATOUT MAJEUR DU PROJET DES DISTILLATEURS

C'est donc un faisceau de circonstances extérieures à l'école qui crée, à cette époque, un contexte extrêmement favorable à la distillerie industrielle. Rappelons qu'à l'ENIA l'enseignement de cette discipline est assuré par Lucien Lévy, jusqu'en 1930 date de son départ en retraite. Son successeur à cette chaire est un ancien élève de l'ENIA. Cet événement est d'autant plus notable pour l'école que c'est le premier des anciens élèves qui accède au titre de professeur et, qui plus est, à l'une des chaires les plus importantes.

Charles Mariller naît à St Rémy-l'Honoré (Yvelines) où son père était serrurier et maréchal-ferrant. Ses deux grands-pères sont, l'un agriculteur, l'autre cordonnier. Il entre à l'ENIA en 1905 donc à 16 ans et, dès 1909, donne une communication au congrès de l'Association des chimistes[119].

Mariller apporte sa collaboration à Émile Barbet déjà cité, et, publie en 1917 son premier ouvrage[120]. Il est ainsi le premier ingénieur ENIA à intervenir dans une des matières enseignées à l'école. Les travaux qu'il entreprend portent en particulier sur la recherche de l'alcool absolu qui facilite le mélange avec l'essence. Il préconise cette solution

118 Ce retentissement s'est étendu bien au-delà du cercle des spécialistes si l'on en juge par le succès éditorial de l'ouvrage de Jacques Monod, *Le Hasard et la Nécessité Essai sur la philosophie naturelle de la biologie moderne*, Paris, Le Seuil, 1970.

119 « Note relative au travail des betteraves riches en distillerie », *Bull. chimistes*, t. 26, m p. 840-848. Cette communication montre que Mariller s'est, dès sa sortie de l'école, orienté vers la distillerie.

120 Mariller, Charles, *La Distillation fractionnée et la rectification*, éd. H. Dunod, Paris, 1917, réédité en 1925 et en 1943 sous le titre : *La Distillation fractionnée et la rectification des liquides industriels, alcools, hydrocarbures, éthers, produits chimiques, air et gaz liquides, solvants, etc.*

lors du congrès tenu à Béziers en 1922, consacré à la recherche d'un carburant national[121]. Dès 1918, Mariller intervient dans l'activité de l'Association des anciens élèves dont il devient président de 1921 à 1934. À ce titre, il siège durant cette période aux conseils de perfectionnement et d'administration. Ses travaux en matière de recherche et d'enseignement se traduisent également par la publication de cinq autres ouvrages[122]. Mariller préside l'Association des chimistes de 1947 à 1949. Comme son prédécesseur, il est conseiller auprès du Service des alcools et expert auprès des tribunaux[123].

Toutefois, l'activité de Mariller ne se limite pas à la France métropolitaine. C'est ainsi qu'il se rend au Brésil en 1933 pour mettre en route la première installation de déshydratation de l'alcool, montée par la compagnie Fives-Lille. En 1951, sur 59 usines pouvant produire de l'alcool absolu, on comptait 13 usines équipées selon le procédé Mariller. Il donne également des conférences à l'École nationale d'agriculture à Piracicaba puis à Sao-Paulo[124].

Une grande partie de la carrière de Mariller aura été consacrée à la création d'un carburant d'origine agricole[125]. Mais le contexte économique dans lequel ses recherches ont été effectuées était très différent du contexte actuel. Par contre, un autre aspect de ses recherches ayant porté sur les économies d'énergie, plus particulièrement sur la distillerie dite « à circuit calorifique fermé », a trouvé des prolongements en pétrochimie et, de ce fait, est resté davantage d'actualité[126]. Un autre

121 *Bulletin du comice agricole de l'arrondissement de Béziers* : concours du carburant national, 48e année, Toulouse, 1922.

122 Mariller, Charles, *Manuel du distillateur*, éd. Librairie J.B. Baillère, Paris, 1923, rééditions 1935, 1948 ; *La Carbonisation des bois, lignites et tourbes*, éd. Dunod, Paris, 1924, réédité sous le titre : *La Carbonisation des bois et carburants forestiers*, 1941 ; *Le Contrôle chimique en distillerie*, en collaboration avec Jean Grosfilley, chef de travaux à l'ENIA, éd. Dunod, Paris, 1939 ; *Distillerie agricole et industrielle*, éd. Librairie J.B. Baillière, Paris, 1950. Cet ouvrage fait le point complet des connaissances sur la distillerie.

123 *Bull. ingénieurs ENIA*, nº 34, 1955, p. 6-10. *Who's who in France*, Paris, 1955-1956, p. 1094. Mariller est le premier ingénieur ENIA à figurer dans cette publication.

124 Bouyssou, Maurice, « Le sucre et l'alcool au Brésil », *Industries agricoles et alimentaires*, décembre 1953, (numéro spécial consacré au soixantenaire de l'ENIA), p. 947-954.

125 Avant de diriger l'ENIA, Étienne Dauthy avait exercé aux distilleries de Melle (Deux-sèvres) lesquelles produisaient de l'alcool absolu. Il se montre réservé quant à la validité du procédé Mariller d'obtention de l'alcool absolu. Les distilleries de Melle utilisaient un autre procédé mis au point chez eux, le procédé Guinot qui se répandit dans le monde entier. Note du 25 novembre 1999. Sur Étienne Dauthy voir plus loin p. 202.

126 *Bull. ingénieurs ENSIA*, juillet-août 1976.

signe de la permanence d'une partie de l'œuvre de Mariller est apporté par le fait que la troisième édition de son premier ouvrage publié en 1943 sous le titre de *Distillation et rectification des liquides industriels, etc.* a été réédité à l'identique, en 1998, par l'Union des groupements de distillateurs d'alcool.

Mariller assure son enseignement à l'ENIA jusqu'à son décès en 1955 et est secondé jusqu'en 1939 par Jean Grosfilley. Il est indiscutable que Charles Mariller est le premier ingénieur ENIA à avoir eu une audience nationale et même internationale. À la fois par son enseignement de distillerie à une période où cette discipline acquière une importance stratégique mais également par son action en tant que président de l'Association des anciens élèves, Charles Mariller doit être considéré comme l'acteur principal du projet des distillateurs.

On remarquera que la chaire de distillerie a été occupée depuis l'origine jusqu'en 1955 par deux titulaires seulement, ce qui, compte tenu des 5 années d'interruption de 1914-1919 puis d'une année en 1940-1941, représente une durée moyenne de 28 années. Cette stabilité des professeurs de distillerie contribue à leur donner un poids notable dans l'ENIA. La solidité de cet enseignement, joint à l'héritage indirect de l'œuvre de Pasteur et de ses disciples va permettre à l'ENIA de valoriser ce concours de circonstances.

L'ÉCOLE FACE À LA CRISE (1931-1939)

Cette date de 1931 correspond, non seulement à une forte inflexion sur le plan de l'économie générale mais également à un changement à la tête de l'ENIA. En effet, Urbain Dufresse qui dirigeait l'école depuis 1904 a pris sa retraite l'année précédente. Compte tenu de l'interruption de l'activité de l'école durant les 5 années de la guerre, il est donc resté pendant 22 ans à la tête de l'école. C'est le professeur de physique et de chimie, Pagès qui lui succède.

Georges Pagès (1869-1934) né dans le Cantal est le fils d'un instituteur et ayant un aïeul maternel agriculteur. Il entre d'abord à l'école nationale d'agriculture de Grignon puis, en 1892, à l'Institut agronomique. Il enseigne d'abord la physique et la chimie à l'école pratique d'agriculture du Chesnoy dans le Loiret et profite de la proximité de Paris pour obtenir une licence ès sciences physiques[127]. En 1902, il devient maître de conférences à l'école nationale d'agriculture de Montpellier[128] puis complète sa formation en obtenant, en 1909, un doctorat en droit consacré aux falsifications des denrées alimentaires. Après la guerre 1914-1918, Pagès est chargé de l'organisation de l'enseignement agricole pour les troupes d'occupation en Rhénanie de 1920 à 1929.

Pour succéder à Dufresse, Pagès n'a, en fait, pas véritablement de concurrent, ni à l'extérieur de l'école[129] ni à l'intérieur. En effet les autres professeurs sont, soit trop âgés, Lévy prenant sa retraite cette année-là, Saillard ayant 65 ans et le professeur d'agriculture 64 ans, soit insuffisamment expérimentés tel Picoux qui n'est professeur que depuis 6 ans. Il faut souligner que la solidité de sa formation tant agronomique qu'universitaire a sûrement été un atout.

En 1923, pour remédier au manque d'espace imposé par le site, l'école avait acquis deux immeubles voisins dans le but d'agrandir la cour. Cette opération a permis de créer une deuxième sortie facilitant la circulation des voitures. C'est sur l'un de ces terrains que Georges Pagès s'attache à faire construire une nouvelle brasserie, distincte du hall principal abritant les usines expérimentales afin d'éviter les interférences nuisibles avec la distillerie, autre industrie de fermentation[130]. Ce sera une de ses actions marquantes à ce poste. Il crée également un cours de sucrerie de canne et s'attache à développer les cours temporaires de brasserie, créés depuis 1925. Plus généralement, Pagès établit des contacts plus étroits avec les industriels. Georges Pagès décède en janvier 1934[131]. On lui doit, outre sa thèse publiée à Paris, trois ouvrages[132].

---

127 Dossier de Légion d'honneur, Arch. Nord, M 127/8.

128 *Bull. amicale des anciens élèves de l'INA*, mars 1934, p. 105-106.

129 Aucune trace d'éventuels concurrents n'a été trouvée : *Agriculture et industrie, 1923-1933 ;* Arch. nat., dossiers F 10/2492-2495.

130 Ce phénomène avait déjà été exposé au conseil de perfectionnement du 29 avril 1897.

131 *Agriculture et industrie*, février 1934, p. 13-15, 17-33. Pagès était atteint d'un cancer, selon Étienne Dauthy, entretien téléphonique, 18 octobre 1999.

132 *Quelques résultats d'expériences culturales sur les scories de déphosphoration de la fonte*, Paris, 1897 ; *Les eaux de vie et les alcools, guide pratique du bouilleur de cru et du distillateur*, 4 éd., de 1907 à 1919, Paris ainsi qu'une reproduction à l'identique, C. Lacour, Nîmes, 2005 ; *Le sucre et l'utilisation des sous-produits à la ferme*, Paris, 1914, BNF, catalogue général, t. 128, 1934.

LA REPRISE DES CONGRÈS DES INDUSTRIES AGRICOLES

Ce sont des initiatives privées et extérieures à l'école qui sont à l'origine de la reprise des congrès des industries agricoles pendant les années 1930. Dès 1892, l'idée d'un congrès international, consacré aux industries de transformation des produits agricoles en produits alimentaires, a été lancée par un membre belge de l'Association des chimistes, François Sachs, lui-même secrétaire de l'association belge des chimistes de sucrerie[133]. La proposition initiale était ambitieuse puisque Sachs envisageait un « congrès des chimistes de sucrerie, distillerie, brasserie, féculerie, matières alimentaires, matières agricoles, etc. ». Cette proposition ne se réalise qu'en 1905, à l'initiative des associations de chimistes de sucrerie belge et française, ce qui entraîne très logiquement la localisation des deux premiers congrès : Liège en 1905 et Paris en 1908. Le titre même de ces deux premiers congrès montre que la sucrerie est prééminente. En 1905 se tient le congrès international technique et chimique de sucrerie et de distillerie[134] et en 1908, celui de sucrerie et des industries de la fermentation. Alors que la première de ces manifestations ne rassemble que des participants originaires des deux pays organisateurs, la seconde attire en outre des américains, des austro-hongrois, des espagnols, des italiens, un libanais et un portugais[135].

À nouveau, c'est l'Association française des chimistes de sucrerie qui, en 1932, constate que les congrès de chimie appliquée, dont elle est par ailleurs organisatrice depuis 1894, prennent une extension qui ne permet pas de laisser aux industries de transformation de produits agricoles en produits alimentaires la place souhaitable. C'est pourquoi cette association souhaite relancer le principe de congrès spécifiquement consacrés aux industries agricoles. Des délégations étrangères, au nombre de 47, répondent favorablement à cette invitation[136]. Inauguré le 26 mars 1934 par le président de la République, Albert Lebrun, le congrès, au cours duquel est décidée la création d'une commission internationale des industries agricoles, se déroule jusqu'au 6 avril, avec un éclat tout à fait exceptionnel[137]. Ce congrès est suivi par ceux de Bruxelles, du

133 *Bull. chimistes*, t. 9, avril 1892, p. 785-790.
134 *Bull. chimistes*, t. 23, octobre 1905, p. 382.
135 *Bull. chimistes*, t. 25, mars 1908, p. 872-879.
136 *Bull. chimistes*, t. 51, avril 1934, p. 148 ; rapport général du professeur Pérard, p. 171-173.
137 *Bull. chimistes*, t. 51, avril 1934, p. 152-153, 187 ; juin-juillet 1934, p. 272.

15 au 28 juillet 1935[138], de La Haye, du 12 au 17 juillet 1937[139] et de Budapest, du 10 au 20 juillet 1939[140].

On relèvera cependant que la place de l'ENIA, que ce soit celle de ses professeurs ou de ses anciens élèves, reste modeste dans ces instances si l'on en juge par le recensement des personnes citées dans le rapport général qui clôture chacun de ces congrès. Si la forte représentation des intervenants français au congrès de 1934 s'explique par la localisation, on ne peut que constater une baisse de leur audience dans les congrès qui suivent.

La création d'une « Commission internationale des industries agricoles » est une des conséquences les plus importantes du congrès de 1934. Cette commission, qui s'implante à Paris, se consacre dans un premier temps à l'organisation des autres congrès, puis s'oriente vers la bibliographie, publiant la *Revue internationale des industries agricoles* qui recense les publications intéressant ce domaine. C'est l'Association française des chimistes de sucrerie qui est la cheville ouvrière de cette commission, et les professeurs et ingénieurs de l'ENIA n'y jouent qu'un rôle secondaire. Par contre, une autre conséquence de cet intérêt pour les industries agricoles est la création de la « Commission nationale des industries agricoles », mise en place en 1938 et dans laquelle l'école est représentée, à la fois, par son directeur ainsi que par son professeur de distillerie, Charles Mariller et celui de sucrerie, Édouard Dartois. Lors de son assemblée constitutive du 2 juin 1938, cette commission décide la création d'un « Centre national d'études et de recherches des industries agricoles[141] » La dernière assemblée générale de cette commission se tient le 31 janvier 1939.

L'ARRIVÉE D'UN JEUNE DIRECTEUR, ÉTIENNE DAUTHY (1902-2004)

La mise en place de nouveaux enseignements en application de la loi du 2 août 1918, l'importance accordée sur le plan national à la distillerie industrielle ainsi que la reprise des congrès des industries agricoles constituent, incontestablement, un contexte favorable pour l'ENIA. Le nouveau directeur qui succède à Pagès, va savoir valoriser ces atouts.

---

138 *Bull. chimistes*, t. 52, p. 680-696., « compte-rendu sommaire de Charles Mariller », *Agriculture et industrie*, septembre 1935, p. 470-472.

139 *Bull. chimistes*, t. 54, décembre 1937, p. 937-952.

140 *Bull. chimistes*, t. 56, septembre-décembre 1939, p. 735-782.

141 Cette commission est créée par les arrêtés des 7 février 1936, 3 avril 1938 et 20 mai 1938. *Agriculture et industrie*, juin 1938, p. 368.

Fils d'un notaire devenu ensuite magistrat à Paris, né en 1902, Étienne Dauthy entre à l'Institut agronomique en 1920. En 1923, il débute sa carrière aux champagnes Henriot, exerce ensuite son activité à la distillerie du Blavet (Morbihan) puis aux Usines de Melle (Deux-Sèvres), distillerie orientée en particulier dans l'élaboration de l'alcool absolu et de l'acétone qui avait été utilisée pendant la première guerre mondiale pour la fabrication d'explosifs. En 1927, il devient chargé de cours de technologie agricole à l'école nationale d'agriculture de Rennes, où il se signale par plusieurs publications consacrées à la cidrerie. Il devient professeur en 1928.

Au décès de Georges Pagès, Dauthy est pressenti par l'inspecteur général du Génie rural, Maitrot, pour poser sa candidature à la direction de l'ENIA. Un programme important de travaux est envisagé et Maitrot a pu l'apprécier lors d'opérations similaires effectuées à Rennes. Ayant eu écho des difficultés de l'ENIA à l'époque, Dauthy hésite puis accepte. Après un concours, il est nommé à la direction de l'ENIA[142]. Il n'a donc que 32 ans lorsqu'il prend ses fonctions et va très nettement redynamiser l'école. À ce sujet, nous pouvons citer le témoignage de René Chatelain :

> C'est l'arrivée à Douai d'un directeur dynamique qui marque, en 1934, le début d'une période vraiment faste dans les annales de l'École. Inlassablement, il s'attache à relever le niveau de l'enseignement et à étendre la zone de recrutement : le titre des élèves comme celui de l'École sont de plus en plus mérités[143].

Le renforcement des disciplines générales et l'orientation vers la recherche

Tout d'abord, Dauthy rééquilibre la répartition des cours entre les deux années en concentrant, en première année, les compléments de

142 Étienne Dauthy, qui nous a très aimablement reçu le 23 juillet 1987, avait le souvenir d'une école « dans un état désastreux » à son arrivée. Ce parcours a été complété par des éléments que Dauthy nous a adressés, le 28 novembre 1999 portant sur les circonstances de sa nomination. En effet, Jean Keilling qui est de la même promotion de l'Institut agronomique et qui, à l'époque, est directeur de la station de recherche laitière de Poligny (Jura) est également intervenu fortement en faveur de sa nomination. Sur Jean Keilling, voir chap. « Le projet d'école centrale des industries alimentaires », p. 288, 295 et chap. « Le projet du génie industriel alimentaire », p. 416.

143 Chatelain, René, *L'agriculture française et la formation professionnelle*, Librairie du recueil Sirey, Paris, 1953, p. 66.

formation générale afin que les élèves puissent assimiler dans les meilleures conditions les cours portant sur les matières d'application. Cette réorganisation permet également d'éviter que les stagiaires de l'Institut agronomique et ceux des écoles nationales d'agriculture ne retrouvent, en deuxième année de l'ENIA, des matières qu'ils ont déjà étudiées dans leurs écoles d'origine. C'est ainsi que la microbiologie est enseignée en première année alors que les cours de constructions industrielles, qui nécessitent d'avoir assimilé les mathématiques, passent en deuxième année et que l'économie politique est enseignée en première année[144]. Mais plus généralement Dauthy prend le parti d'orienter l'école vers la recherche. Cette réorientation est d'autant plus nécessaire que la bibliothèque de l'école a été partiellement pillée pendant la guerre. C'est pourquoi elle est réorganisée et étendue. Non seulement Dauthy fait reconstituer le catalogue des ouvrages depuis l'origine de l'ENIA, mais surtout il complète et reconstitue, vers l'amont, des collections de périodiques scientifiques ou techniques. C'est ainsi qu'il met en place une collection de la revue *Chimie et industrie* depuis 1920[145]. Cette action a pour but de constituer un fond documentaire suffisant pour permettre d'engager des recherches à Douai et, ce faisant, de stabiliser les professeurs dont beaucoup gardaient une activité parisienne[146]. On doit relever que cette orientation vers la recherche s'observe à cette époque dans plusieurs autres écoles d'ingénieurs. C'est en particulier le cas de l'Institut polytechnique de l'Ouest à Nantes où l'orientation vers la recherche est antérieure[147]. Cependant, les enseignements de filière ne sont pas négligés et Dauthy a le souci de sortir d'une spécialisation trop exclusive dans les trois filières d'origine. Dans ce but, il donne des conférences sur la cidrerie, domaine dans lequel il a acquis une expérience à l'école d'agriculture de Rennes ainsi que sur la laiterie, filières qui étaient enseignées au début du siècle. Parmi les autres actions de rénovation de l'enseignement, on peut citer l'organisation de voyages

144 Délibérations du conseil de perfectionnement du 21 décembre 1935.

145 Dauthy avait collaboré à *Chimie et industrie* lorsqu'il était professeur à l'École nationale d'agriculture de Rennes.

146 Saillard qui prend sa retraite en 1934, exerçait, également à Paris, son activité de directeur du laboratoire du Syndicat des fabricants de sucre. Voir annexe X.

147 Fonteneau, Virginie, « Les étudiants étrangers, un enjeu pour développement de l'Institut Polytechnique de l'Ouest », *in* Yamina Bettahar et Françoise Birck, *Étudiants étrangers en France L'émergence de nouveaux pôles d'attraction au début du* XXe siècle, Presses universitaires de Nancy, collection « Histoire des institutions scientifiques », 2009, p. 84-87.

d'étude à l'étranger. Les élèves de deuxième année effectuent, en juin 1935, un voyage en Tchécoslovaquie, orienté vers la brasserie[148].

La rénovation des locaux

Bien que des immeubles voisins aient déjà été acquis quelques années auparavant, l'école manque encore nettement de place, ainsi qu'il ressort d'un rapport du service du Génie rural en 1933[149]. C'est ce programme de travaux que Dauthy, après avoir acquis de nouveau locaux, met en œuvre et qui se traduit, en 1935, par un réaménagement complet des salles de cours et des laboratoires du bâtiment principal.

Les principaux événements concernant l'école survenus de 1904 à 1939 ayant été présentés, voyons quelles en ont été les conséquences sur l'enseignement dispensé à l'ENIA pendant la période faisant l'objet de ce chapitre. Mais avant d'exposer ce qu'a été l'évolution de l'enseignement dispensé à l'ENIA, il nous paraît indispensable de présenter ceux qui en ont été les acteurs : c'est-à-dire les enseignants.

LES ENSEIGNANTS DE 1904 À 1939

Les textes pris en application de la loi du 2 août 1918 ont pour le personnel enseignant de l'ENIA des conséquences importantes, outre celles qui ont été exposées plus haut[150]. Tout d'abord, le nombre des professeurs est ramené à cinq. Les professeurs de physique et de chimie d'une part, et d'agriculture, d'autre part, sont assimilés aux professeurs techniques[151]. Ensuite, les autres enseignements sont confiés à des maîtres de conférences, titre qui n'existait pas primitivement.

Ensuite, il est utile de s'arrêter sur les rémunérations car elles auront d'importante répercutions. Après 1904 cette rémunération est complétée par l'arrêté du 13 novembre 1913[152]. Les rémunérations annuelles prévues

148 *Agriculture et industrie*, octobre 1935, p. 517.

149 Rapport de l'inspecteur général du Génie rural, 9 novembre 1933.

150 Voir ci-dessus p 174.

151 Voir : décret du 23 juin 1920 (art. 13 à 20); décret 6 juillet 1920 (art. 1er, D); décret du 29 septembre 1920 (art. 4). Le décret du 6 juillet n'exclut pas de donner le titre de professeur à un enseignant d'une autre discipline générale puisqu'il prévoit des « professeurs des autres cours et maîtres de conférences », mais la limitation du nombre de professeurs à 5 décidée par le décret du 29 septembre, entraîne la distinction entre professeurs et maîtres de conférences, ministère de l'Agriculture, *L'Enseignement agricole, lois, décrets*, ouvr. cité 1921.

152 Arch. nat., F 10/2494.

vont d'un minimum de 4 500 Frs pour les répétiteurs et préparateurs à un maximum de 11 000 Frs pour les professeurs. La rémunération du personnel de l'ENIA est ensuite revalorisée à plusieurs reprises, en particulier en 1926, 1927, 1929, 1930[153]. Pour les professeurs d'enseignement technique, les rémunérations se stabilisent en valeur nominale. Pour les professeurs d'enseignement général, les rémunérations divergent fortement et ce, dès 1897, dans un éventail de 1 à 4. On constate que les rémunérations des professeurs de physique et chimie ainsi que de celui d'agriculture tendent à se rapprocher de ce qui est accordé à ceux des cours techniques. Cette situation s'explique pour la chimie qui est la discipline fondamentale dont est issu le savoir concernant les industries agricoles à l'époque. Pour l'agriculture, ceci est la conséquence du rôle essentiel joué par cet enseignement dans le projet des sucriers. À l'opposé, la rémunération du professeur de mathématiques est le quart du maximum de ce qui est accordé au professeur d'agriculture, ce qui ne reflète nullement le nombre de cours professés puisque, en 1907, le premier en donne 85 et le second 95. D'ailleurs, le fait que la rémunération du premier, ainsi que celle des enseignants de législation et de construction soit fixe, sans qu'il soit prévu un avancement, indique que leur statut est d'avantage celui d'un chargé de cours. On observe qu'en valeur constante, la plupart des rémunérations des enseignants sont, en 1930, inférieures à celles de 1893 et que c'est en 1920 qu'elles sont les plus faibles. Il y a donc une concordance à cette date avec l'affaiblissement du statut de l'ENIA.

Parmi les professeurs techniques autres que ceux de distillerie, déjà présentés, rappelons qu'Émile Saillard chargé de la sucrerie prend sa retraite en 1934.

Édouard Dartois (1901-1943) titulaire de la chaire de sucrerie

Édouard Dartois succède à Saillard. Issu de l'Institut agronomique où il est entré en 1920, il commence sa carrière à la station agronomique de l'Est, puis au laboratoire du Syndicat des fabricants de sucre, avant de

153 *Journal Officiel*, 16 mars 1926, décret du 14 mars, p. 3317 ; 30 octobre 1927, décret du 29 octobre, p. 1135 ; 5 septembre 1929, décret du 28 août, p. 10217 ; 8 août 1930, p. 9156. Nous retiendrons particulièrement les valeurs à compter du 1er octobre 1930 données par ce dernier texte. Exprimées en valeur de 1996 cet écart va de 128 700 Frs à 35 750 Frs.

devenir, en 1932, assistant de technologie[154] et de chimie analytique à l'Institut agronomique[155]. Dartois a donc, par ses fonctions antérieures, au moment où il reprend la chaire de sucrerie, une expérience certaine de l'industrie sucrière. Mais l'originalité de Dartois est de diversifier son activité en assurant simultanément l'enseignement de meunerie, puis surtout en devenant, en 1940, directeur de l'ENIA[156]. Toutefois, Dartois n'avait pas repris, au décès de Saillard, sa fonction de directeur du laboratoire du Syndicat des fabricants de sucre. Cette fonction avait en effet été reprise par Jean Dubourg.

Eugène Picoux (1886-1966) une forte personnalité à la chaire de brasserie

Né en Haute-Vienne, Eugène Picoux est fils de métayer. Ingénieur agricole de l'école d'agriculture de Rennes (promotion 1905), il est d'abord préparateur de brasserie à l'ENIA en 1911 puis, en 1924, est nommé professeur de brasserie-malterie, fonction qu'il exercera jusqu'en 1946. Picoux introduit, dès avant la Deuxième Guerre mondiale, des premières notions de biochimie dans son cours[157]. Signalons qu'un de ses anciens élèves se souvenait encore avec émotion, à une date récente, de la très grande qualité de la bière qu'il savait fabriquer[158]. En 1926, il publie, en collaboration avec Victor Werquin, un *Manuel de brasserie*[159]. Eugène Picoux aura donc occupé la chaire de brasserie pendant 21 ans, compte tenu d'une année d'interruption due à la guerre en 1940-1941.

Les autres enseignants

De son côté, la chaire de physique et chimie, confiée, à l'origine, à Émile Saillard, est ensuite occupée par Dumont jusqu'en 1903, puis

154 Voir, pour le sens de ce terme : chap. « Le projet des sucriers », p. 117, note 71.

155 *Agriculture et industrie*, novembre 1934, p. 67.

156 Voir chap. « Le projet d'école centrale des industries alimentaires », p. 286.

157 La majeure partie des informations concernant Eugène Picoux nous ont été très aimablement communiquées par sa fille, Mme Jeanne Brugère-Picoux, professeur honoraire à l'École nationale vétérinaire d'Alfort. Nous l'en remercions très vivement.

158 Il s'agit de Yves Labye, de la promotion 1938-1941. Voir, à son sujet, chap. « Les ingénieurs des industries agricoles formés avant 1940 », p. 271.

159 Picoux, Eugène, Werquin, Victor, *Manuel de brasserie*, Librairie J.B. Baillière, Paris, 1926. Sur Werquin, voir chap. « Les ingénieurs des industries agricoles formés avant 1940 », p. 274.

par Pailheret jusqu'en 1910[160]. L'un et l'autre n'ont pas laissé de traces notables dans l'école. Signalons que Pailheret est licencié ès science et issu d'une école nationale d'agriculture. Il assure également un enseignement de laiterie et cidrerie[161]. En 1911, un nouveau titulaire est nommé à cette chaire à laquelle sont adjointes, comme pour son prédécesseur, la laiterie et la cidrerie. Il s'agit de Georges Pagès, déjà présenté. Pendant la période allant de 1920 à 1929 où ce dernier est affecté en Rhénanie, il est suppléé dans son enseignement à Douai par Gaston Bacot[162]. En 1934, la succession de Pagès à la chaire de physique et de chimie est assurée par Gabriel Trotel[163] et c'est le directeur Dauthy qui reprend l'enseignement de laiterie et de cidrerie jusqu'en 1939.

Parmi les autres enseignants, nous nous arrêterons sur les maîtres de conférences, ainsi que sur les préparateurs-répétiteurs. La fonction de maître de conférences est souvent exercée par des enseignants, chargés à titre principal d'une autre discipline dans l'établissement. Il s'agit donc plutôt de chargés de cours. Il apparaît donc utile de dresser un état des matières qui ont été enseignées de cette manière. C'est ainsi que des cours de meunerie et d'amidonnerie sont assurés de 1904 à 1934 par Troude par ailleurs professeur d'agriculture et zootechnie. L'enseignement de meunerie sera repris jusqu'en 1943 par Édouard Dartois, professeur de sucrerie puis directeur ; celui de féculerie et d'amidonnerie étant repris jusqu'en 1938 par Paul Samson, chef de travaux de sucrerie. Seule la maîtrise de conférences consacrée à la sucrerie de canne sera exercée de 1932 à 1936 par un ingénieur n'exerçant pas d'autres fonctions dans l'école. La faiblesse des rémunérations des enseignants et leur dégradation en valeur constante dans les premières décennies de l'école a été soulignée. On peut comprendre que les professeurs et chefs de travaux aient éprouvé le besoin de compléter leur revenu en assurant, à la vacation, d'autres enseignements. Sur la période qui précède 1940, c'est ainsi près

---

160 *Agriculture et industrie*, janvier 1935, p. 65-66.

161 Ministère de l'Agriculture, *École nationale des industries agricoles, brasserie-distillerie-sucrerie, conditions d'admission et programmes des cours*, Douai, Imp. H. Brugère, A. Dalsheimer et Cie, 1907, Cette brochure constitue la principale source pour la période précédant la Première Guerre mondiale.

162 Gaston Bacot est ingénieur de l'École d'agriculture de Grignon et ingénieur ENIA (promotion 1903).

163 Sur Gabriel Trotel, voir chap. « Le projet d'école centrale des industries alimentaires », p. 322-323.

d'une trentaine de titulaires[164], quel que soit leur grade, qui dispensent un enseignement de filière[165].

Les titulaires des chaires de sucrerie, de distillerie, et de brasserie-malterie sont secondés par des préparateurs-répétiteurs[166]. Ces derniers sont ensuite remplacés par des chefs de travaux qui sera le seul titre employé après 1929. Il faut relever, d'une part, que cette fonction n'a servi, pour cette période, qu'une seule fois d'étape pour l'accès à la fonction professorale dans le cas de Picoux, d'autre part, ils changent souvent. En y incluant ceux qui sont chargés de la physique et chimie, on en dénombre 26 pour ces quatre chaires de l'origine à 1929 inclus, ce qui se traduit par une durée moyenne de trois années de présence dans ces postes. À la très forte stabilité des chaires soulignée ci-dessus s'oppose donc une forte instabilité des répétiteurs-préparateurs.

On doit cependant relever, d'une part, la qualité du niveau de formation de ceux qui occupent cette fonction et, d'autre part, l'importance des responsabilités exercées ultérieurement par certains d'entre eux. C'est ainsi qu'en 1907 les quatre préparateurs-répétiteurs sont respectivement : Chavard, ingénieur agricole, de la promotion entrée à Grignon en 1897, et qui deviendra, par la suite, inspecteur général de l'Agriculture ; Gallemand, ingénieur agronome appartenant à la promotion entrée en 1890 et licencié ès sciences ; Guignot, ingénieur agronome appartenant à la promotion entrée en 1903, stagiaire de l'ENIA, qui deviendra directeur des Services agricoles de la Loire et Édouard Robert, ingénieur agricole issu de Grignon, et stagiaire de l'ENIA entré en 1903. Robert devient président de l'Association des anciens élèves de l'école, de 1906 à 1910. La faible durée moyenne de passage des préparateurs-répétiteurs dans leur fonction s'explique essentiellement par la faiblesse de la rémunération. On en veut pour preuve le fait que, s'agissant des chefs de travaux qui ne sont que la nouvelle dénomination de la même fonction, leur durée

164 La signification du terme « personnel titulaire », employé ici, appelle deux précisions. D'abord, en sont exclus les « chargés de cours » qui ont pourtant été nommés avec le titre de de maîtres de conférences. Ensuite, y sont inclus ceux qui, recrutés comme vacataires, sont ensuite titularisés, de même que ceux qui, ayant été titulaires, poursuivent une activité d'enseignement à l'ENIA.

165 Il est précisé que ce décompte inclut également Dartois qui exerce son activité au-delà de 1940. Par contre, ne sont pas comptés ceux qui ont débuté avant 1940 mais qui ont exercé leur activité en majorité après cette date. C'est le cas de Dauthy, de Mariller et de deux chefs de travaux (Georges Bacot, Guy Couperot).

166 *Journal Officiel*, 22 mars 1893, arrêté du 20 mars 1893, art. 15, p. 1466.

moyenne d'activité à l'école, s'élève à 19 années, après 1929, c'est-à-dire au moment où intervient une revalorisation des enseignants de l'ENIA[167]. Le manque de perspective d'accession au grade de professeur n'a pu, par ailleurs, que jouer dans le même sens.

Plus généralement, il n'est pas inutile de s'attarder sur quelques caractéristiques de l'ensemble de la population des enseignants de l'origine à 1939. La durée d'enseignement à l'ENIA des personnels titulaires est très diverse. On peut schématiquement distinguer trois sous-populations. On trouve, d'abord, ceux dont la présence est inférieure ou égale à 5 ans : ils ne font que passer dans l'école : on a vu que c'était le cas des préparateurs-répétiteurs, mais c'est également le cas d'Armand Vivien[168]. Ensuite, se trouvent ceux qui font l'essentiel de leur carrière à l'ENIA : c'est le cas de Mariller (24 années) et de Moreau (23 années). Il y a, enfin, ceux qui y font toute leur carrière : Saillard (36 années), Lévy (32 années). Les enseignants, dont l'activité a été interrompue pendant 5 ans du fait de la Première Guerre mondiale, sont handicapés d'autant dans cette évaluation.

Si l'on examine la formation initiale de l'ensemble des enseignants de l'école, qu'ils soient titulaires ou vacataires, il paraît judicieux, afin d'évaluer la place respective de chacune d'elles, de prendre en compte les heures d'enseignement dispensées et non le nombre d'individus. Un tel inventaire a pu être établi pour 1907. Les formations universitaires, dans lesquelles ont été regroupés le directeur de l'époque, Urbain Dufresse, ancien élève de l'École normale supérieure de Saint Cloud[169], puis ingénieur agronome, ainsi que les professeurs de mathématique et de droit, représentent 12 % des heures enseignées. Ensuite, seul Georges Moreau professeur de brasserie avec

---

167 Cette durée a été calculée à partir des cas respectifs de Gaston Bacot, Georges Bacot, Guy Couperot, Jean Grosfilley et Paul Samson. Si deux d'entre eux ont exercé leur activité après 1940, tous ont débuté avant cette date.

168 Sur Vivien, voir annexe VI.

169 S'agissant de Dufresse, ce classement est, en toute rigueur, inexact. En effet l'École normale de Saint Cloud a été créée en 1882 pour former les professeurs des écoles normales d'instituteurs. L'entrée se fait par concours accessibles aux promotions d'instituteurs. Les élèves viennent presque tous des milieux populaires et ruraux ce qui est le cas de Dufresse. Les candidats admis sont passés par le système « primaire » et ont obtenu le certificat d'études primaires, puis celui d'études primaires supérieures ou le brevet élémentaire qui permet de se présenter au concours de l'école normale pour devenir instituteur. Ce parcours explique peut-être le souci de Dufresse pour le bien-être de ses élèves. Les élèves reçus à l'École de Saint Cloud n'ont pas accès aux études universitaires pour lesquelles le baccalauréat est exigé.

4 % des heures enseignées a reçu, d'ailleurs à l'étranger[170], une formation dans une école spécialisée pour les cadres des industries agricoles. Ce sont les formations agronomiques qui dominent très largement représentant plus des trois quarts des heures dispensées, les anciens élèves de l'Institut agronomique totalisant à eux seuls près de la moitié du total des heures. Cette place pourrait être encore majorée s'il était tenu compte du fait que Urbain Dufresse a reçu également une formation agronomique. De son côté, le professeur de construction et de dessin industriel, représentant 4 % des heures, a reçu une formation du type grande école d'ingénieur. Enfin les enseignants ayant reçu une formation professionnelle, avec 3 % des heures enseignées n'occupent qu'une part très faible.

Certains enseignants sont en fait, nous l'avons vu, des chargés de cours ayant une activité principale en dehors de leur enseignement à l'ENIA. On peut comparer, en se référant aux sources déjà citées, comment a évolué, de 1907 à 1939, la participation respective des enseignants titulaires et des vacataires en fonction du nombre d'heures dispensées[171]. Cette évolution fait ressortir une double caractéristique. Tout d'abord, les vacataires qui n'enseignent que moins du cinquième (17 %) en 1907, voient leur place augmenter nettement puisqu'ils assurent près de de la moitié (48 %) des enseignements en 1939. Par contre, durant cette période l'enseignement dans les chaires de filières reste assuré en totalité par des titulaires. La place des enseignants vacataires à l'ENIA est donc importante et représente un signe d'ouverture de l'école. Toutefois, il paraît nécessaire de relever que l'importance respective des titulaires et des vacataires dans les enseignements de filière est inverse de ce que l'on serait en droit d'attendre. En effet, il paraîtrait plus normal que des vacataires interviennent davantage dans des enseignements de filières afin d'apporter une expérience industrielle. Or on vient de voir qu'il n'en est rien.

L'ENSEIGNEMENT DE 1904 À 1939

À partir des trois filières fondatrices, la sucrerie, la distillerie, la brasserie et la malterie complété par l'enseignement de la chimie, a lentement émergé, au cours du XIXe siècle la prise de conscience qu'entre les différentes

170 La formation de Moreau a été présentée en annexe VII.

171 Le nombre d'heures d'enseignement de 1907 à 1951, par statut d'enseignant et par discipline, est récapitulé dans le tableau 1 en annexe XIV et le tableau 2 en annexe XV complétés par les commentaires en annexe XVI.

techniques de transformation de produits agricoles en produits alimentaires il devait y avoir une unité. Cette prise de conscience a été le fait, à la fois de scientifiques tels Anselme Payen et Aimé Girard au Conservatoire des arts et métiers, d'hommes politiques tels Raymond Poincaré lors de la discussion de la loi du 23 août 1892, et de chimistes professionnels tels François Dupont dans le *Bulletin de l'Association des chimistes.*

Une étape supplémentaire nous paraît avoir été franchie et ce, dès les débuts de l'école, lorsque le directeur, Auguste Nugues, remarque les « doubles emplois » entraînés par l'enseignement de plusieurs filières[172]. Pour sa part, François Dupont propose une explication puisqu'il ajoute à cette liste de filières de transformation le commentaire suivant : « en un mot, toutes les industries du sucre et de la fermentation[173] ». C'est effectivement l'approfondissement scientifique de l'action des microorganismes dans la transformation de produits agricoles en produits alimentaires, ce qu'on appelait à l'époque la fermentation, qui va constituer la première étape de l'unification de cet enseignement. Toutefois, cet approfondissement, qui débute à la fin du XIXe siècle, n'a pas lieu à l'ENIA mais très logiquement à l'Institut Pasteur.

L'absence d'initiative notable dans ce sens après 1896 s'explique par les difficultés rencontrées par l'école à partir de cette date[174]. À partir de 1904, l'enseignement devant évoluer selon une autre dynamique que celle qui avait présidée à sa création, nous exposons, d'abord, la situation de l'enseignement avant la Première Guerre mondiale, puis l'évolution de cet enseignement jusqu'en 1939.

L'enseignement avant la Première Guerre mondiale

Avant 1914, parmi les enseignements généraux, une seule matière a été ajoutée : l'hygiène industrielle et professionnelle, qui n'en occupe que 4 % avec 30 heures. La chimie, avec 28 %, occupe la plus grande place[175]. Les industries diverses enseignées sont la laiterie, la cidrerie et les industries des céréales qui avec 60 heures au total, ne représentent que 5 % des enseignements de filière. On doit également, à l'actif de

172 Conseil de perfectionnement de l'ENIA, 7 août 1894.

173 *Bull. chimistes*, t. 14, juillet 1896, p. 1.

174 Voir chap. « Le projet des sucriers », p. 142-151.

175 Ministère de l'Agriculture, *École nationale des industries agricoles, brasserie-distillerie-sucrerie, conditions d'admission et programmes des cours*, ouvr. cité, Douai, 1907,

cette période, la rédaction d'un remarquable *Manuel de manipulations de chimie générale, sucrerie, brasserie et distillerie* qui doit très vraisemblablement dater de 1905[176]. Son titre indique qu'il a dû être mis au point avec la participation des professeurs de ces différentes chaires.

Quatorze ans après les débuts de l'école, le programme est resté sensiblement celui du projet initial contenu dans l'arrêté du 20 mars 1893.

L'évolution de l'enseignement de 1904 à 1939

Compte tenu de l'imprécision des données disponibles pour la période de l'immédiat après-guerre, il nous paraît préférable pour rendre compte de l'évolution de cet l'enseignement sur la période couverte par ce chapitre, de reprendre cette évolution à partir du début. Plus précisément, nous prendrons pour référence 1907 du fait de la solidité de l'information disponible dans la brochure de présentation de l'école à cette date[177]. Pour la suite, nous disposons, en particulier, d'un emploi du temps réel établi en 1931 ainsi qu'enfin et surtout, le programme en 1939[178] qui donne un état très complet de l'enseignement à cette date. Le détail du nombre d'heures dispensées en fonction du statut de l'enseignant et selon qu'il s'agit des enseignements de filières ou des enseignements généraux est donné en annexe[179].

---

176 Une incertitude subsiste sur sa date d'établissement, car le document qui nous est parvenu ne comporte aucune date. Toutefois, une indication nous a été donnée par Étienne Dauthy : ce manuel daterait du début du siècle. En effet, nous avons pu relever, dans le recueil de courrier n° 8, feuillet n° 441, une lettre du 28 juillet 1906 de l'économe au directeur lui signalant que : « plusieurs anciens élèves demandent à acheter le livre de manipulation ». Toutefois, la période d'incertitude sur l'existence même de l'école qui va de 1896 à 1904, incline à penser que cet ouvrage dont le coût n'a pas dû être négligeable, n'a pas été établi durant cette période. Nous avançons donc l'hypothèse que l'ouvrage a dû être établi entre 1904 et le début de 1906. Pourtant, l'ouvrage qui nous est parvenu mentionne, p. 171, une méthode due à Saillard et qui fait l'objet d'une communication à l'Académie des sciences en 1915. Il s'agit donc d'une réédition, ce qui est confirmé par les délibérations des conseils d'administration des 20 juin et 19 novembre 1923, où est décidée la réimpression, puis la révision, confiée à Saillard, du cahier de manipulation de chimie. Le coût de l'opération est évalué à 15 000 Frs. Au cours de l'entretien précité, Dauthy nous a précisé que cet ouvrage était encore utilisé en 1934, mais qu'il avait « vieilli ». Grâce à cette réédition mais après une trentaine d'années, c'est sa longévité qui est remarquable.

177 Ministère de l'Agriculture, *l'École nationale des industries agricoles*, ouvr. cité, *Douai*, 1907.

178 Ce « programme d'enseignement au 1er janvier 1939 » est daté du 13 septembre 1940. Il a été établi pour la préparation de ce qui sera la loi du 5 juillet 1941. Ministère de l'Agriculture, mission des archives, document 3 INA 61.

179 Voir tableau 1 en annexe XIV et tableau 2 en annexe XV.

Relevons au passage que l'imprécision de l'information disponible vers 1920 est en cohérence avec les critiques de l'école formulées lors de la préparation de la loi du 2 août 1918 et immédiatement après. Cette période a été visiblement difficile pour l'école.

En 1920, il a été décidé d'adjoindre aux enseignements généraux plusieurs disciplines dont la microbiologie. Rappelons que l'enseignement de cette discipline avait été demandé par le sénateur Paul Hayez dès 1909, puis assuré par le répétiteur de brasserie, de 1911 à 1914 mais qu'il ne se met effectivement en place qu'en 1931, sous forme d'un cours magistral, assuré par un membre de l'Institut Pasteur de Lille, Pierre Dopter, ingénieur agronome de formation. Deux disciplines nouvelles relevant de l'art de l'ingénieur sont également enseignées : tout d'abord, en 1923, le froid industriel dispensé par Raoul Haudiquet ingénieur agronome, cours interrompu en 1926 et repris en 1929 par Eugène Vandervynckt[180], ingénieur en chef du Génie rural à Lille ainsi que, en 1924, l'électricité industrielle qui est confié à Albert Vuillermoz, diplômé de l'École supérieure d'électricité, ingénieur aux établissements Bréguet. Deux autres disciplines sont également introduites. Il s'agit d'abord de l'économie de l'entreprise qui vient compléter celui de législation et de comptabilité, enseignée depuis 1898 et ensuite d'une discipline de formation générale, le français : rapports, procès-verbaux, comptes rendus. Bien qu'il ne s'agisse pas d'un nouvel enseignement, il faut signaler qu'à partir de 1922 le cours d'hygiène, jusque-là assuré par le directeur de l'école, est dispensé par deux médecins de l'hôpital de Douai[181].

En 1931, le nombre d'heures consacrées à l'enseignement baisse très nettement, de plus du quart, par rapport à 1907. La place relative des enseignements de filière diminue puisqu'ils ne représentent que 50 % du total contre 60 % en 1907. Les travaux pratiques en usine diminuent de près de la moitié. Les matières enseignées sont les mêmes qu'en 1907, à l'exception de la laiterie et de la cidrerie qui ont été rajoutées. Le cours de législation et d'économie voit sa durée diminuer, passant de 75 heures en 1907 à 60 heures en 1939.

---

180 À partir de 1937, ce cours a été intégré au cours de thermodynamique et de mécanique des fluides ainsi que l'atteste l'état de 1939.

181 *Agriculture et industrie*, janvier 1923, p. 7 ; janvier1924, p. 7, 9 ; janvier 1925, p. 43, 45 ; janvier 1926, p. 47 ; janvier 1934, p. 69-70. Association des anciens élèves de l'ENIA, *L'École nationale des industries agricoles*, Douai 1927.

À côté des trois chaires des filières fondatrices, nous savons que deux sont consacrées aux enseignements généraux, la physique et la chimie, d'une part, et l'agriculture, d'autre part. L'évolution de l'enseignement dispensé par ces deux chaires nécessitent qu'on s'y arrête. Nous avons vu précédemment que l'acquisition d'une formation solide en agriculture, destinée à permettre aux chimistes de sucrerie et de distillerie de jouer le rôle de conseiller auprès des agriculteurs entre les campagnes sucrières, était un aspect essentiel du projet des sucriers. Il est donc normal que ce cours présente, à l'origine de l'école, une grande importance, laquelle se manifeste d'abord par le nombre d'heures qui lui sont consacrées. C'est ainsi que, en 1907, il est de 142 heures dispensé en première année, complété par 15 excursions « dans les fermes et principales cultures de la région[182] ».

La similitude de la place de la physique et de la chimie, d'une part, et de l'agriculture, d'autre part, se traduit en particulier en 1907 par le fait que le nombre d'heures d'enseignement de l'agriculture est identique à celui consacré à la physique et à la chimie en première année. Ceci indique qu'à cette époque ce sont les deux principaux cours d'enseignement général de l'école. Par ailleurs, les parcours respectifs de Pagès et de Troude révèlent une convergence : l'un et l'autre quittent leur enseignement à Douai, au lendemain de la Première Guerre mondiale. Quand Pagès revient à Douai, en 1930, c'est essentiellement pour y exercer les fonctions de directeur même si, à cette occasion, il reprend ses enseignements de chimie, de laiterie et de cidrerie. Sans exclure la part des circonstances, on peut avancer l'hypothèse que l'un et l'autre avaient perçus que les enseignements dont ils avaient respectivement la charge allaient perdre de leur importance. À partir de là, l'évolution est différente pour l'un et l'autre de ces enseignements.

Pour l'agriculture, en 1930, il n'est plus consacré que 60 heures[183] et en 1939 il n'en est prévu que 40 heures. Au départ en retraite de Troude, en 1934, il n'est pas ouvert de concours pour la nomination d'un nouveau professeur. Pour évaluer la place de la physique et la chimie, il importe de discerner quels sont les enseignements qui relèvent effectivement de la physique. En effet, l'examen des programmes avant 1940 montre que l'enseignement s'est enrichi notablement d'applications

182 Ministère de l'Agriculture, *l'École nationale des industries agricoles*, ouvr. cité Douai, 1907.

183 Le nombre d'heures consacrés à chacun de ces enseignements nous est connu par les documents préparatoires à la loi de 1941.

de la physique. Dès l'origine, était prévu un cours de mécanique, constructions et dessin industriel[184], et un cours de froid industriel a été instauré en 1923 suivi en 1924 d'un cours d'électricité. En outre est créée en 1937, une maîtrise de conférences de thermodynamique et de mécanique des fluides confiée à Jean Continsouzas, ingénieur issu de l'École centrale de Paris. On relève que l'enseignement de cette dernière discipline n'ayant été véritablement institutionnalisé en France qu'avec la création de l'Institut de mécanique des fluides de Paris en 1929[185], la mise en place de cet enseignement à l'ENIA aura été relativement rapide. Par ailleurs, la validité de cet enseignement est attestée par la notoriété mondiale des travaux d'Yves Labye[186] en hydrodynamique. C'est pourquoi, si l'on examine le nombre d'heures consacrées à l'ensemble de ces applications, en y incluant à la fois les cours et les travaux pratiques, on constate une très nette augmentation du temps consacré aux applications de la physique entre 1907 et 1939. En 1939, il est consacré à l'enseignement de la physique proprement dite, 107 heures contre 190 heures pour la chimie. En récapitulant l'ensemble de la chimie et de la physique, on note que le nombre d'heures de cours qui leur est consacrée, en comptant les cours et les travaux pratiques et y incluant l'électricité s'élève, en 1939, à 297 heures[187], soit une augmentation de 12 % par rapport à 1907. De cette évolution, il ressort deux constats sur la situation de l'enseignement de l'ensemble de la chimie et de la physique. D'une part, la place relative de la physique par rapport à celle de la chimie est plus élevée en 1939 où elle représente 36 % de l'ensemble qu'en 1907 où elle ne représentait que 12 %. D'autre part, si des origines à 1939, la place accordée à la chimie dans l'ensemble des enseignements a diminué légèrement passant de 28 % en 1907 à 22 %, il reste que la chimie, à laquelle est consacré un nombre d'heures de cours sensiblement le double de celui accordé à l'agriculture[188], est la

184 Voir chap. « Le projet des sucriers », p. 126.

185 Voir Fontanon, Claudine, « La mécanique des fluides à la Sorbonne entre les deux guerres », *Comptes Rendus Mécanique*, Elsevier Masson, 2017, 345 (8), p. 545-555.

186 Voir le parcours d'Yves Labye, chap. « Les ingénieurs des industries agricoles formés avant 1940 », p. 271.

187 Ce décompte ne comprend pas les 45 h. de cours consacrées à la mécanique des fluides et aux applications industrielles inventoriées au titre de la mécanique appliquée.

188 En comptant 1 heure et demi par cours, ce qui est attesté par les emplois du temps et 2 heures pour une application, il est consacré, au total 190 h. à la chimie et 96 h. à l'agriculture en 1939.

discipline d'enseignement général prédominante, ce qui est conforme au projet initial de l'école.

Compte tenu de l'information dont nous disposons, d'une part, pour 1931 et, d'autre part pour 1939, il est possible d'établir un bilan de l'action de Dauthy en matière d'enseignement. En effet, sur cette période de 8 années, Dauthy aura dirigé l'ENIA pendant les 6 dernières. L'évolution entre les deux dates lui est donc surtout imputable. On constate ainsi que les enseignements de filière voient la durée qui leur est consacrée baisser de 35 %. Ceci est dû essentiellement à la diminution du temps consacré aux travaux pratiques des trois filières fondatrices. Par ailleurs, Dauthy donne des conférences sur la cidrerie et la laiterie, filières qui, rappelons-le, étaient déjà enseignées en 1907. Ceci marque la volonté de l'ENIA de sortir d'une spécialisation trop exclusive dans les trois filières d'origine. Toutefois, l'enseignement de la distillerie augmente légèrement (13 %) et les installations de distillerie de l'école sont remaniées en 1936[189] ce qui est conforme au projet des distillateurs. Quant aux enseignements généraux, leur durée augmente légèrement (13 %), essentiellement du fait de l'accroissement de la durée du dessin industriel dont l'enseignement est confié à un ingénieur des arts et métiers ainsi que du fait de la microbiologie. Ces modifications renforcent la crédibilité industrielle de l'école. Alors que, dans ces années de crise économique, la tendance est nettement à la baisse des moyens accordés à l'enseignement supérieur, il est remarquable que les enseignements généraux aient vu leur place augmenter à l'ENIA. La diminution de l'horaire global dispensé est due essentiellement à celle des enseignements de filière, mouvement qui obéit, dans l'école, à une évolution structurelle.

Plus généralement, si l'on observe l'évolution de 1904 à 1939, on constate que si l'architecture générale du programme initial reste conservée, une évolution d'ensemble ne s'en dessine pas moins, marquée par une nette baisse des heures consacrées aux enseignements de filières, qui passent de 60 % en 1907, à 36 % de l'ensemble des heures d'enseignement en 1939, au bénéfice des enseignements généraux. Certains d'entre eux, tels que la microbiologie, sont appelés à

189 Selon Dauthy, à son arrivée, la distillerie disposait d'« une colonne à distiller et à rectifier neuve obtenue par Mariller [...] Le reste [étant] archaïque et en très mauvais état d'entretien », Document établi par Étienne Dauthy, 25 novembre 1999, p. 9.

un développement notable[190]. Toutefois, malgré une diversification de la formation générale décidée en 1920 et mise tout particulièrement en œuvre, avec beaucoup de dynamisme par Étienne Dauthy, l'enseignement qui y est dispensé reste sujet à deux réserves. La première est d'ordre institutionnelle. On ne peut que constater que la validité de l'enseignement dispensé à l'ENIA n'est pas encore pleinement reconnue par l'institution universitaire. En effet, alors que, dès 1926 une thèse d'ingénieur-docteur est soutenue par un élève de l'École de chimie industrielle de Lyon[191], il est jusqu'en 1939 absolument exclu qu'un élève de l'ENIA puisse prétendre accéder à ce titre. L'autre est d'ordre conceptuel car il n'y a, à cette période aucun progrès dans l'unification de l'enseignement des industries agricoles. Pourtant, nous avions vu cette prise de conscience s'ébaucher dès la fin du XIXe siècle, au Conservatoire des arts et métiers, à l'Association des chimistes, et même être entrevue par le premier directeur de l'ENIA.

CONCLUSION
Bilan du projet des distillateurs

Il est nécessaire maintenant de dégager quels ont été, pour l'ENIA, les enjeux du projet des distillateurs. Bien qu'avant 1914 le déplacement de l'école à Grignon ait été sérieusement envisagé, elle reste en définitive, au cours de cette période, en permanence et en totalité implantée sur son site d'origine de Douai. C'est la lutte contre l'alcoolisme dont l'interdiction de l'absinthe en 1915 peut être considéré comme l'événement emblématique puis la dépendance énergétique de la France mise en évidence par la Première Guerre mondiale qui constitue le contexte

190 Discours de Dauthy à l'Association des anciens élèves de l'ENIA, 26 juin 1938.

191 Voir Fonteneau, Virginie, « Le cas des thèses d'ingénieur-docteur à Lyon : une nouvelle façon de penser l'enseignement et la recherche en chimie dans l'entre-deux-guerres », *in* Gérard Emptoz, Danielle Fauque, Jacques Breysse, *Entre reconstructions et mutations : Les industries de la chimie entre les deux guerres*, Les Ulis, EDP Sciences, 2018, p. 229-260. Voir également Fonteneau, Virginie, « Former à la recherche ? : la création du titre d'ingénieur-docteur pour l'industrie dans l'entre-deux-guerres », Journées d'études « Ingénieurs et entreprises : XIXe et XXe siècles », Université d'Évry, 2018.

d'émergence de ce projet. Les acteurs collectifs sont, à la fois le ministère de l'Agriculture, mais surtout ce que l'on peut appeler la communauté ENIA c'est à dire l'école, notamment les enseignants ainsi que les membres actifs de l'Association des anciens élèves, Étienne Dauthy assurant la liaison entre ces deux acteurs. L'acteur individuel majeur de ce projet est incontestablement Charles Mariller qui étant, d'une part, président de l'Association des anciens élèves de 1927 à 1934 et, d'autre part le premier ancien élève de l'école à occuper la chaire de distillerie qui va se révéler être un enseignement stratégique, dispose de ce que l'on peut qualifier d'une « double légitimité ». C'est le périodique *Agriculture et industrie*, titre pris à partir de 1923 par le bulletin de l'Association des anciens élèves, qui en est le moyen d'expression privilégié.

La lutte contre l'alcoolisme devenant, au fil des années, une préoccupation moindre pour la communauté ENIA au profit des autorités sanitaires, le but de ce projet est devenu essentiellement de permettre aux anciens élèves de l'ENIA de jouer un rôle dans l'approvisionnement énergétique du pays. Bien que, en définitive, l'alcool carburant ne prendra qu'une place marginale dans cet approvisionnement, nous verrons ultérieurement que l'ENIA apportera une participation incontestable à cet objectif. Plus généralement, cette convergence d'intérêts et d'acteurs que nous appelons le projet des distillateurs est incontestablement l'événement dominant autour duquel s'organise, pour cette période, l'École nationale des industries agricoles et va se révéler riche en perspectives de développement, notamment pour les carrières d'un certain nombre d'ingénieurs ENIA qui joueront un rôle effectif dans l'amélioration de l'approvisionnement énergétique du pays.

À la différence du projet des sucriers qui avait été motivé par des intérêts professionnels, au demeurant parfaitement légitimes, c'est maintenant la logique interne de l'établissement qui s'est trouvée en phase avec une demande sociale. Ce sont les anciens élèves et plus particulièrement leur association qui expriment cette demande et qui constituent, en fait, le principal acteur collectif de ce projet relayant celle des pouvoirs publics et des enseignants. L'action de cette association est, évidemment, étroitement liée, non seulement à la formation reçue à l'ENIA mais aussi à l'origine et au parcours des ingénieurs formés à l'ENIA, tout particulièrement ceux entrés à l'école avant 1940, auxquels nous allons consacrer le chapitre suivant.

Précédemment, il avait été exposé que les pouvoirs publics s'étaient, à l'origine, fortement impliqués dans la création de l'ENIA. Il convient de souligner que la loi du 2 août 1918 a été promulguée avant la fin de la guerre, ce qui montre l'importance que les parlementaires attachaient à l'agriculture, et qu'elle se situe, ainsi, à l'apogée de la Troisième République. S'il est rappelé que, dans les années qui ont immédiatement précédées celles qui font l'objet de ce chapitre, l'école a failli être supprimée et que, juste avant 1914, son déplacement à Grignon a été sérieusement envisagé, on ne peut que constater que cette période débutée dans les plus grandes incertitudes, s'achève, à la fois pour des raisons internes et externes, avec un incontestable dynamisme.

LES INGÉNIEURS DES INDUSTRIES AGRICOLES FORMÉS AVANT 1940

C'est la population des ingénieurs entrés à l'ENIA avant 1940 qui fait l'objet de ce chapitre. Nous avons vu que la Première Guerre mondiale ne constituait pas une rupture majeure dans l'histoire de l'école. Par contre, compte tenu de la durée de 5 années pendant laquelle l'ENIA a été fermée cette guerre constitue une coupure dans la population des élèves de l'école. C'est pourquoi, sont successivement présentés les étudiants entrés avant 1914 puis ceux entrés de 1919 à 1939[1].

Une précision, d'ordre méthodologique s'impose, ici. Les méthodes d'analyse utilisées pour l'étude de l'ensemble de la population des étudiants de l'ENIA sont présentées en troisième partie, dans le chapitre particulièrement consacré à la place des ingénieurs des industries agricoles et alimentaires dans le système industriel. Pour ceux qui souhaiteraient mieux connaître ces méthodes et, par conséquent les conditions dans lesquelles ont été obtenus les résultats présentés ici il est conseillé de se reporter à ce chapitre[2].

---

1 Nous nous sommes appuyés, dans ce chapitre ainsi que dans les deux autres chapitres consacrés à l'étude de la population des ingénieurs de industries agricoles sur un dossier de troisième année de trois élèves de l'Institut supérieur d'agriculture de Lille, Marjorie Huygue, Jean-François Lepy et Emmanuelle Wilhelem, *Étude de la population de l'ENIA de 1894 à 1950*, juin 1992. Ces étudiants ont également assuré la saisie d'une part notable du fichier principal pour les étudiants entrés de 1894 à 1911, de 1930 à 1939 et de 1945 à 1950. Nous les remercions très vivement pour leur contribution à cette recherche.

2 Voir chap. « Le paradoxe des ingénieurs des industries agricoles et alimentaires », p. 503 et annexe XXVI.

LES ÉTUDIANTS ENTRÉS AVANT 1914

Pour la population des ingénieurs issus de l'ENIA, entrés à l'école avant 1914, l'accès à l'état civil des grands-parents est possible. En effet, l'acte de mariage des parents nous permet de connaître dans un grand nombre de cas, les caractéristiques socioprofessionnelles des deux grands-pères. Quand elle est connue, cette information nous paraît être du plus grand intérêt, car il nous paraît qu'un parcours social ne peut s'analyser de manière pertinente que sur trois générations. Ce sont les contraintes de l'accès à l'état civil[3] qui ne nous ont pas permis d'en faire de même pour les étudiants entrés après cette date à l'ENIA.

Toutefois, il est nécessaire d'exposer auparavant les conséquences, sur le recrutement de l'ENIA, de plusieurs événements intervenus dès l'origine.

LES FACTEURS INFLUENÇANT LE RECRUTEMENT À L'ORIGINE DE L'ÉCOLE

Le recrutement de l'ENIA à l'origine va être influence par trois facteurs. Ce sont, les conceptions d'Alfred Trannin, l'admission des stagiaires de l'administration des impôts et enfin le refus de l'autorité militaire d'accorder la dispense de deux ans de service militaire aux anciens élèves de l'école.

Les conceptions d'Alfred Trannin sur la finalité de l'école

Le rôle de Trannin dans la création de l'école a déjà été exposé[4]. C'est l'inflexion qu'il donne au niveau des responsabilités pouvant être exercées par les élèves de l'ENIA que nous voulons souligner. En effet le mémoire[5] présenté en 1891 par Trannin pour demander la création de l'école indique qu'elle a pour but « de former des contremaîtres, des

---

3 Pour établir sur trois générations la généalogie des étudiants de l'ENIA, il est nécessaire de partir des actes de naissance qui ne sont accessibles qu'en deçà de 100 ans. Or l'âge moyen d'entrée à l'ENIA se situe avant 1914 vers 18 ans, ce qui conduit à une année moyenne de naissance de 1895 pour la promotion entrée en 1913.

4 Voir chap. « le projet des sucriers », p. 118-121 et annexe V.

5 Voir chap. « le projet des sucriers », p. 120.

chefs ouvriers », le contremaître étant défini comme « un des auxiliaires les plus dévoués du capital ». Il y a donc un changement net en ce qui concerne le niveau des études par rapport au projet initial de l'Association des chimistes[6].

Cette conception est également critiquée par le maire de Douai dans une lettre à Trannin :

> Je [...] désirerais [...] que l'école ne se bornât pas à former des contremaîtres, qu'elle pût également recevoir [...] des jeunes gens [...] appelés à devenir eux-mêmes des industriels[7].

Mais lors des débats sur l'adoption de la loi du 23 août 1892 créant l'école, le rapport déposé par Raymond Poincaré expose que cette école doit former :

> [...] des maîtres-ouvriers et des contremaîtres éclairés [...] capables, en outre, de seconder par leur collaboration intelligente l'action initiatrice du chimiste et de l'ingénieur.

C'est donc bien la conception de Trannin et non celle de l'Association des chimistes qui a prévalu.

Toutefois, cette question revient en discussion ensuite, si on se réfère à une lettre adressée le 30 juillet 1892 à Aimé Girard[8] par Léon Lindet[9] qui venait d'assister à une commission concernant l'ENIA, et présentée à l'occasion du trentième anniversaire de l'école par le président des anciens élèves.

> Il résulte de cette lettre que M. Trannin voulait une école formant des contremaîtres ; M. Duclaux voulait que les opérations pratiques fussent suivies par un contrôle des plus sévères, que les élèves fassent le bilan scientifique de toutes les opérations. M. Lindet estime alors que les élèves auront le droit de viser aux emplois supérieurs, ce que Trannin ne veut à aucun prix.
>
> M. Tisserand, directeur de l'Agriculture, réalise l'accord unanime en exposant le programme qui, depuis, a régi notre école[10].

---

6 Voir chap. « le projet des sucriers », p. 113-115.

7 Lettre du 14 janvier 1892, Arch. mun. Douai R 1 176/4. Nous n'avons pas trouvé trace d'une réponse de Trannin.

8 Voir Introduction, p. 40-43 et chap. « Le projet des sucriers », p. 116.

9 Voir, plus loin, chap. « Le projet du génie industriel alimentaire », p. 403.

10 Mariller, Charles, « Après 30 ans », *Agriculture et industrie*, juin 1923, p. 5-7. Ce témoignage nous paraît essentiel car le président de l'Amicale des anciens élèves de l'ENIA

La volonté de Trannin sur ce point est donc très nette. Il peut paraître étonnant qu'un homme politique ne cherche pas à rehausser le plus possible le niveau d'un établissement implanté dans la ville dont il est l'élu. Ce qui nous paraît être en cause, pour Trannin, c'est le rôle, dans des entreprises industrielles qui, en se modernisant se complexifient, des détenteurs d'un savoir spécialisé, ce que nous appelons aujourd'hui la technostructure. *La Sucrerie belge* avait d'ailleurs déjà posé explicitement la question en 1881 :

> [...] il faut que les jeunes gens qui se destinent aux fabriques du sucre se munissent [...] d'un ensemble de connaissances techniques pratiques qui les rende aptes à utiliser immédiatement, dans l'usine, leur bagage scientifique [...] Il faut, lâchons le mot, qu'ils en sachent plus que les patrons[11].

L'attitude de Trannin peut s'analyser comme celle d'un représentant de la fermocratie[12], qui craint d'avoir à partager le pouvoir, dans l'entreprise, avec une technostructure naissante laquelle a déjà trouvé un lieu d'expression dans l'Association des chimistes.

L'admission de stagiaires de l'administration des impôts

La contrainte fiscale avec laquelle a dû composer le projet des sucriers qui est à l'origine de l'école a pour conséquence logique l'admission d'agents de l'administration des impôts, et plus particulièrement ceux des Contributions indirectes, chargée d'asseoir l'impôt sur le sucre et sur l'alcool[13]. Cette possibilité est évoquée dès 1892[14]

En 1893, lors de l'inauguration de l'école, le directeur général des Contributions indirectes accompagne le ministre de l'Agriculture et le *Journal des fonctionnaires* du 19 novembre 1893 expose que son intention est d'y envoyer chaque année des agents de son administration, afin d'être à même d'assurer, à côté de leur mission principale, un rôle de

---

doit supposer que ce document pourrait être utilisé contre l'école, bien qu'il soit surtout présenté comme un hommage aux créateurs de l'école et en particulier à Eugène Tisserand. En effet, exposer que le niveau des études, à l'origine, a été volontairement fixé à un niveau qui ne permettrait pas à ses anciens élèves d'atteindre les responsabilités les plus élevées dans cette branche, peut, même 30 ans après, être utilisé pour dévaloriser l'ENIA.

11 *La Sucrerie belge*, t. 9, 1er février 1881, p. 180.

12 Pour ce terme, voir annexe V.

13 Voir : « La contrainte fiscale », chap. « Le projet des sucriers », p. 137-141.

14 Voir chap. « Le projet des sucriers », p. 138, note 142.

conseil technique aux entreprises. Cette intention se réalise à la rentrée de 1894[15]. Il est prévu que 20 agents de cette administration y feront la deuxième année scolaire, ce qui explique qu'ils ne soient pas rentrés en 1893. Ce projet va entraîner une polémique pendant l'été 1894. Les milieux économiques du département du Nord s'inquiètent et trois conseillers généraux déposent, le 21 août 1894, un vœu dénonçant la situation ainsi créée :

> À l'école de Douai on va donc faire des agents du fisc des sortes de professeurs techniques qui, en vertu de leur mandat et des facilités qu'ils ont de circuler partout et de se renseigner près du personnel, vont s'initier dans tous les secrets et tours de main de la fabrication dans les usines où on est obligé de les subir de par la loi[16].

Ces conseillers généraux demandent que le projet soit abandonné.

À la même date, le *Journal des contributions indirectes* réagit en affirmant que cette formation a, essentiellement, pour but de déjouer les fraudes éventuelles. La *Revue des industries agricoles*, publication liée à l'ENIA, appuie la position de l'administration des Contributions indirectes dans son numéro de septembre, sous la plume de A. Bertauld, directeur de la revue et professeur de législation à l'ENIA[17]. En définitive, des stagiaires de cette administration viennent effectivement suivre les cours de deuxième année à l'école et ce, jusqu'à l'année scolaire 1938-1939 incluse[18].

Cette présence va vraisemblablement dissuader certains fils de chefs d'entreprises des filières concernées d'entrer à l'ENIA. C'est ce qui ressort très clairement des débats du Conseil de perfectionnement du 21 octobre 1909, qui demande la suppression de la présence de ces stagiaires à l'ENIA, invoquant notamment de « légendaires rancunes » des familles d'industriels à l'égard de cette administration. Cette opinion est reprise sous une forme plus édulcorée par Georges Pagès, dans une présentation de l'ENIA faite en 1926 :

---

15 Cette admission est régie par une circulaire du 2 juillet 1894 publiée au *Journal des fonctionnaires* nº 638 du 15 juillet 1894, p. 336.

16 Vœu présenté à la séance du 21 août 1894, Arch. dép. Nord, 1 N 138.

17 « L'École des industries agricole de Douai », *Journal des contributions indirectes*, 21 août 1894, cité dans *Revue des industries agricoles*, nº 9, septembre 1894, p. 1.

18 L'administration des Finances envoie chaque année les 15 premiers reçus au concours du surnumérariat des Contributions indirectes.

> Parmi les élèves réguliers, il serait à souhaiter qu'il vînt des fils de brasseurs, de distillateurs et de sucriers, ou tout au moins des élèves envoyés par des industriels. Leur nombre a toujours été très restreint. La cause ? On ne la connaît guère. D'aucuns disent qu'il n'en viendra pas, aussi longtemps qu'il y aura des stagiaires des contributions indirectes. En viendra-t-il davantage si ces stagiaires disparaissaient ? Il est difficile de le savoir[19].

En contrepartie, on peut relever que, compte tenu de la baisse d'effectif des élèves réguliers, cette présence a pu inciter le ministère des Finances à vouloir préserver l'existence de l'école. Nous avons vu, en effet que l'école avait été menacée, du moins dans sa spécificité, pendant quelques années au début du siècle. Deux des stagiaires qui ont fréquenté l'ENIA à ce titre, méritent d'être cités.

- Jules Morel – Stagiaire à l'ENIA en 1907-1908, il devient chef du Service des alcools au ministère des Finances. À ce titre, il siège au Conseil de perfectionnement ainsi qu'au Conseil d'administration de l'ENIA, de 1926 à 1939[20].
- Jean Mons – Stagiaire en 1928-1929, il devient résident général de France en Tunisie de 1947 à 1950 et termine sa carrière comme président de Chambre à la Cour des comptes[21]. Il décède en 1989.

Le refus de faire bénéficier les élèves de l'ENIA d'une dispense partielle de service militaire

Avant 1914, le service militaire était de trois ans mais les anciens élèves de plusieurs grandes écoles, dont l'Institut agronomique et les écoles nationales d'agriculture, bénéficiaient d'une dispense de deux ans. Or, lors de la création de l'ENIA, cette disposition n'a pas été

---

19 Pagès, Georges, « L'École Nationale des Industries Agricoles de Douai », *in* G. Nicolas, *Centenaire de Grignon, un siècle d'enseignement agricole*, Toulouse, Edouard Privat, 1926, p. 121-127. Pagès est, en effet, ingénieur agricole issu de Grignon. Cet article ainsi que plusieurs autres informations concernant l'ENSIA, nous ont été très obligeamment communiqués par M. Michel Boulet, Professeur à l'Établissement national d'enseignement supérieur de Dijon (ENESAD) que nous remercions très vivement.

20 Jules Morel a été l'un des fondateurs du service des Alcools, si l'on en croit Paul Devos, *Bull. Ingénieurs ENSIA*, juillet-août 1976, p. 18.

21 *Grand Larousse encyclopédique*, t. 10, Paris, 1964, p. 549. *Bull. ingénieurs ENSIA*, n° 56, octobre 1989. Jean Mons est l'auteur de : *Sur les routes de l'histoire. Cinquante ans au service de l'État*, Paris, Albatros, 1981. Signalons que dans ses fonctions de secrétaire général de la Défense nationale, il sera, en 1954, inquiété, à tort, dans ce qui a été appelé « l'affaire des fuites ».

prévue. Des démarches sont engagées rapidement mais sans succès. Ceci n'incite pas les candidats à se présenter à l'ENIA et un projet de note établi par le ministère de l'Agriculture en 1896 présente la baisse du recrutement de l'école de manière très pessimiste[22]. Cette question est examinée à nouveau lors du Conseil de perfectionnement du 29 avril 1897, à l'initiative du sous-préfet de Douai :

> Il estime qu'il faudrait, au préalable, obtenir que les élèves diplômés soient assimilés, au point de vue du service militaire, aux élèves des Écoles nationales d'agriculture, c'est-à-dire la dispense de deux années de service militaire. M. Hayez[23] rappelle les nombreuses démarches qu'il a faites pour arriver à ce but. Il a rencontré partout une grande résistance et même un véto formel.

Cette demande ne sera pas satisfaite avant la Première Guerre mondiale. Dans le projet de note établi par le ministre de l'Agriculture en 1896, on observe que c'est uniquement le manque de dispense de deux ans de service militaire qui est avancée comme raison de la désaffection de l'école.

Compte tenu de la réaction des milieux économiques, dont certains conseillers généraux se sont faits l'écho, on constate que c'est à partir de 1895, alors que la présence de stagiaires de l'administration des impôts est connue, que le nombre des candidats baisse. Par ailleurs, la limitation des responsabilités offertes à la sortie de l'école, voulue dès la conception de cette dernière, n'a pas dû attirer les éléments de valeur ambitionnant légitimement la possibilité d'occuper de tels postes. Mais on conçoit que l'administration de tutelle de l'école ne pouvait invoquer ces deux dernières raisons qu'elle avait dû accepter plutôt de force que de gré. Ces difficultés de recrutement sont la traduction des remises en cause de l'école intervenues quelques années après sa création[24].

LES CARACTÉRISTIQUES DES ÉTUDIANTS ENTRÉS À L'ENIA AVANT 1914

L'analyse des origines des étudiants de l'école a été conduite, à la fois sur les plans scolaire, professionnel et géographique[25]. Un parcours

22 Arch. dép. Nord 1 T 176.

23 Paul Hayez est député du Nord, élu de la circonscription de Douai puis sénateur.

24 Voir chap. « Le projet des sucriers », p. 142-151.

25 Pour plus de détails sur la méthode utilisée et sur les résultats obtenus pour l'ensemble de la population des étudiants, voir chap. « Le paradoxe des ingénieurs des industries agricoles et alimentaires » p. 503-507 et annexe XXVI.

social s'analysant de manière pertinente sur 3 générations, les caractéristiques des grands-parents ont été recherchées, autant que les contraintes d'accès à l'état civil le permettent. Le niveau scolaire est, en moyenne, peu élevé. Il résulte de l'analyse géographique que les étudiants entrés avant 1914 proviennent en majorité des régions où l'activité sucrière était développée et tout particulièrement de l'ex-région Nord-Pas-de-Calais[26]. Pour situer les caractéristiques de ces étudiants, il importe de s'arrêter sur l'examen d'entrée car c'est lui qui, en définitive, détermine, dans le système français des grandes écoles, la composition de la population des étudiants de l'école ce qui en fait une étape particulièrement importante.

L'examen d'entrée

L'admission à l'ENIA se fait par une épreuve qui est un examen, de l'origine à 1926.

C'est un concours qui avait été prévu à l'origine[27] mais la volonté ministérielle n'était pas très nette à ce sujet puisque le même arrêté prévoit, à son article 6, un « examen d'admission » et en annexe, un « programme des matières demandés à l'examen d'admission ». Ce dernier programme donne une indication sur le niveau d'entrée puisque, aussi bien pour la physique que pour les sciences naturelles, figure la mention « programme de l'enseignement primaire supérieur ». Cette mention ne figure, ni pour les mathématiques ni pour la chimie, ce qui suggère que pour ces deux matières le niveau demandé est plus élevé.

La notion de concours, eût été d'ailleurs tout à fait inadaptée car pour les trois premières années tous les candidats sont admis et leur nombre chute dès la troisième année. Cette désaffection des étudiants pour l'ENIA s'explique par les mêmes raisons que celles, déjà évoquées, qui conduisent à la remise en cause de l'école[28] sur lesquelles les responsables croient d'ailleurs nécessaire d'alerter les autorités de tutelle[29]. Ceci entraîne une épreuve d'entrée peu sélective ce qui permet à des candidats motivés d'entrer jeunes. C'est le cas en 1896 où un candidat

26 La promotion médiane de ceux dont l'ex-région Nord-Pas-de-Calais est la résidence des parents au moment de l'entrée à l'école est 1912.

27 Voir Article 7 de l'arrêté du 20 mars 1893, chap. « Le projet des sucriers » p. 126.

28 Voir chap. « Le projet des sucriers » p. 142-151.

29 Exposé dans : « Note présentée au Gouvernement concernant l'École Nationale des Industries Agricoles de Douai », Arch. dép. Nord 1 T 176.

est reçu à 15 ans[30], alors que d'autres, retardés dans leurs études par suite de circonstances, entrent à l'ENSIA à un âge nettement plus avancé[31]. Il en résulte une très grande dispersion des âges à l'entrée à l'école avant 1914. Même après 1904, marquée par la nomination d'un nouveau directeur titulaire, l'épreuve d'entrée reste un examen[32].

L'usage s'établit que cet examen ait lieu le premier lundi d'octobre, ce qui le différencie bien des concours qui se déroulent, eux, en fin d'année scolaire[33].

Toutefois une voie particulière d'accès, dont nous verrons qu'elle présente un caractère social intéressant, se montre très active dès l'origine de l'ENIA. Il s'agit des écoles pratiques d'agriculture.

Une source importante de recrutement :
les écoles pratiques d'agriculture

Ces écoles sont une source très importante de recrutement avant 1940. L'évolution des effectifs, classés par promotion, des étudiants de l'ENIA issus des écoles pratiques d'agriculture montre que ce recrutement a connu trois périodes. Tout d'abord, c'est pendant la période qui va de l'origine à 1911, avec une seule interruption en 1907, que ce recrutement a été le plus important puisqu'il représente près de 58 % de ce type d'origine. Ensuite, de 1919 à 1923 ce mode de recrutement reprend mais ne représente alors qu'un peu plus de 9 %. Enfin, après une interruption complète pendant 6 années consécutives de 1924 à 1929 inclus, ce type de recrutement reprend de 1930 à 1944 pour 33 %, et décline assez nettement à partir de 1938. Après 1940, on enregistre un seul recrutement en 1944.

30 Il s'agit de Rémi Dartevelle qui, après un passage dans l'industrie des machines agricoles, devient agent fondé de pouvoirs des Malteries franco-belges. En 1959, il y exerce encore, à 78 ans, une fonction de conseiller technique.

31 C'est le cas d'un élève d'origine russe qui entre en 1910 à l'âge de 30 ans.

32 Ceci est confirmé par la brochure de présentation de l'école publiée en 1907, déjà citée. Cette brochure donne également les majorations de points auxquels donnent droit certains titres scolaires ou universitaires. On relève en particulier la majoration importante accordée aux diplômés des Arts et métiers, ce qui est conforme à la référence à ces écoles qui avait été donnée à l'origine, lors des débats parlementaires. En fait, cette disposition ne sera jamais appliquée. Un ingénieur des arts et métiers viendra effectivement suivre les cours de l'ENIA en 1938, mais comme stagiaire.

33 Cette date est précisée dans la brochure de 1907 précitée.

Il est certain que l'arrivée à la direction de l'école, en 1904, d'Urbain Dufresse[34], qui avait jusque-là effectué presque toute sa carrière comme directeur d'école pratique d'agriculture, constitue un facteur favorable à ce mode de recrutement lequel est également favorisé par les majorations de points accordées aux titulaires du diplôme de ces écoles. Cette majoration, de 5 points à partir de 1906, est portée à 10 % du montant des points par la loi du 2 août 1918[35], ce qui représente, en fait, 20 points. Il y a donc un net encouragement des pouvoirs publics à favoriser le recrutement à partir des écoles pratiques d'agriculture.

Si l'on porte son attention sur l'origine géographique des étudiants de l'ENIA issus des écoles pratiques d'agriculture, on constate que les 5 ex-régions dont sont originaires les recrutements les plus importants sont, par ordre décroissant, le Nord Pas-de-Calais (34 %), le Centre (13 %), le Limousin (10 %), la Picardie (8 %) et la Bourgogne (7 %). La supériorité numérique de l'ex-région Nord-Pas-de-Calais, ainsi que la place de la Picardie, s'expliquent à la fois par la proximité ainsi que par l'importance des filières fondatrices dans ces régions. Quant à la place de la région Limousin, les raisons sont liées au parcours d'Urbain Dufresse explicitées. Par contre, la place du Centre ainsi que celle de la Bourgogne sont moins évidentes et paraissent devoir s'expliquer par la qualité de l'école pratique d'agriculture du Chesnoy dans le Loiret ainsi que de celles de Beaune et de Chatillon-sur-Seine dans la Côte-d'Or.

Il n'y a donc pas de cause dominante expliquant l'origine géographique du recrutement par les écoles pratiques d'agriculture. Ceci suggère que ce mode de recrutement de l'ENIA concerne un public très large.

Un examen des catégories socioprofessionnelles des pères des étudiants de l'ENIA issus de ces écoles fait ressortir que, par rapport à la population totale des étudiants de l'ENIA, certaines sont davantage représentées. C'est le cas des agriculteurs, des ouvriers, des employés, des instituteurs, des artisans et des commerçants, des cadres moyens de la fonction publique ainsi que des techniciens.

Ainsi, pour les agriculteurs, pour le personnel d'exécution et les professions intermédiaires, ces écoles représentent une voie préférentielle d'accès à l'ENIA. Par contre, les catégories supérieures sont nettement moins représentées en valeur relative. Les écoles pratiques d'agriculture dont les anciens élèves voient leur entrée facilitée par une bonification de points, surtout à partir de 1919, constituent incontestablement un moyen de promotion sociale.

Les caractéristiques du milieu professionnel d'origine des étudiants de l'ENIA entrés avant 1914

Précisons, tout d'abord, que la sous-population des étudiants entrée à l'ENIA avant 1914 est constituée de 443 individus[34] et que, pour l'examen des catégories socioprofessionnelles d'origine, n'ont été retenues que celles des grands-pères et des pères, l'activité professionnelle des femmes étant très exceptionnelle pour la période concernée.

C'est d'abord une comparaison entre les catégories socioprofessionnelles des grands-pères et celle des pères qui est effectuée celle entre les pères et des fils étant effectuée ensuite.

En particulier, les lignées paternelles et les lignées maternelles sont comparées[35]. On constate que la situation des grands pères est connue pour les trois derniers quarts du XIXe siècle et celle des pères pour la deuxième moitié[36].

Les grands-pères paternels et maternels se rencontrent, l'un et l'autre, proportionnellement en plus grand nombre que chez les pères, dans les catégories socioprofessionnelles suivantes classées par ordre d'écart décroissant : les agriculteurs qui occupent chez les grands-pères le double de la part qu'ils occupent chez les pères, les ouvriers, les inactifs, les cadres moyens de la fonction publique ainsi que les artisans et les commerçants.

Par contre, les deux grands-pères se rencontrent proportionnellement en moins grand nombre que chez les pères dans les catégories socioprofessionnelles suivantes, classées par ordre d'écart décroissant[37] : les directeurs et cadres supérieurs d'entreprise qui sont les deux catégories

---

34 La situation professionnelle des étudiants de l'ENIA a été comparée à celle de leurs ascendants en décomposant cette sous-population en trois cohortes. Pour les étudiants entrés avant 1914, les trois cohortes sont constituées par ceux entrés respectivement de 1893 à 1896, de 1897 à 1907 et de 1908 à 1913.

35 Compte tenu du nombre de données disponibles, cette étude n'est possible que sur 205 parcours. Les catégories socioprofessionnelles sont, en effet connues respectivement pour 250 grands-pères paternels, 234 grands-pères maternels, 283 pères et 200 ingénieurs ENIA.

36 La situation professionnelle des intéressés a été identifiée d'après des sources qui se situent dans les fourchettes de temps qui pour les grands-pères paternels vont de 1824 à 1897, pour les grands-pères maternels de 1830 à 1897 et pour les pères de 1857 à 1897.

37 Cet écart moyen des grands-pères par rapport aux pères a été calculé à partir de la moyenne du nombre de chacun des deux grands-pères dans chacune des catégories socioprofessionnelles.

où l'écart est le plus grand[38], les catégories supérieures de la fonction publique, les employés, les instituteurs, les techniciens et les chefs d'entreprise. Enfin, la part les grands-pères et des pères dans les professions libérales est sensiblement équivalente.

En regroupant les catégories socioprofessionnelles la comparaison peut se résumer de la manière suivante :

Grandes catégories socioprofessionnelles	Grand-père paternel	Grand-père maternel	Père
Agriculteurs	41,95	40,49	20,97
Catégories supérieures	15,12	16,10	33,17
Professions intermédiaires	30,25	29,27	32,69
Personnel d'exécution	11,22	12,19	12,19
Inactifs divers	1,46	1,95	0,98
Totaux	100,00	100,00	100,00

TABLEAU 3 – Comparaison des grandes catégories socioprofessionnelles des grands-pères avec celles des pères (exprimé en fréquence).

Ce regroupement fait apparaître, en complément de ce qui a été exposé ci-dessus, d'abord, la quasi-similitude de la répartition entre les grands-pères paternels et maternels et ensuite une forte augmentation de plus du double des catégories supérieures qui atteignent 33 % chez les pères. Cette dernière augmentation se faisant exclusivement aux dépends des agriculteurs puisque, d'une part, les professions intermédiaires augmentent légèrement, passant de 30 % environ à un peu plus de 32 % et, d'autre part, les personnels d'exécution sont stables vers 12 %.

Il y a donc, pour cette sous-population des ingénieurs entrés avant 1914, la permanence d'un recrutement notable d'ingénieurs issus d'un milieu défavorisé sur au moins deux générations. Par ailleurs, un tiers environ de cette sous-population est en voie d'ascension sociale.

38 Cette catégorie est pratiquement absente de l'échantillon des grands-pères puisqu'on ne trouve qu'un seul directeur parmi les grands-pères paternels.

LES CARRIÈRES DES INGÉNIEURS DES INDUSTRIES AGRICOLES ENTRÉS AVANT 1914

La comparaison des parcours sociaux sur trois générations est conduite à partir des grands-pères paternels dont les situations professionnelles sont connues en plus grand nombre que celles des grands-pères maternels[39]. Ces parcours sur trois générations sont examinés selon la place que chacun occupe dans les différentes catégories socioprofessionnelles[40].

La place des ingénieurs des industries agricoles et de leurs ascendants augmente régulièrement dans certaines catégories. Il s'agit, d'abord, des chefs d'entreprise parmi lesquels leur part passe de plus de 8 % à 20 %. C'est également le cas des directeurs d'entreprise ainsi que les cadres supérieurs d'entreprise, où leur présence est pratiquement inexistante chez les grands-pères paternels, et qui apparaissent chez les pères. Les fils sont représentés parmi les cadres supérieurs d'entreprise où ils sont plus de 22 %. Ils sont un peu moins nombreux à être présents parmi les directeurs, d'une part, et les chefs d'entreprise, d'autre part, où ils sont à 20 %. Enfin les deux premières générations d'ascendants sont peu représentées dans les professions libérales avec seulement une fréquence d'environ 2 % alors que la troisième génération y occupe une place nettement plus forte avec près de 11 %.

Dans d'autres catégories, au contraire, la part des ingénieurs des industries agricoles et de leurs ascendants diminue régulièrement. C'est le cas des agriculteurs pour qui ce phénomène est le plus marqué. Alors que les grands-pères sont plus de 40 % à figurer dans cette catégorie, les fils ne sont qu'à peine 10 % à y figurer. C'est également le cas des artisans et commerçants : là aussi, l'écart entre les chiffres caractéristiques de chaque génération est suffisamment net pour que l'on puisse conclure dans ce sens.

Un troisième cas est constitué par certaines catégories socioprofessionnelles dans lesquelles la troisième génération, est totalement absente. Il

39 Cet échantillon ne représente que 128 parcours soit 29 % de la sous-population totale des étudiants entrée avant 1914. Une telle base oblige à une grande prudence dans les conclusions.

40 Pour la présentation des carrières des ingénieurs ENSIA, nous nous sommes inspirés, en particulier, de la problématique exposée par Virginie Fonteneau, « Étude des anciens élèves de l'Institut de chimie de Paris (promotions 1896-1912) : questions méthodologiques avant le choix d'une approche biographique ou prosopographique », *in* Laurent Rollet et Phillipe Nabonnand, *Les uns et les autres… Biographies et prosopographies en histoire des sciences*, collection « Histoire des institutions scientifiques », Presses universitaires de Nancy, 2012, p. 367-386. Pour les ingénieurs formés avant 1914, compte tenu de la jeunesse de l'institution, nous avons privilégié une approche biographique. Pour ceux qui les ont suivis nous avons établi des résumés statistiques illustrés par quelques notices biographiques.

en est ainsi pour les instituteurs, peu représentés chez les grands-pères paternels de même que chez les pères, chez qui ils ne représentent que 3 % de la sous-population. Ce n'est, effectivement, pas la finalité de l'école d'en former. Il en est de même pour les ouvriers parmi lesquels on trouve une part significative des grands-pères paternels avec un peu plus de 5 %. Les pères, à la fois des ouvriers et des employés sont représentées à un niveau comparable, autour de 5 % mais aucun des fils n'y figure, ce qui est conforme au rôle de promotion sociale qu'assure, également, l'école. On peut rattacher à ces dernières catégories les cadres moyens de la fonction publique dans lesquels la troisième génération n'occupe qu'une place très faible.

Le cas des catégories supérieures d'activité publique est un peu particulier. En effet, la deuxième génération y occupe une place nettement plus importante qu'à la première alors que les fils y sont moins nombreux. Leur augmentation montre, ce qui a déjà été vu, que les lignées familiales dont sont issus les étudiants de l'ENIA sont en voie d'ascension sociale mais la baisse à la troisième génération est normale, compte tenu de la finalité de l'école.

Cette évolution socioprofessionnelle sur trois générations peut être résumée en regroupant par grandes catégories socioprofessionnelles.

Grandes catégories socioprofessionnelles	Grands-pères paternels %	Pères %	Fils %
Agriculteurs	42,19	24,22	9,38
Catégories supérieures	13,27	32,81	79,69
Professions intermédiaires	35,17	31,25	8,59
Personnel d'exécution	7,03	10,16	0
Inactifs divers	2,34	1,56	2,34
Totaux	100,00	100,00	100,00

TABLEAU 4 – Ingénieurs des industries agricoles entrés avant 1914. Comparaison sur trois générations.

On constate que les grands-pères, sont les plus représentés chez les agriculteurs et ensuite chez les professions intermédiaires avec 35 %. À la génération suivante, les pères sont surtout présents dans les catégories supérieures où elles comptent avec près d'un tiers, les professions intermédiaires restant du même ordre de grandeur qu'à la génération précédente.

Les tendances d'ensemble qui se dégagent des comparaisons sur trois générations entre les catégories socioprofessionnelles des ingénieurs des industries agricoles entrés avant 1914 et de leurs ascendants peuvent s'expliquer de la façon suivante. La forte diminution des agriculteurs s'explique en grande partie par l'évolution de la société française sur la période dont l'ampleur dans le temps a été rappelée précédemment. Par contre, l'apparition, seulement à la deuxième génération, puis la très importante croissance à la troisième, des cadres supérieurs d'entreprise, des directeurs d'entreprise et des professions libérales, est le reflet, d'une part, de l'évolution de la structure des entreprises qui, au cours du XIXe siècle, ne disposent que d'un encadrement familial et, d'autre part, de l'action de l'école, dont la finalité est de former des cadres. Tout particulièrement pour les directeurs et cadres supérieurs d'entreprise, l'ampleur de l'écart entre les trois générations fait ressortir que l'ENIA est une institution de la seconde industrialisation[41].

Les divers événements survenus à l'origine de l'école ont eu, pour des raisons diverses, comme conséquence probable d'éloigner des étudiants originaires de milieux favorisés. Ceci est surtout une conséquence du système scolaire existant. L'ordre secondaire pour l'élite de la société, mène au baccalauréat et privilégie les humanités classiques. L'ordre primaire, dont fait partie Urbain Dufresse formé à l'École normale supérieure de Saint Cloud, est réservé au reste de la société. Au XIXe siècle l'industrialisation, le développement de la chimie mais aussi de la mécanique et en particulier de la machine à vapeur crée de nouveaux besoins mais aussi de nouveaux débouchés. Émerge alors l'idée d'un enseignement secondaire spécial qui, notamment, correspond mieux aux aspirations de la moyenne bourgeoisie. Les écoles qui se créent à la fin du XIXe siècle comme l'École de physique et de chimie industrielle de la ville de Paris recrutent des élèves venant du primaire supérieur ainsi que ceux détenteurs du baccalauréat moderne, donc sans latin et avec des langues vivantes[42].

---

41 On peut se reporter, à ce sujet, à M. Lévy-Leboyer, *Le patronat de la seconde industrialisation*, Paris, Éditions ouvrières, 1979.

42 Voir Dancel, Brigitte, « L'enseignement primaire », Savoie, Philippe, « L'enseignement secondaire » et « Le secondaire du peuple » in, Renaud d'Enfert, François Jacquet-Francillon, Laurence Loeffel, *Une histoire de l'école, anthologie de l'éducation et de l'enseignement en France, XVIII-XXe siècles*, Paris, Éditions Retz, 2010.

L'école a cependant rendu possible, dans ce contexte, l'émergence, dans les lignées familiales concernées, d'une nouvelle élite totalement inexistante deux générations auparavant. Ces circonstances n'ont cependant pas empêché un recrutement significatif de fils de chefs d'entreprise exerçant dans les filières fondatrices de l'école[43]. Enfin, il existe également un recrutement non négligeable provenant de milieux défavorisés sur au moins deux générations.

Il n'a pas paru possible d'apprécier, ici de manière pertinente, la place des ingénieurs des industries agricoles dans le système industriel. En effet l'ingénieur le plus âgé n'a en 1914 que 44 ans. Cette place sera évaluée, d'abord de 1921 à 1937 et surtout fera l'objet du chapitre de la troisième partie portant sur l'ensemble de la population des ingénieurs des industries agricoles et alimentaires.

QUELQUES PARCOURS INDIVIDUELS

Ces parcours sont étudiés en prenant en compte, à la fois les catégories socioprofessionnelles d'origine ainsi que l'activité de l'ingénieur[44]. Ce sont d'abord les ingénieurs des industries agricoles exerçant leur activité dans une des filières fondatrices dont les parcours sont présentés. Parmi eux, nous avons retenu Henri et Paul Garry, ainsi que Georges Rouzé, tous trois issus d'un milieu favorisé.

Henri Garry (1873-avant 1948) et Paul Garry (1873-1938) : une continuité familiale dans la sucrerie

Louis Garry, né en 1807, devient maître de pension à Bourg la Reine (Hauts de Seine), où naît son fils Gaston en 1845. Ce dernier dirige la sucrerie de Rang du Fliers, dans l'arrondissement de Montreuil (Pas-de-Calais). Gaston Garry devient ensuite propriétaire de cette sucrerie ainsi que de celle de Rue, dans la Somme. De son côté, Justin Pereau, né en 1818, est contrôleur des Contributions directes et réside à Saint Benoit du Sault (Indre) en 1852 quand naît sa fille Marie-Louise, laquelle épouse Gaston Garry.

---

43 Parmi les pères, sur les 20 chefs d'entreprise que compte l'échantillon retenu, 12, soit 60 % d'entre eux et 9,4 % de l'échantillon, exercent dans l'une des filières fondatrices.

44 Les sources relatives à chacun des intéressés sont indiquées dans chacun des parcours. Pour tous, les registres matricules des élèves de l'ENIA ont été dépouillés. En ce qui concerne les carrières, ont été dépouillés les annuaires figurant chaque année dans le bulletin de janvier de *Agriculture et industrie*, de 1923 à 1938 inclus. Nous nous sommes référés à ces bulletins pour toutes les carrières des ingénieurs ENIA qui vont être présentées.

C'est dans cette commune de Rang du Fliers que naissent les deux frères jumeaux, Henri et Paul, en 1873[45]. Ils font de solides études secondaires dans un établissement privé, le Collège Stanislas, à Paris et obtiennent le baccalauréat. Ils entrent tous deux à l'ENIA en 1893 avec la première promotion. Paul, entré 7e sur 19 candidats, interrompt ses études en fin de première année pour effectuer deux années de service militaire puis, en 1898, sort 8e sur 16 élèves classés. Par contre, Henri effectue consécutivement ses deux années à l'ENIA.

À leur sortie de l'école, ils partagent avec leur père la gestion de l'entreprise devenue « les Sucreries du Marquenterre ». Au décès de leur père, c'est Paul qui en prend la direction et décède en1938. Le décès d'Henri est antérieur à 1948, mais il n'a pas été possible d'en déterminer la date exacte.

Georges Rouzé (1875-1947) : une continuité familiale dans la brasserie

Le grand-père paternel de Georges Rouzé naît en 1809 à Lille, où il exerce la profession d'entrepreneur en bâtiment. Le père, Léon, naît en 1840 également à Lille, où il exerce une activité de brasseur. Le grand-père maternel, né à Raches (Nord) en 1820, d'abord tonnelier, profession qu'il déclare à la naissance de sa fille à Lille en 1851, devient négociant en vins en 1872, année où celle-ci épouse Léon Rouzé.

Georges entre à l'ENIA en 1893 avec la première promotion. On le retrouve à la tête de la brasserie familiale jusqu'en 1929. Il est en retraite en 1937 et décède en 1947[46].

Émile Beauvalot (1878-1956) : une promotion sociale dans la brasserie

Avec le cas d'Émile Beauvalot, nous abordons le cas d'ingénieurs des industries agricoles exerçant également dans l'une des filières fondatrices

45 Sur les origines de Henri et Paul Garry : Tribunal de grande instance de Boulogne sur Mer ; Arch. dép. Hauts-de-Seine, 5 Mi/BRG ; Arch. dép. Pas-de-Calais, 6 M/688/1 : Recensement de 1911 ; Arch. mun. St Benoit du-Sault (Indre). Nous remercions vivement le directeur des Archives départementales de l'Indre qui a bien voulu faire effectuer, par ses services, les recherches concernant la famille Garry.

46 Sur les origines de Georges Rouzé : Arch. dép. Nord, Lille, supplément 2064, 129 N, 150 N, 538.

mais issus d'un milieu défavorisé. Son grand-père paternel, Jean Baptiste Beauvalot, né en 1784, est agriculteur à Cussy le Chatel (Côte d'Or), où naît, en 1836, son fils, Jean, lequel est domestique à Gravelines puis à Douai[47]. Le grand-père maternel est tonnelier à Vieille Église (Pas-de-Calais) où naît, en 1842, sa fille Émilie, qui épouse Jean Beauvalot.

Émile naît à Gravelines en 1878. Il fréquente d'abord l'école pratique d'agriculture de Crézancy (Aisne), puis entre à l'ENIA en 1895. À partir de 1921 on le trouve brasseur à Calais où il effectue toute la partie de sa carrière qui nous est connue, terminant comme administrateur-délégué de la brasserie[48].

Paul Quévy (1890-1981) : une promotion sociale au sein de la classe ouvrière

L'intéressé est également issu d'un milieu défavorisé puisque son grand père, Alphonse Quévy, né en 1837, est mineur à Bully les Mines (Pas-de-Calais), quand naît en 1859 Émile, lequel s'établit ensuite à Aniche (Nord) où il devient ouvrier-verrier et, en particulier, secrétaire du Syndicat du verre. Toujours ouvrier-verrier l'année de la naissance de Paul, Émile Quévy devient ensuite aubergiste[49]. De son côté, Pierre Quévy, né à Aniche en 1833, est ouvrier mineur en 1860 quand naît sa fille. Il devient chef porion, fonction qu'il occupe en 1885, au moment du mariage, à Aniche, de sa fille avec Émile Quévy.

Paul Quévy fréquente d'abord l'école primaire d'Aniche et, en 1906, entre à 16 ans à l'ENIA. Ce sont les activités antérieures de son père parmi les ouvriers-verriers qui sont vraisemblablement à l'origine de l'orientation de Paul Quévy. En effet, une brasserie, la « brasserie ouvrière d'Aniche et des environs » avait été créée en 1896 par une association de souffleurs de verre, afin de reprendre une brasserie qui venait de faire faillite. Cette première brasserie ouvrière s'arrête en 1907. Dès l'année suivante, il est décidé d'en créer une nouvelle, création qui est effective

47 Sur les origines d'Émile Beauvalot : Arch. dép. Nord, Gravelines 20 ; Pas-de-Calais, 3 E 852/11 ; commune de Cussy-le-Châtel (Côte d'Or) : acte de naissance de Jean Beauvalot.

48 Pour les carrières, voir *Agriculture et Industrie*, publié de 1923 à 1939 et donnant, chaque année la situation des ingénieurs ENIA dans son numéro de janvier : voir chap. « Le projet des distillateurs », p. 177.

49 Sur les origines de Paul Quévy : Arch. mun. Aniche (Nord), État-civil. Malgré l'homonymie des lignées paternelles et maternelles, il n'a été relevé, à travers l'état-civil, aucun lien de parenté entre les deux familles.

le 29 juin 1908. La fonction de directeur responsable de la fabrication est confiée à Paul Quévy qui sort de l'ENIA. Cette brasserie doit s'arrêter en 1918, car les Allemands s'emparent du matériel, mais redémarre après la guerre. Elle doit arrêter définitivement sa fabrication en1935 et est dissoute en 1937. Paul Quévy termine sa carrière dans les services de la mairie d'Aniche[50] et décède à l'âge de 91 ans.

Observons que l'initiative des ouvriers-verriers d'Aniche, et plus particulièrement le parcours de la famille Quévy sur les deux dernières générations préfigure, plus de 60 ans plus tôt mais à une toute autre échelle, celui de l'entreprise Boussois-Souchon-Neuvessel (BSN), se reconvertissant dans les industries agricoles et alimentaires pour devenir l'actuel Danone : les uns comme les autres passant du contenant au contenu.

Émile Rémy (1881-1949) : une vie de labeur assidu

Charles Rémy naît à Avelin (Nord) en 1813 et va exercer l'activité de « journalier », c'est-à-dire d'ouvrier agricole, à Tourmignies (Nord), où naît en 1844 un fils, Adonis, qui devient maçon. Dans cette dernière commune, Fidèle Duhaut naît en 1820 où il est également ouvrier agricole. Sa fille, née en 1844, exerce la profession de couturière et épouse, en 1870, Adonis Rémy.

C'est toujours à Tourmignies que naît Émile[51] qui fréquente d'abord l'école pratique d'agriculture de Douai-Wagnonville (Nord), puis entre à l'ENIA en 1897[52]. Il commence sa carrière par quelques campagnes de distillerie et de sucrerie puis se fixe à la sucrerie de Rue (Somme), où il est chimiste en 1921. En 1929, il est chef de laboratoire, fonction qu'il exerce jusqu'à la fin de sa carrière[53].

Sa notice nécrologique, établie par un autre ingénieur des industries agricoles, nous dit qu'il eut « une vie toute simple de travail et de labeur assidu ».

50 Outre les sources sur les carrières déjà citées, la plupart des informations concernant la carrière de Paul Quévy nous a été très aimablement communiquée par Jean-Pierre Miens, ancien directeur d'école à Aniche, que nous remercions très vivement.

51 Sur les origines d'Émile Rémy : Arch. dép. Nord, supplément 2382 ; Tourmignies 7.

52 Sur l'École pratique d'agriculture de Douai-Wagnonville, voir chap. « Le projet des sucriers », p. 148-150. On peut faire l'hypothèse que le directeur, commun aux deux établissements à l'époque, l'a incité à se présenter à l'ENIA.

53 Sur Émile Rémy, voir *Bull. des ingénieurs des IAA*, n° 7, juillet-septembre 1949.

D'autre ingénieurs des industries agricoles ont effectué l'essentiel de leur carrière dans l'agriculture. Par exemple, Louis Gouélin a été agriculteur[54] durant la majeure partie de sa carrière. Il convient de préciser que le terme d'agriculture est pris, ici, dans un sens large puisqu'il comprend également les carrières dans l'administration du ministère de l'Agriculture, ce qui est le cas de Julien Saraillé.

Louis Gouélin (1875-1948) : une continuité familiale dans l'agriculture

Jean-Paul Gouélin, né à Tourville (Manche) en 1785, est marin. Son fils Auguste, né à Agon (Manche), entre dans l'administration des Contributions indirectes qui l'affecte dans le département du Nord. Il s'établit ensuite à Provin (Nord), où il acquiert en fin de carrière une exploitation agricole[55]. C'est également dans cette dernière commune que naît Antoine Duriez en 1796 et qu'il s'y établit épicier. Sa fille naît en 1836 et y épouse Auguste Gouélin en 1875.

C'est à La Bassée (Nord) que naît Louis. Il effectue ses études classiques au Lycée Faidherbe à Lille, où il obtient le baccalauréat. Il entre en 1894 à l'ENIA. Il devient ensuite agriculteur à Provin où il décède[56].

Ce parcours nous paraît illustrer les difficultés de placement des ingénieurs des industries agricoles à cette époque. Louis Gouélin a dû préférer reprendre l'exploitation paternelle.

Julien Saraillé (1872-1945) ; un professeur d'agriculture

Jean Saraillé, né en 1776, est agriculteur à Saint Castin (Pyrénées-Atlantiques) où naît, en 1822, un fils, Roch qui devient également

54 Nous connaissons 24 années de l'activité professionnelle de L. Gouélin.

55 Sources sur les origines de Louis Gouélin : Arch. dép. Nord, La Bassée ; Provin 4 ; Supplément 227. On note que les deux témoins de la mariée sont deux cousins germains « fabricants de sucre » à Provin. Peut-être faut-il chercher de ce côté l'orientation de Louis Gouélin.

56 Compte tenu de la durée des études et des années de service militaire, Louis Gouélin est entré dans la vie professionnelle en 1899. Or, l'information la plus ancienne dont nous disposons à son sujet date de 1929. Il a pu, entre temps, exercer son activité dans une filière des industries agricoles. Les annuaires auxquels on s'est référé ensuite indiquent que Louis Gouélin est « propriétaire » et c'est seulement dans l'annuaire 1948 qu'il figure, dans la récapitulation par activités, à la rubrique « agriculture, horticulture, viticulture » ; son classement dans la profession d'agriculteur est donc une très forte probabilité sans être une absolue certitude.

agriculteur. De son côté, Jean Barbé est né vers 1773, ce qui en fait l'aïeul maternel le plus ancien de toute la population des ingénieurs des industries agricoles. Il est également agriculteur à Saint Castin où naît, en 1833, sa fille Marguerite, qui épouse, en 1850, Roch Saraillé[57].

Julien Saraillé naît en 1872 dans cette même commune de Saint Castin et entre à l'École nationale d'agriculture de Rennes en 1897. Il vient effectuer une année de stage à l'ENIA pendant l'année scolaire 1899-1900 puis entre dans l'administration du ministère de l'Agriculture et se rapproche de sa région d'origine puisqu'en 1929 il est professeur d'agriculture dans les Landes où il prend sa retraite. Il décède en 1945.

En définitive, petit-fils et fils d'agriculteurs, Julien Saraillé a consacré toute sa carrière à l'agriculture, et l'ENIA aura été pour lui davantage une école d'agriculture qu'une école industrielle.

Charles Bouillon (1876-1964) : un inventeur de matériel pour l'industrie agricole

Avec Charles Bouillon, sont abordées le cas d'ingénieurs des industrie agricoles dont les carrières peuvent être qualifiées d'« industrielles » c'est-à-dire qu'elles se déroulent, au moins dans leur majeure partie, en dehors des industries des filières fondatrices. Les milieux professionnels d'origine sont très divers puisque, si l'intéressé est issu d'un milieu favorisé, seront présentés ensuite les parcours respectifs de fils d'agriculteur, d'instituteur et d'ouvrier.

Charles, Octave, Bouillon, né en 1844, est ingénieur civil et habite Paris dans le 7e arrondissement quand naît son fils Charles. Ce dernier commence ses études dans une institution libre à Paris et entre à l'ENIA en 1894[58].

Charles Bouillon se signale par l'invention du thermocompresseur de vapeur, qui permet de réduire les dépenses de combustible dans les industries où l'évaporation est utilisée[59]. Pour valoriser ce procédé et

---

57 Sur les origines de Julien Saraillé : Commune de St Castin – État-civil ; Arch. dép. Pyrénées-Atlantiques, acte de mariage de Roch Saraillé et de Marguerite Barbé.

58 Sur les origines de Charles Bouillon : Arch. dép. Paris, 5 Mi 3/157. Il n'a pas été possible de remonter plus avant dans ses origines familiales.

59 *L'École nationale des industries agricoles*, brochure de présentation, Paris, 1927, p. 11. Le thermocompresseur est un « Appareil utilisant la réserve énergétique d'une vapeur à haute pression, pour comprimer, au moyen de ses deux tuyères successives, de la vapeur à basse pression ». *Grand Larousse encyclopédique*, t. 10, p. 302, Paris, 1964.

en mettre d'autres au point, il s'associe avec Charles Prache, ingénieur des arts et manufactures de la promotion 1889, qui a exercé son activité à la Sucrerie centrale de Cambrai[60]. Ils fondent la Société générale d'évaporation pour l'exploitation des procédés Prache et Bouillon.

Dans les années 1930, il devient agriculteur à Issigeac (Dordogne), avant de se retirer à Bergerac.

Rémy Butez (1894-1981) : de l'agriculture à l'électronique

Louis Butez naît en 1793 à Vieille Église (Pas-de-Calais) et y devient agriculteur. C'est là aussi que naît, en 1836, son fils Auguste, lequel devient agriculteur à son tour dans cette même commune. Pour sa part, Louis Lemaire naît en 1818 à Marquise (Pas-de-Calais) et s'établit ensuite comme agriculteur à Nouvelle Église, commune voisine de Vieille Église où naît sa fille Céline. Auguste Butez épouse cette dernière en secondes noces en 1877[61].

On ne dispose d'aucun élément sur les études suivies par Rémy Butez avant qu'il entre en 1912 à l'ENIA[62]. En 1921, il est à Albi sans qu'on sache quelle activité professionnelle il y exerce. En 1924, il est à Paris et exerce le métier de vulcanisateur-réparateur de pneumatiques. À partir de 1928, on le trouve chef d'atelier d'une scierie à Audruicq (Pas-de-Calais). En 1932, il se fixe à Courbevoie (Hauts-de-Seine) mais ce n'est qu'à partir de 1937 qu'il est dessinateur-projeteur à la Société française de Radioélectricité, implantée à Levallois-Perret. Au milieu des années 1950, il rejoint la Société nouvelle d'électronique à Sartrouville (Yvelines) où il est chef de groupe. Il prend sa retraite au début des années soixante et décède en 1981.

Achille Lambert-Goursaud (1883 – vers 1961) : une carrière essentiellement dans le pétrole

Constantin Lambert, né en 1829, exerce les fonctions de clerc de notaire et d'instituteur à Sassegnies (Nord). C'est là que naît, en 1858,

60 Association amicale des anciens élèves de l'École centrale des arts et manufactures, *Annuaire 1937, promotions 1865 à 1936*, Paris, 1937, p. 253.

61 Sur les origines de Rémy Butez : Arch. dép. Pas-de-Calais, 3 E 852/11 ; 3 E 623/9; 3 E 623/11 ; 3 E 623/15 ; M 4266.

62 ENIA, Registre matricule des élèves de la promotion 1912-1914.

son fils Arthur qui devient également instituteur puis professeur à l'école primaire supérieure de Roubaix. De son côté, Jean Kind, né à Gand (Belgique) en 1824, exerce le métier de tisserand, ce qui le conduit à s'établir à Roubaix, où naît, en 1864, sa fille Catherine qui épouse Arthur Lambert.

Achille, né à Roubaix, fréquente d'abord l'école où exerce son père ; il obtient le brevet élémentaire et entre à l'ENIA en 1899. Il y fait des études très honorables puisque, entré 3e sur 11, il en sort au 2e rang[63]. En 1921, il est en Roumanie où il dirige une société pétrolière franco-roumaine. En 1924, toujours en Roumanie, c'est une société pétrolière roumano-belge qu'il dirige. Il devient conseiller du commerce extérieur. Mais en 1927 et 1928, il est établi en Charente, sans activité signalée. En 1929, il retourne en Roumanie, toujours dans le secteur pétrolier, comme dirigeant d'une filiale roumaine de la société française Gallia.

À partir de 1931 et jusqu'à la fin de sa carrière, il est directeur général de la Compagnie sucrière à Paris[64]. Il décède au début des années 1960.

Maurice Lécrinier (1888 – fin des années 1970) :
de la construction de matériel à la décoration d'intérieur

Xavier Lécrinier, né en 1828 à Sains-du-Nord (Nord), y exerce la profession de « voiturier ». Son fils Achille y naît en 1860 et y devient trieur de laine. Pour sa part, François Mercier, né en 1811 à Sauchy Lestrée (Pas-de-Calais), devient agriculteur à Boursies (Nord) où naît, en 1863, sa fille Anna laquelle épouse Achille Lécrinier en 1887. Le foyer se fixe à Croix, dans l'agglomération lilloise.

C'est là que naît Maurice[65] qui fréquente l'école pratique d'agriculture de Douai-Wagnonville et entre à l'ENIA en 1907, admis 5e sur 22 candidats[66]. En 1921, il est ingénieur-conseil et constructeur d'appareils pour brasserie à Marcq en Barœul, dans l'agglomération lilloise. Son activité, à cette époque, est surtout orientée vers la brasserie. En 1924,

63 Sources sur les origines d'Achille Lambert-Goursaud : Arch. dép. Nord, supplément 2304 ; Sassegnies 6 ; Roubaix 124/2. ENIA, Registre matricule des élèves de la promotion 1899.

64 La Compagnie sucrière, dont le siège est à Paris, a été créée en 1929 et exploite deux sucreries : celle de St Leu d'Esserent (Oise) et celle de Vierzy (Aisne).

65 Sources sur les origines de Maurice Lécrinier : Arch. dép. Nord, Supplément 1979 ; Sains du Nord 8 ; Supplément 306 ; Arch. mun. Boursies (Nord) ; Arch. mun. Croix (Nord).

66 ENIA, Registre matricule des élèves, promotion 1907-1909.

il cesse son activité de constructeur puis, en 1926, devient ingénieur-architecte. En 1929, il s'établit à Lyon, d'abord en tant que conseiller artistique d'un cabinet d'architectes-décorateurs, puis s'installe à son propre compte. À la fin des années 1960, il se fixe dans l'Ain où il décède à la fin des années 1970.

Malgré la diversité des activités et des résidences, il y a une certaine cohérence dans ce parcours qui, à partir du conseil et de la construction d'appareils pour la brasserie, s'oriente vers le conseil en architecture pour devenir architecte-décorateur. C'est surtout un témoignage de la capacité d'adaptation des ingénieurs des industries agricoles, car la carrière de Maurice Lécrinier n'est pas du type de celles auxquelles prépare l'ENIA.

Bien que ces quatre carrières se soient déroulées en majeure partie en dehors des industries alimentaires, en général, et des filières fondatrices de l'école, en particulier, on constate que trois d'entre eux, Bouillon, Lambert-Goursaud et Lécrinier ont fait un bref passage dans l'une d'entre elles. L'école a marqué de son empreinte la plupart de ses élèves. Par ailleurs, aucune carrière dans des industries alimentaires autres que les filières fondatrices n'a été relevée parmi les ingénieurs formés à l'origine. La traduction dans les carrières des ingénieurs ENIA de la prise de conscience de l'unité des industries alimentaires ne viendra que plus tard[67].

Toutefois il nous semble que les parcours qui précèdent doivent être complétés par l'évocation du cas des fils d'ouvriers et d'employés qui accèdent à des fonctions de direction dans l'entreprise. Plus loin, nous constaterons le très grand écart qu'il y a, dans l'ensemble de la population, entre les chances d'un étudiant issu d'un milieu socialement favorisé et celles d'un étudiant fils d'employé ou d'ouvriers, d'entrer à l'ENSIA[68]. Par contre, une fois entrés à l'école, ces derniers ont une chance non négligeable d'accéder à des fonctions de direction[69] puisque nous constatons que, dans l'ensemble de la population des ingénieurs des industries agricoles et alimentaires objet de cette recherche, 22 fils d'ouvriers ou d'employés ont accédé à des fonctions de direction dans l'entreprise. Une telle base est insuffisante pour établir des résultats

67 Voir deuxième partie « L'affirmation de l'unité des industries alimentaires »

68 Voir chap. « Le paradoxe des ingénieurs des industries agricoles et alimentaires », p. 515.

69 Voir le parcours de Jean Le Blanc, chap. « Les ingénieurs de industries agricoles et alimentaires formés de 1941 à 1968 », p. 350. Voir également les parcours d'Émile Beauvalot et de Paul Quévy, présentés ci-dessus. En toute rigueur, ce dernier est fils de commerçant, mais nous avons vu que ses liens avec le milieu ouvrier ont toujours été très étroits.

statistiques. Cependant, le croisement des catégories socioprofessionnelles d'origine et des dates d'entrée n'est pas sans intérêt.

Catégories socioprofessionnelles d'origine	Période d'entrée à l'ENIA		
	de l'origine à 1913	de 1919 à 1939	de 1941 à 1954
Employés	2	4	8
Ouvriers	5	2	1

TABLEAU 5 – Ingénieurs des industries agricoles fils d'ouvriers et d'employés accédant à des fonctions de direction dans l'entreprise.

Une nette distinction dans les périodes d'entrée se remarque. La majorité des fils d'employés qui accèdent à des fonctions de direction dans l'entreprise entrent après 1940. Par contre, les fils d'ouvriers qui accèdent eux aussi à ces fonctions entrent en majorité avant 1914. Si on examine les activités qu'ils exercent, on constate, parmi ceux entrés avant 1940, qu'un seul fait carrière dans la sucrerie, et ceci au Brésil. Ceci est surprenant, compte tenu du rôle de la sucrerie à l'origine.

Plus précisément, il est intéressant de présenter deux ingénieurs des industries agricoles, fils d'ouvriers, entrés à l'ENIA avant 1914 et devenus chefs d'entreprise.

- Fils d'un ajusteur, Alcide Sauvage (1885-1945) est né à Saint-Quentin. Son père étant décédé, sa mère vient s'établir à Paris. Cette résidence le conduit à effectuer ses études à l'École professionnelle de Choisy-le-Roi (Val de Marne) et il entre en 1902 à l'ENIA. On sait qu'à partir de 1936, il est industriel en fournitures pour maroquinerie à Paris, où il décède.
- Marcel Marchand (1894-1975), fils d'un jardinier, est également né à Saint-Quentin, en 1894. Il fréquente l'école pratique d'agriculture de Crézancy (Aisne) et entre à l'ENIA en 1910. On sait qu'à partir de 1929, il dirige une entreprise de transports à Commercy (Meuse) et décède à La Fère (Aisne).

On ne peut qu'être frappé par la similitude de ces deux parcours. L'un et l'autre sont nés à Saint-Quentin, ville industrielle, dont nous avons vu qu'elle était le lieu d'origine du « savoir sucrier » en France[70]. Ils se sont orientés, l'un et l'autre, vers une école professionnelle directement liée à l'activité de leur père, une école professionnelle proprement dite pour le fils d'ajusteur et une école pratique d'agriculture pour le fils de jardinier. Ayant eu connaissance, vraisemblablement par leur lieu d'origine, de l'importance de la sucrerie, ils se sont orientés vers l'ENIA, où ils sont entrés avant 1914. Pour la période qui suit, du fait de la Première Guerre mondiale, une lacune existe dans notre information. On peut faire l'hypothèse qu'ils ont débuté, comme beaucoup d'ingénieurs ENIA à l'époque, par des campagnes en sucrerie et qu'ils n'ont pas persévéré dans cette voie. Nous ne disposons cependant d'aucun élément concret à ce sujet. Peut-être, instruits par des parcours antérieurs[71], ont-ils estimé que, dans cette industrie très structurée, les chances d'accès à des postes de responsabilité pour des ingénieurs issus de milieux très modestes étaient faibles, ainsi que nous venons de le constater. Dans le cas d'Alcide Sauvage, l'occasion est peut-être venue des liens noués à l'école professionnelle. Le fait est qu'ils ont trouvé l'un et l'autre l'occasion de diriger une entreprise, vraisemblablement de taille modeste, mais il faut remarquer que l'une et l'autre n'étaient pas des industries agricoles et alimentaires. L'ENIA a été pour eux, essentiellement, une école industrielle. Ensuite, ils ont su saisir leur chance.

Enfin on se doit de signaler qu'un des anciens élèves entrés à l'école pendant cette période aura un parcours un peu particulier puisqu'il deviendra parlementaire. IL s'agit de Jean Worms (1894-1974). Né à Paris, il effectue des études d'horticulture au Plessis Piquet (Hauts de Seine)[72]. Il entre à l'ENIA en 1911 et débute sa carrière dans une société de traitement de surface des métaux à Paris. En 1929, il exerce son activité dans une industrie de construction d'appareils pour la viticulture, dans la région bordelaise. En 1937, il est domicilié en Dordogne. Là, il participe à la Résistance sous le pseudonyme de Germinal. Il devient président du Comité départemental de Libération et est délégué à l'Assemblée consultative. Le 21 octobre 1945, il est élu député à la première Assemblée constituante, sur la liste socialiste[73]. Mais il n'est

70 Sur Armand Vivien, voir annexe IV.
71 Voir ci-dessus, le parcours d'Émile Rémy, p. 239.
72 Actuellement le Plessis Robinson (Hauts-de-Seine).
73 *Le Monde*, 23 octobre 1945, p. 4. Cette liste a deux élus, l'autre étant Robert Lacoste.

pas réélu aux élections du 2 juin 1946 destinées à désigner la deuxième Assemblée constituante[74]. Il termine sa carrière en tant qu'administrateur de la Compagnie industrielle du bois.

Bien entendu, on ne peut tirer des conclusions à partir d'un échantillon de 15 individus sur 443 entrés à l'ENIA avant 1914, Cependant, quelques observations nous paraissent ressortir de la comparaison de ces différents parcours.

Les carrières dans les filières fondatrices sont celles qui présentent le moins d'imprévu. On ne peut que constater que, malgré l'opposition complète de leurs milieux sociaux d'origine, les parcours professionnels respectifs de Henri et Paul Garry, d'une part et de Paul Quévy, d'autre part, étaient prévisibles dès la sortie de l'école. S'agissant de ce dernier, c'est seulement à la fin de sa carrière que la différence du milieu d'origine infléchit son parcours. Ceci ne veut surtout pas dire que le milieu socioprofessionnel d'origine soit sans influence, et le parcours d'Émile Rémy en est un exemple.

Mis à part le cas de ceux pour qui, tel Julien Saraillé, le passage à l'ENIA est le produit des circonstances, l'agriculture apparaît, pour les ingénieurs des industries agricoles, plutôt comme une activité de repli, que ce soit pour une très grande partie de la carrière, comme Louis Gouélin ou, lors de périodes de difficiles, survenant dans des carrières tournées vers l'industrie : c'est le cas d'Achille Lambert-Goursaud pendant deux années, ou de Charles Bouillon en fin de carrière.

Ce sont les carrières industrielles exercées en dehors des industries agricoles et alimentaires qui offrent aux ingénieurs des industries agricoles les carrières les plus diversifiées, avec parfois des aléas. Certains manifestent une réelle capacité d'adaptation à des activités dont certaines, telle l'activité pétrolière exercée par Lambert-Goursaud, sont appelées à offrir, dans les années qui suivront la Deuxième Guerre mondiale des perspectives particulièrement intéressantes aux ingénieurs formés à l'ENIA.

Sur les 15 parcours présentés, quatre, et même 7 si l'on y ajoute les trois présidents de l'Amicale présentés plus loin, ont fréquenté une école pratique d'agriculture. Ils ne semblent pas avoir été professionnellement inférieurs aux autres ingénieurs de cet échantillon. On ne peut cependant en conclure que les craintes, exprimées par l'école dans la deuxième

74 *Le Monde* du 4 juin 1946, p. 3.

moitié des années 1930, soient sans fondement car le bénéfice de points a été accordé principalement à partir de 1919[75].

LES INGÉNIEURS DES INDUSTRIES AGRICOLES ENTRÉS DE 1919 À 1939

La dynamisation de l'école durant cette période va se traduire par des carrières plus diversifiées que durant la période précédente. L'évolution du groupe professionnel des ingénieurs des industries agricoles sera analysée et quelques-unes de ces carrières seront évoquées.

LES CARACTÉRISTIQUES DES ÉTUDIANTS ENTRÉS DE 1919 À 1939

Ce sont, d'abord la caractéristique conditionnant le plus fortement l'entrée à l'école, c'est-à-dire le niveau scolaire qui est présentée puis le milieu professionnel des parents, ensuite l'origine géographique et enfin la nationalité.

Le niveau scolaire des étudiants avant 1940

La majorité des étudiants de l'ENIA entrés à cette période sont issus, d'une part, de formations primaires et secondaires, y compris les lycées et collèges techniques et les écoles d'agriculture et, d'autre part, des grandes écoles d'où proviennent les ingénieurs stagiaires[76].

Il peut paraître pertinent d'étudier la fréquence des catégories socio-professionnelles des pères dans chacun des regroupements de formation. Les formations anciennes sont caractérisées par une proportion de plus de 20 % de fils d'agriculteurs ; les fils de chefs d'entreprise, d'artisans et de commerçants, de techniciens et d'employés représentent chacun plus de 10 % ; les fils d'ouvriers se situent à 8 %. Les fréquences des fils de cadres supérieurs de la fonction publique ainsi que des fils d'autres origines sont plus faibles.

75 Voir plus loin, p. 250.
76 Voir chap. « Le paradoxe des ingénieurs des industries agricoles et alimentaires », p. 509.

Les ingénieurs stagiaires sont caractérisés par une très forte fréquence de fils d'artisans et de commerçants puis de fils de catégories supérieures de la fonction publique Les fils d'agriculteurs ainsi que ceux de chefs d'entreprise, de professions libérales ou de cadres supérieurs d'entreprise sont un peu moins représentés. Quant aux autres catégories socioprofessionnelles, elles sont nettement moins importantes en nombre, les fils de directeurs d'entreprise étant totalement absents.

En portant son attention sur les diplômes obtenus par les étudiants avant leur entrée à l'école, à cette période on retrouve, de même que pour les établissements fréquentés, une forte fréquence de diplômes dont le niveau général est faible[77] et parmi lesquels celui des écoles pratiques d'agriculture est le plus fréquent. Les ingénieurs stagiaires, ayant donc déjà un diplôme de grande école, se situent, évidemment, dans une position plus favorable.

Durant la période allant de 1919 à 1939, deux faits vont influer sur le niveau scolaire des étudiants à l'entrée à l'école. Tout d'abord un concours est prévu à partir de 1927[78].

L'arrêté de 1927 fixe à 35 l'effectif maximal à recruter chaque année. L'épreuve d'admission devient réellement un concours car on relève qu'en 1935, pour 58 candidats déclarés admissibles à l'issue de l'écrit, seuls18 sont admis. Pour 1938, 4 candidats reçus aux écoles nationales d'agriculture optent pour l'ENIA[79], les écoles nationales d'agriculture gardant plus d'attrait pour les étudiants car 15 autres candidats, reçus également dans les deux types d'établissement, ne choisissent pas l'ENIA[80]. C'est pourquoi l'école effectue un effort important pour se faire connaître : en 1939 en particulier, une campagne d'affiches est effectuée auprès de l'Institut agronomique, des trois écoles nationales d'agriculture, des quatre écoles d'arts et métiers et de l'Institut industriel du Nord, ainsi qu'auprès des 32 écoles pratiques d'agriculture,

77 Ce sont les diplômes pour lesquels la promotion médiane est égale ou inférieure à 1922. Voir chap. « Le paradoxe des ingénieurs des industries agricoles et alimentaires », tableau 24, p. 512.

78 Le concours d'entrée est instauré par un arrêté ministériel du 25 février 1927.

79 Parmi eux figure Yves Labye dont le parcours est donné ci-dessous, p. 271.

80 Précisons également que les trois candidats précités qui ont opté pour l'ENIA étaient reçus aux écoles nationales d'agriculture entre le 9e et le 121e rang. Ce qui est plus surprenant, c'est que trois candidats reçus aux deux types d'établissement n'en choisissent aucun, ce qui montre les limites de l'attrait de ces écoles.

de 8 écoles professionnelles, de 15 écoles primaires supérieures et de 121 lycées[81].

Cependant, c'est principalement autour de l'évolution du recrutement par les écoles pratiques d'agriculture que vont se focaliser les débats à cette période. La principale modification par rapport au début du XXe réside dans l'augmentation de la majoration de points à l'examen d'entrée pour les diplômés de ces écoles pratiques[82]. Malgré l'intérêt de ce type de recrutement, le niveau scolaire des élèves issus de ces écoles ne s'avère pas toujours suffisant et certains professeurs estiment injustifiée cette bonification de points. C'est ainsi qu'en 1935 le professeur de brasserie soulève cette question, affirmant que :

> L'enseignement [de l'ENIA] diffère totalement des écoles d'agriculture et [...] exige, de ce fait, une préparation absolument différente et plus scientifique[83].

C'est pourquoi, en 1937, le directeur Étienne Dauthy expose cette préoccupation dans son rapport :

> Il serait souhaitable qu'une décision intervienne prochainement afin de ramener à un taux raisonnable la majoration accordée aux élèves des écoles pratiques d'agriculture. C'est ainsi que cette année, grâce à une majoration de 23 points, nous voyons admis un élève d'école pratique d'agriculture dont la moyenne réelle est de 6,97/20 et, grâce à une majoration de 20 points, 13 élèves d'écoles pratiques dont les moyennes réelles s'échelonnent entre 7,25 et 9,85/20. La conséquence en est l'impossibilité, pour le corps enseignant, de donner à des jeunes gens dénués de toute culture générale la formation scientifique et technique indispensable[84].

Cette majoration de points sera supprimée au moment de la réorganisation de l'enseignement de l'ENIA, décidée pendant la Deuxième Guerre mondiale, puis confirmée à la Libération et qui se traduit par le passage à trois années d'études[85]. Rappelons que ces écoles sont remplacées en 1941 par les écoles régionales d'agriculture. Toutes ces

81 Archives ENSIA.

82 Cette majoration de 5 points à partir de 1906 est portée à 20 points par l'article 5 de la loi du 2 août 1918.

83 Conseil de perfectionnement du 21 décembre 1935. Archives ENSIA.

84 Conseil de perfectionnement du 12 octobre 1937. Rapport du directeur. Archives ENSIA.

85 Une brochure sur les conditions d'accès à l'ENIA publiée en 1943 ne fait état d'aucune majoration de points.

raisons expliquent que ce mode de recrutement se tarit à cette époque car après 1944, aucun étudiant de l'ENIA n'en est originaire.

Le milieu professionnel d'origine des étudiants entrés avant 1940

Ce sont les caractéristiques de l'origine professionnelle de l'ensemble de la sous-population formées à l'ENIA avant 1940 que nous présentons maintenant. Ceci implique que ce qui suit englobe les caractéristiques propres de la sous-population des étudiants entrés avant 1914, vues précédemment.

Une connaissance de la place, dans le temps, des catégories socio-professionnelles[86] d'origine des étudiants de l'ENIA nous est donnée par la date de naissance des étudiants de l'ENSIA en fonction de celles dont ils sont issus. Un examen des années moyennes de naissance nous montre que les catégories les plus « anciennes », c'est-à-dire celles dont l'année moyenne de naissance est antérieure à celle de la population totale, appartiennent d'abord au secteur secondaire tels que les chefs d'entreprise, les ouvriers, les artisans, les techniciens et les employés en entreprise. Viennent ensuite le secteur tertiaire puis les agriculteurs. À l'origine, les catégories les plus représentées sont celles appartenant au système industriel originel, c'est-à-dire les chefs d'entreprise, les ouvriers, les artisans et les commerçants. Parmi eux se retrouvent des professions intellectuelles que l'on peut qualifier de « traditionnelles », telles que les instituteurs et les officiers.

Une appréciation complémentaire sur l'origine des étudiants de l'ENSIA peut être obtenue par la promotion médiane des étudiants dont les pères appartiennent à chacune des différentes catégories socioprofessionnelles[87]. On peut y distinguer deux sous-ensembles de catégories socioprofessionnelles, selon la place de la promotion médiane par rapport à celle de la population totale, soit 1936.

Le premier sous-ensemble est constitué par ceux pour lesquels la promotion médiane est nettement antérieure à 1936 : il s'agit d'étudiants dont les pères sont soit chefs d'entreprise, soit instituteurs, soit artisans

86 Ce sont les catégories socioprofessionnelles de niveau C 13 qui sont, adoptées. Voir annexe XXVII.

87 Voir chap. « Le paradoxe des ingénieurs des industries agricoles et alimentaires », tableau 27, p. 515.

et commerçants, soit ouvriers. On relèvera que ces catégories socio-professionnelles concernent l'industrie sous sa forme originelle, ainsi que des services que l'on peut qualifier de « traditionnels ». Ce constat recoupe tout à fait, mis à part les officiers regroupés dans les catégories supérieures d'activité publique, l'analyse faite à propos des années de naissance. D'ailleurs l'année moyenne de naissance des étudiants de ce sous-ensemble est antérieure à 1914.

Le deuxième sous-ensemble est constitué par ceux pour lesquels la promotion médiane est égale à ou voisine de 1936. Il s'agit des fils d'agriculteurs, d'inactifs et divers, de techniciens, de cadres moyens de la fonction publique et d'employés. Les fils d'agriculteurs ont une répartition identique à celle de la population totale, ce qui montre que le recrutement dans cette catégorie a été continu tout au long de la période étudiée. D'autre part, si les cadres moyens de la fonction publique et les techniciens appartiennent aux professions intermédiaires, alors que les employés sont classés dans le personnel d'exécution, la proximité socioprofessionnelle de ces trois catégories est évidente.

Dans la catégorie classée comme « inactifs » quelques individus méritent une mention particulière : il s'agit des enfants de l'Assistance publique. Dans la population étudiée ici, leur nombre est de 7 dont trois entrent à l'ENIA avant 1914, trois dans l'entre-deux guerres et un après 1940.

Les valeurs de la promotion Q1 et de l'étendue interquartile correspondant à chacune des catégories socioprofessionnelles des pères montrent sensiblement les mêmes distinctions que celles relevées à partir des années moyennes de naissance ou de la promotion médiane[88]. La proximité de comportement des fils de chefs d'entreprise et des fils d'ouvriers, qui ressort de cette analyse, pourra surprendre. Celle des fils d'artisans et de commerçants avec celle des fils de chefs d'entreprise est moins étonnante, puisque la distinction entre eux est parfois difficile à établir. En définitive, ces critères montrent que les fils issus de ces trois catégories socioprofessionnelles sont entrés à l'ENSIA surtout à l'origine de l'école.

Si l'on examine les activités exercées par les pères des étudiants de l'ENIA, on constate que ce sont dans les industries agricoles et

88 Voir chap. « Le paradoxe des ingénieurs des industries agricoles et alimentaires », figure 11, p. 516.

alimentaires que le recrutement est le plus ancien. Ceci tient surtout à l'importance des filières fondatrices d'où est issue une grande part du recrutement à l'origine. Viennent ensuite le reste de l'industrie, l'agriculture et la viticulture, ces deux dernières activités occupant donc une position moyenne dans l'ensemble de la population étudiée[89].

L'examen des étendues interquartiles de chacune des activités classées par date de promotion Q1 croissante dans le temps confirme l'analyse précédente et souligne, en particulier, l'arrivée très précoce des étudiants dont les pères exercent leur activité dans les industries agricoles et alimentaires.

L'origine géographique des étudiants

L'origine des étudiants en fonction des zones de résidence des parents varie peu par rapport à la période précédente. Cependant, le centre de gravité de l'origine des étudiants se déplace vers la Picardie[90]. Par ailleurs, il est possible d'affiner l'interprétation de l'origine géographique des étudiants de l'ENIA en faisant appel à des facteurs non géographiques, c'est-à-dire ceux qui viennent d'être présentés ci-dessus.

C'est sur l'ex-région Nord Pas-de-Calais que l'étude sera d'abord conduite car elle constitue le berceau géographique de l'école et de nombreux étudiants de l'ENIA en sont originaires, du moins à l'origine. Sur les 204 étudiants nés dans le département du Nord, plus de la moitié entrent avant 1914 et près de 90 % le font avant 1940. Si l'on examine les principales communes d'origine, Douai vient en tête, suivi de Lille et de Roubaix. Il y a donc deux centres principaux d'origine dans le département du Nord ; plus précisément, deux ensembles de communes représentatives, l'une de l'agglomération douaisienne[91], l'autre de l'agglomération Lille Roubaix Tourcoing[92].

89 Voir chap. « Le paradoxe des ingénieurs des industries agricoles et alimentaires », tableau 30, p. 519.

90 Pour cette région, la promotion médiane au moment de l'entrée à l'école est 1925.

91 Cette agglomération a été constituée par la ville de Douai et les communes immédiatement limitrophes, soient 8 au total, parmi lesquelles Cuincy, Roost Warendin et Sin le Noble ont effectivement vu naître de futurs ingénieurs ENIA.

92 Pour Lille Roubaix Tourcoing ont été retenues les communes situées entre ces trois villes, ainsi que celles immédiatement limitrophes, soient 21 au total, parmi lesquelles Croix, La Madeleine et Saint André sont effectivement des lieux de naissance de futurs ingénieurs ENIA.

En examinant le rapport à l'ensemble de la population totale, on relève que l'agglomérations douaisienne est celle dont sont originaires, et de très loin, le plus grand nombre d'étudiants à l'ENIA. Par contre, ceux originaires de l'agglomération lilloise sont nettement moins nombreux que ceux originaires de chacun des départements du Nord et du Pas-de-Calais mais représentent presque le double de ceux originaires de la France métropolitaine. La proximité géographique explique la place prééminente de l'agglomération douaisienne, alors que la place relative plus faible de l'agglomération lilloise suggère que là où il y a de nombreuses activités industrielles, le textile en particulier dans ce cas, l'ENIA attire peu[93].

L''examen des catégories socioprofessionnelles dont sont issus les étudiants de l'ENIA nés dans ces deux agglomérations conduit aux commentaires suivants. Deux catégories ne sont représentées dans aucune des deux agglomérations : les agriculteurs, ce qui n'est pas étonnant et les cadres moyens de la fonction publique. Si l'on joint ce dernier chiffre à la très faible présence de fils d'ouvriers et de fils de techniciens, on peut en conclure que, surtout dans l'agglomération douaisienne, l'ENIA n'est que très faiblement une voie de promotion sociale pour les catégories défavorisées. Cependant, on relève, une présence significative de fils d'artisans et de commerçants, surtout dans l'agglomération douaisienne, où ils sont la catégorie socioprofessionnelle la plus représentée. Il en est de même des fils d'employés, surtout dans l'agglomération lilloise. Ces deux situations montrent que les catégories proches des catégories supérieures, soit par leur statut, ce qui est le cas des artisans et commerçants, soit par leur fonction, ce qui est le cas des employés, sont davantage attirés par l'ENIA. Ceci est l'indication d'un statut favorable, confirmé par une forte présence de fils de cadres supérieurs de la fonction publique dans l'agglomération douaisienne et de fils de professions libérales dans l'agglomération lilloise.

Par contre, on doit souligner la faible présence de fils de directeurs et de cadres supérieurs d'entreprise ce qui, ajouté à la très faible présence de fils de techniciens et d'ouvriers, montre que l'ENIA est peu attrayante auprès des entreprises. C'est là une conséquence des difficultés rencontrées par l'école à partir de 1896[94], difficultés qu'Urbain Dufresse

93 Une situation semblable est rencontrée en Rhône-Alpes. Voir chap. « les ingénieurs des industries agricoles et alimentaires formés de 1941 à 1968 », p. 340.

94 Voir chap. « Le projet des sucriers », p. 142-151.

ne parviendra pas à surmonter totalement, du moins au début, si l'on en juge par l'appréciation très réservée du propre président de l'amicale des anciens élèves de l'ENIA, au moment de la préparation de la loi du 2 août 1918[95]. Ceci est confirmé également par la faible place des industries agricoles et alimentaires ou des activités qui y sont directement rattachées, dans les activités des pères des étudiants de l'ENSIA issus de ces deux agglomérations. On ne rencontre qu'un seul fils de brasseur qui soit originaire de l'agglomération douaisienne, alors qu'on rencontre quatre fils d'enseignants, trois fils de fonctionnaires ou de personnes exerçants dans la restauration et autant dans le commerce. L'image « industrielle » de l'ENIA dans l'agglomération lilloise paraît moins défavorable puisqu'on rencontre trois fils de brasseurs et quatre autres dont les pères exercent leur activité dans ces industries. Le fait que cette image soit meilleure en s'éloignant de Douai pourrait s'expliquer par le fait que les difficultés internes de l'ENIA y ont moins d'écho. L'absence totale d'étudiants issus de la sucrerie, qui est pourtant la plus importante des filières fondatrices dans la conception de l'école, confirme l'explication donnée de la faible représentation des industries agricoles dans les activités des pères des étudiants issus de ces deux agglomérations.

Si l'on récapitule les communes dont est originaire le plus grand nombre d'étudiants de l'ENIA, il est frappant de constater que, mis à part des communes des agglomération de Lille ou de Douai ainsi que Valenciennes, il ne s'agit pas de centres importants[96].

Dans le département du Pas-de-Calais, la répartition, dans le temps, des entrées à l'ENIA est très voisine de celle du département du Nord, avec toutefois une fréquence moins élevée avant 1940. La densité relative à la population est inférieure à celle du Nord mais est plus du double de celle de la France métropolitaine. On constate que, encore plus que dans le Nord, les communes dont sont issus des étudiants de l'ENIA en plus grand nombre sont exclusivement des centres secondaires[97].

Au terme de ce panorama sur le Nord Pas-de-Calais, on constate que, à part l'agglomération douaisienne en faveur de laquelle joue la proximité

95 Voir chap. « Le projet des distillateurs », p. 169-170.

96 Pour département du Nord, n'ont été prises en compte que les communes dont sont originaires au moins 4 étudiants.

97 Pour le département du Pas-de-Calais, n'ont été prises en compte que les communes dont sont originaires au moins 3 étudiants.

et l'agglomération lilloise dans une mesure nettement moindre, les étudiants de l'ENIA proviennent davantage de communes d'importance secondaire. Leur forte représentation dans ces communes est, la plupart du temps, la conséquence de l'implantation d'une famille d'entrepreneurs exerçant, dans presque tous les cas, son activité dans l'une des filières fondatrices de l'ENIA[98]. Cette logique d'implantation patronale[99] n'est pas rare chez les dirigeants d'entreprises de quelque filière que ce soit, dans ces deux départements du Nord et du Pas-de-Calais. Ceci n'est pas le cas pour Aniche dans le Nord, car plusieurs des étudiants de l'ENIA qui en sont issus sont des fils d'ouvriers verriers qui constituent un premier stade de promotion sociale. Il s'agit dans ce cas d'une logique de promotion ouvrière. Ce n'est pas non plus le cas pour Valenciennes car les étudiants de l'ENIA qui en sont issus proviennent de catégories très variées, représentatives de la diversité de la population de ce grand centre : magistrat, fonctionnaire, employé aux mines.

Pour les autres zones, l'interprétation de l'origine géographique des étudiants de l'ENIA est recherchée en considérant les lieux de résidence des parents qui représentent une meilleure explication de cette origine. De l'examen des quelques autres zones sur lesquelles nous nous arrêtons, ressortent quelques facteurs du recrutement à l'ENIA, qui peuvent se regrouper soit autour des activités économiques principales, soit autour des modes de formation dominants.

L'existence d'une activité sucrière ancienne se traduisant par un recrutement « précoce » est parfaitement illustré par la Picardie. Les caractéristiques statistiques[100] indiquent que les effectifs issus de cette

98 Signalons à Hénin Beaumont le cas de la famille Gourlet qui représente le seul cas rencontré dans la population faisant l'objet de cette recherche, de trois générations d'ingénieurs ENSIA. Le grand-père, Joseph Gourlet, lui-même fils de brasseur, de la promotion 1893, est décédé en 1979 à 102 ans. Le père, Robert, de la promotion 1924 a repris cette brasserie et le fils, Bernard, de la promotion 1951 a exercé son activité dans l'industrie chimique. Également originaires d'Hénin Beaumont, André et Georges Gruyelle, dont le père dirige une sucrerie, entrent à l'ENIA en 1896 et n'y terminent pas leurs études. Il en est de même pour Narcisse Gruyelle entré en 1895.

99 Certains membres de ces familles ayant suivi leurs études à l'ENIA font carrières dans d'autres filières. C'est ainsi que Arsène et Achille Falempin, respectivement des promotions 1909 et 1912, originaires de Desvres (Pas-de-Calais), font carrière aux établissements Baignol et Farjon, spécialisés dans les articles de bureau.

100 La promotion médiane de la Picardie est 1925 mais on relève que la durée de 35 années de l'étendue interquartile est plus élevée que celle de la population totale des étudiants faisant l'objet de cette recherche qui est de 32 années. Rappelons que la promotion

région comprennent, en fait, deux sous-populations. Il s'agit d'abord d'une sous-population d'origine « sucrière », identique à celle du Nord-Pas-de-Calais, puis d'une autre, due à la proximité de la région Île-de-France.

Ceci conduit à examiner plus particulièrement le cas des zones présentant une caractéristique de dispersion[101] supérieure à celle de l'ensemble de la population. Parmi elles se trouve la région des Pays de la Loire, dont la comparaison avec les caractéristiques de la Bretagne et le Poitou-Charentes voisins fait ressortir la spécificité. Ceci s'explique par la présence, dans l'agglomération nantaise, d'une industrie du sucre de canne. Il y a donc, dans les Pays de la Loire, deux recrutements : d'une part, un recrutement de type « sucrier » : de même que dans les autres régions sucrières, l'activité de raffinage de la canne à sucre dans l'agglomération nantaise a incité des étudiants à s'orienter vers l'ENIA[102] ; d'autre part, un recrutement « ouest » analogue à celui des deux autres régions voisines. L'importance des recrutements en Bourgogne et en Poitou-Charentes peut s'expliquer par la faiblesse des activités industrielles. L'ENIA attire là où les autres filières industrielles sont faiblement représentées.

Par ailleurs, on observe que la zone constituée par les départements et territoires d'outre-mer se situe parmi les plus précoces, après le Nord Pas-de-Calais, la Picardie, les pays étrangers et le Limousin. D'autre part, cette zone est très concentrée dans le temps[103]. C'est en effet à partir de 1925 qu'arrivent, en nombre important, les étudiants originaires des départements et territoires d'outre-mer. Or dans les Antilles françaises et à la Réunion, d'où proviennent exclusivement les étudiants de l'ENIA originaires de ces départements et territoires, l'industrie agricole dominante est celle de la sucrerie de canne. C'est pourquoi un cours, spécialement consacré à cette activité, est dispensé à l'ENIA, avec quelques années de retard, de 1932 à 1936, enseignement, qui ne sera pas poursuivi.

---

médiane du Nord-Pas-de-Calais est de 1912 et la promotion médiane de la région Île-de-France se situe en 1945.

101 C'est-à-dire l'étendue interquartile.

102 C'est le cas de Georges Billiard, de la promotion 1901, qui reprend la raffinerie familiale avant que celle-ci ne soit absorbée par la société Say.

103 L'étendue interquartile est de 11 années, donc parmi les plus courtes. Seuls les pays ayant dépendu autrefois de la souveraineté française présentent une étendue interquartile plus courte de 9 années.

Peu de temps après la Première Guerre mondiale, la population des étudiants entrés à l'ENIA va être marquée par un changement important : l'admission d'étudiants étrangers.

Les étudiants étrangers entrés de 1920 à 1939

À l'origine, seuls les étudiants de nationalité française étaient admis, mais cette interdiction est levée en 1920[104]. Sur la période couverte par l'ensemble de cette recherche, c'est-à-dire les étudiants formés depuis l'origine jusqu'en 1965, les étudiants étrangers représentent, par rapport à ceux dont la nationalité est connue, un pourcentage de 3,7 %. Cela a donc un poids statistique très faible qui pourrait être considéré comme négligeable. Mais cette présence et la date de leur entrée est chargée de sens.

Le continent qui envoie le plus grand nombre d'étudiants à l'ENIA est l'Asie : en proviennent 14 Chinois, alors que pour leur part l'Afghanistan le Cambodge et l'Inde n'ont envoyé, pour chacun d'entre eux qu'un seul étudiant. Ces pays asiatiques se regroupent en deux sous-ensembles : d'une part, l'Extrême-Orient (Chine, Cambodge) auquel on, peut rattacher l'Inde, et d'autre part, le Moyen-Orient (Afghanistan, Iran, Jordanie Syrie et Turquie). L'ensemble représente 22 étudiants. Les caractéristiques statistiques[105] montrent que l'entrée des étudiants asiatiques à l'ENIA a été précoce et concentrée dans le temps. L'entrée des Chinois à l'ENIA se fait pendant une période très concentrée, de 1921 à 1926, ce qui est vraisemblablement la conséquence des troubles sociaux et politiques de la Chine à cette époque[106].

Parmi les étudiants européens entrés à l'ENSIA, trois sont originaires de la Roumanie, deux de la Pologne ainsi que de la Belgique et un seul, respectivement, de la Bulgarie, de Chypre, de la Grèce et de la principauté de Monaco[107]. Ces européens entrés à l'ENIA sont principalement originaires de l'Europe de l'Est : Roumanie, Pologne, Bulgarie, d'où proviennent 6 étudiants, auxquels on peut adjoindre deux étudiants originaires de l'Est de

104 Sur l'interdiction des étrangers, voir « Le projet des sucriers », p. 126. L'admission des étrangers est autorisée par l'article 7 du décret du 23 juin 1920. Voir Thérèse Charmasson, Anne-Marie Lelorain et Yannick Ripa, ouvr. cité, p. 329.

105 Pour les étudiants originaires d'Asie, la promotion médiane se situe en 1929 et l'étendue interquartile est de 21 années. Pour ces notions, voir chap. « Le paradoxe des ingénieurs des industries agricoles et alimentaires », p. 504.

106 *Encyclopaedia Universalis*, t. 4, Chine, histoire jusqu'à 1949, p. 809-811, Paris 1984.

107 La promotion médiane se situe en 1927 et l'étendue interquartile est de 7 années.

la Méditerrané : Chypre et la Grèce. Seuls deux Argentins, entrés en 1932, représentent le continent américain parmi les étudiants étrangers de l'ENIA.

Plus généralement, les étudiants étrangers entré à l'ENIA avant 1940 peuvent, à l'exception de ceux originaires d'Europe occidentale et des Argentins, être regroupés pratiquement en un sous-ensemble rassemblant des pays situés à l'Est de l'Europe, partant de la Pologne, de la Roumanie, de la Bulgarie, en y incluant la Grèce et Chypre, pour rejoindre, en Asie, l'Iran, l'Afghanistan et auxquels on peut adjoindre, malgré sa spécificité, la Chine, proche de ce dernier pays. De ce sous ensemble sont originaires 32 étudiants, soit 47 % des étrangers.

C'est le rayonnement culturel de la France dans les pays de l'Europe de l'Est à cette époque[108] qui nous paraît être la cause de cet attrait pour une école française. Par contre, cet attrait s'explique moins facilement pour les autres pays du Moyen-Orient où l'influence dominante, à cette époque, était plutôt anglaise. Or, comme nous l'avons vu, au XIXe siècle, l'Angleterre avait renoncé à produire du sucre, préférant l'acheter au cours mondial[109]. Les étudiants originaires de ces pays ont pu être attirés par une école d'un pays possédant, à cette époque, une expérience plus ancienne que des établissements anglais similaires dans le domaine de la sucrerie et de la distillerie. En effet parmi les 6 étudiants de ces pays, pour lesquels la carrière est au moins partiellement connue, trois d'entre eux exercent ensuite leur activité dans la sucrerie ou l'alcool[110].

En définitive, mis à part ces derniers cas, ce sont d'avantage des facteurs politiques ou culturels que des facteurs techniques ou économiques qui expliquent l'entrée d'étudiants étrangers à l'ENIA avant 1940.

Un cas particulier doit être relevé : il s'agit des Français d'origine russe. En effet, de 1924 à 1932, entrent à l'ENIA, 19 étudiants originaires de l'URSS. Leur présence peut être interprétée comme la conséquence de l'instauration du régime soviétique. Il est avéré que, parmi eux, se trouvaient d'anciens membres de l'armée blanche[111]. Pour les autres, le fait qu'aucun ne soit ensuite retourné en URSS, laisse supposer qu'ils n'étaient pas envoyés par le nouveau régime.

108 Voir le témoignage du stagiaire roumain, chap. « Le projet des distillateurs » p. 179.
109 Voir chap. « Le projet des sucriers » p. 153.
110 Il s'agit de deux Turcs et d'un Iranien.
111 L'un d'entre eux a fait partie de l'armée Wrangel, *Agriculture et industrie*, novembre 1927. Un autre ingénieur ENSIA d'origine russe, officier de formation, a fait également partie de l'armée blanche. *Bull. ingénieurs ENSIA*, n° 27, p. 27, 1954.

On doit relever que dans l'entre-deux guerres plusieurs autres écoles techniques ont vu arriver un nombre non négligeable d'étudiants étrangers à tel point qu'on peut légitimement se poser la question de savoir si, pour certaines de ces écoles, l'accueil des étrangers n'entrait pas dans leur stratégie de développement. La comparaison avec l'Institut électronique de Nancy et avec l'Institut polytechnique de l'Ouest à Nantes s'impose[112]. Toutefois, il ne semble pas que cette démarche ait pris à l'ENIA l'aspect volontariste qu'elle a revêtue dans ces deux autres institutions.

C'est, maintenant le déroulement des carrières des ingénieurs après leur sortie de l'école que nous présentons.

LES CARRIÈRES DES INGÉNIEURS DES INDUSTRIES AGRICOLES ENTRE 1919 ET 1939

C'est pour chacune des années 1921, 1929 et 1937 qu'ont été établies les situations professionnelles occupées par l'ensemble de la population des ingénieurs des industries agricoles. Il s'agit, donc, de présenter ce groupe professionnel à intervalle de 8 années. Cette évolution est présentée selon la catégorie socioprofessionnelle, d'une part et l'activité, d'autre part. Pour chacun de ces paramètres, c'est l'évolution de 1921 à 1937 qui est présentée.

Cependant, on doit s'arrêter, auparavant, sur le fait que le comportement de l'étudiant à l'école conditionne la suite de sa carrière. Il est donc logique d'adopter le parti que la carrière de l'ingénieur commence dès l'entrée à l'école[113]. On constate ainsi que 5 des sous-ensembles identifiés présentent une promotion médiane antérieure à 1936. Parmi eux figurent les démissionnaires et les ingénieurs stagiaires qui sont, après les diplômés, les deux sous-ensembles les plus nombreux. Les dates de leurs promotions médianes respectives sont révélatrices. Celle de 1905, pour les non diplômés, indique qu'à l'origine le niveau scolaire des élèves les moins bons ne permettait de leur accorder ni le diplôme, ni un certificat de scolarité. Celle de 1921, pour les démissionnaires,

112 Voir Birck, Françoise, « La question des étudiants étrangers et le développement de l'Institut électrotechnique de Nancy, 1900-1940 » et Fonteneau, Virginie, « Les étudiants étrangers, un enjeu pour le développement de l'Institut Polytechnique de l'Ouest ? », *in* Yamina Bettahar et Françoise Birck (dir.), *Étudiants étrangers en France. L'émergence de nouveaux pôles d'attraction au début du XXe siècle*, Presses universitaires de Nancy, collection « Histoire des institutions scientifiques », 2009, p. 33-55, 73-89.

113 Voir chap. « Le paradoxe des ingénieurs des industries agricoles et alimentaires », tableau 31, p. 533.

montre qu'à l'origine l'école présentait peu d'attrait puisque des élèves reçus à l'examen d'entrée n'y poursuivaient pas leurs études[114]. Il est, par ailleurs, confirmé que les ingénieurs stagiaires, la plupart originaires des écoles nationales d'agriculture, sont entrés à l'ENIA surtout avant 1940.

Les catégories socioprofessionnelles dans lesquelles se situent les ingénieurs des industries agricoles avant 1940

La répartition des différentes catégories socioprofessionnelles aux années étudiées est donnée dans la tableau 6.

Année	1921	1929	1937
Catégories socioprofessionnelles	%	%	%
Agriculteurs	9,55	6,77	6,66
Chefs d'entreprise	19,6	14,32	10,46
Professions libérales	3,01	4,69	5,13
Directeurs	18,09	19,53	15,97
Ingénieurs	27,64	29,69	38,21
Cadres administratifs	3,02	3,39	1,71
Cadres commerciaux	0,5	2,08	2,47
Cadres supérieurs fonction publique	6,03	5,21	6,08
Artisans et commerçants	0,5	0,52	0,95
Techniciens	9,55	11,46	8,94
Cadres moyens fonction publique	2,51	2,34	2,09
Employés en entreprise	0	0	0,19
Inactifs	0	0	1,14
Totaux	100, 00	100, 00	100, 00

TABLEAU 6 – Catégories socioprofessionnelles des ingénieurs des industries agricoles. Évolution de leur répartition de 1921 à 1937.

114 Les deux autres sous-ensembles dont la promotion médiane est antérieure à 1936 sont les exclus (1929) et les certifiés (1931).

L'évolution de la place qu'occupent les ingénieurs des industries agricoles dans les diverses catégories socioprofessionnelles peut être résumée de la façon suivante.

- Ils sont de moins en moins nombreux à être agriculteurs. Toutefois leur place varie peu de 1929 à 1937. La diminution a lieu surtout dans les premières années de l'école.
- Chez les chefs d'entreprise, ils sont également de moins en moins représentés. Leur diminution est plus forte que celle des agriculteurs et s'effectue régulièrement.
- Ils représentent un faible pourcentage, pratiquement stationnaire, parmi les professions libérales avec toutefois une augmentation en 1937 où ils sont 5 % dans cette catégorie.
- Une part régulièrement croissante d'entre eux occupe des fonctions de cadres supérieurs d'entreprise que ce soient des fonctions de directeurs, d'ingénieurs, de cadres administratifs ou de cadres commerciaux. Cette part augmente régulièrement, passant de près de 50 % en 1921, à près de 60 % en 1937. Toutefois, il convient de noter que la distinction entre chefs d'entreprise et cadres supérieurs est parfois artificielle, certains ingénieurs des industries agricoles classés dans les cadres supérieurs étant en fait des chefs d'entreprise. C'est pourquoi il paraît pertinent de regrouper ces deux catégories. Il en résulte une quasi-stabilité, avec près de 70 %, avant 1939. Ceci montre que dès l'entre-deux-guerres, les ingénieurs des industries agricoles ont su, en nombre significatif occuper des fonctions de responsabilités dans les entreprises, ce qui est précisément la finalité principale de l'ENIA.
- Parmi ceux qui exercent une fonction publique, ils représentent, dans les catégories supérieures, un pourcentage à peu près stationnaire, autour de 6 %, de 1921 à 1937. Le nombre d'entre eux qui exercent une fonction de cadres moyens diminue très légèrement, passant de 2,5 % en 1921 à 2,1 % en 1937. Leur présence dans cette catégorie peut surprendre mais est en cohérence avec le statut de l'école, encore peu valorisée au début des années 1920[115]. D'une manière générale, la part des ingénieurs des industries agricoles

115 Voir la déclaration du président de l'Association des anciens élèves lors de la préparation de la loi du 2 août 1918, chap. « Le projet des distillateurs », p. 169.

exerçant leur profession dans la fonction publique reste faible mais présente une grande stabilité.

- La place des artisans et des commerçants parmi les ingénieurs des industries agricoles est très faible, entre 0,5 % en 1921 et à peine 1 % en 1937.
- La part d'entre eux qui exerce une fonction de techniciens en entreprise est de l'ordre de 10 % jusqu'en 1937.
- La présence d'un seul employé en entreprise est observée en 1937.

Relevons que les chefs d'entreprise, les directeurs, les ingénieurs, les cadres administratifs, les cadres commerciaux, les techniciens et les employés exercent tous leur fonction dans une entreprise. La part totale des ingénieurs des industries agricoles exerçant ainsi leur fonction reste du même ordre de grandeur, entre 78 % et 80 %. L'importance de ces valeurs est conforme à la finalité de l'école, même si, à l'intérieur de cette catégorie, on observe des mouvements qui peuvent se résumer, à la fois par une augmentation de la part des cadres supérieurs et par une diminution de celle des chefs d'entreprise.

Quant aux inactifs, il s'agit exclusivement des retraités. Leur place, évidemment, d'abord inexistante est normalement très faible en 1937. À cette date, l'ancien élève de l'école le plus âgé a 67 ans. Il faut avoir présent à l'esprit que le recensement du nombre de retraités est inévitablement imprécis car beaucoup de ceux qui le sont effectivement ne se manifestent pas auprès de l'Association amicale qui établit l'annuaire.

Les activités dans lesquelles exercent les ingénieurs des industries agricoles

La part des ingénieurs des industries agricoles exerçant, aux années retenues[116], dans les différentes activités est donnée dans le tableau 8. Mais auparavant, afin d'en faciliter l'examen, les résultats concernant les activités liées plus particulièrement aux industries agricoles et alimentaires sont récapitulés par grands secteurs dans le tableau 7.

116 Rappelons qu'il s'agit des années 1921, 1929, 1937.

Activités	1921	1929	1937
Agriculture et viticulture	12,7	8,07	7,6
Sucrerie	19,58	20,16	19,49
Distillerie	4,23	12,37	15,79
Brasserie et malterie	18,52	12,1	9,75
Filières fondatrices	42,33	44,63	45,03
Produits alimentaires divers	0,53	0,81	1,17
Fabrication de boissons	1,05	1,61	2,34
Transformation du tabac	0	0	0,2
Industrie de la viande	0	0	0
Industrie laitière	0	0,8	2,34
Fabrication de conserves	0	0	0,59
Travail du grain	0	1,61	1,75
Autres IAA	1,58	4,83	8,39
Industries agricoles et alimentaires	43,91	49,46	53,42
Équipements pour IAA	5,29	3,23	2,92
Cabinets d'études	1,59	2,69	1,17
Activités annexes aux IAA	6,88	5,92	4,09
Industries agricoles et alimentaires	43,91	49,46	53,42
IAA et annexes	50,79	55,38	57,51
IAA, annexes et agriculture	63,49	63,45	65,11

TABLEAU 7 – Récapitulation des activités liées aux industries agricoles et alimentaires dans lesquelles exercent les ingénieurs des industries agricoles (exprimé en fréquence).

L'analyse de cette évolution est conduite en étudiant, d'abord, les industries agricoles et alimentaires proprement dites puis les activités qui s'y rattachent.

Parmi les premières, nous nous attarderons, d'abord sur les filières fondatrices. Rappelons qu'il s'agit de la sucrerie, de la distillerie, de la brasserie et de la malterie[117]. Les évolutions de la place des ingénieurs des industries agricoles dans chacune de ces trois filières sont différentes. Leur place dans la sucrerie est très stable : 20 % d'entre eux exercent dans cette filière. Dans la distillerie, leur place augmente considérablement de 1921 à 1937 passant de 5 % à 16 %, ce qui est la conséquence du projet des distillateurs. Quant à la place des ingénieurs des industries agricoles dans la brasserie et la malterie, d'abord importante puisque du même ordre de grandeur que celle de la sucrerie en 1921, elle diminue nettement puisqu'ils ne sont plus que moins de 10 % à y exercer leur activité en 1937.

S'agissant de la place qu'ils occupent dans les autres industries agricoles et alimentaires, on ne peut que constater qu'elle est pratiquement insignifiante et même totalement inexistante dans la filière viande, ce qui est étonnant compte tenu de son importance économique mais qui s'explique par les origines de l'école qui, du fait des circonstances de sa création, a privilégié la transformation de produits végétaux en produits alimentaires. C'est cette même raison qui explique la faiblesse de la présence des ingénieurs des industries agricoles dans la filière lait. La présence des ingénieurs des industries agricoles dans la filière du travail du grain autre que la malterie, inexistante en 1921, devient dès 1929 du même ordre de grandeur que leur présence dans la laiterie.

Dans les filières de la fabrication des boissons autres que et la brasserie, ils sont présents dans toutes les années étudiées, en faible nombre mais certains y occupent des positions fortes ainsi que l'atteste le parcours de Jean Hémard dont l'activité a eu un lien très étroit avec la distillerie.

Jean Hémard (1914-1982) : le sauveur de Pernod

Jean Hémard naît en 1914 à Montreuil sous Bois (Seine-Saint-Denis) dans une famille d'industriels des boissons et plus particulièrement des spiritueux, la distillerie Hémard, fondée par son arrière-grand père dans cette même commune de Montreuil sous Bois. Son père, André Hémard, comprend, dans les années qui suivent la Première Guerre mondiale, que des entreprises appartenant au même secteur d'activité ont intérêt à se

117 Pour la place de ces filières dans la création de l'école, voir chap. « Le projet des sucriers ».

rapprocher. C'est pourquoi il fusionne son entreprise avec la société Pernod-fils, installée à Pontarlier. Cette dernière société, créée en 1792, avait mis au point la fabrication de l'absinthe. En 1928, cet ensemble fusionne avec la société Pernod père et fils d'Avignon, dont les fondateurs n'avaient pas de lien de parenté avec ceux de Pontarlier, spécialisée à l'origine dans la fabrication de la garance pour la teinture et qui, par suite du développement des colorants artificiels, s'était reconvertie dans la fabrication des spiritueux. Ce nouvel ensemble prend le nom de Pernod et André Hémard en devient le premier président. Ce dernier comprend également que sa profession doit abandonner les méthodes artisanales encore en usage pour avoir recours à des techniques scientifiquement fondées. C'est pourquoi il incite son fils aîné à s'orienter vers l'ENIA où il entre en 1933[118].

Jean Hémard commence sa carrière comme stagiaire chez Pernod, mais en 1942 André Hémard décède et c'est l'oncle de Jean Hémard qui prend la tête de l'entreprise. Cette nouvelle situation l'éloigne quelque peu de l'entreprise Pernod et il se consacre pendant quelques années au lancement puis au développement d'une distillerie dans le Gâtinais, laquelle est transformée ensuite en coopérative.

En 1945, un autre changement intervient à la tête de l'entreprise et, en 1948, le nouveau président Jacques Foussier, lui-même descendant des Pernod de Pontarlier, demande à Jean Hémard de revenir chez Pernod. En 1951, Hémard est nommé directeur général avec pour mission de redresser la situation commerciale de l'entreprise. Il préconise une décentralisation, ce qui s'avère être un succès et, en 1956, il devient président de Pernod. Il développe l'entreprise, notamment en créant plusieurs unités modernes de production ainsi qu'en absorbant La Suze en 1965. Le siège social, qui était depuis 1965 à Maisons Alfort, est installé en 1974 à la « Pernoderie » de Créteil (Val-de-Marne), ensemble très moderne de bâtiments industriels, de laboratoires et de bureaux. De 1965 à 1974, la production de boissons anisées quadruple et l'on peut dire que Jean Hémard a sauvé Pernod[119].

---

118 D'après les proches de Jean Hémard, ce dernier aurait personnellement préféré être, soit médecin, soit coureur automobile. À l'appui de cette dernière hypothèse figure le fait que Jean Hémard s'est plusieurs fois illustré en amateur aux 24 heures du Mans. Associé à Montrémy, il a, plusieurs fois, remporté sur voiture DB-Monopole la course à l'indice de performance.

119 L'expression a été employée par Jean Herpin qui nous a très aimablement communiqué une grande part des informations contenues dans ce parcours.

En particulier, Hémard s'est intéressé à la recherche scientifique, dans le but d'étudier des mesures pour diminuer les effets de l'alcoolisme. En association avec d'autres industriels de la même filière, dont la société Ricard, il fonde en 1972 l'Institut des recherches scientifiques économiques et sociales sur les boissons (IREB). C'est dans le même ordre de préoccupations que Jean Hémard s'intéresse à l'industrie des jus de fruits, ce qui se traduit par le contrôle de la société Pampryl[120].

Sur le plan social, Jean Hémard a pris l'initiative, à plusieurs reprises, de mesures qui devaient ensuite être rendues obligatoires et s'est montré un précurseur en matière d'intéressement du personnel. Sur le plan économique, il reprend la démarche qu'avait adoptée son père afin de constituer une entreprise de taille importante. C'est pourquoi il se rapproche de la société Ricard ; ces deux sociétés fusionnent en 1974. Jean Hémard devient le président de ce nouveau groupe, fonction qu'il cède à Patrick Ricard en 1979, date à laquelle il prend sa retraite, tout en conservant, jusqu'à son décès en 1982, la présidence de l'IREB.

L'importance des responsabilités que Jean Hémard a assumées au sein du groupe Pernod a certes facilité l'entrée d'ingénieurs issus de l'ENSIA, mais on doit relever que leur présence est antérieure à l'accès d'Hémard aux fonctions de décision, et même que deux d'entre eux, René Bichon, entré à l'ENIA en 1921 et Jean Rousseau, entré en 1919, sont présents chez Pernod dès 1929. En outre, à cette dernière date René Bichon dirige l'usine du Mans[121]. On peut raisonnablement émettre l'hypothèse que André Hémard a apprécié la formation reçue par ces deux ingénieurs, au point d'inciter son fils à entrer à l'ENSIA. On peut donc dire que c'est autant parce que des ingénieurs issus de l'ENIA sont entrés chez Pernod que Jean Hémard est entré lui-même à l'ENSIA, que l'inverse. Mais on peut estimer que c'est également la place de sa famille dans le capital de la société Pernod, ainsi que ses qualités personnelles, davantage que la formation reçue, qui ont permis à Jean Hémard de devenir président de l'une des plus grandes entreprises françaises du secteur des industries agricoles et alimentaires.

En bref, ce n'est pas parce qu'il était ingénieur des industries agricoles que Jean Hémard est devenu président de Pernod, mais c'est davantage

120 Voir le parcours de Jean Herpin, chap. « Les ingénieurs des industries agricoles et alimentaires formés de 1941 à 1968 » p. 354.

121 Ce sont, au total, 6 ingénieurs issus de l'ENSIA, entrés en ou avant 1954, qui y ont fait tout ou partie de leur carrière.

parce qu'il était un président en puissance qu'il est entré à l'ENIA[122]. Il reste que ce choix a présenté pour l'école une importante reconnaissance qui confirme que la distillerie est bien, entre les deux guerres, la filière motrice de l'enseignement à l'ENIA et qu'il marque, même en dehors du domaine des carburants, la validité du projet des distillateurs.

Jean Hémard ne se désintéresse pas de son école d'origine puisque en 1978 il est chargé avec deux autres personnalités, un inspecteur des finances et un directeur de l'INRA, d'un rapport sur les industries agricoles et alimentaires, rapport qui sera à l'origine de la création de l'Institut supérieur de l'agro-alimentaire (ISAA)[123].

En définitive, pour l'ensemble des industries agricoles et alimentaires, on constate que la part des ingénieurs issus de l'ENIA qui s'y consacrent dépasse exceptionnellement la moitié, ce qui est le cas en 1937. Mais il est nécessaire de prendre en compte les activités qui se rattachent étroitement à ces industries. C'est, en particulier, le cas de la construction de matériels pour les industries agricoles. Avec le cas de Charles Bouillon, nous avons vu que certains s'y étaient lancés avec succès dès les débuts de l'école. Pour la période considérée, la part de ceux qui y exercent leur activité décline légèrement. C'est également le cas des cabinets d'études qui ne travaillent pas tous pour les industries agricoles mais peuvent s'y intéresser partiellement. Pour la période considérée, la part des ingénieurs des industries agricoles qui se consacre à l'ensemble de ces activités annexes reste faible déclinant de 1921 où elles représentent près de 7 %, à 1937 où elles ne représentent plus que 4 %.

On peut toutefois s'étonner, compte tenu de la finalité de l'école, que la part de ceux de ses anciens élèves qui se consacrent au secteur des industries agricoles au sens large ne varie qu'entre 50 et 60 % des effectifs. L'explication de cette situation nous paraît devoir être recherchée dans deux types de causes.

Il y a, d'abord, des causes internes qui ont leur source dans les difficultés rencontrées par l'école à ses débuts[124]. C'est ce qui explique la très

---

122 C'est le contraire de Jacques Célerier. Voir chap. « Les ingénieurs des industries agricoles et alimentaires formés de 1941 à 1968 » p. 359.

123 Ce parcours a été établi, tout particulièrement, à partir d'une note bibliographique établie par le professeur Gautrey, conseiller scientifique de Pernod (s. l. n. d.) qui nous a été très aimablement communiquée par Jean Herpin lequel a bien voulu nous accorder un entretien le 22 septembre 1998 ce dont nous le remercions très vivement.

124 Voir chap. « Le projet des sucriers », p. 142-151 et chap. « Le projet des distillateurs », p. 172.

lente implantation des ingénieurs des industries agricoles dans les filières autres que les filières fondatrices. Ces dernières représentent en effet, plus de 40 % de leurs activités alors qu'ils ne sont, en 1937, qu'à peine plus de 8 % à exercer leur activité dans les autres industries agricoles.

Des causes externes sont à rechercher dans le fait qu'à ses débuts l'ENIA est considérée par beaucoup de ceux qui y entrent, probablement du fait de son appartenance au ministère de l'Agriculture, comme une école agricole. Mais la part de ceux qui s'orientent dans cette direction diminue nettement pour n'atteindre qu'à peine plus de 7 % en 1937.

La place des ingénieurs ENIA dans les activités autres que les industries agricoles ou celles qui leur sont directement rattachées ressortent du tableau suivant qui récapitule l'ensemble de leurs activités aux dates retenues.

Activités	1921	1929	1937
Industries diverses	11,11	13,17	12,28
Chimie et parachimie	6,35	6,99	6,63
Industr. pharmaceutique	0,53	0,27	0
Services marchands	6,88	7,79	6,24
Activités privées autres qu'IAA	24,87	28,22	25,15
Activités privées autres qu'agriculture	75,66	83,6	82,66
Administration générale	7,41	4,03	6,82
Enseignement, recherche	4,23	4,3	2,92
Activités autres qu'IAA	36,51	36,55	34,89
Activités liées aux IAA	63,49	63,45	65,11
Totaux	100, 00	100, 00	100, 00

TABLEAU 8 – Activités des ingénieurs des industries agricoles.
Évolution de leur répartition de 1921 à 1937 (exprimé en fréquence).

On constate que la part de ceux qui s'orientent vers les industries et les services autres que les industries agricoles ou les activités annexes est toujours égale ou supérieure au quart. On observe, probablement due au fait de la crise, une baisse entre 1929 et 1937. Il est donc nécessaire d'examiner plus attentivement ce que recouvre ce type d'activités chez les ingénieurs des industries agricoles. Parmi toutes les filières industrielles dans lesquelles ils exercent leur activité, la chimie, à laquelle il y a lieu d'adjoindre la parachimie, présente un intérêt particulier puisque nous avons vu qu'à l'origine la discipline scientifique majeure était la chimie. On constate qu'effectivement, sans que cette part soit très importante, il y a toujours au moins 6 % des ingénieurs issus de l'ENIA occupés dans cette filière. Par contre, on ne peut que constater qu'ils sont pratiquement absents de l'industrie pharmaceutique. Les autres industries dans lesquelles ils exercent leur profession, rassemblent des activités aussi diverses que le secteur de l'énergie, celui des industries de biens intermédiaires autres que la chimie ou celui du génie civil.

La permanence d'une partie des ingénieurs des industries agricoles, qui ne descend jamais au-dessous du quart, dans des activités aussi diverses, illustre le fait que l'ENIA a été conçue, pour une part notable de ceux qui l'ont fréquentée, comme école industrielle et ce, en nombre beaucoup plus grand que ceux qui l'ont considérée comme une école agricole. Ceci est d'ailleurs confirmé par la part qu'occupent ceux qui exercent dans le secteur privé autre que l'agriculture. Cette part ne cesse d'augmenter, passant de plus de 75 % en 1921, avec toutefois une légère stagnation en 1937, où elle atteint, cependant, plus de 80 %.

Il y a donc là une évolution régulière qui démontre que la finalité essentielle de l'ENIA est d'être une école des applications industrielles de la biologie, ce que confirme, par ailleurs l'évolution de l'enseignement[125].

Les ingénieurs des industries agricoles exerçant des activités publiques constituent donc une part peu importante des effectifs, qui décline d'un peu plus de 11 % en 1921 à un peu moins de 9 % en 1937. Mais cette faiblesse numérique ne signifie pas que les carrières effectuées soient sans importance. Il y a lieu de distinguer deux domaines. Dans l'enseignement et la recherche, le rôle tout à fait central qu'a joué Charles Mariller dans l'accomplissement du projet des distillateurs a déjà été présenté[126]. Dans le domaine de l'administration générale, Yves Labye, qui entre à l'école en 1938 soit cinq ans après Jean Hémard, présenté ci-dessus, illustre la diversité des catégories socioprofessionnelles dans lesquelles recrute

125 Voir chap. « Le projet d'Institut des sciences et techniques du vivant », p. 482-492.
126 Voir chap. « Le projet des distillateurs », p. 197.

l'ENIA à cette époque. Son cas illustre aussi la difficulté à établir la frontière entre l'administration et la recherche puisque, ayant appartenu à un grand corps technique de l'État, il a exercé, en fait, presque exclusivement une activité de recherche.

Yves Labye (1921-1998) :
un mathématicien pour l'hydraulique

Né en 1921 à Forges les Eaux (Seine-Maritime), fils d'un chauffeur, Yves Labye effectue ses études secondaires à l'école primaire supérieure Jean Baptiste Say à Paris. Dans les années qui précèdent la Deuxième Guerre mondiale, cette école surtout spécialisée dans la préparation aux écoles nationales d'arts et métiers, s'était également orientée vers la préparation à d'autres grandes écoles et, en particulier, aux écoles nationales d'agriculture et à l'ENIA. C'est pour cette dernière qu'opte Yves Labye en 1938, après avoir été reçu également à l'école d'agriculture de Montpellier.

La guerre vient perturber ses études puisque l'école ne rouvre pas à la rentrée de 1939. Sa deuxième année s'effectue dans les locaux de l'Institut agronomique à compter d'octobre 1940. Yves Labye garde le souvenir d'une formation très solide, notamment en mathématiques, professées par Georges Lach, qu'il estime être du niveau de ce qui était alors le certificat de « Mathématiques générales », ainsi qu'en thermodynamique.

Après une année passée à la sucrerie de Villenoy (Seine-et-Marne), Yves Labye oriente son activité vers une direction tout à fait différente. En 1942, en effet, il entre dans l'administration du ministère de l'Agriculture, d'abord dans les Services agricoles puis au service du Génie rural. En 1950, il est admis à l'École nationale du génie rural, période pendant laquelle il acquiert le diplôme d'ingénieur de l'Institut du froid industriel et entre donc dans le corps des ingénieurs du Génie rural. Parallèlement, il complète sa formation en obtenant une licence de mathématiques, en 1964 un doctorat ès sciences physiques orienté vers la mécanique des fluides et, dans un tout autre domaine, le diplôme de l'Institut des actuaires.

Sa carrière se poursuit dans l'hydraulique agricole et il est, en particulier, l'auteur d'une méthode d'optimisation économique des réseaux d'irrigation et d'eau potable sous pression. À ce titre, il participe à plusieurs groupes de travail de la Commission internationale des irrigations et du drainage (CIID), en particulier en 1975 en URSS et en 1981 aux Indes[127]. À partir de 1971, il devient responsable de la division « calculs » du centre de recherches appliquées du ministère de l'Agriculture et y termine sa carrière[128].

Le niveau de formation atteint, les responsabilités intellectuelles assumées et l'audience internationale acquises par Yves Labye donnent toute leur valeur au témoignage qu'il porte sur l'enseignement reçu à l'ENIA[129].

Quelques parcours un peu particuliers d'ingénieurs des industries agricoles entrés à l'école entre les deux guerres sont à présenter. Tout d'abord, relevons qu'un autre ancien élève de l'école devient parlementaire : Alfred Isautier.

Alfred Isautier (1911-1976) : un sénateur à la présidence de l'Association des anciens élèves

Né à la Réunion, il est titulaire du baccalauréat et entre à l'ENIA en 1930. Bien que nous n'ayons pas retrouvé d'information sur ses parents, on peut raisonnablement penser que cette entreprise appartenait déjà à sa famille[130], étant donné la rapidité avec laquelle il accède à la tête d'une distillerie portant son nom et installée à la Réunion. Pendant la Deuxième Guerre mondiale, il s'engage dans les Forces française libres. En 1951, il est élu Conseiller général de la Réunion puis, de 1955 à 1958, il est conseiller de l'Union française. En 1959, il devient sénateur sous l'étiquette des républicains indépendants et est réélu en 1965[131]. Par ailleurs, de 1965 à 1971, il devient président de l'Association des anciens élèves de l'ENSIA.

---

127 Ayant participé avec Yves Labye au Congrès international des irrigations et du drainage de Mexico en 1969, j'ai pu constater personnellement l'audience internationale dont il jouissait.

128 Il s'agissait du Centre technique du génie rural des eaux et des forêts, devenu en 1981 le Centre national d'études du machinisme agricole du génie rural des eaux et des forêts (CEMAGREF) puis en 2012 l'Institut national de recherches en sciences et technologies pour l'environnement et l'agriculture (IRSTEA) pour enfin fusionner avec l'INRA à partir du 1er janvier 2020.

129 Entretien du 3 novembre 1994, complété par une note d'Yves Labye du 5 décembre 1994.

130 Entré à l'ENIA en 1930, il est chef d'entreprise dès 1936.

131 Source : BNF, 8 Ln 6 – 199.

Son parcours n'est pas sans rappeler celui de Jean Hémard, qui entre à l'ENIA trois ans plus tard, car il exerce également son activité dans la distillerie et bien qu'ensuite ils se soient illustrés chacun dans un domaine différent. En effet, ce n'est pas parce qu'Alfred Isautier est ingénieur des industries agricoles qu'il est devenu chef d'entreprise mais c'est plutôt parce qu'il était un chef d'entreprise en puissance qu'il est entré à l'ENIA. Ces deux parcours démontrent, l'un et l'autre, que l'école est reconnue, entre les deux guerres, comme celle qui prépare le mieux aux carrières de la distillerie.

Si on compare ce parcours à celui de l'autre parlementaire issu de l'école, Jean Worms, on constate, mais ceci n'est évidemment que le fait du hasard, que la représentation des ingénieurs des industries agricoles parlementaires est équilibrée entre les deux assemblées et entre les deux familles politiques. Le mandat de Jean Worms a été cependant nettement plus court que celui d'Alfred Isautier. Relevons cependant que Worms et lui ont certainement dû leur élection plus à leur position personnelle et notamment leur participation armée à la Deuxième Guerre mondiale, qu'à leur qualité d'anciens élèves de l'ENIA.

La place des ingénieurs des industries agricoles au Brésil

Leur place au Brésil est très liée à l'activité de la Société des sucreries brésiliennes. Cette société à capitaux français a été fondée en 1907 par la réunion de sociétés elles-mêmes à capitaux français, exploitant 5 sucreries : trois étaient situées dans l'État de Sao Paolo (Piracicaba, Porto-Féliz et Rafarel), deux dans l'État de Rio-de-Janeiro (Cupim et Paraiso).

Deux ingénieurs des industries agricoles viennent en 1912 pour exercer des fonctions de contrôle chimique[132]. Rappelons que Charles Mariller intervient au Brésil dès 1933[133]. En 1937 ils sont au nombre de six.

Les dirigeants de l'Association amicale des anciens élèves de l'école

L'intervention de l'Association amicale des anciens élèves dans la vie de l'école[134] a été signalée plusieurs fois dès cette période. Sans pouvoir

132 Dont un ingénieur ENIA entré en 1895.

133 Voir chap. « Le projet des distillateurs », p. 198.

134 Voir en particulier : chap. « Le projet des distillateurs », p. 169, 177. Sur son rôle ultérieur, voir chap. « Le projet d'école centrale des industries alimentaires », p. 292.

inventorier l'ensemble des membres de l'Association qui jouent un rôle actif, nous nous sommes limités aux présidents pour la période antérieure à 1940. Nous avons identifié 5 d'entre eux, à savoir : de 1911 à 1920 Adonaï Martin déjà cité[135], de 1920 à 1934 Charles Mariller déjà présenté, en 1935 Paul Schneider, en 1936 et 1937 Fernand Brisorgueil et de 1938 à 1945 Victor Werquin.

Paul Schneider (1891-1971) naît à Suresnes (Hauts-de-Seine). Ses deux grands-pères étaient, l'un artisan et l'autre, cadre moyen de l'administration et son père employé. Il entre à l'ENIA en 1907. Il fonde une agence de représentations industrielles et aéronautiques à Levallois-Perret, qu'il dirige pendant la majeure partie de sa carrière. Le fait que dans les carrières de ses ascendants il n'y ait eu aucun lien avec l'agriculture peut expliquer le fait qu'il se soit nettement orienté vers l'industrie. Il a donc apporté une expérience industrielle à la présidence de l'Association. Il était commandeur de la Légion d'honneur à titre militaire[136].

Fernand Brisorgueil (1887-1975) naît à Molliens Dreuil (Somme). Ses grands-pères étaient l'un instituteur et l'autre négociant et son père représentant de commerce. Il appartient à la promotion entrée en 1905. Pendant la majeure partie de sa carrière, il dirige une distillerie à Allennes les Marais (Nord). C'est donc un représentant de la distillerie qui assure ensuite la présidence de l'Association.

Victor Werquin (1885-1961) naît à Bollezeele (Nord). Ses deux grands-pères étaient l'un épicier et l'autre aubergiste et son père instituteur. Il entre à l'ENIA en 1903. Sa carrière débute dans l'entreprise Fives-Lille avant la Première Guerre mondiale puis il dirige la brasserie Demazière à Verquin (Pas-de-Calais). En collaboration avec Eugène Picoux, il publie un *Manuel de brasserie* en 1926[137]. Il devient ensuite directeur de la sucrerie de Colleville (Seine-Maritime) pendant une trentaine d'années[138]. C'est donc à la fois l'expérience de la brasserie puis de la sucrerie que Werquin apporte pendant sa longue présidence de l'Association qui couvre les années de la guerre. Tout se passe comme si l'Association, en période difficile éprouvait le besoin, à travers sa personne, de se replier sur ses fondamentaux.

---

135 Voir chap. « Le projet des distillateurs », p. 169.
136 *Bull. ingénieurs ENIA*, n° 47, novembre 1957, p. 5.
137 Sur Eugène Picoux, voir chap. « Le projet des distillateurs », p. 207.
138 *Bull. ingénieurs ENIA*, n° 58, avril-juin 1961, p. 12.

Remarquons que Brisorgueil, Schneider et Werquin ont tous trois étudié dans une école pratique d'agriculture avant d'entrer à l'ENIA. Relevons, également, que l'industrie, la sucrerie la distillerie et la brasserie sont représentées parmi les activités exercées par les présidents : le projet initial des sucriers marque encore de son empreinte l'activité de l'Association. Toutefois, parmi les filières fondatrices, la distillerie est la plus représentée et cette prédominance est particulièrement nette puisque Brisorgueil et Mariller, spécialistes de la distillerie, président à eux deux l'Association pendant 22 ans, dont 5 années de guerre. Le projet des distillateurs s'est donc traduit, également, dans les structures de l'Association des anciens élèves.

CONCLUSION

La population des ingénieurs formé à l'ENIA reflète très logiquement, à la fois les difficultés et les opportunités que rencontre l'école pendant cette période de plus d'une quarantaine d'années qui séparent sa création de la Deuxième Guerre mondiale. Des étudiants issus des milieux dirigeants des filières fondatrices, présents aux tous débuts de l'école, la désertent très vite. Cette désertion est la conséquence de la remise en cause de l'école qui intervient dans les dernières années du XIXᵉ siècle.

Très indirectement, cette situation offre à certains étudiants de l'ENIA issus de milieux défavorisés une possibilité de promotion sociale. Dans cet ordre de préoccupations le rôle des écoles pratiques d'agriculture est à relever et Urbain Dufresse directeur de l'ENIA de 1904 à 1930 a joué un rôle décisif. On se doit, tout d'abord, de relever que cet ordre de préoccupation ne lui était pas exclusif à cette époque, si l'on en juge par la démarche d'Aymé Poirson fondateur de l'Institut polytechnique de l'Ouest souhaitant que chacun des élèves ingénieurs puissent « s'élever à la place qui convient à ses aptitudes[139] ». On se doit également de souligner le contraste entre l'action de Dufresse et

139 Voir Fonteneau, Virginie, « Les étudiants étrangers, un enjeu pour le développement de l'Institut polytechnique de l'Ouest ? », *in* Yamina Bettahar et Françoise Birck (dir.), ouvr. cité, Nancy, 2009, p. 76.

celle de l'autre directeur emblématique de cette période qui d'ailleurs continuera de suivre le développement de l'ENIA après 1940 : Étienne Dauthy[140]. Ce dernier a, incontestablement, su relever avec efficacité le niveau des études afin de permettre aux anciens élèves de prétendre aux postes les plus élevés. Mais ceci s'est fait au détriment de la fonction de promotion sociale qui n'a, cependant, pas complétement disparue ainsi que l'atteste le parcours d'Yves Labye. On peut à cette occasion, se poser raisonnablement la question de savoir si ces deux personnalités n'incarnent pas ce qui pourrait être l'ambition légitime pour tout établissement d'enseignement de favoriser, d'une part, la promotion sociale et, d'autre part, le développement des savoirs les plus élevés. À moins que ce ne soient deux fonctions qui ne puissent être assumées que par deux types d'établissements différents ? Mais cette question n'est pas l'objet de cet ouvrage.

Entre les deux guerres, interviennent deux événements majeurs dans la reconnaissance de l'école : l'instauration d'un concours à l'entrée puis, en 1931, l'attribution, avec effet rétroactif, du titre d'ingénieur des industries agricoles aux anciens élèves de l'école.

Par ailleurs, il est incontestable que la crise économique entraîne une profonde inquiétude dans l'ensemble de la profession d'ingénieur, inquiétude qui se traduira par la loi du 10 juillet 1934 sur la protection du titre d'ingénieur[141]. Pourtant c'est presque simultanément que, d'une part, pour des raisons structurelles rassemblées sous le terme de projet des distillateurs, et d'autre part, pour des raisons conjoncturelles dues essentiellement à l'arrivée d'un nouveau directeur, l'ENIA trouve un dynamisme qu'elle n'avait, en fait, jamais connue depuis ses débuts. Quelques parcours, à la fois dans le secteur privé ainsi que dans le secteur public, nous montrent que des ingénieurs des industries agricoles formés à l'ENIA avant 1940 ont su atteindre des responsabilités de très haut niveau.

---

140 Lors de l'entretien qu'Étienne Dauthy nous a accordé, il s'est montré très critique à l'égard de ce qu'avait été, selon lui, l'action d'Urbain Dufresse.

141 Voir Grelon, André, *Les ingénieurs de la crise*, EHESS, Paris, 1986.

CONCLUSION DE LA PREMIÈRE PARTIE

Bien qu'à l'origine les ambitions de l'École nationale des industries agricoles aient été nationales, il est incontestable que, avant 1940, l'ENIA reste principalement une école technique régionale de la sucrerie, de la distillerie, de la brasserie et de la malterie. Cette situation est attestée, à la fois, par la très faible place des anciens élèves de l'ENIA dans les autres industries agricoles et alimentaires ainsi que le poids du recrutement originaire des Hauts-de-France.

Pourtant, alors qu'au tournant du siècle l'école a failli disparaître, on doit reconnaître que, à partir des années 1930, elle manifeste une incontestable vitalité. On peut attribuer cette renaissance au fait qu'ayant été conçue, à l'origine pour répondre à un besoin professionnel : mieux former les chimistes de sucrerie et de distillerie afin de pérenniser leur fonction tout au long de l'année, cette école a rencontré une demande sociale : fournir un carburant d'origine nationale, demande à laquelle elle a incontestablement apporté des éléments de réponse. C'est ce que nous avons appelé le projet des distillateurs.

Quelques années plus tard, l'ENIA va savoir faire face à une autre demande sociale encore plus forte. D'autre part, plusieurs ingénieurs des industries agricoles, dont quelques-uns formés à Douai dès avant 1940, vont s'affirmer dans des fonctions de tout premier plan. Ce sera l'objet de la deuxième partie.

Cette période de mise en place constitue donc la genèse de l'École nationale des industries agricoles. Malgré quelques succès, c'est une institution qui est encore en quête de reconnaissance.

DEUXIÈME PARTIE

L'AFFIRMATION DE L'UNITÉ DES INDUSTRIES ALIMENTAIRES

L'ENIAA (PARIS – DOUAI 1940-1960)

> […] nous suivrons l'humble sentier de l'observation, nous conclurons peu, nous douterons souvent et nous les [nos concitoyens] engagerons à se défier du ton d'assurance qu'il est si facile de prendre et si dangereux d'écouter.
> *Journal des Mines*, n° 1. Extrait du programme approuvé par le Comité de salut public le 1er Vendémiaire an III (22 septembre 1794)[1].

Quelques années avant la Deuxième Guerre mondiale, les pouvoirs publics et la communauté scientifique manifestent un intérêt pour les industries agricoles[2]. La guerre, en faisant du ravitaillement une des préoccupations quotidiennes des français, va accroître cet intérêt pour des activités dont le lien étroit avec l'alimentation est évident. Si l'année 1940, qui marque la véritable entrée de notre Pays dans la guerre constitue évidemment le début de cette deuxième partie, nous la clôturerons en 1960 qui, d'une part se situe très peu de temps après la mise en place de la Ve République et, d'autre part, est celle de la promulgation d'un ensemble de lois dont l'une d'entre elles refond profondément l'enseignement agricole et a d'importantes répercussions sur l'école. Cette réflexion qui va donc partir des industries de l'alimentation et non des industries agricoles va se traduire par une prise de conscience publique de l'unité des industries aussi bien agricoles qu'alimentaires qui aura de très profondes conséquences pour l'école.

Cette partie comprend deux chapitres.

Le cinquième chapitre intitulé : « Le projet d'école centrale des industries alimentaires (Paris 1940-1960) » sera consacré à la vie de l'école pendant cette période et tout particulièrement aux événements législatifs et pédagogiques qui vont l'influencer durablement.

1 Thépot, André, (dir.), « Réalités industrielles », série *Annales de mines*, juillet-août 1989.
2 Voir chap. « Le projet des distillateurs », p. 201.

Le sixième chapitre : « les ingénieurs des industries agricoles et alimentaires formés de 1941 à 1968 » présentera ce qu'ont été, à ce moment-là, les origines et les carrières, dont certaines particulièrement brillantes, des ingénieurs issus de cette école.

LE PROJET D'ÉCOLE CENTRALE DES INDUSTRIES ALIMENTAIRES (PARIS, 1940-1960)

La Deuxième Guerre mondiale va avoir sur l'ENIA des conséquences directes et indirectes très importantes. C'est pourquoi il est indispensable de présenter, d'abord, ce qu'ont été les décisions du gouvernement de Vichy ainsi que la vie de l'école pendant la guerre et la période de reconstruction qui a caractérisé l'immédiat après-guerre[1].

L'ÉCOLE PENDANT LA GUERRE ET LA RECONSTRUCTION (1940-1953)

La vie de l'école pendant la guerre et bien au-delà va s'avérer être la conséquence d'une décision prise par les véritables pouvoirs publics de l'époque, c'est-à-dire les occupants allemands qui décident, le 7 juillet 1940, de créer, avec les départements du Nord et du Pas-de-Calais, une « zone interdite », sous prétexte d'opérations contre l'Angleterre[2]. Une véritable frontière étant instaurée entre ces deux départements et le reste du Pays il devient, dans ces conditions, impossible pour l'ENIA d'assurer une mission nationale d'enseignement.

1 Sur le contexte de cette période, voir Albert Broder, *Histoire économique de la France au XXe siècle*, ouvr. cité, p. 79-154 et pour partie, p. 155-201, ainsi que : Jean-Pierre Rioux, *La France de la IVe République 1944-1958*, Paris, Le Seuil, 1- *L'ardeur et la nécessité, 1944-1952*, 1980 ; 2- *L'expansion et l'impuissance, 1952-1958*, 1983.

2 Bougard, Pierre, Nolibos, Alain, (dir.), *Le Pas-de-Calais, de la préhistoire à nos jours*, Saint Jean d'Angély, éd. Bordessoules, 1988, p. 373.

C'est pourquoi il n'est pas possible, tout d'abord, d'effectuer la rentrée des élèves à l'automne 1939[3]. Ensuite, les responsables de l'école décident son transfert à Paris, en principe à titre provisoire. De ce fait, l'École des industries agricoles qui, jusqu'en 1939, est implantée à Douai où se trouve la totalité de ses activités, va s'implanter durablement en région parisienne, à partir de 1940.

LES MESURES PRISES PAR LE RÉGIME DE VICHY

Le régime de Vichy décide de réorganiser l'ensemble de l'enseignement agricole, ce qui est l'objet de la loi du 5 juillet 1941. Cette loi est complétée par une autre, du 12 juin 1943, qui ne fait que confirmer la première en ce qui concerne l'École des industries agricoles, laquelle est concernée plus directement par deux mesures. Tout d'abord, l'école est assimilée aux « écoles spécialisées » et, de ce fait, classée dans le « deuxième degré », ce qui correspond toutefois à un niveau supérieur à l'enseignement secondaire proprement dit. Ensuite, la durée de l'enseignement est portée à 3 ans[4].

Ces deux mesures paraissent contradictoires puisque la première « rétrograde » l'ENIA de l'enseignement supérieur, où l'avait situé la loi de 1926, dans le « second degré », alors que la seconde renforce son enseignement. Cette rétrogradation apparaît encore plus anormale au regard des travaux préparatoires et, en particulier, de la réunion de la commission de réorganisation de l'enseignement des industries agricoles tenue le 25 juin 1941, laquelle rassemble des représentants des principales industries concernées et qui demande[5], à la fois, l'élévation du niveau ainsi que la possibilité de recevoir des stagiaires en 3e année, ce qui existait déjà pour les élèves des établissements supérieurs du ministère de l'Agriculture provenant d'autres écoles d'ingénieurs telles que l'École centrale de Paris.

On voit apparaître là l'amorce de la conception de l'ENIA comme école d'application de l'ensemble des formations d'ingénieurs pour des industries agricoles et alimentaires, et ceci constitue une novation par

3 Les élèves entrés en 1939 effectuent leur 2e année de 1941 à 1942. Voir le parcours d'Yves Labye, chap. « Les ingénieurs des industries agricoles formés avant 1940 », p. 271.

4 *Journal officiel* du 8 juillet 1941, Article 10, p. 2855. Cette loi sera validée à la Libération.

5 *Ministère de l'Agriculture*, Mission des archives, document classé provisoirement, 3 INA 61.

rapport à la conception initiale, où cette spécialisation était réservée aux écoles supérieures dispensant une formation agronomique. Ces lois sont complétées par un arrêté du 23 février 1943, dont l'article premier est ainsi rédigé :

> L'École Nationale des Industries Agricoles a pour but la formation d'ingénieurs spécialisés dans la conservation et le traitement des produits agricoles, en vue de la fabrication de denrées alimentaires ou de matières à usage industriel. Elle s'adresse notamment aux jeunes gens qui se destinent aux industries de traitement des matières sucrées, amylacées ou alcooligènes, et notamment la sucrerie, la distillerie et la meunerie, à l'industrie des corps gras alimentaires, aux industries de traitement des viandes et produits laitiers, aux industries de fabrication des boissons fermentées ou non fermentées, et en particulier à la brasserie, aux industries de traitement des fruits et légumes[6].

Alors qu'en 1920 les filières d'application étaient limitées aux trois filières d'origine, les pouvoirs publics demandent à l'École des industries agricoles d'enseigner également les filières des industries des matières sucrées (autres que la sucrerie, telles que la confiserie), celles des matières amylacées, celles des boissons fermentés, celles des boissons non fermentées, celles des corps gras alimentaires, celles de la conservation des fruits et légumes, celles de la viande, ainsi que les industries laitières.

C'est donc une extension considérable du champ de l'enseignement de l'École des industries agricoles qui est officialisé. Le bilan des mesures prises par le gouvernement de Vichy concernant l'ENIA est donc tout à fait contradictoire. L'extension de l'enseignement et le passage à trois ans d'études renforcent l'enseignement, mais l'école est ramenée au « second degré » qui avait été, en fait, le sien avant les mesures prises entre les deux guerres et notamment en 1926[7].

---

6 *Bulletin des ingénieurs des industries agricoles (Bull. ingénieurs ENIA)*, n° 14, juillet 1951, p. 20. Cet arrêté est également cité par René Chatelain, ouvr. cité, p. 125-126. L'absence de référence dans cet ouvrage ne nous a pas permis de retrouver le texte complet de cet arrêté. Nous nous sommes assuré qu'il n'avait pas été publié au *Journal officiel* (recherche effectuée jusqu'au 10 avril 1943) et qu'il ne se trouve pas aux Archives nationales (série F 10).

7 L'expression « second degré » est une survivance du décret fondateur de 1848. Voir : « Le projet des distillateurs », p. 165.

LA VIE DE L'ÉCOLE PENDANT LA GUERRE ET L'IMMÉDIAT APRÈS-GUERRE

Au moment de l'invasion du territoire métropolitain, l'école est dirigée par Étienne Dauthy[8]. Les bâtiments de Douai n'étant plus utilisables, ce dernier utilise ces circonstances pour installer, au moins partiellement, l'école à Paris ce qui lui paraît bénéfique pour le développement de la recherche[9]. Avant de choisir d'implanter l'école à Paris, il avait envisagé de la replier à Melle (Deux-Sèvres) sur un site qu'il connaît pour y avoir exercé son activité aux débuts de sa carrière et qui dispose d'installations techniques, du moins en matière de distillerie[10].

Dauthy étant appelé à d'autres responsabilités au ministère de l'Agriculture, c'est Édouard Dartois, professeur de sucrerie et de meunerie qui lui succède à la fin de 1940. Cette période, par suite du transfert à Paris, va s'avérer décisive pour l'école. Précisons que l'école, du fait de ces circonstances, arrête son activité pendant l'année scolaire 1940-1941. Mais Dartois n'a guère le temps de donner sa mesure à ce poste puisqu'il décède en 1943[11] et c'est Dauthy qui assure, ensuite, l'intérim de la direction jusqu'en juin 1946.

Si l'on examine ce qu'est l'enseignement des disciplines fondatrices pendant cette période, on relève que Dartois, bien qu'ayant accédé aux fonctions de directeur, poursuit son enseignement de sucrerie. Il est assisté par Guy Couperot, ingénieur agronome qui exerce cette fonction depuis 1939 mais la quitte en 1948 pour le poste de chef de travaux d'industries agricoles et alimentaires à l'Institut agronomique. Au décès de Dartois la chaire de sucrerie est confiée à Jean Dubourg[12]. C'est Charles Mariller[13] qui assure l'enseignement de la distillerie jusqu'en 1955. Il est secondé de 1945 à 1946 par Yves Deux, docteur ès sciences et enfin à partir de 1949 par Jean Méjane, ancien élève de l'ENIA, qui lui succède.

8 Voir chap. « Le projet des distillateurs », p. 202.

9 Témoignage d'Étienne Dauthy, rencontré le 23 juillet 1987. Comme la Société des agriculteurs du Nord s'en indigne déjà en 1914, plusieurs professeurs parmi les plus renommés habitent à Paris et il leur est difficile de suivre des recherches à Douai.

10 Note de Dauthy au secrétaire général de l'ENIA du 9 septembre 1940, Arch.nat. F 10 2493.

11 Dartois décède d'une tuberculose. Le caractère troublé de cette période, marqué par le fait que le conseil de perfectionnement ne se réunira pas de 1939 à 1943 inclus, fait que très peu de traces subsistent de l'action de Dartois comme directeur.

12 Sur Jean Dubourg, voir annexe XVII.

13 Voir chap. « Le projet des distillateurs », p. 197.

Un renforcement de la présence des ingénieurs des industries agricoles à la chaire de distillerie : de Charles Mariller à Jean Méjane (1923-1994)

Né à Senergues (Aveyron), où son père était notaire, Jean Méjane prépare le concours d'entrée au lycée de Toulouse et entre à l'ENIA en 1944. En 1945, il doit interrompre ses études à l'ENIA pendant un an afin d'effectuer son service militaire, ce qui explique qu'il ne les termine qu'en 1948. C'est sur les conseils de Marcel Roche ingénieur ENIA de la promotion précédente, qui avait assuré provisoirement les fonctions de chef de travaux de distillerie, qu'en janvier 1949 Mariller recrute pour cette fonction Méjane par ailleurs major de sa promotion[14].

Une part de son activité est consacrée au conseil aux entreprises, l'école disposant, dans le domaine de la distillerie, d'un quasi-monopole. Cependant, les mesures gouvernementales prises en 1954[15] se traduisent en particulier par une nette restriction de la production d'alcool industriel, qui avait été le principal domaine d'activité de Mariller. C'est pourquoi Méjane s'oriente vers l'expertise de la production d'alcool agricole et tout particulièrement du rhum de la Réunion et des armagnacs. Au décès de Mariller en 1955, Méjane assure la responsabilité de la chaire avec le titre de chef de service. Il devient professeur en 1964.

De même que les autres responsables des chaires spécialisées par filière, Méjane a gardé un contact étroit avec les industries, mais il a pu également participer à la mise en place d'une approche plus globale des industries agricoles et alimentaires[16].

Jean Méjane prend sa retraite en janvier 1984 et décède le 11 juillet 1994.

Quant à la chaire de brasserie, elle est assurée par Eugène Picoux[17] jusqu'à son départ en retraite en 1946. C'est Georges Bacot, ingénieur ENIA qui exerce la fonction de chef de travaux à ses côtés. En 1946 la chaire est confiée à Yves Deux.

---

14 Renseignements fournis par Marcel Roche, par lettre du 20 avril 1998. Sur ce dernier, voir chap. « Le projet du génie industriel alimentaire », p. 413.

15 Il s'agit des gouvernements présidés par Pierre Mendès-France. Rioux, Jean-Pierre, *La France de la quatrième République. 2. L'expansion et l'impuissance, (1952-1958).* Paris, Le Seuil, 1983, p. 65, 171, 218.

16 Les étapes de l'enseignement de cette nouvelle discipline sont présentées chap. « Le projet du génie industriel alimentaire ».

17 Voir chap. « Le projet des distillateurs », p. 207.

Yves Deux

Ingénieur de l'École de brasserie de Nancy (promotion 1934), docteur ès sciences, Deux est d'abord chef de travaux de distillerie en 1945, puis titulaire de la chaire de brasserie, de 1946 à 1966. Yves Deux enseigne, d'autre part, à la faculté des sciences de Lille et assure également les fonctions d'expert auprès des tribunaux et de conseiller technique de plusieurs brasseries dans le Nord.

On lui doit des travaux originaux, à la fois en chimie organique et en brasserie[18].

Si l'enseignement des filières fondatrices reste fortement organisé, celui des autres filières ne s'en développe pas moins. C'est en particulier celui des industries laitières qui, rappelons-le, avait été déjà expressément envisagée dans le rapport de Raymond Poincaré, préparatoire à la loi de 1892. Le directeur, Étienne Dauthy prolonge son enseignement dans ce domaine, de 1940 à 1946, d'abord lorsque Dartois devient directeur puis lorsqu'il assure l'intérim de la direction. À partir de 1947, ce cours est divisé en quatre enseignements, respectivement d'économie laitière confié à Jean Keilling[19], d'industrie du lait en nature à André Barret[20], de beurrerie à André Camus[21] et de fromagerie à Jacques Casalis[22].

D'autres filières sont enseignées, les industries des matières grasses, la cidrerie, la meunerie et la fabrication des pâtes alimentaires, la féculerie, la chocolaterie ainsi que, les industries de la cellulose[23]. Il faut croire que de dernier enseignement était motivé par les besoins du temps de guerre car il ne se maintiendra pas après la Libération. Un enseignement consacré aux industries de la viande sera mis en place au début des années 1950.

À partir de 1940, c'est surtout parmi les enseignements généraux que va se produire une innovation pédagogique majeure : l'introduction de l'enseignement de la biochimie. Sur le plan institutionnel cette mise en

18 Scriban, René, « Histoire de l'enseignement de la malterie et de la brasserie dans la région du Nord », *BIOS*, n° 9, 1976, p. 21.

19 Jean Keilling, ingénieur agronome (promotion 1920) quitte cet enseignement en 1951 pour devenir professeur des industries agricoles et alimentaires à l'Institut agronomique.

20 André Barret est ingénieur agronome et directeur de recherches à l'INRA.

21 André Camus est ingénieur agricole et directeur de recherches à l'INRA. Il est également chargé d'un enseignement de microbiologie.

22 Sur Jacques Casalis, voir plus loin p. 319.

23 Ces informations sont extraites du document préparatoire à la loi de 1943, donnant la situation de l'enseignement en 1941, *École nationale des industries agricoles*, 3 INA 61.

place se déroule de la manière suivante. Le poste de professeur d'agriculture, laissé vacant en 1934, n'est affecté qu'en 1941 à une chaire de chimie, qui est séparée de celle de physique confiée à Gabriel Trotel, recruté en 1934 pour les deux disciplines. Du fait de la guerre, le recrutement s'est d'ailleurs fait en plusieurs temps, Trotel ayant été fait prisonnier, l'ENIA a dû recruter comme chargé de cours Albert Saint Maxen[24], Trotel étant de retour en 1943[25], le conseil du 7 octobre 1943 décide de créer un enseignement de physique qui lui est confié, la chimie étant « provisoirement confiée à Saint Maxen ». Le conseil du 19 mars décide l'ouverture d'un concours pour pourvoir à la chaire de chimie[26]. Le nouveau directeur, Raymond Guillemet (1896-1951)[27], nommé en 1946, introduit la biochimie, qui va remettre en cause la place prépondérante de la chimie dans l'enseignement de l'ENIA.

À ce poste, l'action de Guillemet s'inscrit dans la continuité de ses travaux antérieurs puisqu'il introduit, dès l'année scolaire 1946-1947, l'enseignement de la biochimie, à la fois sous forme de cours et de travaux pratiques. Il est aidé en cela par plusieurs de ses collaborateurs de l'INRA, en particulier Albert Bourdet, Roger Drapron, André Guilbot et Léon Petit. Son expérience antérieure conduit Guillemet à augmenter également l'enseignement consacré aux industries des céréales. C'est ainsi qu'en 1951 la biochimie représente dans l'enseignement 125 heures, soit près de 5 % de l'horaire total. Quant aux industries des céréales, leur place est passée de 31 heures, pour deux années d'études pour l'école il est vrai, à 93 heures en 1951.

La pertinence de l'équipe que Guillemet a mise en place, est attestée par sa permanence : André Guilbot[28] et Léon Petit[29] enseignent jusqu'en 1980 et Roger Drapron jusqu'en 1981. Cela se traduit également par le fait que l'ENIA attendra 1959 pour recruter un enseignant de rang professoral dans cette discipline dont il est apparu dès son introduction qu'elle était, pour cette école, fondamentale.

---

24 Albert Saint Maxen est issu de l'École supérieure de physique et de chimie industrielles de la Ville de Paris et docteur ès sciences. Il participe au conseil des professeurs du 14 mai 1941, Conseil des professeurs (1938-1960), Archives ENSIA.

25 Trotel est présent au conseil des professeurs du 18 juin 1943, Conseils des professeurs (1938-1960), Archives ENSIA.

26 Conseils des professeurs (1938-1960), Archives ENSIA.

27 Sur R. Guillemet, voir annexe XVIII.

28 André Guilbot, chargé des travaux pratiques de biochimie, est licencié ès sciences et chargé de recherches à l'INRA.

29 Léon Petit, chargé des travaux pratiques de physiques, est docteur ès sciences et chargé de recherches à l'INRA.

Ce sont ces événements qui sont à l'origine de l'enseignement qui s'établit au début des années 1950.

L'ENSEIGNEMENT DISPENSÉ AU DÉBUT DES ANNÉES 1950

Le bilan de l'évolution de l'enseignement depuis 1939[30] jusqu'au début des années 1950[31] est donné dans les tableaux 1 et 2[32]. C'est le passage de deux à trois années de scolarité[33] qui représente la modification majeure Cependant, cette augmentation est très inégalement répartie. Les enseignements de filière voient le temps qui leur est consacré augmenter de près de 60 %. Le temps consacré aux filières fondatrices (sucrerie, distillerie, brasserie), baisse de 10 %, alors que le temps alloué aux autres filières est multiplié par 6. Parmi elles, les filières : conservation des fruits et légumes, corps gras, produits sucrés, viandes, sont enseignées en 1951, alors qu'elles ne l'avaient jamais été avant 1940. C'est, au total, 10 filières qui sont enseignées en 1951.

Les enseignements généraux voient leur durée doubler par rapport à 1939. Ceux consacrés à la connaissance de la matière première[34] augmentent le plus, essentiellement du fait de l'apparition de la biochimie. Le temps consacré à l'enseignement des matériels et des techniques est plus que doublé. La place réservée aux mathématiques diminue, alors que celle consacrée à la physique et à la mécanique appliquée, est pratiquement triplée[35]. La durée consacrée à l'économie et à la gestion, de son côté, diminue de 36 %.

Relevons également une extension de l'enseignement vers des techniques très nouvelles puisqu'on peut lire dans cette brochure :

---

30 Une situation très précise de l'enseignement en 1939 est disponible grâce à un document établi en vue de la préparation de la loi du 5 juillet 1941. Voir ci-dessus, p. 284.

31 Il s'agit plus précisément de la situation en 1951, *École nationale des industries agricoles et alimentaires Ses buts Ses méthodes Son enseignement*, ENIA, 1951. On relèvera que le titre de cette publication est illégal car cette appellation ne lui sera attribuée juridiquement qu'en 1954. Voir ci-dessous p. 317. Les informations ont été complétées par les procès-verbaux des conseils de perfectionnement ainsi que des conseils des professeurs.

32 Voir tableau 1 en annexe XIV et tableau 2 en annexe XV complétés par le commentaire en annexe XVI.

33 Voir ci-dessus, p. 284.

34 Le temps qui leur est consacré est multiplié par 2,7.

35 L'Association des anciens élèves considère, en 1953, que la place de la mécanique appliquée est insuffisante. L'augmentation constatée entre 1939 et 1951 correspond à un réel besoin. Voir plus loin, p. 293.

> Récemment, il [cet enseignement] a abordé l'étude des industries dites biologiques comprenant la préparation d'aliments équilibrés et riches en vitamines et l'industrie des antibiotiques qui fait partie des industries de synthèse microbiologiques opérées en cultures dirigées[36].

À cette date, apparaissent également deux modes de formation qui n'existaient pas avant la guerre mais qui subsistent : les stages en usine ainsi que la formation humaine. Les stages en usine avaient été, rappelons-le, très critiqués lors de la préparation de la loi du 2 août 1918[37] L'état d'esprit des entreprises a évolué depuis cette période et, par ailleurs, la rapidité de l'évolution technique fait que les usines de démonstration ne sont plus adaptées.

De son côté, la formation humaine comprend à la fois les langues vivantes et l'éducation physique. Les langues vivantes, limitées au début à l'anglais et l'allemand, constituent une innovation essentielle et indispensable. De même, il est admis que l'éducation physique est nécessaire en cours d'études. Faute d'installations propres, ce sont celles de la Cité universitaire internationale de Paris qui sont utilisées. Cette formation humaine ne sera plus remise en cause.

Ce développement et cette extension de l'enseignement à l'école survient à un moment où les questions relatives aux industries alimentaires suscitent un intérêt réel dans l'opinion publique.

LA PRISE DE CONSCIENCE DE L'UNITÉ DES INDUSTRIES AGRICOLES ET ALIMENTAIRES

On se doit de souligner que, pendant cette période de reconstruction, l'École nationale des industries agricoles, dont le statut administratif est inférieur à ce qu'il était en 1939, est perçue de manière favorable si l'on en juge en particulier par la façon dont l'ENIA est présentée dans la revue *Avenirs.* Cette publication émanant du Bureau universitaire de statistique et de documentation scolaires et

36 *École nationale des industries agricoles et alimentaires, ses buts, ses méthodes, son enseignement*, 1951, p. 1.

37 Voir chap. « Le projet des distillateurs », p. 166.

professionnelles est destinée à donner des informations aux : « jeunes gens, leurs parents [...] pour les guider dans le [...] choix des études et des carrières » Elle est donc destinée à tous les publics. C'est pourquoi, les indications qui y figurent sont à la fois le reflet de l'audience acquise par l'ENIA et une contribution au recrutement de l'école. Dans un numéro consacré aux ingénieurs[38], on relève en effet que, dans la présentation d'orientations spécialisées, la place accordée à l'école est de 2,6 %. Or, dans ce même numéro, la place de l'ensemble des écoles d'ingénieurs de formation générale n'est que de 8,0 % et celle accordée à l'ensemble des formations agronomiques ainsi qu'aux industries agricoles et alimentaires n'est que de 5,3 %. La place accordée à l'ENIA est donc loin d'être négligeable et traduit l'intérêt porté à la formation de cette école, jugée susceptible d'apporter une carrière attractive pour les jeunes.

Cette forme de reconnaissance accordée à l'ENIA, est à mettre en parallèle avec la réflexion sur les industries agricoles et alimentaires qui se déroule simultanément à l'extérieur et qui progresse de manière très notable. Ce qui est remarquable c'est que, d'emblée, cette réflexion va prendre la forme d'une prise de conscience de l'unité des industries agricoles et alimentaires. C'est cette prise de conscience dont les expressions publiques sont présentées maintenant.

C'est plus particulièrement dans deux institutions, l'Association des anciens élèves de l'ENIA ainsi que les Congrès internationaux des industries agricoles, que va s'exprimer cette prise de conscience qui va également être relayée dans plusieurs autres institutions et publications. À ces diverses occasions va s'instaurer un véritable débat sur la formation des ingénieurs des industries agricoles et de l'alimentation.

LES PRISES DE POSITION DE L'ASSOCIATION DES ANCIENS ÉLÈVES

Pendant la Deuxième Guerre mondiale, la revue *Agriculture et industrie* cesse toute activité. Dès la reprise de sa parution en 1946, le président de l'Association, Paul Devos[39], y expose très clairement que :

38 « Les carrières d'ingénieur », *Avenirs*, n° 25-26, juillet 1950, 1re rééd.

39 Sur Paul Devos, voir plus loin p. 313, 316 et chap. « Les ingénieurs de industries agricoles et alimentaires formés de 1941 à 1968 », p. 378.

> Notre but sera atteint si, par l'information, nous parvenons à jeter les ponts entre les différentes branches d'industries agricoles en exaltant toutes les communes mesures qui peuvent agir dans le sens de leur union[40].

En outre, l'Association réagit contre la multiplication des enseignements par filières. C'est ainsi qu'en 1953, le président de l'Association demande que les enseignements de filières, dont le nombre s'est considérablement accru depuis la Libération, soient diminués pour faire une plus grande place à la mécanique appliquée. Les extraits suivants sont particulièrement significatifs :

> Nous venons de constater que dans la formation mécanique des élèves de l'ENIA, l'enseignement de la mécanique appliquée ou, plus précisément : de la métallurgie, de l'usinage des métaux, des éléments de machine et de leurs applications, n'intéresse, dans les programmes actuels, que 30 conférences faites par un professeur auquel on demande, par ailleurs, de faire 60 cours de dessin industriel. Il est certain que les exigences de la technique de nos industries évoluées sont incompatibles avec le maintien d'un enseignement aussi réduit à l'ENIA. Je viens, en conséquence, au moment de la désignation d'un Maître de conférences, soumettre à votre bienveillante attention les propositions suivantes : [...] Que cette extension de la formation mécanique des élèves soit obtenue aux dépends d'enseignements qui, dans les programmes actuels, diversifient à l'excès la connaissance des fabrications et transformations de produits agricoles et alimentaires[41].

Ce sont donc les anciens élèves qui sont à l'origine de ce souhait de voir s'étendre un enseignement général.

Simultanément le débat, bien que restant circonscrit aux milieux professionnels intéressés, va sortir du cadre de l'ENIA et des institutions qui lui sont directement rattachées et s'orienter vers la formation des ingénieurs des industries agricoles et de l'alimentation. Mais auparavant il paraît indispensable de présenter un organisme très original qui va contribuer à cette prise de conscience et dont l'origine se situe avant 1940.

LE CENTRE D'ÉTUDES ÉCONOMIQUES ET TECHNIQUES DE L'ALIMENTATION

Cette structure n'est pas un établissement d'enseignement : il regroupe des anciens élèves issus de grandes écoles concernées par les problèmes

40 *Agriculture et industrie*, juin-juillet 1946, p. 5.
41 Cette lettre est publiée dans *Bull. ingénieurs ENIA*, n° 21, 1953.

de l'alimentation. Il a été créé en 1933 à l'initiative d'André Roussel, polytechnicien de formation et directeur général des établissements Julien Damoy[42]. Ce centre regroupe, dans un premier temps, des polytechniciens et des centraliens. En 1934, il est complété par des ingénieurs agronomes, formant le groupe « Agro-alimentation[43] » ainsi qu'en 1938, par des anciens élèves de l'École des hautes études commerciales.

Le centre d'études économiques et techniques de l'alimentation (CEETA) se propose d'apporter aux décideurs publics ou privés des éléments d'information sur les questions relatives à l'alimentation.

> Son but est de grouper sur un plan de confraternité intellectuelle et scientifique des personnalités compétentes pour étudier les questions qui touchent à l'alimentation afin de pouvoir formuler, dans l'intérêt général du Pays, des conclusions sur lesquelles pourront éventuellement s'appuyer non seulement les organismes syndicaux de la profession, mais aussi les grandes organisations économiques nationales et même les Pouvoirs publics[44].

Son activité a été marquée par la publication de bulletins trimestriels[45] et de *cahiers* consacrés à un seul sujet[46] ainsi que par l'action de certains de ses membres dans des instances officielles[47] ou en appui à des initiatives du secteur privé.

Le centre cesse toute publication pendant la guerre, non sans maintenir une activité semi-clandestine. À la Libération, son action reprend rapidement, puisqu'André Roussel présente, en 1945, un rapport au conseil de l'économie nationale sur « le coût de la distribution ». Un bulletin reparaît en mai 1947[48] mais le CEETA, constatant qu'il ne

---

42 Il s'agit d'un établissement de commerce d'épicerie à succursales multiples dont l'activité s'est arrêtée dans les années 1970.

43 L'adhésion à ce centre est décidée le 22 février 1934, *Bull. ingénieurs agronomes*, p. 118, avril 1934. Les membres de ce groupe n'ont pas pressenti la fortune sémantique du terme « Agro-alimentation » qui sera abandonné du fait de la guerre et qui ne sera repris que beaucoup plus tard.

44 *Bulletin du centre d'études économiques et techniques de l'alimentation (CEETA)*, n° 1, novembre 1934, couverture II.

45 Ces bulletins se sont échelonnés régulièrement de novembre 1934 à septembre 1939.

46 L'assemblée générale du 22 octobre 1934 fait ainsi état de cahiers sur le coût de la vie, début 1934, tiré à 700 exemplaires et épuisés ainsi que sur le problème de la viande, en septembre 1934.

47 Le président, André Roussel est membre du Comité national de surveillance des prix. *Bull. du CEETA*, n° 13, décembre 1937.,

48 *Bull. du CEETA*, n° 20, décembre 1939 – mai 1947.

dispose plus de moyens suffisants, doit en arrêter la publication et coordonne, à partir de 1947, son action avec celle de la 7e section (Industries agricoles et alimentaires) de la Société des ingénieurs civils de France[49]. Il cesse vraisemblablement son activité après1966[50].

Le travail réalisé est incontestablement de grande qualité et la mémoire en est restée vive après la Libération, ainsi qu'en témoigne la présentation qui en est faite en 1957 lorsque ce centre rejoint la revue *Industries alimentaires et agricoles.*

> Très rapidement par la qualité de ses publications et de ses réunions, le C.E.E.T.A. est devenu un lien très puissant entre les élèves des grandes écoles, d'une même profession. [...]
>
> Quant au *Centre d'études économiques et techniques de l'alimentation*, devons-nous rappeler quelle était la valeur de ses bulletins, introuvables aujourd'hui ? Si ce centre n'a pas pu continuer leur publication, c'est qu'il ne disposait pas des moyens matériels suffisants. Nous espérons qu'en adhérant au contrat qui lie tous ceux qui participent à la rédaction de la Revue *Industries alimentaires et agricoles*, il reprendra, dans le domaine alimentaire, la place qui n'a pas été comblée depuis la disparition de son Bulletin[51].

Parmi les auteurs des articles parus dans les bulletins figurent plusieurs acteurs et enseignants qui interviennent ensuite à l'ENIA ou dans l'enseignement supérieur des industries alimentaires tels que Michel Cépède qui est chef du service de l'enseignement au ministère de l'Agriculture et sera professeur à l'Institut agronomique, Jean Keilling professeur d'industries agricoles à l'Institut agronomique et qui enseigne la laiterie à l'ENIA à partir de 1947 ainsi qu'André Faure, qui y enseigne la conserverie des fruits et légumes et également le conditionnement, de 1951 à 1959.

Ce regroupement d'ingénieurs puis de gestionnaires, de formations différentes rassemblés par un intérêt professionnel commun a permis d'amorcer une réflexion pluridisciplinaire sur l'alimentation. On peut cependant regretter le caractère trop élitiste de son recrutement ce qui se traduit en particulier par le fait qu'aucune trace d'une ouverture vers l'ENIA n'ait été retrouvée.

---

49 Cette section devient la 8e en mars 1973.

50 Le Conseil national des ingénieurs et des scientifiques de France (CNISF), continuateur de la Société des ingénieurs civils de France, où se trouvait le siège social du CEETA après la guerre, nous a fait connaître qu'il ne disposait pas d'archives de ce centre (lettre du 23 février 1993).

51 *Industries alimentaires et agricoles*, t. 74, janvier 1957, p. 5-6.

En définitive, ce centre a été un « club » de l'alimentation, qui aura souligné l'importance économique de l'industrie alimentaire ce qui a permis, par là même, de faire progresser la prise de conscience de l'unité de ces industries. Leur importance économique ne prendra toute sa place à l'ENSIA qu'à partir de 1965. À ce titre il aura fait œuvre de pionnier.

Avant d'aborder les conséquences de cette prise de conscience sur la formation des ingénieurs une autre expression de l'unité des industries agricoles et alimentaires, bien que se situant nettement en dehors de la période retenue, doit être signalée. Il s'agit de la présentation de ce secteur par l'Institut national de la statistique et des études économiques (INSEE), dans l'*Annuaire statistique de la France* à partir de 1976[52]. Compte tenu de l'audience de cette institution et de l'importance de cette publication, il est utile de signaler que les « définitions générales » expriment clairement que :

> Les caractéristiques particulières à la matière première agricole confèrent aux industries agricoles et alimentaires leur unité et leur originalité.

LE DÉBAT SUR LA FORMATION DES INGÉNIEURS DES INDUSTRIES AGRICOLES ET ALIMENTAIRES

Dans les années de l'immédiat après-guerre, un débat va s'engager sur la formation des ingénieurs destinés aux industries alimentaires. C'est essentiellement à l'occasion de ce débat que va progresser la prise de conscience de l'unité de ces industries. Ce débat est lancé par les organisations professionnelles et plus particulièrement par celles de l'alimentation, auxquelles répondent des membres de la communauté ENIA[53]. Deux organismes professionnels représentent les industries pour lesquelles l'ENIA forme des ingénieurs. Il s'agit, d'une part, de l'Union nationale des industries agricoles (UNIA), qui regroupe la plupart des industries de première transformation[54] : laiterie, meunerie, ainsi que la sucrerie et la distillerie, c'est-à-dire celles-là mêmes qui sont à l'origine de l'ENIA et, d'autre part, la Fédération nationale des syndicats de l'alimentation (FIA), qui regroupe surtout des industries

52 INSEE, *Annuaire statistique de la France, Résultats 1974*, 81e vol., Paris 1976, p. 192.

53 Rappelons que nous désignons sous le terme de « Communauté ENIA », l'ensemble des directeurs, enseignants et anciens élèves de l'école.

54 Voir glossaire : transformation (première et deuxième).

de deuxième transformation et les commerces de l'alimentation. Ces deux organisations fusionneront en 1970 dans l'Association nationale des industries alimentaires (ANIA)[55].

La position de la Fédération nationale des syndicats de l'alimentation

Dès 1945, René Lecomte, président de la FIA, exprime son point de vue dans un article d'un dossier spécial de la revue *Droit social*[56] consacré aux industries de l'alimentation. René Lecomte constate que les industries de l'alimentation sont contraintes, pour survivre, de livrer des produits de qualité et que cette dernière est très largement conditionnée par la présence, à tous les postes, d'un personnel bien formé. Il affirme, en particulier, que les conditions requises pour l'obtention de la qualité :

> […] ne seraient guère efficaces ni même réalisables si nos entreprises ne disposaient pas d'ingénieurs compétents.

Or, il constate que l'aspect technique des métiers de l'alimentation n'est pas suffisamment valorisé.

> […] nous retirons l'impression que l'écrasement de niveau qu'on fait parfois subir à l'alimentation en comparaison des autres branches de l'activité industrielle tient peut-être à ce que son aspect technique n'est pas toujours mis en évidence, à ce que les mesures adoptées sont insuffisantes pour lui procurer le personnel nécessité par cet aspect technique[57].

C'est pourquoi il estime que les industries de l'alimentation :

> […] justifient que l'ingénieur alimentaire revendique sa place au niveau des ingénieurs des grandes écoles[58].

55 Bonastre, André, « Grandeur et servitudes de l'industrie agro-alimentaire ou cent ans d'évolution des industries agricoles et alimentaires en France », *Industries alimentaires et agricoles*, décembre 1982. Il s'agit d'un numéro spécial consacré au centenaire de la création de l'Association des chimistes, p. 1081-1082.

56 Lecomte, René, « La formation et le perfectionnement des cadres dans les industries de l'alimentation », Collection *Droit social*, fascicule XXVII, les industries de l'alimentation en France, 1945. p. 39-41. Ce dossier paraît, en fait, début 1946.

57 Lecomte, René, *Droit social*, *article cité*, p. 39.

58 Lecomte, René, *Droit social*, *article cité*, p. 39.

Il convient donc d'analyser, en particulier, les conditions d'emploi des cadres et ingénieurs dans ce type d'industrie ce qui conduit l'auteur à constater que, pour ces personnels, les connaissances exigées relèvent, soit des sciences de la nutrition, soit des sciences de la mécanique. Si les entreprises importantes peuvent faire appel à des cadres spécialement formés à l'une ou l'autre de ces disciplines, la plupart des entreprises de petite taille, doivent pouvoir disposer d'ingénieurs ayant la double compétence. Or il constate que :

> En vérité un établissement semble répondre à cette préoccupation : L'École nationale des industries agricoles de Douai. Mais jusqu'à présent, son enseignement s'adresse surtout aux jeunes gens qui se destinent aux industries dites agricoles, d'où son recrutement et des débouchés forcément restreints. Sans vouloir diminuer le sérieux de l'enseignement ou la capacité et le dévouement des maîtres, il est certain que le niveau du concours d'entrée et celui des études devraient être relevés afin que les ingénieurs diplômés de l'école puissent soutenir avantageusement la comparaison avec les ingénieurs sortis des grandes écoles[59].

On relève que René Lecomte considère que l'ENIA n'est pas, en fait, une grande école. Par ailleurs, il estime que l'implantation de l'école à Douai est un handicap car « Paris est le centre incontesté du haut enseignement technique », à l'exception, toutefois, de l'École de Brasserie de Nancy.

C'est pourquoi l'auteur, après avoir écarté la solution d'une coordination entre l'ENIA et les écoles très spécialisées dans certaines techniques, telles que l'École de meunerie ou l'École technique de la conserve, préconise le développement de l'Institut scientifique et technique de l'alimentation (ISTA) déjà existant, auquel il assigne une fonction très ambitieuse englobant, en particulier, à la fois l'enseignement supérieur, la recherche et la documentation.

En définitive, la proposition de Lecomte ne se réalisera pas. Cependant, l'analyse de la situation de l'ENIA est particulièrement pertinente et en souligne l'originalité, d'autant plus qu'elle émane du représentant des industries alimentaires et non des industries qualifiées d'agricoles. Dans les années d'après-guerre cette préoccupation sur la formation des ingénieurs va rebondir dans plusieurs institutions et publications.

---

59 Lecomte, René, *article cit.*, p. 39.

La revue Industries agricoles et alimentaires

C'est, en fait, dans la revue *Industries agricoles et alimentaires* que le débat reprend. Cette revue résulte de la fusion, en 1947, de deux publications déjà présentées, le *Bulletin de l'Association des chimistes*[60] et *Agriculture et industrie*[61] auxquelles se joint la *Revue générale de l'alimentation*. Cette dernière revue, fondée en 1938, émanait à l'origine de la Confédération nationale des commerces et industries de l'alimentation et a bénéficié, à son origine, de l'appui du Centre d'études économiques et techniques de l'alimentation (CEETA)[62]. Depuis 1942, c'était la publication du Centre national d'études et de recherches des industries agricoles. La Commission internationale des industries agricoles participe également à cette revue[63] ainsi que, d'une part, la Société des ingénieurs civils de France à partir de janvier 1957, et d'autre part le CEETA[64] dont il est fait mention, jusqu'en mai 1966[65]. La Société des ingénieurs civils, de son côté, cesse sa participation à la revue à compter de 1986.

Nous nous arrêtons, d'abord, sur le point de vue de Charles Renaudin (1897-1958), ingénieur ENIA de la promotion 1913. Après avoir débuté dans la brasserie, il entre, dans les années1930, dans la firme Heudebert où il acquiert une expérience dans le domaine des pâtes alimentaires, ce qu'il expose dans un ouvrage[66]. En 1949, Renaudin devient membre du conseil de perfectionnement de l'ENIA, où il enseigne à partir de 1954. En 1947, en réponse à René Lecomte, Renaudin conteste la dualité de formation que le premier croit souhaitable pour les ingénieurs de l'industrie alimentaire, et il estime que l'accent doit être mis sur les sciences de la nutrition.

> Nous ne saurions, en ce qui concerne l'ingénieur, partager l'avis de M. Lecomte qui, par souci d'économie pour certaines entreprises d'importance secondaire,

---

60 Publication créée en 1883. Voir chap. « Le projet des sucriers », p. 100.

61 Publication créée en 1895 mais dont le titre ne remonte qu'à 1923. Voir chap. « Le projet des distillateurs », p. 177.

62 André Roussel, président du CEETA, est membre du comité de patronage de cette revue, *La Revue générale de l'alimentation*, n° 3, mai 1938, p. 3.

63 Voir chap. « Le projet des distillateurs », p. 201.

64 *Industries alimentaires et agricoles*, t. 74, janvier 1957, p. 5.

65 C'est cette date qui nous incite à estimer que le CEETA cesse, ensuite, son activité.

66 Renaudin, Charles, *La Fabrication industrielle des pâtes alimentaires*, Paris, Dunod, 1946, 2e éd., 1951.

> désirerait trouver réunies, dans le même individu, ce qu'il appelle les deux disciplines : technique alimentaire et technique mécanique. Nous croyons au contraire qu'il est indispensable de s'orienter de plus en plus vers la spécialisation. Dans ces conditions, on ne peut concevoir qu'on puisse demander à l'ingénieur alimentaire dont le programme d'études sera suffisamment chargé, de posséder, par surcroît, des connaissances approfondies de la partie essentiellement mécanique[67].

Renaudin publie ultérieurement, dans la même revue, un article consacré à la recherche et un autre consacré aux stages en entreprise[68].

Toujours dans cette revue, en 1953, Roger Veisseyre, responsable de l'enseignement des industries agricoles et de l'alimentation à l'École nationale d'agriculture de Grignon, présente ses conceptions. Nous retiendrons de cet article qu'il a, dès 1949, introduit un enseignement de « technologie générale », présentant les opérations fondamentales rencontrées dans ces industries selon une démarche qu'il caractérise ainsi :

> En bref, il faut transposer, dans le domaine des industries agricoles et alimentaires, l'étude de ce que les Anglo-saxons nomment le Génie chimique[69].

C'est également dans cette revue que Marcel Sainclivier va s'exprimer sur l'enseignement de la microbiologie. Ce dernier, ingénieur de l'École nationale d'agriculture de Rennes, ayant complété sa formation par un stage effectué à l'ENIA avec la promotion 1933, enseigne à ce moment-là à Rennes. Sainclivier rejoint Renaudin quant à l'importance de la formation biologique :

> [...] il convient de plus en plus d'insister sur la formation biologique des ingénieurs des industries agricoles, parallèlement à leur formation industrielle, physique, mécanique et chimique. [...] Jusqu'à présent, l'accent n'a pas été mis suffisamment sur l'unité que la microbiologie représente dans les industries agricoles et alimentaire[70].

67 *Industries agricoles et alimentaires*, avril-juin 1947, p. 211.

68 Renaudin, Charles, « Recherche scientifique et technique, formation professionnelle », *Industries agricoles et alimentaires*, t. 65, octobre-décembre 1948, p. 301-304. « Formation des cadres et ingénieurs des industries alimentaires, Enseignement théorique et enseignement pratique », *Industries agricoles et alimentaires*, t. 68, septembre-octobre 1951, p. 453-457.

69 Veisseyre, Roger, « À propos de la formation des ingénieurs des industries agricoles et de l'alimentation. Conclusions de M. Roger Veisseyre. », *Industries agricoles et alimentaires*, t. 70, mars 1953, p. 183-186.

70 Sainclivier, Marcel, « L'ingénieur microbiologiste », *Industries alimentaires et agricoles*, t. 72, juillet-août 1955, p. 471-472.

Au total, de 1947 à 1958, ce sont 15 articles représentant 61 pages qui sont publiés dans cette revue sur ce sujet[71]. Tous soulignent l'unité de ce domaine au point de vue scientifique et technique. C'est l'unité de la matière biologique qui est à l'origine de l'unité scientifique de ce savoir et donc c'est l'utilisation de procédés semblables pour traiter cette matière qui est à l'origine de l'unité technique dont nous allons voir, dans un prochain chapitre, les très importantes conséquences sur l'enseignement à l'ENSIA. La revue change de titre en mai 1955 pour devenir *Industries alimentaires et agricoles*. Ce changement n'est évidemment pas neutre et marque la volonté de mettre l'accent sur les industries alimentaires.

Précisons qu'à plusieurs reprises, s'expriment également dans cette revue, à la fois le directeur de l'école, André Bonastre (1912-2002), ainsi que Robert Bousser. Ce dernier s'exprimant également lors des congrès internationaux des industries agricoles, c'est à l'issue de la présentation de ces congrès que son analyse est exposée. C'est l'occasion de présenter celui qui prend la direction de l'école en 1950 et dont nous exposerons plus loin le rôle décisif.

André Bonastre (1912-2002)

Issu de l'Institut agronomique où il est entré en 1934, André Bonastre complète sa formation en 1937-1938, à la Section d'études supérieures des industries du lait[72]. Il commence ensuite une carrière d'enseignant dans les écoles nationales des industries laitières, successivement à Orbec (Calvados)[73], Poligny (Jura), Mamirolle (Doubs), puis devient directeur de l'École pratique d'agriculture de Ahun (Creuse)[74].

Quand, en 1950, Raymond Guillemet demande à être déchargé de ses fonctions, le responsable de l'enseignement au ministère de

71 Exprimées en nombre de pages, deux années ressortent dans cette période : 1953 (18 p.) et 1957 (14 p.). Les articles de cette dernière année étant tous du même auteur (R. Bousser), l'année 1953 sera particulièrement retenue. Si 61 p. ne représentent que 0,64 % du nombre total des années 1947 à 1958 inclus, notons cependant que les questions d'enseignement ne sont plus évoquées dans cette revue jusqu'au numéro spécial de décembre 1982, publié à l'occasion du centenaire de l'Association des chimistes.

72 Cette section est une émanation de l'Institut national agronomique qui bénéficiait, avant 1940, de l'appui intellectuel de l'Institut des recherches agronomiques. Voir annexe XXIV, p. 1-3.

73 Cette école sera finalement supprimée. Témoignage d'André Bonastre.

74 Cette école est devenue un lycée agricole.

l'Agriculture n'est autre qu'Étienne Dauthy qui a pu se rendre compte, lorsqu'il exerçait les fonctions de directeur de l'ENIA, de la nécessité d'un complément de laiterie puisqu'il s'en était lui-même chargé[75]. C'est pourquoi Dauthy incite André Bonastre à présenter sa candidature, compte tenu de sa double expérience d'enseignant de laiterie puis de directeur d'école[76].

Les congrès nationaux des industries agricoles et de l'alimentation

Après la guerre et parallèlement aux congrès internationaux des industries agricoles, se tiennent des congrès nationaux des industries agricoles et de l'alimentation. Un premier congrès a lieu en juin 1946. Les deux organisations professionnelles de l'alimentation, la FIA et l'UNIA établissent un comité technique de liaison, lequel crée une commission de l'enseignement, dont font partie le directeur de l'ENIA, Raymond Guillement ainsi que deux enseignants, Jean Buré (1912-1986), professeur chargé de la chaire des industries des céréales et Paul Dupaigne, vacataire, chargé d'un enseignement sur les fruits et légumes.

Lors du deuxième congrès tenu en octobre 1949, Charles Renaudin, déjà cité, exprime la position commune aux deux organismes professionnels. Par rapport aux analyses de Lecomte, on peut relever qu'il souhaite que soient distingués deux types d'ingénieurs, d'une part, l'« ingénieur d'usine » qui doit être formé en trois ans dans des écoles et, d'autre part, l'« ingénieur de recherche » qui doit être formé dans des universités à partir d'un enseignement fondé sur la biochimie.

Or ces organismes estiment que l'ENIA ne forme ni l'un ni l'autre de ces deux types d'ingénieurs et ils souhaitent que son programme soit allégé de certaines disciplines scientifiques et techniques en mettant l'accent sur la formation d'ingénieur d'usine. Des propositions sont faites pour diversifier les stages, ainsi que pour réaménager les usines expérimentales[77]. Relevons parmi les propositions envisagées :

---

75 Voir chap. « Le projet des distillateurs », p. 204.

76 André Bonastre a bien voulu nous accorder un entretien le 22 juin 1987 ainsi que le 21 juin 1995. Nous l'en remercions très vivement.

77 En particulier, il est prévu : « la création d'un cours d'histoire des sciences et des techniques ». Nous n'avons pas pu discerner si ce cours d'histoire avait, en particulier, pour vocation de mieux penser le réaménagement des usines expérimentales.

> Création d'une 4e année d'études supérieures qui pourrait être ouverte à ces ingénieurs provenant d'horizons divers[78].

En définitive, cette proposition ne sera pas retenue mais c'est l'expression de la possibilité pour l'ENIA de devenir une école d'application pour des ingénieurs issus d'autres formations et souhaitant se spécialiser dans les industries alimentaires.

Ces expressions des organisations professionnelles méritent que l'on y relève trois aspects. Tout d'abord, alors que la prise de position de 1945 émane seulement de l'organisation représentative de l'industrie alimentaire, celle de 1949 émane des deux organisations concernées, ce qui montre que l'unité de réflexion entre ces deux organisations a progressé entre ces deux dates. Ensuite, au cours du débat sur la formation des ingénieurs, la seule distinction qui est faite porte sur le « métier », à savoir ingénieur d'usine ou ingénieur de recherche et non sur les filières. Enfin, l'École nationale des industries agricoles, même si elle est l'objet de critiques, est la seule école dont le programme est pris en considération.

Les congrès internationaux des industries agricoles et alimentaires

Après la Deuxième Guerre mondiale ces congrès reprennent leur périodicité bisannuelle initialement prévue. Le premier de ces congrès qui est donc le septième depuis les origines, se tient à Paris du 12 au 18 juillet 1948. Il est marqué par trois communications sur ce sujet, celles de Étienne Dauthy (France) qui occupe, à l'époque, les fonctions de sous-directeur de l'enseignement au ministère de l'Agriculture, Dario Teatini (Italie) professeur connu pour ses travaux dans le domaine sucrier ainsi que celle de A. Stockli (Suisse) de l'École polytechnique de Zurich. Cependant, l'absence au congrès, à la fois de Dauthy et de Stockli ôte au débat une partie de son intérêt.

Dans son rapport, Dauthy s'élève contre les propositions visant à intégrer les écoles d'ingénieurs dans l'enseignement supérieur universitaire. Bien qu'il ne le nomme pas expressément, il s'agit d'une critique

78 Renaudin, Charles, « Formation des ingénieurs des industries agricoles et de l'alimentation » *Deuxième congrès national des industries agricoles et de l'alimentation*, Valorisation des produits agricoles et de la mer par le secteur industriel de l'alimentation, Paris, éd. Sep, octobre 1949, p. 60.

du plan Langevin-Wallon, en cours de débat, en France dans les années qui ont suivi la Libération. Dauthy considère en particulier que :

> Le succès de ces entreprises dépendra tout autant et parfois plus de sa connaissance du milieu paysan, de son savoir en matière d'économie rurale que de sa science industrielle proprement dite[79].

Il préconise, des écoles peu spécialisées et offrant une formation pas trop longue, le complément étant assuré par des stages en usine, le but étant que le jeune ingénieur entre rapidement dans la pratique. C'est, en fait, la présentation du modèle ENIA tel qu'il se met en place dans les années d'après-guerre.

De son côté, Teatini met l'accent sur la nécessité d'une collaboration entre les universités et l'industrie, cette dernière ayant, le plus souvent, le rôle moteur. Il présente le système italien dans lequel il n'y a pas de formation particulière pour les ingénieurs des industries agricoles. Des cours spécialisés pour ces industries sont donnés dans certaines écoles d'ingénieurs. Les industries agricoles italiennes utilisent également des docteurs en chimie, ainsi que des agronomes pour la partie agricole. En s'autorisant d'une comparaison avec des innovations pédagogiques américaines, il en retire, en particulier, les réflexions suivantes :

> Nous trouvons préconisées des deux côtés l'autonomie des Écoles et l'autonomie plus ou moins poussée des élèves. Une autonomie bien comprise est assurément très favorable à l'évolution des Écoles, de même qu'une autonomie raisonnable des élèves pourrait être très profitable à leur formation professionnelle et à leur spécialisation[80].

L'intéressé conclut son rapport en proposant des conceptions très personnelles qui le conduisent à affirmer que :

> En partant de ces réflexions on pourrait imaginer la possibilité de concentrer en un seul traité toute la Science théorique de l'Ingénieur[81].

79 Dauthy, Étienne, « Formation des ingénieurs des industries agricoles et de l'alimentation », *VIIe Congrès international des industries agricoles*, Paris, 1948, Question XI-A, éd. Commission internationale des industries agricoles, Paris, 1950, p. 2.

80 Teatini, Dario, « Considérations sur l'organisation de l'enseignement technique et la formation de l'ingénieur », *VIIe Congrès international des industries agricoles*, Paris, 1948, Question XI-C, éd. Commission internationale des industries agricoles, Paris, 1950, p. 9-10.

81 Teatini, Dario, ouvr. cité, p. 12.

Stockli, dans son rapport, présente la formation des « agro-techniciens » telle qu'elle est dispensée à l'École Polytechnique de Zurich qui prépare à la fois des « directeurs techniques » et des « chercheurs pour les laboratoires spécialisés ». Cette formation s'articule autour de la biologie, de la chimie et de « l'étude technique des machines[82] ». Relevons que la formation dispensée à Zurich n'oppose pas, comme le fait René Lecomte, celle destinée à ceux qui ont un poste « opérationnel » à celle destinée aux chercheurs, distinction qui, ainsi qu'il a été exposé, est reprise en 1949 par les professionnels français des industries agricoles et de l'alimentation. On peut noter que terme « agrotechnicien » (*der Agrotechnologe*) prépare le terme d'« agro-alimentaire » qui n'apparaîtra que bien plus tard.

Soulignons que ce congrès est l'occasion pour l'ENIA d'accroître sa notoriété, puisque le rapport général est présenté par Raymond Guillemet, directeur de l'école, qui conclut d'ailleurs son rapport sur la question de la formation des ingénieurs. La conclusion de ce rapport consacrée au système français paraît devoir être soulignée :

> L'unanimité fut loin d'être parfaite, par contre, quant au niveau scientifique et technique à maintenir dans les écoles des ingénieurs agricoles du type de l'École de Douai. Peut-être […] qu'en France, il manque un maillon à la chaîne de l'Enseignement, notamment celui des Écoles de techniciens où seraient formés les cadres subalternes mais essentiels pour la saine conduite des usines, de même qu'il serait souhaitable d'encourager la formation d'Ingénieurs-Docteurs[83], synthèse de l'enseignement théorique de la Faculté et de la Recherche appliquée, poursuivie dans des Laboratoires spécialisés des Écoles Techniques[84].

À l'issue de ce congrès, la commission internationale des industries agricoles émet un vœu particulièrement pertinent dans le contexte de l'après Deuxième Guerre mondiale :

---

82 Stockli, A., « *Die Ausbildung von Agrotechnlogen an der Eidgenössischen Technischen Hochschule*, Zurich », *VIIe Congrès international des industries agricoles*, Paris, 1948, Question XI – D, éd. Commission internationale des industries agricoles, Paris, 1950. Cette communication ayant été faite en allemand, c'est à partir de son résumé français : « La formation des agrotechniciens à l'École polytechnique de Zurich » que nous nous sommes appuyés.

83 Voir Fonteneau, Virginie, « Former à la recherche pour l'industrie ? : la création du titre d'ingénieur-docteur dans l'entre-deux guerres », *Artefact*, n° 13, 2020, p. 119-144. Le titre ayant été créé avant 1940, ce vœu souligne le retard de l'industrie alimentaire dans ce domaine.

84 Guillemet, Raymond, « Formation des ingénieurs des industries agricoles et de l'alimentation, Rapport général », *VIIe Congrès international des industries agricoles*, Paris, 1948, Question XI, éd. Commission internationale des industries agricoles, Paris, 1950.

> La réforme de l'enseignement technique qui, si elle aboutissait à une harmonisation sur le plan international, permettrait de faciliter les échanges d'ingénieurs d'un pays à un autre et serait susceptible d'améliorer, sur le plan technique, la coopération internationale[85].

Le huitième congrès des industries agricoles se tient à Bruxelles du 9 au 15 juillet 1950 et présente un intérêt moindre sur le plan de la formation des ingénieurs des industries agricoles. Signalons toutefois un rapport de Charles Roger (Belgique), secrétaire du conseil central de l'économie qui montre que la dimension européenne est devenue très vite une préoccupation de ces congrès[86]. Charles Fourastier intervient également sur la productivité[87].

Malgré les bouleversements apportés par la guerre, on relève que les pays organisateurs de ces deux premiers congrès d'après-guerre, la Belgique et la France, sont ceux-là mêmes qui en avaient été les initiateurs au début du siècle. Cette continuité s'explique, d'une part, par le fait que l'animateur de l'Association belge des chimistes de sucrerie est Henri Sachs, fils de François Sachs qui, en tant que président de l'Association belge des chimistes de sucrerie, avait le premier, en 1892, lancé l'idée d'un congrès international de sucrerie et de distillerie. À noter que, d'autre part, du côté français le rédacteur en chef de la *Revue internationale des industries agricoles* et secrétaire général de l'Association des chimistes n'est autre que Henry-François Dupont, fils du promoteur de cette dernière association[88].

C'est à Rome, du 27 mai au 2 juin 1952, que se déroule le neuvième congrès, au cours duquel sont présentées trois communications émanant de deux intervenants qui nous paraissent mériter particulièrement l'attention. L'un de ces intervenants est Charles Renaudin qui présente une communication sur la formation des ingénieurs de l'industrie alimentaire, faisant la synthèse des opinions déjà émises précédemment par l'intéressé[89].

85 *Industries agricoles et alimentaires*, juillet-septembre 1948, p. 245.

86 Roger, Charles, « l'intégration des économies européennes et les industries agricoles et alimentaires », *Compte rendu du VIIIe congrès international des industries agricoles*, t. IV. p. 487-495.

87 Fourastier, Charles, « la productivité dans l'agriculture et dans les industries agricoles », *Compte rendu du VIIIe congrès international des industries agricoles*, t. IV, p. 471-476.

88 Voir chap. « Le projet des sucriers », p. 108-111. La *Revue internationale des industries agricoles* est présentée chap. « Le projet des distillateurs », p. 202.

89 Renaudin, Charles, « Rapport sur l'enseignement et la formation des ingénieurs des industries agricoles et alimentaires », (communication spéciale n° 32), *Compte rendu du IXe congrès international des industries agricoles*. Ce rapport présente en particulier l'intérêt de donner une liste des établissements français d'enseignements relatifs aux industries agricoles et alimentaires.

Pour sa part, Robert Bousser, sur lequel nous reviendrons, présente deux communications. Il ressort de ces différents textes que, dans toutes les industries agricoles et alimentaires, c'est toujours la matière d'origine biologique qui est transformée en vue de la conserver. À cette unité correspond une unité des méthodes employées pour cette transformation. Rien ne paraît mieux résumer l'apport de ce congrès, sur ce point, que cet extrait de l'une des recommandations finales demandant un changement de dénomination de ces congrès :

> […] Que soit recherchée pour les futurs Congrès une appellation [Industries agricoles] traduisant mieux l'unité qui existe entre les Industries de la conservation, de l'extraction et de la transformation de la matière vivante[90].

Le dixième congrès des industries agricoles et alimentaires, tenu à Madrid du 30 mai au 6 juin 1954, est marqué, outre la communication de Robert Bousser, par trois interventions sur le thème de l'unité des industries agricoles et alimentaires et de ses conséquences pour la formation des ingénieurs qui se destinent à ces industries. Il s'agit respectivement de celles d'André Bonastre, directeur de l'ENIA, d'André Devreux, professeur au Centre d'enseignement et de recherches sur les industries alimentaires en Belgique ainsi que d'Édouard Nègre, professeur à l'École nationale d'agriculture de Montpellier. Au cours de sa communication au Congrès de Madrid, le directeur affirme que, face à la dualité du système de formation décelée dès 1949 par les organisations professionnelles[91], l'ENIA a adopté le parti de former d'abord des ingénieurs d'usine. Tout comme Bonastre et Bousser, Devreux préconise l'enseignement « des grands procédés communs à la plupart des industries agricoles ». Bien qu'il mette davantage l'accent sur l'oenologie, Nègre rejoint Bousser et Devreux dans l'intérêt d'une approche commune à l'ensemble des filières[92].

Précisons qu'à ce congrès, les enseignants de l'école sont largement représentés puisque 9 d'entre eux, dont trois titulaires, accompagnent le directeur[93].

---

90 « Au IXe Congrès international des industries agricoles », *Industries agricoles et alimentaires*, t. 69, juillet-août 1952, p. 617.

91 Voir ci-dessus, p. 303.

92 Nègre, E., « La formation des ingénieurs des industries agricoles », *X^e^ congrès des industries agricoles et alimentaires*, Madrid, 1954, t. 1, p. 623.

93 Conseil d'administration du 7 juillet 1954. Procès-verbal, p. 4, Archives ENSIA.

Les conceptions de Robert Bousser

Dans la prise de conscience de l'unité des industries agricoles et alimentaires, Robert Boussser que nous venons de citer à plusieurs reprises, a joué un rôle déterminant. Né en 1909, il est issu d'une famille dont la plupart des membres travaillait dans les chemins de fer et a reçu une formation d'ingénieur électricien. Il termine son service militaire comme officier d'Administration et est affecté en 1934 à la gestion des Subsistances militaires de Rabat au Maroc. Par suite de la crise économique qui sévit à cette époque, il reste dans l'armée pendant encore deux ans au service des Subsistances, puis entre aux Chemins de fer algériens où il compte faire sa carrière, après un long stage, en France, à la SNCF.

Mais la guerre survient en 1939. Il est alors mobilisé comme officier de ravitaillement en Afrique du nord. Démobilisé en 1940, il retrouve les Chemins de fer et devient, en 1942, chef du service électrique et radio du Chemin de fer de la Méditerranée au Niger, alors en construction. La guerre reprend en 1943. Il est à nouveau mobilisé et affecté au laboratoire des Subsistances militaires à Rabat et est chargé du contrôle des usines travaillant pour le ravitaillement en vivres du Corps expéditionnaire français. C'est là qu'il est conduit à faire des recherches, en particulier sur les techniques de déshydratation. Plus généralement, il découvre l'importance des moyens mis en œuvre pour le ravitaillement des Armées.

Démobilisé en janvier 1946, il reste au Maroc, devient ingénieur conseil en industries agricoles et alimentaires et conseiller technique des Services agricoles du Protectorat. En 1949, on lui demande de prendre en charge la chaire de « technologie agricole » de l'École marocaine d'agriculture de Meknès. Afin de préparer son cours, il prend connaissance de celui, professé à l'Institut agronomique de Paris et constate que l'approche séparée par filière du domaine concerné, qui était encore la règle à cette époque, contredit, dans une large mesure, son expérience acquise pendant la guerre, où il avait pu observer la similitude de comportement des différents produits alimentaires. C'est ce qu'il traduit dans son enseignement et c'est ce qu'il confirme ensuite dans la Station de recherches technologiques qu'il crée au sein de l'école où il enseigne. C'est enfin ce qu'il expose au directeur de l'ENIA à l'occasion d'un voyage d'études de cette école au Maroc, en 1952. C'est également ce qu'il développe, par la suite, à l'occasion de congrès internationaux ainsi que dans plusieurs articles.

C'est, plus précisément, ainsi que cela a été exposé, ci-dessus, lors du congrès de Rome en 1952 que Robert Bouser intervient, d'abord, sur l'unité des industries agricoles et alimentaires[94]. Il précise ses conceptions sur la formation des ingénieurs dans un article de la revue *Industries alimentaires et agricoles* dont il est intéressant de citer le début.

> Qu'il s'agisse de légumes, d'oranges, d'olives, de betterave, de viande ou de poisson, c'est toujours de la matière organique qui est en œuvre dans nos industries. Or cette matière, quelque espèce ou variété qu'elle offre, est vraiment « une ». Son organisation biologique, son comportement général sont, en effet, toujours soumis à des lois formelles, intangibles et toujours les mêmes. On conçoit, par conséquent, qu'à ces lois doivent correspondre dans notre domaine industriel – et cela quelle que soit l'industrie envisagée – des règles de travail absolues (et aussi toujours les mêmes) à respecter scrupuleusement si l'on veut travailler correctement et aboutir à des produits finis de qualité.
>
> Et c'est justement cela qui fait l'unité de notre domaine : c'est qu'il est assis (ou tout au moins qu'il devrait l'être) sur une même base ou doctrine de départ : la connaissance aussi parfaite que possible de la biologie de la matière organique et de son comportement[95].

Le directeur, André Bonastre, répond à cet article justifiant le programme de l'école[96]. Mais c'est surtout au congrès de Madrid en 1954 que Robert Bousser développe longuement ses conceptions et montre que la formation des ingénieurs destinés à ces industries doit être conçue en fonction de ce qu'il appelle « la force même des choses[97] ». En 1956

94 Bousser, Robert, « L'intérêt de la connaissance de la matière organique pour la mise en œuvre de nos techniques », (communication spéciale n° 3) ; « Vues d'ensemble et considérations générales sur les techniques de notre congrès », (communication spéciale n° 19), *Compte rendu du IXe congrès international des industries agricoles*.

95 Bousser, Robert, « Considérations sur la formation des ingénieurs des industries agricoles et alimentaires ». *Industries agricoles et alimentaires*, t. 69, décembre 1952, p. 843-849.

96 Bonastre, André, « Considérations sur la formation des ingénieurs des industries agricoles et alimentaires Réponse à M. Bousser », *Industries agricoles et alimentaires*, t. 70, janvier1953, p. 5-9. Cet article présente l'intérêt de donner, en annexe, le programme détaillé des études à l'école pour l'année 1952-1953.

97 Bousser, Robert, « Importance, unité et développement des industries agricoles et alimentaires (IAA) ou industries de conservation et transformation (ICT) », *Xe Congrès international des industries agricoles et alimentaires*, Madrid, 1954, Compte rendu, Commission internationale des industries agricoles, Paris, 1954, t. 1, p. 576-616.

il rassemble ses conceptions dans un ouvrage[98] qu'il résume ensuite dans plusieurs articles dans la revue *Industries alimentaires et agricoles*[99].

En 1956, après l'indépendance du Maroc, Bousser rentre à Paris comme conseiller technique au siège de la Commission internationale des industries agricoles et alimentaires et assure en même temps les fonctions de directeur des études de ce qui est devenu l'École nationale des industries agricoles et alimentaires (ENIAA). À ce dernier titre, il participe aux conseils des professeurs, du 27 juin 1956 au 7 octobre 1958 inclus. On ne peut cependant que constater que, bien qu'ayant été intégré aux structures officielles en charge des industries alimentaires et agricoles, Robert Bousser n'en a pas moins gardé une certaine distance critique ainsi qu'en témoigne le passage suivant d'un des articles précités :

> Certes, on parle très souvent de notre domaine, mais, à la vérité, sans le concevoir très exactement. On a bien créé une École Nationale des I.A.A., mais sa doctrine ne s'est dessinée qu'il y a peu de temps et s'impose à peine[100].

En 1959, il part en tant qu'expert principal de la Société pour l'étude et le développement de l'industrie et de l'agriculture (SEDIA), société d'économie mixte, orientée en particulier vers les pays en voie de développement, d'abord en Algérie puis, en 1962, en Côte d'Ivoire où il œuvre pour la mise en place de la transformation des produits agricoles tropicaux. Il crée à cet égard, à Abidjan, un « Institut de recherche pour la technologie et l'industrialisation des produits agricoles tropicaux » et se fait le promoteur, également à Abidjan en décembre 1964, du premier Congrès international des industries agricoles et alimentaires des zones tropicales et subtropicales.

---

98 Bousser, Robert, *Unité, progrès technique et productivité dans les industries agricoles et alimentaires*, Commission internationale des industries agricoles et alimentaires, Paris 1956. Nous avons pu voir cet ouvrage chez l'auteur mais nous n'en avons pas trouvé trace à la Bibliothèque nationale de France.

99 Bousser, Robert, « Le domaine des industries agricoles et alimentaires I – Les IAA, de leur origine à nos jours » *Industries alimentaires et agricoles*, t. 74, avril 1957, p. 255-258 ; « II – Où en sont actuellement la conception et l'organisation des IAA », t, 74, mai 1957, p. 361-363 ; « III – Le véritable "commun dénominateur" des industries agricoles et alimentaires », t. 74, septembre 1957, juin 1957, p. 455-457 ; « IV – La doctrine générale "d'unité et d'action" des industries agricoles et alimentaires », t. 74, septembre 1957, p. 617-620 ; « V – Le "génie technique" des industries agricoles et alimentaires », t. 75, février 1958, p. 113-115.

100 Bousser, Robert, « Le domaine des industries agricoles et alimentaires II – Où en sont actuellement la conception et l'organisation des IAA », *Industries alimentaires et agricoles*, t, 74, mai 1957, p. 361.

En 1969, il rentre en France pour prendre sa retraite. En définitive, c'est un regard extérieur très pertinent et très fructueux sur le domaine des industries agricoles et alimentaires qu'aura apporté Robert Bousser. Cependant il ne pourra pas s'implanter durablement à l'ENIAA puisqu'il n'exerce des fonctions de direction d'études que 4 années. Ce qui aura été un atout sur le plan conceptuel se révélera être un handicap sur le plan institutionnel[101].

L'affirmation de l'unité des industries agricoles et alimentaires ressort donc très clairement de cette période ce qu'exprime parfaitement ce passage d'un compte rendu du congrès de Madrid de 1954 :

> Ces organisations (professionnelles internationales) ont enfin apporté la sanction de leur autorité à la thèse fondamentale de l'unité des industries de conservation, d'extraction et de transformation de la matière vivante, dont la Commission internationale des industries agricoles s'est faite le champion et qui constitue le fondement même de l'action scientifique et technique poursuivie[102].

Il convient d'examiner maintenant quelles vont être les conséquences de l'affirmation de cette unité des industries agricoles et alimentaires dans l'évolution de l'école.

LE PROJET D'ÉCOLE CENTRALE DES INDUSTRIES ALIMENTAIRES

À cette période, le contexte dans lequel se trouve l'ENIA, peut être caractérisé par trois aspects. Tout d'abord, la guerre et l'immédiat après-guerre ont fait ressortir l'importance vitale des questions alimentaires. Ensuite, les milieux professionnels concernés ont pris conscience de l'unité intellectuelle des industries agricoles et alimentaires. Or l'Institut national de la recherche agronomique (INRA), créé en 1946, ayant choisi de mettre d'abord l'accent sur les filières de transformation de produits agricoles

101 Ces données nous ont été fournies par Robert Bousser lui-même, avec qui nous avons pu nous entretenir le 13 juin 1997. Nous l'en remercions très vivement.

102 Vergnaud, Henri, « Coup d'œil rétrospectif sur un congrès », *Industries agricoles et alimentaires*, t. 71, novembre 1954, p. 890.

en produits alimentaires n'ayant pas encore un caractère industriel, il en résulte que la place de l'ENIA pour approfondir cette unification s'avère très favorable. Enfin, sur le plan économique, il apparaît évident que l'industrie alimentaire doit occuper une place importante dans la reconstruction du pays, compte tenu, à la fois, des traditions agricoles et du poids de la population. Cependant, la plupart de ses industries, dont beaucoup ont un caractère familial, doivent être modernisées[103]. Il est donc naturel que la communauté ENIA soit traversée par l'ambition de devenir, pour l'ensemble des formations d'ingénieurs fussent-elles les plus élevées, l'école d'application des industries alimentaires. Nous dénommerons « projet d'école centrale des industries alimentaires » cette ambition collective qui va structurer la majeure partie de la période objet de ce chapitre, c'est-à-dire plus précisément jusqu'en 1958, l'expansion de l'école étant freinée à partir de cette dernière date.

C'est en effet, dès 1941 que, sans être formulé de manière explicite, se trouve exprimé, la première fois à notre connaissance, l'esprit de ce projet dans un document interne du ministère de l'Agriculture.

> L'École nationale des industries agricoles et alimentaires doit être [...] une école d'application d'un niveau suffisant pour que les ingénieurs agronomes, les ingénieurs des arts et manufactures, les ingénieurs des arts et métiers, y trouvent un enseignement correspondant à leur formation antérieure[104].

Ensuite, en 1953 dans le numéro spécial de la revue *Industries agricoles et alimentaires* consacré au soixantenaire de l'école, nous trouvons une expression publique de ce projet. Son auteur est Jean Lauze, ingénieur ENIA (1926) qui préside le groupe du Sud-ouest de l'Association des anciens élèves.

> Pour l'enseignement supérieur, l'École nationale des industries agricoles et alimentaires, doit devenir *l'École Centrale* de cet enseignement. Autour d'elle doivent se grouper – ou être créées – les écoles ou sections d'application[105].

---

103 Voir chap. « Le paradoxe des ingénieurs des industries agricoles et alimentaires », l'analyse d'Alfred Isautier, p. 553.

104 Ministère de l'Agriculture, document interne, Archives ENSIA, Paris, 17 novembre 1941, p. 2. Ce document de 3 pages contient des informations très précises sur l'ENIA.

105 Lauze, Jean, « Les industries agricoles et alimentaires et les Pouvoirs publics », *Industries agricoles et alimentaires*, 70e année, nº 12, décembre 1953, p. 989. On relève que Jean Lauze comme André Bonastre, bien que tous deux fonctionnaires, utilisent la dénomination « École nationale des industries agricoles et alimentaires » qui n'est pas encore légale. On mesure là l'impatience de la communauté ENIA !

À la même occasion et sous une forme approchante, la même demande est formulée par le président de l'Association des anciens élèves, Paul Devos, de créer une « Centrale d'études et Recherches des industries agricoles et alimentaires[106] ».

Il y a cependant tout lieu de penser que cette ambition est antérieure à cette période et que sa trace se prolongera bien après. C'est, du moins, ce à quoi nous incite une présentation plus complète de ce projet qu'en fait le même Paul Devos, en 1969 :

> Il a fallu en effet attendre l'installation au fauteuil directorial de Monsieur Étienne Dauthy, en 1934, pour que les buts de l'École soient repensés et ses objectifs modifiés. On a alors, tardivement mais très utilement, fait prévaloir que notre Pays devait être doté d'une École Centrale des Industries Agricoles et Alimentaires, que l'unité fondamentale de ces industries devait s'inscrire dans les structures de l'Enseignement et de la Recherche. [...]
>
> Notre Pays [...] a le plus grand besoin d'une puissante École Centrale des industries agricoles et alimentaires [...].
>
> Nous avons antérieurement appelé de nos vœux le regroupement de la recherche appliquée aux industries agricoles et alimentaires à l'intérieur d'un établissement public qui pourrait s'intituler « Institut national des industries agricoles et alimentaires » faisant pendant à l'Institut national de la recherche agronomique.
>
> [...] Les rapprochements avec les polytechniciens, centraux et agros, que d'aucuns souhaitent voir se réaliser dans nos amphithéâtres doivent en fait se se réaliser à l'intérieur d'un tel institut[107].

Cette interprétation est confirmée par une intervention de Paul Devos encore plus tardive[108].

Plus généralement, la communauté ENIA demande la création d'un « Centre d'études et de recherches des industries agricoles et alimentaires » dont ferait partie l'ENIA et qui serait consacré à la fois à l'enseignement et aux recherches portant sur l'ensemble des filières de transformation de produits agricoles en produits alimentaires. Rappelons que cette idée avait déjà été lancée en 1938[109] et on peut raisonnablement estimer que c'est essentiellement la guerre qui en a empêché la réalisation. Par ailleurs, cette création permettrait de satisfaire les professionnels de

---

106 Devos, Paul, », *Industries agricoles et alimentaires*, t. 70, n° 12, décembre 1953, p. 930.

107 Devos, Paul, « L'E.N.S.I.A. son passé et son avenir », *Bulletin des ingénieurs des industries agricoles et alimentaires (Bull. ingénieurs ENSIA)*, 1969, n° 1, p. 26-28.

108 Devos, Paul, « Voies d'avenir pour l'ENIA », *Bull. ingénieurs ENSIA*, février 1980, p. 25.

109 Voir chap. « Le projet des distillateurs » p. 202.

l'alimentation et des industries agricoles qui souhaitent, de leur côté, une meilleure coordination des recherches portant sur leurs activités. La création de ce centre est demandée expressément par Paul Devos dans l'article déjà cité, lors du soixantenaire et nous venons de voir qu'il l'exprime à nouveau de manière plus explicite en 1969.

Une partie des ingénieurs ENIA demande également, en 1951, que soit créée une direction générale des industries agricoles et alimentaires[110].

Si l'on cherche à identifier quels ont été les acteurs collectifs de ce projet on constate que ce sont à la fois les professionnels de l'alimentation ainsi que la communauté ENIA. Dès 1945, les premiers expriment le besoin d'une amélioration de la formation des cadres pour leurs industries[111]. Pour ces professionnels, l'ENIA est l'école qui, malgré certaines critiques, se rapproche le plus de leurs souhaits. De son côté, la communauté ENIA, consciente de cette demande souhaite un élargissement notable des missions de l'école.

L'architecte essentiel de ce projet, conçu dès l'avant-guerre, est, incontestablement Étienne Dauthy, qui n'assure la direction de l'école à titre intérimaire que jusqu'en 1946, mais qui, au titre de sous-directeur de l'enseignement au ministère de l'Agriculture, suit le développement de l'ENIA après cette date. Toutefois, il convient de lui associer les deux directeurs qui lui ont succédé à partir de 1946, Raymond Guillemet[112] et André Bonastre[113].

Le moyen d'expression privilégié de ce projet est la revue *Industries agricoles et alimentaires.* Le cinquantième anniversaire de la création de l'école n'ayant pu être célébré par suite de la guerre, l'Association des anciens élèves et l'école décident d'organiser une manifestation de prestige en 1953, à l'occasion du soixantième anniversaire. Cette revue s'en fait largement l'écho et ce projet s'y trouve exprimé publiquement[114].

Enfin, la communauté ENIA demande la fixation définitive de l'implantation.

---

110 Lauze, Jean, « Les industries agricoles et alimentaires. Enseignement et recherche » *Bull. ingénieurs ENIA*, n° 13, 1951, p. 4, Cette demande émane du groupe régional du Sud-ouest et n'est pas reprise par le bureau national de l'Association. Cette direction ne sera créée qu'en 1968.

111 Voir ci-dessus, p. 297.

112 Voir ci-dessus, p. 289 et annexe XVIII.

113 Voir ci-dessus, p. 301.

114 *Industries agricoles et alimentaires*, t. 70, n° 12, décembre 1953, p. 875-1036.

Ce projet va, d'abord, se traduire, sur le plan législatif par une loi qui va relever de manière très notable le statut de l'école et prendre acte de sa vocation à enseigner également les techniques des industries alimentaires.

LA TRADUCTION LÉGISLATIVE DE CETTE AMBITION : LA LOI DU 13 JANVIER 1954

Peu de temps après la Libération en 1946, le ministre de l'Agriculture prend la décision de principe de maintenir l'implantation des deux premières années en région parisienne. Le centre de Douai sert, de son côté, pour l'enseignement de troisième année ainsi que de centre de recherche et d'application, tout particulièrement pour les industries agricoles du Nord et du Pas-de-Calais. Cette solution a donc pour conséquence d'institutionnaliser l'implantation provisoire de1940. La présence de la majeure partie des activités de l'école à Paris entraîne un relèvement du niveau d'étude des élèves admis. La reconstruction du Pays mettant en évidence l'importance des industries alimentaires dont s'occupent de plus en plus les ingénieurs des industries agricoles, ces derniers ressentent de plus en plus mal le déclassement dont l'école a été l'objet en 1941.

La genèse de la loi

C'est dans ce contexte qu'un groupe régional d'anciens élèves, réunis en septembre 1949 à Bordeaux, prend l'initiative de faire déposer par un parlementaire une proposition de loi tendant au reclassement de l'école dans l'enseignement supérieur[115]. L'acteur essentiel de cette démarche est Jean Lauze que nous avons vu présenter en1953 le projet d'école centrale des industries agricoles et alimentaires. Après avoir complété sa formation par une licence en droit et un diplôme d'études viticoles, il est l'un des rares ingénieurs ENIA à faire carrière dans l'Administration. À cette époque, il est chef de service à la direction départementale des Services agricoles de l'Aude. C'est lui qui prend contact à ce sujet avec Alexis Fabre, député de l'Aude.

Fabre accepte de se faire l'interprète de cette demande puisqu'il dépose, dès le 21 février 1950, une proposition de loi[116] qui reflète fidèlement les

115 *Bull. ingénieurs ENIA*, n° 27, janvier-février 1954, p. 7.

116 *Journal officiel, Documents parlementaires, Assemblée nationale*, Annexe n° 9275, p. 2490-2491.

souhaits des ingénieurs des industries agricoles de l'époque. L'examen des publications de l'Amicale des ENIA montre que ce texte a été rédigé par eux et a reçu l'accord du président de cette amicale, Paul Devos. Jean Lauze y expose en effet que « ce projet fut adressé, avant d'être remis à M. Fabre, au président Devos qui le soumit alors aux diverses personnalités[117] ». Outre le reclassement de l'ENIA dans l'enseignement supérieur, il est proposé que l'École nationale des industries agricoles ajoute à son titre « et alimentaires ». Ceci est demandé « afin de légaliser une situation de fait ». Enfin, il est proposé que le titre d'ingénieur des industries agricoles soit assimilé à celui d'ingénieur des arts et métiers.

Les travaux parlementaires

Le projet est en fait repris par la législature suivante[118] qui l'examine dans sa séance du 24 août 1951 et en renvoie l'examen à la commission de l'agriculture. À l'issue de ces débats, cette proposition de loi est étendue à l'École nationale d'horticulture qui avait été également classée, par la loi de 1941, dans le second degré. La proposition de loi expose ainsi :

> L'enseignement agricole public comprend trois degrés : [...]
>
> Au troisième degré :
>
> Les écoles nationales vétérinaires, les écoles nationales d'agriculture, l'école nationale d'horticulture, l'école nationale des industries agricoles et alimentaires, l'institut national agronomique et ses sections spécialisées[119].

En outre, le rapport concernant l'École nationale des industries agricoles apporte quelques éléments nouveaux qui ne font que prendre en compte des situations de fait. Il s'agit d'abord de l'extension de l'enseignement, car il est constaté que de nouvelles techniques nécessaires aux ingénieurs sont, d'ores et déjà, enseignées telles que la constructions de matériel et l'industrie frigorifique, et ensuite de l'extension des filières enseignées, lesquelles se sont étendues, dans un premier temps à la meunerie puis, plus récemment, à la vinification, la cidrerie, la féculerie, les corps gras, les produits amylacés ainsi que les antibiotiques, cette dernière spécialisation sortant du cadre des industries agricoles et alimentaires. Sont

117 *Bull. ingénieurs ENIA*, n° 27, janvier-février 1954.

118 Des élections législatives ont lieu le 17 juin 1951.

119 *Journal officiel, Documents parlementaires, Assemblée nationale*, Annexe n° 6275, Rapport Saint Cyr, p. 912-913.

également pris en compte le relèvement du niveau scolaire du concours ainsi que l'importance prévisible du développement des industries alimentaires lesquelles sont « de nature à étendre les débouchés des produits agricoles ». Toutefois, l'assimilation du diplôme d'ingénieur des industries agricoles à celui d'ingénieur des arts et métiers, qui figurait dans la proposition initiale, n'a pas été retenue.

Les débats parlementaires n'apportent aucune modification puisque ce rapport examiné le 3 juin 1953 est renvoyé à la commission de l'éducation nationale qui l'approuve sans modifications et dont le rapport est déposé le 21 novembre 1953[120]. Cette proposition de loi est adoptée sans débats par l'Assemblée nationale le 4 décembre 1953[121]. Au Conseil de la République, après examen par la commission de l'agriculture qui dépose un avis favorable le 28 décembre[122], la proposition est également adoptée sans débats le 29 décembre 1953. La loi est promulguée le 14 janvier 1954[123]. La principale disposition est évidemment le changement d'appellation de l'école qui devient : « l'École nationale des industries agricoles et alimentaires ». Par voie de conséquence, les diplômés de l'école ont droit au titre d'« ingénieur des industries agricoles et alimentaires ».

Enjeux de la loi de 1954

Il est évident que, aussi bien par le niveau de son recrutement que par celui de son enseignement, l'ENIA appartient à l'enseignement supérieur. Cette loi vient donc très normalement rétablir une situation qui n'aurait pas dû cesser d'être. Mais cette loi illustre, tout d'abord, le rôle de l'Association des anciens élèves qui est à l'origine directe du processus législatif mais encore et surtout l'extension aux industries alimentaires. Les industries enseignées à l'ENIA n'avaient jamais cessé d'être alimentaires mais, à l'origine, il s'agissait d'industries de première transformation. Ce qui est consacré par le changement de titre de l'école, c'est l'extension à l'ensemble des industries alimentaires, y

---

120 *Journal officiel, Documents parlementaires, Assemblée nationale*, session de 1953, Annexe n° 7271, Rapport de Mlle Dienesch, p. 2221.

121 *Journal officiel, Assemblée nationale*, compte rendu des débats, 1953, p. 5978-5979.

122 *Journal officiel, Documents parlementaires, Conseil de la République*, Annexe n° 650, Rapport de Raincourt, p. 815-816.

123 *Journal officiel*, édition Lois et décrets, 1954, p. 533.

compris celles de deuxième transformation. Ce changement marque un tournant essentiel dans le développement de l'école. C'est désormais, en toute légalité, que l'école va devenir de plus en plus celle des industries alimentaires et s'éloigner d'une logique liée strictement à l'agriculture.

Cette loi consacre le retour d'une dynamique de l'école qu'on avait pu croire compromise, d'abord en 1918, dans sa finalité à pouvoir dispenser l'enseignement de l'ensemble des industries de transformation de produits agricoles en produits alimentaires, mais également en 1941, dans son niveau d'études qui avait été nettement abaissé.

Plus généralement la loi du 13 janvier 1954 institutionnalise l'unité des industries agricoles et alimentaires et ouvre ainsi la voie à une ambition plus large qui conduira à une action pédagogique totalement renouvelée. Mais l'ouverture de l'ENIAA à l'ensemble des industries alimentaires entraîne également la mise en place de nouvelles matières dont l'importance va justifier qu'ils soient confiés à des enseignants de rang professoral qui sont présentés maintenant.

UN INGÉNIEUR DES INDUSTRIES AGRICOLES, PROFESSEUR DE MICROBIOLOGIE : JEAN CLAVEAU

Une chaire recouvrant un enseignement général majeur, la microbiologie, va être pourvue d'un titulaire pendant cette période.

C'est à Puteaux (Hauts-de-Seine) où son père exerçait la profession de tailleur de vêtements que naît, en 1923, Jean Claveau. Après des études secondaires et une classe préparatoire à ce qui était alors l'école primaire supérieure Jean-Baptiste Say, devenue depuis un Lycée[124], il entre à l'ENIA en 1941.

Désireux de s'orienter vers la microbiologie, Jean Claveau choisit, en 1947 sur les conseils d'Étienne Dauthy, de rejoindre l'INRA qui vient de se constituer. Dès 1948, il participe à l'enseignement de l'ENSIA en tant que chef de travaux de microbiologie ainsi que de sucrerie, avant que Marcel Roche ne reprenne cette dernière fonction en 1953[125].

Cette même année, il obtient le titre d'ingénieur-docteur avec une thèse soutenue devant la Faculté des sciences de Lille, portant sur « L'influence de la nicotinamide sur une levure de lactose. Application

124 Sur la préparation par l'actuel Lycée Jean-Baptiste Say, voir le parcours d'Yves Labye, chap. « les ingénieurs de industries agricoles formés avant 1940 », p. 271.

125 Sur Marcel Roche, voir chap. « Le projet du génie industriel alimentaire », p. 413.

pratique à un procédé de dosage microbiologique de cette vitamine dans les produits alimentaires ». La seconde thèse, celle des propositions données par la faculté, était consacrée à « L'étude des sous-produits dans la fermentation des boissons fermentées ».

En 1955, Jean Claveau devient professeur de microbiologie, discipline qui n'avait fait l'objet d'un cours complet qu'à partir de 1931[126]. Cette situation en fait le chef de file de l'enseignement de la microbiologie qu'il oriente vers deux aspects, d'une part, celui de la biochimie microbienne à caractère théorique, confiée à Edmond Jakubczack, docteur ès sciences et d'autre part, la microbiologie industrielle à caractère plus appliqué, confiée à Jean Yves Leveau[127] puis ultérieurement à Marielle Bouix[128], tous deux ingénieurs ENIA et docteurs-ingénieurs.

À partir de 1955, la direction du centre de Douai lui est en même temps confiée, responsabilité dont il demande à être déchargé en 1976. Ayant bénéficié de l'expérience acquise dans cette dernière fonction, apprécié sur le plan pédagogique, notamment par les élèves, Jean Claveau est chargé de coordonner les questions de formation humaine[129]. Il prend sa retraite en 1983.

En définitive, Jean Claveau aura étendu ses responsabilités bien au-delà de l'enseignenement de la microbiologie en assurant, à la fois la direction du centre de Douai ainsi que la coordination de la formation humaine à l'école.

Simultanément sont créés deux chaires portant sur des enseignements de filières dont nous présentons maintenant leur titulaire respectif. Il s'agit, tout d'abord de Jacques Casalis, déjà chargé de cours qui est nommé professeur d'industries laitières en 1957. C'est ensuite Jean Buré[130] qui est chargé des industries des céréales. La chaire est mise en place en 1961 à Massy et une de ses originalités sera la création d'un laboratoire de rhéologie appliquée[131], étendant ainsi à l'ensemble des industries

---

126 Voir chap. « Le projet des distillateurs », p. 214.

127 Sur Jean-Yves Leveau, voir chap. « le projet du génie industriel alimentaire », p. 433.

128 Sur Marielle Bouix, voir chap. « Le projet d'Institut des sciences et techniques du vivant », p. 450.

129 Voir l'appréciation de Jean Claveau sur les conséquences des événements de mai 1968, chap. « Le projet du génie industriel alimentaire ». p. 421.

130 Sur J. Buré, voir l'excellente notice biographique établie par Bernard Launay dans le *Cahier des ingénieurs agronomes*, n° 392, juin-juillet 1986.

131 La rhéologie est la science des lois du comportement des matériaux qui lient, à un instant donné, les contraintes aux déformations. *Grand Larousse universel*, Paris, 1992, p. 8977.

alimentaires un savoir issu des industries des céréales auxquelles il aura consacré toute sa carrière. La création de ces deux chaires est relevons-le, conforme à l'importance économique de ces filières.

LA TRADUCTION PÉDAGOGIQUE DE L'UNITÉ DES INDUSTRIES AGRICOLES ET ALIMENTAIRES À L'ENIAA

Au début des années 1950, les responsables de l'ENIA se trouvent confrontés à une multiplication de filières enseignées, qui sont passées de trois à l'origine, à 10 en 1951, dont quatre ne datent que de 1945. Il est donc indispensable de mettre de la cohérence dans ce qui est la conséquence de l'extension de l'ENIA, d'abord à l'ensemble des industries de première transformation, ce qui était le projet initial aussi bien du législateur que de l'Association des chimistes puis aux industries alimentaires, de fait depuis les années 1940 et légalement depuis 1954. C'est la réponse à cette question qui va évoluer au cours des années 1950 et donner lieu à une innovation pédagogique majeure, cette évolution se faisant en trois étapes.

La transposition de l'enseignement des filières

Cette conception, dont il est difficile de dater l'apparition, est nettement exprimée dès 1946 au sein du conseil de perfectionnement. Il s'agit, à partir de trois filières, la sucrerie, la distillerie et la meunerie, d'étudier les procédés transposables à d'autres filières.

> Le président rappelle le grand principe selon lequel l'école est fondée : former des jeunes gens qui sont capables de travailler dans toutes les branches de l'Industrie. C'est pourquoi les 3 matières suivantes ont été prises comme base : sucrerie (méthodes d'évaporations), distillerie (méthodes de fermentations), meunerie (études de diverses matières pulvérulentes). L'élève a besoin de savoir les utiliser et les adapter à toutes les Industries[132].

C'est toujours ainsi qu'est conçu l'enseignement en 1950, si l'on se réfère à une intervention d'Étienne Dauthy qui la présente très clairement de la façon suivante :

> M. Dauthy rappelle comment ont été conçus les cours de MM. Dubourg et Mariller en particulier, permettant aux élèves de transposer avec une grande

132 *Conseil de perfectionnement*, 4 septembre 1946, p. 6, Archives ENSIA.

> facilité, dans une industrie quelconque, les grands procédés (extraction des jus, épuration, filtration, concentration, distillation, etc.) étudiés à fond à propos de la sucrerie ou de la distillerie[133].

Le fait que la meunerie ne soit plus citée suggère que la méthode a perdu de son dynamisme.

Le concept de technologie comparée

Cette démarche et ce terme apparaissent en 1951, au sein de l'école et sont ainsi définis :

> La Technologie comparée [...] se propose un effort de synthèse. Elle demande aux élèves, dans un travail d'équipe, de reprendre tel grand procédé des industries agricoles et d'en poursuivre l'étude à travers les différentes techniques étudiées[134].

Lors du conseil de perfectionnement du 12 décembre 1951, les précisions suivantes sont apportées :

> On se propose d'étudier plus spécialement et aussi complétement que possible chacun des grands procédés de base : division de la matière, agglomération de la matière, fermentation, filtration, distillation, etc., dans le cadre d'une technique particulière bien choisie. Les techniques retenues à cet effet pour des raisons pratiques (meunerie et pâtes alimentaires, industries de la viande, sucrerie, distillerie, malterie, brasserie, industries laitières) semblent très bien répondre à ce désir[135].

Il y a là un renversement essentiel, car il ne s'agit plus de partir de l'étude d'une filière, elle-même centrée sur un produit, et d'analyser les principaux procédés mis en œuvre, mais au contraire de partir de ces procédés et d'étudier comment ils interviennent dans les différentes filières. Remarquons que, si l'expression de « technologie comparée » n'apparaît qu'en 1951, la démarche est elle-même « consubstantielle » de l'ENIA, puisqu'elle était implicitement celle-là même qu'Aimé Girard adoptait dès 1887[136]. L'usage de cette expression sera éphémère, mais la démarche intellectuelle va se prolonger dans le « Génie industriel »,

---

133 *Conseil de perfectionnement*, 15 novembre 1950, Archives ENSIA.
134 *École nationale des industries agricoles et alimentaires, brochure citée*, Paris, 1951.
135 *Bull. ingénieurs ENIA*, n° 17, mai-juin 1952, p. 29.
136 Voir chap. « Le projet des sucriers », p. 117.

qui constitue la troisième étape de cette évolution. Cette expression est utilisée au conseil des professeurs du 3 octobre 1952 mais il y a tout lieu d'estimer que ce terme a été, de fait, déjà utilisé à l'école dans les mois qui ont précédé. André Bonastre, lors de sa communication au Congrès des industries agricoles de Madrid, en 1954, évoque son utilisation dès 1952. L'importance de cette discipline mérite qu'on s'y arrête particulièrement.

L'ÉMERGENCE DU GÉNIE INDUSTRIEL ALIMENTAIRE À L'ENIA

Dans l'émergence de cette nouvelle discipline à l'ENIA, l'un de ses enseignants, Gabriel Trotel aura été un pionnier mais c'est le directeur de l'école, André Bonastre, qui va jouer le rôle essentiel dans l'introduction de cette discipline.

Le rôle pionnier de Gabriel Trotel

Titulaire d'un diplôme d'études supérieures de physique, Trotel entre à l'ENIA en 1934, comme professeur de physique et de chimie. Lorsque cette chaire est dédoublée en 1943, il assure l'enseignement de la physique, tout en continuant à s'intéresser suffisamment à la chimie pour être à même d'assurer un cours de génie chimique au début des années 1950.

En 1951, lors des débats portant sur la mise en place d'un enseignement de technologie comparée, Trotel intervient en faveur d'une rupture plus nette dans l'enseignement :

> M. Trotel souhaiterait que la méthode fût poussée à l'extrême et que, par analogie avec le Génie chimique, tous les grands procédés des Industries Agricoles fussent présentés aux Élèves « in abstracto », avant que les diverses techniques leur fussent exposées[137].

C'est pourquoi Trotel, se voit confier tout d'abord l'enseignement du génie industriel dont il donne les premiers cours en juin 1952[138]. Cependant, ce n'est qu'au cours de l'année scolaire 1952-1953 que débute

137 Conseil de perfectionnement du 12 décembre 1951. Voir *Bull. ingénieurs ENIA*, n° 17, mai-juin 1952, p. 29.

138 Conseil des professeurs, 3 octobre 1952, Archives ENSIA.

un enseignement complet, concrétisé par un examen[139]. À partir de l'année scolaire 1960-1961, Trotel revient à la physique.

Lors de la refonte des statuts des enseignants de1966, Trotel, tout en gardant il est vrai le titre de « professeur à titre personnel », devient maître de conférences, grade qu'il conserve jusqu'à son départ en retraite en 1977. Entré à l'ENIA comme professeur il quitte l'école comme maître de conférences, non sans avoir joué un rôle pionnier lors du tournant pédagogique majeur de l'établissement. Il aura enseigné pendant 42 années à l'ENSIA ce qui en fait, l'enseignant titulaire qui y a exercé le plus longtemps.

L'action d'André Bonastre dans l'introduction du génie industriel alimentaire

Arrivant à la tête de l'école le 1er juin 1950, André Bonastre prend très vite conscience que, face au mouvement d'idées qui se développe autour de la formation des ingénieurs des industries agricoles et alimentaires, il doit élaborer un plan de réorganisation de l'enseignement. C'est ce plan qu'il présente au Conseil de perfectionnement du 12 décembre 1951. Dès 1952, il accorde une place à la démarche du génie industriel, démarche qu'il prolonge en proposant à celui qui s'avère rapidement être le chef de file européen de l'enseignement du génie industriel alimentaire, Marcel Loncin[140], de venir enseigner à l'ENIAA. Il reste qu'André Bonastre définit publiquement, dès 1953, les principes de cette nouvelle discipline.

Cet apport est l'événement central de l'histoire de l'enseignement de l'ENSIA et la contribution d'André Bonastre y a été décisive. C'est également à lui que l'ENSIA doit son implantation à Massy, en 1961. Bonastre doit également faire face aux nombreux projets de réorganisation, voire de déplacement de l'école, qui apparaissent au cours des années 1960 ainsi qu'au mouvement d'idées issu des événements de mai 1968.

Lorsqu'André Bonastre prend sa retraite, en 1977, après avoir exercé ses fonctions pendant 28 ans, ce qui constitue la plus longue durée

139 Cet examen, qui est le premier de cette discipline à l'ENIA, a lieu le 30 juin 1953. Registre matricule des élèves de la promotion 1951-1954, Archives ENSIA. Jean-Jacques Bimbenet, Ingénieur ENSIA, à qui nous devons de nous avoir signalé le rôle de Trotel, a eu l'amabilité de nous communiquer le projet qu'il a établi sous sa direction en 1957. Sur le rôle de Bimbenet, voir chap. « Le projet du génie industriel alimentaire », p. 410.

140 Sur Marcel Loncin, voir « Le projet du génie industriel alimentaire », p. 404-408.

d'exercice d'un directeur à l'ENSIA, il laisse une école qui est incontestablement en pointe dans la discipline phare de son domaine d'activité et dont le nombre d'enseignants titulaires a doublé, passant de 12 à 24, les enseignants vacataires passant, quant à eux, de 27 à 45.

Si l'on revient sur le rôle de Bonastre dans l'introduction du génie industriel alimentaire à l'ENIA, on constate que, outre le fait d'avoir confié, dès 1952, à Gabriel Trotel le soin d'enseigner cette discipline, il a, plus complétement, à plusieurs reprises, exposé comment la démarche du génie industriel s'était imposée à l'école. Nous retiendrons trois circonstances qui sont par ordre chronologique, le soixantenaire de l'école en 1953, le congrès international des industries agricoles et alimentaires de Madrid, en 1954 et enfin le conseil de perfectionnement du 2 mai 1956. Nous présentons les propres termes d'André Bonastre en suivant un ordre logique et non pas chronologique. L'ensemble nous paraît constituer le compte rendu le plus explicite de l'émergence de cette nouvelle discipline.

> M. Bonastre redit comment l'enseignement des industries agricoles, d'abord cantonné à la sucrerie, distillerie et brasserie-malterie, a été successivement étendu, par M. Dauthy, à la meunerie, à la cidrerie, à la laiterie, aux industries des amylacés ; par M. Guillemet, aux industries des corps gras, des céréales et des produits sucrés, plus récemment aux industries de la viande et des fruits et légumes. Malgré la valeur des enseignants, l'ensemble de ces enseignements juxtaposés était peu satisfaisant du point de vue pédagogique et depuis de longues années un effort de synthèse et de généralisation a été tenté[141].
>
> De notre souci de méthode et de clarté [...], de notre préoccupation d'unité est né le Génie industriel appliqué aux industries agricoles et alimentaires [...]. Cette discipline se propose, [...] d'aborder systématiquement les problèmes communs et les opérations élémentaires communes à la plupart de nos industries[142].
>
> [...] les problèmes [...] ont été abordés dans toute leur généralité, en dehors des limites d'une industrie donnée exactement dans l'esprit du « Génie chimique ». [...] le Génie industriel appliqué aux industries agricoles et alimentaires nous semble devoir proposer l'étude des opérations industrielles élémentaires d'une façon tout à fait parallèle au « Chemical engineering » [...].

141 Bonastre, André, conseil de perfectionnement du 2 mai 1956, Archives ENSIA.

142 Bonastre, André, *Industries agricoles et alimentaires*, t. 70, n° 12, p. 898. Séance solennelle du Soixantenaire, Cité universitaire de Paris, 21 mars 1953.

> L'enseignement consacré à chacune de ces opérations élémentaires « Unit opérations » nous paraît devoir commencer par une étude théorique [...] approfondie faisant appel à un outil mathématique bien au point[143].
>
> Cet enseignement spécifique de l'École comporte ainsi que cela a été défini [...] :
> 1) l'étude technologique d'un certain nombre de matières premières des industries agricoles.
> 2) l'études des opérations élémentaires communes.
> 3) l'étude des problèmes communs caractéristiques, toutes ces questions étant présentées dans le cadre de l'industrie où elles ont été particulièrement bien mises au point (sucrerie – distillerie – brasserie – malterie – industries laitières – de la viande – des corps gras – meunerie – biscotterie)[144].

La reconnaissance officielle du génie industriel : l'arrêté ministériel du 8 juin 1955

Cette évolution pédagogique est consacrée sur le plan réglementaire par un arrêté ministériel qui organise, au sein de l'ENIAA, une section permettant à des ingénieurs d'autres origines de recevoir une formation en « génie industriel[145] ». Outre que cet arrêté montre que l'ENIAA souhaite ouvrir très rapidement ce nouvel enseignement à des ingénieurs issus d'autres formations, ce texte constitue la reconnaissance officielle de l'usage de ce terme à l'ENIAA, reconnaissance qui, on en conviendra, n'aura guère tardée. Il constitue une approbation officielle implicite, de cette ambition collective que nous avons appelé le projet d'école centrale des industries alimentaires.

LA RECHERCHE D'UNE IMPLANTATION DÉFINITIVE

La situation matérielle de l'école à Paris pendant la guerre et la reconstruction est des plus inconfortables. Si la direction est installée à l'Institut agronomique, rien ne l'illustre mieux que cette évocation par René Chatelain des conditions de travail des étudiants :

> [...] ce n'est même plus du campement mais une « itinérance » d'un nouveau genre, une sorte d'enseignement « baladeur », un peu comme à la « sauvette ».

143 Bonastre, André, « Le génie industriel appliqué aux industries agricoles et alimentaires », *Xe congrès des industries agricoles et alimentaires*, Madrid, 1954, Commission internationale des industries agricoles, Paris, 1954, t. 1, p. 660-662.

144 Bonastre, André, conseil de perfectionnement du 2 mai 1956, Archives ENSIA.

145 *Journal officiel*, 21 juin 1955, p. 6190.

> Les étudiants courent tout Paris, pendant leurs deux premières années, pour attraper un cours par ci et un autre cours par là, quittant l'École Bréguet pour le Conservatoire, fonçant de l'Institut océanographique à l'Institut agronomique, allant quérir enfin à l'École de meunerie une autre hospitalité : vagabondage peu compatible avec ce haut enseignement, indigne de futurs ingénieurs et de nos industries agricoles[146].

C'est donc, à juste titre, que Raymond Guillemet qualifie, l'école de « sans domicile fixe » : il lui est d'ailleurs arrivé de se retrouver avec ses élèves, à la recherche d'une salle de cours[147] !

Deux types d'initiatives vont alors être prises, tendant, d'une part à l'amélioration de la situation provisoire et, d'autre part, à la recherche d'une implantation définitive.

L'amélioration de la situation provisoire

Cette action est surtout menée par les élèves, qui souhaitent disposer d'une « maison des élèves » afin de remédier à l'éparpillement de l'école dans Paris. On ne saurait mieux illustrer la gravité de la situation qu'en citant ce passage d'un document établi par le directeur :

> Pour comprendre la gravité de ces préoccupations, il n'est pas inutile de rappeler que, vers les années 1947-48-49, certains étudiants durent abandonner leurs études à l'ENIA, faute de trouver un logement à Paris, que d'autres durent se contenter de conditions très précaires, cause quelquefois de lésions organiques sérieuses (les sanatoria regorgeaient alors d'étudiants et l'ENIA paya un lourd tribut)[148].

Le relèvement du niveau de recrutement, l'urgence de la situation et la présence d'étudiants provenant de milieux favorisés permet aux élèves de manifester beaucoup de dynamisme dans cette recherche. C'est ainsi qu'ils lancent une souscription et achètent d'abord, en 1944 à Paris dans le quartier latin, un hôtel de réputation douteuse qui s'avère par ailleurs indisponible et pour ces raisons est rapidement revendu. Ensuite ils se procurent, en 1952 à Courbevoie (Hauts de Seine), un hôtel particulier dans lequel plusieurs chambres sont aménagées pour les étudiants

146 Chatelain, René, ouvr. cité, p. 456.

147 Ce témoignage nous a été donné par son successeur, André Bonastre, le 22 juin 1987.

148 ENSIA, *Les structures : centre, départements et chaires*, Massy, novembre 1972, p. 12.

originaires de province. Cette installation apporte un certain confort aux élèves mais la distance reste un handicap.

Cette question n'est définitivement réglée qu'en 1956, grâce à un financement du ministère de l'Agriculture, par l'ouverture, à la Cité universitaire internationale de Paris, d'une « maison des industries agricoles et alimentaires » destinée aux étudiants originaires de province. Ce pavillon fonctionne encore à l'heure actuelle.

Le rôle du centre de Douai

Il est évident que depuis 1940, l'activité de l'ENIA se situe principalement à Paris. Le centre de Douai avait un caractère secondaire voire marginal[149]. Cependant, les responsables du département du Nord et particulièrement la municipalité de Douai ainsi que le Conseil général du Nord souhaitent que l'école réintègre Douai. Ils interviennent auprès du ministère de l'Agriculture dans ce sens[150]. Cette démarche est appuyée par le groupe régional des anciens élèves de l'ENIA qui réunit dans ce but, en 1949, des élus de toutes les familles politiques. Cette réunion donne lieu à une polémique à l'intérieur même de l'Association des anciens élèves et nécessite une mise au point de Charles Mariller président d'honneur de l'Association puis de Paul Devos, président[151]. En 1956, l'école confirme l'affectation du centre de Douai à l'enseignement des élèves de troisième année et au rôle de centre d'applications et de recherches[152].

Les tentatives d'implantation définitive

L'Association des anciens élèves, dès 1948, puis le directeur de l'ENIAA poursuivent la recherche d'une implantation définitive en

149 C'est ainsi que dans la brochure de présentation de l'école de1951, déjà citée, une seule ligne sur une dizaine de pages était consacrée au centre de Douai !

150 La presse locale s'en fait l'écho et en particulier fait état d'un vote de la commission des finances de l'Assemblée nationale demandant que l'ensemble de l'école réintègre Douai. Voir *Nord-Eclair* du 29 mai 1948. Voir également *Nord-Matin*, n° 3574 du 9 mars 1956.

151 Mariller, Charles, « Camaraderie d'abord ! », *Circulaire intérieure des anciens élèves de l'ENIA*, n° 6, avril-juin 1949, p. 3 ; Devos, Paul, « Les initiatives du groupe du Nord et l'avenir de notre école », p. 5.

152 École nationale des industries agricoles et alimentaires, *Centre de Douai, 1957*. Le soin apporté à la présentation de cette brochure et le fait qu'elle soit préfacée par Étienne Dauthy qui est à ce moment-là, directeur de l'administration centrale montre que le ministère de l'Agriculture éprouve le besoin de rassurer les responsables nordistes.

région Île-de-France. Plusieurs projets sont envisagés successivement et notamment, en 1952, l'aménagement et l'agrandissement de l'hôtel particulier acheté à Coubevoie puis en 1955, en banlieue sud, à proximité de la Porte d'Orléans.

Ces deux projets sont très rapidement abandonnés. Entre temps, le principe d'une implantation définitive en Île-de-France avait pris corps en 1953, à l'occasion des manifestations du soixantenaire de l'école. Cette question de l'implantation apparaît, à l'époque, comme étroitement liée à la nécessité pour l'Institut agronomique, trop à l'étroit dans Paris, de disposer de terrains supplémentaires en banlieue. C'est avec l'objectif d'une opération intéressant à la fois l'ENIAA et l'INA, que le ministère de l'Agriculture envisage, en 1956, une localisation à Bagneux (Hauts de Seine).

Ce dernier projet est examiné par le Comité de décentralisation de la région parisienne, successivement le 12 avril et le 22 juin 1956[153] Après un premier refus, le comité admet, à la séance du 22 juin, l'implantation de l'ENSIA, à condition de ne prévoir qu'une année de scolarité, les deux suivantes devant avoir lieu en province. Finalement, en septembre 1956, le ministère de l'Agriculture estime le terrain de Bagneux insuffisant.

Entre temps, a été implantée à la Cité universitaire de Paris, la Maison des industries agricoles et alimentaires destinée aux élèves. Cette Cité étant implantée sur la ligne de Sceaux[154], le directeur prend contact avec les responsables de l'aménagement du plateau de Saclay, en liaison avec l'INA, ainsi qu'avec la Commission internationale des industries agricoles (CIIA)[155] et avec le Bureau international de chimie analytique des produits destinés à l'alimentation de l'homme et des animaux domestiques (BIPCA), organismes implantés à Paris et qui souhaitent se déplacer en banlieue. C'est plus précisément un aménagement à proximité de l'Université scientifique d'Orsay, sur le territoire de la commune de Palaiseau, qui est envisagé. Ce projet est examiné par le Comité de décentralisation de la région parisienne, en décembre 1957, et reçoit un avis favorable mais des réserves sont formulées par le Comité d'aménagement de la région parisienne, dans sa séance du 20 décembre

153 Le comité de décentralisation de la région parisienne, institué par le décret 55-883 du 30 juin 1955, est rattaché à la présidence du Conseil.

154 Il s'agit de la branche sud de l'actuelle ligne B du RER.

155 Voir chap. « Le projet des distillateurs », p. 202. Par l'entremise de l'Association des chimistes, l'ENIAA est depuis longtemps en liaison avec la CIIA.

1957. Toutefois, dans ces diverses instances, la clause de limitation à une seule année de scolarité en région parisienne est maintenue pour l'ENIAA. Parallèlement, l'Institut agronomique se rapproche de l'École d'agriculture de Grignon, ce qui ôte une grande partie de l'intérêt du projet, du moins pour le ministère de l'Agriculture.

La décision d'implantation à Massy

À ce moment, l'ingénieur en chef des Ponts et chaussées de Seine-et-Oise[156] fait connaître au directeur de l'ENSIA que, dans le grand ensemble en cours de réalisation à Massy (Essonne), était prévu un établissement agricole afin de réaliser « une barrière verte » à l'extension immobilière vers la route nationale n° 20. Ce projet est approuvé par le Comité d'aménagement de la région parisienne le 23 juin 1958 et autorisé par le ministre de la Reconstruction le 12 août 1958. La construction de l'école est donc réalisée en liaison avec la société d'aménagement et d'équipement du grand ensemble de Massy-Antony (SAGEMA)[157].

On peut parler d'une véritable « odyssée » de l'école dans Paris et sa banlieue. Bien que cette opportunité soit due en grande partie au hasard, Massy se trouve être la commune où Nicolas Appert, ancien confiseur et distillateur, découvrit le procédé de conservation qui porte encore son nom[158]. On relève toutefois qu'à proximité immédiate se trouvaient les établissements Vilmorin à Verrières-le-Buisson (Essonne) et que Félix Potin[159] créateur de l'entreprise à succursales multiples du même nom était né à Arpajon (Essonne). La présence de ces différentes activités orientées vers les productions légumières et les pépinières ne nous paraît pas, en définitive, due au hasard, mais à la présence de terrains d'excellente qualité à proximité de Paris. L'implantation de l'ENIAA à Massy a donc obéi autant à une nécessité qu'au hasard.

156 Ce département sera supprimé en 1964 et réparti entre les actuels départements des Yvelines, du Val-d'Oise et de l'Essonne. Quelques communes seront réparties entre les actuels départements des Hauts-de-Seine, de la Seine-Saint-Denis et du Val-de-Marne.

157 Cette recherche de l'implantation définitive dans Paris a été établie essentiellement à partir de deux documents élaborés par André Bonastre : d'une part, un dossier rassemblant les principales pièces de la recherche d'une implantation définitive en région Île-de-France ; d'autre part, *De l'ENIA de Douai à l'ENSIA de Massy, Montpellier, Lille*, Massy 1997, non publié.

158 *Le Moniteur universel*, 13 août 1811.

159 Cette entreprise a cessé son activité en 1995.

La décision du gouvernement, en 1958, confirme les propositions ci-dessus et font l'objet de l'arrêté ministériel du 3 février 1959, qui implante à Massy le « cycle de formation scientifique général de l'ENIAA » ainsi que deux organismes internationaux, le centre de documentation de la CIIA et le BIPCA, organismes tous deux situés dans Paris, le laboratoire central de la répression des fraudes complétant cette implantation. Tout ceci renforce la crédibilité du projet d'école centrale des industries alimentaires mais les limitations apportées à la scolarité en 1958 et confirmées en 1959 contiennent, en germe, une menace pour le développement de l'école.

CONCLUSION
Bilan du projet d'école centrale des industries alimentaires

La Deuxième Guerre mondiale et l'après-guerre constituent pour l'ENIA une période pleine de contrastes. L'école s'est très vigoureusement relevée de l'abaissement de son statut qui avait été décidé en 1941. La guerre a été le facteur qui a provoqué cette évolution.

Dans un premier temps les circonstances ont imposé un déplacement de l'école à Paris ce qui l'a rapprochée de la plupart des centres nationaux du savoir.

Mais surtout, dans un deuxième temps, du fait des restrictions, la population et ses responsables ont pris conscience du caractère essentiel de l'alimentation. Cette importance est venue rencontrer une dynamique qui avait déjà été engagée avant la guerre, d'abord chez certains responsables, puis très clairement à l'ENIA sous l'action d'Étienne Dauthy à partir de 1934. Ce contexte a très clairement conduit les acteurs intéressés à prendre conscience de l'unité des industries agricoles et alimentaires. Par voie de conséquence il a incité l'ENIA à ouvrir son enseignement à d'autres industries non seulement agricoles mais également alimentaires. Cette ambition est concrétisée par les pouvoirs publics qui lui reconnaissent en 1954 le titre d'« École nationale des industries agricoles et alimentaires ». Mais de cette multiplicité des filières désormais enseignées à l'ENIAA, est née la nécessité d'un savoir unificateur, ce qui est clairement exposée par le directeur de l'école dès 1953. C'est pourquoi cette période constitue la charnière essentielle de l'évolution de l'enseignement de l'ENIAA. Alors qu'à son début, c'est l'approche par filière qui prédomine, l'approche transversale par procédés s'est imposée à la fin des années 1950.

C'est cette discipline du génie industriel appliquée aux industries agricoles et alimentaires qui se développera à partir de 1961 et fera l'objet du septième chapitre consacré précisément au « projet du génie industriel alimentaire ».

Ce contexte très favorable va inciter la communauté ENIAA à concevoir une ambition collective plus vaste : celle de devenir l'école d'application de l'ensemble des écoles d'ingénieurs désirant s'orienter vers les industries alimentaires. L'arrêté du 8 juin 1955 ouvre modestement la voie à cette ambition.

Cependant la limitation apportée, à son implantation en région parisienne a été ressentie par la communauté ENIAA comme un coup d'arrêt à son expansion. On ne peut que constater qu'en définitive ce projet d'école centrale des industries alimentaires ne se réalisera pas. Il n'en a pas moins induit un dynamisme intellectuel qui conduira à l'innovation pédagogique majeure de l'histoire de cette école.

LES INGÉNIEURS DES INDUSTRIES AGRICOLES ET ALIMENTAIRES FORMÉS DE 1941 À 1968

La Deuxième Guerre mondiale a donc constitué une rupture majeure dans l'histoire de l'école. L'objet de ce chapitre est de présenter la population des ingénieurs entrés à l'école de 1941 à 1965 et qui du fait de la durée de trois années d'études, ont été formés jusqu'en 1968. Rappelons que l'établissement est devenu en 1954 l'École nationale des industries agricoles et alimentaires (ENIAA). Nous tenterons d'abord de dégager les caractéristiques des étudiants et ensuite celles de la carrière d'une partie d'entre eux. En effet, il s'est avéré qu'il n'était pas possible d'étudier les carrières de ceux entrés au-delà de 1954. C'est donc la carrière des ingénieurs ENSIA entrés de 1941 à 1954[1] qui est étudiée ce qui représente 452 individus. En complément, quelques parcours individuels d'ingénieurs formés après 1941 seront présentés. Nous essaierons enfin d'établir dans quelle mesure cette rupture a influencé cette population de ceux qui à partir de 1954 ont droit au titre d'ingénieurs des industries agricoles et alimentaires.

1 Dans la thèse qui est à l'origine de cet ouvrage, le parti avait été adopté de choisir comme borne récente 1986, date à laquelle l'ENSIA a quitté définitivement les locaux « historiques » de Douai, il en est résulté que la sous-population qui a été étudiée est celle constituée par les ingénieurs ENSIA formés de 1941 à 1954, ceux appartenant à cette dernière promotion atteignant l'âge de la cinquantaine en 1986.

LES CARACTÉRISTIQUES DES ÉTUDIANTS FORMÉS DE 1941 À 1968

C'est, d'abord, le niveau de formation scolaire et universitaire atteint par ces étudiants lors de leur entrée à l'ENIA qui sera présenté, puis le milieu professionnel dont ils sont originaires, ensuite leur origine géographique et enfin leur la nationalité. Précisons que cette recherche porte à la fois sur les 452 étudiants entrés de 1941 à 1954, mais également ceux entrés de 1955 à 1965 dont le nombre s'élève à 421 ce qui représente une sous-population de 873 individus.

LE NIVEAU SCOLAIRE ET UNIVERSITAIRE DES ÉTUDIANTS FORMÉS DE 1941 À 1968

C'est l'implantation à Paris à partir de 1941 qui va rendre l'école plus attractive et se traduire par une élévation du le niveau scolaire des étudiants. Ce niveau peut s'évaluer par le niveau des diplômes mais surtout par le niveau du concours d'admission.

Les diplômes obtenus

Pour les étudiants formés de 1941 à 1968, ce sont les classes préparatoires ainsi que les premiers cycles universitaires qui dominent dans les formations reçues avant leur entrés à l'école[2].

Si l'on s'intéresse aux catégories socioprofessionnelles dont sont originaires les étudiants entrés à cette période, selon les établissements fréquentés, on constate que les formations récentes sont caractérisées par une forte prédominance des fils de cadres supérieurs, surtout ceux de la fonction publique puis ceux des entreprises. Les fils d'agriculteurs, restent très présents. L'augmentation du niveau scolaire des élèves entrant à l'ENSIA après la Libération est en corrélation avec l'augmentation du niveau culturel de ces professions. Parmi les étudiants issus des

---

2 Voir chap. « Le paradoxe des ingénieurs des industries agricoles et alimentaires », tableau 23, p. 509. Ce sont en effet ces deux types de formations pour lesquelles la promotion médiane est postérieure à celle de l'ensemble de la population des ingénieurs étudiées.

formations récentes, ceux originaires des catégories socioprofessionnelles suivantes : chefs d'entreprise, artisans et commerçants, techniciens, employés et directeurs, sont moins nombreux : leur fréquence va de 8 % à 6,5 %.

Plus généralement, on constate, alors que la formation reçue par la majorité des ingénieurs ENSIA entrés avant 1940 était inférieure au niveau du baccalauréat, que la quasi-totalité de ceux formés au-delà de cette date, ont tous ce niveau[3]. Si l'on met à part le cas des ingénieurs stagiaires qui, en fait, ne fréquentent plus l'ENIA à partir de 1945, on constate que toutes les formations qui n'exigent pas le baccalauréat se situent nettement avant 1940 et que celles qui l'exigent se situent nettement après. Il y a manifestement deux populations distinctes[4].

C'est ce critère de formation qui nous paraît constituer la rupture la plus nette dans la population des ingénieurs ENIA de part et d'autre de 1940. C'est donc une prédominance des critères socioculturels sur les critères socioprofessionnels qui caractérise cette modification dans le recrutement de l'ENSIA.

Le concours d'admission

Rappelons qu'à partir de 1927 est mis en place un concours spécifique qui va rester en vigueur sous cette forme jusqu'en 1972. Mais cette période doit être subdivisée en deux car, à partir de 1956, le concours comporte les mêmes épreuves que le concours d'entrée à l'Institut agronomique et aux écoles nationales d'agriculture, les coefficients différant cependant pour l'ENSIA, ce qui garde à ce concours son caractère spécifique. Cette création innove sur un point important : l'ouverture aux candidates du sexe féminin[5].

Dans l'après-guerre l'école devient de plus en plus attractive. Rappelons qu'en 1935, seulement 18 candidats avaient été admis, alors que le chiffre

3 Ce sont ceux pour lesquels la promotion médiane se situe à partir de 1953. Voir chap. « Le paradoxe des ingénieurs des industries agricoles et alimentaires », tableau 25, p. 513.

4 Voir chap. « Le paradoxe des ingénieurs des industries agricoles et alimentaires », figure 10, p. 510.

5 Ce concours est décidé par un arrêté ministériel du 31 août 1955 publié au *Journal officiel* du 7 septembre 1955, p. 8970. Il est confirmé par un avis paru au *Journal officiel* du 14 mars 1956, p. 2519. C'est dans cet avis que figure l'ouverture du concours : « aux candidats des deux sexes ».

maximal était de 35, ce qui montrait qu'à cette époque, le niveau scolaire n'avait pas été jugé suffisant. Or en 1954, il y a 356 inscrits pour 35 admis. Toutefois, ce taux d'admission est à accueillir avec prudence car s'inscrivent au concours d'entrée à l'ENIA des candidats qui n'ont pas réellement l'intention d'y rentrer, préférant, en cas d'échec à l'Institut agronomique et de succès à une école nationale d'agriculture, opter pour une de ces écoles, voire redoubler la classe préparatoire. Cette augmentation de l'attrait pour l'école est en cohérence avec l'évolution de l'enseignement et en particulier l'émergence du génie industriel alimentaire[6].

À la suite de la loi du 2 août 1960, les concours d'entrée à l'Institut agronomique, d'une part, et aux écoles nationales supérieures agronomiques de Grignon, Montpellier et Rennes, d'autre part, sont complétement fusionnés[7]. Les coefficients du concours de l'ENSIA restent différents[8]. Signalons que le nombre des admis doit augmenter afin de tenir compte des démissions de candidats reçus à l'Institut agronomique ou aux écoles nationales d'agriculture[9]. C'est ainsi qu'en 1956, sur 418 inscrits, 107 candidats ont été admis, alors que, en définitive, la promotion de cette année n'est constituée que de 34 étudiants[10].

LE MILIEU PROFESSIONNEL D'ORIGINE DES ÉTUDIANTS FORMÉS DE 1941 À 1968

Le milieu professionnel des parents des étudiants de l'ENIA est caractérisé à la fois par la catégorie socioprofessionnelle proprement dite ainsi que par l'activité. La sous-population étudiée est présentée successivement sous ces deux aspects.

Les catégories socioprofessionnelles des pères des étudiants

Comme pour la période antérieure à 1940, le parti a été adopté pour caractériser les catégories socioprofessionnelles des parents de ne retenir

6 Voir chap. « Le projet du génie industriel alimentaire ».

7 Voir chap. « Le projet du génie industriel alimentaire », p. 390 et p. 422.

8 Ce qui est confirmé par les arrêtés du 18 décembre 1968, *Journal officiel* du 19 janvier 1969, p. 681 ; du 18 février 1970, *Journal officiel* du 7 mars 1970, p. 2304 et du 24 janvier 1972, *Journal officiel* du 13 février 1972, p. 1675.

9 Ainsi qu'à l'École nationale supérieure de géologie de Nancy qui recrute dans les mêmes classes préparatoires.

10 *Bull. Ingénieurs ENIA*, n° 44, janvier-février 1957.

que celles des pères. En effet dans la sous-population des étudiants entrés après 1940, la catégorie socioprofessionnelle des mères est connue pour 133 individus représentant environ 15 % des effectifs. Bien que ce pourcentage soit supérieur à celui observé pour la sous-population des étudiants formés avant 1940, cette valeur est trop faible pour permettre d'établir des résultats significatifs.

Par opposition, les catégories les plus « récentes » se trouvent en majorité dans le secteur tertiaire avec 20 %, les catégories du secteur secondaire représentant 15 %. Mais le plus net est l'élévation du niveau culturel des qualifications de ces catégories. On remarque que l'ENSIA recrute, à une époque récente, des fils de cadres supérieurs de la fonction publique et de hauts fonctionnaires ainsi que des fils de cadres supérieurs d'entreprise tels que cadres administratifs ou commerciaux, directeurs et ingénieurs.

On observe, en effet, un sous-ensemble est constitué par ceux pour lesquels la promotion médiane est nettement postérieure à 1936. On y rencontre les fils de professions libérales, dont la promotion médiane se situe en 1947, les directeurs, les cadres supérieurs d'entreprise ainsi que les catégories supérieures de la fonction publique. Qu'elles appartiennent au secteur public ou au secteur privé, ces catégories représentent toutes des professions exigeant une formation de niveau supérieur.

En portant notre attention sur les valeurs des promotions Q1 et de l'étendue interquartile[11], on retrouve sensiblement les mêmes distinctions que celles relevées à partir de la promotion médiane. On constate que l'étendue interquartile diminue dans les catégories tardives ce qui montre que les étudiants issus de ces dernières sont concentrés après 1940.

L'activité des pères des étudiants

Les activités d'où sont issus les étudiants de l'ENSIA formés de 1941 à 1968 sont les services marchands puis les services publics, que ce soit l'enseignement et la recherche ou l'administration générale. Cette évolution recoupe celle constatée pour les catégories socioprofessionnelles en mettant en évidence la tertiarisation du recrutement, reflet de l'évolution de la société française après la Deuxième Guerre mondiale.

11 Sur ces notions, voir chap. « Le paradoxe des ingénieurs des industries agricoles et alimentaires », p. 504. Voir également figure 11, p. 516.

L'ORIGINE GÉOGRAPHIQUE DES ÉTUDIANTS FORMÉS DE 1941 À 1968

Ce sont les zones de résidences[12] des parents des étudiants dont la promotion médiane est postérieure à 1940 que nous retenons ici. L'examen de ces ex-régions montre qu'elles peuvent se regrouper en quelques sous-ensembles. Nous trouvons, d'abord, en les classant par ordre de promotion médiane croissante donc d'entrée de plus en plus tardive à l'école, des ex-régions appartenant au Bassin parisien au sens large : Île-de-France, Centre, Basse-Normandie puis à l'est : Champagne-Ardenne, Lorraine, Alsace, Franche-Comté ensuite au sud : Rhône-Alpes, Aquitaine, Languedoc-Roussillon, Provence-Alpes-Côte d'azur-Corse[13], Midi-Pyrénées et enfin les pays ayant autrefois dépendus de la souveraineté française qui est le groupe dont l'année moyenne de naissance est de 1932 ce qui est l'année la plus tardive.

On voit ainsi se dessiner un territoire réparti sur la quasi-totalité de l'espace national à l'exception de son « bastion historique » des Hauts-de France et de quelques régions présentant un lien particulier avec l'école[14]. C'est la traduction géographique du fait que l'école devient véritablement « nationale ».

De même que pour les étudiants entrés avant 1940, il convient d'affiner l'interprétation de l'origine géographique des étudiants de l'ENIA en faisant appel à d'autres facteurs. C'est d'abord la région Île-de-France qui est présentée car une grande partie des étudiants de l'ENIA entrés après 1940 en sont originaires. Afin d'en voir l'évolution, les chiffres correspondant aux deux périodes précédentes ; à savoir ceux entrés, d'une part, de l'origine à 1913 et d'autre part, de 1919 à 1939, sont distingués.

La région Île-de-France

Parmi ceux qui sont nés en Île-de-France, une majorité (58 %) est née à Paris. C'est donc d'abord sur ces derniers étudiants de l'ENSIA

12 Précisons que cette recherche a été effectuée à partir des régions telles qu'elles existaient avant la réforme de 2015. Elles seront désignées dans ce qui suit, soit par l'expression « ex-régions », soit simplement par leur dénomination d'avant 2015. Voir chap. « Le paradoxe des ingénieurs des industries agricoles et alimentaires », p. 506

13 Du fait du très faible nombre d'étudiants de l'ENIA originaires de la Corse (2), cette région a été regroupée avec Provence-Alpes-Côte d'Azur.

14 Voir chap. « Les ingénieurs des industries agricoles formés avant 1940 », p. 253-257.

que porte cette analyse[15]. On relève la place importante prise par deux arrondissements, du 14e et du 15e, limitrophes l'un de l'autre et qui représentent, à eux deux, 20 % des naissances des futurs étudiants de l'ENSIA, alors que la part de ces deux arrondissements dans les naissances survenues à Paris en 1913[16] n'est que de 14 %. La répartition dans le temps des étudiants ENSIA originaires de Paris, d'une part, et de l'ensemble de l'Île-de-France, d'autre part, est présenté dans le tableau 9[17].

Zone d'étude géographique	Année d'entrée				Récapitulation
	1893 à 1913	1919 à 1939		1941 à 1965	1893 à 1965
	Nombre (%)	Nombre (%)	cumulé (%)	Nombre (%)	Nombre total (%)
Paris	35 16,13	62 28,57	97 44,7	120 55,3	217 100
Île-de-France	62 16,67	113 30,38	175 47,05	197 52,95	372 100
Métropole	400 24,57	472 28,99	872 53,56	756 46,44	1628 100

TABLEAU 9 – Étudiants ENSIA nés respectivement à Paris et en Île-de-France. Répartition dans le temps.

Les étudiants originaires de l'Île-de-France se distinguent de ceux originaires de l'ensemble de la métropole par une part située majoritairement après 1940 (53 %), alors que c'est la situation inverse pour l'ensemble des étudiants nés en métropole[18]. La part de ceux qui sont entrée après 1940 est encore plus accentuée pour ceux nés à Paris.

15 Sur les 217 ingénieurs ENSIA, dont on sait avec certitude qu'ils sont nés à Paris, l'arrondissement est connu pour 152 d'entre eux.

16 L'année moyenne de naissance des étudiants nés en Île-de-France étant 1915, il est pertinent de rapporter le nombre des naissances au recensement de 1913.

17 Précisons que cette analyse est menée à partir de la sous-population constituée par les étudiants dont on connaît à la fois le lieu de naissance et le lieu de résidence des parents. Pour l'ensemble de la population étudiée il est de 1699, alors que le nombre total de la population des ingénieurs pris en compte est de 1895.

18 La promotion médiane des étudiants de l'ENIA issus de la région l'Île-de-France se situe en 1945, postérieurement à celle de la population totale et son étendue interquartile

Les autres zones

La rupture que constitue l'implantation de l'école à Paris en 1940, et l'augmentation de l'attractivité de l'école qui en résulte ne masque cependant pas le fait que l'ENIA reste peu attractive là où les activités économiques sont importantes et diversifiées. C'est ainsi que le recrutement en Rhône-Alpes est caractérisé par la faiblesse du rapport à la population en 1936 : c'est le plus faible des régions métropolitaines après celui de l'Alsace et très voisin de celui de la Franche-Comté. Il s'agit de région qui présentent une très grande diversité de motivations de recrutement. C'est le contraire de ce qui a été observé, précédemment pour la Bourgogne et le Poitou-Charentes. Toutefois la Lorraine constitue une exception car elle est caractérisée par un rapport à la population supérieur aux deux précédentes. Le recrutement relativement élevé observé dans cette région, déjà avant 1940, est due, au rôle actif que jouent, dans le recrutement de l'ENIA, les écoles pratiques d'agriculture[19] et ensuite au rayonnement du centre intellectuel de Nancy, par lequel passe la moitié des étudiants de l'ENSIA nés en Lorraine.

Mais cette rupture a l'avantage de se traduire par un très net accroissement de recrutement dans la moitié méridionale du territoire métropolitain. On remarque en effet que les zones Aquitaine, Midi-Pyrénées, Languedoc-Roussillon et Provence-Alpes-Côte-d'Azur-Corse présentent des caractéristiques très voisines. Cet accroissement est la conséquence, à la fois de l'augmentation du rayonnement intellectuel de l'école ainsi que de l'implantation parisienne qui a facilité un recrutement national.

LA NATIONALITÉ DES ÉTUDIANTS FORMÉS DE 1941 À 1968

Après 1940 c'est surtout d'Afrique d'où proviennent, avant 1986, la majorité des étudiants étrangers au nombre de 21 entrés tardivement

est de 29 années, moindre que celle de la population totale. Source : Préfecture de la Seine, *Annuaire administratif de la ville de Paris*, 34e année, 1913, p. 107, Masson, Paris, 1917.

19 Il s'agit des écoles Mathieu de Dombasle, près de Nancy et de Neufchâteau dans les Vosges. Jusqu'à la promotion 1923 inclus, sur les 17 étudiants originaires de Lorraine dont la formation est connue, 15 sont issus de ces écoles. Sur le rôle des écoles pratiques d'agriculture, voir chap. « Les ingénieurs des industries agricoles formés avant 1940 », p. 229.

à l'ENSIA en totalité de 1957 à 1965[20]. D'une manière générale, à l'exception d'un Turc et d'un Jordanien la plupart des étudiants étrangers entrés après 1940 sont originaires de pays autrefois placés sous la souveraineté française au sens large, c'est-à-dire englobant les anciennes colonies proprement dites ainsi que les protectorats. Outre les 21 Africains, c'est le cas des 6 Vietnamiens, d'un Cambodgien, auxquels on peut adjoindre deux Syriens, qui représentent 30 étudiants, soit 44 % des étrangers. Mis à part un Vietnamien, ils entrent à partir de 1957 et leur présence est la conséquence des efforts faits dans les années d'après-guerre pour promouvoir des élites autochtones. Un autre ensemble d'étudiants étrangers est originaire de pays géographiquement proches de la France : la Belgique auquel on peut y adjoindre le Norvégien, fils du Consul de Norvège à Tunis. Les deux étudiants belges sont nés en France et leurs parents y habitent, ce qui les a certainement incités à faire leurs études dans une école française. Ce sont d'ailleurs les deux seuls étudiants étrangers nés en France. C'est au total à 35 que s'élève le nombre d'étudiants étrangers entrés après 1940.

Après avoir présenté les caractéristiques des étudiants de l'ENSIA ce sont leurs carrières qui sont abordées, étant précisé que pour cet aspect, la recherche porte sur 452 ingénieurs.

LES CARRIÈRES DES INGÉNIEURS DES INDUSTRIES AGRICOLES ET ALIMENTAIRES FORMÉS DE 1941 À 1968

Pour prendre la mesure du caractère très particulier de la période de la guerre, il est important de rappeler que sur le plan des carrières, les incertitudes économiques et politiques de cette période incitent certains étudiants à se tourner vers des carrières de l'agriculture ou avoisinantes[21].

---

20 La promotion médiane de la population des étudiants africains entrés avant 1986 se situe en 1963.

21 Voir ci-dessous le parcours de Bernard Corbel, p. 365.

Il a déjà été exposé qu'il était logique de considérer que la carrière des ingénieurs ENSIA commençait à l'entrée à l'école. Il est donc logique de porter d'abord son attention sur le déroulement de leurs études[22]. Or, on constate que les ingénieurs diplômés entrent à l'école en majorité après 1940. De leur côté, les ingénieurs stagiaires, entré en majorité avant 1940 ont totalement cessé d'entrer à l'école à partir de 1947. Quant à la date tardive d'entrée des ingénieurs à titre étranger, elle est la conséquence de l'arrivée à l'école d'étudiants originaires de pays ayant dépendu autrefois de la souveraineté française[23].

C'est d'abord sur la composition de la population des ingénieurs des industries agricoles et alimentaires prise en compte que nous nous arrêtons.

Les situations professionnelles occupées par l'ensemble de la population des ingénieurs entrés à l'ENSIA depuis l'origine jusqu'en 1954 inclusivement ont été établies pour chacune des années 1948 et 1959. C'est pourquoi la situation en 1959 est la plus récente qui récapitule l'ensemble de la population des ingénieurs ENSIA à cette date. Ensuite sont établies, et ce uniquement pour la population entrée jusqu'en 1954 inclus, les situations professionnelles des années 1970, 1975 et 1982. Ces dernières situations sont présentées, non pas par année mais en établissant pour chacune d'entre elles une population de référence constituée de 20 promotions consécutives.

Au-delà de 1959, deux problèmes se posent, pour permettre une comparaison pertinente. Tout d'abord, les carrières ont été analysées pour une partie seulement de la population, puisque la promotion la plus récente pour laquelle une telle analyse a été pratiquée est celle entrée en 1954, qui est la 56e promotion de la population dont la carrière est étudiée[24] C'est donc cette promotion qui est retenue pour constituer la borne la plus récente pour la situation en 1982. Ensuite, il est nécessaire de ne pas tenir compte des ingénieurs les plus âgés, bien que certains conservent une activité marquée jusqu'à un âge

22 Voir chap. « Le paradoxe des ingénieurs de industries agricoles et alimentaires », tableau 31, p. 533.

23 Voir ci-dessus p. 341.

24 Rappelons que le choix de cette date de 1959 résulte, d'une part, de l'existence d'un annuaire et, d'autre part, du fait que la situation professionnelle de l'ensemble des ingénieurs ENSIA est connue, compte tenu des trois années d'études et des deux années de durée du service militaire à cette époque du fait de la guerre d'Algérie.

élevé. Mais les situations sont alors très hétérogènes. Par ailleurs, les ingénieurs étrangers ou les ingénieurs stagiaires entrent à l'ENSIA à un âge plus avancé que les autres. C'est pourquoi la borne supérieure retenue a été, sauf très rare exception, de 70 ans pour les ingénieurs diplômés de nationalité française.

Afin de permettre le raccordement avec les situations observées avant 1959, il est nécessaire d'établir de la même manière une population de référence pour l'année 1959[25]. Compte tenu des conditions dans lesquelles sont étudiées les situations de 1970 à 1982, deux valeurs sont donc données pour 1959, la population prise en compte étant, pour la première valeur, la population totale, alors que pour la seconde, il s'agit uniquement de la sous-population constituée par les ingénieurs ENSIA appartenant aux 20 promotions consécutives précédant celle entrée en 1954 incluse[26]. Ce choix permet la comparaison avec les années ultérieures, ainsi qu'il vient d'être exposé ci-dessus[27]. Il convient de noter que, jusqu'en 1950 inclus, la totalité des étudiants de l'ENIA est de sexe masculin, ce qui est, à l'époque, le cas de presque toutes les grandes écoles à l'exception des écoles normales supérieures de jeunes filles[28]. Il faut signaler cependant qu'auparavant trois jeunes femmes[29] avaient été admises à l'ENIA. Il s'agit plus précisément de Jeanne Fournaud qui effectue sa carrière à l'INRA, de Marie-Jeanne Demoisy, entrée en 1952, qui débute dans une coopérative laitière du Puy-de-Dôme ainsi que de Pierrette Hermier, entrée en 1953, qui enseigne d'abord à l'ENSIA avant de s'orienter vers la sélection ovine. À ce sujet, on doit déduire du fait que la possibilité pour les jeunes filles de se présenter à l'ENSIA n'était ni autorisée ni interdite que les responsables de l'école n'imaginaient pas qu'elles puissent l'envisager. Le parti a donc été adopté d'effectuer uniquement l'analyse sur la

25 Parmi les ingénieurs diplômés de nationalité française et dont on est sûr qu'ils sont encore en vie à chacune de ces dates respectives, les plus âgés ont respectivement : 75 ans en 1959, 68 ans en 1975 et 70 ans en 1982.

26 Il s'agit donc des promotions entrées en 1934 à 1954, compte tenu du fait qu'il, n'y a pas eu de rentrée en 1940. Voir chap. « Le projet d'école centrale des industries alimentaires », p. 284.

27 Ces deux valeurs sont notées : « 1959 (1) » et « 1959 (2) » dans les tableaux 10, 11 et 12 présentés ci-dessous.

28 Il convient de noter, cependant, que des jeunes femmes ont été admises à l'École centrale des arts et manufactures à partir de 1918.

29 Rappelons que ce sont des ingénieurs ENSIA entrés avant 1955.

population masculine. Ce choix n'est que le reflet de la situation des ingénieurs ENSIA et plus généralement de la société française à ce moment-là.

Cette évolution est présentée selon la catégorie socioprofessionnelle, d'une part et l'activité, d'autre part. Pour chacun de ces paramètres, c'est l'évolution de 1948 à 1959 qui est présentée d'abord puis, dans les conditions qui viennent d'être explicitées, l'évolution de 1959 à 1982.

LES CATÉGORIES SOCIOPROFESSIONNELLES DANS LESQUELLES SE SITUENT LES INGÉNIEURS DES INDUSTRIES AGRICOLES ET ALIMENTAIRES

Leur répartition parmi les différentes catégories socioprofessionnelles aux années étudiées est donnée par le tableau 10 lequel fait apparaître les évolutions suivantes.

Leur présence parmi les agriculteurs devient pratiquement inexistante. Leur part diminue considérablement dans les années 1960 et devient infime dès 1975.

Ils sont également de moins en moins nombreux à être chefs d'entreprise. Leur diminution s'effectue régulièrement avec une accélération dans les années 1960 puis se stabilise à environ 6 % de la sous-population prise en compte.

Les professions libérales représentent un pourcentage faible et pratiquement stable aux alentours de 5 %.

Leur part chez les directeurs, d'abord en léger déclin puis amorce une croissance légère mais soutenue dans les années 1960 pour se stabiliser à 34 % de la sous-population retenue.

Une part régulièrement croissante d'entre eux occupent des fonctions de cadres supérieurs d'entreprise en y regroupant les ingénieurs, les cadres administratifs et les cadres commerciaux pour représenter 37 % en 1982. Regroupés avec les directeurs, cette part augmente régulièrement, pour représenter 71 % de la sous-population étudiée en 1982. Cette évolution est tout à fait conforme à la finalité de l'école qui s'affirme ainsi dans le type d'emplois pour laquelle elle a été conçue.

Année	1948	1959 (1)	1959 (2)	1970	1975	1982
Catégories socioprofessionnelles	%	%	%	%	%	%
Agriculteurs	6,79	4,17	7,39	2,25	0,71	0,57
Chefs d'entreprise	9,41	6,38	11,67	5,86	6,05	5,98
Professions libérales	4,7	3,78	5,84	4,96	3,56	5,98
Directeurs	21,6	17,19	4,12	34,23	35,23	34,18
Ingénieurs	37,81	46,22	28,02	23,87	25,27	25,36
Cadres administratifs	1,57	4,17	4,28	8,11	7,12	8,55
Cadres commerciaux	1,39	3,39	1,95	0,45	2,85	3,14
Cadres sup. fonct. publique	6,97	6,64	5,45	8,56	6,76	5,41
Artisans et commerçants	1,22	1,17	1,56	0,45	1,07	0,57
Techniciens	5,23	2,34	4,28	2,7	1,42	1,43
Cadres moy. fonct. publique	1,22	1,69	2,33	0,9	0,35	0
Employés en entreprise	0	0	0	0	0	0
Inactifs	2,09	2,86	3,11	7,66	9,61	8 83
Totaux	100	100	100	100	100	100
Cadres supérieurs d'entreprise	**62,37**	**70,97**	**58,37**	**66,66**	**70,47**	**71,21**
Activités privées sauf agriculture	**77,01**	**79,66**	**74,32**	**75,22**	**77,94**	**78,64**

TABLEAU 10 – Catégories socioprofessionnelles des ingénieurs des industries agricoles et alimentaires. Évolution de leur répartition de 1948 à 1982.

Si l'on regroupe les chefs d'entreprise et les cadres supérieurs pour les raisons exposées auparavant[30], on constate une nette augmentation après la Deuxième Guerre mondiale pour atteindre 77 % de la sous-population considérée en 1982.

Parmi ceux qui exercent dans la fonction publique, les cadres supérieurs représentent une fréquence à peu près stationnaire, autour

30 Voir chap. « les ingénieurs des industries agricoles formés avant 1940 », p 262.

de 6 %. On peut être surpris de l'augmentation en pourcentage de cette catégorie en 1970, qui redescend en 1975 et retrouve, en 1982, une valeur sensiblement identique à celle de 1959. Ceci tient à la constitution de la sous population retenue pour cette année 1970, qui comprend les promotions entrées de 1922 à 1942 inclus. Or, dans les années de crise économique, un certain nombre d'ingénieurs des industries agricoles et alimentaires ont préféré chercher une situation dans la fonction publique plutôt que dans le secteur privé. Leur place dans cette catégorie décline ensuite pour atteindre environ 5 % en 1982.

La part des cadres moyens très faible mais stable jusqu'en 1959, diminue nettement à partir des années 1960 et disparaît complétement en 1982. Cette évolution est conforme à celle du statut de l'école, nettement revalorisée à la fin des années 1950[31].

La place des artisans et des commerçants dans l'activité des ingénieurs ENSIA est très faible, et ne représentant qu'à peine plus de 1 % en 1959. La part de ce groupe décline ensuite fortement et devient extrêmement faible en 1982[32]

Rappelons que sous l'appellation de techniciens sont désignés des personnels exerçant leur activité en entreprise et qui ne sont pas classés dans les cadres supérieurs. La part des ingénieurs des industries agricoles et alimentaires exerçant une activité de techniciens, qui est de l'ordre de 5 % en 1948, diminue ensuite régulièrement et ne représente qu'à peine plus de 1 % en 1982. Dans cette sous-population on ne rencontre aucun employé. Cette évolution rejoint celle observée pour les cadres moyens de la fonction publique : leur part décline avec l'élévation du statut intellectuel et social de l'école.

Relevons que les catégories socioprofessionnelles suivantes : chefs d'entreprise, directeurs, ingénieurs, cadres administratifs, cadres

31 À cette date, les plus anciens des ingénieurs ENSIA appartenant à cette catégorie, c'est-à-dire ceux entrés à l'école jusqu'en 1931 inclus, exercent tous dans des services du ministère de l'Agriculture tels que les Services agricoles ou le Génie rural, ou dans des organismes rattachés tels que l'Office interprofessionnel des céréales (ONIC). Ce ministère reste le plus représenté avec 75 % des effectifs de cette catégorie. On en rencontre ensuite dans d'autres ministères tels que les Travaux publics.

32 On relève que cette sous-population, en 1982, n'est constituée que de deux personnes dont un prêtre regroupé dans cette catégorie en cohérence avec la classification PCS de l'INSEE.

commerciaux, techniciens et employés en entreprise exercent leur activité dans une entreprise. La fréquence des ingénieurs des industries agricoles et alimentaires exerçant ainsi leur activité varie peu en augmentant légèrement passant de 77 % en1948 à près de 79 % en 1982. L'importance de cette place est conforme à la finalité de l'école, même si, à l'intérieur de cet ensemble, on observe un double mouvement caractérisé par une augmentation de la part des cadres supérieurs, d'une part, et une diminution de celle des chefs d'entreprise et des techniciens, d'autre part.

Quant aux inactifs, il s'agit exclusivement des retraités. Leur place, d'abord inexistante, augmente normalement avec le vieillissement de l'ensemble de la population des ingénieurs ENSIA, du moins jusqu'en 1975. La diminution de ce pourcentage observée en 1982 peut sembler paradoxale puisque, à cette période, les entreprises commencent, incitées en cela par les pouvoirs publics, à pratiquer des mises à la retraite précoce. Mais, s'agissant des ingénieurs ENSIA, on observe que cette politique a déjà, de fait, été mise en place dès les années 1970 puisqu'en 1975, l'âge du plus jeune retraité est déjà de 55 ans et en 1982, de 54 ans. Cette diminution est surtout le reflet de l'imprécision inévitable dans le recensement du nombre de retraités[33].

LES ACTIVITÉS QU'EXERCENT LES INGÉNIEURS DES INDUSTRIES AGRICOLES ET ALIMENTAIRES

Avant de présenter la répartition des ingénieurs des industries agricoles et alimentaires dans les diverses activités et afin d'en faciliter l'examen, les résultats concernant les activités liées plus particulièrement aux industries agricoles et alimentaires sont récapitulés par grands secteurs dans le tableau 11 ci-dessous.

33 En effet, beaucoup de ceux qui sont effectivement retraités ne se sont pas manifestés auprès de l'Association amicale qui établit l'annuaire.

Activités	1948	1959 (1)	1959 (2)	1970	1975	1982
Agriculture et viticulture	**8,12**	**5,12**	**8,54**	**4,9**	**2,4**	**0,95**
Sucrerie	14,98	17,65	19,51	15,69	16	14,24
Distillerie	16,43	9,84	15,04	7,84	4,4	2,53
Brasserie et malterie	7,22	2,7	4,47	1,96	0,4	0,95
Filières fondatrices	38,63	30,19	39,02	25,49	20,8	17,72
Produits alimentaires divers	2,35	5,26	2,44	1,96	4,4	6,33
Fabrication de boissons	4,51	3,91	4,06	7,84	3,6	3,48
Transformation du tabac	0	0,13	0,41	0	0	0
Industrie de la viande	0,18	0,13	0	0	0	1,26
Industrie laitière	2,17	4,18	1,63	3,92	6,8	5,7
Fabrication de conserves	1,08	1,35	0	1,47	0,8	2,21
Travail du grain	1,99	4,45	1,62	2,45	6	4,43
Autre IAA	12,28	19,41	10,16	17,64	21,6	23,41
Industries agr. et alim.	**50,91**	**49,6**	**49,18**	**43,13**	**42,4**	**41,13**
Équipements pour IAA	2,53	6,2	2,44	4,9	5,6	7,28
Cabinets d'études	2,14	2,43	2,85	4,41	7,2	11,71
Activités annexes aux IAA	4,67	8,63	5,29	9,31	12,8	18,99
IAA et annexes	**55,58**	**58,23**	**54,47**	**52,44**	**55,2**	**60,12**
Industries agr. et alim., annexes et agriculture	63,7	63,35	63,01	57,34	57,6	61,07

TABLEAU 11 – Activités des ingénieurs ENSIA dans les industries agricoles et alimentaires et celles qui leur sont liées, de 1948 à 1982 (exprimé en fréquence).

La répartition des ingénieurs des industries agricoles et alimentaires dans l'ensemble des diverses activités, est donnée dans le tableau 12 qui suit.

Dénomination	1948	1959 (1)	1959 (2)	1970	1975	1982
Industries diverses	12,45	11,05	14,63	12,26	14	11,08
Chimie et parachimie	6,32	7,14	6,91	7,35	8,4	7,91
Industrie pharmaceutique	1,26	2,02	0	0,98	2,8	4,75
Services marchands	6,34	7,14	6,91	10,79	8	8,25
Activités privées autres qu'IAA	26,37	27,35	28,45	31,38	32,2	31,97
Activités privées autres qu'agriculture	81,85	85,58	82,92	83,82	88,4	92,09
Administration générale	5,96	4,99	6,1	8,34	3,2	2,85
Enseignement, recherche	3,97	4,31	2,44	2,94	6	4,11
Fonction publique	9,93	9,3	8,54	11,28	9,2	6,96
Activités autres qu'IAA	36,3	36,65	36,99	42,66	41,4	38,93
Activités liées aux IAA	63,7	63,35	63,01	57,34	57,6	61,07
Totaux	100	100	100	100	100	100

TABLEAU 12 – Activités des ingénieurs des industries agricoles et alimentaires. Évolution de leur répartition de 1948 à 1982 (exprimé en fréquence).

QUELQUES PARCOURS D'INGÉNIEURS

La place que les ingénieurs des industries agricoles et alimentaires occupent dans ces activités est illustrée, dans la mesure du possible, par des « parcours » d'ingénieurs ENSIA[34]. L'attention est attirée sur le fait qu'ils ne constituent en aucune manière un échantillon représentatif de l'ensemble des ingénieurs ENSIA. Il s'agit souvent de personnes qui se sont particulièrement illustrées, ce qui fait que cet échantillon est biaisé vers « le haut ».

Cette évolution est analysée en distinguant, d'abord, les industries agricoles et alimentaires puis les activités qui se rattachent à ces industries et enfin les autres activités.

34 Ces parcours ont été établis, pour la quasi-totalité d'entre eux, à la suite d'entretiens avec les intéressés. Nous soulignons tout particulièrement le fait que tous ont accepté que leur témoignage soit nominatif.

La place des ingénieurs ENSIA dans les industries agricoles et alimentaires est conduite en étudiant, en premier lieu leur place dans les filières fondatrices. Rappelons qu'il s'agit de la sucrerie, de la distillerie et de la brasserie et de la malterie[35]. L'évolution de leur place dans chacune de ces trois filières est très différente. Dans la sucrerie leur part présente une légère remontée, de 1948 à 1959 date à laquelle ils sont près de 18 % à y exercer leur activité. Ensuite elle décline et en 1982, cette part n'y est plus que de 27 %. Jean Le Blanc est un exemple d'ingénieur ENSIA qui a fait toute sa carrière dans la sucrerie.

Jean Le Blanc : une carrière consacrée à la sucrerie

Né en 1925 à Soissons (Aisne), fils d'un employé en sucrerie, Jean Leblanc, après avoir préparé au Lycée Saint-Louis à Paris, entre à l'ENIA en 1945. Dans les années d'immédiat après-guerre, l'emploi du temps à l'ENIA, fonctionnant dans des conditions matérielles très précaires du fait de l'implantation à Paris, comportait parfois du temps libre. Le Blanc utilise ce temps pour se perfectionner au Conservatoire des arts et métiers.

De même que pour le choix de l'ENIA et comme il est évident que le potentiel industriel de la France est à reconstituer, il est normal que, à sa sortie de l'école, Le Blanc choisisse d'exercer son activité dans un secteur qu'il connaît et pour lequel l'ENIA constitue, de par ses origines mêmes, une excellente préparation.

C'est à la sucrerie de Dompierre (Somme) que Le Blanc débute son activité par la mise au point, en liaison avec le Syndicat des fabricants de sucre, d'un échangeur d'ions pour l'épuration des jus sucrés. Il rejoint ensuite l'usine de Bucy-le-Long (Aisne) appartenant aux Sucreries distilleries du Soissonnais. Là, s'inspirant en particulier de travaux effectués pendant la guerre par les Suédois, dont le pays était resté à l'écart du conflit, il contribue à mettre au point des méthodes de fabrication en continu. Ce passage, qui oblige à passer d'une logique de filière fondée sur la transformation d'un produit, à l'analyse approfondie d'un processus industriel, est celle-là même qui a été observée à la même époque dans l'évolution de l'enseignement de l'ENIA.

35 Pour la place de ces filières dans la création de l'école, voir chap. « le projet des sucriers ».

Au début de 1966, Jean Le Blanc rejoint la sucrerie de Roye (Somme) dont il devient le directeur[36]. Cette sucrerie était la propriété de la société Lebaudy-Sommier, qui est reprise en 1972 par la société Générale sucrière, elle-même constituée, en 1968, par la fusion de plusieurs sucreries. Dans cet ensemble, les ingénieurs issus de l'ENIA sont au nombre de 12 et plusieurs autres ont effectué leur carrière dans les sociétés qui le constituent ou qui le rejoignent dans les années qui suivent. La présence des ingénieurs ENIA est donc nettement établie dans ce qui est le second groupe sucrier français après le groupe Béghin-Say et Jean Le Blanc y contribue. Il reste dans la même fonction jusqu'en 1987, année de son départ en retraite, pendant laquelle il conserve une activité au sein de la profession en présidant la commission technique, où il s'attache en particulier à développer les sections agronomiques de sucrerie.

La carrière de Jean Le Blanc s'est donc déroulée entièrement dans la sucrerie. Il a pu y apprécier, outre l'intérêt des problèmes industriels à résoudre et en particulier le passage du procédé discontinu au procédé continu, la solidité d'un réseau d'interconnaissances fondé sur la solidarité des acteurs[37]. Son parcours démontre la capacité de la filière fondatrice de l'ENSIA à procurer, dans les années qui suivent la Deuxième Guerre mondiale, une carrière pleine d'intérêt.

La part des ingénieurs des industries agricoles et alimentaires qui se consacrent à la distillerie diminue très rapidement. Les mesures gouvernementales décidées en 1954 ne sont pas étrangères à ce repli. Simon Tourlière a joué un rôle essentiel, à la fois dans l'appui technique puis dans la maîtrise de cette filière.

Simon Tourlière : le coordonnateur de la maîtrise de la distillerie

Né en 1921 à Beaune (Côte d'Or) où son père exerçait la profession de viticulteur et de négociant en vins, Simon Tourlière effectue ses

36 Le site de Roye est un des plus anciens sites sucriers puisque la première sucrerie y a été créée en 1831. Elle a été rachetée en 1838 par Louis Crespel-Delisse (1789-1865) qui fut, après 1815, le seul industriel à continuer la fabrication du sucre de betterave, ce qui lui valut d'être qualifié de « père de la sucrerie indigène ». C'est donc une sucrerie chargée d'histoire dont Jean Leblanc assure la direction.

37 Entretien avec Jean Leblanc le 13juin 1997. Nous le remercions très vivement d'avoir bien voulu nous accorder cet entretien.

études secondaires au collège de Beaune, où il obtient un baccalauréat mathématique ainsi qu'un baccalauréat philosophie. Après une classe préparatoire au lycée de Dijon, il entre à l'ENIA en 1942. Mais, à l'issue de sa première année d'école, sur les conseils du directeur d'alors, Étienne Dauthy[38], Simon Tourlière entre dans la clandestinité. C'est pourquoi il n'effectue sa deuxième année que pendant l'année scolaire 1944-1945 et en sort major de promotion.

Après un stage de quelques mois dans une sucrerie belge dépendant du groupe Tirlemont, il est appelé par le secrétaire du Syndicat des distillateurs d'alcool, Maurice Martraire lui-même ingénieur des industries agricoles[39], afin de remettre en état le laboratoire de ce syndicat. À cette époque, la production d'alcool présentait une grande importance pour le Service des poudres ainsi que pour l'approvisionnement du monopole d'État. En 1957, ce laboratoire s'installe dans des locaux plus vastes : il travaille en liaison avec le laboratoire du ministère des Finances pour l'agrément qualitatif des livraisons d'alcool et développe tout particulièrement son activité dans le secteur des eaux de vie après les mesures gouvernementales prises en 1954, afin de limiter la production d'alcool devenue obsolète pour la fabrication des poudres[40].

À partir de 1963, Simon Tourlière élargit son activité à un cadre interprofessionnel. En effet, à la demande d'Henri Cayre directeur général de la Confédération générale betteravière, il assure un rôle de conseiller technique pour la mise au point d'une méthode moderne de mesure saccharimétrique lors de la réception des betteraves ainsi que la création et le développement des Sociétés d'intérêt collectif agricole (SICA) de déshydratation des pulpes de sucrerie. Il va assurer ce rôle pendant près de 30 ans. En 1968, Tourlière devient président de l'Union nationale des groupements de distillateurs d'alcool, fonction qu'il assure jusqu'en 1993. À ce titre, il négocie, avec le ministère des Finances et celui de l'Environnement, un contrat d'aide des investissements d'élimination des pollutions de l'ensemble des distilleries et prépare l'utilisation d'alcool éthylique dans les carburants. On lui doit, également, des travaux sur la radioactivité des alcools ce qui

38 En effet, Étienne Dauthy assure l'intérim de la direction depuis le décès d'Édouard Dartois en 1943.

39 Maurice Martraire est entré à l'ENIA en 1921.

40 Il s'agit des décisions prises par le gouvernement présidé par Pierre Mendès-France.

permet de les dater et de distinguer les alcools de synthèse des alcools de fermentation[41].

Simon Tourlière diversifie son action, d'abord sur le plan international. Pendant 8 années consécutives, il préside, à Bruxelles, l'Union européenne des alcools, eaux de vie et spiritueux. En marge de ces activités, il préside pendant une vingtaine d'années le Syndicat national des industries cidricoles et crée dans ce secteur la première interprofession dans le cadre de la loi de 1975. Il exerce également bénévolement une activité de publiciste car, en 1957, au décès de Henry-François Dupont, il devient directeur de la revue *Industries alimentaires et agricoles*, publication de l'Association des chimistes (ACIA)[42] et assure la présidence de cette association de 1980 à 1982, pour la célébration du centenaire de cet organisme[43].

On relève que la communauté ENSIA, dont le savoir est très lié, à l'origine, avec la distillerie agricole, a su trouver, parmi elle, à la fois des acteurs pour développer ce savoir[44], d'autres pour le transférer à l'ingénierie pétrolière[45] ou au génie industriel alimentaire[46] et enfin, ce qui n'a pas été le plus facile, pour en organiser le repli rationnel. Le mérite de Simon Tourlière a été de s'acquitter de cette dernière tâche avec efficacité.

Quant à la part des ingénieurs ENSIA exerçant leur activité dans la brasserie et la malterie, elle ne cesse de diminuer pour devenir inférieure à 1 % à partir de 1970.

Si l'on s'arrête sur la part des ingénieurs des industries agricoles et alimentaires qui se consacrent aux autres industries agricoles et alimentaires, on constate que dans les filières de la fabrication des boissons autres que la distillerie et la brasserie, ils sont toujours représentés. Cette part progresse jusqu'en 1970 pour atteindre près de 8 % puis décline. La filière champagnisation est la seule dans laquelle on n'en rencontre

41 Méjane, Jean, « La distillerie et les alcools », *in* Scriban, René, (dir.), *Les industries agricoles et alimentaires, Progrès des sciences et des techniques*, Paris, Technique et documentation-Lavoisier, 1988, p. 55.

42 Henry-François Dupont est le fils de François Dupont, l'un des créateurs de l'ACIA. Voir chap. « Le projet des sucriers », p. 108-111.

43 Entretien avec Simon Tourlière le 9 mars 1998. Nous le remercions très vivement d'avoir bien voulu nous recevoir.

44 Voir la carrière de Charles Mariller, chap. « Le projet des distillateurs », p. 197.

45 Voir, ci-dessous, les parcours de Jacques Célerier, p. 359 et de Bernard Revuz, p. 357.

46 Sur Jean Méjane, voir chap. « Le projet d'école centrale d'école des industries alimentaires », p. 287 et chap. « Le projet du génie industriel alimentaire », p. 414.

aucun. Ainsi que l'attestent la carrière de Jean Hémard[47] et celle de Jean Herpin qui est présenté ci-dessous, les ingénieurs ENSIA, bien que peu nombreux, occupent, pour certains, des positions fortes dans ces filières.

Jean Herpin : une très brillante carrière chez Pernod

C'est en 1932 à Blois (Loir et Cher) que naît Jean Herpin. Fils d'un cadre administratif supérieur de l'armée, il effectue ses études secondaires au lycée français en Allemagne. Après avoir passé une année en classe de mathématiques supérieures, Jean Herpin, qui a été également reçu aux écoles nationales d'agriculture, opte, en 1954 pour l'ENIA, en pleine expansion à cette époque. Lors de la troisième année à Douai, Jean Herpin effectue une partie de son stage à la sucrerie de Colleville et l'autre à la distillerie de Criquetot, toutes deux situées en Seine-Maritime.

À la fin de son service militaire en 1960, la société Pernod recherche un jeune ingénieur ENIA pour son service d'organisation. Jean Herpin se trouvant être le major de sortie de sa promotion, c'est à lui que le directeur de l'école suggère de répondre à cette demande. Le service est d'ailleurs dirigé, à ce moment-là, par Régis Sanson, également ingénieur issu de l'ENSIA, appartenant à la promotion entrée en 1950. Il faut noter qu'en 1959, 5 ingénieurs ENSIA exerçaient leur activité dans le groupe.

Or, la société Pernod confiait, en général à cette époque, les directions régionales à des cadres âgés, pour qui cette fonction constituait une fin de carrière. Souhaitant rajeunir ces directions, le responsable de Pernod confie à Jean Herpin, à la fin de 1963, la direction régionale de Lyon. En 1965, il devient directeur régional à Marseille. Cette même année, Pernod, qui y exploitait une usine, absorbe la société La Suze qui possédait également une autre usine dans cette même ville. Afin de rationaliser son outil de production, la direction de Pernod décide la construction d'une nouvelle usine destinée à remplacer les deux existantes. C'est à Jean Herpin qu'est confiée la direction de ce chantier.

À la fin de 1970, Herpin rejoint, au siège de la société, la direction commerciale. C'est à cette période et plus précisément en 1973 qu'il acquiert un perfectionnement en suivant le Centre de préparation aux affaires (CPA). Puis, en 1978, il est affecté à la société de fabrication de

---

47 Sur Jean Hémard, voir chap. « Les ingénieurs des industries agricoles formés avant 1940 », p. 265.

jus de fruits, Pampryl, que contrôle le groupe Pernod, et dont il assure la présidence à partir de 1979. Dans cette société, l'aspect industriel est important, les marges sont faibles. Or on est en train de passer, à l'époque, de l'emballage consigné qui nécessite de produire près du consommateur, à l'emballage perdu qui permet de s'en éloigner. Par ailleurs, l'organisation commerciale de cette société étant trop lourde et des restructurations industrielles s'avérant nécessaires, il doit faire face à leurs conséquences sociales.

En 1987, Jean Herpin est chargé de la présidence de Cusenier que contrôle également Pernod-Ricard puis, à compter de 1994, il préside la société Pernod-Ricard, fonction qu'il assure jusqu'à la fin de 1996.

Jean Herpin a ainsi accompli toute sa carrière dans le groupe Pernod. Son parcours confirme que, dans les années qui ont suivi la fin de la Deuxième Guerre mondiale, l'ENSIA permettait de très brillantes carrières dans la filière des boissons[48].

De leur côté, les filières des industries de la viande et de la transformation du tabac n'attirent qu'une très faible part de la population étudiée. Si ce n'est pas très étonnant pour la dernière de ces filières, très spécifique, cela l'est beaucoup plus pour la première, compte tenu de son importance économique. Parmi les 4 ingénieurs recensés dans cette filière en 1982, trois y ont exercé leur activité, au moins de 1970 à 1982, donc une part notable de leur carrière. Compte tenu de la façon dont a été établie la sous-population étudiée pour 1982, cela indique que la population des ingénieurs ENSIA dont la carrière est étudiée manifeste pour cette filière un intérêt non seulement faible mais aussi tardif. Ceci nous paraît devoir s'explique par les origines de l'école, qui a privilégié la transformation de produits végétaux par rapport à celle des produits animaux.

Bien que la présence des ingénieurs des industries agricoles et alimentaires dans la filière de la laiterie soit plus importante que dans la filière de la viande puisqu'on y rencontre près de 7 % des effectifs en 1975, c'est la même raison qui explique la faiblesse relative de leur présence, compte tenu de l'importance économique de cette filière[49].

---

48 Ces informations nous ont été communiquées par Jean Herpin lors d'un entretien qu'il nous a accordé le 22 septembre 1998, ce dont nous le remercions très vivement.

49 Rappelons qu'en 1970 l'industrie laitière représente 18,4 % de la valeur ajoutée totale des industries agricoles et alimentaires françaises et l'industrie de la viande 23,4 %. Source : *Les collections de l'INSEE*, n° E 10, janvier 1972.

La part des ingénieurs ENSIA qui exerce leur activité dans la filière travail du grain autre que la malterie, suit une évolution semblable à leur part dans la laiterie, avec des valeurs tout à fait du même ordre de grandeur jusqu'en 1959, où l'on en rencontre 31 dans la laiterie contre 33 pour le travail du grain autre que malterie. Cette dernière filière devient ensuite moins recherchée.

La filière de la fabrication des conserves, bien qu'attirant davantage d'ingénieurs des industries agricoles et alimentaires que l'industrie de la viande reste peu représentée, puisqu'on n'en rencontre que 10 en 1959.

Enfin la part occupée par les fabrications de produits alimentaires divers, qui regroupe donc les filières autres que la sucrerie et autres que celles qui viennent d'être passées en revue, d'abord faible, augmente, d'abord, pour atteindre plus de 5 % en 1959, année pour laquelle des ingénieurs ENSIA exercent dans presque toutes ces filières[50]. Cette progression marque une légère diminution en 1970 puis reprend jusqu'en 1982.

En définitive, on constate que la part des ingénieurs des industries agricoles et alimentaires qui se consacrent à l'ensemble de ces industries y compris aux filières fondatrices qui atteint tout juste la moitié de l'ensemble de la population étudiée en1948, décline régulièrement pour ne représenter que 41 % en 1982. Ce résultat peut paraître paradoxal, compte tenu de la finalité de l'école. La raison est à rechercher dans la place prise par les ingénieurs ENSIA dans les activités qui vont maintenant être présentées.

En effet, les ingénieurs ENSIA vont également exercer leur activité dans certaines branches étroitement liées à ces industries et plus particulièrement dans l'industrie d'équipements pour les industries agricoles et alimentaires ainsi que dans les cabinets d'études. S'agissant de la construction de matériels pour ces industries, on ne peut que constater que la part des ingénieurs ENSIA qui y exercent leur activité augmente régulièrement jusqu'en 1982, passant, de plus de 2 % à un peu plus de 7 %[51]. Mais la limite entre cette activité et la suivante est difficile à établir, ainsi qu'il ressort du parcours de Bernard Revuz.

---

50 La seule filière où les ingénieurs ENSIA ne sont pas présents est la fabrication d'entremets et desserts ménagers.

51 C'est la méthode employée, présentée ci-dessus p. 343 qui explique que la part de cette activité dans l'échantillon d'étude ainsi constitué en 1959 (2,4 %) soit très différente de cette part dans la population totale à la même date qui est de 6,2 %.

Bernard Revuz (1928-2020) : de la technique au conseil

C'est à Paris où son père exerçait la fonction de comptable, qu'il naît en 1928. Après des études secondaires au lycée Buffon et, une préparation au lycée Henri IV, il entre à l'ENIA en 1950.

Bernard Revuz débute son activité à la Société des colles et gélatines françaises implantée dans l'Oise. En 1963, il rejoint la société Fermentation, fondée pour l'exploitation des procédés Lefrançois[52], où il devient directeur général adjoint. Cette entreprise fusionne, en 1972, avec la Société pour l'équipement des industries chimiques (SPEICHIM), elle-même créée en 1955 à l'initiative de la Banque de l'union européenne, banque du groupe Schneider par la fusion de trois sociétés anciennes de chaudronnerie, orientées vers les techniques traditionnelles de la distillation à savoir, Egrot et Grangé à Bondy (Seine-Saint-Denis), créée en 1780 ; Pingris et Mollet-Fontaine, à Lille, dont la première a été fondée en 1853 et Barbet, installée à Brioude (Haute-Loire) depuis 1881[53]. SPEICHIM absorbe ensuite, en 1960, les Pressoirs Colin à Montreuil (Seine-Saint-Denis), entreprise créée en 1890 puis, en 1970, la société Lepage-Urbain et Savalle créée en 1840. C'est dans ce cadre que Bernard Revuz poursuit sa carrière, devenant l'un des deux directeurs généraux adjoints. Une part très importante du chiffre d'affaires se fait à l'exportation, dont un quart pour les industries agricoles et alimentaires.

L'évolution de SPEICHIM après 1972 est caractérisée par deux aspects. Tout d'abord, la construction d'équipements va diminuer progressivement ce qui entraîne les fermetures successives des usines de Bondy en 1972, de Lille en 1978, pour s'arrêter complétement par la cessation d'activités de celle de Brioude. C'est l'ingénierie qui forme alors la totalité de l'entreprise. L'autre élément important est l'entrée dans le groupe SPIE-Batignolles qui donne des moyens d'action supplémentaires. À partir de son métier d'origine, constitué par les industries agricoles et plus particulièrement

52 Les procédés Lefrançois, du nom de leur inventeur, polytechnicien de formation, permettent de produire des levures apportant des éléments protéiniques pour l'alimentation du bétail à partir de la fermentation de sous-produits de l'industrie sucrière ou de tout autre produit résiduaire contenant du carbone assimilable.

53 Rappelons qu'Émile Barbet, inventeur de la rectification continue, a fait partie de la commission d'organisation de l'école créée en juillet 1892. Voir chap. « Le projet des sucriers », p. 125. La parenté intellectuelle entre l'ENSIA et la société SPEICHIM remonte donc à l'origine même de l'école.

la filière éthanol, la société SPECHIM s'est diversifiée, d'abord, vers les autres industries agricoles et alimentaires et en particulier le traitement des oléagineux et des protéagineux, ainsi que les biotechnologies et notamment les procédés Lefrançois puis vers le traitement des effluents industriels et enfin vers le génie chimique. Sur 56 usines complètes réalisées jusqu'en 1986, on relève la part importante occupée par les pays de l'Est, puisque 13 d'entre elles ont été réalisées dans l'URSS, 14 en Chine et 3 en Corée du nord. Cette dernière activité se traduit en particulier par l'ouverture de bureaux permanents à Moscou et à Pékin.

Or, des ingénieurs issus de l'ENSIA, ont, dès l'origine, exercé leur activité dans une des sociétés constitutives de SPEICHIM qui attire fortement les ingénieurs issus de l'ENSIA puisque, de 6 en 1959, leur nombre passe à 10 en 1970, puis à 22 en 1985. Leur présence dans l'équipe dirigeante, puisque l'autre directeur adjoint est également issu de l'ENSIA, a permis de conforter leur place dans SPEICHIM.

En 1990, Bernard Revuz prend sa retraite et devient professeur consultant à l'ENSIA. Sa carrière est donc toute entière consacrée aux industries chimiques, agricoles et alimentaires, d'abord dans la production puis dans la conception technique des équipements. Avec lui, des ingénieurs issus de l'ENSIA ont su, à partir d'une technique traditionnelle des industries agricoles, en l'occurrence la distillation transférer l'acquis technique de cette filière vers de nombreuses autres techniques extérieures aux industries agricoles et alimentaires. Signalons que SPEICHIM a rejoint le groupe Technip à la fin des années 1990.

L'activité dans les cabinets d'études peut être considérée comme une annexe des industries agricoles et alimentaires. Bien qu'ils ne travaillent pas tous exclusivement pour ces dernières, ils peuvent s'y intéresser partiellement, comme le montre le parcours tout à fait exceptionnel de Jacques Célerier. Plus généralement, ce qui est également remarquable pour cette activité, c'est que la part des ingénieurs ENSIA augmente presque régulièrement, passant de près de 3 % en 1959 à près de 12 % en 1982. Dans le cas de Guy Dardenne, il s'agit d'une carrière, où l'activité industrielle a précédé l'activité de conseil, mais en définitive tout entière consacrée aux industries agricoles et alimentaires, ce qui est également le cas d'Étienne Espiard. Claudie Merle exerce également une activité de service directement liée aux IAA avant de s'éloigner de ce secteur.

Jacques Célerier (1927-1987) : le plein accomplissement du projet des distillateurs

Fils d'un négociant, il naît à Magnac-Bourg (Haute-Vienne et effectue ses études secondaires au lycée de Limoges. Après une préparation au lycée Saint-Louis à Paris, il entre à l'ENIA en 1947 et suit un perfectionnement à l'École nationale supérieure du pétrole et des moteurs (ENSMP).

En 1952, Jacques Célerier entre, à l'Institut français du pétrole (IFP), à Rueil-Malmaison (Hauts-de-Seine). De 1954 à 1956, il est envoyé, dans le cadre d'une mission européenne, à l'*Illinois Institute of technology*, à Chicago, où il obtient un master of science de génie chimique. Après ce séjour, il est affecté à la division « engineering » de l'IFP, sous l'autorité de Jean Perret.

Cette division de l'IFP devient, en 1958, le noyau de départ de Technip, lorsque les pouvoirs publics souhaitent doter le pays d'un instrument performant en matière d'ingénierie pétrolière. Jacques Célerier y est d'abord chef du département procédés, puis directeur technico-commercial à partir de 1962, directeur général en 1967 et président directeur général en 1972.

C'est à l'occasion de la proposition pour la raffinerie de Donges (Loire-Atlantique) pour la conception du distillateur atmosphérique de pétrole brut que Célerier a montré toute sa compétence technique en matière de distillateur de coupes pétrolières, ce qui lui a permis de remporter le contrat. Son action permet à Technip de s'illustrer dans la réalisation des différents complexes de liquéfaction d'Arzew en Algérie, de pétrochimie en Chine, des aromatiques et de traitement du gaz naturel en URSS, ainsi qu'aux grandes raffineries au Moyen-Orient, région où Technip est particulièrement bien implanté. Ceux qui ont eu l'occasion de travailler avec lui, ont apprécié, à la fois sa large culture générale ainsi que à ses qualités de négociateur qui lui permettait d'exceller dans le domaine commercial. Son talent s'est particulièrement affirmé lors du montage du financement du projet en Chine face à la Banque de France[54].

---

54 Source : entretien avec Jacques Marcellin le 1er mars 1996. L'intéressé est ingénieur ENSIA de la promotion 1955-1958 entré chez Technip en 1962, il y a fait toute sa carrière et a été un proche collaborateur de Jacques Célerier. Nous lui devons la majeure partie de nos informations sur ce dernier. Nous lui demandons de trouver ici l'expression de nos très vifs et très amicaux remerciements.

Ce développement remarquable se traduit par une croissance considérable des effectifs qui, de 100 en 1962, atteignent 2800 personnes en 1985. Une conjoncture devenue difficile rend nécessaire une diminution considérable des effectifs, dont le nombre est pratiquement divisé par deux. Face à cette situation, Jacques Célerier doit quitter la présidence de Technip.

Mais il se reconvertit rapidement en créant un nouveau cabinet d'études. Par ailleurs, en 1981, il est appelé à la présidence du conseil général de l'ENSIA, où il apporte toute son expérience. Ses nouvelles activités le conduisent en Afrique et, à son retour du Congo, il décède dans un accident d'avion en février 1987.

À son départ de Technip, 4 ingénieurs issus de l'ENSIA y poursuivent leur activité[55]. La carrière de Jacques Célerier et la continuité assurée autorisent à affirmer que le projet des distillateurs s'est donc réalisé. Des ingénieurs issus de l'ENSIA ont donc joué un rôle décisif dans l'approvisionnement énergétique du pays et Célerier en a été la figure emblématique. Malgré une carrière prématurément écourtée, celle de Jacques Célerier est une des plus remarquables réussites parmi les anciens élèves de l'ENSIA[56].

Guy Dardenne : de la formation des cadres à la défense de l'ENSIA

Né à Paris, en 1927, il est le fils d'un ingénieur des arts et métiers. Après des études secondaires au lycée Carnot à Paris conclues par un baccalauréat mathématique et un baccalauréat philosophie, il suit une classe préparatoire au lycée Henri IV à Paris. Quand Guy Dardenne entre à l'ENIA dans l'immédiat après-guerre, en 1948, l'école manifeste un très net regain de dynamisme. Dès son passage à l'école, il va partager cette vitalité en participant activement à la recherche d'une maison des élèves en région parisienne dont le besoin se faisait ardemment sentir[57].

---

55 Outre Jacques Marcellin, il s'agit de Christian Martinet (promotion 1954), Jean-Luc Faessel (promotion 1955) et Patrick Pouillot (promotion 1985).

56 Références : *Who's who in France*, 1977-1978, 13e édition ; l'Hydrocarbure, n° 190, 3e trimestre 1987 ; *Revue de l'Association française des techniciens du pétrole*, janvier 1972, p. 105 ; « Ingénierie : Technip et Sodeteg en mal de reconversion », *L'Usine nouvelle*, n° 38, septembre 1984.

57 La recherche et la mise en place de cette maison des élèves ont été exposées au chap. « Le projet d'école centrale des industries alimentaires », p. 326.

C'est en sucrerie puis à Ris-Orangis (Essonne) aux établissements Jacquemaire, spécialisés dans les produits diététiques que Guy Dardenne commence sa carrière. En 1964, il rejoint l'Association pour la promotion industrie agriculture (APRIA) dont il devient le directeur général dès 1969. Cette association va jouer, pendant plus d'une vingtaine d'années, un rôle essentiel, d'abord dans la formation des cadres des industries agricoles et alimentaires et ensuite, de sensibilisation des milieux spécialisés aux aspects spécifiques de ces industries. Cette activité lui vaut de diriger le Centre de perfectionnement des cadres des industries agricoles et alimentaires créé en 1967.

Parallèlement, Dardenne prend une part active à la vie de l'Association amicale des anciens élèves de l'École nationale supérieure des industries agricoles et alimentaires, d'abord comme secrétaire général à partir de 1956 puis en tant que vice-président, de 1965 à 1969. Secondant, dans cette dernière fonction, le sénateur de la Réunion, Alfred Isautier, Dardenne joue un rôle essentiel dans cette association dont il devient président de 1971 à 1978. C'est pourquoi, quand, en 1971, se mettent en place de nouvelles structures de direction de l'ENSIA, Dardenne devient le président de l'instance décisionnelle majeure de l'école, le Conseil général. Il devient ainsi le premier ingénieur ENSIA à exercer une fonction majeure de direction de l'école. Au cours de cette présidence, qu'il exerça jusqu'en 1978, il s'appuie sur le réseau de relations qu'il a pu nouer à l'APRIA, pour affermir la position de l'ENSIA, notamment auprès des responsables politiques ainsi que de la haute fonction publique, milieu que les ingénieurs ENSIA, essentiellement techniciens à l'époque, ont peu l'habitude de fréquenter. Dans cette fonction, et même ultérieurement, il est consulté à plusieurs reprises par les pouvoirs publics qui, dans la deuxième moitié des années 1970, se préoccupent de rationaliser l'enseignement supérieur des industries agricoles et alimentaires. Il a poursuivi son action en tant que secrétaire général de la Commission internationale des industries agricoles et alimentaires[58].

Guy Dardenne est probablement l'ingénieur ENSIA qui, dans ses multiples fonctions, aura le plus contribué, au cours des vingt dernières années que recouvre notre recherche, à faire connaître l'École nationale supérieure des industries agricoles et alimentaires[59].

58 Voir chap. « Le projet des distillateurs », p. 202.

59 Ces informations nous ont été communiquées par Guy Dardenne lors d'un entretien qu'il nous a accordé le 15 février 1998, ce dont nous le remercions très vivement.

Étienne Espiard (1925-2002) : un ingénieur devenu chef d'entreprise

C'est à ce qui s'appelait alors Legrand dans le département d'Oran en Algérie où son père était directeur de banque que naît Étienne Espiard. Toujours en Algérie, il effectue ses études secondaires aux lycées d'Alger et de Médéa. Son père ayant été d'abord militaire, c'est dans cette voie qu'il songe d'abord à s'engager et il commence une préparation à l'École de Saint-Cyr à Alger. Mais il est mobilisé du fait de la guerre au début 1944 puis rendu à la vie civile en juillet 1945. Ayant effectué un stage d'été dans une conserverie dont le directeur était un ami de son père, Étienne Espiard décide de s'orienter vers les industries agricoles et alimentaires. C'est pourquoi, dès la rentrée 1945, il retourne en classe préparatoire au Lycée Bugeaud, ce qui lui permet d'entrer à l'ENIA en 1946.

À sa sortie de l'ENIA en 1949, il rejoint l'INRA au Laboratoire de « technologie alimentaire » installé dans les locaux de l'Institut agronomique. Simultanément il perfectionne sa formation à l'Institut français du froid industriel (IFFI)et obtient le titre d'ingénieur frigoriste en 1950. Il se signale, en particulier, par une publication portant sur les phénomènes de fermentation dans la fabrication des cidres. Ceci lui vaut, outre les félicitations du syndicat des cidriers, une offre d'emploi dans une cidrerie implantée à Theil-sur-Huisne, dans l'Orne. En 1952, Étienne Espiard entre aux conserveries SICCA-EMMOP, installées dans la banlieue de Marseille, et est affecté la même année à Tunis, à la direction d'une société filiale de EMMOP. En 1953, il crée une autre filiale du même groupe à Perrégaux en Algérie, tout en continuant à diriger l'usine de Tunis. En 1955, Espiard est directeur technique du groupe qui prend le nom de France-Fruits qui, en 1957, étend son activité au Maroc d'abord à Agadir puis à Taroudant.

Mais l'approche de l'émancipation des pays dépendants de la souveraineté française rend l'activité au Maghreb plus difficile, à l'exception toutefois du Maroc, où la situation est plus stable. C'est pourquoi Espiard envisage de regagner la métropole et en 1960, il entre dans le groupe Unilever, plus particulièrement au bureau d'organisation. Estimant que la direction générale délègue insuffisamment les responsabilités, il rejoint, en 1962, la société Dorr – Oliver dont le siège est aux États-Unis et plus particulièrement son département agro-alimentaire ; il devient rapidement gérant de la filiale française. En 1968, la société décide de réduire ses effectifs dans les pays européens. Des contrats étant en cours, en liaison notamment avec le groupe Alsthom, Espiard rejoint le Groupement des exportateurs associés (GEXA) dont fait partie Alsthom. Une crise des investissements s'annonçant, le GEXA est dissous en 1972.

Bien qu'exerçant également une activité avec France-Luzerne afin d'extraire des protéines de luzerne et d'intervenir comme conseil, notamment dans les pays du Tiers monde, il décide, en janvier 1973, avec l'appui de quelques personnalités du monde économique[60], de créer la Société de procédés et d'études pour les industries agro-alimentaires (SPEPIA). La taille des contrats obtenus l'oblige à s'associer notamment avec la CGEE ainsi qu'avec Alsthom dans le cadre d'une association dénommée : France agro-industrie. Creusot-Loire-Entreprise (CLE) prend d'abord une part de SPEPIA puis, en 1983, la totalité du capital, conservant à Étienne Espiard un poste de conseiller. Mais en 1985, Creusot-Loire dépose son bilan, entraînant du même coup la disparition de SPEPIA.

Entre temps, Étienne Espiard a pris des participations dans des sociétés d'ingénierie agro-alimentaire ; après 1985, il en reste administrateur et conseiller. Par ailleurs, il est expert et consultant auprès de divers organismes internationaux de développement tels que la Banque mondiale, l'ONUDI[61] et la FAO[62]. Il est également conseiller d'un groupe de constructeurs d'équipements pour les industries de transformation des fruits et légumes. Espiard maintient donc une activité de conseil et de conception industrielle jusqu'à sa retraite en 1998[63].

Parallèlement à ses activités professionnelles, Espiard devient, en 1979, président de l'Association des anciens élèves de l'ENSIA, fonction qu'il occupe jusqu'en 1983. À ce titre, il siège au Conseil général de l'école.

Entré un peu par hasard dans les industries agricoles et alimentaires, Étienne Espiard est resté fidèle à cette orientation tout au long de sa

60 Il s'agissait notamment de Gilbert Degrémont, président des établissements du même nom, de Jean-Robert Muzard, directeur financier de GEXA et de Pierre Jonquères, directeur général de S.E.M.

61 ONUDI : Organisation des Nations Unies pour le Développement Industriel à Vienne (Autriche).

62 FAO : Food and Agricultural Organisation à Rome (Italie).

63 La totalité de ces informations nous a été très aimablement communiquée par Étienne Espiard lui-même, ce dont nous le remercions très vivement.

carrière. Passé de l'industrie proprement dite aux cabinets d'études pour les industries agro-alimentaires, il a pu devenir chef d'entreprise.

Claudie Merle : de l'agro-alimentaire à l'informatique

Après une préparation au lycée de Nantes, Claudie Merle entre à l'ENSIA en 1979[64]. Elle se perfectionne ensuite en obtenant un diplôme d'agronomie tropicale ains qu'un diplôme d'études approfondies d'ingénieur qualité.

Claudie Merle manifeste rapidement un intérêt pour une action hors de la métropole puisqu'elle effectue le stage ouvrier, prévu après la première année, en Israël dans un kibboutz puis, en cours de deuxième année, au Mexique dans une entreprise de transformation de citron vert et enfin, après la deuxième année, à Haïti, dans une organisation non gouvernementale cherchant à y promouvoir des matières grasses et, en particulier, le beurre de karité. Sa troisième année se passe à Douai, débutant comme il est de règle par un stage, en l'occurrence dans une distillerie, où elle croit déceler une hésitation sur la présence d'une femme dans l'industrie, ce qui n'entrave pas cependant sa bonne intégration.

Elle est recrutée par la société Aquarèse, dont le siège français est à Béthune (Pas-de-Calais) et qui cherche à promouvoir un procédé d'origine américaine de découpage des produits alimentaires par jet d'eau sous très haute pression. En 1997, Claudie Merle entre à la société Bell et Howell puis rejoint, au début des années 2000, la société Gedas France spécialisée dans le conseil aux systèmes informatiques. Elle a ainsi quitté les industries agricoles et alimentaires.

Lors d'un entretien, Claudie Merle confiait qu'elle appréciait la compétence qu'elle a acquise à l'ENSIA, mais elle regrettait la trop faible notoriété de l'école. Elle considérait également que l'ENSIA prépare bien à la recherche[65].

L'ensemble des activités annexes aux industries agricoles et alimentaires représente au total une part des ingénieurs qui augmente pour atteindre plus de 8 % en 1959. Au-delà de cette date, la part augmente

64 Claudie Merle n'appartient donc pas à la population d'ingénieurs ENSIA faisant l'objet de ce chapitre. Nous nous sommes cependant cru autorisé à faire figurer ici son témoignage, du fait de la rareté des parcours féminin que nous avons pu établir.

65 Ces informations nous ont été très aimablement communiquées par Claudie Merle lors d'un entretien le 19 juin 1995, ce dont nous la remercions très vivement.

nettement et atteint 19 % en 1982. Si on ajoute ces activités aux industries agricoles et alimentaires proprement dites, on constate que l'ensemble augmente régulièrement jusqu'en 1982 avec toutefois une baisse en 1970 qui s'explique par l'accroissement de l'attrait pour la fonction publique pour la population prise en référence pour cette année-là[66].

Par ailleurs, nous constatons que la part de ceux qui s'orientent vers les industries et les services autres que les industries agricoles et alimentaires ou les activités annexes dépasse 30 % à partir de 1970. S'agissant des industries proprement dites, on constate que, parmi toutes les filières industrielles, la chimie, à laquelle il y a lieu d'adjoindre la parachimie, présente un intérêt particulier pour les ingénieurs ENSIA puisque à l'origine la discipline scientifique majeure était la chimie. On constate qu'effectivement, sans que cette part soit très importante, il y a toujours de 6 % à 8 % d'ingénieurs ENSIA occupés dans cette filière. Pour sa part, l'industrie pharmaceutique mérite une attention particulière. La part des ingénieurs ENSIA qui y exercent leur activité, faible au lendemain de la Deuxième Guerre mondiale, augmente pour atteindre 2 % en 1959, puis plus fortement à partir de cette date pour atteindre près de 5 % en 1982. Si l'on s'intéresse à la part des ingénieurs ENSIA qui consacrent leur activité aux industries diverses[67], on constate qu'elle est sensiblement stable, autour de 14 % jusqu'en 1974, puis décline pour atteindre 11 % en 1982. En particulier, dans les industries de biens d'équipements, on rencontre des ingénieurs ENSIA réussissant de très brillantes carrières, ainsi qu'en témoigne celle de Bernard Corbel.

Bernard Corbel : une brillante réussite du matériel de laiterie à l'automobile

Né en 1925 à Brest, fils d'un cadre supérieur de l'administration, il effectue ses études secondaires au collège St Michel, à Paris dans le 12e arrondissement. Issu d'une famille qui n'a pas d'attaches avec les

66 Voir ci-dessus, p. 346.

67 Pour cette analyse, ont été rassemblées sous cette appellation au sens de la NAP 73, le secteur de l'énergie, les industries de biens intermédiaires autres que la chimie, celles de biens d'équipements autres que la fabrication d'équipements pour les industries alimentaires, celles de biens de consommation sauf la parachimie et l'industrie pharmaceutique ainsi que le génie civil.

industries agricoles et alimentaires, Bernard Corbel doit choisir sa voie pendant la guerre, à une période où l'avenir industriel du Pays pouvait paraître compromis. C'est pourquoi il entre au lycée Henri IV à Paris dans une classe préparatoire à l'« agro[68] » et entre à l'ENIA en 1946.

De son passage à l'école, il retire l'impression d'un enseignement de qualité. En troisième année à Douai, de son stage dans une sucrerie, il garde le souvenir d'un secteur qui lui paraît avoir peu évolué et la vie de l'école ne facilite pas les contacts avec la population locale. Sur les conseils d'Étienne Dauthy, il se perfectionne à la Section d'études supérieures des industries du lait (SESIL)[69], où il passe l'année scolaire 1949-1950.

Après un bref passage à la coopérative laitière d'Auxerre, il entre, en 1950, à la société Breil et Martel spécialisée dans la fabrication du matériel de laiterie[70]. Parallèlement, il complète sa formation à l'Institut français du froid industriel (IFFI)[71], en 1950. Cette dernière formation lui permet d'entrer, en 1951, à la société Frigidaire faisant partie du groupe Général Motors dans lequel il va effectuer toute la suite de sa carrière. Il participe au développement des premières vitrines réfrigérées pour magasins d'alimentation et supermarchés. Après deux années de formation complémentaire aux États-Unis et plus précisément au *Général Motors Institute* de la *Kettering University* dans le Michigan en 1953, 1954, Bernard Corbel rejoint le siège de Général Motors France à Gennevilliers (Hauts-de-Seine) où il devient directeur commercial de la division Frigidaire. En 1967, il est affecté à la division « équipements automobiles » pour y exercer les mêmes fonctions. Après des postes en Angleterre et en Belgique dans cette même division, il revient au siège de Gennevilliers et est affecté aux automobiles Opel. Il termine comme directeur Opel à Général Motors France.

Le caractère apparemment atypique de la carrière de Bernard Corbel illustre, en premier lieu le poids des contraintes propres à une période donnée dans le choix d'une orientation professionnelle, mais aussi l'aptitude des ingénieurs formés à l'ENIA à réussir dans l'industrie, même en dehors du domaine des industries agricoles et alimentaires.

---

68 Ces informations nous ont été très aimablement communiquées par l'intéressé qui a bien voulu nous recevoir le 7 mars 1995, ce dont nous le remercions très vivement.

69 La SESIL est une spécialisation de 3e année de l'Institut agronomique. Voir annexe XXIV.

70 L'usine de cette société était implantée à Paris dans le 12e arrondissement.

71 L'IFFI est une émanation du Conservatoire national des arts et métiers.

La part des ingénieurs ENSIA ayant exercé dans les industries autres que les industries agricoles et alimentaires décroît donc légèrement d'un peu plus de 14 % en 1959 à 11 % en 1982. En y ajoutant la chimie et la parachimie, l'industrie pharmaceutique ainsi que les services autres que les cabinets d'études, on obtient un pourcentage qui varie entre 26 % en 1948 et 32 % en 1975 avec un maximum de 33 % en 1975.

La part des ingénieurs ENSIA qui exercent dans la fonction publique est faible et décline de près de 10 % en 1959 à un peu moins de 7 % en 1982 avec une remontée en 1970. Mais cette faiblesse numérique ne signifie pas que les carrières effectuées soient sans importance. Il y a lieu de distinguer d'abord ceux qui exercent leur activité dans l'administration générale. La fréquence des ingénieurs ENSIA qui y exercent est de plus en plus faible. Il ressort du témoignage de Phi Phung Nguyen que leur présence est numériquement très peu élevée dans les structures chargées d'administrer le domaine d'activité pour lequel l'ENSIA a été conçue.

Phi Phung Nguyen

Né en 1939 de parents agriculteurs au Vietnam, il effectue ses études secondaires au lycée de Saïgon (Vietnam). Après avoir préparé au lycée de Poitiers il entre à l'ENSIA en 1962. Au cours de ses études à l'ENSIA, Nguyen effectue sa troisième année à Douai, comme beaucoup à cette période.

C'est d'abord par un passage au CEMAGREF[72] que Nguyen débute sa carrière. Il entre ensuite, en 1968, au ministère de l'Agriculture, à la direction des industries agricoles et alimentaires. Là, il instruit les dossiers d'aide de l'État à ces industries. Entre temps en 1970 il perfectionne sa formation en obtenant un doctorat de troisième cycle en économie agricole. En 1979, cette direction est réorganisée selon une logique de filière, de façon à regrouper l'action de l'État, à la fois pour l'aide au produit ainsi que pour l'industrie qui transforme ce produit.

Depuis plus de 20 ans qu'il assure la fonction de chargé de mission, Phi Phung Nguyen constate, en s'en étonnant, que seulement deux

72 Il s'agit du Centre d'études du machinisme agricole, du génie rural, des eaux et des forêts, devenu depuis l'Institut de recherche en sciences et technologies pour l'environnement et l'agriculture (IRSTEA) lequel a fusionné avec L'INRA depuis le 1er janvier 2020.

autres ingénieurs issus de l'ENSIA ont occupé des fonctions semblables dans ce qui est le lieu privilégié de l'action de l'État dans ce domaine[73].

Quant aux activités d'enseignement et de recherche elles occupent une part à peu près constante des ingénieurs ENSIA, de l'ordre de 4 %. Parmi eux, certains enseignent à l'ENSIA même. C'est pourquoi il leur a été accordé une attention particulière. Trois d'entre eux ont déjà été présentés : Charles Mariller[74], Jean Méjane, Jean Claveau[75]. Les parcours de Jean-Jacques Bimbenet, Jean-Yves Leveau, Hubert Richard et Marcel Roche[76] seront présentés dans le prochain chapitre et dans un suivant celui de Marielle Bouix[77].

Toutefois, l'ENSIA n'est pas le seul établissement où enseignent des ingénieurs des industries agricoles et alimentaires, ainsi qu'en témoignent les parcours de Jacques Nicolas actuellement professeur au Conservatoire des arts et métiers et de Marc Le Maguer qui a exercé au Canada et dont les parcours sont donnés ci-dessous.

Jacques Nicolas

Né en Avignon en 1945, de parents commerçants, il effectue ses études secondaires et sa préparation au lycée Masséna de Nice et entre à l'ENSIA en 1965. C'est donc quelques années après l'installation de l'ENSIA à Massy que Jacques Nicolas y commence ses études. De son passage à l'école, il garde le souvenir d'un bon niveau d'études en mathématiques et en physique, d'une place encore importante occupée par les enseignements de filière et d'une forte participation de l'INRA à la conduite des recherches. C'est à Massy également qu'il effectue sa troisième année, bénéficiant d'un contrat avec l'INRA.

---

73 Ce sont Jean Surun, entré en 1947 décédé depuis ainsi que Jean-Paul Gayouer entré en 1964. Ce dernier a exercé son activité au ministère de l'Agriculture de 1976 à 1994 puis à l'Agence française de l'environnement et de la maîtrise de l'énergie (AFME). Ces informations nous ont été communiquées par Phi Phung Nguyen lors d'un entretien qu'il a bien voulu nous accorder le 22 mars 1995 ce dont nous le remercions très vivement.

74 Voir chap. « Le projet des distillateurs », p. 197.

75 Pour ces deux derniers parcours, voir chap. « Le projet d'école centrale des industries alimentaires », p. 287 et p. 318.

76 Pour ces quatre parcours, voir chap. « Le projet du génie industriel alimentaire », respectivement p. 410-413, 433, 431 et 413.

77 Voir chap. « Le projet d'Institut des sciences et techniques du vivant », p. 450.

Jacques Nicolas prolonge sa formation à l'ENSIA en passant un an au laboratoire de génie industriel alimentaire. Il est titularisé à l'INRA en 1971, après avoir obtenu un DEA d'enzymologie et est affecté à la station de biochimie et de physicochimie des céréales installée dans les locaux de l'ENSIA à Massy. Il soutient une thèse portant sur l'*Étude des effets d'enzymes d'oxydoréduction en panification*, ce qui lui permet d'obtenir le doctorat d'État ès sciences à l'Université de Paris-VII.

Dès 1972, Jacques Nicolas participe à l'enseignement à l'ENSIA et plus particulièrement aux travaux pratiques de chimie de 1re et de 2e années, fonction qu'il assume jusqu'en 1981. En 1974, l'INRA, ayant décidé de transférer à Nantes la station de technologie des céréales, son potentiel, sur le site de Massy, se restreint. C'est pourquoi Jacques Nicolas demande son affectation à la station de technologie des produits végétaux de Montfavet près d'Avignon et arrête du même coup sa participation à l'enseignement de l'ENSIA. On lui doit une soixantaine de publications dans des revues scientifiques à comité de lecture.

En 1993, une opportunité se présente au Conservatoire des Arts et métiers et Jacques Nicolas devient professeur titulaire de la chaire de biochimie industrielle agro-alimentaire. Il revient ainsi à l'institution qui a été à l'origine, en France, du savoir relatif aux industries agricoles et alimentaires[78]. Il a, depuis, été admis à l'Académie d'agriculture de France.

Marc Le Maguer

Né en 1940 à Lorient, d'un père cadre moyen de l'administration et d'une mère employée de banque, il prépare au lycée Henri IV à Paris et entre à l'ENSIA en 1962. Marc Le Maguer tente l'aventure américaine dès sa sortie de l'ENSIA en 1965 et va se perfectionner en génie chimique à l'Université de Berkeley où il obtient un master of science.

De retour à l'ENSIA il entre à la chaire de Génie industriel alimentaire où il assure un enseignement de mathématiques appliquées et d'informatique. En 1972 il obtient, sous la double direction scientifique de l'Université de Paris-VII et de l'École centrale de Paris, le titre de docteur-ingénieur avec deux thèses portant l'une sur la *Rétention des matières volatiles sur des substrats à humidité variable* et l'autre sur *L'ordinateur et*

78 Nous devons ces informations à Jacques Nicolas à la suite d'un entretien qu'il a bien voulu nous accorder le 2 août 1994 ce dont nous le remercions très vivement.

les industries alimentaires. À cette époque l'ENSIA n'était, en effet, pas encore habilitée à délivrer des titres de docteur.

Mais, en 1973, une opportunité d'enseignement au Canada se présente et Marc Le Maguer va s'y établir durablement. D'abord assistant de *Food science* à l'Université d'Edmonton (Alberta), il devient professeur en 1981 puis exerce à l'Université de Guelph dans l'Ontario[79]. En 1994, en venant passer une année sabbatique à Massy, Marc Le Maguer démontre que, vu du Canada, l'ENSIA existe. Il est le co-auteur avec John Shi et G. Mazza de : *Functionnal foods : biochemical and processing aspects*, 2 vol., Bâle, Technomic Publ., (vol. 1), New-York, CRC Press, (vol 2), 1998.

Il termine sa carrière, en France, en dirigeant son propre cabinet de conseil de gestion.

LA RUPTURE DE 1940 POUR LES INGÉNIEURS DES INDUSTRIES AGRICOLES ET ALIMENTAIRES[80]

L'installation provisoire de l'école à Paris en 1940 constitue, nous l'avons vu, une étape importante dans le développement de l'ENSIA[81]. C'est pourquoi il est nécessaire de comparer les sous-populations d'ingénieurs ENSIA entrés de part et d'autre de cette année.

LA COMPARAISON DES ORIGINES DES INGÉNIEURS DES INDUSTRIES AGRICOLES ET ALIMENTAIRES ENTRÉS RESPECTIVEMENT AVANT ET APRÈS 1940

L'ensemble de la population, objet de cette recherche, est constitué de deux sous-populations selon qu'ils sont entrés de part et d'autre de 1940 et jusqu'en 1965 inclus. Il se trouve qu'elles sont de tailles sensiblement égales et sont présentées par ailleurs[82]. Cette comparaison porte, d'abord sur leur origine géographique.

79 Nous devons ces informations à Marc Le Maguer à la suite d'un entretien qu'il a bien voulu nous accorder le 4 janvier 1995 ce dont nous le remercions très vivement.

80 Ce titre est emprunté à l'ouvrage de Dominique Leca, *La rupture de 1940*, Paris, Fayard, 1978.

81 Voir chap. « Le projet d'école centrale des industries alimentaires », p. 284.

82 Voir annexe XXVI : l'outil informatique.

Comparaison des origines géographiques

Les lieux de résidence des parents sont comparés en les répartissant selon les actuelles régions dans tableau 13. À ces régions sont joints, d'une part, les pays étrangers et d'autre part, les territoires d'Afrique et d'Asie ayant autrefois dépendu de la souveraineté française[83].

Désignation des zones d'études géographiques	Entrés avant 1940		Entrés de 1941 à 1965		Différence de fréquence
	Nombre	%	Nombre	%	
Île-de-France	215	21,04	257	29,44	+ 8.4
Hauts-de-France	402	39,33	60	6,88	– 32,45
Grand Est	77	7,53	80	9,17	+ 1,64
Bourgogne Fr. Comté	42	4,11	34	3,89	– 0,22
Auvergne-Rh.-Alpes	36	3,52	34	3,89	+ 0,37
P. A. C. A. Corse	18	1,76	7,56	7,56	+ 5,80
Occitanie	13	1,27	68	7,79	+ 6, 52
Nouvelle Aquitaine	72	7,05	74	8,48	+ 1,43
Centre Val-de-Loire	21	2,05	25	2,86	+ 0,81
Pays-de-la-Loire	28	2,74	22	2,52	– 0,22
Bretagne	24	2,35	24	2,75	+ 0,40
Normandie	35	3,42	37	4,24	+ 0,82
Métropole	983	96,18	781	89,47	– 6,71
DOM-TOM	12	1,18	1	0,11	– 1,07
Ex-pays dépendants	3	0,29	80	9,16	+8,87
Autres pays étrangers	24	2,36	11	1,26	– 1,10
Totaux	1022	100,00	873	100,00	0

TABLEAU 13 – Zones de résidence des parents des ingénieurs des industries agricoles et alimentaires entrés respectivement avant et après 1940.

Après 1940, l'évolution la plus marquée est la très forte diminution du nombre des ingénieurs ENSIA originaires de la région Hauts-de-France, qui passe de près de 40 % à moins de 7 %. Ceci est d'abord la

83 Ces pays sont qualifiés d'« ex-pays dépendants ».

conséquence du changement d'implantation. Parmi les autres zones, quatre voient la part de leur recrutement baisser, de manière très faible il est vrai. Il s'agit, tout d'abord, des Pays-de-la-Loire. Ceci tient à l'existence, avant 1940, d'une industrie de raffinerie de sucre de canne. C'est la même cause qui explique la baisse de l'arrivée des étudiants originaires des départements et territoires d'outre-mer (DOM-TOM). Quant à la baisse des étudiants étrangers, leurs causes ont été expliquées précédemment[84]. On relève qu'il s'agit, tout particulièrement dans le cas des Hauts-de-France, de zones présentant des implantations sucrières anciennes. La baisse relative du recrutement de la Bourgogne Franche-Comté s'explique moins[85].

Les zones, dont la part relative dans le recrutement des ingénieurs des industries agricoles et alimentaires augmente après 1940, peuvent se regrouper en deux sous-ensembles.

Dans le premier d'entre eux, on trouve des zones où cette augmentation peut être qualifiée de forte, c'est à dire s'échelonnant de près de 6 % à près de 9 %. C'est d'abord, le cas des pays ayant dépendu de la souveraineté française[86] puis de la région Île-de-France et enfin de deux régions du sud, Occitanie et Provence-Alpes-Côte d'azur Corse. Ces territoires occupent donc une place relative plus importante dans la population des ingénieurs ENSIA.

Dans un deuxième sous-ensemble, l'augmentation n'oscille qu'entre moins de 2 % et moins de 0,4 %. On y trouve les autres régions, c'est-à-dire le Grand Est, la Nouvelle Aquitaine, la Normandie, la Bretagne et Auvergne Rhône-Alpes. La faible augmentation relative de la Nouvelle Aquitaine peut surprendre et n'apparaît pas cohérente avec l'augmentation constatée dans les régions du sud. On peut l'expliquer par l'importance relative, avant 1940, du recrutement originaire du Limousin[87].

Par ailleurs, une représentation de la part des ingénieurs ENSIA originaires des zones est donnée par le rapport des effectifs d'ingénieurs

---

84 Voir chap. « Les ingénieurs des industries agricoles formés avant 1940 », p. 258 et ci-dessus, p. 341.

85 On peut raisonnablement faire l'hypothèse que la qualité des écoles pratiques d'agriculture de cette région avait entraîné un recrutement important avant 1940. Or ce mode recrutement a pratiquement cessé après cette dernière date.

86 Les raisons de cette augmentation ont été présentées ci-dessus, p. 341.

87 Le caractère particulier de cette région par rapport à l'ENSIA a déjà été expliqué. Voir chap. « Les ingénieurs des industries agricoles formés avant 1940 », p. 257 et annexe XII.

ENSIA avec population totale du recensement général de la population (RGP, le plus proche de l'année médiane, en l'occurrence, celui de l'année 1921 pour les ingénieurs entrés avant 1940 et celui de l'année 1954 pour les ingénieurs entrés après 1940. Ce rapport, a été déterminé pour deux zones : la région Île-de-France et l'ensemble du territoire métropolitain. Les rapports du nombre d'ingénieurs ENSIA entrés respectivement avant et après 1940 à la population exprimée pour un million d'habitants selon ces zones, sont respectivement pour l'Île-de-France de 37,8 en 1921 et de 35,12 en 1954 et pour la Métropole, de 25 et 18,26. Ces valeurs montrent que la région Île-de-France, présente le rapport à la population plus élevé que celui de la Métropole mais cependant inférieur à celui de la période précédant 1940.

Au terme de cette comparaison géographique on relève que, après 1940, d'une part, le recrutement de l'ENSIA exprimé en terme relatif par rapport à la population baisse malgré l'augmentation de la taille des promotions[88] et que, d'autre part, il devient, de manière flagrante, vraiment national.

Comparaison des milieux professionnels d'origine.

Cette présentation se limite, pour les raisons déjà exposées, à l'analyse de la profession du père et plus particulièrement à celle des catégories socioprofessionnelles qui expriment, davantage que l'activité, la place des ingénieurs ENSIA dans l'ensemble de la société. Le détail de la comparaison des catégories socioprofessionnelles des pères est donné dans le tableau 14.

On constate que parmi les ingénieurs ENSIA entrés avant 1940, ce sont les fils d'agriculteurs qui sont les plus représentés. Ensuite, ce sont les ingénieurs ENSIA dont les pères appartiennent aux catégories supérieures qui sont les plus nombreux, comparativement aux autres groupes de catégories socioprofessionnelles. Parmi eux, les fils de chefs d'entreprise sont les plus nombreux (15 %), suivis par les fils de cadres supérieurs d'activités publiques (9,4 %). Compte tenu de l'orientation de l'école, la part des fils de cadres supérieurs d'entreprise paraît faible (8,7 %). La part des professions intermédiaires dans les catégories socioprofessionnelles des pères est également importante. Parmi elles, les

88 L'effectif moyen par promotion est en effet passé de 24 avant 1940 à 35 après cette date.

artisans et commerçants sont les plus nombreux (11 %), les trois autres sous-groupes se situant vers 6 %, les techniciens dépassant les 7 %, suivis par les instituteurs et les cadres moyens de la fonction publique. Les ingénieurs ENSIA dont les pères appartiennent aux personnels d'exécution sont les moins nombreux. Les fils d'employés sont, parmi eux, les plus nombreux avec 8 % et les fils d'ouvriers représentent 4 % des ingénieurs ENSIA entrés avant 1940.

Parmi les ingénieurs ENSIA reçus avant 1940, ceux dont les pères appartiennent aux professions intermédiaires ainsi que ceux dont les pères sont agriculteurs constituent deux groupes de catégories socio-professionnelles dont la part est notable. La part de ceux dont les pères appartiennent aux personnels d'exécution n'est pas négligeable. L'ensemble de ceux issus de ce qui peut être considéré comme catégories défavorisées, c'est-à-dire l'ensemble des professions intermédiaires et des personnels d'exécution, représente 42 %, soit davantage que ceux issus des catégories supérieures.

Pour les ingénieurs ENSIA entrés après 1940, l'évolution la plus notable est l'augmentation de la part de ceux dont les pères appartiennent à l'ensemble des catégories supérieures qui devient majoritaire avec près de 52 %. Au sein de ces catégories, l'évolution est variable : la part des fils de chefs d'entreprise baisse d'une manière notable (– 6,3 %), alors que celle de ceux issus des autres catégories augmentent. Cette augmentation est la plus nette chez les fils de cadres supérieurs d'entreprise (+ 7,3 %), ainsi que chez les fils dont les pères sont des cadres supérieurs de la fonction publique (+ 7,8 %). La première de ces augmentations peut être qualifiée de « normale », l'ENSIA recrutant davantage dans les catégories socioprofessionnelles auxquelles elle prépare. Il s'agit d'une forme de « reproduction socioprofessionnelle[89] ».

Toutes ces catégories en augmentation exigent un niveau de formation élevé. Il s'agit davantage, compte tenu de l'élévation du niveau des études à l'ENSIA après 1940, d'une reproduction de type socio-culturel plutôt que de type socioprofessionnel. Ceci est confirmé par le fait que l'augmentation de la place des fils des cadres supérieurs de la fonction publique est légèrement supérieure à celle des fils des cadres supérieurs d'entreprise.

---

89 Voir à ce sujet chap. « Le paradoxe des ingénieurs des industries agricoles et alimentaires », p. 506.

Libellé	Entrés avant 1940		Entrés de 1941 à 1965		Différence
	Nombre	%	Nombre	%	
Agriculteurs	**163**	**15,95**	**118**	**13,52**	**- 2,43**
Catégories supérieures					
Chefs d'entreprise	153	14,97	76	8,71	– 6,26
Professions libérales	46	4,50	46	5,27	+ 0.77
Directeurs	44	4,31	53	6,07	+ 1.76
Cadres sup. d'entreprise	73	7,14	126	14,43	+ 7.29
Cadres supérieurs fonction publique	96	9,39	150	17,18	+ 7.79
Sous- total catégories supérieures	**412**	**40,31**	**451**	**51,66**	**+ 11.35**
Professions intermédiaires					
Artisans, commerçants	110	10,76	75	8,59	– 2,17
Techniciens	78	7,63	62	7,10	– 0,53
Instituteurs	63	6,17	45	5,15	– 1,02
Cadres moyens fonction publique	53	5,19	37	4,24	– 0,95
Sous-total professions intermédiaires	**304**	**29,75**	**219**	**25,08**	**- 4,67**
Personnels d'exécution					
Employés	83	8,12	57	6,53	– 1,59
Ouvriers	43	4,21	21	2,41	– 1,8
Sous-total personnels d'exécution	**126**	**12,33**	**78**	**8,94**	**- 3,39**
Inactifs divers	17	1,66	7	0,80	- 0,86
Totaux	**1022**	**100,00**	**873**	**100,00**	**0**

TABLEAU 14 – Catégories socioprofessionnelles des pères des ingénieurs des industries agricoles et alimentaires entrés respectivement avant et après 1940.

LA COMPARAISON DU RÔLE DES ANCIENS ÉLÈVES DANS LA VIE DE L'ÉCOLE

À plusieurs reprises, nous avons signalé l'intervention de l'Association des anciens élèves dans la vie de l'école[90]. Il est nécessaire maintenant d'établir les caractéristiques des membres dirigeants de ce que nous proposons d'appeler la communauté ENSIA, soit, pour l'Association : le président et les deux vice-présidents, le secrétaire général et le secrétaire général-adjoint ainsi que les présidents des groupes régionaux. Le trésorier n'ayant pas toujours été un ancien élève de l'ENIA, cette fonction n'a pas été retenue. Pour l'école, ont été retenus les ingénieurs des industries agricoles et alimentaires qui siègent soit dans le conseil de perfectionnement soit dans le conseil d'administration de l'école puis le conseil général qui succède à ce dernier[91].

Ce qui paraît être le plus caractéristique des dirigeants de l'Association des anciens élèves est leur activité respective. C'est l'objet du tableau 15 qui donne, par filière principale pour les industries agricoles et alimentaires et par domaine regroupé pour les autres activités, la moyenne, sur chacune des trois périodes considérées, des années de mandat cumulées de tous les dirigeants appartenant à cette filière, que nous appellerons « équivalent mandat plein ». Ceci est une mesure du lien de cette association avec les principales activités économiques. Bien que nous connaissions les responsables de l'Association depuis l'origine, la période avant 1914 n'a pas été retenue car leur activité est alors inconnue.

90 Voir chap. « Le projet des distillateurs », p. 177 ; chap. « le projet d'école centrale des industries alimentaires », p. 292.

91 Ces conseils fonctionnent respectivement : le conseil de perfectionnement : de l'origine à 1956 ; le conseil d'administration : de 1922 à 1970 ; le conseil général : depuis 1971.

Activité	Périodes		
	1919-1939	1941-1971	1972-1986
Sucrerie	1,33	2	2
Distillerie	2	2	1,5
Brasserie Malterie	0,67	0	0
Industrie du lait	0	0,67	1
Autres IAA	0,33	3	5,5
Sous-totaux IAA	4,33	7,67	10
Autres industries	2,67	3	2
Services marchands	0,67	3	8
Fonction publique	0,67	2	8
Totaux	8,34	15,67	28

TABLEAU 15 – Équivalents mandat plein des dirigeants de l'Association des anciens élèves de l'ENSIA par activité.

Quelques traits ressortent de ce tableau. Tout d'abord, parmi les filières fondatrices, la sucrerie et la distillerie restent représentées de manière sensiblement permanente. Par contre, la brasserie et la malterie, déjà peu représentées dans la première période, disparaissent ensuite complétement. L'industrie du lait, absente de la première période, voit sa représentation croître ensuite, bien que faiblement. Les autres industries agricoles et alimentaires voient leur place, d'abord très faible, augmenter régulièrement et fortement. La part relative de l'ensemble des industries agricoles et alimentaires, d'abord faiblement majoritaire, va en diminuant régulièrement devenant faiblement minoritaire dans la deuxième période et nettement minoritaire dans la troisième. Quant aux autres industries, elles ont une représentation stable : les services marchands et les activités publiques, d'abord peu représentés, voient leur représentation augmenter ensuite fortement d'une période à l'autre.

Durant la période 1941-1971, la présidence est assurée jusqu'en 1946 par Victor Werquin puis successivement, de 1946 à 1956 par Paul Devos, de 1956 à 1965 par Michel Prudhomme et de 1965 à 1971 par Alfred Isautier[92].

92 Sur A. Isautier, voir chap. « Les ingénieurs des industries agricoles et alimentaires formés avant 1940 », p. 272.

Paul Devos (1908-1981) : une carrière de conseil et un rôle charnière à la présidence de l'Amicale

Né à Asnières (Hauts de Seine), Devos entre à l'ENIA en 1923. Il commence sa carrière à la sucrerie de Bray-sur-Seine (Seine-et-Marne). Il est ensuite ingénieur chimiste dans la région parisienne, puis à Lille. En 1933, il s'installe à Suresnes (Hauts-de-Seine) comme ingénieur conseil, orientant d'abord son activité vers la distillerie et la cidrerie, puis élargissant l'activité de son cabinet d'études.

Au lendemain de la Libération, Paul Devos accède à la présidence de l'Association, jeune, puisqu'il n'a alors que 38 ans[93]. Cette présidence est marquée par un incontestable dynamisme de l'Association, lié au contexte très favorable dans lequel se trouve l'école[94]. Au niveau de l'Association, ce dynamisme est attesté par la fréquence de parution du bulletin laquelle s'établit à un peu plus de 4 par an ; trois annuaires paraissent sous sa présidence.

Michel Prud'homme : un chef d'entreprise à la présidence de l'Amicale

Né à Paris en 1919, fils d'un cadre supérieur dans un établissement financier, il entre après une préparation au Lycée Saint-Louis à Paris, à l'ENIA en 1938. Il est mobilisé en 1939 et voit donc ses études interrompues par la guerre[95].

Au début de sa carrière, il est d'abord chimiste en brasserie à Paris, en sucrerie à Villenoy (Seine-et-Marne), puis préparateur du professeur Nottin à l'Institut agronomique, et enfin chef de fabrication en distillerie. Il s'oriente ensuite vers une activité de conseil, d'abord dans la Société de recherche et d'application des industries alimentaires en 1948, puis ingénieur-conseil en cidrerie et jus de fruits en 1951[96].

C'est alors qu'il crée sa propre entreprise, spécialisée dans l'importation et la représentation de matériels d'origine européenne

93 Source : *Bull. ingénieurs ENSIA*, n° 30, juin 1981, p. 20.

94 Voir ci-dessus, chap. « Le projet d'école centrale des industries alimentaires », p. 292.

95 Voir le parcours d'Yves Labye qui appartient à la même promotion : chap. « Les ingénieurs des industries agricoles formés avant 1940 », p. 271.

96 Source : *Annuaire 1948* et *Annuaire 1951-1952.*

pour des industries agricoles et alimentaires. Cette société est implantée à Paris[97].

Michel Prud'homme est d'abord secrétaire général de l'Association des anciens élèves dès 1948. Sa présidence est marquée par plusieurs événements importants, en particulier par l'inauguration du pavillon de ce qui est devenue l'ENSIA à la Cité universitaire de Paris, juste avant qu'il ne prenne ses fonctions, et surtout par l'ouverture, en 1961, des nouveaux locaux de l'école à Massy. Mais il doit faire face à la tentative de remise en cause de l'implantation en région parisienne, qui inquiète légitimement la communauté ENSIA[98].

L'action de Prud'homme porte également sur la publication de deux annuaires, ceux de 1959 et de 1964, qui marquent une très nette amélioration de l'information fournie, en quantité et en qualité. Son action dans l'Association s'est également traduite par une très nette dynamisation du service de placement.

Au cours de cette période, ce sont les industries agricoles et alimentaires autres que les filières fondatrices qui se développent davantage. Ceci souligne l'élargissement de la présence des diverses industries agricoles et alimentaires parmi les instances décisionnelles de la communauté ENSIA. Les industries autres sont également fortement représentées. Les activités liées au matériel pour les industries alimentaires notamment occupent, dans cette période, la même part que la sucrerie ou la distillerie. L'importance prise par ce domaine d'activité est soulignée par la présidence de Michel Prud'homme.

Les services marchands occupent également une part importante dans les instances représentatives des ingénieurs ENSIA. Parmi eux, ce sont surtout les activités de conseil et de bureaux d'études qui représentent la même part que les activités liées au matériel pour les industries alimentaires. Cette place est symbolisée par la présidence de Paul Devos, premier ingénieur-conseil à assurer cette fonction.

Durant la période 1972-1986 la présidence est successivement assurée, de 1972 à 1979 par Guy Dardenne[99] qui est le premier président à instaurer une parution annuelle de l'annuaire, de 1980 à 1983 par Étienne Espiard[100] et de 1984 à 1990 par Alain Goigoux.

97 *Bull. ingénieurs ENSIA*, n° 74, janvier-avril 1966, p. 1.
98 Voir chap. « Le projet d'école centrale des industries alimentaires », p. 328.
99 Sur Guy Dardenne, voir ci-dessus, p. 360.
100 Sur Étienne Espiard, voir ci-dessus, p. 362.

Alain Goigoux : le lien entre la coopération agricole et l'Amicale

Il est né en 1931 à Clermont-Ferrand. C'est le fait que la famille d'Alain Goigoux résidait dans l'agglomération lilloise, et qu'une partie de l'ENIA étant encore implantée à Douai, qui l'attire vers cette école. Après une préparation au lycée de Lille, il y entre à l'école en 1953. Il se perfectionne ensuite à la Section d'études supérieures des industries du lait (SESIL)[101].

Très rapidement, Alain Goigoux entre au Centre français de la coopération agricole (CFCA), où il fait la presque totalité de sa carrière. Il devient directeur de l'École supérieure de la coopération agricole et des industries alimentaires (ESCAIA)[102].

Parmi les activités représentées dans les instances décisionnelles on constate que dans l'ensemble des industries agricoles et alimentaires ce sont les filières autres que les filières fondatrices qui prennent la place la plus importante, la sucrerie et la distillerie restant encore bien représentées. Ceci souligne la diversification des ingénieurs ENSIA parmi les industries pour lesquelles l'école les forme plus particulièrement.

Toutefois ce sont les services marchands et la fonction publique qui sont les deux activités les plus largement représentées après l'ensemble des industries agricoles et alimentaires. L'importance des services marchands est illustrée par les présidences successives de Guy Dardenne et d'Étienne Espiard qui couvrent les deux tiers de cette période.

L'augmentation très importante de la fonction publique, par rapport aux deux périodes précédentes, tient à la mise en place des nouvelles structures d'administration de l'école décidée en 1971. Celle-ci prévoie une large représentation des enseignants dans l'instance majeure, le Conseil général de l'école. Les enseignants représentent à eux seuls 7 équivalents mandat plein. C'est donc, de très loin, l'activité la plus largement présente dans les instances décisionnelles de la communauté ENSIA.

101 Voir annexe XXIV.

102 Ces informations nous ont été communiquées par Alain Goigoux lors d'un entretien qu'il nous a accordé le 14 janvier 1987, ce dont nous le remercions très vivement.

CONCLUSION

Pendant ces années de l'immédiat après-guerre les ingénieurs des industries agricoles et alimentaires ont vu s'ouvrir des carrières incontestablement très prometteuses, situation qui contraste avec les difficultés rencontrées, à de multiples reprises auparavant. Plus précisément, au terme de ce chapitre, il paraît nécessaire d'apporter d'abord une restriction, puis de formuler deux constats.

Il convient en effet de rappeler que l'analyse des carrières n'a été conduite que pour les ingénieurs des industries agricoles et alimentaires formés à l'école, de 1941 jusqu'en 1954 inclusivement. De ce fait, les situations au-delà de 1959 n'ont pu être analysées que sur un échantillon, ce qui introduit inévitablement un certain biais et ne permet pas de parvenir à des conclusions aussi nettes qu'en-deçà de 1959 inclusivement. L'évolution au-delà de cette date montre toutefois que des ingénieurs ENSIA se sont implantés dans des domaines d'activité porteurs d'avenir, tels que les cabinets d'étude et l'industrie pharmaceutique.

Le premier constat qu'il convient de formuler est la durée des effets du projet pédagogique fondateur sur les carrières des ingénieurs des industries agricoles et alimentaires. Nous avons vu que, dès le début du XXe siècle, les conditions qui avaient présidé à la naissance de l'ENSIA disparaissent. Pourtant, on constate que, en 1959 et même au-delà, les ingénieurs ENSIA restent fortement représentés dans la sucrerie et la distillerie. Cette dernière filière est d'ailleurs le point de départ de situations particulièrement brillantes, telles que celle de Jean Hémard ou de Jacques Célerier. La place, dans les instances décisionnelles de l'Association amicale et de l'école, des ingénieurs ENSIA exerçant dans la sucrerie reste non négligeable jusqu'en 1986. Une analyse approfondie des conditions de travail d'une catégorie professionnelle particulière, en l'occurrence les chimistes de sucrerie et de distillerie, accompagnée d'un large débat se déroulant sur plusieurs années, a conduit à l'établissement d'un projet pédagogique dont la validité s'est, d'une part, étendue sur plusieurs dizaines d'années et, d'autre part, avérée utile pour des catégories professionnelles beaucoup plus larges.

Le deuxième constat est que beaucoup d'ingénieurs des industries agricoles et alimentaires se sont orientés vers l'ENSIA par suite de circonstances où le hasard avait une large place. Le parcours de Bernard Corbel, qui a exercé des fonctions particulièrement importantes, illustre le poids des circonstances dans le choix de l'ENSIA[103]. Il reste que, si certains n'ont pas persévéré dans cette voie comme ce dernier, bien plus nombreux sont ceux qui, malgré le hasard qui les y a conduits, ont trouvé un intérêt professionnel dans ce secteur d'activité. Le poids du hasard et celui de la nécessité se vérifierait-il aussi dans les parcours des ingénieurs des industries agricoles et alimentaires ?

103 Voir ci-dessus, p. 366.

CONCLUSION DE LA DEUXIÈME PARTIE

Cette période de la guerre et de l'après-guerre est incontestablement la période faste de l'histoire de l'école. Paradoxalement, la Deuxième Guerre mondiale a eu des conséquences favorables pour l'école : elle a en effet souligné l'importance, à la fois de l'alimentation et de l'approvisionnement énergétique.

Il est à noter que c'est la profession qui est à l'origine de la reconnaissance de l'adéquation, au moins partielle, de l'école à répondre à un besoin dont la Deuxième Guerre mondiale avait souligné le caractère vital : se nourrir. Tout particulièrement lors des congrès internationaux des industries agricoles, a été affirmé la profonde unité des industries alimentaires qui ont toutes pour objet de transformer des produits d'origine biologique. L'école a été, de fait, le lieu essentiel où, en France, les premières concrétisations pédagogiques de cette unité ont été ébauchées. La loi du 13 janvier 1954 lui a, en conséquence, accordé la reconnaissance institutionnelle à étendre son enseignement à l'ensemble des industries alimentaires.

Des secteurs porteurs d'avenir tels que l'ingénierie pétrolière ou l'industrie des antibiotiques s'ouvrent aux ingénieurs des industries agricoles et alimentaire formés pendant cette période et permettent à certains d'accéder à des carrières exceptionnellement brillantes. Un enseignement nouveau, le génie industriel appliqué aux industries alimentaires émerge et va se révéler très fécond.

C'est ainsi que la communauté ENIAA a été encline à concevoir ce que nous avons appelé le projet d'école centrale des industries alimentaires. Ce projet ne se réalisera finalement pas. Mais incontestablement, surtout par comparaison avec les premières décennies du XXe siècle, l'école fait preuve d'un dynamisme affirmé.

Pourtant l'ENIAA et les ingénieurs qui en sont issus ressentent comme un inconfort, voire une injustice, les conditions plus que précaires de leur installation en région Île-de-France. Une implantation partielle en région parisienne est enfin obtenue mais ne s'est pas encore concrétisée. Par ailleurs, cette limitation de l'activité de l'établissement en Île-de-France est cependant ressentie par les ingénieurs ENIAA comme un coup d'arrêt imposé à l'expansion de l'école.

Malgré tous ces aspects favorables, l'ENIAA reste une école en quête d'un toit.

Compte tenu des conditions matérielles particulièrement difficiles dans lesquelles s'est déroulé l'enseignement à l'ENIA de 1940 à 1960, on peut qualifier cette période d'« Exode ». Mais alors que pour beaucoup de Français cet exode qui commence en mai 1940 sera bref et tragique, pour l'ENIAA il sera long et glorieux.

TROISIÈME PARTIE

L'INSTITUTIONNALISATION DE L'APPROCHE TRANSVERSALE DANS L'ENSEIGNEMENT

L'ENSIA (MASSY 1961-2014)

La théorie est le moyen le plus simple, le plus efficace et le moins coûteux d'aborder un problème pratique.
Marcel LONCIN, *Génie industriel alimentaire, aspects fondamentaux*[1].

À la fin des années 1950, la nécessité d'un savoir commun pour appréhender les différentes filières des industries agricoles et alimentaires s'est imposée. C'est le « génie industriel », lui-même issu du génie chimique, qui va dans un premier temps s'imposer comme le savoir fédérateur permettant d'aborder scientifiquement ces différentes industries. La mise en place de l'enseignement correspondant à l'installation définitive de l'école sur le site de Massy (Essonne) va donner à l'école un nouveau dynamisme. C'est cette ambition collective que l'on peut qualifier de « projet du génie industriel alimentaire » qui va animer l'école pendant les années 1960 et 1970. La reconnaissance officielle à l'égard et de l'action pédagogique de l'institution se concrétise par l'obtention, aux termes de la loi du 2 août 1960, du titre d'« École nationale supérieure des industries agricoles et alimentaires ».

Cependant il apparaît vers la fin des années 1970, d'une part, qu'il est indispensable pour donner plus de cohérence à l'enseignement de restructurer complétement celui-ci pour prendre acte de la prééminence de l'approche transversale, d'autre part de donner à cet enseignement, dont la qualité est largement reconnue, un cadre institutionnel plus large.

C'est pourquoi cette troisième partie comprend trois chapitres.

Le septième chapitre intitulé : « Le projet du génie industriel alimentaire » expose à la fois la genèse et la nature de ce cet enseignement ainsi que les conditions dans lesquelles il s'est implanté dans l'ENSIA.

Le huitième chapitre consacré au « projet d'Institut des sciences et techniques du vivant » présente comment, presque simultanément, vont se mettre en place, d'une part dans l'école une nouvelle organisation de

1 Masson, Paris, 1976.

l'enseignement et d'autre part, plusieurs nouvelles structures, permettant une meilleure coordination des enseignements dispensés dans plusieurs autres établissements. Ces structures ne font que répondre au besoin auquel les initiatives rassemblées sous le terme de projet d'école centrale des industries alimentaires avaient précédemment essayé de répondre.

Il apparaissait déjà depuis quelques années que ce secteur de l'économie, désormais désigné sous le terme d'« agro-alimentaire », pouvait représenter un atout économique majeur pour notre Pays. C'est pourquoi d'autres établissements qui, mis à part l'Institut national agronomique ainsi que l'École centrale des arts et manufactures de Paris, ne disposaient pas de la même antériorité que l'ENSIA, avaient cru utile de dispenser également des enseignements dans ce domaine.

La première de ces structures sera l'« Institut supérieur de l'agro-alimentaire » (ISAA). L'intérêt du rapprochement ainsi réalisé étant apparu insuffisant, plusieurs années après, il sera élaboré un projet beaucoup plus ambitieux, le projet d'« Institut des sciences et techniques du vivant » (ISTV) proprement dit. Ce dernier ne se réalisera pas sous sa forme initialement prévue mais conduira en 2007 à la création de l'« Institut des sciences et des industries du vivant et de l'environnement », dénommé AgroParisTech. Toutes ces étapes permettront de donner à l'enseignement de l'agro-alimentaire un cadre institutionnel plus large.

Précédemment, a été présentée la population des ingénieurs des industries agricoles et alimentaires formés respectivement avant 1940 puis de 1941 à 1968[2]. Plus généralement, les ingénieurs ENSIA participent, qu'ils l'investissent ou non, à l'acte alimentaire, activité qui, comme il a été exposé en tête de cet ouvrage[3], est chargée d'une forte dimension symbolique et qui donc ne peut être réduite à ses dimensions nutritionnelle et économique. C'est pourquoi il convient, maintenant et compte tenu de ce contexte, de prendre une vue d'ensemble des ingénieurs issus de cette école et d'examiner quelle est leur place dans le système industriel et plus généralement dans la société. C'est l'objet du neuvième chapitre intitulé : « Le paradoxe des ingénieurs des industries agricoles et alimentaires ».

---

2 Voir chap. « Les ingénieurs des industries agricoles formés avant 1940 » et chap. « Les ingénieurs des industries agricoles et alimentaires formés de 1941 à 1968 ».

3 Voir chap. : « La revanche de Cérès ».

LE PROJET DU GÉNIE INDUSTRIEL ALIMENTAIRE (MASSY 1961-1976)

La période qui couvre ainsi la majeure partie des deux décennies 1960 et 1970 voit la mise en place définitive de l'enseignement à l'ENIA du génie industriel alimentaire dont nous avons vu, précédemment, émerger la nécessité. Toutefois le contexte politique du début des années 1960 entraîne des conséquences institutionnelles qu'il convient de rappeler.

LA REFONDATION DU CADRE INSTITUTIONNEL DE L'AGRICULTURE

Les années 1960 sont marquées, plus précisément à leur début, par deux événements qui vont influencer profondément l'école : la promulgation de la loi du 2 août 1960 qui intéresse l'enseignement agricole et donc l'ENIAA ainsi que l'installation sur le site de Massy (Essonne), précédant de peu la création de la Délégation à l'aménagement du territoire et à l'action régionale (DATAR). La contradiction qui se manifestera entre l'implantation en région Île-de-France, d'une part, et la volonté décentralisatrice de ce dernier organisme, d'autre part, aura de profondes conséquences sur l'école.

LES LOIS D'ORIENTATION AGRICOLE DE 1960 CHARTES REFONDATRICES DE L'AGRICULTURE FRANÇAISE

Le cadre institutionnel réglementant l'agriculture va être complétement refondu, à l'été 1960, par un ensemble législatif dont la pièce maîtresse est la loi dite « d'orientation agricole » qui est promulguée le 5 août[1]. Parmi ces lois, celle du 2 août 1960 est tout particulièrement consacrée à l'enseignement agricole[2]. Avant de rechercher les conséquences de cette loi sur l'École des industries agricoles et alimentaires, il est nécessaire d'en présenter l'économie générale, à la fois dans ses causes, son élaboration et ses principales dispositions.

Élaboration de la loi du 2 août 1960 relative à l'enseignement et à la formation professionnelle agricole

Il est indispensable d'en rappeler d'abord le contexte politique. Cette loi intervient peu de temps après la fondation de la Ve République. Les nouveaux pouvoirs publics veulent adapter l'agriculture aux nouvelles conditions du marché mondial et estiment que l'exploitation agricole traditionnelle doit devenir une entreprise rentable[3]. Dans ce but, un intense débat parlementaire concernant l'agriculture se déroule en 1960, la loi qui nous intéresse n'étant donc qu'un volet de tout un ensemble législatif[4]. Il n'est pas non plus inutile de rappeler que, pour le nouveau régime qui se heurte à l'hostilité des notables traditionnels du monde agricole, l'enjeu est de se concilier la fraction moderniste des agriculteurs, animée par le Centre national des jeunes agriculteurs (CNJA), dont les idées vont inspirer cet ensemble législatif.

Les débats parlementaires sont ouverts, le 26 avril 1960, par un discours du Premier ministre, Michel Debré, qui aborde l'enseignement supérieur pour constater que :

> L'autorité des techniciens et des savants français, aussi bien en matière chimique qu'en matière agronomique ou d'économie agricole, n'est pas discutable. Mais

---

1 Gervais, Michel, Jollivet, Marcel, Tavernier, Yves, « La fin de la France paysanne de 1914 à nos jours », *in* Georges Duby et Armand Wallon, (dir.), *Histoire de la France rurale*, t. 4, p. 589-608.

2 *Journal officiel, Assemblée nationale, Débats*. 2e séance, 26 avril 1960, Dépôt de projets de loi : [...] n° 561, Enseignement et formation professionnelle agricoles ; [...] n° 565, Orientation Agricole, p. 472.

3 Berstein, Serge, *La France de l'expansion. 1. La République gaullienne*. 1958-1969. Nouvelle histoire de la France contemporaine, Paris, éd. du Seuil, 1989, p. 160.

4 *Journal officiel, Assemblée nationale, Débats*. 2e séance, 26 avril 1960, Dépôt de projets de loi : [...] n° 561, Enseignement et formation professionnelle agricoles ; [...] n° 565, Orientation Agricole, p. 472.

> il existe entre la capacité de ces savants ou de ces enseignants et la pratique des exploitants un immense hiatus[5].

Plus loin il évoque, plus précisément, les industries agricoles et alimentaires :

> Il vous est proposé [...] d'orienter l'aide de l'État pour les industries de transformation qui sont un élément essentiel de la commercialisation, donc de la valorisation des produits agricoles[6].

Mais, à aucun moment, les pouvoirs publics n'expriment un projet politique pour l'enseignement supérieur des industries de transformation. Ce projet de loi fait l'objet d'un débat approfondi et nécessite trois lectures. Il ressort de ces travaux préparatoires que l'enseignement supérieur des industries agricoles et alimentaires n'a préoccupé les parlementaires de l'époque que de manière très marginale. En effet il n'a été trouvé trace de cet enseignement qu'à 4 reprises. Tout d'abord, dans l'exposé des motifs du projet initial, 12 lignes lui sont consacrées[7] puis 11 lignes dans l'avis de la commission de la production et des échanges[8] ainsi que 7 lignes lors de l'exposé du rapporteur de cette même commission qui méritent d'être citées.

> Notre commission [...] croit devoir [...] marquer d'un attendu particulier, l'École nationale des industries agricoles et alimentaires de Douai recrutant au concours commun de l'Institut agronomique et de l'école nationale d'Horticulture qui réclame une préparation au-delà du baccalauréat, certaines matières étant communes à la préparation des écoles nationales supérieures d'agronomie[9]

De son côté, la commission des affaires culturelles du Sénat ne lui consacre que 5 lignes dans son rapport[10]. Soient au total 35 lignes. L'ENIAA n'a ainsi représenté que 30 lignes dans les 52 pages des comptes-rendus des débats de l'Assemblée nationale consacrés à l'examen de cette loi !

---

5 *Journal officiel, Assemblée nationale*, 2e séance du 26 avril 1960, p. 468.
6 *Journal officiel, Assemblée nationale*, 2e séance du 26 avril 1960, p. 469.
7 *Journal officiel, Documents de l'Assemblée nationale*, Annexe n° 561, 1 ligne, p. 37 ; 11 lignes p. 38, consacrées explicitement à l'ENIAA.
8 *Journal officiel, Documents de l'Assemblée nationale*, Annexe n° 598, p. 125.
9 *Journal officiel, Assemblée nationale*, séance du 29 avril 1960, p. 558-559.
10 Rapport n° 216, p. 47.

Cette quasi-absence est d'autant plus étonnante que la rapporteure de la commission des affaires culturelles de l'Assemblée nationale, Marie-Madeleine Dienesch, avait été, moins de sept ans plus tôt, rapporteure de la loi de 1954 au nom de la commission de l'éducation nationale[11]. On peut interpréter ce silence comme l'approbation implicite de la loi de 1954 qui n'est en fait pas remise en cause par la loi de 1960. On peut cependant s'étonner que ceci n'ait pas été explicité, d'autant plus que la même rapporteure évoque à propos de la législation antérieure, une « histoire désordonnée[12] ».

En fait, cette loi est surtout consacrée à la mise en place des collèges et des lycées agricoles afin de permettre de « désenclaver » culturellement les jeunes originaires du milieu agricole en leur permettant d'acquérir une solide formation secondaire. Il est d'ailleurs à relever que bon nombre des lycées agricoles ainsi créés ont repris les sites d'anciennes écoles pratiques d'agriculture dont nous avons vu qu'elles constituaient une voie d'accès importante à l'ENIA avant 1940[13]. La loi est promulguée le 2 août[14] soit quelques jours avant la loi d'orientation agricole proprement dite qui est, elle, promulguée le 5 août. Il convient de préciser que ce cadre législatif sera complété, de manière importante, par la loi complémentaire du 8 août 1962[15] prise à l'initiative d'Edgar Pisani, devenu ministre de l'Agriculture en août 1961.

Le décret du 20 juin 1961

Le texte de la loi est très laconique sur l'enseignement supérieur, car aucun des 10 articles ne lui est spécifiquement consacré

11 Voir chap. « Le projet d'école centrale des industries alimentaires », p. 317, note 120.

12 *Journal officiel, Documents de l'Assemblée nationale*, Annexe n° 602 déjà citée, p. 132. Cette appréciation, reprise sous une forme similaire par le rapporteur de la commission de la production et des échanges, dans son avis faisant l'objet de l'Annexe n° 598 déjà citée : « ... *un ensemble peu cohérent* », p. 120, est contredit par les travaux récents de Thérèse Charmasson. Voir séminaire sur : « Les institutions d'enseignement technique supérieur du XIXe au XXIe siècle », animé par André Grelon, École des hautes études en sciences sociales, intervention sur l'histoire de l'enseignement agricole du 19 mai 1995.

13 Voir chap. « Les ingénieurs des industries agricoles formés avant 1940 », p. 229.

14 *Journal officiel*, 4 août 1960, Loi n° 60-791 du 2 août 1960 relative à l'enseignement et à la formation professionnelle agricoles, p. 7216-7217.

15 L'appellation exacte de cette deuxième loi est : « Loi complémentaire à la loi d'orientation agricole ». Cette loi donnera, en particulier le droit de préemption aux Sociétés d'aménagement rural et d'établissement foncier (SAFER) prévues par la loi de 1960 ce qui permettra à ces sociétés d'être un outil très efficace de politique foncière.

et aucun des établissements qui en font partie n'est cité. C'est le décret d'application du 20 juin 1961[16] qui explicite les conséquences de cette loi pour l'enseignement supérieur et plus particulièrement pour l'ENSIA. C'est à ce double niveau qu'il convient d'analyser les dispositions de ce décret.

La principale mesure intéressant l'ensemble de l'enseignement supérieur agronomique concerne les écoles nationales d'agriculture qui deviennent Écoles nationales supérieures agronomiques (ENSA), ce qui se traduit par l'attribution du titre d'ingénieur agronome[17] aux diplômés de ces écoles ainsi qu'aux écoles similaires de Nancy et de Toulouse relevant du ministère de l'Éducation nationale. Une autre disposition est également à noter : il s'agit de l'établissement d'une collaboration avec l'Université, pour l'organisation de troisièmes cycles dans les disciplines agronomiques[18].

C'est l'article 16 qui est consacré à l'École nationale supérieure des industries agricoles et alimentaires. Mais le passage du rapport au président de la République, consacré à « la formation des ingénieurs pour les industries agricoles et alimentaires », quoique bref, est, à la fois, plus large et plus explicite :

> La formation des ingénieurs pour les industries agricoles et alimentaires est assurée par l'école nationale supérieure des industries agricoles et alimentaires, qui dépend du ministre de l'agriculture et qui a une vocation générale pour la formation des cadres de ces industries, et par des écoles spécialisées qui dépendent du ministre de l'agriculture ou du ministre de l'éducation nationale.
>
> L'école nationale des industries agricoles et alimentaires recrute déjà sur un concours commun avec l'institut national agronomique avec des coefficients particuliers ; les élèves titulaires du diplôme d'agronomie générale pourront effectuer leur année de spécialisation dans cette école, avis pris des conseils de perfectionnement des écoles intéressées. D'une façon générale, également, l'E.N.S.I.A.A. peut concourir, dans son domaine propre, à la formation ou à la spécialisation d'ingénieurs, de chercheurs, de professeurs, etc.[19]

Ce texte complété par l'article 16 officialise donc, par souci d'homogénéité avec les écoles nationales supérieures agronomiques (ENSA), nouveau

16 *Journal officiel*, 21 juin 1961, Décret n° 61-632 du 20 juin 1961 portant application de la loi du 2 août 1960 sur l'enseignement et la formation professionnelle agricoles, p. 5569-5575.

17 *Journal officiel*, Décret 61-632 déjà cité, p. 5570-5571, articles 18 à 20, p. 5574.

18 *Journal officiel*, Décret 61-632 déjà cité, p. 5571, article 22, p. 55 74.

19 *Journal officiel*, Décret 61-632, déjà cité, p. 5570.

nom générique donné aux établissements d'enseignement supérieur agronomique, la nouvelle appellation d'École nationale supérieure des industries agricoles et alimentaires (ENSIA).

L'article 16 explicite plusieurs points. Tout d'abord la double localisation de « Douai-Massy » est officialisée. On relèvera cependant que dans le décret, Douai précède Massy. Ceci confirme la décision de 1959 des pouvoirs publics d'autoriser, mais à notre avis avec une certaine réticence, l'implantation en région parisienne de l'ENSIA. Ensuite est prévue la possibilité à l'école d'offrir :

> [...] en troisième année des enseignements à option se rapportant aux diverses branches des industries agricoles et alimentaires, donnés soit à l'école même, soit dans des établissements agréés par le ministre de l'agriculture.

Enfin est reconnue l'aptitude pour « certains diplômés d'enseignement supérieur » d'entrer directement en deuxième année de l'école. C'est cette dernière disposition qui, après l'adjonction déjà citée du terme « supérieure » dans le titre de l'école, nous paraît être la véritable innovation de ce texte en ce qui concerne l'ENSIA. Ultérieurement, le niveau requis, pour cette entrée directe, sera celui de la maîtrise[20].

Bien que ne concernant pas directement l'ENSIA, il paraît utile d'exposer que d'autres établissements destinés à former « des ingénieurs spécialisés dans diverses branches des industries agricoles et alimentaires » font l'objet de l'article 17. Sont ainsi explicitement citées : l'école de laiterie de l'université de Nancy, l'école de brasserie et de malterie de Nancy ainsi que l'école française de meunerie de Paris.

Plus généralement, la principale conséquence de la loi de 1960 pour l'École nationale supérieure des industries agricoles et alimentaires est la reconnaissance de sa « vocation générale pour la formation des cadres » des industries agricoles et alimentaires, ce qui confirme la loi de 1954.

DE LA DÉCOLONISATION À L'AMÉNAGEMENT DU TERRITOIRE

Si les nouveaux pouvoirs publics, dans leur volonté de rupture avec la IVe République n'ont, en fait que très peu influencé l'ENSIA dans leur

---

20 Cette question est reprise plus loin p. 423 et chap. « Le paradoxe des ingénieurs des industries agricoles et alimentaires », p. 508-511.

action de refondation de l'enseignement professionnel agricole, il va en être tout autrement en matière d'aménagement du territoire. Leur action dans le domaine de l'enseignement supérieur des industries agricoles et alimentaires va donc essentiellement résulter de leur préoccupation dans ce dernier domaine. Pour mieux situer cette action il est indispensable de rappeler le contexte politique et économique et plus généralement quelles sont les mutations de la société française à cette époque. Nous en montrerons également les conséquences pour l'école, en particulier pour son implantation.

C'est la décolonisation qui nous paraît surtout avoir influencé indirectement l'ENSIA[21]. Plus précisément, l'année 1962, date de la fin de la guerre d'Algérie, nous paraît être, pour l'enseignement des industries agricoles et alimentaires, chargée plus particulièrement de deux conséquences directes.

Tout d'abord, des formations et des professions, qui étaient en totalité comme c'était le cas de l'École de la France d'outre-mer ou en partie orientées vers les ex-colonies, doivent se reconvertir[22].

Mais la principale conséquence directe pour l'ENSIA est que l'aménagement du territoire va prendre une nouvelle ampleur.

Le rôle de la Délégation à l'aménagement du territoire et à l'action régionale (DATAR)

Pour les pouvoirs publics il s'agit, en quelque sorte de « recoloniser » le territoire national. La DATAR, crée en 1963 est l'outil de cette politique. Il faut rappeler cependant que la volonté d'enrayer la concentration de l'activité en région parisienne est à l'origine de la politique d'aménagement du territoire et est antérieure à la création de la DATAR[23]. Mais s'agissant d'agriculture ou d'activités qui lui sont connexes, cette politique est nécessairement influencée, au début

---

21 Voir, pour l'importance de cette rupture et en particulier de l'indépendance de l'Algérie : Berstein, Serge, *La France de l'expansion*, ouvr. cité, p. 224-231 ; Ageron, Charles-Robert, *La décolonisation française*, Paris 1991. p. 160-162.

22 C'est ainsi qu'un ancien administrateur d'outre-mer devient directeur général de l'enseignement au ministère de l'Agriculture.

23 Voir Berstein, Serge, *La France de l'expansion*, ouvr. cité, p. 168. Il est évident, cependant, que les préoccupations d'aménagement du territoire sont apparues avant 1963, ainsi qu'en témoigne la position du Comité d'aménagement de la région parisienne dès 1956.

des années 1960 par la décolonisation, qui entraîne la nécessité de faciliter la réintégration, sur le territoire métropolitain, des Français d'outre-mer et en particulier de ceux qui y exerçaient autrefois une activité agricole. L'ambition de la DATAR consiste manifestement à faire avec l'ENSIA une expérience de « polycentrisme ». Par ailleurs, l'école doit être implantée à Massy à côté d'organismes internationaux. Il y a donc lieu de ne maintenir dans la région parisienne que ce qui a une fonction internationale. Dans cette ambition de la DATAR, les deux conséquences de la décolonisation exposées ci-dessus se lient : une limitation de la présence de l'ENSIA en région parisienne, ressentie par la communauté ENSIA comme une limitation de son statut, peut ouvrir des possibilités dans le domaine des industries alimentaires à d'autres formations. Ce projet présente toutefois une contradiction. En effet, la présence à Massy d'organismes internationaux implique, pour provoquer des synergies, le voisinage de la troisième année de scolarité, plutôt que celui de la première année.

Pour l'ENSIA, c'est principalement l'installation à Massy qui caractérise cette période.

L'installation à Massy

Le début des années 1960 marque une étape très importante dans l'histoire de l'ENSIA. C'est, en effet, sur le campus de Massy que l'ENSIA effectue la rentrée 1961. À partir de cette date, c'est donc sur ce site que va se situer le centre de l'activité de l'école. Ce campus comprend un terrain d'une superficie de 2,2 hectares sur un ensemble domanial de 6 hectares. Les bâtiments occupent une surface construite de 6 000 m^2. En application de l'arrêté du 3 février 1959, ces bâtiments ne sont construits que pour une seule année scolaire mais dans l'attente d'une solution définitive, pour la recherche de laquelle un délai de 10 ans a été donné au ministère de l'Agriculture. Pourtant la scolarité des deux premières années s'y déroule encore à l'heure actuelle[24]. Ceci entraîne évidemment des contraintes dont la plus paradoxale est que jusqu'en 1999 il n'y a pas eu de cantine dans une école consacrée aux industries alimentaires.

24 Ce campus devrait être abandonné en septembre 2022 date à laquelle l'ensemble AgroParisTech doit d'installer sur le plateau de Saclay. Voir chap. « Le projet d'Institut des sciences et techniques du vivant » p. 498.

Plusieurs obstacles vont se présenter au développement du projet. C'est tout d'abord la défection de la Commission internationale des industries agricoles et alimentaires, qui avait entretenu jusque-là des liens étroits avec l'école, à la suite du décès de son secrétaire général, Henri-François Dupont, fils du fondateur de l'Association des chimistes. C'est également la dispersion de l'action des pouvoirs publics dans les années 1960 à l'égard des industries agricoles et alimentaires, caractérisée par le fait que ces industries relèvent de plusieurs ministères. Pour y remédier, un comité interministériel est créé et un service des industries agricoles est mis en place en 1961 au ministère de l'Agriculture[25].

Toutefois, vont s'implanter à Massy, successivement, 8 organismes concernant les industries agricoles et alimentaires. Outre le laboratoire des fraudes, pour lequel un bâtiment distinct est construit, ce sont également : le Centre de perfectionnement des cadres des industries agricoles et alimentaires (CPCIA) qui, ensuite quitte Massy pour Paris ; l'Institut international des fruits et produits dérivés (IFAC) ; plusieurs laboratoires de l'INRA parmi lesquels celui d'économie alimentaire dans les années 1960 et celui de génie des procédés alimentaires dans les années 1980 ; le Centre technique de l'union intersyndicale de la biscuiterie, de la biscotterie et industries céréalières ; le laboratoire de neurobiologie sensorielle de l'École pratique des hautes études ; le centre réacteur et processus de l'École nationales supérieure des mines de Paris et enfin le Centre de documentation des industries utilisatrices de produits agricoles (CDIUPA).

On relève qu'à part l'IFAC, aucun de ces organismes n'est international. Cet ensemble suscite néanmoins un intérêt à l'étranger puisqu'il reçoit, pendant les deux années 1963 et 1964, la visite de 9 délégations dont une venant de Chine.

L'aménagement du centre de Douai

Pendant ce temps, l'ENSIA ne se désintéresse pas du centre de Douai lequel a retrouvé une certaine vitalité en 1956[26] et fait l'objet

25 *Journal officiel*, 30 août 1961, Décret n° 61-964 du 24 août 1961 relatif à l'organisation des services du ministère de l'agriculture ; Décret n° 61-965 du 24 août 1961 instituant un comité interministériel des industries agricoles et alimentaires, p. 8125.

26 Voir chap. « Le projet d'école centrale des industries alimentaires », p. 327.

d'aménagements complémentaires. Tout d'abord, le centre de recherches est agrandi en 1961 : édifié à l'emplacement d'un des immeubles rachetés en 1934, il n'avait fait, jusque-là, l'objet que d'aménagements intérieurs[27]. Ceci permet une augmentation de la surface de laboratoires équipés de façon moderne. Ensuite, l'usine expérimentale est démolie en 1968 et 1969 : cette usine, qui avait été l'une des originalités de l'école à sa création, n'était pratiquement plus utilisée depuis 1945, mis à part des essais de mise au point d'un procédé nouveau de sucrerie par une société belge en 1953-1954. La brasserie fonctionne jusqu'en 1959. L'emplacement de l'usine est alors transformé en parking. On peut regretter que le matériel n'ait pas été conservé, seul le pilote de brasserie ayant été transféré au musée industriel de Lille. Enfin, une résidence universitaire est projetée : un immeuble est acheté en 1957, dans Douai, mais les incertitudes sur l'évolution ultérieure de l'école vont contraindre à l'abandon de ce projet.

Il ne faut pas cependant se dissimuler qu'il existe une opposition potentielle entre Massy et Douai. La conception même des deux centres entraîne une prédominance des chaires scientifiques à Massy tandis que les chaires professionnelles prédominent à Douai[28] Cette différence va entraîner certaines difficultés de dialogue et une certaine tension. Si cette dernière nous paraît normale dans une grande école technique, l'éloignement géographique tend à l'exacerber.

27 Voir chap. « Le projet des distillateurs », p. 205

28 Ceci apparaît nettement au conseil de direction du 29 mars 1968. Archives ENSIA.

LA MISE EN PLACE DE L'ENSEIGNEMENT DU GÉNIE INDUSTRIEL ALIMENTAIRE

Avant d'exposer comment se développe cet enseignement à l'ENSIA, il paraît indispensable de rappeler comment cette discipline est née.

LES ORIGINES DU GÉNIE INDUSTRIEL ALIMENTAIRE

Ces origines sont essentiellement nord-américaines. Cependant certains Français y ont joué un rôle, toutefois nettement moindre.

Les origines nord-américaines du génie industriel alimentaire

Ces origines sont elles-mêmes doubles : d'une part, une approche scientifique des industries alimentaires, d'autre part le génie chimique. Il est, évidemment, hors de propos de rappeler ici les origines de cette dernière discipline ce qui a déjà été parfaitement exposé par ailleurs[29]. Rappelons toutefois à ce sujet que l'INRA, le CNRS et le ministère de la Recherche et de la Technologie (MRT) ont conjointement organisé en 1989, un séminaire ayant pour thème : « Histoire des techniques et compréhension de l'innovation[30] ». Dns ce séminaire, la journée du 14 décembre 1989 a été consacrée à l'histoire du génie chimique avec un exposé de H. Gardy consacré à l'enseignement du génie chimique en France.

Les origines de l'approche scientifique des industries alimentaires, se situent au *Massachusetts Institute of Technology* (MIT), et plus particulièrement au sein du département de biologie où Samuel C. Prescott commence, en 1904, une série de cours consacrés aux produits alimentaires

29 Voir : Breysse, Jacques, « Du "*chemical engineering*" au "génie des procédés" (1889-1990). Émergence en France d'une science pour l'ingénieur en chimie », *in* Gérard Emptoz et Virginie Fonteneau, (dir.), L'enseignement de la chimie industrielle et du génie chimique, *Cahiers d'histoire du Cnam*, vol. 2, 2e semestre 2014, p. 21-57 ; *Du génie chimique au génie des procédés : émergence en France d'une science pour l'ingénieur (1947-1991)*, Mémoire de DEA, CNAM-CDHTE, 2004. Voir également : Grosseti, Michel, Detrez, Claude, « Science d'ingénieurs et Sciences Pour l'Ingénieur : l'exemple du génie chimique », *Sciences de la Société*, Presses universitaires du Midi, 1999, p. 63-85.

30 INRA, *Actes et communications*, nº 6, septembre 1991.

sous le terme d'*Industrial biology* et, dès 1905, ouvre un laboratoire commercial consacré aux questions d'alimentation[31].

La Première Guerre mondiale met en évidence l'importance de l'approvisionnement des armées ainsi que celui des populations. Les divers organismes responsables de cette question, et parmi eux la *Food Administration* manifestent en cette circonstance leur intérêt pour cette discipline et contribuent financièrement aux recherches du MIT. Or la *Food Administration* est dirigée, à partir de 1917, par Herbert Hoover. Ce dernier est d'abord chargé, en 1914, du transport des vivres vers la Belgique. Sous son impulsion, la *Food administration* mobilise l'agriculture américaine pour permettre les exportations vers les pays alliés. En 1919 et 1920, elle est chargée du ravitaillement des populations d'Europe centrale et orientale. Hoover devient président des États-Unis de 1928 à 1932[32].

Après la Première Guerre mondiale, le MIT adopte l'expression de *Food technology* pour désigner ce corps de savoir. Par ailleurs, le ministère américain de l'Agriculture et plusieurs Universités (Californie, Illinois, Wisconsin, Iowa) s'intéressent à cette discipline. C'est à l'initiative des enseignants du MIT, qu'un congrès international a lieu à Cambridge (Massachusetts), du 30 juin au 2 juillet 1937. Plusieurs européens participent à ce congrès, en particulier, Rudolph Plank, de Karlsrhue (Allemagne), Maurice Piettre (France)[33], frigoriste, Thomas Moran, (Angleterre), frigoriste, Roy, (Angleterre), spécialiste des pêches. La Belgique et la Norvège étaient également représentées. Une seconde *Food conference* a lieu en juin 1939, à l'issu de laquelle est créé *l'Institute of Food Technologists* dont le siège est à Chicago. Cet organisme publie à partir de janvier 1947 la revue *Food technology*.

On relève qu'aucune mention n'est faite de ces rencontres dans le *Bulletin des chimistes*, dont il a été vu qu'il suivait, pourtant de près, tout ce qui concernait les industries agricoles. On peut, pour expliquer ce fait, avancer deux hypothèses qui ne s'excluent pas. Cela peut être dû, soit au fait que l'Association des chimistes ne suit pas de près ce qui se

31 Prescott, Samuel C., « *Beginnnings of the history of the Institute of Food Technologists* », *Food technology*, t. 4, août 1950. p. 305-307.

32 *Encyclopædia Universalis*, Thésaurus, Paris, 1985, p. 1407.

33 Il est l'auteur d'une *Introduction aux diverses techniques de conservation des denrées périssables*, 1935, Paris. Compte rendu d'ouvrage paru dans *Bull. chimistes*, 1935, p. 886.

passe aux États-Unis, soit au fait qu'elle ne s'intéresse pas encore aux questions alimentaires proprement dites.

Il se crée ainsi deux centres de réflexions parallèles. D'une part, une école franco-belge, animée par la Commission internationale des industries agricoles, organisatrice des congrès précédemment exposés, privilégie historiquement l'amont puisqu'elle a sa source dans la sucrerie de betterave, industrie de première transformation. D'autre part, une école américaine, animée plus particulièrement par le *Massachusetts Institute of Technology* (MIT) et dont la naissance est de presque 20 ans postérieure à celle de l'Association des chimistes, privilégie historiquement l'aval. Cependant, le mode de reconnaissance adopté par cette dernière école n'est autre que la médaille Appert[34]. Il n'est donc pas étonnant que, parmi les organisations professionnelles qui se soient montrées attentives à ce qui se passait aux États-Unis, figure le Centre technique de la conservation des produits agricoles (CTCPA), lui-même émanation de la profession de la conserve[35]. Il y a cependant dans cette dualité d'approche un risque de rivalité stérile. Nous verrons plus loin comment elle a été résorbée.

On se doit de relever que ces deux disciplines se sont révélées être essentielles dans l'évolution pédagogique de l'ENSIA, que ce soit le génie chimique aussi bien que l'approche scientifique de l'industrie alimentaire ont été favorisées, l'une et l'autre, par deux facteurs tout à fait différents : le rôle intellectuel du *Massachusetts institute of technology* aux États-Unis ainsi que les deux guerres mondiales. En effet, d'une part, c'est au MIT, qu'a débuté la réflexion sur ces deux disciplines, l'industrie alimentaire y précédant le génie chimique. D'autre part, en Europe, ce sont d'abord les professionnels de l'alimentation qui prennent conscience, à cette occasion, de l'importance de leur activité et se préoccupent, dès la Libération, de la formation du personnel et des cadres en particulier. Plus généralement, et ce aussi bien en Europe qu'aux États-Unis, il est flagrant que les deux guerres mondiales ont joué un rôle essentiel

34 Nicolas Appert (1752-1841) est l'inventeur du procédé de conservation de denrées périssables par stérilisation à la chaleur encore utilisé de nos jours sous le nom d'appertisation. Voir chap. « Le projet des distillateurs », p 190.

35 C'est, en effet, à ce centre que nous avons pu consulter la revue *Food technology* depuis son origine. Cela ne veut pas dire que, dès 1947, le centre, ou plutôt l'Institut Appert, qui gérait alors ce fond documentaire, se soit abonné à cette revue. Mais il l'a fait suffisamment tôt pour disposer de la collection depuis l'origine.

dans la naissance de ces deux disciplines. En particulier, on relève que la démarche de Robert Bousser, qui a pu constater l'importance des problèmes de l'alimentation pendant la Deuxième Guerre mondiale, reproduit celle du MIT dont les recherches ont été stimulées par la Première Guerre mondiale. Enfin, la Deuxième Guerre mondiale est également la raison pour laquelle un jeune ingénieur chimiste belge, Marcel Loncin, va s'orienter vers l'industrie alimentaire et y jouer un rôle fondamental. Mais auparavant, il est indispensable de rappeler que la démarche qui sous-tend le génie industriel alimentaire, c'est à dire la démarche qui consiste à étudier scientifiquement la transformation de produits agricoles en produits alimentaires à partir des matériels utilisés a eu, en France, des prédécesseurs en dehors de l'ENIAA.

Les origines françaises du génie industriel alimentaire

Précédemment, a été exposé le rôle d'Aimé Girard, à la fois dans son enseignement au Conservatoire des arts et métiers[36] ainsi que dans son intervention dans la conception de l'ENIA[37]. C'est sur son intervention à l'Exposition universelle de Paris de 1889 que nous souhaitons attirer l'attention. En effet, chargé du rapport sur les *Matériels et procédés des usines agricoles et des industries alimentaires*, Girard s'exprime ainsi :

> Les industries nombreuses que cette classe [...] réunit, et qu'aucun lien ne semble, au premier abord, rattacher les unes aux autres, ont cependant entre elles des relations étroites.
>
> C'est au même producteur, en effet, qu'elles demandent toutes leurs matières premières, c'est au même consommateur qu'elles offrent leurs produits fabriqués.
>
> Acquérir sur le marché des récoltes que le cultivateur y présente, transformer ces récoltes par un ensemble de procédés mécaniques et chimiques, et amener ainsi à la forme marchande les substances utiles à l'alimentation humaine qu'elles contiennent ou qu'elles peuvent engendrer, telles sont les opérations que les unes et les autres accomplissent[38].

Nous relevons que le titre de cette catégorie de matériel rassemble, dans le désordre il est vrai, les mots « industries », « agricoles » et « alimentaires ». Or, cette appellation ne sera officialisée dans le titre de l'école,

36 Voir Introduction, p. 40.

37 Voir chap. « Le projet des sucriers » p. 116.

38 Exposition universelle de 1889, « Coup d'œil d'ensemble sur les industries réunies dans la classe 50 » *Rapports du jury international*. (A. Girard président). Chapitre 1er.

qu'en 1954. Les autres chapitres du rapport concernent les industries suivantes : meunerie, sucrerie, brasserie, eaux gazeuses, boulangerie, distillerie, machines à froid, chocolaterie et confiserie, c'est à dire une grande partie des filières qui seront prises en compte ultérieurement dans l'enseignement de l'ENSIA.

Il paraît également indispensable de souligner ici la pertinence d'un ouvrage de Léon Lindet[39] (1857-1929), par ailleurs professeur à l'Institut agronomique. Il est le neveu de Girard et cette origine familiale conditionne sa carrière. En effet, après une licence de physique, il entre, en 1881, comme préparateur à la chaire de technologie de l'Institut agronomique et devient docteur ès science en 1886.

Ses travaux sont orientés exclusivement vers la chimie des produits alimentaires et on a pu dire de lui : « M. L. Lindet a un mérite qui paraît devoir lui être compté. Il connaît toutes les industries agricoles ou portant sur des matières agricoles[40] » Ceci est d'ailleurs attesté par ses ouvrages[41]. Une mention particulière doit être faite pour l'ouvrage suivant : *Évolution des industries qui transforment les produits agricoles*, Paris 1920. Lindet y manifeste son souci de placer les techniques qu'il enseigne dans une perspective historique, ce qui est tout à fait exceptionnel à l'époque.

Léon Lindet devient membre de l'Académie d'agriculture en 1896, puis de l'Académie des sciences en 1920. On relève, à cette occasion, que les deux premiers professeurs chargés de l'enseignement des industries agricoles à l'Institut agronomique ont été admis à l'Académie des sciences. Il a été président de l'Association des chimistes de 1895 à 1897 puis de 1919 à 1921[42].

Léon Lindet, est l'auteur de : *L'outillage de l'industrie chimique agricole et alimentaire*[43] paru en 1922. Cet ouvrage rassemble des conférences dites de « généralités industrielles », instituées à l'École de physique et

39 Déjà cité chap. « Le projet des sucriers », p. 125.

40 Schloesing, Théodore, fils, *Rapport sur les travaux de M. L. Lindet, professeur*, comité du 27 janvier 1919, Arch. Académie des sciences. Dossier L. Lindet (non coté).

41 On lui doit, en particulier : *La Bière*, Paris 1892 ; *Le Froment et sa mouture*, en collaboration avec A. Girard, Paris 1903 ; *Principes de l'industrie laitière*, Paris 1907 ; *Alcool et distillerie*, Paris 1910 et *Le lait et la science*, Paris 1923.

42 *Bull. Association des ingénieurs agronomes*, août 1929, p. 356. *Larousse mensuel illustré*, n° 161, juillet 1920, p. 186.

43 Lindet, Léon, *L'outillage de l'industrie chimique agricole et alimentaire*, Eyrolles, Paris, 1922.

de chimie de la ville de Paris. Ces conférences « avaient pour but de relier entre elles les conférences industrielles dont certains spécialistes avaient été chargés[44] ». Ainsi qu'il est précisé :

> L'énumération des appareils et des dispositifs que l'on rencontre dans l'industrie sera comprise dans quinze chapitres, dont chacun représentera l'ensemble des appareils servant à un même groupe d'opérations[45].

On relève tout d'abord que l'ouvrage de 1922 se situe dans le prolongement, mais avec une extension aux industries chimiques, du rapport de Girard de 1889, présenté ci-dessus et ensuite qu'il est contemporain des premières publications nord-américaines sur cette question[46]. Il est d'autant plus nécessaire de le souligner que, bien que publié en 1922, cet ouvrage rassemble des conférences prononcées antérieurement et pour l'essentiel, avant 1914. Léon Lindet est, d'ailleurs, conscient de l'aspect novateur de sa démarche puisqu'il précise dans l'avant-propos : « Je pense que c'est là la première classification méthodique, que l'on publie, des appareils de l'industrie chimique ».

LE RÔLE DE MARCEL LONCIN

Il est indispensable de s'arrêter sur le parcours d'un ingénieur qui va jouer un rôle fondamental dans l'évolution de l'enseignement dispensé à l'ENSIA.

La carrière de Loncin

Marcel Loncin (1920-1994), d'origine belge, fait d'abord à Charleroi des études d'ingénieur chimiste, qu'il termine en 1940. La Belgique venant alors d'être envahie, Loncin décide de prolonger d'un an ses études à l'Institut des industries de fermentation de Bruxelles, s'orientant ainsi vers les industries agricoles et alimentaires, car les questions relevant de ce dernier domaine lui paraissent devoir prendre une importance vitale[47].

---

44 Lindet, Léon, ouvr. cité, p. V.

45 Lindet, Léon, ouvr. cité, p. VI.

46 Un des ouvrages fondateur du génie chimique, *Principes de chimie industrielle*, de Walker, Lewis et Mac Adams, a été publié en 1923.

47 L'Institut des industries de fermentation a été, après 1948, englobé dans le Centre d'enseignement et de recherches des industries alimentaires (CERIA), implanté à Anderlecht dans la banlieue de Bruxelles.

Marcel Loncin entreprend une double carrière, d'une part, en tant qu'assistant de ce même institut et, d'autre part, en tant qu'acteur industriel comme directeur technique, d'abord d'une brasserie, puis d'une laiterie, double activité qu'il ne cessera de poursuivre. C'est d'abord à la laiterie qu'il consacre son activité scientifique, présentant sur ces questions des communications aux congrès des industries agricole de Paris, en 1948 et de Bruxelles, en 1950[48]. Marcel Loncin entreprend ensuite des travaux sur les corps gras, qui se traduisent par une thèse, soutenue en 1953 à Paris et portant sur *l'Étude de l'altération de l'huile de palme*. Les compétences qu'il acquiert dans ce domaine conduisent la firme Unilever à faire appel à lui.

Parallèlement, Marcel Loncin prend connaissance de l'évolution de l'approche nord-américaine du concept d « opérations unitaires » dans le génie chimique. Son expérience d'enseignant lui permet de voir qu'il est scientifiquement possible et celle d'opérateur industriel qu'il doit être techniquement fécond de transposer ce concept dans les industries agricoles et alimentaires. Cependant, il a été vu précédemment qu'il n'est pas le premier à avoir adopté cette démarche puisque Gabriel Trotel l'a proposée dès 1950 et qu'André Bonastre l'a exposée en 1954 au congrès international de Madrid. Ce qui fait alors toute l'originalité de Marcel Loncin, c'est qu'il comprend que cette nouvelle discipline, qui émerge, doit disposer d'un traité fondamental. C'est cet ouvrage qu'il publie en 1961[49]. Les têtes de chapitres, présentés dans le tableau 16 reprennent expressément les noms des opérations unitaires, concept majeur du génie chimique. On relève que certains d'entre elles comme la distillation étaient connues et pratiquées à l'ENIA dès ses origines. Mais elle n'était considérée que comme une technique comme une autre de transformation de produit agricole en produit alimentaire et non comme une opération transposable dans d'autre techniques. En transposant les concepts d'origine nord-américaine au contexte européen, Loncin a résorbé ce risque de césure intellectuelle qui avait été décelé dans la façon dont s'amorçait l'approche scientifique de l'industrie alimentaire.

48 Loncin, Marcel, « Emploi de la chloropicrine et des monobromacitrates organiques pour la conservation du lait », *Industries agricoles et alimentaires*, t. 65, juillet-septembre 1948, p. 244 ; Loncin et Jacquemain, « Étude de la lipase du lait » ; Loncin et Mlle Gehirain, « Virulence du *mycobactérium tuberculosis* dans le fromage blanc », *Industries agricoles et alimentaires*, t. 67, 1950, p. 498.

49 Loncin, Marcel, *Les opérations unitaires du génie chimique*, Paris, Dunod, 1961.

Les opérations unitaires du génie chimique (M, Loncin – 1961)	*L'outillage de l'industrie chimique* (L, Lindet – 1922)
1 – Généralités sur les transferts	VI – La mise en contact des corps solides et gazeux en vue de mélanges, dissolutions et de réactions
2 – Extraction	
3, 4, 5 Décantation, filtration	III – La séparation mécanique des éléments entre eux
6 – Pasteurisation et stérilisation	IV – Le chauffage
8 – Distillation	X – La distillation XI – La sublimation ou distillation sèche
9 – Séchage	IX – La dessication
10 – Broyage, classement, mélange	II – La division de la matière
11 – Matériaux	Non traité
Non traité	I – Le transport et la manutention
Non traité	V – La réfrigération
Non traité	VII – La dissociation et la cuisson à haute température
Non traité	XII – La pyrogénation
Traité dans le chapitre 1, Voir § 1,8 Coefficient de facilité § 1, 8, 4, 2 Transfert de chaleur p. 133-139	XIII – La condensation
Non traité	XIV – La mise en forme et le façonnage
Non traité	XV – Le contrôle et la régulation des opérations

TABLEAU 16 – Correspondance des chapitres de l'ouvrage de Loncin avec celui de Lindet.

Bilingue par son origine belge, Marcel Loncin maîtrise parfaitement l'anglais et l'allemand, ce qui conduit l'Université de Karsrhue, en 1972, à le choisir comme professeur de l'*Institut Für Lebens mittel verfahren technik*, fonction qu'il assure jusqu'en 1985. Nous ajoutons que, tant par sa formation que par ses enseignements, il a été véritablement un européen.

La place de Loncin dans l'enseignement du génie industriel alimentaire à l'ENSIA

C'est cependant avant 1961, date de la publication de l'ouvrage de Loncin, que le directeur de l'ENSIA, qui avait adopté dès 1952 la démarche du génie industriel et était donc intéressé par la notion d'opérations unitaires, prend contact avec lui lors d'un passage de ce dernier à l'ENIA au cours des années 1950[50]. La collaboration de Marcel Loncin à l'enseignement de l'ENSIA passe d'abord par une phase transitoire. À partir de 1962, il donne des conférences, un cours de génie industriel étant professé par Jean Dubourg, titulaire par ailleurs de la chaire de sucrerie, du moins pendant l'année scolaire 1961-1962[51]. Cependant, Dubourg reste orienté sur les opérations de sucrerie et au cours de l'année scolaire 1962-1963, Loncin est définitivement chargé du cours[52]. Pour marquer l'intérêt porté à son enseignement, sont

---

50 Entretien avec Marcel Loncin le 3 juin 1991. On peut dater ce premier contact de 1956 ou 1957. En effet, lors du conseil d'administration du 27 novembre 1957 (séance du matin), en réponse à M. Bernard, par ailleurs président du comité de liaison FIA-UNIA, qui demande que l'ENIAA prenne des initiatives pour organiser des réunions de responsables d'enseignements analogues à l'ENIAA dans les autres pays du Marché commun, le directeur répond que, depuis qu'il exerce la fonction de directeur de la Maison des IAA à la Cité universitaire de Paris, il a eu l'occasion de recevoir 13 personnalités, directeurs ou professeurs, parmi lesquels Marcel Loncin. Or le pavillon de la Cité universitaire a été ouvert en janvier 1956, Archives ENSIA.

51 Aux procès-verbaux des conseils des professeurs qui se réunissent, à l'époque, deux fois par an, c'est la mention de professeur de sucrerie qui est donnée à J. Dubourg jusqu'au 30 juin 1961 inclus, puis celle de professeur de génie industriel, du 6 octobre 1961 au 22 juin 1962. Au conseil d'administration du 5 décembre 1961, le directeur fait état de l'appui que lui a apporté Loncin, « professeur au Centre d'études et de recherches sur les industries alimentaires de Bruxelles » au projet de création d'un laboratoire de génie industriel appliqué aux IAA. Ceci prouve qu'à cette date, Loncin n'enseignait pas encore à l'ENSIA de manière régulière.

52 Au conseil des professeurs du 5 juin 1962, il est fait état de 6 conférences données par Loncin « auteur d'un traité de génie chimique » aux élèves de deuxième année. C'est donc

instituées, dans les années1970, des rencontres de chercheurs de génie industriel, que l'ENSIA désigne sous le nom de « Loncinades[53] ». Par son enseignement en Allemagne, que complètent de très nombreuses conférences à l'étranger, M. Loncin apporte un indiscutable élément de rayonnement international à l'ENSIA.

Plus généralement, Marcel Loncin est celui qui, par le rôle conceptuel que représente son ouvrage de 1961 puis la réédition de 1976[54], a théorisé, à l'ENSIA, ce passage d'une approche par filière correspondante chacune à un métier, à une approche par procédés ou techniques transverses. C'est à cela même que se résume l'essentiel de l'évolution de l'enseignement de l'ENSIA sur la période considérée. En venant dispenser son enseignement en France à l'ENSIA et non dans une autre institution, Loncin a, en quelque sorte, « consacré » l'ENSIA comme étant le lieu privilégié de ce renversement d'approche dans l'enseignement des industries agricoles et alimentaires. Marcel Loncin est ainsi l'enseignant central de l'histoire de l'ENSIA[55].

La comparaison avec l'ouvrage de Léon Lindet

Une comparaison de l'ouvrage de Marcel Loncin avec celui de Léon Lindet s'impose pour mesurer, à la fois l'évolution mais aussi leurs points communs. Les titres des 15 chapitres de l'ouvrage de Lindet mis en parallèle de ceux de l'ouvrage de Loncin sont présentés dans le tableau 16. La notion de « groupe d'opérations » chez Lindet joue le même rôle que celle d'opération unitaire chez Loncin. La démarche est donc similaire. Mais Lindet ne peut pas s'appuyer sur une réflexion théorique comme Loncin. C'est ce dernier point qui fait l'intérêt de ce dernier ouvrage.

On ne peut qu'être frappé par le caractère novateur de la démarche de Lindet. En effet certaines opérations se retrouvent de manière

---

en 1962 que débute avec certitude l'enseignement de Loncin à l'ENSIA. Ceci prouve que l'installation de l'ENSIA à Massy et les débuts de l'enseignement de Loncin coïncident à quelques mois près. Loncin figure, toujours à la même source, comme chargé de cours de génie industriel (transfert et séchage) à partir du 22 juin 1963.

53 Marcel Loncin continuera d'animer ces rencontres jusqu'à son décès, en décembre 1994.

54 Loncin, Marcel, *Génie industriel alimentaire*, Paris, Masson, 1976.

55 Bonastre, André, Rapport pour l'attribution du prix Thénard à Marcel Loncin, décembre 1986 ; entretien avec Jean-Jacques Bimbenet le 2 juin 1995.

absolument identique dans les deux ouvrages. C'est le cas de la distillation, de la dessication chez Lindet qui est l'équivalent du séchage chez Loncin, ainsi que de la séparation mécanique des éléments entre eux chez Lindet qui a le même objet chez Loncin que les chapitres suivants : décantation sous l'action de la pesanteur (chap. 3), décantation centrifuge (chap. 4) et filtration (chap. 5). La correspondance entre les têtes de chapitres n'est cependant pas absolue : ainsi Lindet n'aborde pas la question des matériaux ; de même, il est parfaitement compréhensible que Loncin n'ait pas abordé la réfrigération, devenue une discipline à part entière puisqu'un cours de froid industriel a été institué à l'ENIA dès 1923.

Pourtant l'ouvrage de Lindet, n'a connu pratiquement aucun retentissement, mis à part une présentation assez complète dans le *Bulletin des chimistes*. Il est vrai que Lindet est membre de cette association depuis 1894 et qu'il vient d'en assumer la présidence de 1919 à 1921[56]. Deux explications peuvent être proposées à cet oubli dans lequel est tombé cet ouvrage. La première nous paraît tenir au contexte scientifique et technique de l'époque : les milieux scientifiques ne paraissent pas préparés à développer une approche qui part des matériels utilisés et non de la composition des corps chimiques[57]. Par ailleurs, le fait que les organisations professionnelles par filières n'entretiennent, le plus souvent, que très peu de relations entre elles, n'est pas pour favoriser une approche transversale. Cette dernière préoccupation, qui apparut à l'Association des chimistes quand François Dupont en était le secrétaire général, s'est amoindrie et ne reparaît qu'en 1934 avec la reprise des congrès internationaux des industries agricoles[58]. Les raisons de cet oubli peuvent également être recherchées du côté de la personnalité de Léon Lindet. En effet, il a laissé un document autobiographique dans lequel il reconnaît : « [...] j'ai eu la vie facile[59] ». Son parcours professionnel a, en effet, été conditionné par son milieu d'origine.

56 *Bull. chimistes*, Bibliographie. t. 39, avril 1922, p. 446-447.

57 Léon Lindet, étant membre de l'Académie des sciences, a déposé un exemplaire de cet ouvrage à la bibliothèque de l'Institut. Or en 1990, quand nous l'y avons consulté, nous avons eu le triste privilège d'en couper les pages.

58 Voir chap. « Le projet des distillateurs », p. 201.

59 Notice autobiographique du 26 décembre 1916. Arch. Académie des sciences. Dossier Léon Lindet (non coté).

Il reste qu'il avait une avance considérable et il est tout à fait regrettable que cette démarche n'ait pas rencontré, aussi bien auprès des milieux scientifiques qu'auprès des milieux économiques, l'écho qui aurait permis de donner aux industries agricoles et alimentaires françaises, un atout certain.

LE DÉVELOPPEMENT DE L'ENSEIGNEMENT DU GÉNIE INDUSTRIEL ALIMENTAIRE À L'ENSIA

Cette nouvelle discipline prend rapidement un essor important à l'ENSIA. Plusieurs enseignants vont y apporter leur contribution, notamment des professeurs de filières qui vont enseigner la ou les opérations unitaires essentielles dans leur technique. Toutefois, une mention particulière doit être faite à un jeune chef de travaux recruté en 1962, lui-même originaire de l'ENSIA, Jean-Jacques Bimbenet, qui va traduire dans le quotidien de l'école les conceptions de Loncin, non sans y ajouter le résultat de ses recherches personnelles.

L'enracinement et le déploiement du génie industriel : Jean-Jacques Bimbenet

Né en 1936 à Paris de parents commerçants, Jean-Jacques Bimbenet après des études secondaires au lycée du Raincy (Seine-Saint-Denis) et une préparation au lycée Saint Louis à Paris, entre à l'ENIAA en 1955.

Ce qui est remarquable dans l'entrée de Bimbenet à l'ENIAA, c'est que, la même année, il est reçu dans un très bon rang (6e) à l'Institut agronomique. C'est la première fois qu'un candidat reçu à ces deux écoles choisit l'ENIAA, marquant ainsi l'attrait croissant qu'exerce cette école dans les années qui suivent la fin de la Deuxième Guerre mondiale. Un tel choix, qui a un retentissement certain, ne peut manquer d'attirer l'attention des responsables de l'ENIAA. Or le génie industriel alimentaire est encore, à l'époque, dans sa phase de démarrage, mais il apparaît clairement qu'il va se développer. C'est pourquoi le directeur incite Bimbenet à s'orienter vers cet enseignement et plus précisément, dans un premier temps, à compléter sa formation aux États-Unis compte tenu de la parenté intellectuelle du génie industriel et du génie chimique. C'est ainsi qu'il se perfectionne en obtenant un *Master of science* en « *chemical engineering* » à l'Université Purdue de Lafayette dans l'Indiana (États-Unis).

Dès 1962, Jean-Jacques Bimbenet rejoint le corps enseignant de l'ENSIA au moment même où Marcel Loncin commence à dispenser un enseignement magistral de génie industriel alimentaire, appuyé sur l'ouvrage qu'il vient de publier. Bimbenet le seconde d'abord comme chef de travaux puis, à partir de 1972, comme maître de conférences. Tout en effectuant des stages dans quelques industries alimentaires telles que les biscuiteries Alsacienne et la fabrication de potages Royco, il soutient, en 1969, une thèse portant sur *Les transferts de chaleur et de matière au cours du séchage des solides par l'air chaud*, complétée par une seconde portant sur *L'influence des réactions de Maillard dans les industries alimentaires*[60]. Il obtient ainsi le titre de docteur-ingénieur de la Faculté des sciences de l'Université de Paris. Ce thème du séchage restera d'ailleurs l'axe principal de ses recherches personnelles. Il devient professeur en 1979 et préside le département génie industriel alimentaire lorsque celui-ci est créé. Un des apports pédagogiques de Bimbenet est de souligner, très vite, que dans l'enseignement du génie industriel alimentaire à l'ENSIA, la démarche de prise en compte des opérations unitaires doit être complétée par celle des techniques communes au service des opérations qu'il expose de la façon suivante.

> [...] les cours se partagent actuellement le programme de la façon suivante :
> a) Les opérations unitaires. [...]
> b) Les techniques communes.
> – Techniques de production et d'utilisation de l'énergie, énergie thermique : cours de thermique et de froid ; énergie électrique : cours d'électrotechnique ; énergie mécanique : cours de machines thermiques.
> – Techniques de manipulation de la matière, manipulation des gaz et des liquides : cours de mécanique des fluides ; manipulation des solides : à l'occasion d'exemples dans divers cours.
> – Techniques de construction, des appareils destinés aux opérations : cours de mécanique, de constructions mécaniques, de dessin industriel ; des usines : cours de matériaux de construction.
> – Techniques de mesure et de commande industrielles, appareils de mesure : cours de mesures physiques ; commande, régulation, automatismes : cours d'électrotechnique et d'électronique[61].

60 Pour la signification des réactions de Maillard, voir glossaire.

61 Bimbenet, Jean-Jacques, « L'enseignement du génie industriel à l'ENSIA », *ENSIA63*, revue des élèves-ingénieurs de l'école nationale supérieure des industries agricoles et alimentaires, n° 2, décembre 1963, p. 11. Le fait que cet article soit publié dans la revue des élèves accroît son impact pédagogique.

Jean-Jacques Bimbenet s'emploie tout particulièrement à développer le « génie manufacturier » dont il justifie ainsi la nécessité :

> Les lignes de production des IAA comportent : [...] des opérations qui portent sur des produits sous forme d'*objets* que l'on traite individuellement, ou qui transforment un produit vrac en objets, toutes opérations que nous appelons manufacturières. [...]
>
> Or, il se trouve que le génie des procédés alimentaires, qui a pris ses racines dans le génie chimique, s'est surtout intéressé [...] aux opérations sur les produits en vrac. [...][62]

Cet accent mis sur les techniques de l'ingénieur montre que l'ENSIA est en passe de sortir d'une logique d'élargissement à d'autres filières d'industries alimentaires pour s'engager dans la recherche d'un équilibre entre un enseignement, d'une part, de la matière biologique dont sont constitués les produits agricoles d'origine et, d'autre part, des matériels utilisés pour la transformer ce qui nous paraît être l'essence même d'une école d'ingénieurs des industries alimentaires.

L'activité de Jean-Jacques Bimbenet s'exerce également sur le plan international puisqu'il préside, de 1986 à 1992, le groupe de travail sur les industries alimentaires au sein de la Fédération européenne du génie chimique. On lui doit de nombreux articles, communications à des congrès et ouvrages[63] dont le principal est la réédition périodique du traité de Loncin, qui fait le point du savoir en ce domaine. Citons : Jean-Jacques Bimbenet, Marcel Loncin, *Bases du génie des procédés alimentaires*, préface de Bernard Guérin, Paris, Masson éditeur, 1995. La dernière réédition rédigée en collaboration avec Albert Duquenoy et Gilles Trystram, *Génie des procédés alimentaires. Des bases aux applications* a été publiée chez Dunod. Sa 2e édition est de 2007.

Par sa présence permanente, Jean-Jacques Bimbenet assure l'enracinement, à l'ENSIA, de l'enseignement du génie des procédés alimentaires théorisé, dans les traités fondamentaux de 1961 et 1976, par Marcel Loncin. Mais ce dernier est sollicité par ailleurs par de nombreuses obligations internationales, principalement lorsqu'il devient professeur à Karlsrhue. Sans Bimbenet, cette discipline n'aurait pu

---

62 Bimbenet, Jean-Jacques, Duquenoy, Albert, Trystram, Gilles, « Opérations mécaniques sur objets individualisés », *Génie des procédés alimentaires. Des bases aux applications*, Paris, Dunod, 2e éd. 2007, p. 491-499.

63 En juin 1995, cet état s'établit à 49 articles, 35 communications à des congrès et 8 ouvrages.

prendre, à l'ENSIA, la place qu'elle y a prise et qui a été concrétisée, en particulier, par une co-habilitation à délivrer, à partir de 1984, un Diplôme d'études approfondies (DEA) de « génie des procédés – option agro-alimentaire[64] ». Jean-Jacques Bimbenet assure son enseignement à l'ENSIA jusqu'à son départ en retraite, en juillet 1997[65].

Parmi les autres enseignants qui vont également jouer un rôle essentiel dans la mise en place de l'enseignement du génie industriel alimentaire, citons le cas des enseignants chargés respectivement de deux des filières fondatrices, Marcel Roche pour la sucrerie et Jean Méjane pour la distillerie.

L'apport de la sucrerie au génie industriel alimentaire : Marcel Roche

Né en 1923 à Montrond (Jura), Roche entre à l'École des industries agricoles en 1943. Mobilisé à la fin de 1944, il doit interrompre sa seconde année d'études, qu'il reprend en 1945. Appartenant à la première promotion effectuant trois années d'études, il vient suivre à Douai cette dernière année.

Roche part ensuite aux États-Unis effectuer un stage d'un an aux distilleries Seagram à Louisville (Kentucky). À son retour en 1949, la distillerie entre déjà en crise et le professeur chargé de cette discipline lui conseille de s'orienter vers une autre voie. C'est pourquoi Roche part en Côte d'Ivoire dans une huilerie de palme de l'Institut de recherche pour les huiles et oléagineux, jusqu'en 1952. Il entre ensuite à la sucrerie de Beaurain située sur la commune de Trumilly (Oise), puis revient en janvier 1953 à l'ENIA pour exercer les fonctions de chef de travaux de sucrerie. À la suite du départ en retraite de Jean Dubourg, Roche devient, à la fin de 1968, maître de conférences de sucrerie.

Comme ses prédécesseurs, Roche garde un contact étroit avec l'industrie sucrière, mais il s'en distingue par une participation active

64 L'École nationale du génie rural, des eaux et des forêts (ENGREF) est également habilitée à délivrer ce DEA.

65 Entretiens avec Jean-Jacques Bimbenet le 2 juin 1995, ce dont nous le remercions très vivement et très amicalement. Documents transmis par Gilles Trystram rassemblées par ce dernier en vue de la manifestation de sympathie organisée à l'occasion du départ en retraite de Jean-Jacques Bimbenet. Nous remercions ici très vivement Gilles Trystram d'avoir bien voulu nous transmettre ces documents.

au nouvel enseignement de génie des procédés alimentaires. Il est plus précisément chargé de l'enseignement des opérations d'évaporation et de cristallisation, ainsi que de décantation, filtration et essorage centrifuge particulièrement importantes en sucrerie

Marcel Roche prend sa retraite à la fin de 1984. Lorsqu'il quitte ses fonctions 91 ans après l'ouverture de l'école, la chaire de sucrerie n'aura été occupée que par 5 titulaires, ce qui représente, en tenant compte d'une interruption de 5 ans à la Première Guerre mondiale et un an en 1940-1941, une durée moyenne de 17 années. Cette stabilité a, en particulier, permis d'établir des liens étroits avec l'industrie[66].

D'autre part, le génie industriel met en évidence que l'opération unitaire qu'est la distillation s'applique à d'autres activités que la fabrication d'alcool. C'est pourquoi, de son côté, le professeur de distillerie, Jean Méjane[67] apporte le concours de son expérience scientifique et industrielle à ce nouvel enseignement. Les enseignants de cette discipline seront également renforcés par l'arrivée de Bernard Guérin[68], à la fin des années 1960.

On se doit de relever que l'originalité de la mise en place du génie industriel alimentaire à l'ENSIA est d'avoir su tirer parti de la très longue expérience qu'elle avait acquise dans l'enseignement de quelques filières pour incorporer le savoir ainsi acquis dans l'enseignement de cette nouvelle discipline. Rien ne mesure mieux le développement de l'enseignement du génie industriel alimentaire à l'ENSIA pendant cette période que la comparaison entre les heures d'enseignement en 1951, d'une part, et en 1971, d'autre part. Cet enseignement est inexistant en 1951, puisque la technologie comparée, dont la notion apparaît cette année là, est destinée, pour ceux qui entrent à cette date, à n'être enseigné qu'en troisième année. Or, en 1971, le génie industriel représente selon les options de 157 heures, soient 9,3 % des enseignements généraux, à 217 heures, et de 13,1 % des enseignements généraux.

---

66 Entretien avec Marcel Roche le 14 janvier 1988 ; lettres de l'intéressé du 20 avril 1998 et du 8 octobre 1998. Nous remercions très vivement Marcel Roche de nous avoir transmis ces informations.

67 Voir le parcours de Jean Méjane chap. « Le projet d'école centrale des industries alimentaires », p. 287.

68 Sur Bernard Guérin, voir chap. « Le projet Institut des sciences et techniques du vivant », p. 493.

D'UN DYNAMISME INTELLECTUEL AUX INCERTITUDES INSTITUTIONNELLES

Précédemment ont été exposées les contraintes que la DATAR fait peser, de manière structurelle, sur l'ENSIA. De leur côté, les événements de mai 1968 déclenchent, de manière conjoncturelle, une période d'incertitudes pour l'école dont les conséquences ne se traduiront sur le plan institutionnel, qu'à partir de 1971.

L'économie générale est dominée, à cette période, par deux aspects. Sur le plan structurel, le développement de la construction européenne engagée déjà dans la décennie précédente apporte aux industries agricoles et alimentaires, à la fois un élargissement du marché mais également un accroissement de la concurrence, ce qui nécessite une production de qualité donc un encadrement disposant d'une formation solide. Ce contexte est favorable aux ingénieurs ENSIA. Par contre, le premier choc pétrolier qui se traduit par la crise de 1973-1974 est un facteur défavorable.

Pendant toute cette période, l'école ne va pas cesser de s'interroger sur son avenir d'autant plus que l'instance dont c'est le rôle, à savoir le conseil de perfectionnement, ne s'est pas réunie depuis 1955. Plusieurs faits en sont à l'origine.

LES RÉFORMES AU MINISTÈRE DE L'AGRICULTURE

La première source d'interrogations trouve son origine dans le développement des réformes au ministère de l'Agriculture. Déjà dans les années 1950, l'Association des anciens élèves de l'ENIAA s'était demandé si l'avenir de l'école était de rester un lieu de formation générale ou de devenir une école d'application. La loi du 2 août 1960, qui remet en cause surtout l'enseignement agronomique proprement dit, va rebondir à propos de l'ENSIA à partir de 1964, parallèlement à la réforme des services extérieurs du ministère de l'Agriculture, laquelle entraîne en particulier la fusion de l'école des Eaux et forêts avec celle du Génie rural pour donner une seule école d'application, l'École du génie rural, des eaux et des forêts (ENGREF). Par souci d'homogénéiser les structures d'enseignement du ministère de l'Agriculture, il est envisagé de transformer l'ENSIA elle aussi en école d'application du 3e cycle, non seulement des écoles nationales supérieures agronomiques mais aussi de l'École centrale des arts et manufactures ainsi que des universités[69]. L'ENSIA deviendrait l'école d'application de l'aval de l'agriculture, symétrique de l'ENGREF, école de l'amont de l'agriculture. Si ce projet est ressenti, par le corps enseignant et surtout l'Association des anciens élèves, comme une promotion de l'école, il n'en est pas de même des projets suivants.

LES CONTRAINTES DE LA DATAR

L'action de la DATAR se traduit, en particulier, par la création d'écoles qui, à des titres divers, peuvent apparaître comme concurrentes de l'ENSIA.

La création d'écoles concurrentes

Il est évident que pour revitaliser la périphérie du bassin parisien et plus particulièrement l'ouest, la DATAR envisage d'y transférer l'ENSIA, ou du moins une partie. Ce sont, à tour de rôle, Nantes et Lille qui sont envisagés. C'est, fort logiquement, l'option pour Nantes qui se montre la plus insistante puisqu'un transfert de l'école y est envisagé dès 1963, c'est-à-dire deux ans seulement après que l'école se soit installée à Massy. Ce projet se traduit finalement par la création, dans cette ville, de l'École nationale d'ingénieurs des techniques des industries agricoles et alimentaires (ENITIA), à la conception de laquelle l'ENSIA participe et qui ouvre en 1973. Par ailleurs, en 1964, se crée à Dijon, en grande partie à l'initiative de Jean Keilling[70], l'École nationale supérieure de biologie appliquée à la nutrition et à l'alimentation (ENSBANA) laquelle est rattachée à l'université. Enfin, en particulier à la suite de l'attribution du prix Nobel de médecine, en 1965, à trois chercheurs français (François Jacob, André Lwoff et Jacques Monod), l'enseignement de la biochimie se développe dans les universités et plusieurs d'entre elles orientent leurs étudiants vers les applications aux industries agricoles et alimentaires : en 1979, on recense 9 formations longues et 10 formations courtes, de type Institut Universitaire de

69 Ceci s'exprime lors de l'assemblée générale de l'Association, le 7 mars 1964.

70 Jean Keilling est, par ailleurs, professeur d'industries agricoles à l'Institut national agronomique. Il est déjà intervenu dans l'enseignement de l'ENSIA, voir chap. « Le projet d'école centrale des industries alimentaires », p. 288, 295.

Technologie (IUT). Dans l'ensemble des formations universitaires qui apparaissent à cette époque, la concurrence la plus redoutable est celle de l'université de technologie de Compiègne, créée spécialement pour cette filière, et qui ouvre en 1973[71]. Cette concurrence est renforcée par la présence, dans cette université, de l'enseignement du génie chimique et du génie mécanique, branches avec lesquelles les industries agricoles et alimentaire ont des interactions fortes.

Dans le département du Nord, la mise en place de formations similaires justifie un développement particulier. C'est là que l'ENSIA, et plus particulièrement à son centre de Douai, va être concurrencée le plus fortement et ce sous deux formes. Tout d'abord, un Institut universitaire de technologie de biologie appliquée est créé à la Cité scientifique de Villeneuve d'Ascq en 1967, c'est-à-dire très peu de temps après la création des IUT[72]. Or la formation de techniciens supérieurs avait été envisagée à Douai et, de plus, le projet de Nantes réduisait le nombre des techniciens supérieurs à former.

Par ailleurs, un Centre d'études et de recherches technologiques des industries alimentaires (CERTIA) est implanté dans la ville nouvelle de Villeneuve d'Ascq. L'idée en est lancée en 1966, à l'initiative du Centre d'enseignement et de recherche de bactériologie alimentaire (CERBA) de l'Institut Pasteur de Lille et reçoit l'appui d'industriels des industries agricoles et alimentaires, parmi lesquels Béghin, BSN et Roquette. L'INRA se rend acquéreur des terrains et est associé ainsi que l'ENSIA à la Faculté des sciences de Lille. Le projet, élaboré en 1967, est renforcé par la décision du Syndicat des fabricants de sucre d'y implanter un centre technique, l'Institut de recherches de l'industrie sucrière (IRIS) ainsi que par le soutien de deux hommes politiques influents, Maurice Schumann et François-Xavier Ortoli, qui sont successivement ministres de la Recherche à cette période. La première pierre des bâtiments est posée le 21 novembre 1970[73]. L'ENSIA envisage d'y transférer dans un

---

71 Voir Lamard, Pierre et Lequin, Yves-Claude, La technologie entre à l'université, *Compiègne, Sévenans, Belfort-Montbéliard...*, Belfort, Université de technologie de Belfort-Montbéliard, coll. Récits, 2006.

72 Les Instituts universitaires de technologie ont été décidés par un décret du 7 janvier 1966.

73 Voir Lestavel, Georges, Le CERTIA, centre d'études et de recherches technologiques des industries alimentaires, *Sucrerie française*, n° 92, mars 1985 ; *Journal officiel*, du 25 février 1968, p. 2095, Déclaration du CERTIA à la préfecture du Nord ; *Journal officiel*, du 1er novembre

premier temps une station des industries du sucre et des alcools ainsi qu'une station d'emballage et de conditionnement.

Il apparaît aussi que la contrainte d'une seule année à Massy subsistant, ce sont, à terme, les deux premières années de l'ENSIA qui seraient vraisemblablement amenées à être transférées au CERTIA[74]. L'école prend conscience, en effet, que la pression des autorités régionales en faveur du CERTIA est forte et qu'elle est relayée au plus haut niveau. Plus symboliquement, alors que la profession sucrière avait été à l'origine de la création de l'ENSIA, l'implantation de l'Institut de la recherche sucrière (IRIS) à Villeneuve d'Ascq, à proximité des universités, représente une menace directe pour le centre de Douai et, à terme, pour l'implantation en région parisienne de l'ENSIA. Cette dernière se sent en quelque sorte « lâchée » par la profession sucrière, du moins dans son implantation douaisienne.

Les efforts pour le maintien de l'école à Massy

C'est tout particulièrement le directeur, André Bonastre, qui veille à conserver l'implantation parisienne. C'est ce qu'expose très clairement le ministre de l'Agriculture en 1966 en réponse à un référé de la Cour des comptes : « Relatif au transfert à Massy des principales installations de l'École Nationale Supérieure des Industries Agricoles et Alimentaires » :

> [...] je dois à la justice de dire en effet qu'il [le directeur] s'est dépensé, rudement, pendant de longues années pour mener à bien une tâche difficile[75].

Les incertitudes qui assaillent l'école à cette époque vont être aggravées par deux faux départs pour Lille. À la suite de l'installation au CERTIA, en 1972, d'un maître assistant en microbiologie, l'ENSIA envisage d'y installer les deux premières années, seules les formations de 3e cycle restant à Massy. La DATAR encourage d'abord ce projet et réserve des terrains ; mais il est abandonné en 1976 par suite de restrictions budgétaires. Ce projet sera à nouveau évoqué puis abandonné en

---

1970, Affectation à l'INRA d'un terrain à Villeneuve d'Ascq (Nord); ministère chargé du Plan et de l'Aménagement du territoire, ministère de l'Équipement et du logement, *Aménagement d'une région urbaine dans le Nord Pas-de-Calais*, OREAM Nord, 1971.

74 Ceci est explicitement annoncé dans l'*Annuaire 1970 des anciens élèves de l'ENSIA*, p. 15.

75 Le ministre de l'Agriculture au Premier président de la Cour des comptes, en réponse au référé n° 1101 du 2 avril 1965, s. d., (Le corps du texte montre que cette réponse est postérieure au 9 janvier 1966), p. 7.

1978. On ne saurait mieux résumer l'inconfort de cette situation qu'en reprenant les propres termes du directeur de l'ENSIA en 1975 :

> L'avenir reste incertain : ballottée entre les Autorités chargées de l'aménagement du territoire qui, souhaitant son transfert en province, empêchent la réalisation, à Massy, des quelques équipements nécessaires à son développement et son Autorité de tutelle inquiète du coût de l'opération transfert et tous ceux qui redoutent une nouvelle aventure, elle ne peut dégager sa voie qu'au prix d'improvisations à renouveler sans cesse[76].

LES ÉVÉNEMENTS DE MAI 1968

Avant d'étudier les conséquences de ces événements sur l'ENSIA il est utile de rappeler comment s'y sont déroulé ces événements.

Le déroulement des événements à l'ENSIA

À Massy, un débat entre enseignants et étudiants s'instaure les 20, 21 et 22 mai, suivi de commissions qui se réunissent pendant trois semaines. Le 12 juin, se réunit une structure originale née de ces débats, le « Conseil d'enseignement tripartite », rassemblant les enseignants, les élèves et des personnalités représentatives des utilisateurs et qui est unique pour les deux centres de Massy et de Douai. Par ailleurs, des commissions de travail spécialisées sont également créées. À Douai, les élèves de troisième année sont, à ce moment-là, en stage.

D'une façon générale, les élèves manifestent d'abord leur désir de voir évoluer l'école dans le sens, notamment, d'une ouverture sur l'université et sur le monde professionnel et ensuite ils souhaitent un rapprochement entre les cadres aux différents niveaux, qu'il s'agisse d'ingénieurs de conception, d'ingénieurs de fabrication et de techniciens supérieurs. En outre, les classes préparatoires sont critiquées. D'ailleurs, dès 1968, le directeur envisage de recruter des titulaires du diplôme universitaire d'études supérieures (DUES)[77]. À la suite de ces événements, la concertation interne augmente incontestablement, à en juger par le nombre de réunions et le conseil tripartite continue à se réunir. Sur le plan externe, plusieurs mesures institutionnelles vont influencer profondément la vie de l'ENSIA.

---

76 *Annuaire 1975 des anciens élèves de l'ENSIA*, p. 7.

77 Compte rendu de l'assemblée générale de l'Association des anciens élèves, du 26 octobre 1968.

Les conséquences institutionnelles pour l'ENSIA

Tout d'abord, le recrutement à partir de l'université est rendu possible en 1970, mais ne sera effectif qu'en 1975[78]. Les structures de l'école sont complétement refondues par le décret du 6 janvier 1971[79], pris en application de la loi du 2 août 1960 et complété par le décret du 31 décembre 1974[80]. Ces textes peuvent être considérés, pour l'enseignement supérieur agronomique, comme la répercussion législative des événements de mai 1968 et l'équivalent de la loi d'orientation de 1968 pour les universités. Ils placent l'ENSIA dans une situation équivalente à celles de l'Institut national agronomique Paris-Grignon (INA-PG)[81] et des autres écoles nationales supérieures agronomiques.

L'école est administrée par 5 conseils dont le plus important est le conseil général qui a une structure schématiquement quadripartite comprenant, à la fois des représentants de l'État, des enseignants et du personnel, des élèves ainsi que des personnes qualifiées. S'y ajoutent deux élus, à savoir le maire de Massy et le conseiller général du canton, ainsi que le président de l'association des anciens élèves. Ce conseil se réunit pour la première fois le 17 novembre 1971 et, ensuite, environ deux fois par an. Le président en est, jusqu'en 1979, Guy Dardenne, ingénieur ENSIA[82]. Précisons que c'est la première fois qu'un ingénieur ENSIA accède à un poste de responsabilité majeur de l'école, que ce soit président d'un conseil ou directeur. Ce décret prévoit également un conseil de l'enseignement et de la pédagogie, qui reprend la structure tripartite, enseignants, élèves, personnes qualifiées, mise en place dès 1968, se réunissant en moyenne deux à quatre fois par an ; un conseil des enseignants, qui se réunit en moyenne 5 fois par an ; un conseil intérieur ainsi qu'un conseil scientifique. De son côté, le centre de Douai est pourvu de deux conseils propres : le conseil des enseignants et le conseil intérieur.

78 Voir plus loin p. 423 et chap. « Le paradoxe des ingénieurs des industries agricoles et alimentaires », p. 508-512.

79 Décret n° 71-61.

80 Décret n° 74-1192.

81 L'Institut agronomique fusionne le 1er janvier 1972, avec avec l'École nationale supérieure agronomique de Grignon pour prendre l'appellation d'Institut national agronomique Paris-Grignon (INA-PG). Voir chap. « Le projet d'école centrale des industries alimentaires », p. 329, chap. « Le projet d'Institut des sciences et techniques du vivant », p. 498-501 et annexe XXIV.

82 Sur Guy Dardenne, voir chap. « Les ingénieurs des industries agricoles et alimentaires formés de 1941 à 1968 », p. 360.

La présence des élèves au conseil général a enlevé une partie de son intérêt au conseil de l'enseignement. Par contre, le conseil des enseignants est un lieu très actif de dialogue et parfois de confrontation. Un témoignage pertinent sur les conséquences de ces événements est apporté par Jean Claveau[83] qui est, en 1968, responsable du centre de Douai et dont la fonction d'enseignant s'est exercée en parts à peu près égales de part et d'autre de 1968. Sans contester le principe de la participation des enseignants à la gestion de l'école, il demeure réservé sur la forme qu'a prise cette participation.

L'affaiblissement du rôle de l'Association des anciens élèves

Alors que l'Association des anciens élèves avait été l'élément moteur du rayonnement de l'école de 1945 à 1960, elle joue maintenant un rôle nettement moindre. La qualité des hommes n'est pas en cause puisqu'à partir de 1965 c'est, nous l'avons vu, un sénateur, Alfred Isautier[84], qui la préside. Les responsables prennent conscience que l'évolution de l'école dépend du contexte universitaire et doit tenir compte des aspects politiques et administratifs. C'est donc le conseil de direction de l'école qui devient l'élément moteur. Ce constat doit cependant être nuancé par le fait que c'est un ingénieur ENSIA, Guy Dardenne, qui préside le conseil général, instance suprême de l'école de 1971 à 1979.

Toutefois, ce qui nous paraît être la conséquence la plus importante pour l'ENSIA de ces événements ne semble pas avoir été perçu immédiatement. En effet, le délai de 10 ans, fixé fin 1958 pour le déplacement d'une des années de scolarité de Massy, venait à expiration. On peut raisonnablement supposer que les responsables de l'enseignement au plus haut niveau ont eu d'autres préoccupations à ce moment-là ! Il en résulte que l'ENSIA dispose d'un délai supplémentaire pour conforter son implantation à Massy, ce qui est un facteur favorable. Par contre, le choix définitif sur l'orientation entre une école de formation générale ou une école de spécialisation, ainsi que sur l'implantation complémentaire qui pourrait être Lille avec la création du CERTIA, est reporté. De ce

83 Sur Jean Claveau, voir chap. « Le projet d'école centrale des industries alimentaires », p. 318.

84 Sur Alfred Isautier, voir chap. « Les ingénieurs des industries agricoles et alimentaires formés avant 1940 », p. 272.

fait, la possibilité, pour l'ENSIA, d'établir un projet durable est différée, ce qui est un facteur défavorable.

LES RÉACTIONS FACE À CES INCERTITUDES

Dans ce contexte, il convient de présenter les réactions des principaux acteurs concernés avant de faire le bilan de l'action de la DATAR. Auparavant, il convient de faire le bilan des modifications apportées au concours d'admission qui conditionne la population des étudiants de l'école.

Les conséquences des modifications apportées au concours d'admission

C'est à partir de l'année 1973, que le concours d'entrée à l'ENSIA est fusionné avec le concours donnant accès à l'ensemble des autres grandes écoles relevant du ministère de l'Agriculture[85]. Or, la loi du 2 août 1960 a donné le titre d'ingénieur agronome aux anciens élèves des écoles nationales supérieures agronomiques. Ceci a pour conséquence que, l'Institut agronomique restant, malgré quelques cas particuliers[86], la plus recherchée des écoles auxquelles prépare ce concours commun, les candidats, qui y échouent et qui n'éprouvent pas un attrait particulier pour les industries agricoles et alimentaires, ont tendance à choisir les écoles nationales supérieures agronomiques de Montpellier et Rennes. Ceci se traduit par une dévalorisation, du moins en termes de choix après le concours, de ceux qui optent pour l'ENSIA. Cette dévalorisation peut être mesurée par le rang moyen des reçus à chacune de ces écoles. Un examen des rangs moyens des reçus aux principales écoles du concours commun de 1980 à 1986[87] montre que l'ENSIA se situe toujours après l'INA-PG, l'ENSA de Montpellier et de Rennes sauf en 1986, et est devancée par l'école de Toulouse en 1980 et 1983[88]. Toutefois, on note que la situation relative de l'école parmi l'ensemble des étudiants reçus au concours commun s'améliore nettement pendant cette même période de 1980 à 1986.

85 Arrêté du 7 novembre 1972, *Journal officiel* du 19 novembre 1972, p. 1204.

86 C'est le cas de Jean-Jacques Bimbenet. Voir ci-dessus, p. 410.

87 Sources : *Cahier des ingénieurs agronomes*, n° 352 avril 1981, p. 4 ; n° 385, juin-juillet 1985, p. 7 ; n° 390, mars 1986, p. 29 et juillet-août 1987, p. 28.

88 L'École nationale supérieure agronomique de Toulouse est une école présentant des analogies avec l'ENSAIA de Nancy. Elles sont toutes deux placées sous la tutelle du ministère de l'Éducation nationale.

Une admission par la voie universitaire est prévue à partir de 1970 et peut se faire soit en première année, soit en deuxième année. Cette forme d'admission dans une grande école étant particulièrement nouvelle et pouvant être considérée comme une conséquence indirecte des événements de mai 1968 mérite qu'on s'y arrête.

En première année, peuvent être admis des titulaires d'un diplôme représentant un niveau d'études équivalent à deux années après le baccalauréat. Cette voix d'accès se présente elle-même sous deux modalités particulières, selon qu'elle concerne, soit les titulaires d'un diplôme d'études universitaires générales (DEUG) avec mention sciences, soit les titulaires d'un brevet de technicien supérieur (BTS) ou d'un diplôme universitaire de technologie (DUT). La première de ces dispositions prévue, à titre transitoire à partir de 1970 et confirmées en 1975[89]. Ce mode de recrutement se traduit par un concours particulier pour l'ensemble des écoles, dit « concours B ». On constate que les titulaires d'un DEUG ne manifestent pas un engouement marqué pour cette voie d'accès à l'ENSIA puisque, en 1980, sur 5 places offertes, aucune n'est pourvue et qu'en 1985, sur trois offertes, deux seulement le sont[90]. La seconde de ces dispositions fonctionne à partir de 1977 et donne lieu, par contre, à un flux régulier. Les candidats titulaires d'un des diplôme jugés équivalents au BTS ou au DUT passent une épreuve d'admission en deux temps : d'abord, un examen des dossiers et un entretien avec le candidat puis une admission proprement dite comprenant un examen écrit et un entretien avec le jury[91]. De 1980 à 1984, sur 190 candidats qui se sont présentés, 18 ont été admis et parmi ces derniers, ceux titulaires d'un DUT, option biologie appliquée, en représentent près de

89 Voir arrêté du 6 juillet 1970, *Journal officiel*, 22 juillet 1970, p. 6886. : Arrêté du 8 mars 1973, *Journal officiel*, 15 mars 1973, p. 2808. Cet arrêté est lui-même pris en application d'un arrêté conjoint des ministres de l'Agriculture et de l'Éducation nationale du 2 mai 1972 relatif à l'admission des titulaires d'un diplôme universitaire d'études supérieures (DUES) en première année de l'Institut agronomique Paris-Grignon et des autres écoles supérieures agronomiques. Voir également : Arrêté du 10 février 1975, *Journal officiel*, 16 février 1975, p. 1981. Ce dernier arrêté se réfère à un arrêté du 17 octobre 1974 relatif à l'admission des mêmes diplômés à l'Institut agronomique et aux autres écoles agronomiques. Le nombre maximum d'élèves à admettre est fixé, au titre des dispositions précédentes, à 8 pour 1975, par un avis paru au *Journal officiel*, 16 février 1975, p 1981.

90 Sources : *Cahiers des ingénieurs agronomes*, n° 352, avril 1981. *Chambres d'agriculture*, supplément au n° 372, juin 1986, « Les études supérieures agricoles et agro-alimentaires ».

91 Ce jury est composé du directeur, de deux professeurs de l'école, de deux professeurs d'université de l'Île-de-France et de la directrice des études.

la moitié[92]. Ce flux est encore faible mais les candidats admis par cette voie donnent toute satisfaction à l'ENSIA. À partir de 1985, ce mode de recrutement se généralise et devient un concours, commun aux autres écoles, dit « concours C[93] ». Pour l'ensemble des écoles, sur 154 inscrits, 20 candidats ont été admis en 1985 par cette voie, dont deux à l'ENSIA.

En deuxième année des titulaires d'une maîtrise ès-sciences peuvent être admis selon un mode de recrutement analogue au précédent[94] Les candidats issus de cette voie donnent également toute satisfaction lors de leurs études à l'ENSIA.

C'est donc une contribution utile que l'ENSIA apporte à la mise en place d'une filière de recrutement des grandes écoles à l'intention des élèves qui ne souhaitent pas passer par des classes préparatoires. Toutefois, l'évolution du comportement des candidats et en particulier le peu d'empressement pour l'ENSIA, marqué par les titulaires d'un DEUG montre, que l'école n'a plus, au début des années 1980, la capacité d'attraction qu'elle avait dans les années qui suivaient la Libération et jusque dans les années 1960[95].

La position des ingénieurs ENSIA

Les ingénieurs ENSIA cherchent surtout à se distinguer des ingénieurs agronomes[96]. Estimant que l'INA-PG a été dévalorisé par la loi du 2 août 1960, ils cherchent à affirmer leur spécificité. Par ailleurs, ils sont préoccupés par la dégradation relative de la place de l'ENSIA dans le concours commun[97]. Enfin, l'ENSIA connaît d'autres difficultés, et notamment, des contraintes financières dues en particulier au fait que la dotation budgétaire ne suit pas l'augmentation des prix. C'est ainsi que l'école est obligée, en 1975, de licencier 29 personnes, ce qui entraîne une grave crise interne. Devant cette situation, l'Association des anciens élèves, en 1975, parle ouvertement de crise.

92 Sources : documents préparatoires au conseil général de l'ENSIA du 26 novembre 1984.

93 Ces modalités de recrutement ont été codifiées par l'arrêté du 12 février 1985 paru au *Journal officiel*, 20 février 1985, p. 2215.

94 Arrêté du 25 avril 1977, *Journal officiel*, 11 mai 1977. Pour la première année, le nombre de places offertes est de 7. Procès-verbal du conseil des enseignants du 25 mai 1977.

95 Sur ces deux points, voir chap. « Le paradoxe des ingénieurs des industries agricoles et alimentaires », p. 552-554.

96 Ceci s'exprime en particulier au conseil général de l'école du 7 juin 1973.

97 Voir chap. « Les ingénieurs des industries agricoles et alimentaires formés de 1941 à 1968 », p. 335.

Toutefois, l'école réagit et Jean-Michel Clément[98], qui en 1977 succède à André Bonastre à la direction de l'école, prend l'initiative de deux nouvelles formations. D'abord est créée en 1976 la « Section industries alimentaires des régions chaudes » (SIARC), destinée aux ingénieurs qui exercent leur activité outre-mer et pour laquelle la durée des études est de deux ans. De sa création à 1986, le nombre moyen d'ingénieurs formés est de 14 par an. Ensuite est mis sur pied en 1978, en liaison avec l'École supérieure des sciences économiques et commerciales (ESSEC)[99], l'« Institut de gestion internationale agro-alimentaire » (IGIA). La durée des études y est d'un an et le nombre moyen d'étudiants formés, par an, évolue de 16 à l'origine, à 47 pour l'année scolaire 1983-1984 dont, en moyenne, 5 étudiants sont issus de l'ENSIA.

Les initiatives des pouvoirs publics

Face à cette situation, les pouvoirs publics, de leur côté, prennent rapidement quelques initiatives. Tout d'abord est accordé à l'ENSIA, en août 1975, l'habilitation à délivrer des thèses de doctorat de 3e cycle et de docteur-ingénieur. Bien qu'il ne s'agisse pas d'une mesure spécifique aux industries agricoles et alimentaires, l'ENSIA bénéficie ainsi du même régime que l'INA-PG. Ensuite est créé en 1976 un groupe de travail, dont l'animation est confiée au directeur des industries agricoles : ses travaux commencent en juillet 1977[100].

On peut relever que ces initiatives des pouvoirs publics, bien que rapides, n'en restent pas moins limitées. Mais c'est plus particulièrement sur le bilan de l'action de la DATAR sur l'ENSIA qu'il convient de s'interroger.

Le bilan de l'action de la DATAR

Les ambitions de la DATAR se prolongeront bien au-delà de cette période. On peut considérer que seulement la fusion en 2007 dans

98 Voir le parcours de J.M. Clément chap. « Le projet d'Institut des sciences et techniques du vivant », p. 446.
99 L'ESSEC est implantée à Cergy-Pontoise (Val d'Oise).
100 Voir chap. « Le projet d'Institut des sciences et techniques du vivant », p. 458. Rappelons également qu'un secrétariat d'État est créé en 1976 et supprimé la même année : voir chap. « La revanche de Cérès », p. 68.

AgroParisTech lèvera définitivement l'hypothèque sur le déplacement de l'école en province. Toutefois c'est principalement durant la période qui nous intéresse que ses effets se font sentir. C'est pourquoi nous jugeons pertinent d'en faire, maintenant, le bilan quant à ses répercussions sur l'ENSIA.

Le contexte d'émergence de ces ambitions a déjà été exposé[101]. C'est évidemment la DATAR qui est l'acteur collectif majeur. Cependant le ministère de l'Agriculture est réticent devant le coût de l'opération de transfert. On peut dire que, depuis 1961, les pouvoirs publics ont, à l'égard de l'ENSIA, choisi de ne pas choisir, aucun moyen financier n'ayant suivi les souhaits de la DATAR, laquelle cependant faisait obstacle à l'amélioration de la situation existante[102]. On ne peut citer aucune personnalité ayant suivi particulièrement cette action au sein de la DATAR. Par contre, du côté de l'ENSIA, André Bonastre[103], directeur de 1950 à 1977, a veillé à maintenir la plus grande partie de l'ENSIA en région parisienne et à préserver une partie des acquis des années1950. Toutefois, il est nécessaire d'avoir présent à l'esprit qu'à cette période Marcel Loncin met en place l'enseignement du génie des procédés alimentaires, ce qui contribue à donner à l'ENSIA une audience non seulement nationale et mais encore internationale.

Il n'y a pas de moyen d'expression direct des ambitions de la DATAR. C'est plutôt, à contrario, la communauté ENSIA qui exprime ses réticences à l'égard de ces contraintes qui se manifestent dans un climat peu valorisant à l'égard de l'enseignement supérieur agronomique et des industries agricoles et alimentaires. C'est notamment dans la présentation des *Annuaires* que s'expriment ces réticences. Mais plus que les termes employés, ce sont, d'une part, l'absence de réunions du conseil de perfectionnement de 1956 à 1971 et, d'autre part, le fait qu'entre 1959 et 1970, un seul annuaire paraisse, celui de 1963-1964, qui expriment le mieux, à cette époque, l'inquiétude de la communauté ENSIA.

Nous constatons que pendant les années 1960 et la première moitié des années 1970 des écoles concurrentes ont été créés. Ceci n'est pas le résultat direct de l'action de la DATAR. Mais indirectement, par

101 Voir ci-dessus, p. 395.

102 Voir ci-dessus, le commentaire du directeur en 1975, p. 419.

103 Voir le parcours d'André Bonastre, chap. « Le projet d'école centrale des industries alimentaires », p. 301.

son action décentralisatrice qui est dans sa mission, elle aura favorisé l'action d'acteurs locaux qui œuvraient dans le sens de la création de ces écoles. On peut considérer que, dans le bilan de l'action de la DATAR, du point de vue de l'ENSIA, les aspects négatifs l'emportent sur les aspects positifs.

On aurait pu raisonnablement penser que, pendant cette période 1971-1978, la mise en place de structures, associant des personnalités extérieures représentatrices des employeurs des ingénieurs ENSIA, remplaçant le conseil de perfectionnement, allaient permettre de lever les hypothèques qui pesaient sur l'ENSIA. Nous venons de voir qu'il n'en a rien été, malgré quelques aspects favorables apparus à partir de 1975, auxquels il faut ajouter, en 1976, l'affectation définitive d'une partie du terrain de Massy où l'ENSIA, depuis 1961, était donc occupant sans titre ! L'école se trouve donc dans un contexte caractérisé, à la fois par la mise en place d'un enseignement qui est à la pointe du savoir en ce domaine ainsi que par des menaces permanentes sur son implantation, bref, un dynamisme intellectuel accompagné d'une instabilité institutionnelle.

C'est incontestablement pour l'école une « période noire », selon les propres termes du directeur en 1977.

LES CONSÉQUENCES SUR L'ENSEIGNEMENT

Les événements de mai 1968, qui se situent pendant cette période, ont des répercussions importantes sur les structures de décision de l'école, mais en ont directement peu sur le contenu de l'enseignement qui poursuit son évolution. Toutefois, les dialogues qui s'instaurent dans ces structures de concertation vont, indirectement, aider à la prise de conscience de cette évolution. La mise en place définitive de l'enseignement du génie industriel alimentaire a mis en évidence la fécondité d'une approche transversale se substituant à l'approche par filières qui avait prédominé jusque-là. C'est pourquoi, lentement, à l'intérieur mais aussi à l'extérieur de l'ENSIA, s'installe une prise de conscience de la nécessité d'adopter la même démarche pour l'ensemble de l'enseignement des industries agricoles et alimentaires.

LA PRISE DE CONSCIENCE DE LA NÉCESSITÉ D'UNE APPROCHE TRANSVERSALE

Plus précisément, apparaît la possibilité de ramener les connaissances, nécessaires aux acteurs des industries agricoles et alimentaires, à trois domaines. En effet, dès 1946, la profession elle-même avait mis en évidence que les connaissances nécessaires aux ingénieurs de ces industries pouvaient se rassembler en deux aspects : les sciences de la nutrition et les sciences mécaniques[104]. Or, par ailleurs, les préoccupations juridiques ont été présentes dès l'origine de l'école et ont été complétées par des cours d'économie et de gestion. Ces disciplines peuvent s'analyser comme tendant à une meilleure connaissance des hommes, que ce soit le personnel de l'entreprise ou les consommateurs.

Au cours des années 1960

Dès 1958, à l'intérieur des deux types principaux d'enseignement identifiés, à savoir les enseignements généraux, d'une part et par filières, d'autre part[105], l'école offre aux élèves en troisième année trois options[106].

Quelques années ensuite, les débats du conseil d'administration du 6 décembre 1962 définissent, à notre avis, très clairement ces trois domaines.

> [...] les préoccupations du chef d'industrie agricole et alimentaire relèvent de trois ordres de connaissances :
> – connaissance de la matière biologique mise en œuvre ;
> – connaissance du matériel utilisé ;
> – connaissance des hommes (ouvriers et consommateurs).

Au cours de cette période, nous relevons également sous la plume de Jean-Jacques Bimbenet, dans un article consacré à l'enseignement du génie industriel à l'ENSIA, le passage suivant :

---

104 Voir chap. « Le projet d'école centrale des industries alimentaires », p. 298.

105 Le nombre d'heures d'enseignement en 1971 et 1981, par statut d'enseignant et par discipline, est récapitulé dans : tableau 17 en annexe XIX et tableau 18 en annexe XX. Pour la situation en 1951 permettant de rendre compte de l'évolution durant les années 1950 et 1960, voir tableaux 1 en annexe XIV et 2 en annexe XV.

106 Sur le détail de ces options, voir annexe XVI.

> D'une façon générale, la tournure d'esprit de l'ingénieur appelé à travailler dans ces industries doit pouvoir se résoudre en trois composantes, selon les points de vue suivants :
> – le point de vue chimique, biochimique, microbiologique, physiologique. Cet aspect est directement lié à la nature particulière des matières premières que nous traitons.
> – le point de vue physique et industriel : les opérations, les machines, les moteurs, et d'une façon générale la conception et la mise en application des procédés à l'échelle industrielle.
> – le point de vue humain, où l'on trouve tous les facteurs psychologiques, économiques, financiers etc. qui interviennent dans la production et la commercialisation des matières fabriquées[107].

Cette approche est confirmée par les « programmes d'enseignement » présentés en décembre 1965 qui regroupent les différents enseignements de l'ENSIA, de la façon suivante :

> – la connaissance de la matière première biologique, de son évolution au cours des traitements industriels, des produits intermédiaires et des produits finis ;
> – la connaissance du matériel et des techniques industrielles alimentaires ;
> – la connaissance des hommes dans leurs rapports avec les industries agricoles et alimentaires.

Enfin, au conseil constitutif de l'*International union of food science and technology* (IUFOST)[108], tenu à Varsovie en 1966, l'approche par « techniques transverses » dans l'enseignement des industries agricoles et alimentaires est reconnue préférable à celle par « métiers ».

À la suite des événements de mai 1968

Au cours des débats consécutifs à ces événements, il est décidé en particulier la création de 5 commissions permanentes. Les intitulés et les compétences de trois d'entre elles méritent d'être rappelés.

La commission « Matière biologique » s'intéresse en 1re année à la chimie et de la biologie et en 2e année à la connaissance de la matière

107 Bimbenet, Jean-Jacques, « L'enseignement du génie industriel à l'ENSIA », *ENSIA 63*, revue des élèves-ingénieurs de l'ENSIA, décembre 1963, p. 9-10.

108 L'Union internationale des sciences et technologies alimentaires (IUFOST), créée en 1962, regroupe les scientifiques et technologues de l'alimentation. Son siège est à Toronto (Canada). Elle ne doit pas être confondue avec *l'Institute of Food Technologists* créé en 1939, présenté ci-dessus p. 400.

biologique, de son évolution au cours des traitements industriels, de la qualité des produits finis.

La commission « Matériel et technique » s'intéresse en 1re année à la physique, aux mathématiques et au dessin ainsi qu'en 2e année à la connaissance des matériels et des techniques industrielles alimentaires.

La commission « Sciences économiques et humaines » s'intéresse en 1re année aux sciences économiques ainsi qu'en 2e année à la connaissance des hommes dans leurs rapports avec les industries alimentaires[109].

Face à la novation pédagogique que représente le génie industriel, les responsables de l'ENSIA prennent acte du fait que ce sont les enseignements généraux qui vont maintenant être les enseignements moteurs. Indiscutablement, c'est le champ de savoir constitué par la connaissance du matériel et des techniques dont le génie industriel qui permet une approche transversale. C'est pourquoi, c'est dans l'autre domaine essentiel de savoir, celui qui a trait à la connaissance de la matière première biologique, que l'ENSIA va très logiquement être conduite à innover.

LES INITIATIVES CONCERNANT LA CONNAISSANCE DE LA MATIÈRE BIOLOGIQUE

Il convient, d'abord, d'exposer que depuis 1959 l'enseignement de cette matière fondamentale, qu'est en ce domaine la biochimie, est enseignée par un professeur qui va reprendre l'enseignement mis en place par Raymond Guillemet et lui donner une dimension nouvelle. Il s'agit de François Sandret qui intervient à l'ENIAA en 1959.

L'action de François Sandret : un enseignement structuré de la biochimie

Le mérite essentiel de François Sandret au plan pédagogique est d'avoir développé, mais surtout institutionnalisé, l'enseignement de la biochimie à l'ENSIA. Il aura donc su mettre en place un enseignement

109 Conseil de direction du centre de Douai du 6 juin 1968, Procès-verbal p. 6, Archives ENSIA. Les deux autres commissions sont consacrées au programme de 3e année, selon qu'il s'agit de l'option A ou de l'option B. Il est précisé que ces différentes options correspondent à chacun des départements d'enseignement qui seront créés en 1979, soit A pour la biotechnologie, B1 pour la science des aliments et B2 pour le génie industriel alimentaire. Voir chap. « Le projet d'Institut des sciences et techniques du vivant », p. 446-450.

structuré de la biochimie, qui devient un des fondements de la formation à l'ENSIA. À partir de 1951, année pour laquelle il est dispensé 125 heures c'est-à-dire juste après le départ de Guillemet, on relève une très forte augmentation en 1971, qui atteint 200 heures pour l'option A, 250 heures soit le double pour les options B1 et B2[110] suivi d'une légère baisse, pour atteindre en 1981 respectivement 196 heures, 221 heures et 196 heures. Par contre, la part de l'enseignement effectué par les titulaires passe d'une totale absence en 1951, à 91 ou 92 % selon les options en 1981. Il prend sa retraite en 1984[111].

L'action de Sandret va être relayée par deux ingénieurs ENSIA dont l'appui va s'avérer essentiel au développement de cet ensemble de disciplines : Hubert Richard et Jean-Yves Leveau.

Hubert Richard : un spécialiste international des arômes

Né en 1938 à Paris, où son père est fonctionnaire de l'Assistance publique et sa mère, secrétaire d'administration centrale, après des études secondaires et une classe préparatoire au Lycée Henri IV à Paris, Hubert Richard entre à l'ENIAA en 1960. Il appartient ainsi à la promotion placée en position charnière dans l'implantation de l'école en région parisienne, celle dont la première année s'effectue à Paris et qui inaugure en deuxième année les nouveaux locaux de Massy. Il est donc le témoin des premiers enseignements de Marcel Loncin en 1962. Pourtant, en troisième année, il choisit l'option « industrie des céréales » dont l'enseignement se déroule à Massy. Il retire, de ses années d'études, le souvenir d'une intense vie des élèves, le constat qu'une école à effectifs réduits permet des innovations pédagogiques intéressantes et le regret de la faiblesse de la recherche à l'ENSIA, à cette époque. Il se perfectionne en obtenant un DEA de chimie organique – produits naturels, auprès de la Faculté des sciences de Paris.

Cet intérêt pour la recherche, qui va être le fil conducteur de son parcours, le conduit à entrer à l'INRA en 1965. Désireux, dès cette époque, de pratiquer une mobilité qui n'était pas encore entrée dans les usages des administrations et établissements publics, il est détaché, en 1966, à la Faculté de pharmacie de Paris puis part, de 1968 à 1970, à

110 Sur ces options, voir note précédente.

111 Madame François Sandret nous a très obligeamment communiqué la plupart de ces informations lors d'un entretien le 20 mars 1997. Nous l'en remercions très vivement.

l'Université de Californie à Davis, au laboratoire de chimie des arômes du professeur W.G. Jennings. C'est désormais autour de ce thème des arômes que vont s'orienter les travaux d'Hubert Richard. Il obtient dans cette université un Ph.D. d'*agricultural chemistry.*

À son retour des États-Unis, le directeur de l'ENSIA, André Bonastre, lui demande de venir enseigner dans son établissement comme assistant de François Sandret, à la chaire de biochimie industrielle alimentaire. Dès 1971, il est chargé de l'animation d'un diplôme d'études approfondies (DEA) de biochimie industrielle alimentaire créé à l'initiative du professeur François Chappeville et organisé en commun par l'Université de Paris-VII (Jussieu) et par l'ENSIA, auxquels se joint, en 1974, l'Université de Paris-XI (Orsay). Jusqu'en 1998 inclus, 178 thèses ont été soutenues ainsi que 398 DEA. De 1971 à 1998, on peut estimer qu'un quart des thèses ont été soutenues par des ingénieurs ENSIA. Hubert Richard réalise donc une très large ouverture de l'acquis de l'ENSIA vers deux universités de renom.

Depuis le départ en retraite de François Sandret en 1984, Hubert Richard assure l'enseignement de la chimie de l'aliment et a fusionné son laboratoire avec celui de Claudette Berset, chargée plus particulièrement de l'enseignement de la biochimie industrielle alimentaire, et dont le laboratoire était orienté vers la recherche portant sur les pigments naturels et la couleur des aliments.

Hubert Richard a publié plusieurs ouvrages : *Le nez des herbes et des épices* (avec Jean Lenoir), Carnoux-en-Provence, éd. Jean. Lenoir, 1987 ; *Quelques épices et aromates et leurs huiles essentielles*, 2 vol., Paris, APRIA, 1974 ; *Les arômes alimentaires*, (avec Jean-Louis Multon[112]), Paris, Tec et doc, 1992 ; *Les épices et aromates*, Paris, Tec et doc, 1992 et plus récemment avec Jean Lenoir, Charles Mac Lean, Martine Nouet, *Le nez du Whisky*, éd. Jean Lenoir, 2013. En outre il a rédigé, avec Jacques Adda, le chapitre consacré aux arômes paru dans : *Technologie d'analyse et de contrôle dans les industries agro-alimentaires*, Paris, Tec et doc, 1re éd., 1981 ; 2e éd., 1991. Il a participé également à la rédaction de : *Les arômes : des matières premières aromatiques à l'aliment. Science culinaire Matière, procédés, dégustation*, éd. Belin, 2014.

Par ailleurs, il a animé pendant 6 années avec Joseph Hossenlopp, professeur à l'ENSIA, dans le cadre conjoint de l'École Ferrandi[113] et d'AgroParisTech, une formation « Interface Cuisine-Industrie » afin de

112 Jean-Louis Multon est ingénieur ENSIA (1959) et professeur consultant à l'ENSIA.

113 Il s'agit d'une école privée orientée vers les métiers de la gastronomie.

donner à des ingénieurs des notions de base de gastronomie leur permettant d'instaurer un dialogue constructif avec des chefs-cuisiniers dans le but de créer de nouveaux produits.

On lui doit 58 articles publiés dans des revues à comité de lecture, 22 dans des revues sans comité de lecture et 47 communications à des congrès. Il est également l'un des coordonnateurs scientifiques du colloque international sur les arômes alimentaires tenu à Paris du 8 au 10 décembre 1982[114]. Dans le domaine de la recherche sur les arômes, il a acquis une audience véritablement internationale.

Hubert Richard participe de manière active, d'une part, à la vie de l'école puisqu'il dirige, de 1971 à 1992, le pavillon de l'ENSIA à la cité internationale universitaire de Paris et a siégé aux différentes instances de l'établissement, d'autre part, au sein du ministère de l'Agriculture, à l'évaluation des enseignants. Il a assuré ainsi la présidence de la section « chimie, technologie, sciences des aliments » de la Commission nationale des enseignants chercheurs de l'agriculture (CNECA).

Hubert Richard assure ainsi une part notable de l'enseignement de la chimie de l'aliment et de la biochimie, dont il a été souligné précédemment qu'il était fondamental à l'ENSIA. Il prend sa retraite en 2000.

Jean-Yves Leveau : un des fondateurs de la microbiologie industrielle à l'ENSIA

C'est en 1943 à Thouars (Deux-Sèvres) où son père était professeur que naît Jean-Yves Leveau. Après une préparation au Lycée de Poitiers puis au Lycée Henri IV à Paris, il entre à l'ENSIA en 1962.

Jean-Yves Leveau fait donc partie de la deuxième promotion dont les deux premières années se déroulent dans les nouveaux locaux de Massy. Il garde le souvenir d'y avoir reçu une bonne formation générale d'ingénieur, malgré beaucoup d'enseignements encore atomisés, le génie des procédés alimentaires n'ayant pas encore réalisé son action unificatrice[115]. Leveau fait sa troisième année à Douai où, après un mois

114 BNF, catalogue BN Opale. Entretiens avec Hubert Richard les 22 février et 9 mars 1995. Dossier de candidature d'H. Richard pour la promotion au grade de professeur de classe exceptionnelle (1994). Nous remercions très vivement Hubert Richard d'avoir bien voulu nous communiquer ces informations.

115 Voir ci-dessus : « Le développement de l'enseignement du génie industriel alimentaire à l'ENSIA », p. 410-414.

d'enseignement préparatoire, un stage de trois mois pendant la campagne sucrière lui permet de découvrir l'industrie.

Dès 1965, il participe à l'enseignement de la microbiologie à Douai, en devenant l'assistant du professeur Michel Rambaud[116], titulaire de la chaire des industries de biosynthèse et de fermentations. L'agrandissement des locaux de Douai a permis d'augmenter les moyens du laboratoire de microbiologie. Parallèlement à son activité d'enseignement, il y prépare sa thèse de docteur-ingénieur, soutenue en 1973 à l'Université de Lille et intitulée : *Recherches sur les protéides du jaune d'œuf de poule. Isolement de deux glycoprotéines.* Après l'obtention de son doctorat, il réoriente son activité de recherche en utilisant des techniques biochimiques pour la caractérisation moléculaire des souches microbiennes et notamment des levures par la différentiation des polysaccharides pariétaux[117]. Les techniques mises au point ont notamment permis de différencier finement des clones de levure de vinification et ont conduit à la sélection de levures en vue de leur production sous forme sèche active qui sont maintenant largement utilisées en œnologie.

À la création des départements[118], il rejoint celui de biotechnologie[119], d'abord à Douai sous la présidence de René Scriban, puis au CERTIA, à Villeneuve d'Ascq. Il devient président de ce département en 1983, avant d'accéder au grade de professeur à la fin de 1984, devenant ainsi l'enseignant de microbiologie le plus ancien d rang professoral.

En 1989, l'ENSIA a quitté le Nord pour se regrouper à Massy. Sous la responsabilité de Jean-Yves Leveau, au sein du département de microbiologie industrielle, dirigé par Marielle Bouix, la dominante[120] de troisième année est alors devenue : « microbiologie des procédés alimentaires » plus conforme à son contenu scientifique et technique lequel n'a cessé d'évoluer et de s'enrichir prenant en compte l'évolution et les progrès dans les domaines de la technologie et de la biologie moléculaire

116 Sur Michel Rambaud voir plus loin p. 436.

117 Il s'agit de polymères de la famille des glucides qui entrent dans la composition des parois des cellules végétales.

118 Sur les « départements » de l'ENSIA, voir chap. « Le projet d'Institut des sciences et techniques du vivant », p. 447.

119 Sur le département de Biotechnologie, voir chap. « Le projet d'Institut des sciences et techniques du vivant », p. 449.

120 Sur la notion de Dominante, voir chap. « Le projet d'Institut des sciences et techniques du vivant », p. 467.

pour en adapter le contenu scientifique et pédagogique aux besoins de formation des ingénieurs.

La relation avec l'Université de technologie de Compiègne (UTC)[121] s'est renforcée, le département de l'ENSIA devenant partenaire de l'école doctorale de l'UTC. En même temps, le DEA a changé de nom pour devenir « stratégies d'exploitation de fonctions biologiques ». Enseignant principalement en troisième et dernière année du cycle ingénieur, Jean-Yves Leveau a développé de nombreux contacts avec le milieu industriel grâce aux stages des étudiants. Cela lui a permis d'assurer la coordination du stage de début de deuxième année à la demande des élèves.

On lui doit les ouvrages suivants : *Gestion et maîtrise du nettoyage et de la désinfection en agro-alimentaire* (colloque APRIA, ENSIA, INRA des 9 et 10 décembre 1985, co-organisé avec Marc Lalande et Georges Corrieu), Paris, APRIA, 1986 ; *Techniques d'analyse et de contrôle dans les industries agro-alimentaires, 3) le contrôle microbiologique* (coordonné avec Claude-Marcel Bourgeois), Paris, APRIA, 1980, 2e éd., Paris, Lavoisier APRIA, 1991 ; *Aseptie et génie de l'hygiène dans les industries agro-alimentaires*, Paris, APRIA, 1991 ; *Microbiologie industrielle : les micro-organismes d'intérêt industriel* (en collaboration avec Marielle Bouix), Paris, Lavoisier, 1993 ; *Nettoyage, désinfection et hygiène dans les bio-industries*, Paris, Lavoisier, 1999, 2e éd. 2005[122].

Jean-Yves Leveau prend sa retraite en septembre 2008, très peu de temps après l'intégration de l'ENSIA dans AgroParisTech[123].

Les tentatives sémantiques concernant
la connaissance de la matière biologique

On se doit également de noter que l'ENSIA prend, à cette période et dans ce domaine, plusieurs initiatives d'ordre sémantique. La première tentative relevée est la création en 1956, au décès de Charles Mariller, afin de définir le contenu de la nouvelle chaire, du terme de « biourgie »

121 Après une première phase pendant laquelle une rivalité entre les deux institutions avait été redoutée ainsi qu'il a été exposé ci-dessus p. 417, une complémentarité s'était imposée et ira jusqu'à s'institutionnaliser : voir chap. « Le projet d'Institut des sciences et techniques du vivant », p. 468.

122 BNF, catalogue BN Opale ; informations données par J.Y. Leveau.

123 Entretien avec Jean-Yves Leveau du 22 décembre 1997, lettre du 22 septembre 1998 et courrier électronique du 12 mars 2020. Nous le remercions très vivement des informations qu'il nous a communiquées.

pour désigner les applications industrielles de la microbiologie[124]. En effet, craignant, à la suite des mesures gouvernementales prises en 1954, un manque de débouchés dans la distillation proprement dite, le directeur de l'ENIAA propose que la chaire s'intitule « Distillerie (Biourgie-chimiurgie-distillation industrielle)[125] ». C'est Michel Rambaud, ingénieur ENSIA de la promotion entrée en 1934, qui occupe cette nouvelle chaire.

Le terme de chimiurgie, désignant la valorisation systématique des sous-produits de fabrication, est très rapidement abandonné. Ce terme de biourgie est donc apparu bien avant celui de biotechnologie pour considérer tout ce qui se rapporte aux microbes agents industriels de production et de transformation. Le terme était sans doute trop en avance à l'époque et c'est celui d'Industries de biosynthèses et fermentations qui a été retenu. Le terme de biourgie est modifié, à la demande de l'Académie des sciences, en « microbiurgie » puis est délaissé au début des années1960[126].

L'autre tentative à signaler est la réutilisation du mot « bromatologie[127] » qui apparaît en 1960[128]. Ce terme, bien qu'encore très officiellement utilisé en 1963[129], est en voie d'abandon à l'ENSIA et ne subsiste qu'à l'état de trace jusqu'en 1974[130].

---

124 Ce terme distingue cet enseignement de celui de microbiologie proprement dite, professé par Jean Claveau, *École nationale des industries agricoles et alimentaires, centre de Douai*, 1957, (document non paginé).

125 *Bull. ingénieurs ENSIA*, n° 39, mars avril 1956, p. 36, conseil de perfectionnement du 2 mai 1956. Archives ENSIA.

126 Le conseil des professeurs du 26 octobre 1960 est, à notre connaissance, la dernière trace de son utilisation.

127 Ce mot a une origine très ancienne. Des éditions successives du dictionnaire Larousse le définissent ainsi : « Traité des aliments », *Grand dictionnaire universel du XIXe siècle*, t. 2, p. 1303, Paris, 1867 ; « Sciences traitant des diverses substances au point de vue de leurs propriétés alimentaires ». *Larousse du XXe siècle*, t. 1, p. 878, Paris 1928. En 1960, ce terme n'est plus mentionné ce qui semble indiquer qu'il était tombé en désuétude, *Grand Larousse encyclopédique*, t. 2, Paris, 1960. Les *Annales de la falsification et des fraudes* l'utilisent lors de leur parution en 1908. Cependant ce terme est encore utilisé dans *Dictionnaire médical*, Paris 1975.

128 Le procès-verbal du conseil des professeurs du 4 octobre 1960 désigne François Sandret sous l'appellation de professeur de « bromatologie », Archives ENSIA.

129 À l'occasion d'un avis de concours de recrutement, il est spécifié qu'il s'agit « [...] d'un chef de travaux de biochimie alimentaire et de bromatologie ». *Journal officiel*, 29 août 1963, p. 7919.

130 Bien que, dès le conseil des professeurs du 4 octobre 1963, F. Sandret soit désigné sous l'appellation de professeur de biochimie, ce terme figure dans le compte rendu d'activité des chaires et services de l'ENSIA, *Bull. ingénieurs ENSIA*, n° 16, octobre 1974.

Ces tentatives sémantiques traduisent le besoin d'une terminologie plus précise pour ce qui relève de ce que René Lecomte appelait, en 1946, les sciences de la nutrition. Dans ce dernier domaine, c'est plus généralement le besoin d'une réorganisation des enseignements de l'ENSIA qu'expriment ces tentatives.

Bilan des enseignements portant sur la connaissance de la matière biologique

En nous plaçant sur la période allant de1951 à 1981, la durée consacrée à l'ensemble des enseignements généraux évolue peu.

Cependant, il y a une différence dans l'évolution de la durée des cours des disciplines consacrée plus directement à la connaissance de la matière biologique selon les options[131]. Cette durée est plus élevée dans l'option A, essentiellement du fait de la place accordée à la microbiologie pour laquelle le temps, accordé à cette dernière discipline, triple par rapport à 1951. Par contre, dans l'option B, cette durée baisse de 36 %. La chimie voit, dans les deux options, le temps qui lui est consacré baisser de 42 %. Enfin, la place de la biochimie est plus importante dans l'option B où sa durée d'enseignement a doublé par rapport à 1951 ; dans l'option A, elle ne voit sa durée augmenter que de 60 %.

LES AUTRES ENSEIGNEMENTS GÉNÉRAUX

La mise en place de l'enseignement de génie industriel alimentaire entraîne la baisse de la durée consacrée aux enseignements portant sur la connaissance des matériels de 1951 à 1981[132]. Cette baisse n'est qu'en apparence paradoxale car cette nouvelle discipline, en apportant plus de cohérence dans ces matières, a permis de réduire la durée qui leur est consacrée.

Il convient d'accorder ici une place aux enseignements d'économie et de gestion. Le temps qui est consacré à ces enseignements augmente de manière générale[133]. Toutefois, une des options est orientée vers l'économie et permet aux étudiants intéressés par cette discipline de se

131 Pour le nombre d'heures consacrée aux enseignements généraux en 1951, voir tableau 2 en annexe XV. Pour la situation de ces mêmes enseignements en 1971 et en 1981, voir tableau 17 en annexe XIX. Pour la distinction entre les différentes options, voir ci-dessus p. 430, note 109.

132 Cette baisse est de 12 % dans l'option A et de 6 % dans l'option B.

133 Cette hausse est de 37 % dans l'option B, et de 3,6 % dans l'option A.

perfectionner à l'ENSIA. Ne disposant pas d'enseignant titulaire dans cette discipline, l'ENSIA fait appel, à partir de 1965, aux chercheurs de l'INRA[134] et, tout particulièrement compte tenu de sa proximité géographique, à une partie de l'équipe implantée au Marché d'intérêt national de Rungis et particulièrement orientée vers ce secteur. Cette équipe, animée par Joseph Le Bihan, se développe considérablement en s'appuyant plus particulièrement sur l'analyse de système[135]. Cette équipe considère que c'est l'ensemble de la chaîne allant de l'exploitation agricole à la distribution, en passant par l'industrie transformatrice du produit agricole en produit alimentaire, qui doit faire l'objet de l'analyse économique et que, de ce fait, l'aspect alimentaire doit devenir prépondérant par rapport à l'aspect agricole. Cette approche a incontestablement renouvelé l'enseignement de l'économie à l'ENSIA, qui a pris davantage en compte la dimension alimentaire[136].

Pour cette dernière raison, l'évolution de ces disciplines à l'ENSIA entre 1951 et 1981 est chargée de sens, non seulement pour le développement de l'enseignement de l'économie des industries agricoles et alimentaires à l'ENSIA, mais également pour les recherches menées dans ce secteur au sein de l'Institut national de la recherche agronomique (INRA). Mais Joseph Le Bihan, après 1971, ne poursuit pas sa collaboration avec l'ENSIA, laquelle recrute ensuite deux enseignants titulaires : Joseph Hossenlopp en décembre 1971, puis Roland Treillon à la fin de 1972.

LES ENSEIGNEMENTS DE FILIÈRES : LE RÔLE DE RENÉ SCRIBAN

Les professeurs chargés de deux des filières fondatrices, respectivement Marcel Roche[137] pour la sucrerie et Jean Méjane[138] pour la distillerie, ont déjà été présentés. Pour sa part, la chaire de brasserie-malterie est occupée à cette période par une personnalité marquante : René Scriban.

---

134 Sur l'INRA, on pourra avantageusement se reporter à : Denis, Gilles, « Une histoire institutionnelle de l'Institut national de la recherche agronomique (Inra)-Le premier Inra (1946-1980) », *Histoire de la recherche contemporaine*, t. III-n° 2, 2014, p. 125-136.

135 Sur la démarche de J. Le Bihan voir : Pierre Combris et Jacques Nefussy, *L'agro-alimentaire, un concept qui ne va pas de soi pour l'analyse économique*, INRA, Laboratoire de recherches sur l'économie des IAA, Rungis, septembre 1982, p. 24-25.

136 Entretien avec Joseph Le Bihan le 6 février 1997.

137 Voir le parcours de Marcel Roche ci-dessus, p. 413.

138 Voir le parcours de Jean Méjane chap. « Le projet d'école centrale des industries alimentaires », p. 287.

Né en 1920 à Lille, titulaire du CAPES, René Scriban est d'abord professeur de sciences naturelles, puis assistant à la Faculté des sciences de Lille. Il entre en 1948, à l'occasion de son mariage, dans l'industrie brassicole où il reste jusqu'en 1964. Ayant obtenu le doctorat ès sciences en 1951, il prend la direction d'un laboratoire de contrôle et de recherche industriel.

En 1967, Scriban devient titulaire de la chaire de brasserie à l'ENSIA et, à partir de 1979, y assure la présidence du département[139] de biotechnologie. Comme d'ailleurs ses deux prédécesseurs, il participe activement aux actions de formation continue qui sont, depuis 1925, une des caractéristiques de la chaire de malterie-brasserie de l'école. Il enseigne également à l'École du génie rural des eaux et des forêts[140] et à l'Institut supérieur de l'agro-alimentaire[141]. Il prend sa retraite en janvier 1985.

En outre, René Scriban exerce plusieurs fonctions officielles, parmi lesquelles celle d'expert au Service de la répression des fraudes et à l'Agence nationale pour la valorisation de la recherche (ANVAR). Son activité n'est pas purement nationale puisqu'il est également membre de *l'European brewery convention* et de *l'American society of brewing chemists.*

René Scriban a publié près de 200 travaux scientifiques ou techniques couvrant l'ensemble de la filière malterie-brasserie et allant jusqu'aux problèmes de santé alimentaire tels que les cancérigènes dans les industries agro-alimentaires. Il est le coordinateur et le co-auteur de deux ouvrages : *Biotechnologies*, 1re édition, Paris, Lavoisier, 1982, suivie de 4 rééditions, la dernière datant de 1999[142] ; *Les industries agro-alimentaires, progrès des sciences et techniques*, Paris, 1988. Ce dernier ouvrage est un historique des savoirs des industries agro-alimentaires[143].

Cette ampleur des activités de René Scriban s'organise, certes, autour de la brasserie et de la malterie mais son expérience industrielle l'a conduit à veiller à ce que l'enseignement de la brasserie donné à Douai et, plus généralement l'enseignement dispensé à l'école, ainsi que la recherche, se fassent en étroite liaison avec l'activité industrielle. C'est ce dernier point

139 Sur les « départements » de l'ENSIA, voir chap. « Le projet d'Institut des sciences et des techniques du vivant », p. 447.

140 Sur l'École nationale du génie rural, des eaux et des forêts (ENGREF), voir annexe XXIII.

141 Sur l'Institut supérieur de l'agro-alimentaire (ISAA), voir chap. « Le projet d'Institut des sciences et des techniques du vivant », p. 453-468.

142 Cet ouvrage a été traduit en trois langues : la 2e édition en espagnol (1984) et en portugais (1985), la 3e édition en italien (1991).

143 Nous nous sommes référés à plusieurs reprises à cet ouvrage et plus particulièrement pour l'historique de la sucrerie.

qui nous paraît avoir été l'action principale de René Scriban à l'École nationale supérieure des industries agricoles et alimentaires[144]. L'autre préoccupation de Scriban aura été de maintenir, dans le département du Nord, une structure d'appui intellectuel à l'intention des malteurs et brasseurs du nord de la France.

Comme pour les deux autres filières fondatrices, nous devons souligner la stabilité de la chaire de brasserie, occupée par quatre titulaires depuis l'origine, soit une durée moyenne de 22 années.

Dans l'ensemble des options la place des enseignements de filière décroît très fortement pour atteindre en 1971 des valeurs qui ne sont que de l'ordre du tiers de celles de 1951[145]. Cependant, la différenciation entre les filières enseignées dans chacune des options sont cohérentes avec leur implantation respective. Il n'est pas étonnant que Douai garde l'empreinte d'une époque où les enseignements de filière étaient prédominants, et abrite, de ce fait, les filières les plus anciennes alors que les filières les plus récentes sont à Massy. D'autre part, la place très importante des enseignements de filière dispensée à Douai par des enseignants titulaires est le signe que, si l'intérêt pédagogique pour ces disciplines diminue, leur poids institutionnel au sein de l'établissement reste encore élevé[146].

Cette forte diminution de la durée consacrée aux enseignements de filières qui est une conséquence du génie industriel alimentaire, entraîne, au total une baisse des heures d'enseignement dispensé. Cette durée, comprenant un stage de trois mois pendant la campagne sucrière et la formation humaine en langues et éducation physique, baisse sensiblement de la même valeur de l'ordre de 12 % dans chacune des options.

---

144 La plus grande partie de ces informations nous ont été fournies par René Scriban au cours d'un entretien qu'il nous a accordé le 2 décembre 1987. Nous l'en remercions très vivement.

145 Voir tableau 1 en annexe XIV et tableau 18 en annexe XX. Dans l'option A, sur les 10 filières enseignées en 1951, la moitié ne le sont plus. Subsistent les trois filières fondatrices ainsi que la laiterie et les industries des céréales, c'est à dire toutes les filières qui étaient enseignées avant 1940, à l'exception de la cidrerie dont l'enseignement a disparu. Dans l'option B, leur durée est un peu plus élevée que dans l'option précédente, (35 % du temps attribué aux enseignements de filière en 1951). La principale différence avec l'option A réside dans la nature des filières enseignées : les industries des céréales, celles de la viande, la conservation des fruits et légumes et les industries des produits sucrés qui, à part la première de ces filières, n'ont été enseignées que depuis 1941.

146 Plus de 80 % des enseignements de filière donnés à Douai le sont par des enseignants titulaires alors qu'à Massy, ces matières sont dispensées en totalité par des enseignants vacataires.

CONCLUSION
Bilan du projet du génie industriel alimentaire

La mise en place définitive de l'enseignement du génie industriel alimentaire est conforme à l'évolution générale qui, en mettant en évidence les opérations unitaires, évite les doubles emplois qu'avait déjà diagnostiqués le premier directeur aux origines de l'école. Tout particulièrement après la Deuxième Guerre mondiale, la prise de conscience de l'unité des industries alimentaires a conduit l'ENIA à prendre en compte la plus grande partie des filières de transformation des produits agricoles en produits alimentaires. Il faut souligner que ces pratiques, destinées donc à satisfaire des besoins alimentaires, remontaient la plupart du temps à un passé très lointain et s'étaient évidemment constituées de manière purement empirique. Face à la multiplicité de ces filières une mise en cohérence s'avérait nécessaire. Cette cohérence scientifique a été assurée par l'école en substituant progressivement à une approche par filière correspondant chacune à un métier, une approche par procédés ou techniques transverses.

Alors qu'aussitôt après la Deuxième Guerre mondiale c'est, à la fois, l'ancien directeur Étienne Dauthy et l'Association des anciens élèves qui ont été les éléments moteurs, ils sont ensuite relayés par l'école proprement dite, c'est à dire principalement son comité directeur et le corps enseignant. On se doit, à ce sujet de souligner que ce projet pédagogique aura été porté par un groupe extrêmement réduit en nombre. Ce tournant se situe, en effet, à la charnière des années 1950 et des années1960[147]. Il paraît nécessaire de tenir compte des ingénieurs ENIAA dont les activités sont étrangères au génie industriel, mais qui n'en contribuent pas moins à « asseoir » l'école dans la société française. Il reste qu'en 1959 la communauté ENIAA, prise au sens le plus large, dépasse à peine 1 000 personnes[148].

147 L'annuaire 1959, nous permet de connaître, à cette date, sinon tous les ingénieurs ENSIA, du moins ceux qui ont gardé un rapport avec l'Association des anciens élèves et, donc avec l'école. En additionnant les ingénieurs ainsi recensés, le directeur et les enseignants à cette date, on obtient 1092 personnes. Tous n'ont évidemment pas joué un rôle actif dans la mise en place de ce projet.

148 Pour être complet, il y aurait lieu d'y ajouter les membres du Centre national de coordination des études et recherches sur la nutrition et sur l'alimentation (CNERNA). Sur le CNERNA, voir annexe XVIII et chap. « La revanche de Cérès », p. 68.

L'acteur individuel majeur de ce projet est évidemment Marcel Loncin qui ayant acquis une notoriété véritablement européenne « consacre » l'ENSIA comme étant le lieu privilégié de l'enseignement du génie industriel alimentaire en France. Il y a lieu également de faire ressortir le rôle essentiel du directeur de l'ENSIA pendant la majeure partie de cette période : André Bonastre. Son action a d'abord été de faire appel à Loncin mais surtout de faire face aux menaces de délocalisation émanant principalement de la DATAR afin d'assurer la présence de l'école en région Île-de-France, garante, selon la communauté ENSIA, à la fois du niveau de son recrutement et de la qualité de son enseignement. Sur le plan pédagogique Marcel Loncin, a été efficacement relayé à l'école par Jean-Jacques Bimbenet.

Les acteurs presque exclusifs de ce projet se situant à l'intérieur de l'école, il est normal que les moyens d'expression de sa mise en place puissent être qualifiés d'« internes ». Le principal de ces moyens est incontestablement l'*Annuaire* de l'Association des anciens élèves dans lequel nous avons vu le directeur s'exprimer très librement. Mais, il est arrivé à Jean-Jacques Bimbenet de s'exprimer de manière très explicite sur l'évolution pédagogique dans le *Bulletin des élèves-ingénieurs*[149].

L'introduction de l'enseignement du génie industriel alimentaire constitue une véritable coupure épistémologique dans l'histoire de l'ENSIA. Si la démarche du génie industriel est apparue dès 1952, ce n'est qu'au début des années1960, avec l'enseignement de Marcel Loncin qui va s'avérer être le chef de file de cette discipline au niveau européen, que cet enseignement prend véritablement racine à l'ENSIA. Cette discipline joue ainsi le rôle d'un fédérateur des savoirs des industries agricoles et alimentaires et consacre la primauté donnée à l'approche transverse par procédés sur l'approche par filières ou par métiers.

Ce renversement essentiel, que nous avons vu s'amorcer précédemment[150], s'y installe définitivement à ce moment-là. La mise en place de ce savoir constitue, incontestablement la réussite majeure de l'École nationale supérieure des industries agricoles et alimentaires. Il faut ajouter que, les enseignements de « science de l'aliment » ainsi que de « microbiologie industrielle » qui se mettent en place, presque simultanément,

149 Un de ces articles a été publié en 1963, donc antérieurement à mai 1968. Le dialogue interne à l'ENSIA avait donc débuté bien avant ces événements !

150 Voir chap. « Le projet d'école centrale des industries alimentaires », p. 322.

sont également à mettre à l'actif de l'école[151]. C'est, en quelque sorte le « point d'orgue » de l'évolution de l'enseignement dispensé à l'école.

Ainsi, L'ENSIA, en posant un regard structurant sur des savoirs épars qui s'étaient constitués sans conscience de leur unité, a permis l'émergence de ce que l'on peut appeler une véritable syntaxe des industries agro-alimentaires. À ce sujet on peut légitimement se demander si la démarche du génie industriel ne reprend pas, en fait celle-là même qu'Anne-Françoise Garçon expose à propos de la réflexion sur la technologie conduite par les philosophes du XVIIIe siècle et tout particulièrement les disciples de Diderot.

> [...] ils [les producteurs] demandent aux savants et philosophes de retourner dans les ateliers, non pour opérer une description des arts et métiers, mais pour analyser, comprendre et expliquer, pour rendre publique la rationalité qu'ils contiennent, ces principes techniques qui structurent et étayent toute pratique, de manière à en améliorer les effets, de manière surtout à les isoler de leurs contextes, à les extraire et les transformer en principes échangeables et transférables à d'autres pratiques qui s'en trouveront ainsi améliorées. Construire une grammaire des raisons de la pratique, en somme, ce qui supposait au préalable un travail sur le langage et la description [...][152].

Ce qui caractérise cette période, c'est aussi l'entrée dans la « Terre promise », ou du moins tant espérée, d'une implantation francilienne. Malgré bien des tentatives de déplacement dont certaines se prolongerons ultérieurement, cette implantation ne sera pas remise en cause[153]. Bien qu'ayant obtenu cette implantation, l'école se voit dans la situation inconfortable d'une « avant-garde assiégée » et les responsables, en particulier le directeur, doivent livrer une véritable « guerre de tranchées » politico-administrative pour préserver, et parfois développer, une situation acquise pendant les années 1950. L'école ressent, face au développement de l'industrie agro-alimentaire, le handicap que constitue le refus des

151 Voir chap. « Le projet d'Institut des sciences et des techniques du vivant », p. 448.

152 Garçon, Anne-Françoise, « Technologie : histoire d'un régime de pensée, XVIe-XIXe siècle », *in* Robert Carvais, Anne-Françoise Garçon et André Grelon (dir.), *Penser la technique autrement XVIe-XXIe siècle. En hommage à l'œuvre d'Hélène Vérin*, Paris, Classiques Garnier, Histoire des techniques, 2017, p. 87-88.

153 En 2020, plus de dix ans après la fusion dans AgroParisTech, les enseignements de ce qui fut l'ENSIA se font toujours à Massy, en attendant un transfert sur le plateau de Saclay prévu pour septembre 2022. Voir chap. « Le projet d'Institut des sciences et techniques du Vivant »

pouvoirs publics de lui accorder les moyens de s'agrandir. C'est pourquoi elle cherche des alliances avec d'autres institutions telles que les départements similaires des Universités de Paris-VII et Paris-XI, tout en cherchant à préserver sa spécificité, notamment vis-à-vis de l'Institut agronomique. Cette implantation en région Île-de-France marque en effet la fin de ce que l'on peut se risquer à appeler le « splendide isolement » de l'ENSIA et comporte, en germe, la possibilité pour certains, le risque pour d'autres, de voir l'école être conduite à coordonner, voire à fusionner avec d'autres établissements d'enseignements supérieurs installés, eux aussi en région Île-de-France.

Pour toutes ces raisons, c'est une école en quête de synergie avec d'autres institutions similaires. Ce sera, l'objet du prochain chapitre.

S'agissant d'un pays dans lequel l'activité agricole est aussi ancienne et la tradition gastronomique aussi affirmée que la France, on reste cependant confondu qu'une tâche aussi essentielle qu'introduire la rationalité scientifique dans la fabrication de nos aliments ait dû être accompli par une équipe aussi réduite en nombre et qu'elle ait eu à franchir autant d'obstacles.

LE PROJET D'INSTITUT DES SCIENCES ET TECHNIQUES DU VIVANT (MASSY 1977-2014)

En 1977 s'ouvre une étape de l'ENSIA caractérisée, à la fois par une profonde réorganisation interne mais, également, par un élargissement institutionnel. La forme la plus large de cette institutionnalisation s'exprime par le projet de création de l'« Institut des sciences et techniques du vivant » (ISTV) proposé par Jacques Poly, président de l'Institut national de la recherche agronomique en 1989.

Cependant, dès avant cette date, la nécessité d'une meilleure coordination entre les différents enseignements consacrés à ce qui était devenu l'« agro-alimentaire » était apparue et s'était traduite par la mise en place, dès 1981, de l'Institut supérieur de l'agro-alimentaire (ISAA). La fusion en 2007 de l'ENSIA dans l'« Institut des sciences et industries du vivant et de l'environnement », dénommé « AgroParisTech » qui rassemble également l'Institut national agronomique-Paris-Grignon (INA-PG) ainsi que l'École nationale du génie rural des eaux et des forêts (ENGREF) peut être considéré comme l'aboutissement du projet ISTV et marque la fin de l'existence indépendante de l'ENSIA.

LA TRADUCTION DE L'APPROCHE TRANSVERSALE DANS L'ENSEIGNEMENT

Ce passage d'un enseignement par filières, correspondant à des métiers, à un enseignement par procédés, qui s'est réalisé à l'ENSIA à partir des années1950, n'a cependant porté que sur l'une des deux composantes de la formation de l'ingénieur des industries alimentaires.

Dès 1946, le représentant de ces industries avait clairement mis en évidence le double aspect de la formation nécessaire pour ce secteur d'activité[1].

En effet, le génie industriel alimentaire peut s'analyser comme l'application d'une démarche transversale aux sciences de la mécanique utilisées dans les industries agricoles et alimentaires. Il est normal que, tenant compte de l'intérêt présenté par cette nouvelle discipline, une démarche similaire soit entreprise, en particulier, pour les sciences de la nutrition. Nous avons vu précédemment que l'ENSIA avait déjà pris conscience de la nécessité d'une telle approche transversale.

LA MISE EN PLACE DES DÉPARTEMENTS D'ENSEIGNEMENT PAR LE NOUVEAU DIRECTEUR, JEAN-MICHEL CLÉMENT

Cette réorganisation des enseignements s'inscrit donc bien dans l'évolution de l'ensemble de l'enseignement de l'école mais elle est surtout voulue par le nouveau directeur de l'ENSIA, Jean-Michel Clément qui succède à André Bonastre en octobre 1977.

Jean-Michel Clément (1934-1993)

Né à Alger, d'un père médecin et dans une famille où existait déjà une tradition agronomique, puisque l'un de ses grands pères, le général Aumeran, était ingénieur de l'École nationale d'agriculture de Maison-Carrée en Algérie. Jean-Michel Clément, après des études à Alger, vient préparer l'Institut agronomique à Paris au lycée Saint-Louis. Il y entre à en 1955, puis complète sa formation par une année à l'Institut d'études politiques de Paris.

En 1960, il retourne à l'Institut agronomique, d'abord comme enseignant à la chaire d'agriculture puis comme sous-directeur de 1965 à 1971, année où il est nommé directeur de l'École nationale supérieure agronomique de Nancy, avec pour mission de la fusionner avec l'École de brasserie ainsi qu'avec celle de laiterie, ce qui est réalisé en 1972, donnant naissance à l'École nationale supérieure d'agronomie et des industries alimentaires (ENSAIA)[2], implantée ultérieurement sur un nouveau site en périphérie de Nancy.

---

1 Voir chap. « Le projet d'école centrale des industries alimentaires », p. 298.

2 Sur l'ENSAIA, voir annexe XXI.

En 1976, Clément rejoint l'ENSIA, dont il devient secrétaire général puis directeur, d'octobre 1977 à septembre 1987[3]. On lui doit plusieurs ouvrages : *L'avenir de l'agriculture, essai sur les techniques modernes*, Paris, Dunod, 1969 ; *L'industrie alimentaire*, 1974 ; *Dictionnaire des industries alimentaires*, Masson, 1978 ; ; avec Éric Wolff, *la documentation en industries alimentaires*, n° hors-série, *RIA*, Paris, éd. SEPAIC, 9 septembre 1985. Il a en outre assuré la coordination du *Larousse agricole*, 1981.

En prenant ses fonctions, Jean-Michel Clément constate, dans l'enseignement de l'ENSIA, la coexistence de deux approches : d'une part, celle qui privilégie les disciplines scientifiques générales, génie industriel alimentaire, biochimie, microbiologie, d'autre part, celle qui privilégie l'approche par filière. Certes, la première tend à se renforcer au détriment de la seconde mais cette dualité subsiste. L'ensemble de ces enseignements s'organise autour de 13 chaires. Instruit par son expérience nancéenne, où il a pu constater la fécondité du rapprochement de l'enseignement de filières diverses jusque-là séparées, Clément, dès le début de 1978, propose aux enseignants et aux étudiants de réfléchir à un regroupement des chaires. C'est à l'issue d'un travail de réflexion de plus d'un an que des propositions sont présentées en mai 1979.

Ce besoin de regroupement déjà ressenti s'était traduit, à partir de 1973, par la création de départements. C'est ce dernier terme qui est retenu. Trois départements sont ainsi créés : génie industriel alimentaire, science de l'aliment et enfin biotechnologie.

Ces propositions, approuvées le 17 mai 1979 par le conseil des enseignants puis le 30 mai par le conseil général, se mettent en place à la rentrée 1979. Cet ensemble sera complété par la création, en 1986, d'un département portant sur l'économie alimentaire, sous le nom de Centre d'études en économie de la production pour les industries alimentaires (CEPAL), et dont le besoin est ressenti dès 1979. Mais, à cette époque, il n'y avait que deux enseignants titulaires dans cette discipline et il est apparu qu'il était indispensable « […] d'atteindre le seuil nécessaire de 5 titulaires afin de constituer le département Sciences économiques de l'ENSIA[4] ».

---

3 Sources : *Who's who in France*, 17e éd., 1984-1985, p. 336. Jean-Michel Clément nous a accordé deux entretiens les 19 septembre 1986 et 7 juillet 1987. Nous remercions très vivement Jean-Michel Clément, malheureusement disparu depuis, de nous avoir considérablement facilité les débuts de cette recherche.

4 « Création des départements », *Situation générale de l'ENSIA*, mai 1979, p. 10, Archives ENSIA.

Toutefois, certaines réticences s'expriment dans le corps enseignant. En particulier, le professeur de brasserie, René Scriban, a toujours veillé à ce qu'un lien étroit soit maintenu entre l'industrie et la formation des ingénieurs. Craignant que la mise en place des départements, en donnant la priorité à l'approche transversale sur l'approche par filière, n'aboutisse à un relâchement de ce lien, il manifeste une réserve à ce sujet.

Le génie industrie alimentaire est, sans conteste, la discipline qui a induit la dynamique qui se traduit par la création des départements, Tout d'abord, le département du génie industriel alimentaire regroupe, outre cette discipline proprement dite, les connaissances du matériel et des techniques utilisées, soit ce qui ressortait déjà de la commission « Matériel et technique » instituée en 1968[5], c'est-à-dire plus précisément les mathématiques, la physique et le dessin. S'agissant de ce département soulignons qu'il a bénéficié de l'apport de certains enseignements de filières tel celui de l'industrie des céréales : c'est ainsi que Jean Buré[6] apporte sa compétence, sur les milieux pulvérulents et sur les milieux pâteux, à l'édification du savoir relatif au génie industriel alimentaire.

S'il ne paraît pas nécessaire de revenir plus en détail sur ce département recouvrant la discipline qui a fait l'objet du chapitre précédent, il convient de présenter plus complétement les autres départements.

Le département de science de l'aliment

Ce département regroupe plusieurs enseignements généraux, ceux de chimie, de biochimie ainsi que celui de la filière d'industries des céréales. C'est pourquoi il importe de s'y arrêter. Cette appellation est la traduction littérale de l'anglais « *Food science*[7] » et règle donc le problème sémantique précédemment évoqué[8]. Ce corps de disciplines avait déjà émergé à l'école antérieurement, tout d'abord avec l'introduction de l'enseignement de la biochimie sous la direction de Raymond Guillemet[9] mais également à une date plus récente où nous avons vu apparaître plusieurs initiatives

5 Voir chap. « Le projet du génie industriel alimentaire », p. 430.

6 Sur Jean Buré, voir chap. « Le projet d'école centrale des industries alimentaires », p. 319.

7 Voir chap. « Le projet du génie industriel alimentaire », p. 429.

8 Ce terme sera d'ailleurs repris par l'INRA qui dénommera ses *Annales de technologie agricole*, publiées depuis 1952 en *Sciences des aliments* à partir de 1981.

9 Sur R. Guillemet, voir chap. « Le projet d'école centrale des industries alimentaires », p. 289 et annexe XVIII.

concernant la connaissance de la matière biologique[10]. Il convient également de signaler que la création du laboratoire de rhéologie appliquée par Jean Buré, étendant à l'ensemble des industries alimentaires un savoir issu de l'industrie des céréales, constitue une démarche qui est l'une des origines du département science de l'aliment. Plus généralement aussi bien Guillemet que Buré ont contribué à situer l'enseignement dispensé par le département science de l'aliment, avant que ce dernier ne se mette effectivement en place, dans la continuité des travaux du Centre national de coordination des études et recherches sur la nutrition et sur l'alimentation (CNERNA)[11].

C'est François Sandret[12] qui devient le premier responsable de ce département dont les thèmes de recherche s'orientent notamment sur l'analyse sensorielle, les arômes, les constituants alimentaires, les emballages, les processus oxydatifs ainsi que sur la texture des aliments. Après son départ en retraite, c'est Bernard Launay, ingénieur ENSIA, qui assure la présidence de ce département. Signalons que la chaire de mathématiques et informatique animée par Marc Danzart, après avoir primitivement été rattachée au département de génie industriel alimentaire, rejoint ensuite celui de science de l'aliment.

Ce département participe, en outre, au DEA Sciences alimentaires en co-habilitation avec les universités de Paris-VII, de Paris-XI et l'INA-PG.

Le département de biotechnologie

Ce département, qui devait primitivement, s'appeler « microbiologie industrielle », regroupe la microbiologie et les disciplines dont les chaires sont implantées à Douai, c'est-à-dire la brasserie, la sucrerie, la distillerie et la laiterie, techniques qui, à part la sucrerie, ont un lien étroit avec la microbiologie. Ce département reprend d'ailleurs ensuite l'appellation qui avait primitivement été envisagée. Son activité de recherche est orientée selon deux axes majeurs. Il étudie, d'une part, le comportement des flores positives qui permettent la production ou la transformation d'aliments, comme dans la fabrication du fromage : c'est plus particulièrement le rôle du laboratoire de microbiologie des

10 Voir chap. « Le projet du génie industriel alimentaire », p. 428-432, 435.

11 Sur le CNERNA, voir chap. « La revanche de Cérès », p. 68 et annexe XVIII.

12 Sur François Sandret, voir chap. « Le projet du génie industriel alimentaire », p. 430.

procédés alimentaires. D'autre part, est étudiée le comportement des flores négatives, qu'elles soient pathogènes ou qu'elles provoquent des altérations, dans les outils de production et les aliments : c'est plus particulièrement le rôle du laboratoire de qualité et sécurité microbiologiques des aliments et procédés.

Après avoir été présidé, à l'origine, par René Scriban, il est ensuite dirigé par Jean-Yves Leveau puis par une ingénieure ENSIA, Marielle Bouix.

La première femme responsable d'un département d'enseignement : Marielle Bouix

Fille d'un père qui exerçait la profession de directeur des ressources humaines, Marielle Bouix effectue ses études secondaires à l'Institut Notre-Dame de Saint Germain-en-Laye (Yvelines) puis, après une préparation au Lycée Chaptal à Paris, entre à l'ENSIA en 1973 à une époque où la présence de jeunes femmes dans l'école avait cessé d'être exceptionnelle[13]. Constatant que dans cette école, fondée sur un équilibre entre les sciences de l'ingénieur et les sciences biologiques, ces dernières lui paraissent présenter une plus large marge de développement, c'est vers la microbiologie qu'elle s'oriente et, plus précisément, vers une recherche réalisée dans les laboratoires de l'ENSIA, grâce à un financement de la direction générale de la recherche scientifique et technique (DGRST)[14]. Ces travaux se traduisent par une thèse de docteur-ingénieur de l'ENSIA, soutenue en 1979 sur : *L'électrophorèse, l'immuno-électrophorèse et l'immuno-fluorescence, appliquée à la différenciation fine et rapide des levures. Applications à l'œnologie et à la brasserie.* D'abord en 1978 puis ultérieurement, Marielle Bouix est, la plupart du temps en collaboration, l'auteur de 8 publications liées à cette thèse.

En 1979, Marielle Bouix est chargée, d'un enseignement qui s'oriente rapidement sur les levures et la physiologie microbienne, d'abord à Douai puis à Villeneuve d'Ascq (Nord), avant qu'elle ne rejoigne Massy en 1988. Elle est également titulaire, depuis 1999, d'une Habilitation à diriger des recherches (HDR). Depuis 1989, elle assure la présidence du département

---

13 La promotion 1973 comprend un cinquième de jeunes femmes alors que, de 1951, date de l'entrée de la première, à 1967, leur effectif moyen est de 1,4 %.

14 Cette direction dépend du ministère de la Recherche.

de microbiologie industrielle et s'efforce, en particulier, de sauvegarder la place de l'enseignement de la biologie au sein de l'ENSIA[15].

Elle est également l'auteur des ouvrages suivants : *Microbiologie industrielle : les micro-organismes d'intérêt industriel*, Paris, Lavoisier, 1993 ; *Nettoyage, désinfection et hygiène dans les bio-industries*, Paris, Lavoisier, 1999, 2e éd. 2005[16].

Primitivement, ce sont uniquement ces trois départements qui se mettent en place. En 1986 il devient possible, en outre, de regrouper plusieurs disciplines autour de l'économie pour constituer le CEPAL.

Le Centre d'étude en économie de la production pour les industries alimentaires (CEPAL)

La nécessité d'un tel regroupement était apparue dès la constitution des départements.

Les activités de ce centre s'efforcent de répondre aux enjeux auxquels ont à faire face les entreprises toujours guidées par la recherche d'une meilleure compétitivité. Dans ce but, les activités sont menées selon une problématique action/recherche. En effet, d'une part, la connaissance doit s'élaborer au plus près des réalités industrielles et d'autre part, les expériences concrètes doivent pouvoir être formalisées pour pouvoir être diffusées et réutilisées. Une des préoccupations est de transposer aux industries agro-alimentaires les méthodes de gestion qui tendent à se diffuser dans d'autres secteurs. Dans ce but, un lien est établi avec d'autres écoles telles que l'École centrale des arts et manufactures et l'École des mines.

L'école va créer un autre département répondant à une extension de son activité sur le plan géographique.

LA SECTION DES INDUSTRIES ALIMENTAIRES DES RÉGIONS CHAUDES (SIARC)

La SIARC a été voulue par Jean-Michel Clément, en 1976, c'est-à-dire dès son arrivée à l'ENSIA. Cette section a été créée, à Montpellier, pour répondre aux besoins de formation des ingénieurs et des spécialistes en industries alimentaires qui exercent leur activité dans les régions

---

15 Informations communiquées par Marielle Bouix lors d'un entretien le 17 mai 1995, ce dont nous la remercions très vivement.

16 BNF, catalogue général.

chaudes. En effet ces pays, quels que soient les continents auxquels ils appartiennent, ont en commun, sur le plan économique, d'avoir, à la fois une activité agricole dominante mais également une industrialisation récente et sur le plan démographique, de devoir faire face à des situations de malnutrition ainsi qu'à une urbanisation croissante.

Or, Montpellier, vieille ville universitaire, est devenue la vitrine française des formations destinées aux régions chaudes grâce à l'Institut agronomique méditerranéen (IAM)[17], créé en 1962, ainsi qu'au Groupement d'études et de recherches pour le développement de l'agronomie tropicale (GERDAT)[18] créé en 1970. Cet ensemble est complété, en 1980, par le Centre national d'études agronomiques des régions chaudes (CNEARC), précédemment installé à Nogent-sur-Marne (Val-de-Marne). L'implantation de la SIARC à Montpellier se justifie donc pleinement. La durée des études est de deux ans. De sa création à 1986, le nombre moyen d'ingénieurs formés est de 14 par an. Il faut signaler également que l'ENSIA forme une partie des élèves de l'Institut agronomique et vétérinaire Hassan II (Maroc) dont le nombre s'élève à 8 par an, de 1975 à 1979[19]. Compte tenu de la faiblesse de ses moyens, l'ENSIA s'est vue, sur le plan des structures, dans l'obligation d'établir des partenariats avec des établissements déjà implantés à Montpellier. C'est pourquoi, une convention est d'abord établie avec l'Université des sciences et techniques du Languedoc puis dénoncée en 1980, la SIARC étant intégrée à l'ENSIA. En 1981 un lien est établi avec le CNEARC dont la SIARC est considérée comme le département « Industries alimentaires ». Bien que répondant, sur le plan de l'enseignement alimentaire à un besoin géostratégique évident ce qui justifie qu'elle reste géographiquement implantée à Montpellier, l'errance institutionnelle de la SIARC se termine provisoirement avec un retour comme département de l'ENSIA[20].

Cette mise en place des départements d'enseignement, d'abord précédée à partir des années 1960 de la prise de conscience que ces savoirs pouvaient

17 L'IAM est l'établissement français du Centre international des hautes études agronomiques méditerranéennes. Documentation ENSIA.

18 Le GERDAT a été créé pour coordonner les activités de divers instituts couvrant l'ensemble des productions végétales et animales des zones tropicales et intertropicales. En 1984 ce groupement prend le nom de Centre international de recherches agronomiques pour le développement (CIRAD). Documentation ENSIA.

19 *Annuaire des anciens élèves de l'ENSIA*, Paris 1996, p. 51, 55.

20 En 2007, à la création d'AgroParisTech, la SIARC sera rattachée au centre agronomique de Montpellier.

se regrouper en quelques ensembles, constitue en fait la généralisation de la démarche du génie industriel. Elle représente donc l'institutionnalisation de l'approche transversale et nous paraît constituer l'aboutissement de l'évolution de l'enseignement de l'ENSIA qui, à l'origine, privilégiait nettement l'approche par filière. Après la mise en place du génie industriel, qui se situe au niveau des contenus, le regroupement en départements constitue, cette fois au niveau des structures, l'autre événement majeur de l'histoire de l'enseignement à l'ENSIA. L'année 1979 marque l'achèvement de l'institutionnalisation de l'approche transversale dans la formation pour les industries agricoles et alimentaires à l'ENSIA qui dispose donc, à cette date d'un atout indiscutable. Cette situation incite à formuler l'hypothèse que les pouvoirs publics ont peut-être été conduits à se demander si l'école avait la taille suffisante pour assurer le plein développement de l'enseignement d'un domaine aussi vital. La suite des événements rend cette hypothèse vraisemblable car, presque simultanément, l'ENSIA va être très directement concernée par une réorganisation externe importante. Il s'agit de l'intégration de l'ENSIA dans l'Institut supérieur de l'agro-alimentaire (ISAA).

L'INSTITUT SUPÉRIEUR DE L'AGRO-ALIMENTAIRE (1977-1983)

La période 1977-1983 est, en particulier, marquée par l'alternance du pouvoir politique de mai et juin 1981 qui est intervenue seulement quelques années après le début de la période étudiée et qui a été vécue de manière assez forte par la plupart des acteurs. Nous examinerons donc successivement deux sous-périodes : d'abord de 1977 à mai 1981 puis de juin 1981 à 1983.

LA GENÈSE DE L'INSTITUT SUPÉRIEUR DE L'AGRO-ALIMENTAIRE (1977-MAI 1981)

À ce moment, un événement international va retentir fortement sur le contexte économique national : le deuxième choc pétrolier. Ce dernier, contribue à augmenter considérablement la facture pétrolière du pays, tout particulièrement pendant l'année 1979 ce qui est un facteur aggravant de la crise économique révélée par le premier choc pétrolier[21]. C'est dans ce contexte, qui n'est pas sans avoir des répercussions, non seulement économiques mais également culturelles, sur les industries agricoles et alimentaires que va s'élaborer l'Institut supérieur de l'agro-alimentaire (ISAA).

Sur le plan national, c'est le président de la République, Valéry Giscard d'Estaing lui-même, qui se préoccupe du développement des industries agricoles et alimentaires.

Le discours de Vassy

Le 16 décembre 1977 à Vassy (Calvados), le président de la République dans un discours consacré aux « Perspectives pour l'agriculture française » présente les industries agricoles et alimentaires comme un atout national et lance, pour les qualifier, l'expression de « pétrole vert ». Ce discours marque la reconnaissance officielle, au plus haut niveau, de l'atout que représentent ces industries et marque une consécration de leur importance. En 1977, les industries agricoles et alimentaires apparaissent comme une sorte de retour au « labourage et pâturage » de Sully. C'est dans ce sens que plusieurs initiatives sont prises par les pouvoirs publics.

La Délégation aux industries agricoles et alimentaires

Il faut signaler que, presque deux ans avant le discours de Vassy, mais déjà sous la présidence de Valéry Giscard d'Estaing, le 12 janvier 1976, un secrétaire d'État aux industries agricoles et alimentaires avait été nommé en la personne de Jean Tiberi et rattaché, à la fois au ministre de l'Agriculture ainsi qu'au ministre de l'Industrie et de la Recherche. À l'occasion d'un changement de gouvernement, ce poste est supprimé le 25 août 1976. Ce n'est qu'en octobre 1977 que ce poste est remplacé par une délégation aux industries agricoles et alimentaires. À sa tête est nommé Jean Wahl[22] (1922-2012), ancien élève de l'École nationale d'administration qui était, depuis 1965, chef des services d'expansion

21 Becker, Jean-Jacques, *Crises et alternances 1974-1995*, Nouvelle histoire de la France contemporaine-19, Paris, Le Seuil, 1998, p. 81-82.

22 Jean Wahl avait également combattu dans les rangs de la France Libre, ayant rejoint Londres en 1943.

économique à l'Ambassade de France en Angleterre. Le Délégué a compétence non seulement sur les industries relevant du ministère de l'Agriculture, ce qui était le cas de la majorité de ces industries mais aussi sur celles suivies par celui de l'Industrie, ce qui était le cas des produits amylacés. Le Délégué est donc sous la double tutelle des ministres de l'Industrie et de l'Agriculture.

Jean Wahl envisage, dans le domaine de la formation, de renforcer l'ENSIA pour créer à Massy un grand pôle de formation dans le domaine agro-alimentaire. Ses projets sont contrés par la DATAR qui entend, elle, rapatrier l'ENSIA à Douai pour implanter ce pôle dans le Nord. L'ENSIA reste, malgré tout, à Massy[23]. Jean Wahl est l'auteur d'un ouvrage[24] qui nous permet de connaître, après coup, ses conceptions sur le développement des industries agricoles et alimentaires et plus précisément sur leur enseignement.

S'agissant de la Politique agricole commune (PAC)[25], il convient d'avoir présent à l'esprit que les critiques qu'il formule contre elle sont devenues sans objet, cette dernière ayant été profondément refondue en 1992. On peut cependant regretter que l'appréciation qu'il porte sur l'agriculture française soit aussi critique alors qu'en 1978, c'est-à-dire pendant que Jean Wahl exerce ses responsabilités, Jacques Poly, directeur scientifique de l'INRA, publie un rapport[26] mettant en évidence l'accroissement considérable de la productivité réalisé par l'agriculture française depuis la Libération.

Jean Wahl attache une grande importance à l'enseignement et à la recherche :

> Le tryptique enseignement-recherche-développement [...] constitue l'élément clé de l'indépendance agro-industrielle : en permettant l'acquisition de la maîtrise technologique et sa transmission à l'industrie, il est la condition d'une stratégie autonome[27].

---

23 L'essentiel des informations concernant la Délégation aux industries agricoles et alimentaires nous ont été très aimablement communiquées par Claude Brocas, ingénieur général honoraire des ponts, des eaux et des forêts, qui avait été affecté à cette délégation dès sa création. Nous l'en remercions très vivement.

24 Wahl, Jean, *Le pétrole vert français*, Paris, Flammarion, enjeux pour demain, 1983.

25 Bureau, Jean-Christophe, *La politique agricole commune*, Paris, La Découverte, collection repères, 2007, p. 24-30.

26 Poly, Jacques, *Pour une agriculture plus économe et plus autonome*, INRA, 1978. Jean Wahl n'a pu ignorer ce rapport puisqu'il le cite p. 98.

27 Wahl, Jean, ouvr. cité, p. 101.

Mais il constate que :

> Si [...] les moyens consacrés par la France à l'enseignement, à la recherche et au développement de l'agro-industrie sont [...] globalement admissibles, leur formidable dispersion, à peine concevable, en réduit considérablement l'efficacité[28].
>
> Les effets de la dispersion des moyens [sont] constamment entretenue et accrue par le saupoudrage résultant de l'action en faveur de l'aménagement du territoire[29] [...].

Or, il lui paraît indispensable de rechercher une meilleure coordination de ces activités,

> L'intégration de l'enseignement, de la recherche et du développement à l'ensemble de la chaîne agro-industrielle suppose que ces trois activités appréhendent d'une façon homogène et coordonnée la totalité de chaque filière – qu'il s'agisse des céréales, de la viande, des produits laitiers, des oléagineux ou des fruits et légumes – depuis l'extrême amont de l'agriculture jusqu'à l'aval le plus extrême[30].

... qui ne peut être obtenue qu'en les rassemblant sur un même site :

> [...] l'agro-industrie s'enrichit des disciplines qui la complètent comme les mathématiques, la physique, la géologie, la biologie, la biochimie ou la médecine. Cette indispensable innervation interdisciplinaire ne se fait dans de bonnes conditions que si, au moins pour l'enseignement et la recherche, ces disciplines sont réunies avec l'agro-industrie sur un même site géographique[31].

... et qui implique une taille suffisante car :

> Le coût d'un enseignement, d'une recherche et d'un développement agro-industriels modernes est nécessairement élevé : il faut pouvoir amortir l'investissement indispensable que représente un corps professoral d'une quantité – 1 enseignant pour 6 étudiants environ – et d'une qualité suffisante, et les équipements onéreux qu'exige la technologie moderne. Il semble que la « masse critique » nécessaire à cet amortissement soit, pour l'ensemble de la chaîne agro-alimentaire, de l'ordre de 5 000 étudiants.

---

28 Wahl, Jean, ouvr. cité, p. 123.
29 Wahl, Jean, ouvr. cité, p. 125.
30 Wahl, Jean, ouvr. cité, p. 102
31 Wahl, Jean, ouvr. cité, p. 104-105.

> La masse critique [...] n'est réalisée que si, pour chaque filière, ces moyens sont, de l'extrême amont à l'extrême aval, concentrés sur un même site[32].

Or constate-t-il :

> De fait, la masse critique n'est à peu près jamais atteinte en France, ni pour la recherche, ni pour le développement. Pour l'enseignement supérieur, les 500 étudiants de l'Institut national agronomique représentent entre les sites de Paris et de Grignon, la concentration la plus importante : on est loin des rassemblements de 3000 à 7000 étudiants que l'on trouve en Allemagne fédérale, aux Pays-Bas [...] où s'interpénètrent, sur un même campus, des disciplines mutuellement enrichissantes[33].

Cette critique de la dispersion, nous le verrons, sera reprise ultérieurement.

S'agissant de la relation avec les pays du sud, l'action de la SIARC est approuvée :

> Quant à l'enseignement, les échanges avec les pays tropicaux [...] se sont récemment accrus avec la création d'un cycle d'études adaptées aux régions chaudes,
>
> [...] mieux que d'autres, les experts français peuvent comprendre les nécessités d'une « nouvelle coopération » avec les pays en voie de développement, notamment lorsqu'elle porte sur les transferts technologiques[34].

Compte tenu du diagnostic ainsi formulé par Jean Wahl et en ayant présent à l'esprit qu'il a été, précédemment, chargé de l'expansion économique en Angleterre, on ne saurait mieux résumer, à notre avis le contexte d'émergence de l'ISAA, que de la façon suivante :

> À l'origine se trouve la comparaison des performances à l'exportation du secteur des industries agricoles et alimentaires en France et aux Pays-Bas. La relative faiblesse de la France est, en 1978, imputée à l'insuffisance notoire de la recherche dans ce secteur que l'on attribue à la fragmentation excessive de l'enseignement et de la recherche entre 9 établissements dépendant du ministère de l'Agriculture soit du ministère de l'Éducation (INA-PG, ENSAR, ENSAM, ENSAT, ENSAIA, ENSIA, ENSBANA, ENGREF), 10 si l'on y ajoute l'Institut de gestion internationale agro-alimentaire, (IGIA) récemment créé par l'ESSEC et l'ENSIA et peut être 15 si l'on prend en

32 Wahl, Jean, ouvr. cité, p. 104.
33 Wahl, Jean, ouvr. cité, p. 125.
34 Wahl, Jean, ouvr. cité, p. 237-238.

compte les différentes universités qui ont créé des DEA agro-alimentaires (Compiègne, Clermont-Ferrand, Toulouse, etc.)[35].

Cet intérêt des pouvoirs publics se double, dans un premier temps, d'une reconnaissance du rôle spécifique de l'ENSIA. En effet, le 22 février 1978, le Conseil des ministres confirme l'ENSIA, selon les termes du communiqué de presse, « dans son rôle d'animateur, à l'échelle nationale, des formations de haut niveau des spécialistes des industries agricoles et alimentaires ».

Une première initiative des pouvoirs publics consiste à constituer une commission consultative de l'enseignement agro-alimentaire[36]. Le rapport de cette commission dite « Perdrix », du nom du directeur des industries agricoles et alimentaires qui en assure la présidence, remis le 9 juin 1978, propose de renforcer l'ENSIA et de détecter les doubles emplois afin de délimiter les compétences.

Ce sont ensuite les propositions du groupe dit « des 3 sages » qui sont connues fin 1978. À la suite d'une décision du Premier ministre du 27 juillet 1978 est constitué un groupe de travail. Dans le but « d'établir le projet d'un "pôle d'enseignement supérieur" dans le domaine des industries agricoles et alimentaires[37] », sont désignées trois personnalités, Guy Fauconneau inspecteur général de l'INRA, Jean Hémard ingénieur ENSIA[38], président honoraire de Pernod-Ricard et Roger Macé, inspecteur général des finances.

Ce rapport constate d'abord « une prolifération passablement désordonnée des initiatives » et présente un diagnostic sur la situation actuelle de l'ENSIA :

> Le groupe de travail s'est interrogé sur les raisons de la désaffection des étudiants pour l'ENSIA, telle que la révèlent les choix qui sont faits à l'issue

35 Institut supérieur de l'agro-alimentaire, *Situation actuelle de l'ISAA et perspectives, Note pour le Directeur général de l'enseignement et de la recherche*, 24 mai 1982, p. 1. Cette note a très vraisemblablement été rédigée par Jean-Claude Pinguet-Rousseau, ingénieur en chef du génie rural, des eaux et des forêts, administrateur de l'ISA qui a succédé à Claude Brocas.

36 Un tel groupe avait déjà été constitué en mai 1965 et avait proposé un transfert partiel à Nantes, lequel ne s'était pas concrétisé.

37 Lettre de mission du Délégué général aux industries agricoles et alimentaire, 20 septembre 1978.

38 Sur Jean Hémard, voir chap. « Les ingénieurs des industries agricoles formés avant 1940 », p. 265-268.

du concours commun où cette école entre en concurrence avec plusieurs autres établissements, la plupart à finalité agronomique[39].

Il lui est apparu que le développement de l'ENSIA a été paralysé et son prestige compromis par un déménagement partiel coupant en deux l'établissement sans lui assurer une réinstallation matérielle convenant à sa vocation nouvelle. Cette situation a été aggravée par une attribution plus que parcimonieuse des moyens de fonctionnement [...].

À ces facteurs circonstanciels, sinon accidentels s'en ajoutent d'autres, encore plus décisifs et d'effet plus durable :

– en premier la vocation étroitement délimitée de l'ENSIA qui, en raison de la faible ampleur des besoins exprimés par la profession, est ainsi condamnée à demeurer un établissement de faible dimension se situant très en-deçà de la taille critique indispensable à son efficacité et à son rayonnement ;
– en second, ce n'est d'ailleurs qu'une conséquence, le cheminement très linéaire d'un enseignement qui oriente très tôt et assez irrévocablement vers un avenir professionnel relativement précis, ce qui ne répond plus aux vœux des étudiants et à ceux de leurs futurs employeurs.

Le groupe de travail s'est demandé s'il était, dans ces conditions, raisonnable d'envisager que l'ENSIA puisse élargir son recrutement pour mieux répondre aux besoins d'industries dont la spécificité associe les techniques de l'ingénieur à celle de l'agronome [...].

Le groupe de travail ne le pense pas et il ne peut pas, par conséquent, partager les vues de ceux qui proposent de fonder une réorganisation d'ensemble de l'enseignement supérieur agro-alimentaire sur un simple renforcement de l'ENSIA[40].

Ce diagnostic va donc à l'encontre du projet d'école centrale des industries alimentaires[41] et met, selon nous, un terme à cette ambition collective, du moins telle qu'elle avait été formulée par les anciens élèves de l'ENIA. Pourtant l'idée de permettre à des étudiants issus d'autres formations de pouvoir se perfectionner dans les industries alimentaires demeure présente chez les auteurs, si l'on en juge par le passage suivant :

Ainsi pourrait-on voir s'orienter vers les I.A.A. d'anciens centraliens ou d'anciens élèves de l'école de physique et chimie de la Ville de Paris, [...] ainsi

39 Voir chap. « les ingénieurs des industries agricoles et alimentaires formés de 1941 à 1968 », p. 335 et chap. « Le projet du génie industriel alimentaire », p. 422.

40 Fauconneau, Guy, Hémard, Jean, Macé, Roger, (avec le concours de Frédéric Tiberghien), *Rapport sur l'organisation de l'enseignement supérieur agro-alimentaire et de la recherche liée à cet enseignement*, s.l., 1978, p. 4-5.

41 Voir chap. « Le projet d'école centrale des industries alimentaires »

> que d'anciens élèves de l'X qui y ont un accès direct, qu'ils soient « civils » ou appartiennent au « corps[42] ».

La principale proposition est de fusionner l'INA-PG et l'ENSIA, ce qui avait déjà été avancé par le directeur de l'INA-PG en 1975[43]. Cette fusion apparaît nécessaire pour créer, en région parisienne, un établissement qui serait l'élément central d'un pôle d'enseignement supérieur agro-alimentaire. Ce pôle comprendrait également l'ENGREF orienté davantage vers la formation mécanique et industrielle pour ceux de ses élèves qui ne se destinent pas à la fonction publique. De son côté, l'ENSAIA de Nancy[44] « serait l'homologue en province » du pôle francilien.

Relevons, au passage, que :

> Le groupe de travail [...] rappelle seulement que cette formation exige, d'une part la connaissance des matières premières agricoles et des produits alimentaires (science et technologies de la matière à l'état brut, en cours d'élaboration et à l'état de produit fini) et, d'autre part, la connaissance des matériels et procédés de fabrication (science et technologie de la transformation industrielle)[45].

Soulignons que ce double aspect de la formation des cadres supérieurs de l'agro-alimentaire rejoint ce qui avait déjà été exposé dans les années suivant immédiatement la Deuxième Guerre mondiale.

Un institut de recherche orienté vers le génie industriel alimentaire complète cet ensemble. À ce sujet, on relève que cette dernière discipline semble constituer pour les membres du groupe de travail l'essentiel du savoir concernant les industries alimentaires. En effet, l'expression « génie industriel alimentaire » revient fréquemment, au contraire de l'expression de « science de l'aliment » dont nous venons de voir, d'une part, qu'il faisait l'objet, au même moment, au sein de l'ENSIA de la constitution d'un « département » similaire à celui du génie industriel alimentaire, d'autre part, ainsi que l'atteste l'extrait du rapport cité ci-dessus, que « la connaissance des matières premières agricoles et des produits alimentaires » était à mettre sur le même plan que : « la

42 Fauconneau, Guy, Hémard, Jean, Macé, Roger, *Rapport cité*, p. 15.

43 *Cahiers des ingénieurs agronomes*, n° 289, août-septembre 1975, p. 26, compte-rendu du comité du 27 juin 1975.

44 Sur L'ENSAIA, voir annexe XXI.

45 Fauconneau, Guy, Hémard, Jean, Macé, Roger, *Rapport cité*, p. 32.

connaissance des matériels et procédés de fabrication ». Les auteurs reconnaissent, d'ailleurs, que :

> [...] c'est dans cet établissement [l'ENSIA] qu'a été créé en 1962 le premier enseignement consacré en France au génie industriel et alimentaire[46].

Ils précisent, d'ailleurs, dans le résumé de ce rapport, bien qu'en proposant, de fait, la suppression de l'école :

> L'ENSIA [est la] seule école qui, [...] forme actuellement des ingénieurs de bon niveau pour les industries agro-alimentaires[47].

Ils préconisent également une fusion des corps enseignants :

> La logique [...] commande plutôt que les professeurs des différents établissements du pôle fassent l'objet d'un recrutement unique. [...] assurant, par là même, la mobilité du corps professoral d'un établissement à l'autre[48].

S'agissant de l'ENSIA, on ne peut que constater que les auteurs, d'une part, nient à cette école la capacité à devenir le pôle de rassemblement d'un enseignement supérieur agro-alimentaire mais, d'autre part, reconnaissent son antériorité, explicitement pour l'enseignement du génie industriel alimentaire et implicitement pour l'architecture des disciplines à y enseigner.

On ne peut également que constater que ces propositions sont en contradiction avec les décisions du gouvernement du 22 février de la même année.

Mais, en octobre 1979, la Délégation aux industries agricoles et alimentaires est supprimée et remplacée par un secrétariat d'État.

C'est Michel Debatisse[49] qui est nommé secrétaire d'État aux industries agricoles et alimentaires et il est placé auprès du Premier ministre. Son action s'est principalement orientée vers la politique industrielle

46 Fauconneau, Guy, Hémard, Jean, Macé, Roger, *Rapport cité*, p. 25.

47 *Résumé des principales propositions du groupe de travail chargé d'étudier une réforme de l'enseignement agro-alimentaire*, Paris, 1978, p. 5.

48 Fauconneau, Guy, Hémard, Jean, Macé, Roger, *Rapport cité*, p. 23.

49 Michel Debatisse (1929-1997) est un syndicaliste agricole issu de la Jeunesse agricole catholique (JAC) qui deviendra président, de 1971 à 1978, de la Fédération nationale des syndicats d'exploitants agricoles (FNSEA), principale organisation syndicale représentative du monde agricole. Il est l'auteur de *La Révolution silencieuse, le combat des paysans*, (Préface de François Bloch-Lainé), Paris, Calmann-Lévy, 1963.

et le développement des entreprises. En matière de formation, il est intervenu en faveur d'une meilleure coordination de l'enseignement supérieur de l'agro-alimentaire et donc de la création de l'ISAA ainsi que deux industriels de l'agro-alimentaire :

> M. [Gérard] Joulin qui était à l'époque le patron des pains Jacquet, et Antoine Riboud, fondateur du groupe Danone, avec l'objectif de parvenir à constituer des grands groupes agro-alimentaires capables de s'affronter aux groupes anglo-saxons[50].

En définitive, c'est le ministre de l'Agriculture et plus particulièrement la Direction générale de l'enseignement et de la recherche qui reprend en mains le projet de la formation supérieure dans le domaine agro-alimentaire et va lui permettre de mûrir.

L'action de Louis Malassis, directeur général de l'enseignement au ministère de l'Agriculture

La nomination, fin 1978, de Louis Malassis (1918-2007) comme directeur général de l'enseignement et de la recherche au ministère de l'Agriculture va relancer le projet. Malassis est un économiste qui s'efforce d'introduire la notion d'économie agro-alimentaire, incluant l'ensemble de la chaîne de l'agro-fourniture, c'est-à-dire l'amont de l'agriculture ainsi que l'alimentation, c'est-à-dire l'aval, reprenant, en l'adaptant aux cas français et européen, le concept d'« *agri-business* » lancé par John Herbert Davis et Ray Allan Goldberg en 1957[51]. Le terme « agro-alimentaire » a donc, chez Malassis, une acception différente de celle que nous adoptons, laquelle recouvre l'industrie agro-alimentaire c'est-à-dire uniquement l'aval de l'agriculture[52].

Louis Malassis souhaite, en matière d'enseignement des industries agricoles et alimentaires, améliorer la coordination de l'Institut national agronomique avec l'ENSIA,

Dès le 23 janvier 1979, il réunit les directeurs de l'INA-PG, de l'ENGREF et de l'ENSIA, en leur demandant d'« étudier la possibilité

---

50 Foucault, Michel, « Quelles demandes pour la formation ? L'Institut supérieur de l'agro-alimentaire », in *L'histoire de l'alimentation Quels enjeux pour la formation ?* séminaire de Tours, 11-12 décembre 2002, Dijon, Educagri éd., 2004, p. 103.

51 Davis, J.H., Goldberg, R.A., *A concept of agribusiness*, Boston, Harvard University, 1957.

52 Malassis, Louis, *Économie agro-alimentaire*, Paris, éd. Cujas, 1979.

de créer, en commun, le grand "Pôle agro-alimentaire" de rayonnement international ; dans la région parisienne[53] ». Ce document nous apprend également que :

> Le même mardi 23 janvier, un déjeuner a réuni autour de M. Norbert SEGARD[54], [...] : MM. Malassis, Wahl, J.M. Clément et des personnalités du Nord (Préfecture, Universités...)
>
> Il a été indiqué que le ministre de l'Agriculture s'orientait vers la solution : un grand pôle international en I.A. à Paris et des « centres associés » en province. Dans cette hypothèse, Douai serait un de ces centres (en réalité Douai-Lille). J.M. Clément a souligné, là encore, les moyens notables que nécessitaient la rénovation de Douai et son orientation : formation continue [...] recherche en microbiologie industrielle.
>
> M. Segard et les représentants du Nord ont estimé que ce schéma d'ensemble était « réaliste » et qu'ils souhaitaient sa mise en place rapide[55].

Cependant une des conditions posées est que l'ENSIA abandonne son recrutement direct et devienne une école d'application. Or, les anciens élèves de l'ENSIA s'opposant à cette transformation, on s'oriente vers la création d'un institut de troisième cycle dont Louis Malassis expose les principes au conseil général de l'ENSIA du 30 mai 1979.

> Un institut de 3e cycle, ce sont des écoles, des universités, qui s'associent pour une formation déterminée.
> [...] l'Institut va impliquer que j'ai une infrastructure disponible, et il implique aussi que je n'équiperai pas un grand nombre d'écoles de ces moyens scientifiques [...][56].

S'agissant plus particulièrement de l'ENSIA, il précise son projet :

> [...] l'ENSIA conserve sa personnalité, mais l'ENSIA s'associe pour faire un Institut Supérieur de l'Agro-alimentaire, elle s'associe avec l'ENGREF, elle s'associe avec l'Institut national de la recherche agronomique, elle s'associe avec une grande école de commerce, et elle est déjà associée avec l'ESSEC. Peut-être demain s'associera-t-elle avec les Mines ou Polytechnique. Elle s'associera avec des écoles qui ont un objectif commun, mais qui, prises individuellement, ne peuvent pas atteindre cet objectif, parce qu'il n'est pas question dans

53 Clément, Jean-Michel, *L'avenir de l'ENSIA*, Note interne, 24 janvier 1979, p. 1.

54 Norbert Segard est un élu du département du Nord. Il est, à l'époque, ministre de la Recherche.

55 Clément, Jean-Michel, *Note citée*, 24 janvier 1979, p. 2.

56 Malassis, Louis, *intervention*, Conseil général, 30 mai 1979, Archives ENSIA p. 2-3.

> l'avenir d'équiper ces [différentes] écoles des moyens nécessaires pour former des hommes de valeur non plus sur la base seulement d'un enseignement théorique, mais sur la base d'une formation par la recherche, pour faire des hommes opérationnels, ce qui va être le problème de l'avenir[57].

Il est cependant conscient que :

> [...] mettre en œuvre [ce projet] n'est pas simple, parce que [...] la DATAR aussi à ses exigences, et par conséquent, il faut essayer face à toutes ces exigences de faire de l'« optimisation de contraintes » et les contraintes peuvent être plus ou moins lourdes[58].

Afin de répondre aux contraintes de la DATAR, Malassis envisage de créer des « centres associés » ce qu'il explicite de la façon suivante :

> Par exemple, si [...] Clermont-Ferrand est très bien équipé dans le domaine de la viande, on ne va pas faire une unité de valeur viande à Paris dans l'Institut. [...] on ira prendre une unité de valeur à Clermont-Ferrand pour ce qui concerne la viande, ou à Rennes si Rennes est particulièrement bien équipé pour ce qui concerne le lait, ou à Montpellier pour ce qui concerne l'œnologie[59].

Dans sa conclusion, il précise :

> Il est prévu un Conseil d'administration dans lequel seront représentés non seulement le ministère de l'Agriculture, mais [aussi] le ministère de l'Industrie, le ministère de la Santé, etc. Donc, il ne s'agit pas du tout d'avoir une vision agricole de l'agro-alimentaire. Il faut avoir la vision de la chaîne agro-alimentaire, avec toutes les composantes de cette chaîne, y compris la santé[60].

La suite des événements allait montrer toute la pertinence de cette dernière préoccupation !

Devant la multiplication soudaine de rapports sur l'enseignement de l'agro-alimentaire commandés par les pouvoirs publics, on ne peut s'empêcher de relever la pertinence de la caricature établie en 1979 par Roland Treillon, professeur d'économie à l'école !

---

57 Malassis, Louis, *intervention citée*, p. 3.
58 Malassis, Louis, *intervention citée*, p. 4.
59 Malassis, Louis, *intervention citée*, p. 4.
60 Malassis, Louis, *intervention citée*, p. 5.

FIG. 9 – L'avenir de l'ENSIA[61] ? ENSIA, *La Gazette*, n° 54, du 12 au 17 février 1979, p. 1.

Afin de rééquilibrer les partenaires, l'ENSIA est renforcée par l'augmentation du nombre d'enseignants-chercheurs, la création, à Massy d'un atelier pilote de génie industriel alimentaire dénommé : « halle technologique » et l'aménagement du centre de Lille. En outre, il est décidé de transférer 4 chaires, de Douai au Centre d'études et de recherche technologique des industries alimentaires (CERTIA)[62] de Villeneuve d'Ascq. Restent à Douai, la chaire de brasserie ainsi que plusieurs centres de formation continue, activité qui devient l'orientation principale de ce pôle. Toutes ces mesures sont arrêtées lors d'un comité interministériel, tenu à l'Hôtel Matignon le 4 septembre 1979[63].

---

61 ENSIA, *La Gazette*, n° 54, du 12 au 17 février 1979, p. 1. Cette caricature est d'autant plus pertinente que la suite des événements permettra, comme nous le verrons, de mettre un nom, à la fois sur le « Grand Sachem » (Jean Mothes) et sur le « Grand Manitou » (Jacques Poly) !

62 Sur le CERTIA, voir chap. « Le projet du génie industriel alimentaire », p. 417.

63 Voir « Création d'un Institut supérieur de l'agro-alimentaire (I.S.A.A.) », *Bulletin d'information du ministère de l'Agriculture (BIMA)*, n° 877, 17 décembre 1979, p. 9-12.

Restait à trouver le cadre juridique qui permettrait de faire travailler de manière coordonnée ces acteurs du domaine agro-alimentaire ainsi que ceux, de statut public ou privé, qui pourraient ultérieurement se joindre à ce projet. C'est la forme du Groupement d'intérêt économique (GIE) qui est apparue comme la plus pertinente. Le seul exemple de GIE existant dans le secteur public à l'époque l'était par le Commissariat à l'énergie atomique (CEA) qui utilisait déjà cette formule avec certains de ses partenaires[64]. Ainsi qu'il a été annoncé par Malassis, l'INRA[65] participe également à ce nouvel établissement, qui reçoit le nom d'Institut Supérieur de l'Agro-Alimentaire (ISAA)[66].

Ce dernier est effectivement constitué le 14 mai 1981, pendant les derniers jours du gouvernement Barre, par la signature simultanée du contrat de GIE et d'une convention par laquelle le ministère de l'Agriculture lui délègue certaines tâches de formation, ce qui entraîne en particulier la suppression de la spécialisation en industries agricoles et alimentaires à l'INA-PG en troisième année. L'ISAA ne crée pas ses propres structures de formation mais organise, selon un schéma pédagogique cohérent, une « interconnexion » du potentiel des établissements existants. La formation a lieu, soit en un an, soit en deux ans et repose sur trois composantes, le génie industriel, les sciences biologiques appliquées à la filière agro-alimentaire ainsi que les sciences économiques[67].

L'Institut est prévu autour de deux pôles principaux, l'un en région Île-de-France l'autre dans la région Nord Pas-de-Calais, pour lequel les installations de l'INRA de Villeneuve d'Ascq sont développées. On constate que la contrainte de la DATAR n'a pas permis qu'il n'y ait

64 Ces informations nous ont été communiquées par Claude Brocas, déjà cité, qui a participé activement à la mise en place de l'ISAA et tout particulièrement à la détermination de son statut juridique pour lequel l'aide du CEA lui a été très précieuse. Nous l'en remercions très vivement.

65 Sur l'INRA, voir Denis, Gilles, « Une histoire institutionnelle de l'Institut national de la recherche agronomique INRA) – Le premier INRA (1946-1980) », *Histoire de la recherche contemporaine*, t. III – n° 2, 2014, Un parcours dans les mondes de la recherche agronomique. L'Inra et le Cirad, p. 125-136. Précisons que l'INRA est devenu au 1er janvier 2020, l'Institut national de recherche pour l'agriculture, l'alimentation et l'environnement.

66 C'est, à notre connaissance, la première utilisation officielle du terme « agro-alimentaire ». On relève toutefois que l'acception retenue est celle correspondant au sens restreint qui couvre les industries de transformation de produits, la plupart d'origine agricole, en produits alimentaires, par opposition au sens large, utilisé dans les ouvrages de Malassis.

67 Ces 3 composantes ont été mises en évidence à l'ENSIA dès 1962. Voir chap. « Le projet du génie industriel alimentaire », p. 428.

qu'un seul pôle principal en région Île-de-France ainsi que le souhaitait visiblement Malassis lors de son intervention au conseil général de l'ENSIA en mai de la même année.

Outre un conseil de gestion composé des membres constitutifs, l'Institut est doté d'un administrateur permanent[68] et d'un conseil d'orientation.

LA MISE EN PLACE DE L'ISAA (JUIN 1981-1983)

Toutes les décisions prises précédemment sont confirmées par les nouvelles autorités issues de l'alternance de mai 1981, ce qui indique qu'il y a un consensus pour renforcer l'enseignement de l'agro-alimentaire et qu'il ne s'agit pas d'un enjeu idéologique.

Le nouveau directeur général, Michel Gervais[69] qui succède à Malassis demande à Francis Lepâtre, président de l'Association nationale des industries agricoles et alimentaires (ANIA), d'assurer la présidence du conseil d'orientation. De ce fait, Lepâtre démissionne en 1982 de la présidence du conseil général de l'ENSIA qu'il assumait depuis 1979.

Ce sont les conditions dans lesquelles se met en place ce projet qui sont d'abord présentées, avant de dresser l'inventaire des conséquences de ce projet pour les différents pôles de l'ENSIA.

Les débuts de l'ISAA

La création de l'Institut supérieur de l'agro-alimentaire (ISAA) va opérer un changement profond dans l'organisation des enseignements. La « mutualisation » des enseignements de troisièmes années des différents partenaires de l'ISAA conduit à une structuration par spécialisation appelées « dominantes » regroupant elles-mêmes des unités de valeur (UV) d'importance équivalente et se déroulant en parallèle.

S'agissant de la microbiologie industrielle, il est apparu qu'il n'était pas possible d'envisager l'exploitation industrielle des souches microbiennes dans les industries de fermentation sans prendre en compte et maîtriser

---

68 Claude Brocas, déjà cité, est le premier administrateur de l'ISAA. Sa mission sera assurée ensuite successivement par Jean-Claude Pinguet-Rousseau, Jean-Paul Baert, Daniel Viard et Michel Foucault, ingénieurs en chef du génie rural des eaux et des forêts.

69 Michel Gervais, ingénieur agronome, directeur de recherche à l'INRA, est, avec Marcel Jolivet et Yves Tavernier, l'un des auteurs du tome 4 de l'*Histoire de la France rurale*, le Seuil, Paris, 1976.

les phénomènes de contamination. De plus, la qualité des aliments a pris de plus en plus d'importance, en particulier la qualité microbiologique (microbes d'altération) et sanitaire (microbes pathogènes). La dominante est devenue : biotechnologie et hygiène des aliments.

Il est apparu également le besoin de proposer aux étudiants une formation par la recherche. C'est pourquoi des contacts ont été établis alors avec l'Université technologique de Compiègne (UTC) et plus particulièrement avec le professeur Daniel Thomas, pour co-habiliter un DEA en génie enzymatique bioconversion et microbiologie, les unités de valeur de la dominante permettant de valider la formation théorique du DEA de l'UTC[70].

L'examen des divers modes d'accès à l'ISAA montre, ainsi que l'ont voulu ses promoteurs, que l'ISAA est accessible à des étudiants d'origines très diverses. Pourtant dans les premières années, ce sont essentiellement, et c'est normal, des étudiants issus des écoles promotrices de l'ISAA qui suivent cette formation. La première promotion, en 1981, comprend 84 élèves. En première année figurent 20 élèves issus de l'INA-PG et des écoles nationales supérieures agronomiques (ENSA) et 57 issus de l'ENSIA, auxquels s'adjoignent 4 étudiants issus de la section industries alimentaires des régions chaudes (SIARC, Montpellier). Parmi ces étudiants, on distingue trois sous-populations constituées par ceux issus respectivement, tout d'abord de la section industries agricoles et alimentaires de l'INA-PG, ensuite de l'option industrielle de l'ENSIA centrée sur l'enseignement de la sucrerie et de la distillerie à Douai et enfin de l'option scientifique de l'ENSIA à Massy. Jusqu'à l'achèvement de la scolarité 1985-1986, les effectifs moyens ont été en première année de 103 étudiants parmi lesquels 61 sont issus de l'ENSIA, 38 de l'INA-PG et des ENSA et 4 d'autres origine, l'augmentation des effectifs de première année étant due à l'INA-PG et aux écoles nationales supérieures agronomiques (ENSA). En deuxième année, qui ne commence qu'en 1982, cet effectif moyen est de 9 étudiants dont 3 issus de l'ENGREF[71].

---

70 Nous devons ces informations, ainsi que celles concernant le stage en sucrerie, à Jean-Yves Leveau.

71 Lors d'un entretien le 11 janvier 1999, Michel Gervais nous a clairement exposé que, malgré son intérêt, le projet ISAA n'avait pas été assez loin dans l'intégration des écoles. Nous remercions très vivement Michel Gervais de nous avoir accordé cet entretien.

Les conséquences immédiates de la mise en place de l'ISAA sur l'ENSIA

Ces conséquences sont présentées d'abord pour l'ensemble de l'ENSIA, puis pour le pôle de Massy et enfin pour ceux de Douai et de Villeneuve d'Ascq. Signalons tout d'abord que le directeur général de l'enseignement et de la recherche au ministère de l'Agriculture prescrit en 1984 un audit de l'ENSIA qui fait ressortir le caractère novateur de certaines initiatives prises par l'école dans des conditions souvent difficiles, frisant parfois l'irrégularité.

Dès l'origine, l'ISAA a été perçue par certains enseignants de l'école comme une menace pour l'existence même de l'ENSIA et pour le titre d'ingénieur des industries agricoles et alimentaires. Se manifestent également des réticences à abandonner des spécialisations à effectifs modestes. Il faut en effet constater, d'une part, que l'ISAA n'existe pas sans l'ENSIA puisque, pour la première année, l'ENSIA a assuré 63 % des charges d'enseignement alors que les charges respectives de l'INA-PG et de l'ENGREF n'ont été que de 31 % et de 6 %. Mais il faut également convenir, d'autre part, que l'ENSIA, à Massy, ne serait pas ce qu'elle est devenue ensuite sans l'ISAA. D'ailleurs le renom de l'ENSIA a franchi les frontières puisque, le 2 septembre 1981, M. Krasnikov, doyen de la faculté de technologie agro-alimentaire de Moscou visite Massy[72].

Le pôle de l'ENSIA à Massy est renforcé, notamment par la construction d'un atelier pilote de génie industriel alimentaire ou halle technologique qui a été expressément prévu par la convention de 1981 créant l'ISAA, et réalisé en 1982-1983. On peut dire que cet aménagement, spécifique à l'agro-alimentaire ou du moins difficilement reconvertible, ancre définitivement en région Île-de-France, l'ENSIA, et marque véritablement la fin de la contrainte de la DATAR. En effet, jusqu'à ce moment-là, l'implantation était réversible et les locaux de Massy reconvertibles aisément pour un autre usage. Cette halle technologique au financement de laquelle a contribué en particulier la Délégation aux industries agricoles et alimentaires qui peut être interprétée comme la forme modernisée des usines expérimentales de Douai de 1893, reçoit le nom

72 ENSIA, *Situation générale*, mai 1982, p. 1.

de « Halle Nicolas Appert[73] ». Pour la valoriser, est créé le centre de recherche en génie alimentaire de Massy (CREGAM), dont un élément constitutif est un centre de recherche de l'École des mines de Paris, qui s'intéresse également à l'agro-alimentaire. L'inauguration par le ministre de l'agriculture, Michel Rocard, souligne l'importance de l'événement.

L'évolution du pôle de Douai est suivie par les autorités de la région, qui le visitent le 18 septembre 1979. Les mesures envisagées dans le cadre de la création de l'ISAA sont confirmées et mises en place à compter du 1er septembre 1980[74]. À partir de cette date, ne subsiste à Douai que la chaire de brasserie-malterie, complétée par des actions de formation professionnelle dans le cadre du Centre national de formation des techniciens du conditionnement des boissons (CNFTC). Mais en juin 1983, une mission d'expertise portant sur l'ensemble des activités de l'ENSIA dans le Nord est confiée à Jacques Bonduel, président d'honneur de la brasserie française, ancien président directeur général de Pelforth. Le groupe de travail comprend 7 personnes dont trois de l'ex-région Nord Pas-de-Calais et un représentant de l'Université de technologie de Compiègne. À la suite du rapport de mission, remis en 1984, l'ENSIA quitte définitivement Douai à compter du 1er juillet 1986, les locaux étant repris par le lycée agricole de Douai-Wagnonville[75]. Ce départ est donc directement la conséquence du rapport Bonduel mais également et indirectement du rapport Mothes[76] qui critique l'éparpillement des écoles d'enseignement supérieur agronomique.

C'est sur le centre de Villeneuve d'Ascq au CERTIA[77] qu'est regroupé le département « biotechnologie ». En outre, l'ensemble des étudiants de l'ENSIA y reçoit les enseignements de microbiologie ainsi que ceux portant sur les filières industrielles de brasserie, distillerie, laiterie et sucrerie. Les étudiants de troisième année qui choisissent l'option « industrielle » y effectuent leur scolarité.

73 Nicolas Appert (1752-1841) ayant vécu à Massy et y ayant conçu l'essentiel de son procédé de conservation des aliments, il est logique que son nom ait été donné à cet équipement. Sur Appert, voir chap. « Le projet des distillateurs », p. 191.

74 La presse locale s'était déjà fait l'écho de ces projets : *la Voix du Nord* 17 et 18 juillet 1979 et *Nord Matin*, 16 juin 1979.

75 Rappelons que cette solution avait déjà été envisagée au début du siècle. Voir chap. « Le projet des sucriers », p. 148.

76 Voir ci-dessous, p. 482.

77 Sur le CERTIA, voir chap. « Le projet du génie industriel alimentaire », p. 417.

L'ENSEIGNEMENT À L'ENSIA APRÈS LA MISE EN PLACE DE L'ISAA

La période qui correspond à la mise en place de l'enseignement du génie industriel alimentaire et qui couvre la période allant de 1960 à 1981 est donc marquée pour l'école, à la fois par une incontestable réussite pédagogique ainsi que par des contraintes provenant de la DATAR qui ont été exposées au chapitre précédent. La place très particulière que l'école est conduite à occuper dans l'ISAA va exacerber cet antagonisme.

En effet, la DATAR souhaite éloigner l'ENSIA de la région Île-de-France alors que l'ISAA tend à y ancrer au moins une partie de l'enseignement. Parmi les raisons qui conduisent les pouvoirs publics à prendre conscience de l'importance de l'industrie agro-alimentaire, on peut raisonnablement émettre l'hypothèse que la crise économique en est, au moins en partie, à l'origine et que la persistance de cette crise donne l'avantage à l'élargissement institutionnel sur les contraintes de la DATAR.

La crise nécessite moins la réévaluation de la place de l'agriculture dans l'économie française qu'elle n'est révélatrice des faiblesses de l'industrie. On peut se reporter avantageusement à ce sujet à Albert Broder :

> [...] la chimie, l'agro-alimentaire et les laboratoires de recherche ont été négligés, voire sacrifiés à des choix jugés plus impératifs. Ce n'est pas l'agriculture et sa modernisation qui sont en cause, mais les déséquilibres structurels de l'industrie française[78].

Cette période de mise en place de l'ISAA est aussi celle pendant laquelle, par suite de la coopération avec d'autres établissements, l'ENSIA va perdre une partie de sa spécificité. Par ailleurs, pendant ces deux décennies l'ENSIA, constamment tiraillée entre des contraintes opposées se trouve dans une situation particulièrement inconfortable ce qu'illustre son attitude réticente lors de la création de l'ISAA, dans lequel elle joue cependant un rôle prépondérant. Pour ces raisons, il paraît indispensable de présenter l'évolution de l'enseignement à moyen terme de 1971 à 1981 et plus généralement d'établir un bilan pédagogique de l'école en 1981.

---

78 Broder, Albert, *Histoire économique de la France au XXe siècle*, Gap, Paris, Ophrys, 1998, p. 162.

L'évolution des enseignements de 1971 à 1981

Cette évolution s'analyse en prenant en compte les options présentées précédemment. S'agissant des enseignements généraux, le nombre d'heures consacré à chaque discipline est présenté dans le tableau 17[79]. On constate une baisse notable du temps de scolarité qui leur est affecté entre ces deux dates. Cette baisse est du même ordre de grandeur dans les trois options et varie de presque 31 % dans l'option B2 à un peu plus de 33 % dans l'option B1. La ventilation de cette baisse selon les regroupements de disciplines est la suivante.

	Matière biologique	Matériels et techniques	Économie et gestion	Enseignement généraux
Option A1	- 20,86	- 44,72	- 22,54	- 33,00
Option B1	- 8,53	- 48,36	- 31,91	- 33,19
Option B2	- 26,68	- 35,09	- 19,68	- 30,53

TABLEAU 19 – Diminution du temps consacré aux enseignements généraux entre 1971 et 1981 (en pourcentage).

L'évolution du temps consacré aux enseignements de filières est donnée dans le tableau 18[80] et offre un contraste complet entre, d'une part, l'option A où ce temps augmente de 36 %, ce qui va à l'encontre de l'évolution d'ensemble de l'enseignement à l'ENSIA et, d'autre part, les options B, dans lesquelles ce temps tombe à des valeurs très faibles, allant de 39 heures en B1 et 14 heures en B2.

S'agissant des autres formes d'enseignement, deux aspects doivent être mentionnés, les langues et les stages. Pour les langues, on ne dispose d'informations précises qu'à partir de 1951. Alors qu'à cette date l'enseignement de chacune des deux langues, anglais et allemand, se déroulait sur 90 heures, en 1981 il occupe 158 heures, soit une augmentation de 75 % entre ces deux dates.

79 Sur les options en 3e année, voir annexe XVI. L'option A, se subdivise en deux : l'option A1, comprenant une valeur optionnelle de sucrerie et de distillerie recevant, pour l'année scolaire 1980-1981, 29 élèves, est nettement plus fréquentée que la seconde l'option A2, orientée vers l'industrie des fruits et légumes, ne recevant que 7 élèves. Seule l'option A1 est présentée dans ce qui suit. Rappelons que le tableau 17 figure en annexe XIX.

80 Voir tableau 18 en annexe XX et commentaires en annexe XVI.

Pour les stages, celui de trois mois en campagne de sucrerie ou de distillerie de troisième année à l'ENSIA n'étant plus compatible avec le nouveau mode de fonctionnement, il a été décidé de le transférer en début de deuxième année afin d'en conserver le caractère formateur.

Pour l'option A, il est complété par un stage de deux mois dans une autre industrie agro-alimentaire et pour les options B, de quatre mois. Cette augmentation du temps consacré aux stages est une sorte de contrepartie de la diminution des enseignements de filières observée dans les options B. Soulignons que cette augmentation, tout particulièrement dans les options qui se déroulent à Massy, est cohérente avec la mise en place des départements qui, en mettant l'accent sur les procédés, affirme davantage le contenu théorique de l'enseignement de l'ENSIA et donc la nécessité, en contrepartie, de stages en usine.

Précédemment, il a été vu que les pouvoirs publics, mis à part à l'origine et ce jusqu'aux années 1960, n'ont pas exprimé de volonté marquée dans le domaine de la formation des cadres supérieurs pour les industries agricoles et alimentaires. Avec l'Association des anciens élèves, les acteurs majeurs de l'enseignement ont donc été essentiellement les enseignants qui font l'objet de ce qui suit.

La population des enseignants

Dès la création de l'école une priorité a, manifestement, été accordée aux professeurs techniques ou enseignants de filières. De ce fait, les enseignants des cours généraux en ont été clairement distingués. C'est donc selon cet ordre que nous les présentons. Précisons que les caractères de l'ensemble de la population des enseignants avant 1940 ayant été exposés précédemment, nous nous attarderons plus précisément sur les enseignants exerçant après 1940.

Toutefois, il importe de rappeler que le statut ainsi que la rémunération du personnel enseignant sont réorganisés par deux textes officiels de 1966[81] auxquels il paraît nécessaire d'associer un décret de 1964 qui supprime le titre de « professeur de spécialité[82] » et marque la volonté

81 Décret nº 66-314, du 17 mai 1966, p. 4115. Arrêté interministériel, même date, p. 4117, *Journal officiel* du 22 mai 1966.

82 Décret nº 64-1047 du 15 octobre 1964, *Journal officiel*, 14 octobre 1964, p. 9214. Le fait que ce décret ait été pris à bord du Colbert « quelque part dans les mers du Sud » nous

du pouvoir réglementaire, non seulement de ne plus reconnaître la prééminence des enseignants spécialisés par filière, mais même leur spécificité. L'ensemble des professeurs est reclassé comme maîtres de conférences, ce qui peut paraître une dévalorisation, mais qui se traduit en fait par un net reclassement indiciaire. Par ailleurs, par analogie avec l'Université, les postes de maître assistant et d'assistant sont créés, les chefs de travaux devenant un corps en voie d'extinction.

Si l'on considère la situation en 1981, les ingénieurs ENSIA renforcent considérablement leur position dans le corps enseignant quelle que soit l'option choisie par les étudiants pour la troisième année[83]. En effet ils représentent 33 % dans l'option A1, un peu plus de 28 % dans l'option B1 et de 26 % dans l'option B2. Parmi les enseignants de l'option A1, viennent ensuite, d'abord les ingénieurs issus des « autres grandes écoles » (28 %), parmi lesquels les ingénieurs diplômés du Conservatoire des arts et métiers sont les plus nombreux, situation qui se retrouve dans chacune des options, puis les universitaires (19 %), et enfin les formations agronomiques et vétérinaires (17 %). Dans l'option B1, ce sont les ingénieurs issus des autres grandes écoles qui occupent la plus grande part de cet enseignement. Viennent ensuite, les ingénieurs ENSIA, moins représentés (28 %) que dans l'option précédente, puis les ingénieurs agronomes et les vétérinaires, assurant dans cette option le même nombre d'heures que dans l'option précédente. Les enseignants de formation universitaire participent nettement moins qu'en 1951, de même que dans l'option A1. Enfin, dans l'option B2, ce sont également les ingénieurs issus des autres grandes écoles qui viennent en tête (37 %), suivis par les formations agronomiques et vétérinaires (29 %), nettement plus représentées que dans les deux options précédentes, puis les ingénieurs ENSIA qui, à l'inverse, ont une moindre part que dans les deux autres. Les enseignants de formation universitaire sont encore moins présents que dans l'option précédente.

C'est la très forte stabilité des professeurs des filières fondatrices qui caractérise principalement les enseignants de filières. Nous avons vu que la chaire de sucrerie aura été occupé pendant une durée moyenne de 17 ans. Cette durée aura également été élevée pour les enseignants

---

précise le directeur de l'ENSIA dans une brochure de présentation de l'École, peut être interprété comme un souhait discret de la République de voir l'ENSIA s'éloigner d'une logique trop « terrienne », donc trop agricole.

83 Pour les options, voir annexe XVI et ci-dessus, p. 472, note 79.

de brasserie-malterie[84] et surtout de distillerie. En effet, quand en 1984 Jean Méjane[85] prend sa retraite, cette dernière chaire n'aura eu que 3 titulaires : la durée moyenne de leur présence aura donc été, compte tenu des années de guerre, de 28 ans.

S'agissant des autres filières, deux seulement auront fait l'objet d'une chaire qui n'auront, l'une et l'autre été occupées que par un seul titulaire : la laiterie confiée à Jacques Casalis[86] et celle d'industries des céréales confiée à Jean Buré[87]. Ces deux filières ont donc en commun d'être les seules, en dehors des filières fondatrices, à avoir été dotées d'un professeur. Relevons que ces deux chaires auront été créées après 1940. L'autre filière représentant une grande importance économique, la filière viande, sera pourvue, à partir de 1954, d'un enseignement spécifique animé par le Docteur Roland Rosset, contrôleur général vétérinaire[88], par ailleurs chargé des fonctions d'inspection sanitaire au marché d'intérêt national de Rungis, mais qui n'est pas enseignant titulaire de l'école.

Les personnels titulaires qui dispensent un enseignement de filière de 1941 à 1981 inclus sont au total au nombre de 15 parmi lesquels on compte un directeur[89], 6 professeurs[90], deux maîtres de conférences[91], trois maîtres-assistants[92] et trois chefs de travaux[93]. Or on relève que, d'une part, de l'origine à 1939 et, d'autre part, de 1941 à 1981, on compte le même nombre d'années scolaires[94] alors qu'avant 1940 on recense

84 Sur René Scriban, son dernier titulaire, voir chap. « Le projet du génie industriel alimentaire », p. 438.

85 Sur Jean Méjane, voir chap. « Le projet d'école centrale des industries alimentaires », p. 287 et chap. « Le projet du génie industriel alimentaire », p. 414.

86 Sur Jacques Casalis, voir chap. « Le projet d'école centrale des industries alimentaires », p. 319.

87 Sur Jean Buré, voir chap. « Le projet d'école centrale des industries alimentaires », p. 319.

88 Le docteur Rosset, exerçait encore en 1998, ce qui lui donnait, avec 44 années au moins, la plus grande durée d'enseignement à l'ENSIA.

89 Sur Étienne Dauthy, voir chap. « Le projet des distillateurs », p. 202.

90 Charles Mariller, voir chap. « Le projet des distillateurs », p. 197 ; Jean Buré, Jacques Casalis ; Yves Deux, voir chap. « Le projet d'école centrale des industries alimentaires », p. 288 ; Jean Dubourg, voir annexe XVII et René Scriban, voir chap. « Le projet du génie industriel alimentaire », p. 438.

91 Jean Méjane, déjà cité et Marcel Roche, voir chap. « Le projet du génie industriel alimentaire », p. 413.

92 Gérard Cuvelier, Jean Goursaud et Jean-Paul Richard.

93 Georges Bacot, Guy Couperot et Jean-Pierre Poma.

94 On compte en effet, du fait de l'interruption de 5 années en 1914-1918, 41 années scolaires, à la fois de l'origine à l'année scolaire 1938-1939 incluse, et des années scolaires 1940-1941 à 1980-1981 incluses.

29 personnels titulaires dispensant le même type d'enseignement. On constate donc que, à durée égale, le nombre d'enseignants spécialisés par filière est à peine supérieur à la moitié de ce qu'il était pour la période qui la précède. Cette diminution est d'autant plus marquante que le nombre d'étudiants entrés à l'école avant 1940 s'élève à 1019 alors que les 41 promotions entrées de 1941 à 1981 représentent 1646 élèves[95]. C'est donc à une très nette diminution du nombre d'enseignants dispensant un enseignement de filière à laquelle on assiste après 1940.

S'agissant des enseignants des cours généraux, rappelons que les acteurs principaux de l'introduction du génie industriel alimentaire à l'ENSIA ont déjà été présentés[96] ainsi que les enseignants majeurs des disciplines rassemblées dans le département de science de l'aliment[97] et dans celui de biotechnologie[98]. Le nombre des enseignants de cours généraux, quel que soit leur statut ayant exercé après 1940, y compris les directeurs et professeurs présentés ci-dessus, s'élève à 34 ce qui est plus du double du nombre de ceux ayant dispensé le même type d'enseignement avant 1940[99]. C'est donc sensiblement l'inverse de ce qui est observé pour les enseignants spécialisés par filières.

Parmi les disciplines générales, la microbiologie et la biochimie nécessitent une attention particulière. Or, nous constatons que leur enseignement est d'abord assuré pendant un temps non négligeable, soit 25 ans pour la microbiologie et 14 ans pour la biochimie, par un ou des enseignants vacataires. Ensuite ces disciplines voient l'affectation de personnels titulaires, inexistante en 1951[100] croître régulièrement pour atteindre, pour l'année scolaire 1980-1981 et pour chacune d'entre elles,

95 Les étudiants de la promotion entrée en 1981, qui n'ont évidemment pas reçu d'enseignement pendant l'année scolaire 1980-1981, n'ont été comptés que pour permettre une comparaison plus facile entre les 41 promotions entrées avant 1940 et les 41 entrées après cette date.

96 Il s'agit de Marcel Loncin et de Jean-Jacques Bimbenet, voir chap. « Le projet du génie industriel alimentaire », p. 404-413.

97 Sur Raymond Guillemet, voir chap. « Le projet d'école centrale des industries alimentaires », p. 289 et annexe XVIII. Sur François Sandret et Hubert Richard, voir chap. « Le projet du génie industriel alimentaire », respectivement p. 430 et p. 431.

98 Il s'agit de Jean Claveau, voir chap. « Le projet d'école centrale des industries alimentaires », p. 318 ; Jean-Yves Leveau, voir chap. « Le projet du génie industriel alimentaire », p. 433 et Marielle Bouix, voir ci-dessus, p. 450.

99 Les personnels titulaires dispensant un enseignement général avant 1940 sont au nombre de 16.

100 Raymond Guillemet, décédé en 1951, n'a pas été compté parmi les titulaires. Rappelons que c'est lui qui a introduit cette discipline.

un effectif de 5 ainsi qu'il ressort du tableau 20. Plus précisément, la part d'enseignement assurée par les titulaires pour cette année 1980-1981 s'établit ainsi pour chacune de ces deux disciplines : en totalité pour la microbiologie et entre 75 % à près de 90 % selon les options pour la biochimie.

	Début de l'enseignement	Enseignants titulaires		
		Premier titulaire	1970-1971	1980-1981
Microbiologie	1931 Pierre Dopter	1955 Jean Claveau	Jean Claveau Edmond Jakubczak Jean-Yves Leveau Michel Rambaud[101]	Les mêmes auxquels il y a lieu d'ajouter : Marielle Bouix
Biochimie	1946 Raymond Guillemet	1959 François Sandret	François Sandret Bernard Launay[102] Hubert Richard	Les mêmes auxquels il y a lieu d'ajouter : Claudette Berset Gérard Cuvelier

TABLEAU 20 – Place des enseignants titulaires en microbiologie et en biochimie.

À titre de comparaison, la part d'enseignement dispensée par des titulaires en génie industriel alimentaire, discipline qui joue un rôle essentiel à l'ENSIA, s'établit, en 1980-1981, selon les options entre 86 % et 91 %.

Précédemment nous n'avons pris en compte que les personnels titulaires. Or, nous venons de voir dans le chapitre précédent, s'agissant de Marcel Loncin[103], que c'est un enseignant non titulaire de l'établissement qui a joué le rôle central lors de l'étape majeure de l'école. C'est pourquoi il convient d'analyser également la place des enseignants vacataires et tout particulièrement une catégorie d'entre eux, les professeurs consultants. Certains enseignants sont en fait, nous l'avons vu, des chargés

101 L'augmentation rapide du nombre d'enseignants titulaires en microbiologie entre 1955 et 1971 est à relever.

102 Nous avons cru nécessaire d'y adjoindre Bernard Launay, chargé par ailleurs de l'industrie des céréales, mais dont une part notable de l'activité s'exerce dans la biochimie, tout particulièrement dans la biophysicochimie. Il en est de même pour Gérard Cuvelier en 1980-1981.

103 Sur Marcel Loncin, voir chap. « Le projet du génie industriel alimentaire », p. 404-408.

de cours ayant une activité principale en dehors de leur enseignement à l'ENSIA[104]. Afin de traduire cette place de la manière la plus exacte possible, l'évolution, de 1907 à 1981, du nombre d'heures dispensées respectivement par les enseignants titulaires et par les vacataires a déjà été indiqué auparavant dans les tableaux 1 et 2[105] ainsi que des tableaux 17 et 18[106].

La place notable des enseignants vacataires représente un signe d'ouverture de l'ENSIA. Toutefois, on relève que l'importance respective des titulaires et des vacataires dans les enseignements de filière est inverse de ce que l'on serait en droit d'attendre. En effet, il paraît plus normal que des vacataires interviennent davantage dans des enseignements de filières afin d'apporter une expérience industrielle. Or on constate que, jusqu'en 1939, la totalité de ce type d'enseignement était donnée par des titulaires et qu'ensuite la place des vacataires reste toujours plus faible que dans les enseignements généraux. La situation extrême nous paraît avoir été atteinte en 1951 pendant laquelle, d'une part, 60 % de l'ensemble de l'enseignement est assuré par des vacataires et, d'autre part, les titulaires ne dispensent qu'un tiers de l'enseignement général. Si cette large place laissée aux enseignants extérieurs à l'établissement était, dans les années qui suivirent la Libération, un signe d'ouverture tout à fait positif, elle comportait cependant pour l'établissement le danger de perdre la maîtrise de la majorité de son enseignement. Ce risque a été perçu par les responsables de l'école puisqu'en 1981 les enseignants titulaires assurent dans toutes les options plus de 60 % de l'enseignement général et les vacataires ont, notamment dans les options scientifiques, une place plus équilibrée[107].

Cette importance de la place des enseignants vacataires à l'ENSIA se situe non seulement sur le plan quantitatif mais également sur le plan qualitatif. C'est pourquoi l'école, afin de marquer la place particulière qu'ils occupent dans l'enseignement, crée, en 1979[108], le titre de « professeur consultant » qui, en 1981, est décerné aux enseignants suivants :

---

104 Voir en particulier, chap. « Le projet des distillateurs », p. 214.

105 Voir annexe XIV et annexe XV indiquées en p. 213 du chap. « Le projet des distillateurs », complétées par le commentaire en annexe XVI.

106 Voir annexe XIX indiquée en p. 437 et annexe XX indiquée en p. 440 du chap. « Le projet du génie industriel alimentaire », complétées par le commentaire en annexe XVI.

107 Ces pourcentages sont respectivement de 38,9 et de 36,6 dans les options B1 et B2.

108 ENSIA, *Situation générale de l'ENSIA*, Massy, Janvier 1979, p. 5.

- Marcel Loncin, déjà présenté[109] ;
- Dominique Depeyre, ingénieur des arts et manufactures, professeur à l'École centrale des arts et manufactures de Paris ;
- André Gac, ingénieur général du génie rural des eaux et des forêts, directeur de l'Institut international du froid ;
- Patrick Mac Leod, Docteur en médecine, directeur du laboratoire de neurobiologie sensorielle à l'École pratique des hautes études ;
- Gérard Pascal, ingénieur diplômé de l'Institut national des sciences appliquées de Lyon, INRA ;
- Michel Poulain, ingénieur des arts et manufactures, directeur général adjoint du bureau d'études SERETE ;
- Roland Rosset, docteur vétérinaire.

En 2003, leur nombre s'élève à 15 dont 7 enseignent à la SIARC à Montpellier. Dans le département du GIA enseigne Zéki Berk, professeur au Technion d'Haïfa (Israël).

Ce titre donne en particulier, aux bénéficiaires, le droit de participer aux conseils des enseignants élargis[110].

L'évolution majeure du corps enseignant de l'École Nationale Supérieure des Industries Agricoles et Alimentaires aura donc été la place de plus en plus grande accordée aux enseignants des cours généraux par rapport aux enseignants des cours de filières, et ce, aussi bien en nombre d'enseignants qu'en heures d'enseignement. Cette évolution aurait pu se traduire par un renforcement de la place des enseignants de formation universitaire et ce renforcement a été effectivement observé dans les années qui ont suivi la guerre 1939-1945. Mais ce sont les enseignants issus d'écoles d'ingénieurs généralistes, spécialisées en industries agricoles et alimentaires, ou agronomiques, qui ont repris par la suite une place prépondérante.

D'une manière générale, et comme il est assez normal, la place des ingénieurs ENSIA est allée en augmentant. On constate que la part qu'ils représentent en 1981 dans l'option « industrielle[111] », est de 33 %, ce qui ne semble pas comporter un risque d'« auto-reproduction » de

109 Rappelons que Marcel Loncin peut être considéré comme l'enseignant central de l'école. Voir chap. « Le projet du génie industriel alimentaire », p. 404-408.

110 Sur le rôle du Conseil des enseignants, voir chap. « Le projet du génie industriel alimentaire », p. 420.

111 Il s'agit de l'option A.

la formation. Quant à leur place dans les options « scientifiques[112] », respectivement de 28 % et de 26 %, elle ne paraît pas excessive. On relève également que les enseignants issus d'écoles dépendant du ministère de l'Agriculture, qui regroupent donc les ingénieurs ENSIA, les ingénieurs agronomes et les vétérinaires, ont retrouvé en 1981 une place qui, sans être la position hégémonique qu'ils occupaient en 1907[113] est nettement plus importante que celle qu'ils occupaient en 1951 et varie, selon les options, de 50 % à près de 64 %. De plus, les ingénieurs ENSIA viennent en quelque sorte prendre, au sein de cette catégorie, le relais des ingénieurs agronomes qui ont joué, à l'origine, le rôle de pionniers.

Les enseignements généraux

La création des départements met fin à la prééminence des enseignements de filières au bénéfice des enseignements généraux. C'est donc sur ces derniers que nous concentrons ensuite notre attention. Une telle évolution présentait cependant le risque d'une méconnaissance des pratiques industrielles : c'est pourquoi des stages en usines, inexistants avant 1940 car on considérait alors que la pratique des usines expérimentales de Douai suffisait, sont introduits en cours de scolarité dans les années qui suivent la Deuxième Guerre mondiale. Relevons que ce changement, traduit une prise de distance de l'établissement par rapport aux professions, organisées essentiellement par filières.

Compte tenu de la place de plus en plus importante que les grandes disciplines scientifiques ont pris dans l'enseignement de l'école, leur répartition mérite un examen. De 1907 à 1981, cette évolution peut être caractérisée par trois aspects. La place de la chimie diminue, passant de près de 28 % à une valeur qui se situe autour de 16 % selon les options de 3e année[114]. La place accordée à la physique s'accroît considérablement passant de 18 % à une valeur qui se situe entre 39 % et 48 %. La biologie émerge fortement passant de 15 %, à une fourchette de valeurs

112 Il s'agit des options B1 et B2.

113 Rappelons qu'en 1907 les enseignants de cette catégorie étaient issus exclusivement de l'Institut agronomique et des écoles nationales d'agriculture.

114 Rappelons que dans chacune de ces options, l'accent est mis respectivement sur les aspects suivants : A, aspect industriel et microbiologie, B1, sciences de l'aliment, B2, génie des procédés alimentaires.

qui se situent entre 28 % et 33 %[115]. Cette évolution des enseignements généraux, de 1907 à 1981, peut être évaluée en regroupant les différentes disciplines selon les champs du savoir, identifiés par l'école elle-même au cours de son développement[116]. Le tableau 21[117] présente cette évolution. On relève en particulier que, à l'origine, ces trois champs occupent une place à peu près équivalente, ce qui n'est plus le cas en 1981, dans aucune des trois options. Compte tenu de la place qu'a pris le génie industriel alimentaire dans l'enseignement de l'école, il est logique que la connaissance des matériels et des techniques occupe une place prépondérante et ceci dès 1931 date à laquelle elle représente près de 54 % du temps, à 1971 où elle représente de 50 % à 55 % selon les options. Cette prééminence n'est conservée fort logiquement, en 1981, que dans l'option B2.

La place accordée à la connaissance de la matière biologique vient en deuxième position, sauf en 1981, où elle est prééminente dans les options A, avec près de 49 % et B1, avec près de 48 %. Il y a donc nettement, à une date récente, une augmentation relative de ce champ du savoir.

Enfin, la place consacrée à la connaissance des hommes, après avoir diminué très fortement de 1907, où elle est de 31 %, à 1951, où elle n'est que de 8 %, ne remonte en 1981 qu'à des valeurs se situant de 10 à 13 %.

La situation de l'école va être placée dans un contexte tout à fait nouveau lorsque, le 14 octobre 1983, à l'occasion de l'inauguration de la halle technologique à Massy, le ministre de de l'Agriculture, Michel Rocard, annonce qu'une « mission d'évaluation et de proposition » va être confiée à une personnalité du monde économique.

---

115 Cependant dans l'option B2, cette valeur n'atteint que 19 % en 1981.

116 Il s'agit respectivement de la connaissance de la matière première biologique, de la connaissance des matériels et des techniques et de la connaissance des hommes.

117 Voir annexe XXII.

LA POURSUITE DE L'ÉLARGISSEMENT INSTITUTIONNEL (1984-2014)

C'est afin d'étudier une rationalisation l'enseignement de l'agro-alimentaire et plus précisément le fonctionnement de l'ISAA que le ministre crée, en décembre 1983, un groupe de travail sous la direction de Jean Mothes[118] directeur du groupe Perrier.

LES PROJETS DE RÉFORME DE L'ENSEMBLE DE L'ENSEIGNEMENT SUPÉRIEUR AGRONOMIQUE (1984-1988)

Ce groupe de travail est d'abord composé d'un nombre très restreint de personnes : Jacques Lévy, directeur scientifique de l'École des mines de Paris, Jean-Michel Meignin, directeur général de Moët-Hennessy et Sylvain Wickam, professeur d'économie à l'Université de Paris-Dauphine. Ce groupe est très rapidement arrivé à la conclusion que les concepteurs de l'ISAA avaient fait un excellent travail en s'appuyant sur les établissements existants mais que des améliorations ne pourraient lui être apportées sans modifications notables des établissements constitutifs. C'est pourquoi sa mission est élargie dans ce sens et sa composition modifiée[119] en mars 1984. En font désormais partie : M. Chevaugeon représentant du ministère de l'Éducation nationale, MM. Decourt et Philippe Guérin, ingénieur général du génie rural des eaux et des forêts, représentant celui de l'Industrie, MM. Jean-Claude Porchier et Jean-Louis Ruatti, représentant celui de l'Agriculture ainsi que Guy Fauconneau (INRA), Joseph Hossenlopp (ENSIA), Jacques Lévy (Mines), Annie Soyeux (ENGREF) et Richard Tomassone (INA-PG) soit au total 11 personnes. On relève qu'un seul membre du groupe, Guy Fauconneau, faisait également partie d'un des groupes d'études précédents et qu'un autre, Jacques Lévy, faisait déjà partie du groupe initial. Jean Mothes ne nous a pas caché qu'ayant reçu « carte blanche »

---

118 Jean Mothes est un ancien élève de l'École polytechnique qui, après avoir débuté sa carrière à l'INSEE, a rejoint le groupe Perrier. Il a été professeur de Michel Rocard à l'École nationale d'administration (ENA).

119 Entretien avec Jean Mothes le 17 juin 1999. Nous le remercions très vivement d'avoir bien voulu accepter de relire la partie consacrée à l'ISAA ainsi qu'à son rapport.

du ministre, le groupe qu'il présidait s'est livré à un exercice qui peut être qualifié de « mécanique sans frottement », par contraste avec le travail des concepteurs de l'ISAA.

Présentation du rapport sur l'organisation d'un enseignement supérieur des sciences de l'agronomie et des industries alimentaires

Le rapport, remis en juillet 1984, porte très logiquement, compte tenu de l'extension de sa mission, le titre de « Rapport sur l'organisation d'un enseignement supérieur des sciences de l'agronomie et des industries alimentaires ». La rédaction de ce rapport se ressent de ce qui avait été la mission première des auteurs : évaluer la valeur de l'enseignement actuel des cadres destinés à l'industrie agro-alimentaire. En effet très vite, la dévalorisation relative de l'ENSIA au concours commun[120] est relevée.

Par ailleurs, un jugement très réservé est porté sur l'ISAA mais ceci est la seule référence aux travaux antérieurs, qui ne sont pas cités même pour les critiquer.

Dans un « Rappel de la situation actuelle », les auteurs du rapport Mothes soulignent d'emblée que les effectifs sont insuffisants :

> La faiblesse des effectifs de la plupart de nos écoles tient évidemment, pour l'essentiel, à leur dispersion mais elle est en quelque sorte renforcée par le malthusianisme qui trop souvent y prévaut (comme d'ailleurs en bien d'autres endroits). En matière agronomique et surtout alimentaire, la France souffre d'une insuffisance flagrante d'ingénieurs et de spécialistes de premier rang. [...]
>
> La dévaluation relative de l'ENSIA, par exemple, est inadmissible en un temps où les industries alimentaires vont prendre une place de plus considérable dans l'économie mondiale[121].

Ils critiquent également l'éparpillement des écoles sur le territoire et pour certaines leur éparpillement interne : à cet égard les cas de l'ENSIA est particulièrement flagrant. L'« autonomie et protectionnisme des établissements » est ensuite relevé :

---

120 Voir chap. « Les ingénieurs des industries agricoles et alimentaires formés de 1941 à 1968 », p. 335 et chap. « Le projet du génie industriel alimentaire », p. 422. Ainsi qu'il y est exposé, cette dévalorisation doit être nuancée après 1980.

121 Mothes, Jean, *Rapport cit.*, p. 2, 3.

> La tendance naturelle d'une organisation quand ses dimensions sont modestes, est, pour se protéger, de se replier sur elle-même. Le Seigneur de Montlhéry s'abrite dans son château-fort. Vues de l'extérieur, nos écoles semblent constituer un dispositif féodal. Et de même que le Seigneur de Montlhéry dispose de ses gens d'armes qui lui appartiennent en propre, les enseignants, dans nos unités d'enseignement, sont liés à leur établissement. Leur mobilité est pratiquement nulle[122].

Cependant, la recherche qui précède a montré que les blocages de l'ensemble ne venaient pas tous des écoles et que, lorsque l'ENSIA avait eu une liberté d'action, elle avait su se développer. En 1979, il avait fallu un arbitrage au niveau du premier ministre pour créer l'ISAA. L'implantation de l'ENSIA, pour se limiter à elle, est certes très éclatée, mais nous avons vu que le déplacement à Paris était lié aux circonstances de la Deuxième Guerre mondiale. Quant à l'installation au CERTIA[123], elle a été plus subie que voulue.

Le statut trop rigide des enseignants attachés à une seule école, interdit, en effet, la mobilité :

> Il est [...] éminemment regrettable que le rythme de carrières d'un enseignant dépende entièrement, comme c'est aujourd'hui le cas, de la pyramide des âges et des grades du corps professoral de l'École dans laquelle il exerce. Distinguer « droits acquis » et « exercice des responsabilités » est une mesure qui tôt ou tard s'imposera pour éviter à nos enseignants tout péché contre l'espérance[124].

De par leur mode de recrutement, la plupart des élèves sont peu motivés pour les carrières industrielles :

> Nos écoles – ou du moins les principales d'entre elles – recrutent par concours à l'issue des 2 années de préparation dans les classes « BIO ». Dans le contexte actuel, si ces étudiants se dirigent après le bac sur les « préparatoires » en question, il ne faut guère se faire d'illusion : c'est par insuffisance de goût pour les activités industrielles[125].

Après ce constat, les auteurs exposent les « Principes à l'origine du projet présenté » en débutant par une « Critique des aménagements récents » :

---

122 Mothes, Jean, *Rapport cit.*, p. 3.
123 Voir chap. « Le projet du génie industriel alimentaire », p. 417.
124 Mothes, Jean, *Rapport cit.*, p. 5.
125 Mothes, Jean, *Rapport cit.*, p. 6.

> La rénovation des enseignements agronomiques et alimentaires est à l'ordre du jour depuis bien des années. Elle a donné lieu à de nombreux travaux [...] l'existence de l'ISAA est positive mais son apport réel marginal[126].

Il est certain que, au moment où ce rapport est rédigé, l'ISAA fait effectivement l'objet de réserves de la part des partenaires. Nous n'en citerons qu'une, émanant, dès 1984, du directeur de l'ENSIA, Jean-Michel Clément :

> Faute d'avoir trouvé son deuxième souffle, l'ISAA est en panne. [...] L'ISAA est devenue une machine à reconvertir les agros vers les I.A.
>
> – Cette situation est très préjudiciable à l'ENSIA sur laquelle repose la partie la plus importante des enseignements.
>
> À la rentrée 84, nous observons :
>
> – une surcharge générale et excessive de l'ENSIA sur le plan des locaux, de l'entretien, de l'administration et surtout des enseignants.
> – une déviation grave des UV [Unité de valeur] ISAA qui tendent à devenir toutes des enseignements de 2e cycle – alors qu'au contraire il faudrait accentuer le caractère 3e cycle de ces UV.
> – enfin, cela se traduit, même sur le plan des débouchés, par un préjudice pour les ENSIA, auxquels l'ISAA n'apporte pas un supplément de diplôme ou de spécialisation, tandis que les Ingénieurs agronomes ont leur titre (prestigieux) + une spécialisation IA[127].

On retrouve dans le rapport Mothes l'essentiel des critiques formulées, peu de temps auparavant par Jean Wahl. C'est l'enseignement agronomique et plus particulièrement l'INA-PG, qui est jugé préparant insuffisamment aux carrières de l'agro-alimentaire. En effet, il ne faut pas se cacher que, à l'époque, c'est plus généralement, l'enseignement supérieur agronomique qui fait l'objet d'interrogations. C'est, en tout cas ce qu'exprime un bon connaisseur du contexte, le sociologue Henri Mendras[128], s'adressant en 1985 aux ingénieurs généraux du génie rural, des eaux et des forêts.

> [...] je voudrais insister, [sur] l'avenir [...] de vos écoles. Je suis désolé de voir, excusez-moi d'être brutal, l'inquiétude de vos jeunes à l'Agro et dans

126 Mothes, Jean, *Rapport cit.*, p. 6.

127 ENSIA, *Situation générale*, novembre 1984, p. 29.

128 Henri Mendras est l'auteur de : *La Fin des paysans : innovations et changements dans l'agriculture française*, Paris, S.É.I.D.É.I.S., 1967. Nouvelle éd. augmentée d'une postface, Le Paradou, Actes Sud, 1984.

> les autres écoles. Au moment où l'avenir de la science est la biologie, [...] où les progrès scientifiques et les progrès sociaux viendront de la biologie, que l'Agro ne soit pas la grande école biologique de niveau international, et qu'un jeune homme qui veut se lancer dans la biologie préfère aller à Polytechnique et à Normale plutôt qu'à l'Agro ; je trouve cela déplorable, et il me semble que c'est regrettable pour l'avenir du pays, pour notre mise à l'heure à l'échelle internationale, parce qu'en terme de génération, c'est là que devraient aller nos meilleures élites et c'est là qu'il devrait y avoir une école d'excellence, recrutant les meilleurs, et qui soit vraiment tout à fait de niveau international. [...]
>
> Je souhaite aussi ardemment qu'on leur donne de la culture générale, qu'on leur enseigne l'histoire, qu'on leur enseigne non seulement la politique agricole, mais aussi la sociologie rurale[129].

L'École des mines de Paris est citée en exemple. À ce propos, rappelons qu'un membre du corps des mines, et non des moindres, a fait partie du groupe de travail depuis l'origine. C'est pourquoi on peut se demander si les pouvoirs publics n'ont pas voulu étudier l'éventualité d'un rattachement administratif des industries agro-alimentaires au ministère de l'Industrie. Si tel a été le cas, la suite des événements montre que cette solution ne leur a pas paru opportune.

Une des premières propositions pédagogiques des auteurs est d'introduire le tutorat justifié de la manière suivante :

> Contrairement à ce qui se passe dans les pays anglo-saxons [...] une des faiblesses de la scolarité « à la française » est de maintenir trop longtemps en état d'adolescence des jeunes gens qui, en fait, sont des adultes.
>
> Il est souhaitable que, dès l'entrée à l'École, les étudiants « se prennent eux-mêmes en main ». [...].
>
> Cela étant, il ne faut évidemment pas [...], laisser [les élèves] livrés à eux-mêmes, en raison des erreurs d'orientation qui pourraient en résulter. Le principe d'un « tutorat » beaucoup plus strict qu'il ne l'est actuellement est nécessaire[130].

Vient ensuite la « Présentation détaillées du projet » dans laquelle les auteurs s'intéressent, d'abord, aux classes préparatoires :

> Il apparaît [...] que deux disciplines mériteraient d'y prendre place – l'Économie et l'Informatique – [...]

---

129 *Bulletin du Conseil général du GREF*, n° 12, juillet 1985, p. 53.

130 Mothes, Jean, *Rapport cit.*, p. 11.

En ce qui concerne l'informatique [...] il est évident que si rien n'est fait dans cet ordre d'idée, l'enseignement des classes préparatoires sera, d'ici quelques années, totalement à l'écart du contexte dans lequel nos étudiants auront à exercer leur activité.

Il est, par conséquent, souhaitable d'introduire dans les classes préparatoires un enseignement informatique correspondant au « niveau de base » défini dans le rapport Nivat[131].

Il est ensuite prévu pour l'ensemble des écoles supérieures agronomiques et agro-alimentaires, dont sont exclues les écoles vétérinaires et les écoles d'ingénieurs de travaux, que les études se dérouleraient, de manière coordonnée, en trois séquences[132].

C'est un tronc commun qui constituerait la première séquence :

Les connaissances acquises au cours de ce tronc commun doivent servir à orienter le choix des spécialisations. On peut les articuler sous trois grandes rubriques :

– connaissance des phénomènes physiques de la matière, des techniques mathématiques adaptées à leur traitement et des méthodes de mesure,
– connaissance de la matière vivante,
– connaissance du milieu socio-économique[133].

Il est donc flagrant que pour les auteurs du rapport, ce sont les besoins de l'industrie agro-alimentaires qui sont majeurs. Sinon comment expliquer, d'une part que les trois corps de disciplines[134] qui sont mis en avant soient précisément ceux-là même que l'ENSIA avait mis en évidence dès les années 1960 ?

La deuxième séquence est consacrée à l'acquisition des enseignements complémentaires ou « pré-requis » nécessaires à sa spécialisation future :

Dès la fin de la première année de tronc commun, l'étudiant doit décider de son orientation future [...]

Le principe du tutorat, déjà utilisé au niveau du tronc commun pour aider les élèves à choisir convenablement leur domaine de spécialisation, doit évidemment

131 Mothes, Jean, *Rapport cit.*, p. 18. Il est fait référence à un rapport établi, en 1983, à la demande des pouvoirs publics par Maurice Nivat, professeur à l'Université de Paris-Diderot et intitulé : « Savoirs et savoir-faire en informatique »

132 Chacune de ces séquences correspond approximativement à une année scolaire.

133 Mothes, Jean, *Rapport cit.*, p. 22.

134 Il s'agit des 3 corps de disciplines évoquées p. 22 du rapport et présentées ci-dessus, p. 472.

> être maintenu pour les orienter sur les enseignements complémentaires [...] Le tutorat paraît d'autant plus nécessaire qu'il y aura lieu de trouver un équilibre entre les inclinations des élèves et les besoins des utilisateurs[135].

C'est pendant la troisième séquence que se déroule « l'année terminale (3e cycle) conduite dans des "centres de spécialisation" [...] » qui « constituent, en fait la clé de voûte du dispositif[136] ».

> Chacun des Centres [...] s'appuie sur un ensemble de laboratoires, de Centres de recherche voire d'Écoles extérieures.
>
> Chaque centre de spécialisation est, en outre, tenu d'entretenir des relations étroites avec les milieux professionnels[137].
>
> Il reste à en préciser la nomenclature ; nous en distinguerons 11 dont 4 dits d'appui :
> 1. Transformation et utilisation des produits agricoles / Industries agro-alimentaires,
> 2. Productions végétales,
> 3. Productions animales,
> 4. Machinisme, bâtiments et équipements de l'agriculture,
> 5. Mise en valeur du milieu naturel : sols et eaux,
> 6. Forêt – Bois – Papier,
> 7. Systèmes agraires et développement,
>
> A. Économie et gestion,
> B. Informatique et mathématique,
> C. Biotechnologie / Microbiologie / Enzymologie,
> D. Chimie analytique et instrumentale[138].

On relèvera qu'il est surprenant que, parmi les centres de spécialisation envisagés, « Transformation et utilisation des produits agricoles / Industries agro-alimentaires » soit cité en premier alors qu'il eut été plus rationnel que ce soit, d'abord, ceux consacrés à la production.

Les auteurs terminent par des « Observations relatives à la faisabilité du projet » pour écarter ce qu'ils estiment être deux « fausses solutions » : d'un côté « faire table rase de ce qui existe et [...] proposer, la création, ex nihilo, sur un campus bien choisi d'un Wageningen[139] français » et de l'autre :

---

135 Mothes, Jean, *Rapport cit.*, p. 26.

136 Mothes, Jean, *Rapport cit., Résumé*, p. 4.

137 Mothes, Jean, *Rapport cit.*, p. 14.

138 Mothes, Jean, *Rapport cit.*, p. 30.

139 L'Université de Wageningen aux Pays-Bas, est orientée sur les sciences de la vie et compte environ 5 000 étudiants.

> Tout à l'opposé une seconde solution peut consister à prétendre conserver pieusement les Écoles existantes [...]. Le problème s'énonce alors de la façon suivante : comment les amener à adopter le nouveau modèle ? [...] cela ne nous paraît ni possible ni souhaitable pour diverses raisons[140].

Parmi les raisons avancées on retrouve la fermeture des écoles « châteaux-forts en partie périmés (quels que soient leurs mérites) » et la nécessité d'un « lissage des hiérarchies ».

C'est une « Troisième voie » qui est proposée regroupant dans un ensemble unique plusieurs centres existants déjà, à savoir, outre Paris, Nancy, Dijon, Montpellier, Toulouse et Rennes. La possibilité d'y associer Nantes est évoquée. Cet ensemble disposerait d'un corps enseignant unique. Sa mission dans la formation continue n'est pas oubliée :

> En régime démocratique, la finalité de la formation continue va, en outre, bien au-delà de la mise à jour permanente des connaissances. C'est, en effet, un moyen (sans doute le plus efficace) de débloquer la Société en atténuant les viscosités sociales[141].

En conclusion de la présentation de ce rapport, nous retiendrons deux affirmations. La première est que : « pour suivre le train de notre époque, il ne convient plus d'être révérencieux[142] » : on conviendra que les auteurs du rapport ne s'en sont pas privés et cela explique l'agressivité du vocabulaire, peu courante dans le monde des affaires qui peut surprendre, au premier abord.

La seconde affirmation est que :

> L'important est qu'un certain nombre de choses soient dites : ensuite les idées cheminent lentement dans des milieux plus ou moins déformants. L'expérience montre qu'il en reste toujours quelque chose[143].

La suite des événements allait montrer toute la pertinence de ces deux dernières phrases du rapport proprement dit.

Ce rapport aura un impact considérable. Deux critiques doivent cependant être faites. Tout d'abord, les perspectives historiques manquent, alors qu'il eût été facile de combler cette absence par la lecture d'ouvrages

140 Mothes, Jean, *Rapport cit.*, p. 35.
141 Mothes, Jean, *Rapport cit.*, p. 42.
142 Mothes, Jean, *Rapport cit.*, p. 36.
143 Mothes, Jean, *Rapport cit.*, p. 49.

classiques[144]. Ceci est d'autant plus paradoxal que le rapport invoque, dès le premier paragraphe, la longue tradition de l'enseignement agronomique française.

Enfin, les résultats obtenus par cet enseignement, sur le plan international et en particulier vis-à-vis des pays en voie de développement, sont passés sous silence. Il n'est ainsi fait mention, ni de la SIARC[145], ni du fait que l'ENSIA forme une partie des élèves de l'Institut agronomique et vétérinaire Hassan II marocain. Si les effectifs concernés restent faibles ces formations représentent un symbole très fort d'ouverture vers l'international et tout particulièrement vers des pays en voie de développement. Il n'eut pas été inconvenant de le faire remarquer !

Les réactions au rapport Mothes

Il faut préciser que, contrairement aux rapports présentés ci-dessus, ce dernier rapport est largement diffusé. C'est pourquoi la presse spécialisée s'en fait largement l'écho. L'agence de presse *Agra-France*, relayée par *Agra-Alimentation*, l'évoque dès le 10 novembre 1984 puis plus complétement ensuite[146]. Cette agence de presse évoque également le fait que depuis la loi du 26 janvier 1984, le diplôme de fin d'études les écoles supérieures agronomiques n'est plus assimilé à un DEA. En outre, « la réforme devrait permettre à certaines écoles dont la liste n'est pas arrêtée actuellement, de former des docteurs sans être nécessairement liées à des universités[147] ».

Mais, comme il fallait s'y attendre, ce sont principalement les amicales des anciens élèves des écoles concernées qui émettent les plus fortes critiques. Dès novembre 1984 le directeur de l'ENSIA, tout en reconnaissant des aspects positifs à ce rapport exprime son scepticisme tout en étant conscient du nouveau contexte universitaire :

> On sait que tous les 20 ans, le ministère de l'Agriculture envisage une fusion en un établissement unique des écoles d'ingénieurs (projet de loi Caziaux en 1942 – Projet de réforme Pisani en 1962). On pourrait donc estimer qu'il s'agit

144 Par exemple l'ouvrage de Michel Augé-Laribé, *La politique agricole de la France de 1880 à 1940*, Paris, Presses universitaires de France, 1950.

145 La Section des Industries Alimentaires des Régions Chaudes (SIARC) a été présentée ci-dessus p. 451.

146 *Agra-France*, n° 1968, 17 novembre 1984, Spéciale économique II/1-3 ; n° 1969, 24 novembre 1984, Éco.Soc.5. *Agra alimentation* n° 973, 14 mars 1985, Pano 1.

147 *Agra-France*, n° 2004, 27 juillet 1985, Éco Soc 11.

> d'un $n^{ème}$ projet et que les écoles qui ont survécu à deux guerres mondiales et à trois changements constitutionnels ont fait la preuve de leur inamovibilité.
>
> Il n'empêche que la Loi (Savary) sur l'enseignement supérieur de janvier 1984 crée des EPSCP (Établissement public scientifique culturel et professionnel) et si l'on souhaite doter le ministère de l'Agriculture de structures analogues à celles de l'Éducation, on sera conduit à créer 1 ou 26 EPSCP[148].

Lors de son assemblée générale du 2 mars 1985, l'Association des ingénieurs ENSIA s'élève contre ce rapport et lui reproche « une absence totale d'étude de marché de ses produits ». Mais la principale critique qu'émet cette association reprend une très ancienne préoccupation de ses membres : se dissocier de l'enseignement agronomique :

> L'association émet le vœu que les pouvoirs publics dissipent la confusion de l'intégration de l'agriculture et des industries agro-alimentaires et connexes et en tiennent compte pour la formation des ingénieurs de demain[149].

De son côté, l'Association des anciens élèves de l'Institut agronomique (INA-PG) prend position dès le 22 janvier 1985. Elle relève les intentions positives allant dans le sens d'une meilleure complémentarité, rappelant les propositions antérieures de rapprochement avec l'ENSIA et considère que :

> Si l'unification absolue du corps professoral paraît difficile, l'utilité d'une relative mobilité des enseignants n'est pas à rejeter, tout au moins dans les disciplines qui évoluent rapidement avec le temps.
>
> Dans cette ligne, il semble souhaitable qu'un circuit d'échanges soit établi au moins autant entre les établissements d'enseignement agronomique qu'entre ceux-ci et les autres grandes écoles (Polytechnique, Mines et écoles de commerce) ainsi que les universités.

Cependant, elle estime que les besoins de l'industrie agro-alimentaire sont trop exclusivement pris en considération et a, ainsi : « une lecture du rapport Mothes diamétralement opposée à celle des ENSIA[150] ». Cette association se demande, d'ailleurs :

> Est-ce à dire que les ingénieurs sortant de Polytechnique, des Mines et de Centrale, auxquels est ou sera dispensé un enseignement biologique, pourront

148 ENSIA, *Situation générale*, novembre 1984. p. 37.

149 *Agra-alimentation*, n° 972, 7 mars 1985, carnet E &T 5.

150 *Agra-alimentation*, n° 973, 14 mars 1985, carnet E &T 3.

seuls prétendre à accéder aux plus hauts postes de responsabilité dans tous les secteurs, y compris les IAA[151].

Souhaitant, malgré les critiques émises, mettre en place les principales dispositions de ce rapport, le ministre réunit les directeurs des principales écoles, dont l'ENSIA, ainsi que les responsables du ministère de l'Agriculture, dès le 20 novembre 1984. Une commission agro-alimentaire, mise en place à la même date, établit un rapport en février 1985. Mais le départ de Michel Rocard du ministère de l'Agriculture, en avril 1985, arrête cette mise en place. Le nouveau ministre, Henri Nallet, reprend l'étude de cette réforme et expose à tous les directeurs des établissements concernés, le 18 septembre 1985, l'orientation nouvelle qu'il entend lui donner.

À la suite du changement politique de 1986 c'est François Guillaume qui devient ministre de l'Agriculture. C'est sous son ministère que paraît, dans une revue destinée à un public de hauts responsables extérieurs à l'enseignement agricole[152] et sous la plume d'acteurs particulièrement compétents, un article dont il nous paraît indispensable de citer un extrait :

> Pour les ingénieurs du plus haut niveau, formés en 5 ans, il faudra très certainement envisager des regroupements, le plus souvent partiels, pour faire jouer des synergies surtout au niveau des 3e cycles. Il faudra surtout maintenir la sélection à un niveau très élevé pour que, dans la compétition internationale qui ne fera que croître, notre pays dispose d'ingénieurs créatifs et innovateurs, gages de la réussite de notre agro-industrie.

La qualification des auteurs implique que l'ISAA ne remplit pas pleinement son rôle et justifie, a postériori, la mission confiée à Jean Mothes.

LE PROJET D'INSTITUT DES SCIENCES ET TECHNIQUES DU VIVANT (1989-2006)

L'élection présidentielle de 1988 reconduit, au ministère de l'Agriculture, Henri Nallet qui reprend, dès 1989, le dossier de la réforme de l'enseignement supérieur agricole. Mais avant de poursuivre

---

151 *Cahiers des ingénieurs agronomes*, (INA-PG), n° 383, mars 1985, p. 87.

152 Il s'agit de la revue de l'Association du corps préfectoral et des hauts fonctionnaires du ministère de l'Intérieur, *Administration*, n° 135, mars 1987. L'article est de Jacques Delage, directeur de l'INA-PG et de Jean Claude Pinguet-Rousseau, ingénieur en chef du génie rural, des eaux et des forêts, administrateur de l'ISAA.

le développement de ce projet, il est indispensable de présenter celui qui depuis 1987 a pris la direction de l'ENSIA.

Le défenseur de la spécificité de l'ENSIA : Bernard Guérin

Bernard Guérin est issu d'une famille ayant une tradition sucrière puisque son père, Jean Guérin, ingénieur agronome, a dirigé le laboratoire de la sucrerie de Nassandres dans l'Eure puis le service scientifique de la Générale sucrière[153]. Lui-même, entré à l'Institut agronomique en 1963, complète sa formation en obtenant, en 1967, le diplôme de l'Institut d'administration des entreprises (IAE) ainsi que celui d'expert de la coopération technique internationale à la Fondation des sciences politiques de Paris.

Il débute sa carrière comme assistant de Jean Keilling, professeur d'industries agricoles à l'Institut agronomique. Après un passage dans l'industrie sucrière, il entre à l'ENSIA en décembre 1967, où il est chargé de l'enseignement des industries du sucre, ainsi que d'enseignements à l'Institut universitaire de technologie (IUT) de biologie appliquée, à l'Université de Lille I. Il y installe une halle technique permettant aux élèves d'apprendre à manipuler les divers appareils utilisés dans les industries agricoles et alimentaires. C'est pourquoi, avant que l'ENSIA ne dispose d'un équipement semblable, les travaux pratiques de génie industriel ont lieu à Lille. C'est donc très logiquement Bernard Guérin qui est chargé de la conception de la halle technologique « Nicolas Appert », lorsqu'un tel équipement peut être installé, en 1982, sur le site de Massy. Plusieurs autres pays s'en inspireront. Il est également l'auteur de travaux originaux sur l'hydrolyse du maïs et l'isomérisation du glucose en fructose.

Il accède au grade de maître de conférences en 1978 et de professeur en 1985. Il devient président du département de génie industriel en 1983. Bernard Guérin devient directeur de l'ENSIA de 1987 à 1997, ce qui est, à la fois une reconnaissance de la dynamique de son parcours et une concrétisation de l'importance prise par le génie industriel dans l'établissement. D'emblée, il met l'accent sur la recherche, ce qu'il

153 La Générale sucrière est le nom donné en 1968 aux raffineries Saint-Louis, elles même fondées en 1878. Cette société a regroupé plusieurs sucreries du nord de la France avant d'être rachetée en 2001 par la compagnie allemande *Südzucker*.

exprime très clairement dès 1987 : « Nos élèves ingénieurs doivent tous être sensibilisés à la recherche, certains étant formés par la recherche et un petit nombre pour la recherche[154] ». Nous croyons devoir relever une des premières déclarations qu'il fait en tant que directeur à la presse spécialisée : « La tendance serait même à la réduction de notre champ d'activité pour concentrer nos moyens, plutôt qu'à son élargissement[155] ». Ceci indique qu'implicitement, pour le directeur de l'ENSIA, l'enseignement de l'école a occupé, à cette date, l'ensemble du champ du savoir relatif aux industries agricoles et alimentaires.

Durant cette période pendant laquelle l'ENSIA a eu à coopérer avec d'autres écoles dont on peut affirmer que certaines estimaient disposer d'un « statut intellectuel » supérieur à elle, Bernard Guérin a eu la tâche difficile de faire reconnaître la place de l'école qu'il dirigeait. Nous pouvons témoigner qu'il y est pleinement parvenu[156].

Après son départ de la direction de l'ENSIA, en 1997, c'est Yves Demarne, ingénieur agronome, directeur de recherche à l'INRA qui lui succède.

Concrétiser les propositions de réforme de l'enseignement supérieur agronomique : la mission de Jacques Poly

Dans le but de reprendre le projet de réforme de l'enseignement supérieur agronomique, agro-alimentaire et vétérinaire et plus particulièrement la possibilité de créer un pôle d'excellence en région Île-de-France, le ministre confie à Jacques Poly, ancien président de l'INRA, une mission de réflexion ayant pour but : « la formation de cadres de très haut niveau adaptés aux besoins futurs de l'économie agricole et agro-industrielle et aux exigences de la gestion et de l'aménagement de l'espace rural[157].

154 Candidature au poste de directeur de l'ENSIA présentée par Bernard Guérin, Massy, 21 mai 1987.

155 « Bernard Guérin, chef d'orchestre de l'ENSIA », *RIA*, n° 391, du 21 septembre au 5 octobre 1987, p. 16.

156 Ayant personnellement exercé de 1993 à 2000, la fonction de « chargé de mission auprès des directeurs des Grandes écoles du vivant » j'ai eu périodiquement à rendre compte de mon activité à l'ensemble des directeurs. À ces occasions j'ai pu constater que Bernard Guérin y tenait largement sa place. Sur les Grandes écoles du vivant voir, plus loin p. 498.

157 *Agra-alimentation*, n° 1157, 6 avril 1989, P & P 8.

Ce rapport, remis en novembre 1989, préconise de regrouper géographiquement les grandes écoles du ministère de l'Agriculture et plus précisément l'Institut agronomique Paris-Grignon, l'École vétérinaire d'Alfort, l'École du génie rural des eaux et des forêts, l'ENSIA, l'École d'horticulture et l'École du paysage implantées, pour ces deux dernières, à Versailles. Le parti adopté est qu'un rapprochement géographique permettra des synergies intellectuelles pouvant aller jusqu'à des fusions partielles voire totales. Est également envisagé l'intégration de l'École nationale supérieure des sciences agronomiques appliquées (ENSSAA)[158] de Dijon. Il est prévu l'installation sur le site de l'Institut supérieur européen des agro-équipements (ISEAE), celle de l'Institut d'études supérieures d'industrie et d'économie laitières (IESIEL)[159], de l'ISAA[160] ainsi que de centres de recherches dépendant respectivement du Centre d'études du machinisme agricole, du génie rural des eaux et des forêts (CEMAGREF)[161] situé à Antony (Hauts-de-Seine)), du Centre de coopération internationale en recherche agronomique pour le développement (CIRAD) situé à Nogent (Val-de-Marne), du laboratoire central de recherche vétérinaire d'Alfort, du laboratoire central d'hygiène alimentaire ainsi que de centres techniques professionnels.

Cet établissement serait dénommé : « Institut des sciences et techniques du vivant ». Ce regroupement géographique pourrait se situer sur le plateau de Saclay[162]. Dans une lettre adressée le 18 décembre 1989 aux présidents des conseils des écoles concernées, le ministre transmet le rapport établi par Jacques Poly[163].

---

158 Cette école forme tout particulièrement les ingénieurs d'agronomie dont la vocation est l'enseignement.

159 Sur l'IESIEL, voir annexe XXIV.

160 L'administrateur de l'ISAA est installé à l'ENGREF, Paris 15e.

161 Ce centre est devenu en 2012 : l'Institut national en sciences et technologies pour l'environnement et l'agriculture (IRSTEA) et a lui-même fusionné avec l'INRA au 1er janvier 2020 pour donner l'Institut national de recherche pour l'agriculture, l'alimentation et l'environnement (INRAE).

162 *Agra-alimentation*, nº 1182, 9 novembre 1989, P & P 3. Le plateau de Saclay est un territoire couvrant plusieurs communes à la fois sur le département de l'Essonne et sur celui des Yvelines, délimité par les vallées de l'Yvette, au sud et à l'est ainsi que par celle de la Bièvre, au nord, et situé à une vingtaine de kilomètres au sud de Paris.

163 *Bulletin d'information du ministère de l'Agriculture (BIMA)*, 1er mars 1990, p. 9.

Le développement du projet d'Institut des sciences et techniques du vivant

Les événements s'accélèrent au premier semestre 1990. Le principe de cette réforme est adopté par le Conseil des ministres le 31 janvier. Ce projet est soumis, ensuite, à l'Académie d'agriculture qui exprime le 21 mars un avis favorable assorti, toutefois de quelques réserves. En ce qui concerne la finalité des étudiants elle souligne la difficulté « de marier deux "cultures" différentes, celle de l'ingénieur et celle du vétérinaire ». Ensuite, l'Académie se demande s'il n'y a pas une volonté trop exclusive, d'une part, en utilisant le terme « Vivant » pour désigner cet ensemble de valoriser la biologie et d'autre part, en affirmant que : « la formation se fera par la recherche » de conduire à un choix pédagogique limité ? Enfin le site proposé est-il le plus favorable ? Le principe du campus est-il le plus approprié ? L'Académie observe que : « Dans tous les pays, les universités les plus vivantes sont dans des villes[164] ».

Le 10 avril, les conseils des 7 écoles concernées[165] donnent un avis favorable à ce projet dont le ministre précise, à cette occasion, qu'il s'agit d'« un projet intellectuel d'enseignement et de recherche ». Peu de temps après, le 30 mai, est mise en place une « Association pour l'établissement des sciences et techniques du vivant » dont la présidence est assurée par Guy Salmon-Legagneur, conseiller-maître à la Cour des comptes et la vice-présidence par André Berkaloff, professeur de biologie moléculaire à l'Université d'Orsay[166] chargé également de la définition du projet pédagogique. Nous croyons devoir en retenir le résumé qu'il expose au début de 1991 :

> Je propose que recherche et enseignement dépendent de départements distincts. Il doit être possible, chaque année, de balayer le système éducatif pour le réactualiser ou même le réorganiser. Une telle démarche n'est pas possible avec un système de recherche en raison des différences d'échelles de temps et de modifications entre ces deux systèmes. [...]

---

164 « Avis de l'Académie d'agriculture de France à propos du rapport sur les possibilités de rapprochement en région parisienne des établissements d'enseignement supérieur dépendant du ministère de l'Agriculture et de la Forêt », *Comptes rendus de l'Académie d'agriculture de France*, n° 3, 1990, p. 123-141. Ce compte rendu est consultable en ligne.

165 L'École des services vétérinaires d'Alfort a, en effet, été jointe au projet : *BIMA*, 19 avril 1990, p. 5.

166 André Berkaloff est également président du conseil scientifique de l'INRA, *Agra-alimentation*, n° 1210, 7 juin 1990, P & P 4. À l'origine, le directeur général de l'enseignement et de la recherche au ministère de l'Agriculture était également associé comme membre fondateur.

> Quant aux biotechnologies, j'ai tendance à les placer dans les sciences pour l'ingénieur. [...] Les concepts et les méthodologies à la base des biotechnologies ne sont pas dans l'état où ils peuvent maintenant être utilisés sans être entretenus. [...] Il faut que les biotechnologies soient adaptées aux systèmes sur lesquels elles sont appliquées. Les problèmes de biologie fondamentale à la base des biotechnologies doivent être approfondis et je justifie ainsi l'existence de départements méthodologiques à l'ISTV. Ceux-ci joueraient un rôle de développement de l'outil fondamental qui serait ensuite utilisé dans des départements d'application correspondant à des filières identifiées par le secteur aval (productions animales, productions végétales, gestion des systèmes ...).
>
> [Ce] serait donc un enseignement de base formant des individus capables, à la fois, de remonter à la recherche fondamentale et d'appréhender les systèmes complexes, qu'ils soient industriels, naturels ou biologiques dans lesquels s'intègrent ces concepts[167].

Ce qui nous paraît novateur dans cette démarche est de fonder une pédagogie qui incite à « remonter à la recherche fondamentale ». Cette association est également dotée d'un directeur, Philippe Guérin[168], ingénieur général du génie rural, des eaux et des forêts.

Les pouvoirs publics se préoccupent ensuite de l'implantation du futur institut. En effet, l'Association ISTV décide de ne pas se limiter au site recommandé par Jacques Poly et ouvre à toutes les régions et villes intéressées la possibilité de se faire connaître. C'est ainsi que 11 candidatures se manifestent, que l'on peut classer en trois catégories. Tout d'abord, on trouve celles provenant de l'Île-de-France proche avec, outre celle du Plateau de Saclay, la ville nouvelle de Melun-Sénart. Ensuite, plusieurs candidatures émanent de la périphérie de l'Île-de-France avec la ville de Beauvais, l'agglomération de Compiègne appuyée par l'ex-région Picardie, ainsi que les candidatures suivantes appuyées par leur région et leur département respectifs : Reims, Orléans appuyée par la région Centre qui soutient également celle de Tours, Caen ainsi que Rouen. Enfin plusieurs candidatures émanent de villes de provinces nettement éloignées de la capitale : Strasbourg, Lyon et Clermont-Ferrand[169]. Le

---

167 « L'ISTV : Quelle nouvelle formation pour les sciences du vivant ? Un entretien avec André Berkaloff », *Biofutur*, février 1991, p. 31.

168 Philippe Guérin faisait également partie du groupe de travail qui a secondé Jean Mothes. Il sera directeur de l'INA-PG de 1996 à 2002.

169 Guérin, Philippe, « Finalités et stratégies de l'Institut scientifique et technique du vivant (ISTV) », *ingénieurs de la vie, Cahiers des ingénieurs agronomes INA-PG*, n° 415, février-mars 1991, p. 51-58.

nombre de candidatures mesure l'intérêt que les agglomérations portent à recevoir cet institut. Parmi elles la plus crédible, outre celle du Plateau de Saclay, à l'époque apparaît être celle de Reims.

Alors que le projet ISTV ne devait concerner, à l'origine, que les grandes écoles du ministère de l'Agriculture de la région Île-de-France, les candidatures émanant de la province éloignée de Paris ainsi que l'ampleur des réformes pédagogiques envisagées montrent que ce projet avait pris une dimension nationale, se situant ainsi effectivement dans le prolongement du rapport Mothes.

Mais le départ d'Henri Nallet du ministère de l'Agriculture en octobre 1990 marque un affaiblissement de l'intérêt de pouvoirs publics pour ce projet.

Les Grandes écoles du vivant

Le changement de majorité politique en mars 1993[170] entraîne une redéfinition du projet ISTV. En mai 1993 est créée une école doctorale rassemblant 5 écoles effectivement toutes situées en Île-de-France et plus précisément l'ENGREF, l'ENSIA, l'École nationale du paysage de Versailles, l'École nationale vétérinaire d'Alfort et l'INA-PG. Cette structure, très souple, reçoit le nom de Grandes Écoles du Vivant (GEV) et n'entraîne aucun déplacement géographique. Elle est dirigée par le collège des directeurs et trouve un moyen d'expression dans la publication *In Vivo*, éditée, à intervalle irréguliers.

De son côté l'ISAA poursuit son activité dans les conditions qui ont déjà été exposées. Mais en 2006, une initiative des pouvoirs publics vient profondément modifier l'organisation de l'enseignement supérieur agricole et tout particulièrement l'ENSIA.

LA CRÉATION D'AGROPARISTECH (2007-2014)

Le décret du 13 décembre 2006[171] crée l'Institut national des sciences et industries du vivant et de l'environnement dénommé « AgroParisTech ». Le ministre de l'Agriculture signataire de ce décret est Dominique

170 C'est Jean Puech qui devient ministre de l'Agriculture.

171 Décret n° 2006-1592 portant création de l'Institut national des sciences et industries du vivant et de l'environnement (AgroParisTech), *Journal Officiel*, 14 décembre 2006, p. 18896.

Bussereau[172]. Cet institut résulte de la fusion, à compter du 1er janvier 2007, de l'ENSIA avec deux autres écoles : l'École nationale du génie rural, des eaux et des forêts (ENGREF)[173] et l'Institut national agronomique-Paris Grignon (INA-PG)[174]. Au moment où l'ENSIA est conduite à fusionner avec l'INA-PG, il n'est pas inutile de rappeler que les relations entre ces deux écoles n'ont pas toujours été simples[175].

AgroParisTech est fondé avec le statut de « grand établissement ». En 2007 il ne se produit aucune modification géographique, ce qui conduit par l'addition des implantations des écoles d'origine à un ensemble de 9 sites dont 6 proviennent de l'ENGREF : Paris (15e arrondissement), Nancy, Montpellier, Nogent-sur-Vernisson (Loiret), Clermont-Ferrand et Kourou (Guyane) ; un de l'ENSIA (Massy)[176] et deux de l'INA-PG : Paris (5e arrondissement) et Grignon. Rapidement, il est décidé de retenir la proposition émise par Jacques Poly de regrouper les sites franciliens, c'est-à-dire ceux de Paris ainsi que celui de Massy et celui de Grignon, sur le plateau de Saclay. À cette occasion, est reprise l'ambition de constituer un « Pôle Paris Île-de-France en sciences et technologies du vivant et de l'environnement » en établissant une coordination en matière de recherche avec l'INRA d'abord mais également avec le CEMAGREF[177] et l'Association française pour la sécurité sanitaire des aliments (AFSSA) ainsi qu'avec les deux autres écoles qui avaient été associées précédemment dans le cadre des Grandes écoles du vivant : l'École vétérinaire d'Alfort et l'École du paysage. Les travaux de construction des bâtiments de cet ensemble sont en cours et le chantier a fait l'objet d'une visite officielle le 1er octobre 2019[178]. La rentrée effective y est prévue pour le mois de septembre 2022. Entre temps, un nouveau site à Reims a été rattaché.

Il est à noter que ce mouvement de concentration des grandes écoles techniques est général ces dernières années. Le regroupement des 5 écoles

---

172 Les autres signataires sont le Premier ministre, Dominique de Villepin et le ministre de l'éducation nationale, de l'enseignement supérieur et de la recherche, Gilles de Robien.

173 Voir annexe XXIII.

174 Voir annexe XXIV.

175 Pour plus de précisions à ce sujet, voir annexe XXV.

176 La SIARC a été disjointe de L'ENSIA et a rejoint le CIRAD. Sur ce dernier, voir ci-dessus p. 452, note 18, p. 466, note 65 et p. 495.

177 Sur le CEMAGREF, voir ci-dessus p. 495, note 161.

178 Participaient Frédérique Vidal, ministre de la Recherche, Didier Guillaume ministre de l'Agriculture et un conseiller régional représentant la Présidente de la région Île-de-France, *Planète Agro*, n° 5, 2e semestre 2019.

centrales de Lille, Lyon, Marseille, Nantes et Paris, en un seul groupe est exemplaire à ce sujet. Par ailleurs, plusieurs écoles de chimie se sont regroupées ces dernières années.

On notera que, dans un pays dont Jean Mothes en 1984 estimait qu'il constituait « une nation agricole par excellence », c'est la première fois que les pouvoirs publics décident la construction d'un ensemble destiné spécifiquement à l'enseignement supérieur agronomique. Auparavant cet enseignement avait été logé dans des bâtiments construits à l'origine pour une autre destination. Il est vrai, que depuis plusieurs décennies, la défense de l'environnement est devenue une priorité. Peut-être, est-ce uniquement afin de satisfaire cette urgence que le regroupement à Saclay a été décidé ? On devrait alors en conclure que les pouvoirs publics n'auront jamais fait construire de bâtiments destinés à abriter l'enseignement supérieur agronomique, ce qui ne serait pas le moindre des paradoxes que nous aurons rencontré dans cette histoire.

Cet ensemble représente 2 000 étudiants et 200 enseignants chercheurs[179] qui s'organisent en 5 départements d'enseignement et de recherche centrés respectivement sur les :

> – sciences agronomiques, forestières, de l'eau et de l'environnement destinées à répondre aux grands enjeux [...] liés aux activités de productions agricoles et forestières et gestion durable des ressources naturelles [...] ;
> – sciences de la vie et de la santé centrées sur les fondements biologiques du vivant [...] ;
> – sciences et procédés des aliments et bioproduits, particulièrement concernés par les métiers des industries des aliments et des bioproduits [...]
> auxquels s'ajoutent deux autres ensembles portant sur :
> – les sciences économiques, sociales et de gestion [...] ;
> – la modélisation mathématique, l'informatique et la physique [...][180]

La direction générale assurée, à l'origine, par Rémi Toussain, ingénieur agronome de formation et ingénieur du GREF, l'est depuis 2012 par Gilles Trystram, ancien professeur à l'ENSIA et qui, précédemment assurait la direction du centre de Massy d'AgroParisTech. Ceci prouve que L'ENSIA garde toute sa place dans cet ensemble.

179 En 2019, on compte 2300 étudiants, 230 enseignants chercheurs et 375 doctorants, AgroParisTech Alumni, *Annuaire 2019*, p. 29.

180 AgroParisTech, *Création d'AgroParisTech fruit de l'alliance de 3 Grandes écoles*, Dossier de presse 17 janvier 2007, p. 8.

En 2014, aux termes de la loi d'avenir pour l'agriculture, l'alimentation et la forêt du 13 octobre 2014, l'ENSIA se trouve, de fait, intégrée dans l'Institut agronomique, vétérinaire et forestier de France (IAVFF), ensemble encore plus vaste, puisqu'il englobe à la fois les établissements d'enseignement supérieur et les centres de recherche du ministère de l'Agriculture.

CONCLUSION
Bilan du projet d'institut des sciences et techniques du vivant

En définitive, ce projet ISTV ne se concrétisera pas sous la forme initialement prévue. On se risquera, cependant, à conclure que l'essentiel du projet est préservé, la spécificité des métiers de vétérinaires d'une part et de paysagiste d'autre part, ayant été diagnostiquée dès l'origine. On relèvera que si ce projet ne se réalise effectivement pas en extension, il va plus loin en compréhension puisqu'il s'agit d'une fusion pure et simple alors qu'à l'origine il n'était envisagé qu'un rapprochement géographique permettant des échanges thématiques. Il est certain que la création d'AgroParisTech ne peut se comprendre sans que soit pris en compte l'intense réflexion collective qui a précédé, initiée par les pouvoirs publics et dont le rapport de Jean Mothes constitue la forme la plus approfondie. La fusion de l'ENSIA avec deux autres écoles qui auraient pu être considérées comme disposant d'un statut intellectuel supérieur constitue, pour l'ENSIA, ce que l'on peut qualifier de « fin glorieuse ». Il reste que la création d'AgroParisTech marque la fin de l'existence institutionnelle indépendante de l'ENSIA. On peut regretter, en particulier, que le déplacement sur le plateau de Saclay entraîne l'abandon de ce remarquable outil pédagogique, conçu par Bernard Guérin, qu'est la halle Nicolas Appert[181].

Ainsi se termine l'aventure intellectuelle engagée par les quelques personnes qui, à Saint-Quentin, à l'issue d'un congrès sucrier au soir

181 Voir, ci-dessus, p. 469.

du 1er juin 1882, se réunirent à l'initiative de François Dupont pour tenter de trouver un remède à la précarité de la situation des chimistes de sucrerie et de distillerie. Ils souhaitaient que ces chimistes puissent non seulement suivre la fabrication du sucre mais également conseiller les agriculteurs planteurs de betteraves, en somme unir dans une même qualification le suivi scientifique, à la fois des agriculteurs ainsi que de ceux qui transforment cette production. Leur projet s'est donc pleinement réalisé. On rappellera, qu'à l'origine, c'était l'individualisation affirmée de chaque profession que ce soit pour la production agricole ou pour chacune filière de transformation en produits alimentaires qui était la norme. On ne peut donc que souligner la pertinence de cette intuition qui traçait un chemin allant à l'encontre de la tendance de l'époque.

LE PARADOXE DES INGÉNIEURS DES INDUSTRIES AGRICOLES ET ALIMENTAIRES

Dans le parcours de l'École nationale supérieure des industries agricoles et alimentaires, 1940 a donc marqué une rupture forte. Mais cette rupture a été encore plus forte pour la population des étudiants ayant suivi son enseignement. Il paraît maintenant indispensable d'évaluer, plus généralement et indépendamment des contingences historiques dont nous venons de rappeler le poids, quelle est la place que les ingénieurs des industries agricoles et alimentaires occupent dans le système industriel. Tout d'abord, il convient de rappeler les éléments de problématique et de méthodologie qui ont été pris comme référence ainsi que les outils statistiques utilisés.

RAPPELS PROBLÉMATIQUES ET MÉTHODOLOGIQUES

La problématique concernant le recrutement des élites, et plus particulièrement les grandes écoles, a été profondément renouvelée au cours des dernières décennies par des travaux émanant, à la fois, de sociologues et d'historiens français ainsi que d'auteurs anglo-saxons. Il sort du cadre de cet ouvrage d'entrer dans le détail de la présentation de ces divers travaux[1] mais il paraît possible d'en retenir les deux points suivants. D'une part, les grandes écoles françaises résultent

1 Pour plus de précisions, voir notre thèse : Vigreux, Pierre, *la naissance le développement et le rôle de l'École nationale supérieure des industries agricoles et alimentaires* (ENSIA) *1893-1986*, Université de Paris-XII (Créteil), 2001.

toutes de la nécessité de consacrer socialement une nouvelle élite dont le besoin se faisait sentir[2] à leur origine. Les situations qui ont conduit à la création de ces écoles sont très diverses, ce qui n'est pas sans rejaillir sur leur développement ultérieur. D'autre part, il existe, à un moment donné, une relation propre à chaque établissement, entre le milieu social d'origine, l'enseignement reçu et la carrière effectuée. C'est plus particulièrement ce dernier constat qui fonde la méthodologie que nous avons adoptée.

L'enseignement reçu par les étudiants ayant déjà été présenté, la place des ingénieurs des industries agricoles et alimentaire dans le système industriel est conduite dans deux directions, leur situation à l'entrée à l'école, d'une part, et la carrière, d'autre part. Nous analyserons, ensuite, la relation entre ces deux groupes de caractéristiques. S'agissant de l'histoire d'une école, le parcours des individus concernés a été scindé en deux : avant l'entrée à l'école ils sont qualifiés d'étudiants et après leur entrée ils sont qualifiés d'ingénieurs. Le parti a été adopté que la carrière d'un ingénieur commence à son entrée à l'école.

Avant d'exposer ces différents aspects, il est nécessaire de présenter très brièvement la démarche statistique adoptée.

LES OUTILS STATISTIQUES UTILISÉS[3]

Les diverses sous-populations d'étudiants de l'ENSIA peuvent être résumées chacune par une caractéristique de position et par une caractéristique de dispersion. Or il s'agit d'une population statistiquement discrète[4]. Ceci conduit à adopter comme caractéristique de position la promotion médiane définie comme la première promotion dont le total, cumulé depuis l'origine, est égal ou supérieur à la moitié. D'autre part, la dispersion est caractérisée par la durée, exprimée en années, de l'étendue interquartile, qui est le nombre des années écoulées entre le premier quartile que nous désignons, pour faire bref, par Q1 et le troisième quartile désigné par Q3. Nous avons adopté comme mode

2 Pour l'ENSIA, il s'agissait de former des chimistes de sucrerie et de distillerie.

3 Avant d'aborder ce chapitre il est conseillé de consulter l'annexe XXVI (l'outil informatique).

4 En statistique le qualificatif « discret » s'oppose à « continu ». Une longueur ou une surface qui sont des grandeurs pouvant varier de manière continue n'est statistiquement pas de la même nature qu'une population qui est composée d'un nombre entier d'individus.

de détermination du premier quartile Q1 la première promotion dont le total cumulé depuis l'origine est égal ou supérieur à un quart de la sous-population étudiée et, de même, pour le troisième quartile Q3 la première promotion dont le total cumulé depuis l'origine est égal ou supérieur aux trois quarts de cette même sous-population.

LES CARACTÉRISTIQUES DE LA FORMATION DES ÉTUDIANTS

Tout d'abord, il est indispensable de caractériser la formation reçue avant l'entrée à l'école et plus précisément l'établissement scolaire fréquenté juste avant l'entrée à l'école[5] et notamment si cet établissement est public, privé ou étranger. Enfin a été retenu le diplôme le plus élevé obtenu avant l'entrée à l'école.

LES CARACTÉRISTIQUES DU MILIEU PROFESSIONNEL

Il est nécessaire de caractériser, d'une part, le milieu professionnel des parents des étudiants et, d'autre part, celui dans lequel se déroulera la carrière de l'ingénieur des industries agricoles et alimentaires. Ce milieu sera caractérisé à la fois par la catégorie socioprofessionnelle ainsi que par l'activité.

Un regroupement des catégories socioprofessionnelles comprenant selon les caractéristiques étudiées soit sur 21, soit sur 13 niveaux, a été établi tout particulièrement pour cette recherche[6]. Ce regroupement s'est révélé cohérent avec celui utilisé par Pierre Bourdieu dans son ouvrage *La noblesse d'État*[7].

---

5 Pour l'établissement de cette codification ainsi que pour celle des diplômes, nous nous sommes particulièrement référés à Joëlle Affichard, « Nomenclatures de formation et pratiques de classement », *Formation Emploi*, n° 4.

6 Voir annexe XXVII. Dans ce chapitre, sauf avis contraire, ce sont les catégories socioprofessionnelles de niveau 13 qui seront utilisées.

7 Bourdieu, Pierre, *La noblesse d'État, grandes écoles et esprit de corps*, Paris, Éditions de minuit, 1989, Nous nous sommes plus particulièrement reportés aux données du tableau 9 p. 192. Une très bonne concordance est constatée au niveau des trois grandes catégories : les catégories supérieures, les professions intermédiaires et le personnel d'exécution. La principale interrogation porte sur les salariés agricoles, alors que la somme de ces derniers et des agriculteurs conduit à une fréquence analogue à celle de cette recherche. On peut faire l'hypothèse que des fils de salariés agricoles aient préféré déclarer à l'école que leur père était agriculteur. Précisons que cette recherche a également bénéficié des conseils de Monique de Saint Martin, proche collaboratrice de Pierre Bourdieu, qui a bien voulu nous recevoir le 18 juin 1992. Nous l'en remercions très vivement.

Les activités ont été regroupées selon les cas en 21, 25 ou 6 niveaux[8]. L'appellation d'« activité » a été retenue pour la distinguer de la branche d'activité qui regroupe l'ensemble des personnes exerçant cette activité ainsi que du secteur d'activité qui est l'ensemble des entreprises exerçant cette activité à titre principal.

LA PRISE EN COMPTE DES ZONES GÉOGRAPHIQUES ET DE LA NATIONALITÉ

Afin de préciser l'origine des étudiants de l'ENSIA, il est nécessaire de définir les zones géographiques prises en compte, zones qui seront également utilisées pour l'interprétation des carrières.

Pour la France, ce sont les régions, au sens administratif du terme, qui sont retenues étant précisé qu'il s'agit des régions telles qu'elles existaient avant la réforme régionale de 2015. Ces régions sont désignées dans ce qui suit simplement par leur dénomination antérieure et éventuellement par le terme d'ex-régions. Dans quelques cas, les régions actuelles ont été utilisées. Hors du territoire métropolitain, les départements et territoires d'outre-mer ont été regroupés et considérés comme constituant une seule zone d'étude dénommée DOM-TOM.

La nationalité étant une caractéristique prise évidemment en compte, les pays étrangers, par mesure de simplification, sont considérés comme deux zones d'étude, d'une part, les pays ayant dépendus de la souveraineté française tels que l'Algérie, les anciens protectorats et les anciennes colonies désignés pour faire bref d'« ex pays dépendants » et, d'autre part, les autres pays désignés sous l'appellation d'« autres pays étrangers ». Ceci aboutit à présenter l'origine puis la carrière des ingénieurs des industries agricoles et alimentaires en 25 zones géographiques.

Par ailleurs, pour tenir compte des spécificités de l'histoire sucrière qui a fortement conditionné l'école à ses origines, il a paru pertinent de définir également des « zones sucrières » qui reprennent celles définies lors du rappel de la localisation de l'industrie sucrière, dans la deuxième moitié du XIXe siècle[9]. La première zone rassemble les départements de Seine-et-Marne, de l'Essonne, du Val d'Oise, des Yvelines[10] ainsi

8 Voir annexe XXVIII.

9 Voir chap. « La revanche de Cérès », p. 57 et fig. 2.

10 On relève que ces 3 derniers départements constituent à peu près l'ancien département de Seine-et-Oise. La différence provient des communes situées à l'est de l'ancien département

que le Nord-Pas-de-Calais et la Picardie[11], c'est-à-dire l'actuelle région Hauts-de-France auxquels il faut ajouter le département des Ardennes. La deuxième zone comprend le reste de la Champagne ainsi que la Bourgogne, le Centre, la Haute et la Basse-Normandie ; la troisième zone, les autres ex-régions françaises et la quatrième zone, les départements et territoires d'outre-mer ainsi que les autres pays étrangers, c'est-à-dire tout ce qui est situé hors du territoire métropolitain. Ce qui nous paraît souligner la pertinence de cette distinction est le fait que le rapport du nombre d'étudiants de l'ENSIA originaires de la première zone sucrière, c'est-à-dire le Nord-Pas-de-Calais, la Picardie, l'actuelle région Île de France et le département des Ardennes, à l'ensemble de la population de cette zone est plus élevé que le même rapport relatif à l'ensemble des étudiants entrés à l'ENSIA provenant du territoire métropolitain[12].

LES ÉTUDIANTS DE L'ÉCOLE NATIONALE SUPÉRIEURE DES INDUSTRIES AGRICOLES ET ALIMENTAIRES

Les caractéristiques du parcours de l'étudiant avant son entrée à l'école sont étudiées plus particulièrement sous quatre aspects. Tout d'abord, est analysée la formation scolaire et universitaire reçue par chaque étudiant de l'ENSIA avant l'entrée à l'école. Ensuite, nous nous sommes efforcés de rechercher le milieu professionnel d'origine caractérisé par celui des parents. Puis sont présentées l'origine géographique et enfin la nationalité des étudiants de l'ENSIA[13].

---

de la Seine, qui ont été intégrées dans les départements de la Seine-Saint-Denis et du Val-de-Marne.

11 Rappelons que ces deux ex-régions sont les seules où la fabrication du sucre de betteraves a été poursuivie après les mesures fiscales prises en 1838 et jusqu'au début des années 1880.

12 Ce rapport va, en effet de 1,084 pour le Nord-Pas-de-Calais à 0,699 pour dix mille pour la région Île-de-France, alors que ce rapport n'est que de 0,420 pour l'ensemble de la population métropolitaine.

13 Voir : l'outil informatique, annexe XXVI.

LES CARACTÉRISTIQUES SCOLAIRES
ET UNIVERSITAIRES DES ÉTUDIANTS

La formation reçue avant l'entrée à l'école est caractérisée, à la fois, par le type d'établissement fréquenté ainsi que par le statut de cet établissement selon qu'il appartient au secteur public ou au secteur privé et enfin par les diplômes obtenus. Nous avons déjà vu le cas des écoles pratiques d'agriculture. Rappelons que l'épreuve d'entrée, étape particulièrement importante pour la composition de la population des étudiants de l'ENSIA comme pour celle de toute grande école, a été présentée précédemment[14].

Les établissements fréquentés

Les établissements fréquentés par les étudiants avant leur entrée à l'ENSIA sont regroupés en 9 catégories[15]. Les effectifs de chacun des groupes d'établissements fréquentés par les étudiants de l'ENSIA sont donnés, par ordre de fréquence croissante, dans le tableau 22.

Dénomination	Effectifs	Fréquence
Divers	1	0,05
Premier cycle universitaire	21	1,11
Primaire	22	1,16
Technique (sauf agriculture)	63	3,32
Secondaire (non précisé)	72	3,8
Deuxième cycle universitaire, grandes écoles	137	7,23
Lycées, collèges	241	12,72
Écoles d'agriculture	443	23,38
Classes préparatoires	895	47,23

TABLEAU 22 – Établissements fréquentés par les étudiants entrés à l'ENSIA de l'origine à 1965. Classement par fréquence croissante.

14 Voir chap. « Le projet du génie industriel alimentaire », p. 422.

15 La catégorie « divers » ne comprend, dans cette population d'étudiants qu'un seul individu. Il s'agit d'un ingénieur d'origine turque qui a fréquenté l'École supérieure de la conserve. Il devait sûrement disposer de diplômes de son pays d'origine pour avoir été à même de suivre les cours de cet établissement de perfectionnement fréquenté, par ailleurs, par 4 autres ingénieurs ENSIA après leur passage à l'école.

On relève la part très importante occupée par les écoles d'agriculture et plus encore par les classes préparatoires aux grandes écoles, ces deux groupes présentant 70,6 % des formations d'origine. S'agissant d'une grande école, l'importance des classes préparatoires s'explique d'autant mieux que, pour la période étudiée par cette recherche, l'accès par l'université n'est pas encore organisé. C'est le fait que le mode d'accès par les classes préparatoires ne représente qu'un peu moins de la moitié qui est étonnant. L'explication en est à rechercher dans la localisation dans le temps de ces différentes sous-populations, à l'aide de la détermination de la promotion médiane et de l'étendue interquartile de chacune d'entre elles. La quasi-totalité des ingénieurs déjà passés par une autre grande école sont des ingénieurs stagiaires.

Les promotions médianes des différents groupes d'établissements sont données dans le tableau 23 ci-dessous par ordre croissant dans le temps.

Établissements fréquentés	Promotion médiane (année)
Primaire	1896
Technique (sauf agriculture)	1904
Secondaire (non précisé)	1905
Lycées, collèges	1905
Écoles d'agriculture	1910
Deuxième cycle universitaire grandes écoles	1930
Population	1947
Premier cycle universitaire	1955
Classes préparatoires	1956
Divers	sans signification

TABLEAU 23 – Établissements fréquentés par les étudiants de l'ENSIA avant leur entrée à l'école. Classement par promotions médianes croissantes.

Les années des promotions médianes conduisent à regrouper les formations en trois sous-ensembles nettement distincts. Tout d'abord, les formations secondaires, techniques, ou d'un niveau moindre, dont les promotions médianes s'étagent de 1896 à 1910. À l'opposé, les formations supérieures pour lesquelles ces promotions se situent en 1955 et 1956. Les grandes écoles présentent une promotion médiane, dans une position intermédiaire, en 1930 et constituent en fait un cas particulier qui correspondent en très forte majorité à des ingénieurs stagiaires.

L'examen des étendues interquartiles nous montre que tous les sous-ensembles ainsi constitués présentent une étendue interquartile inférieure à celle de la population. Ceci montre que ces divers sous-ensembles représentent des sous-populations distinctes. Afin d'illustrer cette position dans le temps, on a représenté sur le graphique de la figure 10 les étendues interquartiles de chacun des sous-ensembles des établissements fréquentés, en les classant par ordre de promotion Q3 croissante[16].

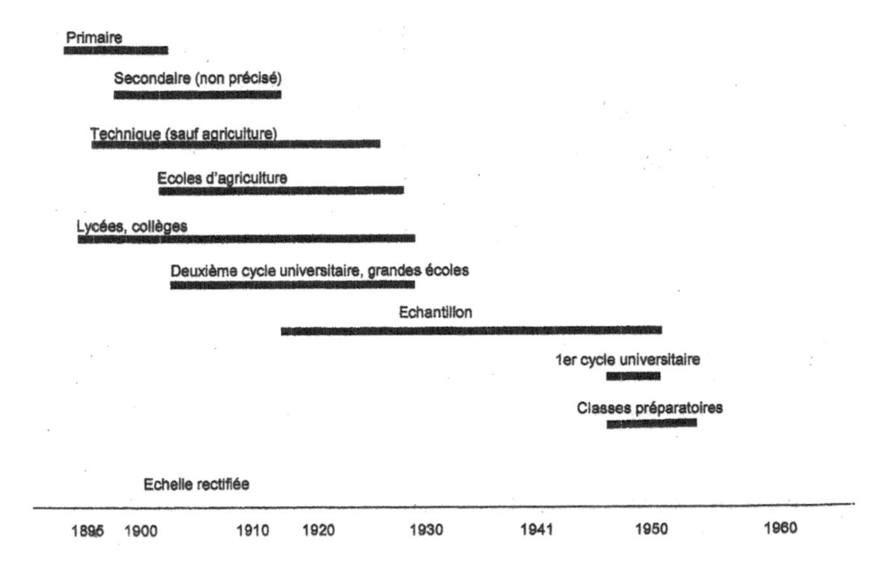

FIG. 10 – Position dans le temps des établissements fréquentés par les étudiants de l'ENSIA avant leur entrée à l'école[17].

Ce graphique fait clairement ressortir deux groupes. D'une part, les formations que l'on peut les qualifier d'« anciennes », auxquelles on peut

16 L'échelle de ce graphique a été rectifiée pour tenir compte du fait qu'aucune promotion n'est entrée à l'école de 1914 à 1918 ainsi qu'en 1940. Il en est de même pour le graphique de la figure 11.

17 Le terme « Échantillon » est utilisé pour caractériser l'ensemble de la population, car le graphique a été établi à partir des individus pour lesquels les données étaient disponibles dont le nombre est inférieur à la population totale prise en compte, tout en restant significatif. Il en sera de même pour des figures 11 et 12.

joindre les ingénieurs stagiaires, correspondent, à ceux entrés dans leur majorité avant 1940[18]. D'autre part, celles que l'on peut les qualifier de « récentes » car une très large majorité de leurs effectifs sont rentrés après cette date[19]. Plus que tout autre, ce graphique illustre l'importance de la rupture de 1940.

Le statut des établissements fréquentés

Si l'on subdivise les établissements de formation en public, privé ou étranger, on constate une très nette prédominance des établissements publics français d'où proviennent 85,5 % des étudiants de l'ENSIA contre 14 % d'un établissement privé et 0,5 % d'un établissement étranger.

En comparant la répartition de chacun des deux statuts principaux d'établissements selon les catégories socioprofessionnelles avec celle de l'ensemble de la population totale, la principale différence réside dans l'importance du passage des fils de chefs d'entreprise par des établissements privés, où ils représentent 21 %, alors qu'ils ne représentent que 12,5 % de la population totale des étudiants de l'ENSIA. Toutefois, même pour ceux qui sont originaires de cette catégorie socioprofessionnelle, le passage par les établissements publics reste majoritaire.

Les diplômes obtenus avant l'entrée à l'école

De même que pour les caractéristiques précédentes, la position dans le temps est donnée par la promotion médiane. Exprimées en année d'entrée à l'ENSIA et classées par ordre chronologique, ces promotions médianes sont données dans le tableau 24

18 Le détail de ces formations a été donnée dans chap. « les ingénieurs des industries agricole formés avant 1940 », p. 248.

19 On relève que la classification ainsi établie est totalement vérifiée par rapport à la promotion médiane de la population totale objet de cette recherche, laquelle se situe en 1936.

Diplômes	Année
Certificat d'études primaire	1901
École pratique d'agriculture	1911
Brevet élémentaire	1919
Pas de diplôme	1921
Brevet primaire supérieur	1922
Diplôme du 2e cycle, grande école	1930
Diplôme du 3e cycle	1953
Baccalauréat	1954
Diplôme universitaire du 1er cycle	1962

TABLEAU 24 – Diplômes obtenus avant l'entrée à l'ENSIA.
Classement par promotions médianes croissantes.

Il en ressort très clairement, ainsi que cela a été mis en évidence par le graphique de la figure 10, que les étudiants qui entrent à une date récente présentent un niveau scolaire nettement plus élevé que ceux entrant à l'origine.

LE MILIEU PROFESSIONNEL DES PARENTS DES ÉTUDIANTS

Le milieu professionnel d'origine nous paraît devoir être caractérisé non seulement par la catégorie socioprofessionnelle des parents, mais également par leur activité. Un étudiant de l'ENSIA dont le père est employé dans une laiterie n'a pas la même relation avec l'école que celui dont le père est employé dans une banque. Lorsque l'état civil est accessible, le mariage des parents a été recherché, s'agissant d'un acte social fort surtout à l'époque où a été créée l'école[20]. C'est la profession du père au moment de l'entrée du futur ingénieur à l'ENSIA qui est prise en compte. La population totale des étudiants est présentée successivement sous ces deux aspects en analysant, d'abord, la catégorie socioprofessionnelle du père.

20 Il s'agit, aux termes de l'article 7, 4°, de la loi n° 79-48 du 3 janvier 1979, parue au *Journal officiel* du 5 janvier 1979, p. 43, des ingénieurs nés il y a plus de 100 ans, c'est-à-dire avant 1899. Or l'âge moyen d'entrée avant 1914 est de 18 ans soit, pour les ingénieurs de la promotion entrée en 1913, une date de naissance moyenne de : 1913 – 18 = 1895.

La catégorie socioprofessionnelle des pères des étudiants

Ce sont les effectifs et la fréquence de la catégorie socioprofessionnelle des pères des étudiants qui sont donnés dans le tableau 25 ci-dessous par ordre croissant.

Catégories socioprofesionnelles	Effectif	Fréquence
Inactifs, divers	24	1,27
Ouvriers	66	3,48
Cadres moyens fonction publique	89	4,7
Professions libérales	94	4,96
Directeurs	98	5,17
Instituteurs	108	5,7
Techniciens	133	7,02
Employés	144	7,6
Artisans et commerçants	179	9,44
Cadres supérieurs d'entreprise	195	10,29
Chefs d'entreprise	237	12,51
Cadres sup. fonction publique	247	13,03
Agriculteurs	281	14,83
Population totale	**1895**	**100,00**

TABLEAU 25 – Catégories socioprofessionnelles des pères des étudiants de l'ENSIA. Classement par effectif croissant.

On constate que, parmi les catégories socioprofessionnelles des pères, les agriculteurs restent les plus représentés (15 %). Ceci s'explique à la fois par l'importance des agriculteurs dans la société française de cette époque, ainsi que de la contrainte institutionnelle. Toutefois, si l'on replace les directeurs dans la catégorie des cadres supérieurs d'entreprise, cette dernière catégorie devient ainsi légèrement plus représentée (15 %) que les chefs d'entreprise (13 %). Ensuite, on trouve les artisans et commerçants (9 %), les employés (8 %), les techniciens (7 %) et les instituteurs (6 %). Dans la catégorie des divers, quelques individus méritent une mention particulière : il s'agit des enfants de l'Assistance publique. Dans la population étudiée leur nombre est de 7 dont trois entrent à l'ENIA avant 1914, trois dans l'entre-deux-guerres et un après 1940.

Ensuite, il est intéressant de pondérer les effectifs des différentes catégories socioprofessionnelles respectives par rapport à l'ensemble de la population française. Dans ce but, on a établi le rapport des effectifs provenant de ces catégories aux effectifs de chacune d'entre elles dans la population active, à l'année médiane de la population totale, c'est-à-dire en 1936. Étant donné que dans cette population, le nombre de jeunes filles n'est que de 8 et ainsi que cela a déjà été exposé précédemment[21], cette comparaison n'a été effectuée que pour la population masculine.

C'est l'objet du tableau 26 ci-dessous[22]. Il est signalé que, pour tenir compte de la façon dont sont présentés les résultats du Recensement général de la population de 1936, plusieurs catégories socioprofessionnelles ont dû être regroupées. C'est le cas des « employés en entreprise », ainsi que des « employés d'activités publiques » qui regroupent à la fois les catégories supérieures, les professions intermédiaires et les employés proprement dits. D'autre part, n'ont été retenus dans la catégorie des chefs d'entreprise, que les « chefs d'établissement de plus de 10 salariés ». Au-dessous de ce seuil, ils ont été classés dans les « artisans et commerçants ».

Catégories socioprofessionnelles	Population active en 1936	Effectif échantillon	Rapport à la population active
Agriculteurs	2 567 088	198	0,771
Chefs d'entreprise	43 479	153	35,189
Professions libérales	147 988	64	4,325
Employés en entreprise	1 257 315	342	2,720
Employés fonction publique	758 678	345	4,547
Artisans et commerçants	1 681 162	124	0,738
Ouvriers	5 859 926	45	0,0768
Inactifs	624 747	17	0,272
Totaux	**12 940 250**	**1 288**	**0,995**

TABLEAU 26 – Rapport du nombre d'étudiants de l'ENSIA de sexe masculin à la population active en 1936 en fonction de la catégorie socioprofessionnelle des pères (exprimé en un pour dix mille).

Le rapport ainsi établi pour l'ensemble de la population étant de l'ordre de un, il constitue, en valeur relative, une grandeur représentative de

21 Voir chap. « Les ingénieurs des industries agricoles formés de 1941 à 1968 », p. 343.

22 La population totale étudiée étant de 1895 ingénieurs, cet échantillon en représente donc 67,9 %.

la probabilité d'un étudiant, issu de chacune de ces catégories, d'entrer à l'ENSIA. Ce sont les fils de chefs d'entreprise qui ont donc la plus forte probabilité d'y entrer, suivis d'assez loin par les fils d'employés d'activité publique, dont le caractère hétérogène a été souligné, ainsi que des fils de professions libérales. Les fils d'ouvriers viennent en dernier rang, avec une probabilité qui est moins du dixième de celle de la population totale.

Une appréciation complémentaire sur le milieu professionnel d'origine des étudiants de l'ENSIA peut être obtenue par la promotion médiane des étudiants dont les pères appartiennent à chacune des différentes catégories socioprofessionnelles. Les valeurs ainsi obtenues figurent par ordre croissant dans le temps, dans le tableau 27 ci-dessous :

Catégories socioprofessionnelles	Année moyennne de naissance	Promotion médiane
Chefs d'entreprise	1909	1924
Instituteurs	1913	1929
Artisans et commerçants	1909	1930
Ouvriers	1909	1931
Agriculteurs	1913	1936
Inactifs, divers	1914	1936
Population totale	**1915**	**1936**
Techniciens	1913	1937
Cadres moyens fonction publique	1917	1937
Employés	1914	1937
Professions libérales	1919	1947
Directeurs	1923	1950
Cadres supérieurs d'entreprise	1924	1950
Cadres supérieurs fonction publique	1925	1952

TABLEAU 27 – Catégories socioprofessionnelles des pères des étudiants de l'ENSIA. Classement par promotion médiane croissante.

Pour ces mêmes catégories, l'étendue interquartile ainsi que la promotion dite Q1 telle qu'elle a été définie ci-dessus sont illustrées par le graphique de la figure 11.

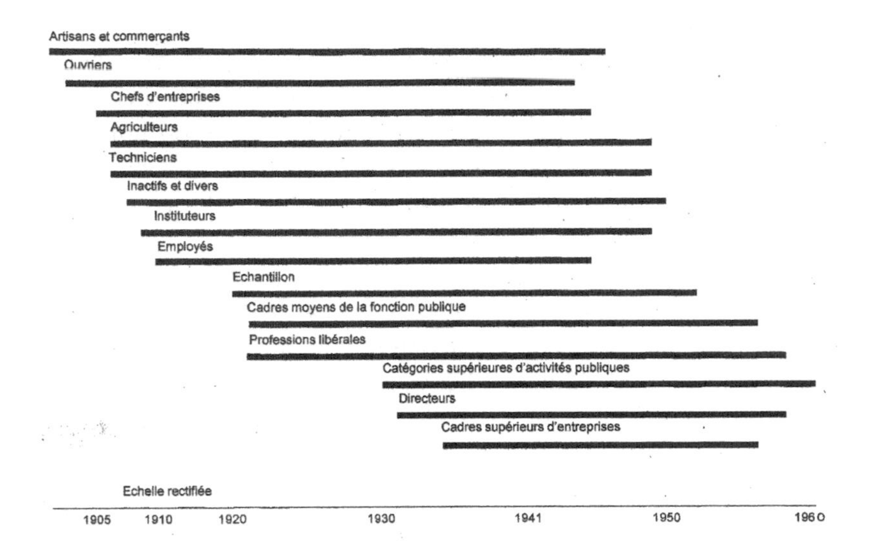

FIG. 11 – Position dans le temps des catégories socioprofessionnelles des pères des étudiants de l'ENSIA.

On constate que l'étendue interquartile diminue dans les catégories « tardives ». On relève qu'il s'agit de catégories socioprofesionnelles pouvant toutes être rassemblées dans les « cadres supérieurs » et pour qui la promotion Q1 se situe entre 1930 et 1940. On relève également que dans le tableau 26, les professions libérales se trouvent dans une position proche. Tout cela indique que ces catégories supérieures ont commencé à envoyer leurs enfants à l'ENSIA avant 1940 ce qui est cohérent avec le regain de dynamisme de l'école observé dès cette période[23].

Cette évolution du recrutement de l'ENSIA nous paraît en définitive refléter, à la fois l'élévation du « statut intellectuel » de l'école et l'évolution de la société française. Dans son recrutement l'école s'est donc montré en phase avec la demande sociale. On doit toutefois relever qu'il y a en permanence un recrutement que l'on peut qualifier de « soutenu » auprès des agriculteurs. On peut en retenir que l'ENSIA a contribué, pour sa part, à l'industrialisation d'une société qui était encore, au moment de sa création, fortement rurale.

23 Voir chap. « Le projet des distillateurs », p. 202-205.

Les activités des pères des étudiants

De même que pour les catégories socioprofessionnelles et pour les mêmes raisons il ne sera pris en compte que les activités exercées par des pères. Les effectifs de ces différentes activités[24] sont classés, par ordre de fréquence croissante, dans le tableau 28.

Activités	Effectif	Fréquence
Transformation du tabac	1	0,05
Fabrication de conserves	1	0,05
Produits alimentaires divers sauf sucrerie	9	0,47
Boissons autres que brasserie et distillerie	10	0,53
Industrie de la viande	11	0,58
Industrie laitière	17	0,9
Travail du grain	24	1,27
Distillerie	29	1,53
Énergie	29	1,53
Industrie de biens intermédiaires	34	1,79
Bâtiment, génie civil et agricole	37	1,95
Industrie de biens d'équipement	56	2,96
Transports	86	4,54
Sucrerie	90	4,75
Brasserie et malterie	91	4,8
Industrie de biens de consommation	96	5,07
Commerce	150	7,92
Services marchands	207	10,92
Enseignement et recherche	217	11,45
Administration générale	334	17,53
Agriculture et viticulture	366	19,31
Population totale	**1895**	**100,00**
Industries agricoles et alimentaires	283	14,93

TABLEAU 28 – Activités des pères des étudiants de l'ENSIA.
Classement par effectif croissant.

Compte tenu de la nature même de l'ENSIA, parmi les activités exercées par les pères, les filières d'industries agricoles et alimentaires ont été distinguées en davantage d'occurrences que les autres activités. C'est ce qui explique que ces activités sont parmi celles qui présentent le plus faible effectif. Cependant

24 Ces activités sont regroupées en niveau A21. Voir annexe XXVIII.

l'ensemble de ces industries ne représente que 15 %, ce qui la place au 3e rang après l'agriculture et l'administration générale. On relève toutefois, que certaines activités relevant des industries agro-alimentaires et non des moindres sur le plan économique, telles que la fabrication de conserves, l'industrie de la viande, l'industrie laitière et le travail du grain, sont moins représentées que le bâtiment ou l'administration générale. Il reste que, compte tenu de la finalité de l'école, l'effectif des étudiants dont les pères exercent leur activité dans les industries agricoles et alimentaires paraît faible[25].

Plus généralement, on relève que l'ensemble du secteur privé, en en excluant l'agriculture, ne représente qu'un peu plus de la moitié.

De même que pour les catégories socioprofessionnelles des pères des étudiants de l'ENSIA, le rapport des effectifs des étudiants, dont les pères exercent dans chacune de ces activités, à la population active en 1936, permet de situer leur origine professionnelle dans la société française. Le ratio, calculé par dix mille personnes actives en 1936, est donné par ordre croissant dans le tableau 29[26].

Activités	Fréquence	Rapport à dix mille actifs en 1936
Agriculture et viticulture	19,3	0,5
Industrie (y compris IAA)	28,2	0,7
Population totale	100,00	0,9
Ensemble des services marchands	23,4	1
Services publics	29,1	4,2

Tableau 29 – Activités des pères des étudiants de l'ENSIA pour dix mille actifs en 1936.

25 On observe que le nombre des pères des étudiants de l'ENSIA, considérés comme exerçant leur activité dans l'agriculture et la viticulture, est supérieur au nombre de ceux qui sont classés agriculteurs du point de vue de leur catégorie socioprofessionnelle. Cette divergence provient de non-agriculteurs exerçant leur activité dans l'agriculture ou la viticulture. Ce sont, parmi les catégories supérieures, les sélectionneurs de semence, les négociants en vin, ou les courtiers en grains ; parmi les professions intermédiaires, les tonneliers, chefs de culture ou garde-forestiers et parmi le personnel d'exécution, les ouvriers agricoles ou les jardiniers. On doit signaler toutefois que certains agriculteurs sont, à l'inverse, considérés comme exerçant l'essentiel de leur activité hors de l'agriculture, lorsqu'ils exploitent également, soit une brasserie, ce qui est le cas de 4 d'entre eux, soit une sucrerie ce qui est le cas de deux d'entre eux, soit une distillerie ou une meunerie respectivement pour l'un d'entre eux.

26 Compte tenu de la présentation du recensement général de 1936 les activités ont été regroupées en 4 niveaux.

Malgré l'importance de son effectif, l'agriculture est l'activité dont est originaire, proportionnellement, le moins d'étudiants de l'ENSIA. Malgré la finalité de l'école, l'industrie est moins représentée que les services marchands et surtout que les services publics. On peut affirmer que l'ENSIA ne pratique pas une reproduction corporatiste.

Les informations données par la promotion médiane nous permettent de situer dans le temps l'entrée à l'ENSIA des différentes sous-populations des étudiants[27]. La promotion médiane pour ce critère étant 1939, le tableau 30 met en évidence les activités qui se situent de part et d'autre de la rupture de 1940 dont l'importance a déjà été soulignée[28].

Activité	Fréquence	Promotion médiane
Industries agricoles et alimentaires	14,9	1921
Industries (sauf IAA)	13,3	1936
Agriculture et viticulture	19,3	1937
Population totale	**100, 00**	1939
Services marchands	23,4	1946
Enseignement et recherche	11,5	1947
Administration générale	17,6	1950

TABLEAU 30 – Promotions médianes des activités des pères des étudiants de l'ENSIA. Classement par ordre croissant.

Les résultats qui précèdent sont confirmés par l'examen des étendues interquartiles de chacune des activités classées par date de promotion Q1 croissante dans le temps. Les valeurs obtenues montrent que les sous-populations les plus concentrées sont, d'une part, celles des industries agricoles et alimentaires, situées à l'origine de l'école et, d'autre part, celles des services publics, que ce soit l'administration générale ou l'enseignement, surtout situées après 1940. Les services marchands sont également plus concentrés que la population totale. Par contre, l'industrie, à l'exception des industries agricoles et alimentaires, et

27 Afin de disposer d'effectifs de taille suffisante, cette détermination a été faite sur les activités de niveau 6.

28 Cette date de 1939 résulte du fait que la recherche sur la population des ingénieurs ENSIA s'est arrêtée à la promotion 1965 incluse. Il reste que la différence constatée entre les activités dont la promotion médiane est située de part et d'autre de 1939 nous paraît parfaitement révélatrice de la « tertiarisation » du reccrutement de l'ENSIA en phase avec l'évolution de la société française.

surtout l'agriculture et la viticulture sont des activités dont sont issus des étudiants qui entrent à l'école de façon plus dispersée que la moyenne de la population des étudiants de l'ENSIA. Ceci indique que cette sous-population est largement représentée tout au long de la période considérée et donc que le recrutement originaire de l'agriculture est permanent.

Ce sont enfin les caractéristiques des différentes zones d'origine géographiques des étudiants et leur nationalité qui sont présentées.

L'ORIGINE GÉOGRAPHIQUE ET LA NATIONALITÉ DES ÉTUDIANTS

Pour caractériser la localisation géographique de la famille des étudiants, deux informations sont disponibles. Ce sont, d'une part, le lieu de sa naissance et, d'autre part, la résidence de ses parents au moment de l'entrée des étudiants à l'ENSIA. Le choix de préparer l'ENSIA et d'y entrer, lorsqu'il y a un choix entre plusieurs écoles, se faisant évidemment dans les années qui précèdent immédiatement l'entrée à l'école, c'est la résidence des parents à ce moment-là qui paraît l'information la plus pertinente sur l'origine des étudiants.

Les régions de résidence des parents des étudiants

Le nombre d'étudiants qui entrent à l'ENSIA, originaires de chacune de ces régions est très variable puisqu'il s'échelonne entre 474 ingénieurs, originaires de la région Île-de-France à 10 pour la Franche-Comté. Toutefois, le nombre brut ne suffit pas à caractériser le recrutement dans une région. Il est nécessaire de le pondérer par rapport à la population. Ce rapport à la population est obtenu en déterminant le rapport du nombre d'étudiants de l'ENSIA a une valeur de référence de la population totale de la région. La promotion médiane de l'ensemble de la population qui est l'objet de cette recherche étant 1936, c'est la population de la région au recensement général de 1936 qui est prise comme référence. L'unité retenue étant de 1 étudiant ENSIA pour 10 000 habitants, ce rapport à la population s'échelonne de 0,013 pour les pays ayant dépendu de la souveraineté française puis de 0,098, pour l'Alsace, à 1,084, pour le Nord Pas-de-Calais. Le rapport du nombre d'étudiants de l'ENSIA à celui de la population métropolitaine se situe à 0,420. On constate ainsi que les zones géographiques qui ont envoyé le plus d'étudiants à l'ENSIA sont des régions de forte culture de betterave à sucre. Celles qui proportionnellement en ont envoyé le moins sont des régions situées à l'est de la France, à l'exception de la Lorraine.

L'année de la promotion médiane varie de 1912, pour la population issue du Nord-Pas-de-Calais, à 1957, pour la population originaire des pays ayant dépendu autrefois de la souveraineté française, sachant que l'année 1935 est celle de la population issue de France proprement dite, y compris les départements et territoires d'outre-mer.

Parmi les caractéristiques des régions de résidence des parents qui viennent d'être présentées, la promotion Q1 ainsi que l'étendue interquartile ont été reproduites sur le graphique de la figure 12 ci-dessous. L'étendue interquartile a été représentée en classant les régions par ordre de promotion Q1 croissante. Ce graphique fait clairement ressortir trois catégories de zones tout à fait inégales en nombre et qui peuvent être qualifiées, quant à leur recrutement, d'anciennes, d'intermédiaires et de récentes.

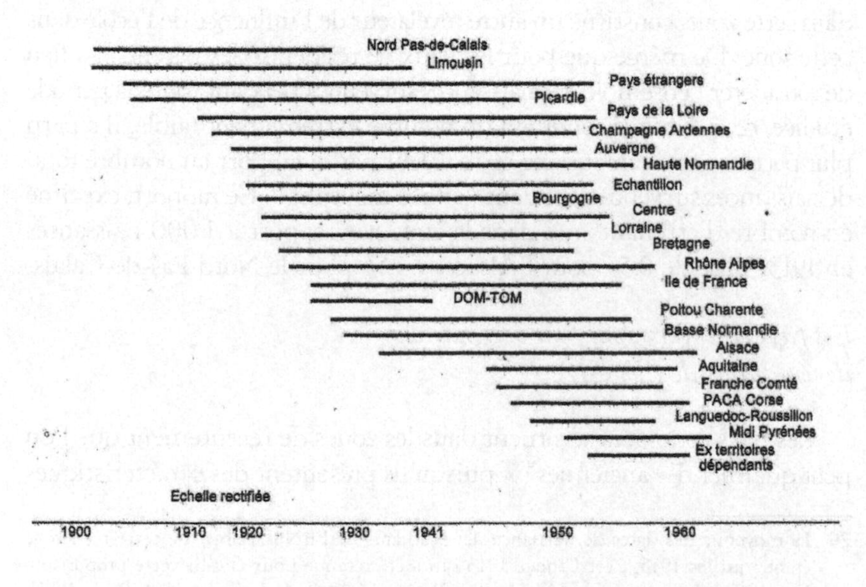

FIG. 12 – Positions dans le temps des zones de résidence des parents des étudiants de l'ENSIA.

Les zones de recrutement ancien sont au nombre de 4 : Nord Pas-de-Calais, Picardie, autres pays étrangers et Limousin. La promotion médiane varie de 1912 à 1928. On y relève la présence dans les deux plus précoces, de régions typiquement sucrières.

Les zones de recrutement intermédiaire sont au nombre de 14, allant des départements d'outre-mer pour lesquels la promotion médiane est celle entrée en 1930 à l'Alsace pour laquelle il s'agit de celle entrée en 1947.

Quant aux zones de recrutement récent leur nombre est de 6 et présentent une promotion médiane allant de 1925 pour la Franche-Comté à 1957, la caractéristique de ces autres zones étant de se trouver toutes dans la moitié sud de la France ou bien outre-mer.

Les lieux de naissance des étudiants

Les lieux de naissance présentent, ainsi qu'il a été exposé plus haut, un caractère moins significatif des conditions d'entrée à l'ENSIA que les lieux de résidence des parents. Cependant le nombre des étudiants de l'école nés dans une zone géographique, rapporté au nombre des naissances survenues dans cette zone, constitue un autre révélateur de l'influence de l'école dans cette zone. De même que pour les lieux de résidence des parents, au lieu de considérer l'ensemble des naissances survenues pendant toute la période étudiée, ce qui aurait conduit à un nombre extrêmement faible, il a paru plus pertinent de caractériser cette valeur par le rapport au nombre total de naissances survenues pendant l'année moyenne[29]. Ce rapport, exprimé en nombre d'étudiants nés dans la zone par rapport à 1 000 naissances en 1913, varie de 0,55 pour l'Alsace, à 4,56 pour le Nord Pas-de-Calais.

Les pays étrangers dont sont originaires des étudiants de l'ENSIA

Ces pays étrangers se situent dans les zones de recrutement que l'on peut qualifier d'« anciennes[30] » puisqu'ils présentent des caractéristiques

29 La moyenne des dates de naissance des étudiants de l'ENSIA objet de cette recherche étant : juillet 1915, c'est l'année 1913 qui a été retenue pour établir cette proportion. Les chiffres sont ceux fournis par : Statistique générale de la France, « Tableau XLII, Naissances suivant le sexe, enfants déclarés vivants ». *Statistique du mouvement de la population, années 1911, 1912, 1913*, Paris, 1914. Toutefois ces données n'étant pas disponibles pour la Moselle, le Bas et le Haut-Rhin, ce sont les chiffres de l'année 1920 qui ont été retenus pour ces 3 départements.

30 Pour les circonstances de l'entrée d'étudiants étrangers entre les deux guerres, voir chap. « Les ingénieurs des industries agricoles formés avant 1940 », p. 258.

voisines de celles du Nord-Pas-de-Calais, du Limousin et de la Picardie. Ils se caractérisent par la plus forte dispersion[31] due à leur grande hétérogénéité qui recouvre évidemment des situations très diverses. Une part non négligeable des pères des étudiants de l'ENSIA originaires de ces pays exercent leur activité dans la sucrerie puisqu'on en compte quatre.

Les pays ayant dépendus autrefois de la souveraineté française nécessitent un examen à part. Les étudiants qui en sont issus font une entrée tardive[32]. On relève que le nombre des étudiants de nationalité française, originaires de ces territoires, est plus que le double du nombre des étudiants étrangers qui en sont originaires. Ces derniers étaient, à l'origine, de nationalité française et sont devenus étrangers depuis l'indépendance de leur pays respectif. Par ailleurs, beaucoup de Français originaires d'outre-mer se sont orientés, après la Deuxième Guerre mondiale, vers des carrières en rapport avec l'agriculture.

LES FACTEURS DU RECRUTEMENT DES ÉTUDIANTS À L'ENSIA

Il paraît pertinent d'étudier les circonstances de l'entrée des étudiants à l'ENSIA en fonction des zones sucrières. La première de ces zones se distingue nettement des deux autres zones sucrières du territoire métropolitain par un recrutement nettement plus précoce. Ceci montre que le recrutement, à l'origine, s'est fait surtout dans les départements où l'activité sucrière était ancienne[33]. Par contre, pour la quatrième zone qui regroupe les étudiants nés hors du territoire métropolitain ainsi qu'à l'étranger, ce sont davantage des facteurs culturels ou politiques qui rendent compte de leur entrée à l'école. Entre les trois premières zones sucrières s'observe une faible variabilité de la dispersion[34].

L'évaluation du poids de l'activité sucrière et plus généralement des filières fondatrices dans le recrutement de l'école peut être complétée de la façon suivante. On peut, en effet, rechercher la corrélation qui existe entre les effectifs des étudiants de l'ENSIA dont les parents résident dans chacune

31 Il s'agit de la dispersion au sens statistique du terme mesurée par l'étendue interquartile.

32 Sur les raisons de cette entrée tardive et de cette concentration dans le temps, voir chap. « Les ingénieurs des industries agricoles et alimentaires formés de 1941 à 1965 », p. 341.

33 La corrélation entre la part de chacune de ces zones dans la production sucrière au début du siècle et l'année de la promotion médiane de chacune d'entre elles est excellente, le coefficient de corrélation s'établissant à 0,99953, ce qui est exceptionnel.

34 L'étendue interquartile va, en effet, de 28 années pour la deuxième zone à 31 années pour la première ainsi que la troisième zone.

des régions et deux grandeurs qui paraissent être des facteurs pertinents du recrutement de l'ENSIA, à savoir, la production sucrière, d'une part, la population active employée dans les industries alimentaires, d'autre part. Afin que ces facteurs soient centrés sur l'ensemble de la population, ce sont les valeurs de ces deux facteurs en 1936, qui sont retenues[35].

Un croisement entre les catégories socioprofessionnelles et les activités et plus particulièrement, dans un premier temps, l'étude de la part des filières fondatrices parmi les pères des étudiants de l'ENSIA nous conduit aux constats suivants[36].

Les agriculteurs, pour lesquels la présence de quelques-uns d'entre eux dans les Industries agro-alimentaires a déjà été expliquée[37] présentent une part très faible. Parmi les fils d'artisans et de commerçants ainsi que d'ouvriers qui entrent à l'ENSIA, très peu ont des pères qui ont exercé dans les filières fondatrices. Ceci montre que, pour ceux dont les pères exercent leur activité dans ces filières, l'ENSIA n'est que très faiblement une voie d'ascension sociale.

Les employés, cadres supérieurs et techniciens présentent tous trois des pourcentages proches de celui de la population totale. Ceci tend à rapprocher, dans une mesure moindre cependant, le comportement des fils d'employés et techniciens, de celui des fils d'artisans, de commerçants et d'ouvriers. La proximité du comportement des fils de cadres supérieurs d'entreprise est plus étonnante. Pour l'expliquer, on peut faire l'hypothèse, dont la vérification sortirait du cadre de cette recherche, que les cadres supérieurs de la sucrerie, de la distillerie et de la brasserie ont préféré orienter leurs fils vers d'autres carrières[38].

Les chefs d'entreprise et les directeurs présentent, seuls, des pourcentages très nettement supérieurs à celui de la population totale des étudiants de l'ENSIA. Ces valeurs appellent deux commentaires. Tout d'abord, les directeurs, qui sont évidemment plus proches des centres

35 Rappelons que le Recensement général de la population de 1936 est le plus proche de l'année de la promotion médiane de l'ensemble de la population étudiée.

36 Il est évident que le croisement, pour les pères des étudiants de l'ENSIA, d'une activité exercée dans l'une des filières fondatrices et l'une des catégories socioprofessionnelles suivantes : profession libérale, catégories supérieures de la fonction publique, instituteurs, cadres moyens de la fonction publique ainsi que inactifs et divers n'a aucun sens. Ces catégories n'ont donc pas été prises en compte.

37 Voir, ci-dessus, p. 518, note 25.

38 Et en particulier le fait que ces catégories socioprofessionnelles sont fortement représentées aux débuts de l'école, à une époque où son statut social était faible.

de décision que les autres cadres supérieurs d'entreprise, présentent ici un comportement tout à fait différent de ces derniers. Ensuite, la part importante, parmi les fils de chefs d'entreprise, de ceux dont les pères exercent dans les filières fondatrices, rapprochée de la date précoce de l'entrée de la majeure partie d'entre eux à l'ENSIA, illustre le fait qu'à l'origine cette école a contribué à former des fils d'industriels de la sucrerie, de la distillerie et de la brasserie, entreprises très nombreuses dans l'ex-région Nord Pas-de-Calais. Il faut alors rappeler que ceci était un des buts initiaux de l'École nationale des industries agricoles.

En croisant, dans un deuxième temps, les catégories socioprofessionnelles des pères des étudiants avec leur place dans l'ensemble des industries agro-alimentaires, nous sommes conduits à constater que la place relative des différentes catégories socioprofessionnelles est identique à ce qui a été observée pour les filières fondatrices. Il y a toutefois une exception qui porte sur les artisans et commerçants qui représentent un pourcentage élevé. En effet, leur part dans les filières fondatrices est faible car cette catégorie n'est évidemment représentée ni dans la sucrerie, ni dans la distillerie qui sont déjà des industries aux origines de l'école. Parmi eux, peu nombreux sont ceux qui exercent leur activité dans une des branches des filières fondatrices. Dans les autres branches des industries agro-alimentaires, on rencontre, en plus grand nombre, des artisans ou des commerçants tels que les boulangers-pâtissiers. Ces raisons font que les fils d'artisans et de commerçants présentent, dans ce cas, une part nettement supérieure à celle de l'ensemble des étudiants de l'ENSIA.

Plus généralement, l'ancienneté du recrutement dans les industries agricoles, montre que le recrutement devient de plus en plus national sur le plan géographique ce qui est conforme au statut de grande école qu'elle a acquis après la Deuxième Guerre mondiale. En définitive, il y a dans les conditions socioprofessionnelle et géographique du recrutement des étudiants de l'école, une évolution qui part, à l'origine, d'une « logique sucrière » pour devenir, ensuite, une « logique alimentaire[39] ». Cette évolution est celle-là même de l'enseignement dispensé à l'ENSIA.

39 La corrélation entre les effectifs des étudiants de l'ENSIA selon la zone de résidence des parents et la population active employée dans les industries agro-alimentaires, pour laquelle le coefficient est de 0,878, est meilleure qu'avec la production sucrière, pour laquelle le coefficient est de 0,603, alors qu'à l'origine il y a une forte corrélation avec la production sucrière.

L'étude des étudiants de l'école peut être avantageusement complétée par une comparaison avec ceux d'autres écoles similaires.

UNE COMPARAISON AVEC LES ÉTUDIANTS D'AUTRE ÉCOLES

Le titre même d'école nationale des industries agricoles montre que cette institution se situe entre l'agriculture et l'industrie. C'est pourquoi il paraît utile de comparer les caractéristiques des étudiants de l'ENIA, d'une part, avec celles des étudiants des écoles d'arts et métiers, qui se destinent essentiellement à l'industrie et, d'autre part, avec celles des étudiants de l'école nationale d'agriculture de Grignon, qui se destinent essentiellement à l'agriculture. Cette comparaison peut être réalisée pour la sous-population des étudiants entrés avant 1914 et sera conduite essentiellement à partir des catégories socioprofessionnelles des pères des étudiants.

Comparaison avec les étudiants des écoles d'arts et métiers

Une difficulté se présente toutefois dans l'utilisation des résultats disponibles pour les écoles d'arts et métiers[40]. En effet, pour le XIXe siècle, les données les plus récentes relatives à la profession des pères portent sur les promotions entrées de 1860 à 1890, c'est-à-dire avant la date d'entrée de la plus ancienne promotion des étudiants de l'ENIA. Nous faisons l'hypothèse que, de 1860 au début du XXe siècle, la structure sociale dans laquelle recrutent ces écoles n'a pas suffisamment varié pour que la comparaison soit dénuée de sens. La population d'étudiants des écoles d'arts et métiers étudiée sur la période 1860-1890 étant de 155, nous avons retenu la population de taille analogue de l'origine de l'ENIA pour laquelle la catégorie socioprofessionnelle des pères est connue, ce qui nous conduit aux promotions entrées de 1893 à 1901, représentant 145 individus[41].

La comparaison des catégories socioprofessionnelles des pères, regroupées par groupes professionnels, s'établit de la façon suivante.

40 Charles R. Day, *Les Écoles d'Arts et Métiers, l'enseignement technique en France XIXe et XXe siècle*, traduction française de *Education for the industrial world : the Écoles d'Arts et Métiers and the rise of french industrial engineering*, 1987, M.I.T, Belin, Paris 1991. La traduction française comporte des compléments par rapport à l'édition originale.

41 Il s'agit de ceux pour lesquels les données permettent une étude.

- L'industrie est nettement plus représentée chez les pères des étudiants des arts et métiers (66 %) que chez ceux des étudiants de l'ENIA (43 %). Dans ce secteur d'activité, les patrons et directeurs, les contremaîtres et ouvriers et, dans une moindre mesure, les ingénieurs et techniciens, montrent la même supériorité numérique. Par contre, les employés et dessinateurs sont plus représentés chez les pères des étudiants de l'ENIA (6 % contre 3 %).
- L'artisanat et le commerce sont davantage représentés chez les pères des étudiants de l'ENIA (16 % contre 13,5 %), les artisans étant, toutefois, plus nombreux chez les pères des élèves des écoles d'arts et métiers (11 % contre 6 %).
- L'agriculture est très nettement plus représentée chez les pères des étudiants de l'ENIA, avec 19 % contre 4 %.
- Les professions libérales sont également très nettement plus représentées chez les pères des étudiants de l'ENIA car totalement absentes chez les pères des étudiants des écoles d'arts et métiers entrés de 1860 à 1890.
- La fonction publique occupe également une place plus importante chez les pères des étudiants de l'ENIA (18 % contre 12 %). Toutefois, parmi eux, les militaires sont plus représentés chez les pères des étudiants des écoles d'arts et métiers.

Deux faits ressortent de cette comparaison. Tout d'abord, on observe une très forte part d'agriculteurs chez les pères des étudiants de l'ENIA par rapport à ceux des élèves des écoles d'arts et métiers. Mais ce pourcentage (19 %), doit être comparé avec la fréquence des pères des étudiants de l'ENIA exerçant leur activité dans l'industrie. La forte part d'étudiants de l'ENIA, originaires du milieu agricole n'exclut pas la prééminence de ceux originaires de l'industrie. Par ailleurs, en dehors de l'agriculture, les activités dans lesquelles les pères des étudiants de l'ENIA sont dominants numériquement, c'est-à-dire les employés et dessinateurs, les commerçants, les professions libérales, les fonctionnaires sauf les militaires, constituent des catégories socioprofessionnelles que nous avons qualifiées de « récentes », par rapport à celles dans lesquelles les pères des anciens élèves des écoles d'arts et métiers sont dominants numériquement et qui peuvent être qualifiées « d'anciennes[42] ».

42 Voir ci-dessus, p. 515-516, tableau 27 ainsi que graphique de la figure 11.

Enfin, il paraît possible de comparer le « statut social » de chacune des écoles en faisant ressortir la part des catégories supérieures dans le recrutement respectif de ces écoles. Toutefois, la présentation adoptée pour les professions des pères des élèves des écoles d'arts et métiers conduit à regrouper, dans certains cas, des professions ressortant des catégories supérieures et d'autres ressortant des professions intermédiaires. C'est le cas des ingénieurs et techniciens, des enseignants, qui regroupent des professeurs et des instituteurs ainsi que des militaires, qui regroupent des officiers et des sous-officiers.

Nous retenons toutefois ces catégories socioprofessionnelles, que nous ajoutons aux patrons et directeurs, professions libérales et hauts fonctionnaires. En comparant les fréquences des pères des élèves des deux écoles appartenant à ces catégories pouvant être considérées comme supérieures, on obtient pour l'ENIA une fréquence de 39 % contre 45 % pour les écoles d'arts et métiers. On peut donc en déduire qu'à la fin du XIXe siècle le statut social de ces dernières est plus élevé que celui de l'ENIA, ce qui est tout à fait cohérent avec la jeunesse de l'ENIA et les difficultés qu'elle rencontre à partir de 1896[43].

Comparaison avec les étudiants de l'École nationale d'agriculture de Grignon

Pour l'École d'agriculture de Grignon, des données relatives aux promotions entrées de 1900 à 1924 sont disponibles[44] et se recouvrent donc avec la population des étudiants de l'ENIA étudiée[45]. Plus précisément, cette comparaison est faite pour trois périodes correspondant respectivement d'abord aux promotions entrées de 1900 à 1903 puis de 1910 à 1913 et enfin de 1922 à 1924 et elle appelle les commentaires suivants.

Les agriculteurs sont plus représentés chez les pères des étudiants de Grignon que chez ceux de l'ENIA, aux trois périodes retenues.

43 Voir chap. « Le projet des sucriers », p. 142-151.

44 Risch, Léon, Brétignière, Lucien, Guicherd, Jean, Jouvet, F., *Grignon (le château et l'École)*, Paris, éd. La Bonne Idée, 1926. Cet ouvrage a été publié à l'occasion du centenaire de l'école.

45 Il faut signaler que les informations présentent un fort pourcentage de « sans profession ou non indiqué » qui est de 31 % pour les 4 premières promotions et de 11 % pour les trois dernières. La difficulté, dans ce cas, est levée, d'une part, en faisant une comparaison avec les chiffres bruts et, d'autre part, en ne retenant que les individus pour lesquels la profession du père est connue, ce qui est appelé dans ce qui suit « chiffres corrigés ».

Les chefs d'entreprise, auxquels ont été joints, s'agissant des pères des étudiants de l'ENIA, les directeurs, sont plus représentés chez ces derniers que chez les pères des étudiants de Grignon avant la Première Guerre mondiale. Après cette guerre, ils sont présents de manière égale dans les deux écoles[46].

Les professions libérales sont, au début du siècle, nettement plus présentes chez les pères des étudiants de Grignon. Elles deviennent légèrement supérieures chez ceux des étudiants de l'ENIA, de 1910 à 1913, pour redevenir nettement plus nombreuses chez ceux des étudiants de Grignon, de 1922 à 1924.

Les fonctionnaires, qui rassemblent à la fois les catégories supérieures exerçant des activités publiques, les cadres moyens et les employés de la fonction publique, sont au début du siècle nettement plus nombreux chez les pères des étudiants de l'ENIA. Cette fréquence est identique dans les deux écoles et devient légèrement supérieure chez ceux des étudiants de Grignon de 1910 à 1913[47]. De 1922 à 1924, cette fréquence est plus élevée chez ceux des étudiants de l'ENIA ainsi que cela était le cas de 1900 à 1903.

Les employés divers constituent une catégorie très disparate puisqu'elle rassemble les cadres supérieurs d'entreprise, les techniciens, les ouvriers et les employés. Cette catégorie est nettement plus représentée au début du siècle chez les pères des étudiants de l'ENIA, ainsi que de 1910 à 1913. Par contre, de 1922 à 1924, elle est plus élevée chez ceux des étudiants de Grignon[48].

De même que précédemment, à propos des écoles d'arts et métiers, la place occupée par les professions de l'industrie chez les pères des étudiants de l'ENIA peut être comparée à celle qu'elle occupe chez ceux des étudiants de l'école de Grignon. Précisons que sous cette rubrique nous rassemblons les catégories socioprofessionnelles des chefs d'entreprise et des employés divers. On constate que la fréquence est toujours plus élevée chez les pères des étudiants de l'ENIA. Cette dernière école recrute donc, davantage que Grignon, parmi les fils de ceux qui exercent leur activité dans l'industrie.

46 En effet, les fréquences sont dans des rapports opposés selon qu'il s'agit de fréquence brute ou de fréquence corrigée.

47 Du moins, pour ce qui est de la fréquence corrigée.

48 Cet avantage est net en chiffres corrigés alors qu'il y a égalité en chiffres bruts.

Les places respectives du secteur tertiaire chez les pères des étudiants de l'ENIA et chez ceux de Grignon peut s'évaluer en regroupant les professions libérales et celles des fonctionnaires. Les artisans et commerçants n'ont pas été retenus car les premiers, que nous considérons comme appartenant au secteur secondaire, sont, chez les pères des étudiants de l'ENIA, plus nombreux que les commerçants qui eux appartiennent au secteur tertiaire, dans le premier quart du XXe siècle. Cette comparaison montre que les positions relatives sont sensiblement équivalentes avant 1914, avec toutefois un léger avantage à Grignon juste avant la Première Guerre mondiale, alors qu'ensuite ces professions sont plus représentées chez les pères des étudiants de l'ENIA.

Enfin, la comparaison du statut social de l'ENIA avec celui de Grignon dans le premier quart du XXe siècle, peut s'effectuer en additionnant les fréquences des deux seules catégories socioprofessionnelles qui appartiennent aux catégories supérieures « stricto sensu », c'est-à-dire les chefs d'entreprise et les professions libérales. Il en ressort que le statut de l'ENIA est inférieur à celui de Grignon au début du siècle. Par contre, juste avant la Première Guerre mondiale, l'ENIA l'emporte sur Grignon, ce qui s'explique par les débuts de la redynamisation de l'école, concrétisée en 1904 par la nomination d'un directeur titulaire[49]. De 1922 à 1924, le statut des deux écoles est équivalent, mais ceci s'explique surtout par le fait que l'enseignement agricole, réorganisé par la loi du 2 août 1918, retrouve à cette époque dans son ensemble un dynamisme certain[50]. L'École de Grignon bénéficie évidemment de ce mouvement d'ensemble. Les tendances dégagées par les catégories socioprofessionnelles des pères des étudiants apparaissent ainsi en cohérence avec ce que nous a révélé l'histoire de l'enseignement.

Conclusion de la comparaison du milieu professionnel des pères des étudiants de l'ENIA avec ceux des écoles d'arts et métiers et de l'École d'agriculture de Grignon

On a donc relevé que, chez les pères des étudiants des écoles d'arts et métiers, ceux qui exercent leur activité dans l'industrie sont comparativement plus nombreux que chez ceux des étudiants de

49 Voir chap. « Le projet des distillateurs », p. 163.

50 Voir Chatelain, René, ouvr. cité, p. 45-49.

l'ENIA et ces derniers plus représentés que chez ceux des étudiants de Grignon. Inversement, les agriculteurs sont plus nombreux chez les pères des étudiants de cette dernière école que chez ceux de l'ENIA, eux-mêmes plus nombreux que chez les pères des étudiants des écoles d'arts et métiers.

Donc, non seulement par la nature de son enseignement mais aussi par la nature de son recrutement, l'ENIA se situe à mi-chemin entre une école « industrielle » et une école « agricole ».

D'autre part, les professions de la branche tertiaire sont, après la Première Guerre mondiale, mieux représentées à l'ENIA qu'à Grignon qui bénéficie pourtant, à ce moment-là, d'un statut au moins équivalent à celui de l'ENIA, sinon supérieur. Or les professions du secteur tertiaire vont, ensuite, se développer considérablement en France et l'intérêt que portent à l'ENIA, dès le premier quart du XXe siècle, les fils de ceux issus de ces professions est un élément de dynamisme social apporté à l'école.

LES CARRIÈRES DES INGÉNIEURS DES INDUSTRIES AGRICOLES ET ALIMENTAIRES

Cette présentation est conduite de deux manières. Tout d'abord, sont analysées les situations professionnelles occupées par l'ensemble des ingénieurs des industries agricoles et alimentaires, à intervalle d'environ 9 années[51], démarche dont les résultats ont été exposés dans les deux chapitres concernant les ingénieurs ENSIA formés, d'une part avant 1940 et, d'autre part, de 1941 à 1968[52]. Dans un deuxième temps, sont présentées les situations professionnelles occupées par les ingénieurs des industries agricoles et alimentaires au moment de ce qui nous paraît être la situation la plus représentative, c'est-à-dire entre 50 et 60 ans.

51 Voir annexe XXVI.

52 Voir chap. « Les ingénieurs des industries agricoles formés avant 1940 », p. 260-273 et chap. « Les ingénieurs des industries agricoles et alimentaires formés de 1941 à 1968 », p. 341-349.

Dès la fin et parfois au cours de la scolarité, le déroulement des études de l'étudiant, conditionne sa carrière selon qu'il obtient ou non le diplôme d'ingénieur, détermine le degré de connaissance que nous en avons, lorsque l'élève est démissionnaire. C'est donc le parcours scolaire de l'étudiant à l'ENSIA qui est d'abord présenté.

LE DÉROULEMENT DES ÉTUDES À L'ENSIA

La situation de chacun des étudiants de l'ENSIA par rapport à l'école est fort diverse. La plupart sont des élèves réguliers diplômés mais en dehors d'eux nous avons été conduits à distinguer respectivement, des élèves réguliers n'ayant reçu qu'un certificat, des élèves réguliers non diplômés, des élèves démissionnaires en cours de scolarité parmi lesquels sont classés les élèves non admis en deuxième ou en troisième année et qui ne redoublent pas, des élèves exclus ou décédés en cours d'études. On rencontre également des élèves à titre étrangers qui sont admis après une sélection différente du concours normal ainsi que des ingénieurs stagiaires issus d'autres écoles qui entrent le plus souvent en deuxième année afin d'acquérir à l'ENIA une spécialisation dans les industries agricoles et alimentaires et enfin des élèves qualifiés de divers, n'appartenant à aucune des catégories précédentes. Ces derniers comprennent en particulier les diplômés des industries agricoles et alimentaires, entrés à partir de 1945. Ce sont des étudiants entrés dans des conditions particulières et dont les études à l'école ont été jugées satisfaisantes. Ce seuil de 1945 a été adopté car il est manifeste que, à partir de la Libération, les conditions d'admission pour pouvoir obtenir ce diplôme en fin d'études deviennent plus difficiles. On y trouve également les élèves stagiaires.

Toutes ces catégories d'anciens élèves remplissent deux conditions : ils ont été l'objet d'une sélection à l'entrée et ils ont suivi au moins une partie des études. Si la seconde de ces conditions paraît aller de soi pour retenir les individus concernés dans la population étudiée, la première de ces conditions est justifiée par le fait qu'une sélection à l'entrée est un élément essentiel du système français des grandes écoles. C'est pourquoi il ne nous a pas paru possible de retenir les élèves n'ayant été soumis à aucune sélection à l'entrée. Pour ces raisons, n'ont été retenus ni les candidats reçus au concours mais ayant démissionné avant l'entrée à l'école, ni les auditeurs libres, ni les stagiaires de l'Administration des impôts dont la présence est la conséquence de ce que nous avons appelé la contrainte fiscale[53].

Tout d'abord, il est nécessaire de situer dans le temps les différentes sous-populations caractérisant, pour les étudiants, ce qu'a été le déroulement de leurs études à l'ENSIA. Ceci est donné par la position dans le temps de la promotion médiane de ces différentes sous-populations qui figurent dans le tableau 31.

Déroulement des études	Effectifs	Promotion médiane
Non diplômés	20	1905
Démissionnaires	126	1921
Ingénieurs stagiaires	111	1928
Exclus	10	1929
Certifiés	18	1931
Population totale	1895	1936
Diplômés	1543	1942
Divers	30	1949
À titre étranger	37	1960

TABLEAU 31 – Déroulement des études des ingénieurs ENSIA.
Classement par promotions médianes croissantes.

Ce tableau appelle une remarque. Les ingénieurs diplômés constituent de très loin le sous-ensemble le plus important, soit 81 %. Pourtant, leur promotion médiane se situe en 1942, soit à une date nettement postérieure à celle de l'ensemble de la population, qui se situe en 1936. Cela tient à l'importance numérique de la population des élèves ayant un statut que nous qualifierons d'« incomplet », entrés pour la plupart avant 1940.

Le croisement du nombre d'ingénieurs des industries agricoles et alimentaires en fonction du déroulement de leurs études, d'une part, et de la catégorie socioprofessionnelle dont ils sont issus, d'autre part, appelle quelques commentaires qui sont donnés en fonction du milieu professionnel de leur père.

Les fils d'agriculteurs occupent, comme pour la promotion médiane, une position moyenne toujours très proche de la valeur de l'ensemble de la population des ingénieurs ENSIA.

53 Voir chap. « Les ingénieurs des industries agricoles formés avant 1940 », p. 224.

Ceux des chefs d'entreprise présentent, au contraire, des caractéristiques extrêmes. En particulier, ce sont les ingénieurs des industries agricoles et alimentaires issus de cette catégorie, qui présentent, à l'exception des artisans et commerçants, le taux le plus faible d'ingénieurs diplômés. Il est à remarquer également que c'est parmi eux que se rencontrent le plus de démissionnaires. Pour ce dernier critère, on retrouve une proximité avec les artisans et commerçants. La similitude du comportement des fils issus de cette dernière catégorie pour laquelle le passage par une école est considéré généralement comme une voie d'ascension sociale avec celle des fils de chefs d'entreprise, jointe à la précocité dans le temps du recrutement issu de ces deux catégories, souligne qu'à l'origine l'école ne jouissait que d'un faible prestige, puisqu'elle était abandonnée en cours de scolarité par des élèves qui avaient pu y entrer et qui disposaient par ailleurs d'atouts sur le plan social.

Ceux des professions libérales ont en général des caractéristiques moyennes, sauf pour les démissionnaires qui sont très peu nombreux parmi les étudiants issus de ces professions.

Ceux de directeurs présentent des caractéristiques voisines des cadres supérieurs d'entreprise. L'un et l'autre indiquent une fréquence d'ingénieurs diplômés nettement supérieure à l'ensemble de la population ainsi qu'une fréquence de démissionnaires nettement inférieure.

Les fils de cadres supérieurs de la fonction publique sont caractérisés notamment par la forte fréquence d'ingénieurs diplômés et un faible nombre de démissionnaires, qui sont des caractéristiques très voisines des deux précédentes catégories socioprofessionnelles. Ce comportement, s'agissant de catégories surtout représentées après 1940, peut être interprété, pour cette période, comme un net « indice de satisfaction » des étudiants issus de ce milieu.

Ceux des techniciens présentent une forte fréquence de diplômés et, par ailleurs, des caractéristiques semblables, mais à un degré moindre, à celles des fils de cadres supérieurs d'entreprise.

Ceux des instituteurs et des cadres moyens de la fonction publique se caractérisent par une fréquence de diplômés supérieure à celle de l'ensemble de la population. Pour les autres caractéristiques, ces catégories sont proches de celle de l'ensemble de la population totale.

Les fils d'employés présentent à la fois des caractéristiques proches de ceux des deux précédentes, notamment pour la fréquence des diplômés, mais la fréquence des démissionnaires y est supérieure et on ne rencontre aucun étudiant originaire de cette catégorie socioprofessionnelle parmi les exclus. Ils présentent très fréquemment des caractéristiques intermédiaires entre celles des étudiants originaires du milieu ouvrier et celles de la population totale.

Ceux des ouvriers présentent, d'une part, des caractéristiques proches de l'ensemble de la population pour les ingénieurs diplômés. Pour ce statut ainsi que pour les démissionnaires et pour les ingénieurs stagiaires, ils sont ainsi proches des fils d'employés, ce qui est logique du point de vue socioprofessionnel. Mais, d'autre part, les étudiants issus du milieu ouvrier sont proches des catégories qui, comme la leur, sont fortement représentés à l'origine, qu'elles appartiennent aux professions intermédiaires, comme les artisans et les commerçants, ou même aux catégories supérieures, telles que les chefs d'entreprise. Cette situation peut être expliquée de la manière suivante. Cette proximité des deux catégories ci-dessus, fortement présentes à l'origine de l'école, mesure le faible indice de satisfaction apporté par l'école à cette époque. Mais pour les étudiants issus de milieux défavorisés, l'investissement intellectuel que représente l'admission à l'école est une incitation plus forte à obtenir le diplôme que pour les étudiants issus de milieux favorisés ou en voie d'ascension sociale. Cet état de fait conduit ces étudiants à avoir, pour plusieurs des statuts, une situation intermédiaire entre celle des fils de chefs d'entreprise et celle des fils d'employés. En bref, leur situation du point de vue de ce critère est caractérisée à la fois par des causes socioprofessionnelles et par des causes liées au statut social de l'école.

Ceux des inactifs et divers constituent une catégorie hétéroclite sur laquelle il est difficile de donner une appréciation. On relève toutefois que c'est dans cette catégorie que se trouve la plus forte fréquence des diplômés.

LES ACTIVITÉS EXERCÉES PAR LES INGÉNIEURS DES INDUSTRIES AGRICOLES ET ALIMENTAIRES

Il a été vu, précédemment, que la part de ceux qui se consacrent au secteur des industries agro-alimentaires au sens large ne varie qu'entre 50 et 60 % des effectifs[54]. On peut s'en étonner, compte tenu de la finalité de l'école.

Pour expliquer cette situation, il doit être fait appel à deux types de causes. Il s'agit d'abord de causes internes : les difficultés connues par l'école à ses débuts[55] expliquent la très lente implantation des ingénieurs ENIA dans les filières autres que les filières fondatrices. Ces dernières représentent en effet, avant la Deuxième Guerre mondiale, plus de 40 % des activités, les autres industries agricoles et alimentaires ne représentant en 1937 qu'à peine plus de 8 %.

Des causes externes expliquent également cette situation : il est flagrant qu'au début l'ENIA est considérée par beaucoup de ceux qui y entrent, notamment du fait de son appartenance au ministère de l'Agriculture, comme une école agricole. Mais la part de ceux qui s'orientent dans cette direction disparaît presque complétement avant 1940.

Par contre, la part de ceux qui s'orientent vers les industries et les services autres que les industries agro-alimentaires ou les activités annexes dépasse 30 % à partir de 1970. Dans les industries de biens intermédiaires plus particulièrement, on rencontre de 1921 à 1959, 41 ingénieurs ayant exercé dans ces activités et, parmi eux, 15 dans les matériaux de construction y compris la verrerie, 11 dans la sidérurgie, 7 dans le travail des métaux. Il y a donc, en dehors des industries agro-alimentaires, de l'agriculture et de la fonction publique, une part des ingénieurs ENSIA, qui ne descend jamais au-dessous du quart de la population dans des activités extrêmement diverses. Cela illustre le fait que l'ENSIA a été conçue, pour une part notable de ceux qui l'ont fréquentée, comme une école industrielle, en nombre beaucoup plus grand que ceux qui l'ont considérée comme une école agricole. Ceci est d'ailleurs confirmé par la part qu'occupent les ingénieurs ENSIA

54 Voir chap. « Les ingénieurs des industries agricoles formés avant 1940 », p. 264, tableau 7 et chap. « Les ingénieurs des industries agricoles et alimentaires formés de 1941 à 1968 », p. 348-349, tableaux 11 et 12.

55 Voir chap. « Le projet des sucriers », p. 142-151 et chap. « Le projet des distillateurs », p. 168-172.

qui exercent dans le secteur privé autre que l'agriculture. Cette part ne cesse d'augmenter, passant de 82 % en 1948, ce qui représente une légère stagnation par rapport à 1937 pour atteindre 92 % en 1982. Il y a donc là une évolution régulière qui démontre que l'école s'est affirmée comme une école des applications industrielles de la biologie, ce qui est cohérent avec l'évolution de l'enseignement[56].

Comparaison des fonctions des ingénieurs ENSIA avec l'ensemble de la population

Dans les chapitres précédents[57] nous avons présenté la composition, à certaines dates, du groupe professionnel constitué par l'ensemble de la population des ingénieurs des industries agricoles et alimentaires. Il s'agissait là d'une analyse interne à ce dernier groupe. Pour permettre une évaluation de leur place dans le système industriel français, et plus généralement dans la société française, il nous paraît pertinent de procéder d'une double manière. Tout d'abord, en comparant, quand cela est possible, les caractéristiques géographiques et socioprofessionnelles de la sous-population ainsi constituée avec celles de l'ensemble de la population française. Cela est évidemment le cas avec les recensements généraux de la population. Nous avons vu que les dates choisies pour évaluer la population de l'ensemble des ingénieurs ENSIA l'avaient été de façon à coïncider, autant que possible avec ces recensements. Une autre approche de leur carrière peut être obtenue en déterminant ce qui nous en a paru être le moment le plus caractéristique de son déroulement que nous dénommons : « la situation professionnelle la plus représentative[58] ».

L'analyse au moment de la situation professionnelle la plus représentative

Cette place peut, en effet, s'évaluer, également, en comparant les situations socioprofessionnelles et les activités de la somme des cohortes

56 Voir chap. « Le projet d'Institut des sciences et techniques du vivant », p. 453-481.

57 Voir chap. « Les ingénieurs des industries agricoles formés avant 1940 » p. 260-265 et chap. « Les ingénieurs des industries agricoles et alimentaires formés de 1941 à 1968 », p. 341-349.

58 Voir la méthode utilisée, afin de permettre une comparaison de la carrière de l'ensemble de la population des ingénieurs ENSIA en annexe XXVI et tableau 32 en annexe XXIX.

ainsi constituées avec les caractéristiques de l'ensemble de la population active. Dans ce dernier cas, la comparaison se fait plus précisément, tout d'abord en recherchant l'année médiane des situations constituant la somme des cohortes, puis en comparant la place des ingénieurs ENSIA avec les caractéristiques de la population active à cette date. En l'occurrence, l'année médiane est 1970. Ce sont les résultats de cette démarche qui sont présentés maintenant.

Il a été exposé précédemment[59] les raisons pour lesquelles la comparaison concernant les carrières se fait uniquement pour la population masculine. La population étudiée est composée d'individus appartenant pour la plupart à une catégorie socioprofessionnelle bien définie, les ingénieurs, destinés principalement à exercer leur activité dans les industries alimentaires. Cette comparaison est donc conduite à la fois par rapport à l'ensemble de la population des ingénieurs et par rapport à la population active employée dans les industries alimentaires.

Comparaison des fonctions des ingénieurs ENSIA avec celles de l'ensemble des ingénieurs

C'est plus précisément la part des ingénieurs ENSIA parmi des acteurs économiques identiques c'est-à-dire l'ensemble des ingénieurs, chefs d'entreprise et professions libérales, qui sera présentée.

Cette étude est conduite tout d'abord pour l'année 1937, date pour laquelle la situation des ingénieurs ENIA a déjà été établie présentant ainsi l'intérêt de donner la situation peu avant la Deuxième Guerre mondiale.

C'est plus particulièrement à la part des ingénieurs des industries agricoles parmi l'ensemble des ingénieurs et des chefs d'entreprise que nous allons nous intéresser. Compte tenu de la façon dont sont présentées les statistiques de la population active en 1936, cette place a dû être évaluée en regroupant les catégories socioprofessionnelles en trois groupes ainsi qu'il est présenté dans le tableau 33.

59 Voir chap. « Les ingénieurs des industries agricoles et alimentaires formés de 1941 à 1968 », p. 343.

Groupes de catégories socio-professionnelles	Population active en 1936 (nombre)	Minimum		Maximum		Moyenne des ratios
		Ingénieurs ENSIA (nombre)	Ratio un pour dix mille	Ingénieurs ENSIA (nombre)	Ratio un pour dix mille	
Population active totale	19 396 286	526	0,271	823	0,424	0,347
Industriels	28 661	46	16,050	72	25,121	20,585
Professions libérales	147 988	27	1,824	42	2,838	2,331
Employés en entreprise	1 257 315	355	2,823	555	4,414	3,618

TABLEAU 33 – Place des ingénieurs ENSIA dans la population active en 1937[60].

60 Les raisons pour lesquelles le calcul a été fait à partir d'un minimum et d'un maximum sont explicitée dans l'annexe XXVI.

Le ratio représentant les résultats de cette comparaison étant exprimé en valeur d'un pour dix mille, alors que la totalité de la population des ingénieurs des industries agricoles ne représente qu'une base de 0,35 dix millième de l'ensemble de la population active en 1936, on constate qu'ils occupent une part, exprimée dans la même unité, de 20,57 des industriels, lesquels doivent être distingués des chefs d'entreprise par l'exclusion de ceux du commerce et de la banque. Par contre ils ne représentent que 2,33 des professions libérales mais 3,62 des employés en entreprise, lesquels regroupent non seulement les employés proprement dits mais aussi les cadres supérieurs et moyens du secteur privé. Leur présence relative parmi les industriels est donc près de dix fois plus importante que parmi les professions libérales et plus de cinq fois que parmi les employés en entreprise pris au sens large rappelé ci-dessus.

L'évolution est mesurée en établissant la même comparaison en 1959, année pour laquelle la place des ingénieurs des industries agricoles et alimentaires dans la population active est évaluée à différents niveaux dans le tableau 34[61].

La comparaison de la situation de 1959 par rapport à celle de 1937 appelle les commentaires suivants. La part des ingénieurs des industries agricoles et alimentaires dans l'ensemble de la population active masculine reste inférieure à un pour dix mille actifs. Toutefois, compte tenu de l'accroissement numérique de la population des ingénieurs ENSIA, cette part semble en augmentation par rapport à 1937[62].

Parmi les employés en entreprise, regroupement dont le caractère hétérogène a déjà été souligné mais qui est imposé par les sources statistiques, leur part semble en augmentation par rapport à 1937[63].

Leur place parmi les cadres supérieurs, qu'ils soient publics ou privés, représente 1,5 pour mille. Or, peu nombreux sont ceux d'entre eux qui exercent leur activité dans les services publics[64]. C'est pourquoi la part

---

61 Voir tableau 34 en annexe XXX. Le commentaire concernant ce tableau figure en annexe XXVI, p. 649.

62 Il n'est pas possible d'être plus affirmatif compte tenu du degré d'imprécision.

63 La même remarque que pour la place dans l'ensemble de la population active s'applique également ici.

64 Mais parfois dans des fonctions tout à fait originales, ainsi qu'en témoigne le parcours d'Yves Labye, présenté chap. « Les ingénieurs des industries agricoles formés avant 1940 », p. 271.

des ingénieurs ENSIA se renforce très nettement chez les ingénieurs du secteur privé où ils sont un peu moins de 5 pour mille.

Leur part est moindre chez les industriels où ils sont cependant un peu plus de 7 pour dix mille. Ce qui est notable est la baisse très nette de leur place par rapport à 1937. Cette évolution s'explique par l'évolution du recrutement de l'ENSIA parmi les catégories socioprofessionnelles. En effet, les fils de chefs d'entreprise sont ceux parmi lesquels la promotion médiane est 1924, c'est-à-dire la plus ancienne[65]. Toutefois, une explication secondaire pourrait être recherchée dans la part des industriels dans la population active, à chacun des recensements généraux de la population 1936, 1954 et 1962. En effet entre, d'une part, 26 661 en 1936 et, d'autre part, 70 740 en 1954, et 67 240 en 1962, l'écart paraît très important. Il n'est donc pas impossible que le chiffre de 1936 ait été biaisé vers le bas, ce qui expliquerait par ailleurs la différence du ratio relatif aux chefs d'entreprise par rapport à celui de la population d'ensemble. Enfin, la population des ingénieurs ENSIA en 1959 est sûrement mieux connue que celle de 1937.

Quant à la part des ingénieurs ENSIA chez les professions libérales, elle augmente passant d'un peu plus de deux pour dix mille à près de 3,5 pour dix mille en 1959.

La place des ingénieurs ENSIA parmi l'ensemble des ingénieurs au moment d'une situation professionnelle représentative peut également être étudiée de manière pertinente en 1970. En effet, à cette date, il est possible d'effectuer une comparaison avec les données fournies par *l'Enquête sur la structure des emplois* (ESE) de 1970[66]. Une comparaison peut alors s'effectuer avec le recensement 1968. Soulignons qu'il s'agit de la même sous-population que celle prise en compte précédemment puisqu'il s'agit des ingénieurs ENSIA entrés à l'école avant 1955. C'est le moment où leur situation professionnelle est étudiée qui change[67].

65 Voir ci-dessus, tableau 27, p. 515 et figure 11, p. 516. Précisons que pour ce graphique c'est la promotion Q1 qui a été prise pour déterminer la position des différentes catégories socioprofessionnelles d'origine.

66 Cette enquête n'existe que depuis 1968 et n'a donc pu être utilisée pour 1959.

67 L'âge moyen à l'entrée pouvant être estimé à 20 ans, c'est donc leur situation professionnelle entre environ 50 ans et un peu avant la quarantaine pour les plus jeunes qui est ici prise en compte.

ESE 1970	Ingénieurs ENSIA				Moyenne des ratios
	Minimum		Maximum		
	nombre	Ratio pour dix mille	nombre	Ratio pour dix mille	
Ingénieurs et cadres techniques de la production					
150 035	429	28,59	775	51,65	40,12
Ingénieurs et cadres techniques des services					
398 001	105	2,64	190	4,77	3,70
Ensemble des salariés					
8 544 096	560	0,655	1012	1,18	0,92

TABLEAU 35 – Situations professionnelles en 1970 des ingénieurs ENSIA entrés avant 1955.

Ce qui ressort très clairement est que la part des ingénieurs ENSIA est beaucoup plus importante dans la production que dans les services. Ceci est la conséquence logique du projet pédagogique fondateur, orienté essentiellement vers la production malgré le changement d'orientation qui se dessine dans les années 1960, induit par l'introduction de l'enseignement du génie industriel alimentaire.

Les fonctions des ingénieurs ENSIA dans l'ensemble des industries alimentaires

C'est la place des ingénieurs ENSIA dans les industries alimentaires que nous allons étudier maintenant. Cette situation est donnée pour 1962 car elle est établie à partir du Recensement de l'industrie 1963[68] et fait l'objet du tableau 36[69]. Afin de situer la présence des ingénieurs ENSIA parmi les filières ou groupes de filières, celles-ci ont été regroupées en trois : en premier lieu, les filières fondatrices, elles-mêmes subdivisées en deux sous-groupes du fait de la différence dans l'évolution respective de la part des ingénieurs ENSIA dans chacun d'entre eux à savoir,

68 INSEE, *Recensement de l'industrie 1963*, résultats pour 1962, séries structures, Volume III, toutes entreprises, France entière : les effectifs d'ingénieurs et cadres sont extraits du tableau D ; la valeur ajoutée par salarié est extraite du tableau F

69 Voir annexe XXXI.

d'une part, la sucrerie et la distillerie[70], d'autre part, la brasserie et la malterie ; en deuxième lieu, l'industrie du lait et en troisième lieu, les autres industries agricoles et alimentaires.

L'évaluation de la part des ingénieurs ENSIA par rapport aux ingénieurs et cadres, n'est faite, comme précédemment et pour les mêmes raisons, que pour les hommes. En outre, il a été indiqué, pour chacun des groupes de filières, un indicateur de performance économique, en l'occurrence la valeur ajoutée par salarié. Cet indicateur a été donné, à titre de repère, pour deux autres secteurs d'activité, l'automobile, d'une part, et l'aéronautique, d'autre part. De ce fait, pour l'analyse fondée sur ce recensement, l'activité correspond au secteur et non à la branche[71].

On constate que les ingénieurs ENSIA sont fortement représentés dans la sucrerie, la distillerie, auxquelles a été jointe la levurerie. Cette part est environ dix fois plus forte que dans les autres secteurs. Ceci est la conséquence, près de 70 ans après la création de l'école, de la permanence du projet pédagogique fondateur. Ce qui ressort ensuite est que le groupe de filières est aussi celui où la valeur ajoutée par salarié est la plus forte. Il serait absurde d'en conclure que c'est uniquement l'action des ingénieurs ENSIA qui en est la cause, puisque leur présence est faible dans la laiterie qui présente, sous ce rapport, une valeur voisine et encore plus dans la brasserie et la malterie qui présentent elles aussi une bonne valeur ajoutée par salarié. On peut cependant en conclure que la formation reçue à l'école permet une bonne adaptation à l'activité industrielle[72].

Enfin, on note que, d'après ce critère, les industries agricoles et alimentaires se situent toutes au-dessus de la moyenne de l'industrie nationale et au-dessus d'une industrie dynamique comme celle de l'automobile. Le groupe de filières constitué par la sucrerie, la distillerie et la levurerie, d'une part, l'industrie du lait, d'autre part, présentent une valeur, pour ce critère, supérieure à celle d'une industrie de haute technologie comme l'aéronautique[73]. On peut affirmer que les ingénieurs ENSIA

70 La levurerie a été jointe à ces deux filières dans la présentation du *Recensement de l'industrie 1963*, par suite de contraintes liées au secret statistique.

71 Voir tableau 36 en annexe XXXI. L'attention est attirée sur le fait que la part des ingénieurs ENSIA est donnée ici pour cent et non pas pour dix mille comme précédemment. Sur la distinction entre branche et secteur, voir glossaire.

72 Ce dont témoigne, dans un tout autre secteur, le parcours de Bernard Corbel. Voir chap. « Les ingénieurs des industries agricoles et alimentaires formés de 1941 à 1968 », p. 365.

73 C'est la filière vinification qui donne la valeur ajoutée par salarié la plus élevée, soit 53 732 F.

ont leur part dans ces bons résultats. On peut également ajouter que, si leur place dans l'industrie du lait et surtout dans la brasserie et malterie est faible, une part non négligeable des acteurs de ces deux filières est formée dans deux établissements, respectivement, l'Institut d'études supérieures d'industrie et d'économie laitière (IESIEL)[74] et l'École de brasserie[75] qui, malgré certaines rivalités entre institutions, présentent d'évidentes similitudes dans la formation apportée. C'est uniquement pour la commodité de l'exposé qu'ont été regroupées ensemble les autres industries agricoles et alimentaires qui recouvrent, en fait, des filières très différentes.

L'évaluation de la place des ingénieurs ENSIA dans les industries agricoles et alimentaires au moment de la situation professionnelle la plus représentative peut être conduite, comme précédemment, à partir de l'*Enquête sur la structure des emplois 1970*. Ils sont situés, à la fois parmi les ingénieurs proprement dits mais également parmi les cadres administratifs supérieurs. Dans cette dernière catégorie figurent, à la fois les directeurs, les cadres administratifs et les cadres commerciaux. C'est l'objet du tableau 37[76].

ESE 1970	Borne inférieure		Borne supérieure		Moyenne des pourcentages
	Effectif	Pourcentage	Effectif	Pourcentage	
Parmi les ingénieurs et techniciens					
8 216	106	1,29	192	2,33	1,81
Parmi les ingénieurs					
2 756	97	3,52	176	6,39	4,95
Parmi les cadres administratifs supérieurs					
8 536	172	2,01	312	3,66	2,83

TABLEAU 37 – Place des ingénieurs ENSIA dans les industries agricoles et alimentaires en 1970 (Ingénieurs de sexe masculin entrés avant 1955).

74 Sur l'IESIEL, voir annexe XXIV.

75 Sur l'École de Brasserie de Nancy, voir annexe XXI.

76 Source : INSEE, ESE 1970, *Les collections de l'INSEE, n° D, 11*, tableau 4b, Paris, septembre 1971. S'agissant des industries agricoles, figure, dans les résultats de l'ESE, une catégorie intitulée « ingénieurs techniciens spécialistes de l'agriculture et des industries agricoles et alimentaires ». Une estimation de la part des ingénieurs a dû être faite parmi eux. L'ensemble ingénieurs et techniciens représente, par contre, une donnée précise pour l'ESE.

On constate que c'est parmi les ingénieurs exerçant leur activité dans les industries agricoles et alimentaires que les anciens élèves de l'ENSIA sont les plus représentés, ce qui est évidemment conforme au projet de l'école. Cependant, leur part parmi les cadres administratifs supérieurs n'est pas négligeable. Il est souligné que cette enquête, portant uniquement sur le personnel salarié, ne donne aucune indication sur la part des ingénieurs ENSIA, ni parmi les chefs d'entreprise ni parmi les professions libérales exerçant dans ce domaine.

C'est maintenant le rôle que l'ENSIA a assuré dans les mobilités, entre les pères et les fils, qui est exposé.

LA MOBILITÉ SUR DEUX GÉNÉRATIONS CHEZ LES INGÉNIEURS DES INDUSTRIES AGRICOLES ET ALIMENTAIRES

Cette mobilité est étudiée à la fois sous l'aspect socioprofessionnel et sous l'aspect géographique. Dans chaque cas, sont mis en parallèle les caractéristiques du père et celles atteintes par le fils au moment de sa situation la plus représentative.

La mobilité socioprofessionnelle sur deux générations chez les ingénieurs ENSIA

Pour la recherche de la mobilité socioprofessionnelle entre les pères et les fils, rappelons que celles prises en compte pour les pères sont celles occupées au moment de l'entrée de leur fils à l'ENSIA[77].

77 Voir annexe XXVI. Dans cette annexe, ont été définis, pour cette recherche, un « taux de reproduction » ainsi qu'un « taux d'accès à des fonctions de direction dans l'entreprise » établis à partir du tableau 39 figurant en annexe XXXII.

Catégories socioprofessionnelles	Taux de reproduction	Taux d'accès à des fonctions de direction dans l'entreprise
	%	%
Agriculteurs	21,43	37
Chefs d'entreprise	35,71	64,29
Professions libérales	0	17,65
Directeurs	40	60
Cadres sup. d'entreprise	42,86	41,07
Cadres sup. fonction publique	16,67	28,79
Artisans et commerçants	0	48
Techniciens	2,17	50
Instituteurs	0	37,93
Cadres moy. fonction publique	0	44,44
Employés	0	31,82
Ouvriers	0	42,11
Inactifs, divers	0	50
Ingénieurs ENSIA	16,67	43,04

TABLEAU 38 – Caractéristiques de la mobilité socioprofessionnelle père-fils chez les ingénieurs ENSIA.

Parmi les catégories socioprofessionnelles dans lesquelles on observe un taux de reproduction nettement supérieur à celui de l'ensemble de la population des ingénieurs ENSIA, on trouve par ordre décroissant et dans une fourchette de valeurs relativement proches : les cadres supérieurs d'entreprise, les directeurs, les chefs d'entreprise. Compte tenu des finalités de l'école, le fort taux de reproduction des cadres supérieurs d'entreprise au sens large, c'est-à-dire en y englobant les directeurs, est assez normal.

Par contre, les agriculteurs sont proches des cadres supérieurs de la fonction publique. Ils présentent une valeur supérieure à celle de l'ensemble des ingénieurs ENSIA mais nettement moindre que les catégories précédentes.

Les taux d'accès à des fonctions de direction dans l'entreprise permettent de définir deux groupes de catégories selon que celles-ci se situent au-dessus ou au-dessous du taux de la moyenne des ingénieurs

ENSIA. Les catégories socioprofessionnelles pour lesquelles ce taux est supérieur à la moyenne sont : les chefs d'entreprise, les directeurs, les techniciens, les artisans et commerçants, les cadres moyens de la fonction publique. Par contre, pour les ouvriers, les cadres supérieurs d'entreprise, les instituteurs, les agriculteurs et les employés, ce taux est inférieur à la moyenne sans cependant s'en écarter de manière excessive.

On note la place des ingénieurs ENSIA issus des professions intermédiaires et on observe que les fils d'ouvriers et d'employés, se situent proche de la moyenne. Plus précisément le cas des fils d'ouvriers et d'employés qui accèdent à des fonctions de direction dans l'entreprise mérite qu'on s'y arrête. Précédemment, nous avions souligné le très grand écart, dans l'ensemble de la population nationale, entre les chances d'un étudiant issu d'un milieu socialement favorisé et celles d'un étudiant issu d'un milieu défavorisé, d'entrer à l'ENSIA[78]. Par contre, une fois entrés à l'école, ces derniers ont une chance non négligeable d'accéder à des fonctions de direction[79]. Précisons que le nombre de fils d'ouvriers ou d'employés qui ont accédé à des fonctions de direction dans l'entreprise s'élèvent à 22. Une telle base est insuffisante pour établir des résultats statistiques. Cependant, le croisement des catégories socioprofessionnelles d'origine et des dates d'entrée n'est pas sans intérêt. On constate une très nette distinction dans les périodes d'entrée à l'école. La majorité des fils d'employés qui accèdent à des fonctions de direction dans l'entreprise entrent après 1940. Par contre, les fils d'ouvriers qui accèdent eux aussi à ces fonctions entrent en majorité avant 1914. Précédemment, nous avons présenté le cas des deux ingénieurs des industries agricoles, fils d'ouvriers, devenus chefs d'entreprise[80]. Par ailleurs, si on examine les activités, on constate, parmi ceux entrés avant 1940, qu'un seul fait carrière dans la sucrerie et ceci au Brésil. Ceci est surprenant, compte tenu du rôle de la sucrerie à l'origine de l'école. Par contre, dès la promotion 1945 à laquelle appartient Jean Le Blanc, des carrières s'ouvrent dans ce domaine aux ingénieurs issus de ces catégories.

---

78 Voir ci-dessus, p. 515.

79 Jean Le Blanc, dont le parcours figure chap. « Les ingénieurs des industries agricoles et alimentaires formés de 1941 à 1968 », p. 350 en est un exemple. C'est également le cas d'Émile Beauvalot et de Paul Quévy, dont les parcours sont donnés chap. « Les ingénieurs des industries agricoles formés avant 1940 », p. 237-239. En toute rigueur, ce dernier est fils de commerçant, mais nous avons vu qu'on peut considérer que « culturellement » il est resté dans le milieu ouvrier.

80 Il s'agit d'Alcide Sauvage et de Marcel Marchand présentés chap. « Les ingénieurs des industries agricoles formés avant 1940, p. 245.

La mobilité géographique sur deux générations chez les ingénieurs ENSIA

Cette étude a été conduite en distinguant les régions selon qu'elles présentent un solde positif ou négatif : le solde positif caractérisant une région pour laquelle les fils sont plus présents que les pères et inversement. On constate que, parmi les régions présentant un solde positif, mis à part les région Pays de la Loire et Alsace[81], elles appartiennent toutes à l'un des deux ensembles géographiques suivant. Il s'agit, soit du Bassin parisien au sens large, comprenant l'Île-de-France et les anciennes régions qui lui sont périphériques à l'exception de l'ex-région Champagne-Ardenne, soit des zones en dehors du territoire métropolitain, le plus fort solde positif étant, de très loin, celui présenté par les autres pays étrangers.

Parmi les régions qui présentent la mobilité la plus faible, on retrouve les régions « sucrières » : ceci est particulièrement net pour les Hauts-de-France. Par contre, dans le cas de l'Île-de-France, on peut raisonnablement faire l'hypothèse que la proximité de la capitale a joué davantage.

Enfin, l'origine géographique des ingénieurs résidant en Île-de-France a été déterminée. Les ex-régions dont sont originaires la plus forte part d'ingénieurs ENSIA qui y résident sont : le Nord Pas-de-Calais, la Bourgogne et les territoires ayant dépendu autrefois de la souveraineté française.

Plus généralement, il ressort de cette recherche que les ingénieurs des industries agricoles et alimentaires présentent une mobilité géographique intergénérationnelle, caractérisée par un double attrait, d'une part, la région parisienne ce qui correspond à un rapprochement des centres de décision, phénomène observé chez tous les anciens élèves des grandes écoles, d'autre part, pour les postes extérieurs et surtout à l'étranger ce qui montre qu'ils n'ont pas peur de s'expatrier.

81 Seulement 4 ingénieurs sont originaires de l'Alsace.

LE PARADOXE DES INGÉNIEURS DES INDUSTRIES AGRICOLES ET ALIMENTAIRES

L'analyse des ingénieurs des industries agricoles et alimentaires en fonction de leur formation scolaire et universitaire, des caractéristiques du milieu professionnel de leurs parents de leurs origines géographiques ainsi que de leur carrière montre que l'ENSIA a assuré successivement deux fonctions très différentes, s'adressant donc à deux catégories distinctes d'étudiants.

Alors que le principal promoteur de cette école, l'Association des chimistes de sucrerie et de distillerie, souhaitait à l'origine un établissement présentant un enseignement d'un niveau élevé, le poids des circonstances[82] a limité à l'origine un recrutement issu des milieux favorisés qui auraient pu être intéressés par cette école. C'est pourquoi, d'abord école technique de la sucrerie et de la distillerie pour l'actuelle région des Hauts-de-France, l'ENSIA ne devient qu'ensuite la grande école des industries agricoles et alimentaires à recrutement national. C'est le déplacement partiel à Paris en 1940 qui, à la fois, explique et symbolise ce changement de fonction.

Dans la première de ces périodes, l'ENSIA recrute surtout parmi les étudiants issus de ce que l'on peut appeler une « économie traditionnelle », comprenant à la fois des fils d'agriculteurs, de chefs d'entreprise, d'artisans et de commerçants, d'instituteurs et d'ouvriers. Ce contexte socioprofessionnel permet à l'école de jouer un rôle non négligeable de promotion sociale, ainsi que l'atteste l'analyse sur trois générations, et ce, malgré le poids très important des agriculteurs[83] parmi les grands-pères des étudiants entrés avant 1914. Plus généralement, avant 1940, le recrutement à partir des écoles pratiques d'agriculture s'est avéré être une voie de promotion sociale intéressante.

C'est essentiellement parmi les représentants d'une « économie tertiaire », comprenant en majorité des fils de cadres supérieurs, provenant

82 En particulier l'admission de stagiaires de l'administration fiscale. Voir chap. « Les ingénieurs des industries agricoles formés avant 1940 », p. 224.

83 La catégorie socioprofessionnelle des agriculteurs recouvre, en fait des statuts sociaux très différents.

aussi bien du secteur privé que du secteur public que l'école recrute après 1940. Ce changement de recrutement se traduit incontestablement par une très nette élévation du niveau scolaire des étudiants.

RAPPEL DE L'APPORT DES INGÉNIEURS DES INDUSTRIES AGRICOLES ET ALIMENTAIRES AU SYSTÈME INDUSTRIEL

Après 1940 il a donc été, d'une part, possible de relever nettement le niveau des études à l'ENSIA dont la durée est portée à 3 ans, et d'autre part, nécessaire de faire face aux besoins de cadres de haut niveau pour l'industrie alimentaire dont la Deuxième Guerre mondiale avait fait sentir le besoin. Le contexte de ces années-là s'est donc révélé très favorable pour l'école et les ingénieurs qu'elle forme.

L'apport de l'école en matière d'enseignement pour les industries agro-alimentaires résulte, à la fois de la validité du projet pédagogique fondateur et du caractère novateur de l'enseignement du génie industriel alimentaire. Le mérite principal de l'ENSIA est donc d'avoir réalisé l'unité de l'enseignement de l'agro-alimentaire, ce qu'on peut qualifier d'« unité objective » traduisant au plan industriel l'unité dans la connaissance de la matière vivante qui a été apportée par la biologie moderne. À la fin des années 1970, la réflexion engagée par les pouvoirs publics, au plus haut niveau, a reconnu l'intérêt de cette formation[84].

En outre, en se plaçant sur le plan des carrières il faut relever la part non négligeable de ceux qui accèdent à des fonctions dirigeantes dans les entreprises, parfois même pour ceux qui sont issus d'un milieu défavorisé.

Or actuellement, les industries agro-alimentaires occupent une place notable dans l'économie nationale. Ce sont donc des besoins essentiels que les ingénieurs ENSIA, ont su satisfaire. Bien plus, il a été constaté que ces industries se caractérisaient par d'excellentes performances économiques et en particulier sur le plan de la productivité des salariés[85]. Bien que n'étant évidemment pas les seuls acteurs de ce secteur et donc les seuls responsables, les ingénieurs ENSIA y ont sûrement contribué.

C'est pourquoi on peut se demander si, étant donné cet apport scientifique et technique, les ingénieurs ENSIA n'ont pas été tentés de fonder une idéologie justificatrice d'un pouvoir excessif. L'examen des

84 Voir chap. « Le projet d'Institut des sciences et techniques du vivant », p. 453-464 et p. 482-489.

85 Voir annexe XXVII.

carrières nous a montré qu'il n'en était rien et qu'on ne distingue pas d'« abus de position dominante ». Cette conscience du service rendu est restée une utopie mobilisatrice, dont la capacité d'entraînement a permis à l'ENSIA de surmonter de nombreux obstacles.

Dans ce qui précède, nous n'avons pu que constater que cette école préparait à des activités qui, jusqu'à une date qui peut être estimée au début des années 1960, étaient considérées comme disposant de peu de prestige. On observe incontestablement une certaine réticence de la société à reconnaître aux ingénieurs ENSIA l'aptitude découlant de leur formation. On en veut pour preuve le fait que les carrières les plus brillantes, observées chez ceux entrés dans les années qui suivent la Deuxième Guerre mondiale, se déroulent souvent hors des industries agro-alimentaires[86]. Cette réticence se manifeste également à l'échelon international. L'effacement des positions acquises au Brésil à la suite de la nationalisation des sucreries en est un exemple frappant[87].

Il faut toutefois relever que les conséquences sur les carrières des ingénieurs ENSIA de l'innovation pédagogique majeure que constitue l'enseignement du génie industriel alimentaire n'ont pas pu être analysées avec la précision que celle apportée à ceux formés avant 1968.

Le constat majeur qui ressort de cette recherche nous paraît être que les ingénieurs des industries agricoles et alimentaires n'ont pas, dans le système industriel français, la place qui devrait leur revenir, dans leur propre intérêt, bien sûr, mais aussi et surtout dans celui de la société. C'est aux raisons de ce paradoxe qu'il nous faut chercher des explications.

LES FACTEURS NATIONAUX DÉFAVORABLES AUX INGÉNIEURS DES INDUSTRIES AGRICOLES ET ALIMENTAIRES

Des facteurs défavorables aux ingénieurs ENSIA doivent, à notre avis, être recherchées, d'une part, dans des causes tenant à la situation de l'enseignement technique en général et, d'autre part, dans des causes internes aux industries agricoles et alimentaires, causes qui se situent toutes deux sur le plan national.

86 Les parcours de Jacques Célerier et de Bernard Corbel sont parfaitement éloquents à ce sujet. Voir chap. « Les ingénieurs des industries agricoles et alimentaires formés de 1941 à 1968 », p. 359 et p. 365.

87 Voit chap. « Les ingénieurs formés avant 1940 », p. 273.

Le manque d'intérêt des élites dirigeantes pour l'enseignement technique

En premier lieu, des causes lointaines dans le temps sont à rechercher dans le désintérêt qui semble très ancien des dirigeants nationaux pour l'enseignement technique[88] en général et donc celui de l'enseignement de ce qui à l'époque était appelé la technologie agricole. Nous en voulons pour preuve le commentaire d'Albert Broder sur la création de l'École libre des sciences politiques en 1872 donc antérieurement à la création de l'ENIA.

> Il est nécessaire de le répéter, l'intérêt porté par les milieux financiers à l'École libre des sciences politiques contraste avec leur indifférence envers les secteurs scientifique et technique et traduit des choix dont la signification politique est évidente. En même temps, la présence parmi les fondateurs de l'institution de personnalités telles que Jules Siegfried et Léon Say dont les connaissances économiques et entrepreneuriales ne peuvent pas être contestées confirme l'analyse selon laquelle, malgré des exemples significatifs, le lien entre essor industriel et sortie de la crise n'a pas été reconnu[89].

Plus loin il ajoute :

> L'absence d'études précises par branche industrielle et la faiblesse traditionnelle des liens enseignement-industrie en France limitent ce chapitre à l'exposé d'une hypothèse. Sa cohérence est indiscutable.

Certes, l'auteur présente son affirmation que comme une hypothèse d'une « cohérence indiscutable ». Mais nous avons vu qu'un responsable politique tel que Léon Say qui vient d'être cité ne pouvait ignorer la situation économique du secteur de la sucrerie qui a joué le rôle moteur dans les origines de l'ENIA. Or Léon Say n'a, semble-t-il, joué un rôle que pour permettre à des agents du ministère des finances de suivre les cours de l'ENIA et ce uniquement dans l'intérêt des finances publiques !

---

88 Sur l'enseignement technique, on se référera, avec profit à Stéphane Lembré, *Histoire de l'enseignement technique*, Paris, La Découverte, coll. « Repères », 2016.

89 Broder, Albert, « Dépression, enseignement scientifique et recherche : un lien de causalité ? », *in* Yves Breton, Albert Broder et Michel Lutfalla, (dir.), *La longue stagnation en France L'autre grande dépression 1873-1897*, Paris, Économica, 1997, p. 323.

La prédominance de la structure familiale des entreprises du secteur des industries agricoles et alimentaires

Pour une période plus récente, une cause interne à ces industries nous est suggérée par un passage de l'allocution d'Alfred Isautier[90] lorsqu'il prend ses fonctions de président de l'Association des anciens élèves le 3 avril 1965. Sa double qualité de chef d'entreprise et de parlementaire lui permet une vision pertinente de la place des ingénieurs des industries agricoles et alimentaires et il est évident que, en prenant ses nouvelles fonctions, il cherche à exprimer comment se perçoit la majorité des ingénieurs ENSIA.

> Peu nombreux, et je parle surtout des camarades de promotions anciennes, sont ceux qui ont accédé au rang d'ingénieurs de conception, et encore moins nombreux ceux devenus chefs de grandes entreprises. La faute, certes, incombait la plupart du temps à la structure de nos industries, dont le caractère souvent familial reléguait au rang de brillants seconds les cadres de valeur, pour réserver aux héritiers plus directs les postes de commande[91].

Il y a certes, nous l'avons vu des exceptions à cette analyse qui a cependant le mérite de faire le lien entre la structure familiale donc morcelée de beaucoup d'entreprises du secteur des industries agricoles et alimentaires et la difficulté, pour les ingénieurs, d'accéder à des postes de responsabilité. On peut raisonnablement faire l'hypothèse qu'en prononçant ces paroles, Isautier n'avait pas à l'esprit le cas des deux ingénieurs ENIA, fils d'ouvriers devenus chefs d'entreprise, présentés plus haut. Rappelons que l'un et l'autre ne sont parvenus à de telles responsabilités que dans des domaines autres que les industries agricoles et alimentaires, fait qui conforte notre analyse. L'explication que donne Alfred Isautier en 1965 nous paraît en parfaite concordance avec celle que donne André Bonastre en 1986.

> […] Jusqu'à la seconde guerre mondiale, les tenants de la plupart des industries alimentaires (panification – fromagerie – œnologie – brasserie – cidrerie (etc. …) étaient intimement convaincus de la totale spécificité de « leurs façons de faire » souvent beaucoup plus que centenaires, […]. Pour eux, l'importance

90 Le parcours d'Alfred Isautier a été présenté chap. « Les ingénieurs des industries agricoles formés avant 1940 », p. 272.

91 *Bull. ingénieurs ENSIA*, n° 74, janvier-avril 1966, p. 4.

> des tours de main était extrême et les nombreux « secrets de fabrication » jalousement gardés : les progrès ne pouvaient venir que de l'expérience pratique et de l'empirisme dans le cadre étroit de leur spécialité, exception faite pour les services annexes des ateliers de fabrication (vapeur, électricité, transport). Toute modification profonde des façons d'opérer traditionnelles étaient alors exclue comme mettant en péril la bonne marche des fabrications et la qualité des produits finis. Les brassages de populations de toutes natures opérés par la seconde guerre mondiale et ses séquelles, [...] comme aussi les acquisitions récentes de la biochimie et de la microbiologie, font souffler dans ces industries, dès 1945, un esprit nouveau dans la manière d'appréhender les problèmes. Au lieu d'envisager chaque fabrication (brasserie – fromagerie – etc.) dans sa globalité comme il était de tradition, on l'analyse en ses étapes successives et il apparaît bientôt que la plupart de ses étapes élémentaires (séparation d'un constituant à partir d'un milieu complexe – changement d'état physique, etc.) se retrouvent dans toutes les branches industrielles, conférant à celles-ci une étroite parenté[92].

Mais ce poids des structures familiales dans les entreprises agro-alimentaires n'est peut-être pas la seule raison du statut insuffisamment valorisé des ingénieurs ENSIA.

Ce contexte qui vient d'être rappelé nous conduit à constater que ces industries ont été perçues, jusqu'à une date récente comme peu valorisantes socialement, fait qui s'est ressenti sur le recrutement de l'ENSIA. Il nous semble qu'il faut rechercher à cette situation des causes plus profondes. Par ailleurs, le contexte international est probablement à prendre en compte pour évaluer de manière pertinente la place des ingénieurs ENSIA dans le système industriel[93].

Toutefois, afin de remédier à cette situation qui nous paraît anormale, on peut s'interroger sur les conditions de l'élaboration du savoir de l'industrie sucrière rappelées en tête de cet ouvrage et voir si elles ne nous suggèrent des voies qui peuvent se révélées opératoires pour les ingénieurs des industries agricoles et alimentaires.

LES PHARMACIENS PEUVENT-ILS SERVIRENT D'EXEMPLE ?

Rappelons que dès les origines de l'industrie du sucre de betterave, les pouvoirs publics ont fait expressément appel à des pharmaciens. En

---

92 Rapport de M. André Bonastre au nom du comité de l'agriculture pour l'attribution du prix Thénard à M. le professeur Marcel Loncin, décembre 1986.

93 Des hypothèses pour rechercher ces raisons ont été exposées chap. « La revanche de Cérès », p. 87-89.

effet, dans un rapport sur la culture de la betterave et la fabrication du sucre, il est exposé, en 1811, que, dans certains départements où il y avait trop de betteraves à la récolte de cette année-là, on a dû avoir « recours à la voie de persuasion pour que des pharmaciens se livrassent à des entreprises aussi utiles[94] ».

Or, pendant la période moderne, la pharmacie a progressé surtout à partir de produits végétaux. C'est pourquoi ce savoir s'est révélé particulièrement opératoire pour industrialiser la transformation de la betterave à sucre, produit végétal, et les pharmaciens y ont joué un rôle non négligeable. Les apothicaires devenus « pharmaciens » ont donc su, bien qu'étant dans une situation dominée par rapport aux médecins, élaborer un savoir « socialement utile ». C'est pourquoi, nous croyons nécessaire de nous interroger sur les enjeux que recouvrent le rôle qu'ils ont ainsi joué.

Plus précisément, le mécanisme socio-éducatif qui les a conduits à jouer ce rôle paraît pouvoir s'expliquer par un double modèle, l'un technico-organisationnel, l'autre, socio-pédagogique qui peut être schématisé ainsi :

Origine	Dynamique	Résultat
1° Modèle technico-organisationnel		
Produit d'origine biologique (complexité)	Processus chimique (phase linéaire)	Satisfaction des besoins d'un organisme vivant (complexité)
2° Modèle socio-pédagogique		
Statut dominé + Savoir opératoire	Augmentation du savoir	Accroissement du statut social

FIG. 13 – Le modèle des pharmaciens.

À l'importance de ce rôle, nous proposons l'explication suivante : la maîtrise d'un produit simple mais rare et d'importance stratégique, comme autrefois la soie ou les épices, puis aux débuts de l'âge industriel le fer et le charbon, et aujourd'hui le pétrole, apporte à celui qui le détient à la fois pouvoir et prestige. Ce sera donc l'apanage des catégories

94 Rapport à l'Empereur du 4 décembre 1811, Arch. nat., F 12/1565/9.

dominantes. Par contre, une catégorie dominée, qui détient un savoir opératoire, pourra mieux se faire reconnaître socialement en maîtrisant des milieux complexes issus de produits moins rares. Nous proposons de dénommer cette dynamique sociale : « Le modèle des pharmaciens ».

CONCLUSION

Il ressort, à l'évidence, de ce qui précède que la place des ingénieurs des industries agricoles et alimentaires dans la société n'a pas été à la mesure de l'apport pédagogique de l'école qui les a formés et donc du service ainsi rendu à la société.

L'exemple de la manière avec laquelle les pharmaciens ont su revaloriser leur statut nous paraît constituer une voie qui devrait se révéler opératoire.

Cependant, bien que des signes indiscutables d'une revalorisation de leur statut social soient apparus à une époque plus récente ainsi que nous l'avons vu au chapitre précédent, cette place des ingénieurs ENSIA dans le système industriel et plus généralement dans la société n'en reste pas moins paradoxale.

À cette situation nous venons de proposer des explications purement nationales. Il faut probablement rechercher d'autres causes non seulement, dans le contexte international mais, nous semble-t-il également et plus profondément, non dans le domaine économiques ou social mais dans le domaine culturel tel que cela a été précédemment exposé au chapitre « la revanche de Cérès ». La place des ingénieurs des industries agricoles et alimentaires doit également s'apprécier en tenant compte du statut social de l'ensemble des professions techniques.

CONCLUSION
DE LA TROISIÈME PARTIE

L'École nationale supérieure des industries agricoles et alimentaires a donc cessé son existence indépendante pour voir son enseignement poursuivi dans un cadre plus large, d'abord en 2007 dans AgroParisTech puis en 2014 dans celui de l'Institut agronomique vétérinaire et forestier de France. Il est donc possible d'établir le bilan de l'action de cette école. Ce bilan doit, évidemment s'effectuer sous un double aspect : celui de son enseignement, d'une part et celui du parcours des ingénieurs qui en sont issus, d'autre part.

BILAN GÉNÉRAL
DE L'ENSEIGNEMENT DE L'ENSIA

L'enseignement dispensé à l'ENSIA aura donc montré, malgré les obstacles rencontrés, une remarquable continuité dans une diminution progressive de la place accordée aux filières, représentatives de métiers, au profit de celle accordée aux procédés, porteurs d'un contenu théorique plus affirmé.

Cette continuité n'a, cependant, été rendue possible que parce que la logique interne de l'établissement s'est trouvée en phase avec une demande sociale après la Première Guerre mondiale et plus encore après la seconde qui constitue une rupture profonde, non seulement dans l'histoire de l'école mais également pour la population des ingénieurs ENIA. Le niveau de formation nettement plus élevé, observé après cette date, a permis que soit dispensé un enseignement plus approfondi sur le plan théorique. L'action des directeurs et tout particulièrement celle d'Étienne Dauthy, avant, pendant et après la Deuxième Guerre mondiale s'est avérée déterminante.

Plus généralement, l'évolution de l'enseignement de l'ENSIA sur l'ensemble de sa durée nous paraît présenter trois caractères. La mise en place de l'enseignement de génie industriel alimentaire constitue indiscutablement une remarquable réussite qui a fait l'objet du chapitre précédent et sur laquelle nous ne reviendrons pas. Mais cette évolution présente également une lacune et des paradoxes.

UNE LACUNE : LE MANQUE D'ENSEIGNANTS DE FORMATION MÉDICALE

En effet, au cours des années 1940, l'ENIA a clairement marqué son orientation vers les industries de l'alimentation, orientation qui a été reconnue par la profession dès 1945[1] et par les pouvoirs publics en 1954[2].

Or, si un enseignement de nutrition est apparu dès 1950, aucun médecin n'est intervenu pour dispenser un enseignement de pathologie de la nutrition, qui paraît pourtant nécessaire pour des ingénieurs des industries agricoles et alimentaires. Antérieurement, des médecins étaient intervenus, de 1922 à 1954, mais uniquement pour dispenser un cours d'hygiène. Il faut attendre le début de 1984 pour qu'un médecin, Patrick Mac Leod, vienne enseigner des éléments de neurobiologie sensorielle. Toutefois, ce manque est partiellement comblé par la présence, parmi les professeurs consultants donc vacataires, à partir de 1951, d'un médecin vétérinaire, le docteur Guillot puis, depuis 1954, du docteur Roland Rosset, mais leur enseignement reste limité à la filière viande.

LES PARADOXES DE L'ÉVOLUTION DE L'ENSEIGNEMENT

Ces paradoxes peuvent être regroupés sous deux aspects, d'une part, ceux que révèle la dynamique de cette évolution et d'autre part celui de l'apparition tardive des savoirs relatifs à la connaissance de la matière première biologique.

Le premier des paradoxes révélés par la dynamique de l'évolution de l'enseignement vient de ce que la filière, qui est à l'origine de cette

---

1 Voir chap. « Le projet d'école centrale des industries alimentaires », p. 298.
2 Voir chap. « Le projet d'école centrale des industries alimentaires », p. 317.

dynamique, la sucrerie de betterave, est celle dont l'apparition est, historiquement, la plus récente. Ce paradoxe s'explique facilement par le fait que la sucrerie de betterave est apparue à une époque où il existait une science constituée, la chimie, et que ce sont des chimistes qui ont, non seulement découvert mais également mis au point les premiers procédés de fabrication du sucre[3]. Le lien entre la technique sucrière et la chimie est historique. De ce fait, il n'y a pas eu de phase empirique de la technique et cette extraction du sucre a commencé d'emblée à l'échelle industrielle, dans des territoires où la betterave à sucre n'avait jamais été cultivée. Dans cette filière, la science a précédé la technique et l'industrie a précédé l'agriculture.

L'autre paradoxe vient de ce que l'unification du savoir de l'industrie agricole et alimentaire procède de la connaissance des matériels et techniques, et non de la connaissance de la matière biologique mise en œuvre. Pourtant c'est cette unité de constitution que met clairement en évidence la biologie moderne et qu'avait déjà entrevue Anselme Payen, qui est à l'origine du mouvement d'unification des procédés utilisés.

Un autre paradoxe provient du déclin récent de la place accordée aux applications de la physique. En effet, ces applications, la mécanique appliquée, l'électricité et le froid constituent les bases de la connaissance des matériels et techniques utilisés et sont essentielles dans une école d'ingénieurs. Or le nombre d'heures qui leur est consacré, augmente jusqu'en 1951 pour ensuite décroître. Il paraît paradoxal que soit ainsi remis en cause un champ de savoir, qui s'est révélé particulièrement fécond puisque c'est à partir de lui qu'a été élaboré le génie industriel et qui, par ailleurs, a été l'objet, dans les années suivant la Deuxième Guerre mondiale, d'une demande d'augmentation particulièrement nette de la part des anciens élèves[4]. L'introduction du génie industriel pourrait expliquer ce plafonnement car, en totalisant les heures consacrées à la physique, à ses applications et au génie industriel, on obtient une augmentation continue jusqu'en 1971 où ce groupe de discipline atteint, dans l'une des options, près de la moitié du total des enseignements fondamentaux, suivie d'une stagnation. Cette oscillation du pourcentage de temps consacré aux applications de la physique peut s'interpréter comme la perception implicite

---

3 Sur les rôles respectifs de Marggraf et d'Achard, voir Introduction p. 20-24.

4 Voir, pour cette demande d'augmentation, chap. « Le projet d'école centrale des industries alimentaires », p. 293.

par l'institution du fait que ce champ de savoir ne saurait prendre trop d'importance. De fait, tout se passe comme si, pour les applications de la physique, le maximum structurellement possible avait été atteint.

Un phénomène analogue s'observe pour un autre enseignement. En effet, si l'on se reporte, parmi les sciences de la nature, au savoir qui est habituellement considéré comme étant très éloigné de la physique, c'est-à-dire l'agriculture une des applications de la biologie, on constate que ce cours, qui était à l'origine un aspect essentiel du projet des sucriers, disparaît complétement en 1967. Dans ce dernier cas, une diminution avait fait, très tôt, l'objet d'une demande sociale[5].

Par contre, si l'on considère les deux disciplines qui appartiennent sans aucun doute au domaine de la connaissance de la matière biologique, à savoir la microbiologie et la biochimie, on ne peut qu'être frappés par la similitude de leur évolution parmi les enseignements de l'ENSIA. L'une et l'autre sont apparues tardivement[6]. À partir de leur introduction, ces deux disciplines ne cessent de se développer. Or la demande extérieure auprès de l'ENSIA en faveur de ces deux disciplines est très ancienne : Émile Duclaux, proche disciple de Pasteur, participe à la conception du programme de la brasserie[7]. Ensuite, une demande d'introduction de la microbiologie a été faite dès 1894[8]. Une semblable demande avait été formulée de manière plus officielle au Conseil de patronage et de perfectionnement le 19 juin 1909 puis réitérée les 21 octobre de la même année, 23 décembre 1910 et 28 mars 1912[9]. D'autre part, Aimé Girard, autre concepteur direct de l'école, est devenu en fait un biochimiste[10]. Les travaux d'Anselme Payen relèvent déjà de la biochimie, qu'il s'agisse de la chimie de la cellulose ou du rôle de la diastase dans la transformation de l'amidon.

La place, dans l'institution, de ces savoirs qui nous paraissent pouvoir être regroupés sous l'appellation d'applications industrielles de la biologie,

---

5 Dès 1894, des parents d'élèves, parmi lesquels plusieurs industriels, demandent une diminution des cours d'agriculture. Voir chap. « Le projet des sucriers », p. 136. Sur l'évolution du cours d'agriculture, voir chap. « Le projet des distillateurs », p. 215.

6 La microbiologie est apparue en 1931 et la biochimie en 1946. Voir chap. « Le projet d'Institut des sciences et techniques du vivant », p. 477, tableau 20.

7 Sur Émile Duclaux, voir chap. « Le projet des sucriers », p. 120-125 et chap. « Le projet des distillateurs », p. 194 et note 103.

8 Voir chap. « Le projet des sucriers », p. 136.

9 Archives ENSIA.

10 Sur Aimé Girard, voir « Introduction », p. 40-43. Sur son rôle dans la conception de l'ENSIA, voir chap. « Le projet des sucriers », p. 116.

semble indiquer qu'il s'agit du savoir essentiel de l'école. L'augmentation générale, entre 1971 et 1981, des pourcentages de temps consacré à la connaissance de la matière biologique quelles que soient les options, puis la création, en 1979, du département science de l'aliment qui englobe la biochimie, suggèrent en particulier que ce département possède un potentiel de développement très important, probablement supérieur à celui du département de génie industriel, pourtant considéré, à juste titre, comme la grande réussite de l'ENSIA.

Que certains savoirs, tels que les applications de la physique, la chimie proprement dite, l'agriculture, se soient trouvés limités voire supprimés, alors que d'autres se développaient sans rencontrer de résistances majeures, n'est pas le moindre des paradoxes de l'histoire de l'enseignement dispensé à l'ENSIA et ne paraît pas pouvoir être expliqué uniquement par la logique interne de l'ENSIA. Ce qui est apparu comme la prise de conscience d'une limite à ne pas dépasser, dans le cas de la place accordée aux applications de la physique, voire d'une voie à abandonner dans le cas de l'agriculture, ne peut s'expliquer complétement qu'en ayant recours également à des causes externes, parmi lesquelles on peut en identifier deux.

La première provient de la concurrence apportée par d'autres établissements dispensant un savoir similaire mais se révélant plus apte pour telle ou telle discipline.

L'autre provient de la demande sociale qui, comme dans toute grande école, s'exprime plus particulièrement par l'association des anciens élèves, elle-même reflet des situations professionnelles qu'exercent les ingénieurs des industries agricoles et alimentaires. Ce sont les anciens élèves et plus particulièrement leur association qui ont exprimé cette demande et qui constituent, en fait, après les enseignants, le second acteur de l'enseignement. Le rôle de Charles Mariller est, à cet égard, particulièrement exemplaire de cette action entre les deux guerres. L'action de cette association est, évidemment, étroitement liée à l'origine et au parcours des ingénieurs formés à l'ENSIA. La validité de l'enseignement dispensé à l'ENSIA ne peut être rationnellement appréhendée qu'en appréciant la place qu'occupent les ingénieurs des industries agricoles et alimentaires dans le système industriel. Cette place doit, elle-même, être appréciée en situant ces ingénieurs dans l'ensemble des professions techniques et l'histoire de l'ENSIA nous paraît, à ce sujet, être pleine d'enseignement.

INGÉNIEURS ET SOCIÉTÉS À TRAVERS L'ENSIA

Les ingénieurs ENSIA ont rendu à la société un service que l'on peut qualifier de vital. L'ENSIA a été d'une très grande « utilité commune » en élaborant peu à peu, à partir de trois filières de transformation de produits agricoles en produits alimentaires, un savoir capable d'appréhender et de maîtriser l'ensemble des filières de ce secteur. Pourtant, on doit constater qu'un statut social à la mesure de leur apport scientifique et technique n'a été obtenu que très récemment. Le parcours de l'ENSIA ne nous conduit-il pas à nous interroger plus généralement sur les difficultés des professions techniques à faire reconnaître le statut social justifié par les services rendus ? N'est-ce pas cette même question qu'implicitement Balzac posait dès 1837 quand il faisait dire à un jeune ingénieur des Ponts et chaussées :

> Une défaveur occulte et réelle est la récompense assurée à celui de nous qui, cédant à ses inspirations, dépasse ce que son service spécial exige de lui[11].

Si nous nous permettons une incursion dans un tout autre domaine d'activité, en l'occurrence la course cycliste, on peut être tenté d'oser comparer cette situation avec celle de Roger Walkowiak. Ce dernier, coureur cycliste, solide routier, grand spécialiste de courses à étapes, fut l'inattendu vainqueur du Tour de France 1956. Les principaux champions du moment étant absents, les favoris s'observèrent et Walkowiak en profita pour prendre une avance d'une demi-heure. Il sut ensuite remarquablement défendre sa position, faisant notamment échec, dans les Alpes, à d'excellents spécialistes de la course en montagne. Il n'a jamais pu ensuite confirmer ce succès et des ennuis de santé n'y ont sans doute pas été étrangers. On a dit qu'il n'était pas fait pour la gloire[12]. En fait, tout s'est passé comme si la société lui refusait le bénéfice moral de

11 Balzac, Honoré de, *Le Curé de village*, Paris, 1837, Gallimard, La Pléiade, La Comédie humaine, 1978, t. IX, p. 800. C'est André Pierrejean, ingénieur général du génie rural des eux et des forêts qui a signalé l'intérêt de ce passage du roman de Balzac. Voir AAGREF, *Bulletin du génie rural des eaux et des forêts*, Paris, n° 41, février 1974, p. 6.

12 Olivier, Jean-Paul, *Roger Walkowiak, le maillot jaune assassiné*, Grenoble, Éditions Glénat, 1995. Le palmarès de Roger Walkowiak nous a été transmis le 20 août 1997 par Philippe Bouvet, journaliste à *l'Équipe*.

sa victoire. Son statut dans sa profession, avant sa victoire, n'en faisait pas un vainqueur potentiel : il n'aurait donc pas dû gagner le Tour de France. L'injustice à son égard a eu pour conséquence qu'il s'est vu contraint, une fois sa carrière de coureur cycliste terminée, de reprendre l'activité qu'il exerçait avant de devenir cycliste professionnel.

Cela n'interpelle-t-il pas la société française sur ce que l'on peut se risquer à appeler : « le droit à la réussite » ?

Or, précédemment, nous avons souligné la complexité des savoirs mis en œuvre dans l'industrie agro-alimentaire. Cette complexité entraîne, certes, une difficulté à établir un dialogue avec les spécialistes d'autres professions. Ce dialogue est cependant possible ainsi que l'a montré l'initiative de cette école de gastronomie[13] agissant en partenariat avec AgroParisTech présentée plus-haut. Avec le perfectionnement des techniques, les savoirs qui les concernent se complexifient et malgré cela ces professions sont difficilement reconnues. Pour ces raisons, l'agro-alimentaire et par voie de conséquence ceux qui s'y consacrent ne se seraient-ils pas ainsi trouvés victime d'une double dévalorisation ? Depuis seulement quelques décades cette activité a trouvé un statut social à la mesure des services rendus.

Plus généralement, s'agissant des professions techniques, ce que nous avons dénommé ci-dessus le « modèle des pharmaciens » nous paraît être une voie à suivre pour que soit reconnue l'« utilité commune » de ces savoirs complexes dont, s'agissant de l'agriculture et de l'industrie agro-alimentaire, il a été rappelé le caractère vital.

---

13 Il s'agit de l'École Ferrandi, voir, chap. « Le projet du génie industriel alimentaire », p. 432.

CONCLUSION GÉNÉRALE

Le service essentiel qu'aura apporté l'ENSIA réside dans la remarquable continuité de la démarche qui a consisté à unifier les savoirs relatifs aux industries de transformation de produits agricoles en produits alimentaires et qui aura, donc, été « consubstantielle » de l'ENSIA. On ne peut que constater la validité et la fécondité de la longue marche des héritiers de ceux qui, à la fin du XIXe siècle, eurent l'intuition qu'il existait un savoir scientifique commun entre les diverses techniques ce qu'il est convenu de dénommer, depuis, l'industrie agro-alimentaire. C'est la lente élaboration de ce savoir qui aura été la ligne directrice de l'histoire de cette institution depuis la démarche fondatrice de juin 1882, elle-même à l'origine directe de la création de l'Association des chimistes de sucrerie et de distillerie, véritable promoteur de l'école.

Il faut souligner que les acteurs majeurs de cette histoire ont su, à plusieurs reprises, saisir les opportunités que leur offraient des événements, complètement extérieurs à l'activité de l'industrie agro-alimentaire. Aux origines, ce fut manifestement le cas, l'implantation de l'école à Douai étant la conséquence très indirecte de la création d'une université catholique à Lille. La Deuxième Guerre mondiale, en imposant de fait le déplacement d'une large partie de l'école en région Île-de-France, a eu également des conséquences très favorables. Ces deux cas nous incitent à affirmer qu'« il n'y a pas d'histoire agro-alimentaire de l'agro-alimentaire ».

Bien que l'Association des chimistes de sucrerie et de distillerie ait été le véritable promoteur de l'école qui deviendra l'ENSIA, c'est, en définitive, au sein du ministère de l'Agriculture, que l'équipe, très peu nombreuse en fait, constituée par l'école et les ingénieurs qui en sont issus, ce que nous avons appelé la « communauté ENSIA », aura pu réaliser le « projet ENSIA ». Ce projet aura consisté à mettre de la cohérence scientifique dans des savoirs qui s'étaient constitués, la plupart du temps de manière empirique, et sans conscience de leur unité. Cette cohérence s'est établie essentiellement à partir de la Deuxième Guerre mondiale, grâce au génie industriel alimentaire. Le mérite de l'ENSIA est d'avoir permis à l'incontestable chef de file en la matière en Europe, Marcel Loncin, d'y enseigner. Cette cohérence a été avantageusement complétée par la science de l'aliment et la microbiologie alimentaire. Il est assez normal qu'une fois ce projet réalisé, cet ensemble s'intègre dans l'enseignement supérieur agronomique dont il avait été demandé, en particulier par les pouvoirs publics au plus haut niveau, qu'il prenne davantage en compte la formation aux besoins de l'industrie agro-alimentaire. La fusion de l'ENSIA dans AgroParisTech est donc logique.

Conçue dans l'enthousiasme, née dans l'illégalité, grandie dans l'indifférence, l'ENSIA, fille du sucre, de la République et du hasard, aura rencontré d'importantes difficultés dans sa quête d'une reconnaissance d'un savoir aussi essentiel parce que vital.

L'histoire de cette institution nous interpelle ainsi sur deux questions dont l'approfondissement nous paraît devoir être poursuivi. D'une part, ce que nous avons appelé la dialectique Agriculture – Industrie se retrouve dans bien des questions touchant à la santé et nous invite à approfondir la relation que nous entretenons avec la nature. D'autre part, les difficultés que les ingénieurs des industries agricoles et alimentaires ont rencontrées pour obtenir le statut social consacrant leur apport d'un savoir vital au système industriel nous interroge sur la façon dont la société française reconnaît les services rendus, bref la façon dont elle accorde les « distinctions sociales » en fonction de « l'utilité commune ». Ce droit à la réussite tel que nous l'avons constaté à travers l'histoire de l'ENSIA, permet-il la valorisation optimale des talents ?

Il faut reconnaître cependant que les récents élargissements institutionnels que constituent la fusion de l'ENSIA dans AgroParisTech intervenue en 2007 puis l'intégration dans l'Institut agronomique vétérinaire et forestier de France, intervenue en 2014, marquent probablement la résorption de ce qui a été, à une certaine époque, le statut dévalorisé de l'industrie agro-alimentaire. Cette reconnaissance intervient, en effet, à un moment où les questions d'alimentation prennent une place importante dans la société, à la fois tant en quantité, afin de nourrir une population toujours plus nombreuse, qu'en qualité. Compte tenu, d'une part, du potentiel que représente l'agriculture française moderne et, d'autre part, de notre tradition gastronomique, l'industrie alimentaire de notre pays n'a-t-elle pas en main des atouts considérables pour répondre à cette attente ? Car le destin de l'économie française se joue, peut-être dans l'assiette de chacun d'entre nous.

ANNEXE I

Les écoles spéciales de chimie pour la fabrication du sucre de betterave (1811-1814)

Le décret du 25 mars 1811 prévoit dans son article 7 la création de six écoles mais ne détermine pas les implantations de ces écoles. Par contre, les directeurs de deux de ces écoles sont désignés : Barruel et Isnard. J. Barruel est chef de travaux du laboratoire de chimie de l'École de médecine de Paris et a assisté Deyeux, lequel cite Barruel dans un mémoire présenté à l'Institut de France en 1810[1]. C'est toujours en qualité de collaborateur de Deyeux que J. Barruel est cité en 1811, ainsi que Maximin Isnard et ces deux derniers publient ensemble un « Mémoire sur l'extraction en grand du sucre de betteraves ». Du décret du 15 janvier 1812 il faut retenir, outre la réduction du nombre des écoles à 5, le titre 1er qui peut être considéré comme une « loi programme » relative à la fabrication de sucre de betterave. Ce décret a été pris sur proposition de Chaptal qui est, à cette époque, président de la Commission des sucres indigènes[2] et dont le rapport mérite d'être analysé. La formation y est présentée comme une nécessité :

> Ce qui arrête surtout le progrès de cette nouvelle industrie, c'est le manque de lumière et la crainte où l'on est de confier cette fabrication à des hommes incapables de la faire prospérer.

La nécessité d'un enseignement, non seulement théorique mais également pratique est souligné :

> [...] il ne suffit pas d'avoir des connaissances chimiques pour pouvoir diriger sans erreur une branche de l'industrie toute nouvelle.

---

1 Légier, Émile, ouvr. cité, p. 572.

2 Arch. nat., F 12/1565/9.

Le recrutement doit être double et constitué, d'une part, d'étudiants « versés dans les connaissances chimiques » et provenant « des écoles de pharmacie et de médecine » et, d'autre part, « d'enfants des raffineurs d'Orléans, Anvers, Gand, Marseille, Nantes, Hambourg, Amsterdam, etc., et, parmi les chefs des raffineries de ces grandes villes ». Chaptal prévoit, ainsi que cela avait déjà été envisagé par le décret du 25 mars 1811, que « l'école serait encore ouverte à tous ceux qui voudraient y puiser de l'instruction[3] ». On doit cependant relever que le ministre des Manufactures et du commerce, dans une lettre adressée le 9 janvier 1812 au préfet de Seine-et-Oise en vue de pourvoir au recrutement de ces écoles de sucrerie, donne une interprétation de ce décret, qui nuance les propositions de Chaptal. En effet, il invite le préfet à « choisir parmi les étudiants en pharmacie, médecine, en chimie et, à leur défaut, parmi les fils de raffineurs et de capitalistes[4] ». Ces propositions sont confirmées par l'article 3 du décret, dont le premier alinéa est ainsi rédigé : « ces élèves seront pris parmi les étudiants en pharmacie, en médecine et en chimie ».

Le décret du 15 janvier 1812 prévoit également que les élèves ayant suivi toutes les études « recevront des certificats constatant [...] qu'ils sont dans le cas de diriger une fabrique de sucre ». L'aptitude des élèves de ces écoles à diriger une usine est donc reconnue.

C'est d'abord l'école d'Aubervilliers pour laquelle l'effectif prévu est de 40 qui est présentée, puis celle de Douai à cause de la similitude de son implantation avec l'École nationale des industries agricoles, et enfin les autres pour lesquelles, comme à Douai, l'effectif prévu est de 15 élèves. Les caractéristiques de l'école ouverte par Achard à Kunern sont également présentées.

---

3 *Annales de l'Agriculture française*, tome XL VIII, 1811, p. 331. Le rapport de Chaptal n'est pas exactement daté : il doit être de la fin de 1811, puisqu'il figure au titre de cette année dans les *Annales* et est publié ensuite au *Moniteur universel* le 8 janvier 1812, p. 33.

4 Arch. dép. Yvelines, 15 M 23.

L'ÉCOLE D'AUBERVILLIERS (LIEU-DIT : PLAINE DES VERTUS)

C'est J. Barruel, qui est chargé plus particulièrement de l'enseignement pour lequel il est associé à Chappelet. Ce dernier assure la direction de la sucrerie. Les cours s'y ouvrent le 10 mars 1812[5]. Le recrutement semble avoir fait une large place aux étudiants. En effet, parmi les élèves, dont la formation a pu être identifiée, on relève trois étudiants en chimie et pharmacie[6], un propriétaire membre de société d'agriculture[7], un pharmacien[8] et enfin un ouvrier de la raffinerie de Nantes, envoyé aux frais de son entreprise[9]. Ont été admis, en outre, deux élèves originaires, l'un du Morbihan[10], l'autre des Deux Sèvres[11], dont la formation n'a pu être précisée. Bien que la taille de cet échantillon soit, évidemment, trop faible pour être significative, on ne peut qu'y souligner la place occupée par les pharmaciens.

L'ÉCOLE DE DOUAI

Le directeur de cette école a été nommé dès 1811. J. Barruel, déjà cité, cumule cette fonction avec celle d'Aubervilliers. Pierre Leroy, ingénieur ENSIA entré en 1931, consacre, en 1936, un article à l'école de 1812. Il prétend que le directeur était le frère du directeur de l'école

5 *Le Moniteur universel*, 10 mars 1812, p. 277.

6 Lettres des 12 février et 2 mars 1812, Lettre du maire de Versailles du 29 février 1812, Arch. dép. Yvelines, 15 M 23. Lettre du 6 février 1812, adressée au ministre des Manufactures, Arch. nat., F12/1640.

7 Attestation de Barruel du 25 février 1812 et lettre du préfet de la Haute-Vienne du 13 juillet 1812, Arch. nat., F 12/1640.

8 Attestation de Chappelet du 27 juin 1812, Arch. nat., F 12/2316.

9 Examen des candidatures de directeur de sucrerie impériale : candidature Rissels, Arch. nat., F12/2316.

10 Lettre du ministre des Manufactures du 14 avril 1812 et lettre du ministre de l'Intérieur du 25 octobre 1812, Arch. nat., F 12/1640.

11 Lettre du préfet des Deux-Sèvres du 25 février 1812, Arch. nat., F 12/1640.

d'Aubervilliers. Ce qui est certain c'est que J. Barruel avait un frère puisqu'il en parle explicitement dans une lettre adressée au préfet du Nord. Cependant, nous n'avons pas pu en déterminer le prénom. Mais puisque c'est J. Barruel qui s'adresse au préfet, cela signifie que c'est lui le directeur en titre de l'école. Par ailleurs, il expose, dans la même lettre, que sa présence est « indispensable à Paris pour surveiller l'exécution des machines et appareils que j'y fais construire ». Enfin les absences du directeur de l'école de Douai, ce dont le préfet du Nord se plaint à plusieurs reprises, ne peuvent s'expliquer que les fonctions similaires qu'il occupe à Aubervilliers. D'ailleurs, Pierre Leroy signale dans le même article : « On reproche (peut être injustement) à Barruel d'avoir délaissé l'école de Douai pour celle de Paris où il professait également. ». Nous pouvons considérer que la même personne assurait la direction des deux écoles.

Barruel se rend dans le Nord aussitôt après sa nomination sans autre intention, quant à l'implantation, que celle de se trouver « entre Cambrai et Douai » et il est engagé à se fixer dans cette dernière ville par le sous-préfet[12]. Le choix de Douai est justifié par le fait qu'il s'y trouve, en effet, un local libre dans l'ancien couvent des Bénédictins anglais, qui correspond à l'emplacement de l'actuel lycée Corot[13]. On note que l'article du *Moniteur Universel* qui annonce ce cours, constitue, à notre avis, le premier programme d'un enseignement de sucrerie de betterave. Il y est précisé, en particulier, que : « Chaque leçon théorique sera suivie de l'application dans les ateliers de l'école ». Les cours n'ouvrent que le 16 décembre 1811 par suite de retards dans l'installation de la sucrerie[14] et ce premier cours ne dure que 10 jours. Le nombre d'élèves qui est de 12 à l'ouverture s'élève ensuite à 33 dont seuls 5 nous sont connus nominativement. On relève dans leur profession : un président de cour impériale, un négociant demeurant à Namur, un propriétaire et deux membres de société d'agriculture[15]. L'un de ces derniers est Charles Grillon-Villeclair, également maire de Châteauroux, ce qui montre le rayonnement de l'école[16]. Barruel publie

12 *Le Moniteur universel*, 4 décembre 1811, p. 1290.

13 Arch. dép. Nord, M 581/42, en particulier pièces n° 59 et 65.

14 Dantac La fin de la sucrerie impériale de Châteauroux (1812-1815) *in* Roland Treillon et Jean Guérin, *article cité*, p. 227.

15 *Le Moniteur universel*, 17 janvier 1812.

16 Grillon Villeclair a laissé quelques notes sur les cours qu'il a suivi à Douai : Arch. dép. Nord, M 581/42, pièces n° 6, 13, 15, 55 et 75.

en janvier 1812 une nouvelle « Note sur la fabrication du sucre » qui se réfère explicitement aux cours donnés à Douai et où il préconise pour la première fois l'utilisation de gaz carbonique pour la saturation de la chaux utilisée pour épurer le jus sucré[17].

Un second cours s'ouvre le 11 avril 1812. Nous ne disposons pas d'indications sur le nombre d'élèves qui ont suivi ce deuxième cours mais seulement sur 5 candidats : deux négociants, un fils de pharmacien et un habitant de Liège, ainsi qu'un épicier confiseur dont la candidature est refusée. L'un de ces candidats (Mariage), négociant, a d'ailleurs obtenu une licence de fabrication du sucre[18]. En 1813 Barruel publie un nouveau mémoire sur la fabrication du sucre[19], mais il éprouve de sérieuses difficultés avec ses commanditaires Andriet et Wolff, représentés dans la gestion de la sucrerie par Amet. La licence de fabrication a en effet été accordée à Barruel et Amet[20].

On doit relever que l'école de Douai n'est pas mentionnée dans le rapport de Chaptal déjà cité, alors qu'il mentionne explicitement Barruel en tant que directeur de l'école d'Aubervilliers. Sur le plan pédagogique, Barruel a été incontestablement efficace à la fois par la clarté et la précision de ses cours, que Grillon-Villeclair a trouvé cependant trop techniques, et par ses talents d'inventeur. Toutefois des réserves ont été faites sur les réticences du directeur de l'école « à donner les dimensions de ses chaudières [...] et certains détails. » Mais sur le plan de la gestion, Barruel a, notoirement, éprouvé certaines difficultés, aussi bien dans ses relations avec les agriculteurs qu'avec les financiers.

17 *Le Moniteur universel* 23 octobre 1813, p. 1184-1185 ; 29 octobre 1813, p. 1209-1210 ; 30 octobre, p. 1214 et 3 novembre 1813, p. 1320.
18 Arch. dép. Nord, M 581/42 pièce n° 6, 13, 55 et 75.
19 Arch. dép. Nord, M 581/42 pièce n° 59.
20 Arch. dép. Nord, M 581/42 pièces 47 et 48.

L'ÉCOLE DE WACHENHEIM

Cette ville se trouve actuellement en Rhénanie-Palatinat (Allemagne). Le directeur est Léonard Mohr, propriétaire à Spire, qui a été un pionnier de la fabrication du sucre puisqu'il a, dès 1810, cultivé 80 hectares de betteraves[21]. Mohr est également cité dans un mémoire d'Isnard[22]. Cette école a démarré le 21 mai 1811[23] et a donc été la première école de sucrerie de betterave de l'Empire et même sur le plan européen, puisque celle d'Achard n'a débuté que le 12 janvier 1812. Toutefois, le recrutement semble avoir été local et le retentissement faible, ce qui incite à se demander s'il ne s'agissait pas plutôt d'une usine recevant des stagiaires. En effet, en septembre 1811, Barruel affirme que l'école de Douai sera la première de l'Empire[24]. En tous cas il n'y a pas de traces qu'un chimiste de renom y ait enseigné.

L'ÉCOLE DE STRASBOURG

Le directeur en est Maximin Isnard qui avait été cité dans le décret initial du 25 mars 1811[25]. L'enseignement proprement dit y commence le 15 mars 1812, bien qu'il semble que l'usine ait reçu des stagiaires avant cette date[26]. Le rayonnement de cette école semble également avoir été faible, puisqu'en août 1812 le préfet du Bas-Rhin charge Bonmartin inventeur d'un nouveau procédé, et non Isnard, d'aller « se porter sur les différents points (du) département que je lui indiquerai ». L'école de Strasbourg n'y est pas citée comme relais de l'information technique[27].

21 *Le Moniteur universel*, 29 mars 1811, p. 340.

22 Légier, Émile, ouvr. cité p. 752.

23 Lettre du ministre des Manufactures du 14 avril 1812. Lettre du ministre de l'Intérieur du 25 avril 1812, Arch. nat., F 12/1640.

24 Barruel, J., Lettre au préfet du Nord, 7 septembre 1811, Arch. dép. Nord, M 581/42.

25 Malgré l'homonymie (nom et prénom), il ne s'agit pas du conventionnel décédé en 1825. On retrouve, en effet, le directeur de l'école de Strasbourg, consul à Boston en 1852.

26 Isnard, Maximin, lettre au ministre des Manufactures, 12 mars 1812, Arch. nat., F 12/2316.

27 Lettre du préfet du Bas Rhin au ministre des Manufactures, 5 août 1812, Arch. nat., F 12/1640.

L'ÉCOLE DE CASTELNAUDARY

L'implantation de cette école peut surprendre : elle paraît due à des initiatives d'agriculteurs de cette région qui avaient très vite essayé avec succès la culture de la betterave à sucre[28] dont la réputation était telle que la graine était demandée à Paris[29] et dans le Nord[30]. Le directeur est un chimiste, Perpère, qui publie en 1812 un « mémoire sur la fabrication du sucre de betterave[31] ». Les cours commencent le 1er décembre 1811[32].

L'ÉCOLE DE KUNERN[33]

Bien qu'il ne s'agisse pas d'une des écoles instituées par les décrets de 1811 et de 1812, ni même d'une école française, nous croyons utile de rappeler qu'Achard a de son côté ouvert une école à Kunern, dans laquelle les effectifs sont au début de 11 pour s'élever finalement à 24, comprenant, outre des Allemands, des Hollandais et des Suédois. L'enseignement y est de deux types. L'un est destiné à une entreprise de type industriel dite « fabrique en grand » durant un mois et demi. On notera que la fabrication de la bière y est enseignée en même temps que la distillation pour l'utilisation des sous-produits. L'autre est destiné aux exploitants agricoles qui souhaitent s'adjoindre une sucrerie dite « fabrique en petit », pour lesquels l'enseignement ne dure que 15 jours. En outre est prévu un cours d'été d'un mois et demi destiné à la construction des sucreries. L'école a un statut d'établissement privé[34].

---

28 Calvel, *De la betterave et de sa culture considérée sous le rapport du sucre qu'elle renferme et particulièrement de la betterave de Castelnaudary*, Paris, 1811, Arch. dép. Yvelines 15 M 23.

29 Lettre du préfet de l'Aude au ministre de l'Intérieur, 13 novembre 1811, Arch. nat., F 12/2446.

30 Rapport au ministre des Manufactures du 31 décembre 1812, Arch. nat., F 12/2446.

31 Légier, Émile, ouvr. cité, p. 663.

32 Lettre du préfet de l'Aude au ministre de l'Intérieur, 6 décembre 1811, Arch. nat., F 12/2446.

33 Cette commune est actuellement dénommée Kolany (Pologne).

34 Légier, Émile, « Notice de M. Achard sur son établissement d'instruction pour la fabrication du sucre de betteraves. Notice de la régence royale de Silésie sur l'établissement

FIN DE L'ACTIVITÉ DE CES ÉCOLES

L'école de Douai ainsi que celle de Castelnaudary cessent leur activité en 1814 lors de la Restauration, à la levée du Blocus[35]. On peut supposer qu'il en est de même pour les autres. La durée de ces écoles a donc été brève. Cet ensemble de cinq écoles auquel il faut adjoindre l'école annexée par Achard à son usine de Kunern en Prusse qui s'est mise en place, en fait, dès 1811, constitue ainsi le premier réseau d'enseignement consacré uniquement à une activité de transformation d'un produit agricole en produits alimentaires.

de M. Achard », ouvr. cité, p. 658-662. La ville de Liegnitz, chef-lieu de la régence royale de Silésie se dénomme actuellement Legnica (Pologne).

35 Plandé, Romain, *Géographie et histoire du département de l'Aude*, Grenoble, 1944. Cité dans *Bulletin de l'Association des Ingénieurs des Industries Agricoles* n° 16 mars-avril 1952, p. 31. Voir également Scriban, René « Histoire de l'enseignement de la malterie et de la brasserie dans le Nord », *BIOS* n° 9, 1976.

ANNEXE II

La sucrerie de betterave

L'extraction du sucre de betterave repose sur une série d'opérations qui sont maintenant mécanisées et même automatisées. […] Après avoir été lavées, les betteraves sont débitées en cossettes (fragments de 6 à 15 cm de long sur quelques millimètres d'épaisseur). Les cossettes sont ensuite plongées dans de l'eau chaude et le sucre est extrait par « diffusion ». Le liquide sucré que l'on obtient à la sortie du diffuseur contient environ 10 % de sucre La diffusion en continue est maintenant généralisée et on assiste à une augmentation régulière de la taille des diffuseurs.

Ce jus est épuré par l'action de la chaux, qui provoque la précipitation des impuretés sans détruire le sucre : c'est le « préchaulage ». Il faut ensuite séparer le précipité mais le jus ainsi traité n'est pas directement filtrable. On ajoute alors une nouvelle quantité de chaux, environ 15 grammes par litre : c'est le « chaulage » et on fait barboter dans ce jus chaulé, préalablement chauffé vers 80 à 85°, un courant de gaz carbonique provenant du four, qui retransforme la chaux en carbonate insoluble et donne ainsi un précipité granuleux qui permet ainsi la filtration : c'est la « carbonatation ». On filtre donc et on sépare ainsi un jus clair et un précipité contenant une forte proportion de carbonate de chaux, avec les impuretés éliminées du jus. Ce précipité constitue ainsi les « écumes » qui peuvent être utilisés en agriculture comme amendement calcaire. Mais cette carbonatation doit être arrêtée avant élimination complète de la chaux, sous peine de provoquer la redissolution du précipité formé au préchaulage. Le jus filtré est donc soumis à une « deuxième carbonatation » qui élimine cette fois toute la chaux, suivie d'une deuxième filtration. C'est également vers la continuité que l'on s'est orienté pour l'épuration.

Ce jus est ensuite concentré par évaporation, il subit ensuite une cristallisation dans un appareil à cuire. On recueille, à la sortie de cet appareil, des cristaux (sucre blanc dit « de premier jet ») et « l'eau mère ». Cette « eau mère » appelée aussi « masse cuite » passe dans des essoreuses centrifuges, également appelées « turbines », afin d'extraire les cristaux qu'elle contient encore, puis on l'introduit dans un autre appareil à cuire ; on obtient alors du sucre de deuxième jet qui est envoyé en raffinerie, et une nouvelle masse cuite. Celle-ci est à son tour essorée, puis soumise à la cristallisation. On recueille alors, à la sortie de l'appareil à cuire, du sucre roux, de la « mélasse » et un égout pauvre. Pour l'instant, seule la cristallisation est une opération discontinue ; encore est-elle très automatisée.

Un des problèmes techniques qui se posent au secteur sucrier, est l'amélioration des sous-produits et des déchets (différentes innovations sont introduites par exemple pour la récupération des « pulpes » épuisées après diffusion : les pulpes étaient auparavant restituées aux agriculteurs sous forme humide ; elles sont maintenant séchées et agglomérées sous presse ; de même, des solutions sont apportées au problème du recyclage et de l'épuration des eaux, telle l'utilisation de résines échangeuses d'ions[1].

1 Source : *Larousse agricole*, 1981, p. 1067-1068. C'est l'édition du *Larousse agricole*, publiée en 1981 sous la direction de Jean-Michel Clément directeur de l'ENSIA de 1977 à 1987, qui a été préférée à l'édition plus récente du même ouvrage, publiée en 2002. Sans ôter à la très grande qualité de cette dernière édition, il résulte, du fait des fonctions du directeur de l'édition de 1981, que les questions relatives à l'agro-alimentaire y sont traitées de manière plus détaillée.

ANNEXE III

Les paradoxes d'Anselme Payen (1795-1871)

Le contexte familial d'Anselme Payen doit tout d'abord être présenté car il a certainement contribué à l'originalité de son parcours.

LA FORMATION DE LA PERSONNALITÉ

C'est d'une famille déjà implantée à Paris depuis au moins deux générations qu'est issu Anselme Payen. En effet, Pierre Payen, son grand-père paternel, né en 1718 est un commerçant, qui fait faire à l'un de ses enfants, Jean-Baptiste, né en 1759, de solides études. Après avoir débuté comme magistrat, l'intéressé, du fait des incertitudes de la période révolutionnaire, renonce à cette orientation et fonde, en 1792, une entreprise d'abord consacrée à la production du chlorure d'ammoniaque obtenu à partir de débris animaux et utilisé pour la fabrication des couleurs, l'impression des tissus et les traitements de surface des métaux. De son mariage avec Marie-Françoise Jeanson, Jean-Baptiste Payen a 6 enfants dont le jeune Anselme[1].

Cet itinéraire professionnel entraîna certainement chez Jean-Baptiste Payen une attitude critique à l'égard de l'aptitude de la formation traditionnelle de l'époque à préparer aux carrières de l'industrie. En effet, il se chargea lui-même de la formation du jeune Anselme, sans que cela signifie un relâchement dans le mode d'éducation. C'est ainsi que, dès l'âge de 13 ans Anselme Payen suit les cours des plus grands chimistes de l'époque avec une orientation très nette vers la chimie

1 Barral, Jean-Augustin, *Mémoires publiées par la Société centrale d'agriculture de France*, 1873, p. 67-87.

organique. Le type d'éducation reçue, a certainement dû influencer la personnalité d'Anselme Payen car ses contemporains l'ont tous présenté comme ayant un caractère très indépendant. En 1814, Anselme Payen se présente à l'École polytechnique, son père voulant l'empêcher de partir comme soldat dans l'armée napoléonienne dont le caractère meurtrier était de plus en plus mal accepté par la population. Anselme Payen y est admissible mais la chute de Napoléon Ier, l'année suivante, enlève sa raison d'être à ce projet, d'autant plus que son père ressent le besoin de sa présence dans l'entreprise familiale[2].

C'est dans une autre production qu'il va surtout montrer sa capacité d'innovation. Il est, en effet, d'abord chargé personnellement d'une raffinerie de borate de soude, plus communément appelé borax. Anselme Payen parvient en 1820 à fabriquer le borax à partir du carbonate de soude produit dans l'entreprise familiale et de l'acide borique en provenance de Toscane. Ceci lui permet de faire baisser le prix des deux tiers. Il continue de perfectionner l'entreprise familiale et crée, à Aubervilliers, une fabrique d'engrais à partir de cadavres d'animaux.

LE SCIENTIFIQUE

Vers 1830 Payen, qui avait donc 35 ans[3], renonce à son activité d'industriel pour se consacrer à la recherche, reconvertissant la valeur de son entreprise en titres divers, essentiellement dans les chemins de fer[4]. Il entreprend en particulier de se perfectionner en physiologie végétale et pousse le souci de l'expérimentation agricole jusqu'à diriger, en 1840, une exploitation agricole de 220 hectares à Stains (Seine Saint-Denis).

C'est en cherchant à élucider la constitution de l'amidon qui était à l'époque une question controversée qu'il est conduit au bout de quelques années à découvrir, avec Jean-François Persoz (1805-1868), une enzyme responsable de la saccharification de l'amidon, qu'ils baptisent « diastase ». Cependant l'antériorité de la découverte est contestée au bénéfice

2 *Journal des fabricants du sucre*, Paris, jeudi 25 mai 1871.

3 Aimé Girard, *Annales du Conservatoire des arts et métiers*, 1871, t. 9, p. 317-331.

4 Arch. dép. Paris, DQ7 n° 11190 (succession d'Anselme Payen).

de Dubrunfaut[5]. Toutefois, en 1839, l'Académie des sciences décerne à Anselme Payen le prix de physiologie expérimentale pour l'ensemble de ses travaux sur l'amidon.

À partir de 1834, Anselme Payen va être conduit à jeter les bases de la chimie de la cellulose, ce qu'il expose à l'Académie des sciences dans plusieurs mémoires, présentés successivement de 1834 à 1842. Payen découvre que la composition chimique des tissus des jeunes plantes est toujours identique, quelles que soient les espèces et qu'il s'agit d'un isomère de l'amidon, identique sur l'ensemble du règne végétal, auquel il donne le nom de « cellulose ». La contribution d'Anselme Payen à la chimie de la cellulose est incontestablement son principal apport scientifique[6].

Pourtant certains de ses contemporains n'ont pas vu l'importance de l'œuvre. En France cette place n'est pas encore pleinement reconnue à l'heure actuelle, puisque, dans l'*Histoire générale des sciences*, la découverte de la chimie de la cellulose ne fait l'objet que d'une brève allusion en deux lignes, alors que la découverte de la diastase est citée deux fois[7].

On peut seulement regretter avec J.D. Reid et E.C. Dryden :

> *It is unfortunate from the point of view of the cellulose industry that this remarkable man did not concentrate his efforts on this subject over a longer périod of time*[8] .
>
> « Il est regrettable, du point de vue de l'industrie de la cellulose, que cet homme remarquable, n'ait pas concentré ses efforts sur ce sujet sur une plus longue période de temps. »

La reconnaissance des scientifiques américains est marquée par le fait que l'*American chemical Society*, et plus particulièrement sa division

5 Sur Dubrunfaut, voir « Introduction », p. 27. Dans son *Mémoire sur la saccharification des fécules* publié en 1823, il montrait que les grains germés et tout particulièrement ceux d'orge permettaient la saccharification de la fécule, mais n'avait pas isolé la substance active responsable de cette transformation qu'il avait considéré comme étant l'hordéine, qui est une protéine isolée par Joseph-Louis Proust (1754-1826) à partir de l'orge. Or Payen dans son article des *Annales de chimie* se réfère explicitement à ces travaux à la p. 74.

6 Philips, Max, « Anselme Payen, distinguished French chimist and pioneer investigator of the chemistry of lignin », *Journal of the Washington acadèmy of sciences*, vol. 30, 15 février 1940, p. 65-71.

7 *Histoire générale des sciences XIXe siècle*, 2e éd., Paris, 1981, « …il nous faut citer en cytologie végétale les belles recherches…de A. Payen […] sur les parois cellulaires… ». p. 399-400 ; la découverte de la diastase est citée : p. 337, la chimie et les sciences de la vie et p. 457, la théorie de la respiration.

8 Reid, J. D. and Dryden, E. C., *Textile colorists*, vol. 62, 1940, p. 43.

« cellulose papier et textile » décerne chaque année, depuis 1962, un prix Payen, qui est, selon ses propres termes : « *The [...] highest honor for scientific achievement and technical excellence in our fields* » (La plus haute distinction pour une découverte scientifique et l'excellence technique dans notre domaine).

LE PROFESSEUR

Dans son enseignement, Anselme Payen a su jusqu'au bout s'adapter aux circonstances, comme en 1870-1871 pendant le siège de Paris où, alors qu'il avait 75 ans, il oriente son cours sur les moyens de subsistance d'une ville assiégée, ainsi que le rapporte Jean-Baptiste Dureau (1820-1896) :

> Nous avions suivi ses cours dans notre jeunesse, et cet hiver, pendant les longs mois du siège de Paris, nous retrouvions 2 fois par semaine, au Conservatoire des arts et métiers, ce même professeur que nous avions connu sous Louis Philippe se livrant aux mêmes utiles études et ayant toujours autour de lui un auditoire empressé et attentif. La salle était insuffisamment chauffée et assez mal éclairée au pétrole, faute de gaz qu'on n'avait plus ; néanmoins elle était toujours complète et c'était un spectacle caractéristique que celui de ce vieillard tout entier à la science, enseignant au milieu des misères et des privations du siège avec le calme d'Archimède dans Syracuse assiégée par les Romains. De temps en temps, de sourdes détonations se faisaient entendre ; c'était le canon prussien qui retentissait des hauteurs de Châtillon ; le professeur impassible n'en continuait pas moins et entretenait son auditoire charmé du mérite et de l'innocuité de la viande de cheval, de chien, de rat, et de la possibilité d'ajouter à nos ressources alimentaires en utilisant une foule de substances réunies à Paris, pour les usages commerciaux et industriels [...]. Pour M. Payen, la question des vivres devait se résoudre par la science et il croyait avec la foi du savant que l'intervention de la chimie pouvait prolonger indéfiniment la résistance de Paris[9].

Si l'œuvre d'Anselme Payen est le produit d'une persévérance issue d'une expérience, elle aura été servie par un tempérament que Joseph Decaisne (1807-1882), lors de son éloge funèbre, qualifie d'infatigable.

---

9 Dureau, Jean-Baptiste, *Journal des fabricants de sucre*, 12e année n° 6, 25 mai 1871.

Ceci est d'autant plus paradoxal que Payen est d'une santé fragile. En 1826 il semble condamné par le diabète mais il parvient à vivre, par le régime qu'il s'impose, jusqu'en 1871. D'ailleurs la vie et les travaux d'Anselme Payen nous paraissent placés sous le signe du paradoxe.

Issu d'au moins deux générations de citadins et citadin lui-même, il s'est intéressé jeune à l'agriculture, ainsi qu'à la transformation des produits qui en sont issus, au point de s'y consacrer exclusivement en tant que chercheur, et largement en tant que pédagogue.

Malgré sa jeunesse solitaire, il s'est avéré un remarquable homme de communication. Cette aptitude s'est manifestée aussi dans la longévité de certains termes qu'il a créés : le mot cellulose est toujours utilisé, même en anglais, et il en est de même pour le mot diastase, alors qu'actuellement le terme exact est enzyme. Parmi ses ouvrages, le *Précis de chimie industrielle* est celui qui connaîtra la plus grande diffusion, d'abord par le nombre de ses éditions, par son volume[10] et fait l'objet de traductions en anglais et en allemand[11].

C'est précisément au commencement de la Monarchie de juillet, qui marque les débuts en France de la société industrielle, et alors qu'il avait montré d'incontestables aptitudes de chef d'entreprise, que Payen décide de délaisser l'affaire familiale.

Alors qu'en France le monde scientifique a surtout retenu la découverte, d'ailleurs contestée, de la diastase, Payen est honoré chaque année aux États Unis pour ses travaux sur la cellulose.

Ce notable, fils de notable, né pendant la Révolution de 1789, a toujours vécu dans le modeste quartier de Grenelle où se trouvait l'entreprise paternelle, et où il était très estimé de la population ouvrière ; il décède pendant une tentative de révolution, le 12 mai 1871, quelques jours avant l'écrasement de la Commune. Son enterrement fut peu suivi, à cause des combats qui se déroulaient alentour.

Le parcours de Payen est ainsi tout le contraire de celui de Jean-Baptiste Dumas, dont il a été l'élève. Alors que Dumas est un chimiste qui devient un notable, Payen est un notable devenu chimiste.

10 Le nombre de pages de cet ouvrage passe de 620 à 1827.

11 Selon le catalogue de la British Library.

ANNEXE IV

Eugène Tisserand (1830-1925)

Eugène Tisserand naît à Flavigny-sur-Moselle (Meurthe-et-Moselle. Son père était militaire et son grand-père, sellier à Sarrebourg (Moselle) ; sa mère était issue d'une famille d'horticulteurs de Lunéville (Meurthe-et-Moselle)[1]. Son père étant décédé prématurément, la fonction paternelle est assurée par son frère Louis, de 11 ans son aîné. Ce dernier, fonctionnaire de l'administration des finances, sera député républicain du Puy-de – Dôme de 1881 à 1883[2].

L'Institut agronomique venait d'être créé à Versailles en1848 et Eugène Tisserand y entre, en 1850, avec la première promotion pour en sortir en 1852. Il complète sa formation au Muséum d'histoire naturelle, au Collège de France et à la Sorbonne et obtient une mission d'études à l'étranger qui le conduit pendant 5 années d'abord en Écosse, où il s'intéresse à l'élevage du mouton ensuite aux Pays-Bas et au Danemark, où il étudie la production et la transformation du lait et enfin en Allemagne, où il perfectionne sa formation[3]. En 1858, Tisserand entre au ministère de l'Agriculture où il est chargé d'abord des domaines agricoles impériaux.

Ultérieurement, dans ses fonctions, Tisserand a fait appel à Pasteur, notamment pour les maladies du ver à soie, la vaccination des moutons contre le charbon. Il contribue ainsi à financer certaines recherches de Pasteur, à une époque où la renommée de ce dernier n'était pas encore établie[4]. Les relations entre eux sont suffisamment confiantes pour que Pasteur lui demande conseil lorsqu'il hésite à présenter une nouvelle

1 Arch. dép. Meurthe et Moselle, Flavigny-sur-Moselle 2 E 194/2 ; Lunéville 2 E 328/27, 2 E 328/11.

2 Robert, Adolphe, Bourloton, Edgar, Cougny, Gaston. (dir.), *Dictionnaire des parlementaires français (1789-1889)*, Paris 1891, t. 5, p. 424.

3 Arch. nat., Dossier Tisserand, F 10/5914.

4 De 1874 à 1892, c'est 8 lettres de Pasteur adressées à Tisserand dont la trace a été retrouvée.

fois sa candidature au Sénat[5]. Tisserand est membre de la Commission de la rage[6] ainsi que du Conseil d'administration de l'Institut Pasteur.

En 1896, Tisserand est nommé conseiller maître à la Cour des comptes, poste qu'il occupe jusqu'en 1905. Il est, par ailleurs, appelé à de nombreuses fonctions parmi lesquelles, l'Académie des sciences où il est admis en 1911[7] ainsi que la Société nationale d'agriculture, devenue Académie d'agriculture. Il décède en 1925, à l'âge de 95 ans[8].

5 Lettre du 4 juin 1884.
6 Valléry-Radot, René, *La vie de Pasteur*, Paris, 1900, p. 257-258, 471.
7 *Index biographique des membres et correspondants de l'Académie des sciences*, Paris, 1939, p. 439.
8 *Le Temps*, 1er novembre 1925, p. 3.

ANNEXE V

Alfred Trannin (1842-1894)

Né à Courchelettes (Nord), Alfred Trannin (1842-1894) est issu d'une famille d'agriculteurs originaires des environs d'Arras, ouverte cependant à d'autres activités puisque son grand-père, Louis Trannin vient s'établir vers 1800 à Douai en tant que marchand de fer. Ce dernier épouse en1806, Marie Françoise Garin (1775-1853), née à Ecoust-Saint-Mein (Pas-de-Calais), dont le père est maire[1]. Louis Trannin, lié aux notables agricoles de l'Arrageois, oriente ses enfants de manière diversifiée puisque, des trois fils, l'un, Pierre, le père d'Alfred, est agriculteur, le second part s'établir agriculteur au Brésil et le troisième devient fabricant de sucre à Biache-Saint-Vaast (Pas-de-Calais). Le parcours de la famille Trannin s'établit de telle manière que les naissances, alliances et décès sur 4 générations couvrant ainsi la période 1738 à 1894 sont tous situés dans les environs d'Arras, Douai et Cambrai[2].

Alfred Trannin s'installe comme agriculteur, fabricant de sucre et distillateur à Lambres (Nord) dont il devient maire en 1876. Il est, également, président du conseil d'arrondissement, membre de la Chambre de commerce de Douai et vice-président de la Société des agriculteurs du Nord créée en 1878[3]. À ce dernier titre, il effectue, en avril puis en juillet 1885, deux missions en Allemagne dont il a laissé le compte-rendu. Les informations portent quasi exclusivement sur les cultures, et notamment sur celle de la betterave à sucre, et très peu sur la transformation.

Précisons que ce sont les pouvoirs publics qui, faute d'avoir pu convaincre le maire de Douai de se présenter comme candidat des

1 Arch. dép. Pas-de-Calais, 3 E 285/6.

2 Trannin, François, Arch. dép. Pas-de-Calais, 3 E 184/1, 3 E 619/5 ; Trannin, Louis, Arch. dép. Nord, 5 MI 50 R 011, Courchelettes 4 ; Trannin, Pierre, Arch. dép., Nord, Douai 88.

3 Jolly, Jean, (dir.), *Dictionnaire des parlementaires français (1889-1940)*, Paris, PUF, 1977, t. 8, p. 3113.

républicains aux élections législatives, font appel à Trannin[4]. Il ne se représente pas en 1893 et décède le 30 octobre 1894.

C'est ainsi la consécration d'un parcours tant familial que personnel qui nous paraît illustrer tout à fait le pouvoir des fermiers de l'Artois, ce que Jean-Pierre Jessenne a désigné sous le terme de « fermocratie[5] ». Ronald Hubsher qualifie, pour sa part, ces fermiers de « capitaines d'agriculture[6] ».

4 Élections législatives de 1889. Arch. dép. Nord, M 37/24.

5 Jessenne, Jean-Pierre, *Pouvoir au village et révolution (Artois 1760-1848)*, Lille 1987, p. 125, 158. Le cas de Trannin semble indiquer que cette problématique reste valable dans la deuxième moitié du XIXe siècle.

6 Hubscher, Ronald, ouvr. cité, voir Introduction p. 17.

ANNEXE VI

Armand Vivien (1844-1922)

Armand Vivien naît à Laigle (Orne) où son père est notaire et dans une famille originaire de l'Ouest puisque ses parents sont tous deux nés dans l'Orne. En 1868, Vivien crée, à Saint-Quentin, un laboratoire d'analyse à l'intention des sucreries et des distilleries[1]. Il s'illustre en créant, en 1869, le premier cours de sucrerie pratique professé en France à la Société industrielle de Saint-Quentin et de l'Aisne, cours qui est publié en 1872[2] et qui avait, alors, très favorablement impressionné le directeur du Conservatoire des arts et métiers, le général Arthur Morin[3]. Vivien poursuit ses conférences sur les questions de chimie sucrière[4] et se signale également par quelques innovations techniques parmi lesquelles on peut citer : la mise en place, en 1882, d'un transporteur hydraulique de betteraves à la sucrerie de Fouilloy (Somme)[5], un appareil pour l'essai des betteraves afin d'en doser le sucre ainsi qu'un appareil d'expérimentation permettant de réaliser des essais de diffusion[6]. En 1876, Vivien publie un *Traité complet de la fabrication du sucre* et, en 1881, un *Traité pratique de la diffusion*[7].

---

1 *Journal des fabricants de sucre*, 18 janvier 1893, p. 1 ; 25 février, 15 mars, 12 avril 1893.

2 Vivien, Armand, *Cours de sucrerie*, analysé et résumé par E. Torrès, ingénieurs des arts et manufactures, Saint-Quentin, 1872.

3 Le général Morin avait été jusqu'à émettre l'idée d'annexer à l'école une usine expérimentale, pour initier complétement les élèves aux diverses opérations de la fabrication. Les plans et devis de cette usine expérimentale ont été dressés, mais la Société industrielle n'y a pas donné suite. *La Sucrerie indigène*, t. 42, 1er août 1893, p. 112.

4 Plusieurs publications spécialisées s'en font l'écho : le *Journal des fabricants de sucre*, 14 avril 1880, 12 mai 1880. Le premier de ces numéros rappelle que la Société industrielle de Saint-Quentin « a fondé un cours de sucrerie si justement apprécié par les fabricants de sucre ». *La Sucrerie belge*, t. 9, 1er juillet 1881, p. 398 ; 15 juillet 1881, p. 435 ; 1er août 1881, p. 447 ; 15 août 1881, p. 476.

5 Dureau, Jean-Baptiste, *L'industrie du sucre depuis 1860*, Paris, 1894, p. 227.

6 Ces appareils sont présentés par l'Association des chimistes à l'Exposition Universelle de 1889, *Bull. chimistes*, t. 7, juillet-août 1889, p. 19.

7 Vivien, Armand, *Traité complet de la fabrication du sucre en France et du contrôle chimique des opérations*, Saint Quentin, 1876. Réédition en 1884. *Traité pratique de la diffusion*,

Armand Vivien participe au congrès sucrier de Saint-Quentin de 1882 et est un des membres fondateurs de l'Association des chimistes[8]. Dans ces conditions, il est tout à fait normal qu'à la création de l'école, la chaire d'industrie sucrière lui soit confiée ; il occupe cette fonction jusqu'en 1897. Il abandonne cet enseignement, alors qu'il n'a que 53 ans. On peut supposer que cette démission est due, à la fois aux difficultés rencontrées par l'école et au fait que, la rémunération ne lui paraissant pas suffisamment importante, Vivien a pu, fort légitimement, estimer qu'il était plus opportun de reprendre son activité de chimiste et de conseil[9]. Vivien se montre un membre toujours actif de l'Association des chimistes dont il assure la vice-présidence de 1892 à 1894 et la présidence de 1900 à 1902[10]. Il décède à l'âge de 77 ans à Leuilly-sous-Coucy (Aisne)[11].

Par ses cours professés à Saint Quentin, Vivien a été, incontestablement, le fondateur d'un enseignement durable de la sucrerie en France puisqu'il a été vu précédemment que les initiatives antérieures avaient été éphémères. Plus généralement, on peut considérer qu'après le décès, en 1871, d'Anselme Payen dont nous avons vu les liens avec la sucrerie, Armand Vivien, qui s'est installé peu de temps auparavant à Saint Quentin, a, à travers ses diverses activités, exercé une fonction d'expertise en matière d'industrie sucrière, fonction dont on peut dire qu'elle est sans concurrence jusqu'à ce qu'en 1899, la fonction nouvellement créée de directeur du laboratoire du syndicat des fabricants de sucre soit confiée à son successeur à l'école des industries agricoles. Lors de ses obsèques, le président de l'Association des chimistes lui rend cet hommage :

> Vivien a été le chimiste le plus consulté par les fabricants de sucre depuis cinquante ans ; on peut dire qu'il fut appelé dans presque toutes les sucreries[12].

Saint-Quentin, 1881. Il s'agit de la reproduction des conférences déjà citées plus haut.

8 Voir chap. « Le projet des sucriers », p. 98.

9 À l'appui de cette hypothèse on relève qu'au recensement de 1881 le foyer d'Armand Vivien dispose de trois personnes de service. Arch. mun. Saint-Quentin, 1 F18. Ceci indique un train de vie difficilement compatible avec la rémunération d'un professeur à l'ENIA.

10 Pendant les vingt premières années de l'Association, il publie dans son bulletin 29 articles, seul ou en collaboration. *Bull. chimistes*, tables 1883-1903, p. 197-198.

11 *Bull. chimistes*, t. 40, p. 146, novembre 1922.

12 *Bull. chimistes*, t. 40, p. 146.

ANNEXE VII

Georges Moreau (1845-1924)

Premier titulaire de la chaire de brasserie, né à Tonnerre (Yonne), il est lui-même fils de brasseur et petit-fils d'un transporteur, un « voiturier » selon la terminologie de l'époque[1]. Ceci indique que, dans l'expérience familiale, la distribution a précédé la fabrication. Il n'est donc pas étonnant que Georges Moreau ait cherché un perfectionnement en matière de fabrication. Mais comme un tel enseignement n'existait pas en France à l'époque, il dut se rendre à Munich de 1866 à 1868.

Revenu en France, il assure la direction de brasseries, en particulier à Beaucaire (Gard). Lorsqu'en 1876 Pasteur publie ses *Études sur la bière*, Moreau entreprend, en parallèle avec ses activités de directeur de brasserie et en liaison avec Pasteur et ses collaborateurs, des recherches en vue de perfectionner les procédés de fabrication[2]. Émile Duclaux[3], très proche collaborateur de Pasteur, avait participé activement à l'élaboration du programme de l'ENIA en brasserie, c'est très vraisemblablement l'Institut Pasteur qui a incité Moreau à se présenter à l'école. Parmi ses publications, le *Traité complet de la fabrication des bières*, rédigé en collaboration avec Lévy et publié à Paris en 1905, est l'ouvrage le plus marquant. On lui doit également, *La Bière*, Paris, 1907 et *Le Houblon*, Paris, 1908.

Moreau prend sa retraite en 1921. C'est surtout un praticien qui, à plusieurs reprises cependant, a recherché un approfondissement théorique,

1 *Agriculture et industrie*, n° 6, juin 1924. La notice nécrologique établie par l'amicale des anciens élèves de l'ENIA indique qu'il était également petit-fils de brasseur. Mais ceci est contredit par l'acte de naissance d'Edmée Moreau, le père, qui indique pour Pierre Moreau le grand-père, la profession de voiturier qui est également celle qui figure dans l'acte de mariage d'Edmée Moreau. Arch. mun. Tonnerre.

2 *Bulletin des ingénieurs des industries agricoles*, n° 1, 1952, p. 21. Allocution de Charles Mariller au baptême de la promotion 1951.

3 Sur Duclaux, voir chap. « Le projet des distillateurs », p. 194.

d'abord en allant en Allemagne, puis avec les collaborateurs de Pasteur et, enfin, en associant à la rédaction de son ouvrage principal, Lucien Lévy, ingénieur agronome ayant reçu une formation universitaire complémentaire.

ANNEXE VIII

Lucien Lévy (1858-1934)

Né à Paris, fils d'un artisan sellier, il entre, en 1879, à l'Institut agronomique. Après avoir obtenu, en 1882, une licence de physique, il entre au laboratoire municipal de la Ville de Paris, puis très vite, en 1884, il devient, auprès de Jungfleisch, collaborateur de Marcellin Berthelot à l'École de pharmacie. Cette collaboration de Lévy avec Jungfleisch renforce la filiation de l'enseignement de l'ENIA avec celui du Conservatoire des arts et métiers où Jungfleisch[1] enseigne ensuite non sans avoir auparavant suppléé Aimé Girard du fait de l'état de santé de ce dernier. Lévy soutient, en 1891, une thèse de doctorat puis assure à la Sorbonne, de 1892 à 1895, un cours sur l'histoire de la chimie[2].

Mais l'ouverture de l'ENIA intéresse Lévy et c'est donc lui qui met en place, à l'école, l'enseignement de la distillerie, lequel prend rapidement une grande place dans la formation dispensée par l'école. Lévy assure également des enseignements à l'Institut des industries de fermentations de Bruxelles où il assure, de 1895 à 1897, un cours sur la distillation des betteraves et le maltage ainsi qu'à la Faculté des sciences de Lille où il est chargé de conférences sur les industries agricoles à partir de 1905. Il est l'auteur des ouvrages suivants : *Rapport sur la question du contrôle en distillerie*, 1896 ; *La pratique du maltage*, 1899 ; *Microbes et distillerie*, 1900 ; *Les moûts et les vins en distillerie*, 1903. En outre, il collabore avec Moreau à la rédaction du *Traité complet de la fabrication des bières*[3]. Par ailleurs, il a publié de nombreux articles dans des revues scientifiques ou techniques et en particulier dans le *Bulletin des chimistes.*

---

1 Kounélis, Catherine, « Jungfleish, Émile (1893-1916) Professeur de chimie générale dans ses rapports avec l'industrie 1890-1908) » in, Claudine Fontanon et André Grelon, (dir.), ouvr. cité, t. 1, p. 721-730.

2 *Amicale des anciens élèves de l'ENIA, circulaire n° 8*, octobre-décembre 1949, p. 14.

3 *Bull. chimistes*, t. 51, juin-juillet 1934. p. 244-246. BNF, *Catalogue général des livres imprimés*, Paris, t. 97, 1929, p. 306-307.

Toutefois, une question se pose à propos de Lévy. En effet, l'instauration d'un cours de microbiologie est demandée, dès 1894 par des parents d'élèves[4] puis, en 1909, par le conseil de perfectionnement. Pourquoi ce cours n'a-t-il pas été confié à Lévy, qui a publié dès 1900 un ouvrage de microbiologie ? De plus, dans aucune délibération du conseil de perfectionnement, qui revient plusieurs fois sur cette question, on ne trouve trace de cette solution. Nous en sommes réduits à des hypothèses parmi lesquelles la plus probable nous paraît être que Lévy n'étant pas membre du conseil de perfectionnement, personne n'ait songé à faire un lien entre cette demande d'un cours de microbiologie et l'ouvrage de 1900, à moins qu'il n'y ait eu un accueil défavorable de l'ouvrage de 1900 auprès des microbiologistes[5].

Lévy prend sa retraite en 1930. Il assure, parallèlement à son enseignement, les fonctions de conseiller technique auprès du Service des alcools ainsi que celle d'expert en toxicologie mais on ne retrouve pas de trace d'une activité de conseil auprès d'industriels. Son activité intellectuelle s'est exercée également dans la brasserie. Les témoignages de ses anciens élèves attestent qu'il avait su se montrer très proche d'eux[6]. Lucien Lévy a surtout été un professeur.

4 Voir chap. « Le projet des sucriers », p. 136.

5 Cette hypothèse n'est pas complétement à écarter car on relève dans les *Annales de la brasserie et de la distillerie*, t. 3, p. 528, sous la plume d'Auguste Fernbach, chef de laboratoire à l'Institut Pasteur, un commentaire qui n'est pas exempt de réserves.

6 *Agriculture et industrie*, février 1930, p. 43. *Association des anciens élèves de l'ENIA*, circulaire n° 8, octobre-décembre 1949. Cet article est paru à l'occasion du baptême de la promotion 1949. Il est évident qu'en de pareilles circonstances, l'intéressé est présenté de manière flatteuse. Il est néanmoins notable que c'est cet aspect de sa personnalité qui, à deux reprises, est mis en avant.

ANNEXE IX

Joseph Troude (1866-1947)

Fils d'un instituteur, dont le père était ouvrier agricole, et d'une mère couturière, dont le père était menuisier[1], Troude entre à l'Institut agronomique en 1890. Il est d'abord professeur de génie rural, d'agriculture et d'économie à l'école pratique d'agriculture de Rethel (Ardennes), puis à l'ENIA[2]. Très vite, Troude manifeste une vive activité puisqu'il participe, en septembre 1894, à l'exposition agricole annexée à l'Exposition universelle d'Anvers[3]. En 1898, il devient membre de l'Association des chimistes et siège, en 1906, à son conseil d'administration[4]. Il est également membre du conseil de rédaction de la *Revue générale de l'agriculture*, créée en 1897[5].

Troude assure également les fonctions de secrétaire du comité permanent de la Fédération internationale de laiterie et, à ce titre, participe activement à l'organisation du deuxième congrès international de laiterie

1 Acte de naissance de Joseph Troude le 13 août 1866 ; Acte de mariage de Troude Bon-Jean-François et de Jacquemin Catherine, le 1er octobre 1860, Arch. mun. Langrunes-sur-mer (Calvados) ; Acte de naissance de Troude Bon-Jean-François, le 14 mars 1833, Valcanville, Arch. dép. Manche.

2 Ministère de l'Agriculture, *Bulletin*, 1893, n° 4, p. 372.

3 Il en rédige le rapport « Agriculture », ministère de l'Agriculture, *Bulletin*, 1895, n° 7, p. 843-882.

4 *Bull. chimistes*, t. 15, mai 1898, p. 1112 ; t. 24, juillet 1906, p. 6.

5 Joseph Troude nous a laissé de nombreuses archives qui témoignent de la multiplicité de ses centres d'intérêts. En effet, outre des procès-verbaux du Conseil général du Nord et autres documents concernant ce département pour la période 1889-1894, ainsi que des documents concernant le concours agricole de Charleville de 1893, qui s'expliquent par des postes où il a été affecté, on y retrouve trace du concours agricole de Paris de 1895, des concours ou comices de Lunéville en 1895, de Chartres en juin 1896, de Soissons également en juin 1896 et de nombreux procès-verbaux du Conseil général du Calvados de 1892 à 1897. Nous n'avons pas vérifié s'il avait réellement assisté à ces diverses manifestations, mais le fait que ces documents nous soient parvenus indique au moins qu'il avait jugé utile de les conserver et donc qu'il s'y est intéressé.

tenu à Paris en 1905[6]. Il devient, d'autre part, en 1903, secrétaire général de l'Association national du mérite agricole[7].

Une partie de l'enseignement de Troude nous est parvenue : on y relève, en particulier, que l'enseignement consacré aux engrais était bien développé[8]. Par ailleurs l'un des mérites de Troude est de nous avoir laissé la plupart de ses cours de l'Institut agronomique[9]. Après avoir été affecté au ministère de l'Agriculture en 1919 où il intervient en faveur de l'ENIA, il prend sa retraite en 1934[10].

---

6 *Bull. chimistes*, t. 21, mars 1904, p. 1043 ; t. 23, octobre 1905, p. 488.

7 *Bull. chimistes*, t. 20, mars 1903, p. 999.

8 Ce cours a été pris par Nguyen Lé (ENIA 1912) qui a fait toute sa carrière aux distilleries de l'Indochine dès 1921.

9 Cours de première année (1890-1891) : Agriculture, Physiologie (2 cahiers), Botanique, Physiologie végétale, Botanique descriptive, Chimie, Économie, Géologie et Minéralogie, Physiologie (2 cahiers), Physiologie végétale, Physique, Météorologie (2 cahiers), Viticulture, Zoologie, Zootechnie ; cours de deuxième année (1891-1892) : Agriculture comparée, Agriculture spéciale (2 cahiers), Économie rurale (générale), Économie rurale (spéciale), Machines agricoles, Zootechnie. Le cours de technologie agricole n'a malheureusement pas été conservé. On conçoit aisément qu'à l'ENIA ce cours ait été plus consulté que les autres.

10 *Circulaire d'information des ingénieurs ENIA*, janvier-mars 1947.

ANNEXE X

Émile Saillard (1865-1937)

Né dans le département du Doubs, fils et petit-fils d'agriculteur, il est issu de l'Institut agronomique. À sa sortie, il est chargé d'une mission d'étude de trois années en Allemagne.

Après avoir occupé, à la création de l'école, la chaire de physique et de chimie, il succède, en 1897, à Vivien à la chaire de sucrerie. En 1899, le Syndicat des fabricants de sucre lui confie, dès sa création, la direction de son laboratoire[1]. Cette fonction, qu'il occupe jusqu'à son décès, lui permet de garder un lien étroit avec l'industrie, lien qui, nous l'avons vu, avait déjà été établi par Vivien. Les travaux et publications de Saillard portent aussi bien sur la culture de la betterave que sur les méthodes chimiques permettant le contrôle de la fabrication du sucre, ainsi que l'indique clairement le titre de son manuel *Betteraves et sucrerie de betterave*, qui est la principale de ses publications[2]. Parmi ses travaux originaux, nous en citerons deux qui nous paraissent situer la valeur scientifique de Saillard.

Liebig avait établi, en 1837, que la betterave entière avait toujours besoin des mêmes quantités d'acide phosphorique et de matière minérale pour produire une même quantité de sucre dans la racine. Malgré les progrès de la sélection qui améliorait la teneur en sucre des betteraves, cette loi n'avait jamais été remise en cause, compte tenu en particulier de l'autorité de Liebig. À la suite de travaux menés pendant 30 ans, Saillard établit que l'accroissement de la richesse saccharine, obtenue par la sélection, diminue les exigences en matières minérales et donc en engrais, pour une même quantité de sucre produit.

1 Compte rendu du congrès du Syndicat des fabricants de sucre, *Bull. chimistes*, t. 17, avril 1900, p. 753.

2 Cet ouvrage donne lieu à trois éditions, de 1904 à 1923, dans l'« Encyclopédie agricole » publiée par J.B. Baillière et fils. La première édition porte le titre de *Technologie agricole* et comporte également des notions de meunerie, boulangerie, féculerie, amidonnerie et glucoserie.

Par ailleurs, Gabriel Bertrand (1867-1962), chimiste et biologiste, membre de l'Académie des sciences, avait établi une méthode de dosage des sucres par voie chimique, à partir de liqueur de cuivre. Saillard établit que le processus opératoire préconisé peut transformer une partie du saccharose et donc fausser le résultat : il établit un nouveau processus opératoire qui respecte le saccharose[3].

Saillard fait partie de nombreuses commissions, parmi lesquelles la commission internationale d'unification des méthodes d'analyse du sucre, dont il est d'abord secrétaire puis vice-président[4]. Il garde également un contact avec l'industrie par de nombreuses conférences, parmi lesquelles celles, données régulièrement, avant 1914, à la Société industrielle de Saint-Quentin dont nous avons vu le rôle pionnier en matière d'enseignement de la sucrerie. Il est admis à l'Académie d'agriculture en 1929, prend sa retraite en 1934, et décède en 1937. Il a ainsi enseigné la sucrerie à l'ENIA pendant 37 années[5] et a été, compte tenu de la période pendant laquelle il a été chargé de la physique et de la chimie, professeur à cette école pendant 41 ans[6].

La durée exceptionnelle de son enseignement, l'autorité qu'il s'est acquise par ses travaux, font à coup sûr de Saillard, plus que de Vivien, le véritable fondateur de l'enseignement de la sucrerie à l'ENIA Mais le fait qu'il se soit agi de l'enseignement de la discipline fondatrice de l'école a contribué à donner à cette chaire un prestige incontestable, qui s'est étendu aux deux autres chaires similaires de l'école.

Beaucoup plus que Lévy, Saillard a eu des relations étroites et constantes avec l'industrie ce qui explique, en grande partie, le rayonnement de son enseignement. Cependant on doit constater, au terme

---

3 La présentation de ces deux méthodes a été faite par Jean Dubourg au baptême de la promotion 1953, le 27 juin 1954. *Bulletin des ingénieurs des industries agricoles*, n° 29, mai-juin 1954, p. 25. Sur l'importance de l'œuvre de Gabriel Bertrand pour les industries agricoles et alimentaires, se reporter à l'article de Louis de Saint Rat, *Industries alimentaires et agricoles*, juin 1962, 79e année, p. 547-550.

4 *Bull. chimistes*, t. 18, octobre 1900, p. 364 ; t. 54, mars 1937, p. 245 (notice nécrologique).

5 Les archives du Syndicat des fabricants de sucre, ont conservé les textes des conférences données, successivement les 17, 24 avril, 15 mai 1904, les 5, 25 mars, 2 avril 1911, les 10, 23 mars, 14 avril 1912 et les 6, 13, 27 avril 1913. Ces textes ont été publiés par la Société industrielle de Saint Quentin.

6 *Agriculture et industrie*, février 1937, p. 171 (notice nécrologique) ; mars 1937, p. 213. Ce complément à la notice de février nous signale qu'un hommage a été rendu à Saillard par deux publications allemandes : le *Centralblat für die zuckerindustrie* et le *Die Deutsche zucker.*

de ce parcours qui paraît « parfait » que nous n'avons pas trouvé de traces, dans son œuvre, d'une fonction de « recul critique » qu'on serait en droit d'attendre d'un professeur d'une école d'État. Peut-être a-t-il pu l'exercer de manière plus discrète[7] ? Ou bien n'a-t-il pu ou voulu l'exercer ? Les archives sont muettes sur ces derniers points et nous en sommes réduit à l'hypothèse que « l'esprit du temps » ne permettait pas qu'il en soit autrement.

7 C'est-à-dire de manière orale.

ANNEXE XI

La brasserie

La bière s'obtient à partir d'eau, de malt et de houblon dans des proportions variables (de l'ordre de 150 à 700 g de houblon et de 25 à 50 kg de malt pour 1 hl d'eau). On ajoute également des « grains crus », c'est-à-dire des farines de maïs, d'orge ou de manioc. Cet apport est courant aux États-Unis et en France, où il peut atteindre la proportion de 50 % alors qu'il est seulement de 20 % en Belgique et qu'il n'est pas autorisé en Allemagne.

La fabrication de la bière comprend, après le « concassage » du malt, le « brassage » dans la cuve-matière au cours duquel l'amidon, contenu dans le malt et les grains crus est solubilisé dans de l'eau chaude, par infusion ou par décoction ; de nombreuses actions diastasiques très complexes interviennent alors. Après filtration du mélange (eau, amidon, restes de malt), on obtient, d'une part, un moût limpide, qui contient des sucres fermentescibles (maltose), des matières azotées et des sels minéraux, d'autre part, des matières solides insolubles, ou « drèches », qui peuvent être utilisées en alimentation animale.

Ensuite le moût dans lequel on a ajouté du houblon, subit, dans une chaudière à moût, une cuisson qui, par ébullition, stabilise sa composition et permet la dissolution du houblon. Il subit ensuite une clarification et un refroidissement dans un réfrigérant.

La « fermentation » est, après le brassage, l'opération la plus importante : elle consiste à transformer, sous l'influence des levures de bière, les sucres du moût en alcool. Elle peut être basse (de 8 à 10 °C) pendant 7 à 10 jours, ou haute (de 15 à 20 °C) pendant quatre à six jours. C'est le choix des levures qui détermine le mode de fermentation. À la suite de la fermentation principale, a lieu une autre fermentation dite « secondaire », en cuve « de garde », au cours de laquelle la bière se clarifie, affine son goût et se sature en gaz carbonique. Les bières actuelles sont, dans leur grande majorité, à fermentation basse.

En fin « de garde », on pratique les dernières opérations de « filtration » puis le « soutirage » en fûts ou en bouteilles. La pasteurisation se pratique éventuellement à 60 °C, en bout de chaîne, juste avant l'étiquetage des bouteilles[1].

Ce choix entre l'enseignement de la brasserie selon la fermentation basse ou selon la fermentation haute a entraîné d'incontestables tensions, à l'origine, entre les promoteurs de l'école et les brasseurs du nord. La commission d'organisation de l'école souhaitait, pour la brasserie, l'enseignement de procédés nouveaux et plus précisément la fermentation basse. Ce souci était louable et s'expliquait facilement car Aimé Girard, qui est l'un des concepteurs de l'école, a contribué à faire connaître ce procédé en France[2]. D'autre part, Duclaux, disciple de Pasteur, consulté par Trannin pour la conception initiale de la brasserie, était devenu membre de la commission d'organisation[3]. Or les travaux de Pasteur avaient porté principalement sur la fermentation basse[4]. Cependant, ce dernier procédé était, jusque-là, surtout utilisé en Allemagne ainsi que dans l'est et le sud de la France, alors que la fermentation haute était le procédé le plus couramment utilisé dans le Nord. Cet intérêt porté, dans les milieux scientifiques, à la fermentation basse les conduisaient à considérer l'autre procédé comme suranné. C'est ainsi qu'Émile Barbet membre de la commission d'organisation de l'école déclare, en effet :

> Seule la fermentation basse a un caractère scientifique basé sur les théories pasteuriennes [...] On fera de la bière basse à Douai, dût-on éprouver quelques difficultés à l'écouler dans un public qui est encore resté attaché à l'ancienne fabrication si imparfaite et si barbare[5].

C'est ce qui explique que les brasseurs du Nord n'ont pas été représentés dans la commission d'organisation, ce qui attire, de la part d'une publication spécialisée, le commentaire suivant :

---

1 Source : *Larousse agricole*, 1981, p. 198. Sur la pasteurisation, voir annexe XIII.

2 Sur Aimé Girard, voir Introduction, p. 40-43.

3 Pasteur et Duclaux sont cités expressément dans le mémoire présenté par Trannin en juin 1891, voir chap. « Le projet des sucriers », p. 120.

4 Pasteur, Louis, *Études sur la bière*, Paris, 1876.

5 « La Revue universelle de la brasserie et de la malterie », cité par *la Brasserie du Nord*, n° 165 du 10 mai 1893, p. 2.

> Quand on pense que pour la création d'une école de brasserie dans le Nord, le syndicat des brasseurs du Nord n'a pas été appelé à donner son avis[6].

On peut conclure de cette absence, que la commission avait l'intention, à partir de l'ENIA, de répandre la bière de fermentation basse aux dépends de celle à fermentation haute. Comme il est normal, les brasseurs du nord ont réagi. Mais il n'y a pas que localement que s'exerçaient des réclamations en faveur d'une extension de l'enseignement de la brasserie. C'est pourquoi il fut décidé que les deux procédés seraient enseignés[7]. En tout état de cause, les équipements consacrés à la brasserie restèrent limités.

Compte tenu à la fois des habitudes locales, de la modicité des crédits réservés à la brasserie, et ce, malgré les réticences de la commission d'organisation, l'installation de l'école, au début, ne permettait que la fabrication en fermentation haute. Cette interprétation est corroborée par un article de René Scriban, qui sera ultérieurement professeur de brasserie, dans lequel ce dernier évoque : « les violentes diatribes entre les brasseurs et le Gouvernement autour de la construction de la première brasserie expérimentale de fermentation haute » et ajoute qu'« elle était considérée manifestement comme trop modeste par nos brasseurs du nord en 1893[8] »

6 *Le Brasseur français*, organe de la brasserie française, n° 4, 26 janvier 1893, p. 2.
7 *Le Brasseur français*, n° 37, 14 septembre 1893.
8 Scriban, René, Histoire de l'enseignement de la malterie et de la brasserie dans le Nord, *BIOS*, n° 9, 1976, p. 20. Sur René Scriban, voir chap. « Le projet du génie industriel alimentaire », p. 438.

ANNEXE XII

Urbain Dufresse (1864-1947)

Né dans la Creuse, fils d'un agriculteur, Urbain Dufresse entre en 1887 à l'École normale supérieure de Saint-Cloud puis, en 1888, à l'Institut agronomique. En 1891, il débute comme professeur d'agriculture à l'école pratique d'agriculture des Granges à Crocq (Creuse). Il en devient le directeur de 1892 à 1896 et poursuit sa carrière de directeur d'école pratique d'agriculture successivement, dans les Vosges à Saulxures, dans l'Yonne, à la Brosse et enfin dans la Somme au Paraclet.

En 1904, Urbain Dufresse devient directeur de l'ENIA. Dans ce poste, selon tous les témoignages des anciens élèves qui l'ont connu, il a toujours eu le souci de rester proche des élèves.

Il s'efforce, en particulier de favoriser le recrutement de l'école dans une double direction : d'une part, une orientation pédagogique par le canal des écoles pratiques d'agriculture, d'autre part, une orientation géographique vers l'ex-région Limousin et tout particulièrement la Creuse. Aux origines de l'école, le nombre relativement élevé d'étudiants de l'ENIA issus de cette région est à relever. Or, la Creuse est le département dans lequel Urbain Dufresse débute sa carrière de directeur d'école pratique d'agriculture en 1891 précisément. Sachant que, par ailleurs, le Limousin se caractérise par un envoi très précoce d''étudiants à l'ENIA et sachant, d'autre part, qu'il en devient directeur en 1904, on peut raisonnablement supposer que c'est son action qui explique ce recrutement. On relève en effet que du début de l'école à 1903, sur les 7 élèves dont les parents résident dans le Limousin, 6 sont issus de la Creuse et qu'entre 1904 et 1930, sur les 7 élèves originaires de cette région dont la résidence des parents est connue, 5 proviennent de la Creuse, contre deux de la Haute-Vienne pourtant plus peuplé. Après 1930, un seul élève issu de la Creuse entre à l'École. S'il est très compréhensible qu'Urbain Dufresse, fils d'agriculteur, formé à l'École normale supérieure de Saint-Cloud, se soit consacré à l'enseignement agricole, les raisons qui l'on conduit à s'intéresser à l'ENIA, précocement semble-t-il, n'ont pu être déterminées. Il reste que le recrutement en provenance du Limousin qui, rapporté à la population de la région, se montre nettement supérieur à celui des ex-régions avoisinantes d'Auvergne, d'Aquitaine, du Centre et de Midi-Pyrénées.

Urbain Dufresse prend sa retraite en 1930[1].

1 Sources sur Urbain Dufresse Arch. dép. Creuse, 7 M 53, École d'Agriculture des Granges ; Arch. mun. Issoudun ; Arch. dép. Nord, Proposition pour la Légion d'honneur ; Circulaire des anciens élèves de l'ENIA, juill. – sept. 1947, p. 2, Notice nécrologique d'Urbain Dufresse.

ANNEXE XIII

La pasteurisation

La pasteurisation s'effectue à des températures de l'ordre de 60 à 90 °C pendant un temps qui peut varier de quelques secondes dans la pasteurisation dite « haute » (95 °C), à 30 minutes dans la pasteurisation dite « basse » (65 °C)[1].

Cette pasteurisation permet une meilleure conservation des qualités nutritionnelles et organoleptiques des produits traités que celle obtenue par la stérilisation.

Pour le lait, le pasteurisateur dans lequel s'effectue ce traitement est un appareil échangeur de chaleur ; le lait circule dans une tubulure ou dans des plaques réchauffées par une circulation d'eau chaude ou de vapeur. Il existe également des pasteurisations notamment par autoclaves continus ou discontinus, qui permettent le traitement de produits déjà emballés tels que les bouteilles de bière, les conserves ou les pots d'aliment pour enfants.

Les industries laitières font, dans leur ensemble, appel à la pasteurisation ; celle-ci permet d'éliminer la flore initiale du lait et, en particulier, les bactéries qui détruisent la caséine (caséolytes). Lorsque le lait a été préalablement pasteurisé, il faut ensuite le réensemencer avec des ferments sélectionnés pour la fabrication de produits tels que les fromages ou les yaourts.

---

1 Source : *Larousse agricole*, 1981, p. 819.

ANNEXE XIV

Tableau présentant le nombre d'heures consacrées aux enseignements de filières de 1907 à 1951

Années		1907		1931		1939		1951	
Filières	Ens.	Titulaires	Vacataires	Titulaires	Vacataires	Titulaires	Vacataires	Titulaires	Vacataires
Sucrerie	Cours	88	0	82	0	84	0	68	0
	tp	283	0	147	0	54	0	45	0
Distillerie	Cours	118	0	91	0	105	0	90	0
	tp	283	0	192	0	54	0	54	0
Brasserie	Cours	95	0	87	0	83	0	75	0
	tp	360	0	139	0	54	0	54	0
Cidrerie	Cours	15	0	0	0	20	0	22	0
	tp	0	0	0	0	0	0	0	0
Laiterie	Cours	15	0	0	0	10	0	0	75
	tp	0	0	0	0	0	0	0	48
Industrie des céréales	Cours	30	0	27	0	27	0	0	94
	tp	0	0	0	0	4	0	0	12
Industrie des produits sucrés	Cours	0	0	0	0	0	0	0	20
	tp	0	0	0	0	0	0	0	0
Fruits et légumes	Cours	0	0	0	0	0	0	0	8
	tp	0	0	0	0	0	0	0	0
Industrie de la viande	Cours	0	0	0	0	0	0	0	40
	tp	0	0	0	0	0	0	0	24
Industrie des corps gras	Cours	0	0	0	0	0	0	0	42
	tp	0	0	0	0	0	0	0	15
Totaux partiels		1287	0	765	0	495	0	408	378
Totaux Titulaires + Vacataires		1287		765		495		786	

TABLEAU 1 – Nombre d'heures consacrées aux enseignements de filières de 1907 à 1951.

ANNEXE XV

Tableau présentant le nombre d'heures consacrées aux enseignements généraux de 1907 à 1951

Années		1907		1931		1939		1951	
Matière première	Ens.	Titulaires	Vacataires	Titulaires	Vacataires	Titulaires	Vacataires	Titulaires	Vacataires
Chimie	Cours	110	0	97	0	130	0	255	0
	tp	123	0	57	0	60	0	180	0
Biochimie	Cours	0	0	0	0	0	0	0	95
	tp	0	0	0	0	0	0	0	30
Microbiologie	Cours	0	0	0	23	0	30	0	48
	tp	0	0	0	0	0	0	0	30
Hygière	Cours	30	0	0	36	0	20	0	18
Sous-totaux		263	0	154	59	190	50	435	221
Matériels et techniques									
Maths informatique	Cours	0	165	0	176	0	165	0	135
	tp	0	0	0	0	0	0	0	0
Physique	Cours	32	0	12	0	18	21	160	0
	tp	0	0	2	0	6	12	0	90
Mécanique appliquée	Cours	0	75	0	120	0	45	0	180
	tp	0	45	0	40	0	120	0	225
Électricité	Cours	0	0	0	39	0	30	0	42
	tp	0	0	0	0	0	20	0	45
Froid	Cours	0	0	0	18	0	0	0	60
	tp	0	0	0	0	0	0	0	30
Sous-totaux		32	285	14	393	24	413	160	807

Économie et gestion									
Agriculture	Cours	143	0	0	54	0	60	0	30
	tp	45	0	0	5	0	36	0	0
Économie	Cours	0	0	0	0	0	15	0	37
Comptabilité	Cours	0	75	0	22	0	30	0	30
Législation	Cours	0	0	0	60	0	45	0	40
Sous-totaux		188	75	0	141	0	186	0	137
Totaux partiels		483	360	168	593	214	649	595	1165
Totaux Titul. + Vacat.		843		761		863		1760	

TABLEAU 2 – Nombre d'heures consacrées aux enseignements généraux de 1907 à 1951.

ANNEXE XVI

Commentaires sur les tableaux 1, 2, 17 et 18

Les tableaux 1, 2, 17 et 18[1] représentent l'évolution, de 1907 à 1981, du nombre d'heures dispensées respectivement par les enseignants titulaires et par les vacataires selon qu'il s'agit d'enseignement de filières ou d'enseignements généraux. Pour ces derniers, les matières enseignées ont été regroupées en 3 sous-ensembles :

– connaissance de la matière première biologique,
– connaissance des matériels et des techniques,
– économie et gestion.

Ceci ne signifie nullement que nous considérons que, dès 1907, ces trois champs de savoir étaient identifiés à l'ENIA. Au contraire, l'école en a pris peu à peu conscience pour finalement ne l'institutionnaliser qu'en 1979.

Ces tableaux ont été établis, selon les différentes années, d'après les sources suivantes :

– pour 1907, d'après une brochure de présentation de l'école[2] ;
– pour 1931, d'après les emplois du temps conservés ;
– pour 1939, d'après un document établi en vue de la préparation de la loi du 5 juillet 1941 ;
– pour 1951, d'après une brochure publiée cette même année, donnant les cours et le nombre d'heures pendant l'année scolaire 1950-1951 ;
– pour 1981, d'après les emplois du temps conservés.

On observe que ces différentes sources peuvent se regrouper de la manière suivante :

---

1 Ces tableaux figurent respectivement en annexe XIV, XV, XIX et XX.

2 Ministère de l'Agriculture, *École nationale des industries agricoles, brasserie-distillerie-sucrerie, conditions d'admission et programmes des cours*, brochure citée, 1907.

- pour 1907, 1951 et 1971, il s'agit de programmes ;
- pour 1931 et 1981, il s'agit d'emplois du temps réels ;
- pour 1939, il s'agit d'un bilan établi après coup, qui peut donc être assimilé au cas précédent.

C'est pourquoi on peut faire l'hypothèse que les valeurs retenues pour les trois premières années citées peuvent avoir été légèrement surévaluées, les chiffres réels ayant, *a priori*, tendance à être inférieurs à ceux annoncés.

L'attention du lecteur est attirée sur le fait que les valeurs figurant dans ces tableaux ne représentent pas toujours le nombre d'heures réellement enseignées. Ce qui figure dans ces tableaux est une grandeur représentative de la place prise par chaque discipline. Il y a équivalence lorsque l'enseignement est donné à toute la promotion ; par contre lorsque, par exemple, un enseignement est dispensé à la moitié de la promotion, c'est la moitié du nombre d'heures réellement professées qui est indiquée.

Pour les années 1971 et 1981, la ventilation entre les options permet de limiter l'écart entre le nombre d'heures réellement dispensées et les valeurs indiquées. Ces options se différencient en troisième année d'études.

Dans l'option A, qui se déroule principalement à Douai, l'accent est mis sur les applications industrielles ainsi que sur la microbiologie.

Dans l'option B, qui se déroule principalement à Massy, l'accent est mis sur les aspects scientifiques autres que la microbiologie. En 1981, cette option se subdivise en deux, orientées respectivement vers les disciplines suivantes :

- l'option B1, la connaissance de la matière première biologique,
- l'option B2, la connaissance des matériels et des techniques.

Enfin l'option C est orientée vers les aspects économiques et sociaux.

Pour ces raisons la structure des tableaux 1 et 2 reflétant l'évolution de l'enseignement de 1907 à 1951, d'une part, diffère de celle des tableaux 17 et 18 reflétant la situation en 1971 et 1981, d'autre part.

ANNEXE XVII

Jean Dubourg (1900-1969)

Né à Bordeaux, fils d'un médecin, il effectue ses études secondaires dans sa ville natale puis devient ingénieur des arts et manufactures[1]. Il commence sa carrière à la chaire de chimie de la faculté des sciences de Bordeaux. Après quelques travaux fondamentaux il devient, en 1928, docteur ès sciences physiques.

Ensuite, il entre aux Raffineries et sucreries Say, où il devient responsable des laboratoires puis, en 1937 au décès de Saillard, il assure la direction du laboratoire central du Syndicat des fabricants de sucre. À la même date, il commence à enseigner à l'École centrale où il est chargé, à partir de 1941, du cours des applications industrielles et agricoles de la chimie organique, ce qui comprend évidemment la sucrerie[2]. Il y devient professeur en 1942 et professeur à l'ENIA en 1943. Compte tenu, à la fois de son titre universitaire et de la multiplicité de ses fonctions, Jean Dubourg assure, dans le système d'expertise de la sucrerie, une fonction au moins équivalente à celle dont disposait Saillard. Conservant également son enseignement à l'École centrale des arts et manufactures, Dubourg dispose ainsi d'un quasi-monopole de la capacité d'expertise en matière de sucrerie. En effet, pendant la majeure partie de la durée de son enseignement à l'École nationale des industries agricoles, les autres enseignements de sucrerie sont ceux professés, d'une part, à l'Institut agronomique par Jean Keilling, professeur renommé[3], mais qui n'est pas un spécialiste de la sucrerie puisqu'il est chargé à la même période d'un cours d'économie laitière à l'ENIA, et d'autre part, à l'École nationale du génie rural par Élie Graveux[4].

---

1 Il appartient à la promotion entrée en 1923.

2 *Agriculture et industrie*, avril 1937, p. 294. Nous sommes également référés à une plaquette publiée, après son décès, par la profession sucrière.

3 Ingénieur agronome INA, promotion 1920.

4 Ingénieur agronome INA, promotion 1909. Elie Graveux fait partie du corps des ingénieurs du génie rural. Il bénéficie d'une audience certaine en matière d'industries

S'appuyant sur l'autorité et l'expérience que lui confèrent ses différentes fonctions, Dubourg publie, en 1952, un ouvrage mettant à jour les connaissances en sucrerie[5] Il acquiert dans son domaine une renommée internationale qui lui vaut d'être élu, en 1962, président de l'*International commission for uniforms méthods of sugar analysis (ICUMSA).*

En décembre 1967, Dubourg prend sa retraite, ce qui fait que la direction du laboratoire du Syndicat des fabricants de sucre n'aura eu que deux titulaires, de 1899 à 1968, disposant tous deux, sauf pour la période de 1934 à 1943, de la chaire de l'École nationale des industries agricoles. Pendant 60 ans, ces deux fonctions auront donc été confondues. Cette situation assure à l'enseignement, ainsi que nous l'avons déjà souligné, un lien étroit avec l'industrie. Toutefois, on est conduit à se demander s'il est normal et même prudent pour une profession de confier sa capacité d'expertise à un seul homme, quelles que soient les qualités de ce dernier.

agricoles puisqu'il est chargé, au congrès des ingénieurs agronomes tenu en décembre 1946, du rapport général sur cette question. Cependant, son expérience professionnelle qui le conduit à être, en particulier en 1928, responsable du service du génie rural à Carcassone (Aude) puis en 1937 à Lyon, ne lui a pas donné une connaissance pratique des problèmes sucriers. *Annuaires des ingénieurs agronomes. Compte rendu du congrès des ingénieurs agronomes*, Paris les 4, 5 et 6 décembre 1946.

5 Dubourg, Jean, *Sucrerie de betterave*, Paris, Nouvelle encyclopédie agricole, J.B. Baillière et fils, 1952.

ANNEXE XVIII

Raymond Guillemet (1896-1951)

C'est dans une famille de forgerons de Vendée qu'il naît en 1896[1]. Il obtient au cours de ses études universitaires un certificat de sciences physiques, chimiques et naturelles puis une licence ès sciences ainsi qu'un titre d'ingénieur chimiste. Assistant puis chef de travaux à la Faculté de médecine de Strasbourg, il s'oriente, après quelques années, vers la chimie biologique, appliquée plus particulièrement au blé et à la panification, consacrant notamment sa thèse de doctorat à la fermentation panaire. En 1939, la direction des Laboratoires du pain lui est confiée et, de 1941 à 1945, il est affecté au Service des recherches du ministère du Ravitaillement. C'est dans ce contexte qu'il crée un laboratoire consacré à la biochimie et à la physico-chimie des céréales qui sera intégré à l'Institut national de la recherche agronomique (INRA) à sa création en 1946. Étienne Dauthy étant sous-directeur de l'enseignement au ministère de l'Agriculture, auquel est rattaché après la guerre le ministère du Ravitaillement, on peut raisonnablement supposer que c'est à son initiative que Guillemet devient directeur de l'école en juin 1946[2].

Soulignons que l'action de Guillemet s'inscrit dans l'« école » du Professeur Émile Terroine, directeur du Centre national de coordination des études et recherches sur la nutrition et sur l'alimentation (CNERNA)

---

1 Auguste Guillemet son père ainsi que son aïeul maternel, Louis Bobin, exercent cette profession. Arch. mun. Sérigné. Acte de naissance de Raymond Guillemet le 16 décembre 1896. Il en est de même de son aïeul paternel, Louis Guillemet. Arch. mun. Fontenay-le-Comte, Vendée. Acte de naissance d'Auguste Guillemet le 23 décembre 1869.

2 Jean Bustarret, inspecteur général de l'INRA, déclare, lors des obsèques de Guillemet, que ce dernier « accepte en juin 1946 la direction de l'ENIA », *Bull. ingénieurs ENIA*, n° 15, janvier-février 1952, p. 15. Voir également : discours du Professeur Mandel au baptême de la promotion 1952-1955, *Bull. ingénieurs ENIA*, n° 20, novembre-décembre 1952, p. 17-22. Nous nous sommes appuyés également sur le témoignage de Jean Claveau, lettre du 17 février 1997. Sur ce dernier, voir chap. « Le projet d'école centrale des industries alimentaires », p. 318.

et membre, depuis 1947, du conseil de perfectionnement de l'école. On relèvera que le professeur Terroine a enseigné, comme Guillemet, à l'Université de Strasbourg.

Handicapé à la suite d'un accident, Raymond Guillemet demande, en 1950, à être relevé de ses fonctions de directeur et rejoint l'INRA tout en conservant, pendant encore une année, son enseignement de biochimie.

ANNEXE XIX

Tableau présentant le nombre d'heures consacrées aux enseignements généraux en 1971 et en 1981

		Option A				Option B		Option B1		Option B2	
Années		1971		1981		1971		1981		1981	
Matières premières	Ens.	Titul.	Vacat.	Titul.	Vacat.	Titul.	Vacat.	Titul.	Vacat.	Titul.	Vacat.
Chimie	Cours	115	52	58	0	115	52	58	8	58	8
	tp	0	84	0	120	0	84	0	120	0	120
Biochimie	Cours	86	30	97	16	86	62	147	66	97	16
	tp	0	84	46	0	0	102	46	0	46	0
Microbiologie	Cours	185	0	145	0	50	0	35	0	35	0
	tp	64	0	72	0	0	0	24	0	24	0
Sous-totaux		450	250	418	136	251	300	310	194	260	144
Matériels et techniques											
Génie industriel	Cours	55	62	71	10	55	112	71	10	140	29
	tp	4	36	34	0	4	46	34	0	34	0
Maths informatique	Cours	8	95	27	0	8	95	27	0	38	6
	tp	10	0	0	0	10	0	0	0	0	0
Physique	Cours	125	0	6	35	125	0	6	35	6	35
	tp	0	90	72	2	0	90	72	2	72	2
Mécanique appliquée	Cours	105	137	50	26	108	137	50	26	60	32
	tp	0	80	50	52	0	80	50	52	50	52
Électricité	Cours	0	30	0	14	0	30	0	14	0	14
Froid	Cours	0	12	0	22	0	12	0	22	0	22
Sous-totaux		310	542	310	161	310	602	310	161	400	192

Économie et gestion											
Économie	Cours	25	59	12	26	25	59	12	26	53	26
	tp	6	52	6	6	6	52	6	6	6	6
Économie alimentaire	Cours	0	0	1	21	0	38	19	21	1	21
	tp	0	0	5	33	0	8	5	33	5	33
Sous-totaux		31	111	24	86	31	157	42	86	65	86
Totaux partiels		791	903	752	383	592	1059	662	441	725	422
Totaux Titul. + Vacat.		1694		1135		1651		1103		1147	

TABLEAU 17 – Nombre d'heures consacrées aux enseignements généraux en 1971 et en 1981.

ANNEXE XX

Tableau présentant le nombre d'heures consacrées aux enseignements de filières en 1971 et en 1981

		Option A				Option B		Option B1		Option B2	
Années		1971		1981		1971		1981		1981	
Filières	Ens.	Titul.	Vacat.	Titul.	Vacat.	Titul.	Vacat.	Titul.	Vacat.	Titul.	Vacat.
Sucrerie	Cours	30	0	57	0	0	0	0	0	0	0
	tp	0	0	24	0	0	0	0	0	0	0
Distillerie	Cours	30	0	50	0	0	0	0	0	0	0
	tp	0	0	25	0	0	0	0	0	0	0
Brasserie	Cours	50	0	60	0	0	0	0	0	0	0
	tp	40	0	0	15	0	0	0	0	0	0
Cidrerie	Cours	0	0	0	0	0	0	0	0	0	0
	tp	0	0	0	0	0	0	0	0	0	0
Laiterie	Cours	50	0	60	0	0	0	0	0	0	0
	tp	0	40	24	0	0	0	0	0	0	0
Industrie des céréales	Cours	0	0	8	0	0	cours	33	0	8	0
	tp	0	0	3	0	0	77	3	0	3	0
Industries produits sucrés	Cours	0	0	0	0	0	tp	0	0	0	0
	tp	0	0	0	0	0	94	0	0	0	0
Fruits et légumes	Cours	0	0	0	0	0	31	0	0	0	0
	tp	0	0	0	0	0	10	0	0	0	0
Industries de la viande	Cours	0	0	0	0	0	55	0	3	0	3
	tp	0	0	0	0	0	8	0	0	0	0
Industries corps gras	Cours	0	0	0	0	0	0	0	0	0	0
	tp	0	0	0	0	0	0	0	0	0	0
Totaux partiels		200	40	311	15	0	275	36	3	11	3
Totaux Titul. + Vacat.		240		326		275		39		14	

TABLEAU 18 – Nombre d'heures consacrées aux enseignements de filières en 1971 et en 1981.

ANNEXE XXI

L'École nationale supérieure d'agronomie et des industries alimentaires de Nancy (ENSAIA)

À l'origine de cette école se trouve l'École de brasserie de Nancy[1], établie à partir du laboratoire de brasserie ouvert le 1er janvier 1893 par l'Université de Nancy avec l'appui de la profession brassicole. L'école elle-même ouvre ses cours le 9 novembre ; elle a donc exactement le même âge que l'ENSIA mais présente, par rapport à elle, deux différences portant sur la filière d'origine, la brasserie, et sur le ministère de tutelle, celui de l'Instruction publique. L'École de brasserie publie, à partir de 1910, la revue *Brasserie et malterie.*

Parallèlement, se créent, également à Nancy, un Institut agricole[2] en 1904 devenu en 1953 École nationale supérieure agronomique ainsi qu'une École de laiterie[3] en 1905, dans les deux cas à l'initiative de l'Université. Ces trois écoles fusionnent en 1972 pour prendre l'actuelle dénomination.

Les études se déroulent sur trois ans et le choix de la spécialisation entre agronomie et industrie alimentaire se fait à la fin de la première année. Alors qu'au moment de la fusion la proportion était de 70 % pour la première orientation et 30 % pour la seconde, la situation, en 1985, tend vers la parité.

On rencontre d'abord à l'ENSAIA, parmi les enseignements spécifiques aux techniques alimentaires, les principaux champs de savoir que nous avons identifiés à l'ENSIA, le génie des procédés alimentaires, la

1 Voir l'excellent article de Voluer, Philippe, « l'École de brasserie de Nancy », in André Grelon et Françoise Birck, (dir.), *Des ingénieurs pour la Lorraine* XIXe-XXe *siècles*, Metz, éd. Serpenoise, 1998, p. 203-213.

2 Échevin, Albert, « L'Institut agricole de Nancy », L'enseignement agricole et les carrières de l'agriculture, *Avenirs*, n° 46-47, déjà cité, p. 42.

3 Veillet, André, « L'École de laiterie de Nancy », L'enseignement agricole et les carrières de l'agriculture, *Avenirs*, n° 46-47, déjà cité, p. 41.

biochimie appliquée, la microbiologie industrielle ainsi que l'économie et la gestion industrielles. En outre, on retrouve à l'ENSAIA, comme il est normal, une spécialisation affirmée dans les deux filières constitutives de l'établissement, sous la forme d'un Institut français des boissons et de la brasserie-malterie qui assure un trait d'union entre la recherche et les industries ainsi que d'un service de « technologie et produits des industries laitières[4] ».

Du fait des origines de l'école, le recrutement a toujours été partiellement ouvert aux titulaires de diplômes universitaires. En 1979, 70 % des élèves sont recrutés selon un concours commun aux écoles nationales supérieures agronomiques et 30 % le sont parmi les titulaires de diplômes d'études universitaires générales (DEUG), quelques places étant offertes aux titulaires du Brevet de technicien supérieur (BTS) ou du Diplôme universitaire de technologie (DUT). Ce recrutement est complété, en deuxième année, par l'admission sur titre, de maîtres ès sciences[5]. En 1985, les étudiants admis en première année ont été au nombre de 101 et ceux en deuxième année se sont élevés à 144[6].

En 1985, l'ENSAIA compte 41 enseignants-chercheurs, dont 6 enseignent également aux universités de Nancy, pour 376 étudiants c'est-à-dire un enseignant pour 9,2 élèves.

Deux caractères donnent à l'ENSAIA une place particulière dans le système français d'enseignement des industries agricoles et alimentaires. C'est, d'une part, la contestation de l'antériorité de la sucrerie dans l'élaboration du savoir des industries alimentaires, d'autre part, la concurrence avec l'ENSIA.

La naissance et le développement de l'ENSIA ont fait ressortir la vitalité de l'industrie sucrière, principalement au XIXe siècle, et placer cette dernière à l'origine, en France, de la dynamique qui fédère, à travers l'enseignement de l'ENSIA, les savoirs des différentes filières de transformation des produits agricoles en produits alimentaires. Or

4 Ministère de l'Agriculture, direction générale de l'enseignement et de la recherche, « L'enseignement supérieur agronomique, agro-alimentaire et vétérinaire », *Annuaire 1985*, Paris, 1985, p. 166-167.

5 « École nationale supérieure d'agronomie et des industries alimentaires de Nancy », Les formations supérieures en sciences et techniques alimentaires, *Regards sur la France*, Paris, éd. Service de presse, édition, information, octobre 1979, p. 143-145.

6 Institut National Polytechnique de Lorraine (INPL), l'École nationale supérieure d'agronomie et des industries alimentaires, *Agriculture*, n° 501, novembre 1985, p. 334-335.

une autre thèse voudrait que ce soit la brasserie qui soit à l'origine de ces industries. Cette thèse s'appuie notamment sur le constat que, dans les pays en voie de développement, c'est la brasserie qui apparaît la première[7]. On doit pourtant constater que l'ENSAIA ne s'est étendue à l'ensemble des IAA qu'à une date récente, alors que l'ENIA a affiché son ambition dès 1893. D'autre part, les congrès internationaux des industries agricoles ont pour origine le congrès de sucrerie et de distillerie de 1905[8]. L'exemple de l'École d'agronomie et des industries alimentaires de Nancy ne nous paraît donc pas en mesure d'infirmer la thèse du rôle pionnier de la sucrerie dans son rôle d'élaboration d'un savoir commun aux industries de transformation des produits agricoles en produits alimentaires.

Il reste que l'origine brassicole de cette école est à souligner. Dès l'origine, l'ENIA et l'École de Nancy sont les deux seules écoles dispensant un enseignement de brasserie, chacune étant située au cœur ou à proximité d'une zone de production. De ce fait, une rivalité s'installe durablement entre ces deux écoles. Nous n'en voudrons pour preuve que deux faits, d'importance inégale mais concordants. D'une part, en juin 1924, la revue *Brasserie et malterie* ne mentionne pas le décès de Georges Moreau qui a enseigné la brasserie à l'ENIA, de l'origine jusqu'en 1921. D'autre part, en 1953, le directeur de l'ENIA se rend auprès du directeur de l'École de Brasserie pour lui proposer une collaboration en vue de l'enseignement de la brasserie et se heurte à un refus :

> M. Bonastre rend compte de ce qu'[...] il s'est rendu auprès de M. Urion, Doyen de la Faculté des Sciences de Nancy, Directeur de l'École de Brasserie, pour connaître exactement les intentions de ce dernier concernant l'évolution de son école. M. Bonastre relate les propositions qu'il fit en son nom personnel, de considérer désormais l'École de Nancy comme une école de spécialisation pour les Ingénieurs des Industries Agricoles qui désireraient s'orienter vers la Brasserie-Malterie. En outre, cet Établissement pourrait se consacrer à la formation des « Ingénieurs de Recherche ». M. Urion n'accepta pas ce point de vue et développa comment il désirait élargir son enseignement en portant la scolarité de 1 à 3 ans et en s'adressant à d'autres professions que la Malterie-Brasserie, sans d'ailleurs préciser lesquelles. Dans ces conditions, l'entente entre les deux Établissements ne paraît pas possible. Il est désirable que la

7 Cette thèse est défendue en particulier par Jean-Michel Clément qui, ayant dirigé les deux écoles, est un témoin particulièrement qualifié.

8 Voir chap. « Le projet des distillateurs », p. 201.

dualité des Établissements entraîne une émulation génératrice de progrès et que la règle du « fair-play » soit observée[9].

À une date beaucoup plus récente, lors d'un sondage effectué auprès des chefs d'entreprise, l'ENSIA et l'École de Nancy font pratiquement jeu égal[10]. Cette dernière se distingue de l'ENSIA, à la fois par son lien avec l'Université ainsi que par la présence, dans le même établissement, de l'enseignement de l'agronomie et des techniques des industries agricoles et alimentaires.

Au début des années 2000, l'ENSAIA est la véritable concurrente de l'ENSIA.

9 Procès-verbal du *Conseil d'administration* du 15 décembre 1953, Archives ENSIA.

10 « Palmarès 1984 : les patrons jugent les écoles », *le Monde de l'éducation*, juillet-août 1984, p. 40. Il y est précisé, à propos de l'ENSAIA que : « sa réputation approche celle de l'INA » (Institut national agronomique).

ANNEXE XXII

Enseignements généraux

Années	1907	1931	1939	1951	option A		option B	option B1	option B2
					1971	1981	1971	1981	1981
Connaissance de la matière première biologique									
heures	263	213	240	656	700	554	551	504	404
%	*31,20*	*27,99*	*27,81*	*37,27*	*41,32*	*48,81*	*33,37*	*45,69*	*35,22*
Connaissance des matériels et des techniques									
heures	371	407	437	967	852	471	912	471	592
%	*37,60*	*53,48*	*50,64*	*54,94*	*50,3*	*41,5*	*55,24*	*42,70*	*51,61*
Connaissance des hommes									
heures	263	141	186	137	142	110	188	128	151
%	*31,20*	*18,53*	*21,55*	*7,79*	*8,38*	*9,69*	*11,39*	*11,61*	*13,17*
Totaux									
heures	843	761	863	1760	1694	1135	1651	1103	1147
%	*100*	*100*	*100*	*100*	*100*	*100*	*100*	*100*	*100*
Totaux généraux des heures de cours	**2130**	**1526**	**1358**	**2546**	**2914**	**2701**	**2906**	**2382**	**2401**

TABLEAU 21 – Enseignements généraux. Évolution de la part consacrée aux principaux champs du savoir.

ANNEXE XXIII

L'École nationale du génie rural des eaux et des forêts (ENGREF)

L'ENGREF est un établissement public sous tutelle du ministère de l'Agriculture et de la pêche. Elle forme des ingénieurs de haut niveau à la forêt et à la gestion des politiques publiques dans le domaine de l'environnement, des ressources naturelles et de la biodiversité, comme dans celui de l'aménagement et du développement durable des territoires.

Héritière de plusieurs écoles dont la plus ancienne est l'École des eaux et forêts, fondée en 1824, l'ENGREF forme à des métiers pour lesquels la connaissance des milieux vivants est le fondement de l'action. On soulignera à cette occasion que l'établissement du *Code forestier* en 1827 constitue, à notre connaissance, la toute première ébauche d'une démarche de développement durable dans notre pays. L'ENGREF est implantée sur différents sites : Paris (environnement, agro-alimentaire), Nancy (forêts), Montpellier (eau), Clermont-Ferrand (aménagement et développement des territoires), Kourou (forêt humide) et Nogent-sur-Vernisson (arboretum des Barres)[1].

Recevant 420 étudiants pour 40 enseignants-chercheurs et cadres scientifiques, l'ENGREF, pour ses deux cursus d'ingénieurs, recrute : à Bac + 2 pour la formation des ingénieurs forestiers (FIF) et à Bac + 5 pour le corps du Génie rural, des eaux et des forêts (GREF)[2]. La formation forestière, en trois ans, a pour mission de former des ingénieurs capables de gérer les espaces forestiers et, plus généralement, préserver durablement les espaces naturels. La formation GREF, en 2 ans post-master, forme des ingénieurs des milieux et de la complexité dans les domaines de l'eau, de la forêt, de l'environnement et des politiques agricoles et

---

1 L'arboretum des Barres a été repris par l'Office national des forêts en 2009.

2 Ce corps a été intégré depuis 2009 dans celui des ingénieurs des Ponts des eaux et des forêts.

alimentaires et du développement des territoires. Elle propose également des formations au niveau master, des masters spécialisés (Gestion de l'eau – Forêts, nature et société – Développement local et aménagement du territoire –Systèmes d'informations localisées pour l'aménagement du territoire – Ingénierie et gestion de l'environnement – Économie et politiques agricoles) et doctorat (École doctorale) et assure une formation complémentaire par la recherche.

École de 3e cycle, l'ENGREF développe une politique de recherche et de formation doctorale. Elle est membre de 4 écoles doctorales dont ABIES (Agriculture, alimentation, biologie, environnement, santé), en liaison avec ses partenaires d'établissements d'enseignement supérieur et de recherche. Elle délivre des doctorats depuis 1989 et ses 13 unités de recherche sont dédiées en particulier aux thèmes suivants ; hydrologie, science de l'eau, biologie forestière, science du bois, économie de l'environnement et des ressources naturelles, analyse et modélisation des systèmes biologiques.

Les débouchés sont constitués, pour les ingénieurs fonctionnaires, par les services déconcentrés et centraux du ministère de l'Agriculture ou de l'Environnement ainsi que les établissements publics sous tutelle dont l'Office national des forêts (ONF) et les établissements publics à caractère scientifique et technologique (EPST). Elle prépare les ingénieurs civils à des carrières dans les entreprises nationales ou internationales, bureaux d'études ou de conseil, ingénierie et organisations professionnelles. Elle ouvre également à l'enseignement et à la recherche[3].

3 Source : Dossier de presse, *Création d'AgroParisTech*, 17 janvier 2007, p. 13.

ANNEXE XXIV

L'Institut national agronomique Paris-Grignon (INA-PG)

C'est la fusion, le 1er janvier 1972, de l'Institut national agronomique fondé en 1850[1], d'une part et de l'École nationale supérieure d'agronomie de Grignon fondée en 1826, d'autre part, qui est à l'origine de cet établissement.

L'INSTITUT NATIONAL AGRONOMIQUE AVANT 1972

En fait le premier Institut national agronomique créé en 1850 et installé à Versailles n'eut qu'une existence éphémère et ferma en 1852. Recréé en 1876, cet établissement s'installe provisoirement dans les locaux du Conservatoire des arts et métiers. À partir de 1886, l'Institut agronomique reprend les anciens locaux de l'École de pharmacie de la rue de l'Arbalète à Paris et ne s'y installe définitivement qu'en 1890[2].

Dès l'origine Aimé Girard[3] en est le premier professeur de « technologie agricole[4] ». En1887 il est décidé d'y créer des « Laboratoires-écoles

---

1 Sur la création de l'Institut national agronomique de Paris et le rôle qu'a joué Eugène Tisserand, voir chap. « Le projet des sucriers », p. 115.

2 Legros, Jean-Paul et Argelès, Jean, *la Gaillarde à Montpellier*, Montpellier 1986, p 45-47. C'est un décret du 23 décembre 1882 qui affecte ces terrains à l'Institut agronomique, mais les crédits ne sont attribués que par une loi du 6 août 1888, *Bull. min. Agriculture*, 1888, n° 5, p. 442.

3 Sur Aimé Girard, voir Introduction p. 40. Sur son rôle dans la création de l'ENSIA, voir chap. « Le projet des sucriers », p. 116.

4 Pour l'emploi du terme « technologie », voir chap. « Le projet des sucriers », p. 117, note 71.

de brasserie, de distillerie, de sucrerie, de féculerie, etc.[5] » pour lesquels l'Association des chimistes manifeste son intérêt, considérant qu'il s'agit d'« un commencement de satisfaction donnée à nos demandes réitérées de création d'écoles de sucrerie et de distillerie[6] ». Émile Duclaux, disciple de Pasteur, y enseigne la microbiologie de 1891 à 1901[7]. C'est Léon Lindet[8] qui succède, en 1891, à Aimé Girard.

On relève que les deux premiers professeurs chargés de l'enseignement des industries agricoles à l'Institut agronomique ont été admis à l'Académie des sciences[9].

LA SECTION D'ÉTUDES SUPÉRIEURES DES INDUSTRIES DU LAIT

La création, en 1931, d'une formation supérieure des ingénieurs et cadres des industries du lait, est la principale initiative prise dans le domaine des industries agricoles et alimentaires avant 1940[10]. Le directeur en est Gustave Guittoneau, ingénieur agronome, qui dirige également le laboratoire de fermentations de l'Institut agronomique ainsi que le laboratoire de recherches laitières créé en 1929 à l'Institut de recherches agronomiques[11]. C'est ce dernier établissement qui assure le soutien logistique et intellectuel de cet enseignement lequel s'étend sur une année scolaire et comprend en particulier des sessions pratiques dans des écoles d'industries laitières[12].

5 *Journal officiel* du 27 décembre 1887, p. 5715. L'arrêté ministériel est du 24 décembre 1887.

6 *Bull. chimistes*, t. 5, 15 février 1888, p. 541. Ces laboratoires de fermentations se développent puisqu'ils sont signalés en 1902.

7 Émile Duclaux est l'un des concepteurs de l'enseignement de la brasserie à l'ENSIA, voir chap. « Le projet des sucriers », p. 120. Il devient directeur de l'Institut Pasteur après la mort de son fondateur, voir chap. « Le projet des distillateurs », p.194.

8 Sur Léon Lindet, voir chap. « Le projet du génie industriel alimentaire », p. 403.

9 Au début du XXe siècle, un nombre non négligeable de professeurs de l'INA, 5 sur 23, sont membres de l'Institut. *Annuaire du ministère de l'Agriculture, 1900*, p. 43-44.

10 Cette section est créée administrativement par un arrêté ministériel du 22 novembre 1929, mais les études n'y commencent qu'à la rentrée 1931.

11 Cet Institut créé en 1921, a précédé l'INRA devenu, depuis le 1er janvier 2020, l'INRAE.

12 Le programme de la session 1954-1955 comprend ainsi : un stage en usine d'une durée de deux mois et demi, un enseignement pratique des fabrications d'une durée de deux

La création, en 1962, par l'Université de Caen et avec l'appui de la chaire d'enseignement des industries agricoles de l'École de Grignon, d'un diplôme d'études approfondies de sciences alimentaires, orienté spécialement vers le lait, vient modifier cette situation[13]. Dès 1963, l'Institut agronomique décide, de transformer la section du lait et de la scinder, d'une part, en un troisième cycle de science du lait et, d'autre part, en un Institut d'études supérieures d'industrie et d'économie laitières (IESIEL)[14].

Le but est de recentrer le dispositif vers la formation d'ingénieurs pour l'industrie laitière. Un effort particulier y est fait, à l'initiative d'André Camus[15] et du professeur Pierre Tabatoni[16], pour développer, comme le nom du nouvel établissement l'indique, les aspects économiques de l'industrie laitière. Le nouvel établissement obtient, dès 1964, l'autorisation de délivrer un titre d'ingénieur[17]. Une coopération s'établit également rapidement avec la formation de troisième cycle de Caen et de Grignon, puisque le Professeur Jacquet, responsable de cette formation à l'Université de Caen, siège au conseil de perfectionnement de l'IESIEL dès 1965[18].

En 1966, l'enseignement est fixé à 14 mois, dont trois mois de stage[19]. L'établissement fait appel à de très nombreux intervenants extérieurs ayant une activité dans l'industrie ou dans des organisations professionnelles. C'est ainsi que, pour la session 1966-1967, sur 56 intervenants, 13 appartiennent au secteur public, 12 à des organisations professionnelles

---

mois dans une des écoles d'industries laitières, Surgères (Charente maritime) pour la beurrerie, Aurillac (Cantal) pour la fabrication des fromages à pâte molle, Poligny (Jura) ou la Roche-sur-Foron (Haute-Savoie) pour la fabrication des fromages à pâte cuite ainsi qu'éventuellement un voyage d'études, *Bull. anciens élèves de l'ENIA*, n° 29, 1954. p. 47.

13 Association des anciens élèves de la Section du lait, *Annuaire 1962*, p. 15.

14 Arrêté ministériel du 16 juillet 1963, *Journal officiel*, 9 août 1963, p. 7395. Une tentative de créer un établissement analogue avait déjà eu lieu, sans succès, en 1947. Mission des archives du ministère de l'Agriculture.

15 André Camus, directeur de recherches à l'Institut national de la recherche agronomique, a enseigné à l'ENIA, voir chap. « Le projet d'école centrale des industries alimentaires », p. 288. Il est le conseiller pédagogique de l'IESIEL pour les aspects scientifiques et techniques.

16 Le Professeur Tabatoni enseigne à la faculté de droit de Paris et est le conseiller pédagogique pour les questions d'économie de l'entreprise.

17 Lettre du 21 mai 1964 du directeur de l'Institut agronomique, Mission des archives.

18 Procès-verbal de la réunion du 2 juillet 1965. Il semble qu'il s'agisse de la première réunion de ce comité de perfectionnement. Mission des archives.

19 Arrêté ministériel du 28 mars 1966, *Journal officiel*, 29 mai 1966, p. 4330.

laitières ou agricoles, et 31 à l'industrie privée. En 1988, l'IESIEL se décentralise à Caen.

Le recrutement de la Section du lait se fait, à l'origine, non seulement auprès des ingénieurs agronomes[20] mais également auprès des vétérinaires et des professeurs départementaux d'agriculture ainsi qu'auprès des diplômés des écoles nationales d'industrie laitière. Les ingénieurs des industries agricoles sont admis pour leur troisième année à partir de 1947. Cet enseignement est ouvert également aux étrangers[21]. D'un examen plus attentif de l'origine des étudiants, de l'origine à 1961, on peut relever, successivement, le faible nombre des ingénieurs ENSIA, dû à la date tardive à laquelle ils ont été admis ; le passage parmi les ingénieurs agronomes, d'André Bonastre directeur de l'ENSIA de 1950 à 1977. À partir de la mise en place de l'IESIEL, sur la période couvrant les années scolaires 1963-1964 à 1969-1970 inclus, on constate que, par leur origine les étudiants se répartissent en trois groupes principaux : d'abord les titulaires d'un diplôme d'études approfondies de l'Université de Caen, ensuite les ingénieurs des industries agricoles et alimentaires et les agronomes et enfin les techniciens supérieurs issus des écoles d'industries laitières. Durant cette période, on compte 57 élèves, soit une moyenne d'un peu plus de 8 par année. Le nombre d'élèves admis s'accroît ensuite, puisqu'il est de 17 pour la session 1970-1971[22].

Rappelons que l'industrie laitière représente en valeur en 1985, plus de 17 % de la totalité des industries agricoles et alimentaires[23]. C'est cette importance économique qui justifie que nous nous soyons arrêtés sur cette formation.

20 Le terme d'ingénieur agronome est employé ici dans le sens résultant de la loi du 2 août 1960, voir chap. « Le projet du génie industriel alimentaire », p. 393.

21 « La Section d'études supérieures des industries du lait », *Bull. ingénieurs agronomes*, février 1934, p. 63-66.

22 Mission des archives, Archives IESIEL.

23 Ministère de l'Agriculture, Service central des enquêtes et études statistiques, série études nº 262. *Enquête annuelle d'entreprise 1985*, juin 1987. Cette enquête concerne la totalité des IAA, y compris la vinification.

L'ÉCOLE NATIONALE SUPÉRIEURE AGRONOMIQUE DE GRIGNON AVANT 1972

Cette école a déjà été citée à plusieurs reprises, à la fois dans le parcours de l'ENSIA et dans les débats concernant l'évolution de l'enseignement des industries agricoles et alimentaires. Rappelons, tout d'abord, qu'à l'origine de l'Association des chimistes de sucrerie, c'est le professeur de chimie agricole de Grignon, Pierre-Paul Dehérain, qui en devient le président[24] et qu'il sera le seul à occuper cette fonction durant 7 années consécutives. Ensuite, c'est le sous-directeur de l'École de Grignon de 1887 à 1891, Albert Orry qui occupe, la même fonction à l'ENIA de 1896 à 1903 puis, de manière très éphémère, celle de directeur intérimaire avant de décéder en 1904[25]. Puis, lors de la préparation de la loi du 2 août 1918, il est envisagé de transférer ENIA à Grignon[26].

Plus récemment, dans les années qui suivent la Libération, lors du débat sur la formation des ingénieurs pour les industries agricoles et alimentaires, Roger Veisseyre, professeur d'industries agricoles à Grignon, manifeste, dès 1953, son intérêt pour la transposition à son domaine, de la démarche du génie chimique[27]. Enfin, en 1962, l'école intervient lors du réaménagement de l'enseignement supérieur de la laiterie en le coordonnant à celui de l'IESIEL ainsi que cela vient d'être exposé.

Si le projet de transfert de l'ENIA ne s'est pas concrétisé, soulignons par contre l'importance du premier et du dernier des épisodes qui viennent d'être rappelés. La brièveté de ce rappel de la place de l'École de Grignon dans l'enseignement des industries alimentaires n'en exclut nullement, bien au contraire, l'importance.

---

24 Voir chap. « Le projet des sucriers », p. 100.

25 *Bull. chimistes*, t. 21, juin 1904, p. 1279. Risch, Léon, Brétignière, Lucien, Guicherd, Jean, Jouvet, F., *Grignon (le château et l'École)*, Paris, éd. La Bonne Idée, 1926, p. 92.

26 Voir chap. « Le projet des distillateurs », p. 168-171.

27 Voir chap. « Le projet d'école centrale des industries alimentaires », p. 300.

ANNEXE XXV

Les relations entre l'École nationale supérieure des industries agricoles et alimentaires et l'Institut national agronomique Paris-Grignon

Cette relation nous paraît caractérisée à la fois par l'ancienneté, la permanence et la complexité.

L'ancienneté est caractérisée par le fait que, dès l'origine, Eugène Tisserand[1], concepteur de l'enseignement agricole à la fin du XIXe siècle, a voulu que l'École des industries agricoles puisse être une école d'application de l'Institut agronomique. Alors que cette possibilité n'avait pas été envisagée lors des travaux préparatoires et ne figurait pas dans le texte de la loi du 23 août 1892, elle est introduite dans l'article 1er de l'arrêté ministériel fondateur du 20 mars 1893. Cette disposition se traduit faiblement sur le plan numérique puisque seulement 6 ingénieurs agronomes suivent ce parcours, mais elle est renforcée par la loi du 2 août 1918 qui ne présente l'ENIA que comme une école d'application[2]. Cette référence reste ensuite constante jusqu'en 1939[3].

Plus généralement, c'est la permanence de cette relation qui est à noter et qui nous paraît être passée par les phases suivantes : d'abord de l'origine à 1939, la complémentarité, ensuite, de 1940 à 1960, un appui car l'Institut agronomique abrite une partie de l'ENIA, la direction et certains laboratoires et enfin, à partir de 1961, la concurrence.

---

1 Sur Eugène Tisserand, voir chap. « Le projet des sucriers », p. 115-116 et annexe IV.

2 Voir chap. « Le projet des distillateurs », p. 172.

3 *L'Annuaire de l'association des anciens élèves de l'Institut agronomique* de 1928 présente l'École des industries agricoles parmi les « Écoles et sections d'application pour les ingénieurs agronomes ». Il en est de même en 1937. Par contre, l'annuaire 1956 ne fait plus référence à l'ENIAA parmi les écoles d'application.

Dès 1931, la création par l'Institut agronomique de la Section d'études supérieures du lait, constitue un obstacle majeur à l'ambition de l'ENIA de fédérer l'ensemble des savoirs relatifs à la transformation des produits agricoles en produits alimentaires. La transformation de cette section en IESIEL, intervenue en 1963[4], accentue cette situation.

Cette concurrence est renforcée, à la fois par le développement des industries agricoles et alimentaires stimulées par l'ouverture du marché de la communauté économique européenne ainsi que par la loi du 2 août 1960 laquelle est ressentie comme un abaissement relatif de l'Institut agronomique. Les ingénieurs des industries agricoles et alimentaires cherchent, dans ce contexte, à affirmer leur spécificité[5].

Mais rien ne paraît plus révélateur, à la fois de la permanence et de la proximité de la relation qui s'établit entre les deux écoles, que le fait que, sur les 114 années d'existence indépendante de l'ENSIA, la direction de l'école aura été assurée pendant 88 d'entre elles, soit plus de 77 % de la durée, par un ingénieur issu de l'Institut agronomique[6]. Par contre, aucun ingénieur issu de l'ENSIA n'a assuré cette fonction et plusieurs directeurs ont eu une autre formation[7]. Cette situation qui ne se retrouve dans aucune autre école dépendant du ministère de l'Agriculture tendrait à conclure à un rapport de subordination d'une école par rapport à l'autre, subordination renforcée par l'appui apporté par l'hébergement partiel de l'ENIA, de 1940 à 1960.

Cependant, un examen plus approfondi nous montre que cette relation est plus complexe. En effet, de 1919 à 1934, et alors que l'ENSIA est encore dans une période de marasme relatif, elle est néanmoins présentée comme une école d'application de l'Institut agronomique et sur le même plan que des écoles prestigieuses comme celle des Eaux et forêts ou celle des Haras. Par contre, de 1940 à 1960, et alors que

4 Voir annexe XX.

5 Conseil général du 7 juin 1973. Archives ENIA.

6 Il s'agit de : Albert Orry, intérim (1903-1904), Urbain Dufresse (1904-1930), Georges Pagès (1930-1934), Étienne Dauthy (1934-1940) et intérim (1943-1946), Édouard Dartois (1940-1943), André Bonastre (1950-1977). Jean-Michel Clément (1977-1987), Bernard Guérin (1987-1997). La continuité de 1903 à 1946, ainsi que de 1950 à 1997 est à souligner.

7 Il s'agit de : Auguste Nugues, ingénieur chimiste (1893-1896), Adolphe Manteau, issu de l'École d'agriculture de Grignon (1896-1903), Raymond Guillemet, universitaire (1946-1950) et Yves Demarne, ingénieur agronome (1997-2006).

l'ENIA connaît un très net regain de vitalité, cette relation s'inverse car c'est au contraire l'Institut agronomique qui, en venant la concurrencer sur l'une des filières économiquement les plus importantes, celle du lait, joue de fait dans cette circonstance le rôle d'école d'application de l'ENSIA.

Après 1960, l'ENSIA s'affirme sur ce secteur qui apparaît porteur[8]. Ce qui, d'un côté, peut sembler une prétention excessive étant donné la hiérarchisation de fait des grandes écoles françaises peut, d'un autre côté, paraître fondé. En effet, l'Institut agronomique, qui dispose pourtant sur ce secteur d'un professeur de grande renommée en la personne de Jean Keilling[9] tarde à mesurer l'importance que prennent les industries agricoles et alimentaires.

Il paraît toutefois nécessaire de vérifier dans quelle mesure cette ambition de la communauté ENSIA est économiquement fondée en comparant les parts respectives dans l'économie nationale, de l'agriculture d'une part, et des industries agro-alimentaires d'autre part. Or, on constate que, sur la période allant de 1960 à 1969, la part de la valeur ajoutée[10] de l'agriculture décline régulièrement, alors que celle des industries agro-alimentaires croît très légèrement. Par contre, sur la période allant de 1970 à 1986, si la part de la première de ces activités continue à décliner, toutefois moins fortement que pendant la période précédente, la part de la seconde présente une légère tendance à la baisse. On observe donc, dans les années 1980, une diminution du déclin relatif de l'agriculture et une légère baisse de la part des industries agro-alimentaires. L'ambition de l'ENSIA de supplanter l'Institut agronomique au seul motif du déclin relatif de l'agriculture et de la montée en puissance des industries agro-alimentaires, ne paraît donc pas économiquement fondée.

Plus généralement, on constate que la communauté ENSIA, à la fois consciente du dynamisme de l'enseignement qui y est dispensé mais

8 La coïncidence de la loi du 2 août 1960 et du début de l'enseignement de Marcel Loncin renforce la suprématie de l'ENSIA dans ce domaine.

9 Jean Keilling enseigne l'économie laitière à l'ENSIA de 1947 à 1957, voir chap. « Le projet d'école centrale des industries alimentaires », p. 288. Il est également l'un des concepteurs de l'ENSBANA, voir chap. « Le projet du génie industriel alimentaire », p. 416.

10 Le critère utilisé a été le pourcentage de la valeur ajoutée de chacune des deux branches respectives dans la valeur ajoutée de l'ensemble des branches.

également indisposée par « l'ombre que lui porte l'Agro[11] », a été parfois traversée par une tentation que nous qualifierons d'« oedipienne[12] ».

11 L'expression est employée par Jean-Michel Clément quand il fait part, en 1985, de son intention de poser sa candidature au poste de directeur de l'Institut agronomique.

12 L'expression est de Marc Danzart, professeur de mathématiques et d'informatique à l'ENSIA, observateur particulièrement qualifié puisque n'étant originaire d'aucune des deux écoles, il a enseigné successivement dans chacune d'entre elles. Nous remercions très vivement Marc Danzart pour la pertinence de ses conseils.

ANNEXE XXVI

L'outil informatique

Le parti a été adopté de traiter, de manière plus ou moins complète, l'ensemble des anciens élèves de l'ENSIA depuis l'origine jusqu'à ceux entrés en 1965 et qui donc ont été formés jusqu'en 1968[1]. Cette recherche a été conditionnée par deux contraintes. Tout d'abord, une comparaison avec la recherche de Pierre Bourdieu a été recherchée. Ensuite, il a été pris pour borne supérieure dans le temps, l'année 1986, année à laquelle l'école a quitté le site de Douai.

C'est d'abord la population des ingénieurs ENSIA prise en compte qui est définie. Ce sont ensuite les caractéristiques retenues pour identifier les individus qui sont présentées avant de préciser comment a été conduite l'analyse des carrières[2].

LA POPULATION DES INGÉNIEURS ENSIA PRISE EN COMPTE

Cette population se répartit en 4 groupes.

1) Les ingénieurs entrés avant 1914

La sous population entrée avant 1914 s'élève à 443 ingénieurs pour lesquels l'origine des grands-parents a pu être reconstituée. Les parcours individuels de 18 d'entre eux ont été établis.

---

1 La durée des études, à ce moment est de 3 années.

2 Nous remercions très vivement Marc Danzart, cité en annexe XXV, pour la pertinence de ses conseils concernant le traitement informatique de cette recherche. Les suggestions de Claude Millier nous ont, par ailleurs été très utiles et nous l'en remercions très vivement.

2) Les ingénieurs entrés de 1919 à 1939

Ce sont les contraintes légales d'accès à l'état civil qui ne nous ont pas permis de retrouver l'origine des grands-parents des élèves entrés de 1919 à 1939 dont le nombre s'élève à 579. Parmi eux 5 parcours individuels ont pu être établis.

3) Les ingénieurs entrés de 1941 à 1954

Cette sous-population est de 452 individus. On dispose, pour cette sous période, de 12 parcours individuels.

C'est donc la totalité des ingénieurs ENSIA entrés de l'origine à 1954 pour lesquels nous avons pu rassembler la totalité des informations disponibles, à la fois sur l'origine et la carrière. Cette sous-population représente 1474 individus.

4) Les ingénieurs entrés de 1955 à 1965

Cette sous-population comprend 421 individus. Les parcours individuels de 6 d'entre eux, concernant principalement des enseignants de l'ENSIA ont pu être établis. En outre, il a paru nécessaire de présenter le parcours de 2 ingénieures entrées après 1965.

Nous avons donc pris en compte, de manière plus ou moins complète, les parcours de 1895 anciens élèves entrés à l'ENSIA depuis l'origine jusqu'en 1965. C'est en quelque sorte le fondement socioprofessionnel de l'ENSIA qui est présenté.

LA CARACTÉRISATION DES INDIVIDUS ÉTUDIÉS

S'agissant de l'histoire d'une école, le parcours des individus concernés a été scindé en deux : avant l'entré à l'école ils sont qualifiés d'étudiants et après leur entrée ils sont qualifiés d'ingénieurs. Le parti a été adopté que la carrière d'un ingénieur commence à son entrée à l'école.

Plusieurs critères ont été pris en compte pour caractériser cette population.

LE NIVEAU SCOLAIRE ET UNIVERSITAIRE

La formation reçue avant l'entrée à l'école est caractérisée, à la fois, par le type d'établissement fréquenté ainsi que par le statut de cet établissement selon qu'il appartient au secteur public ou au secteur privé et enfin par les diplômes obtenus.

LE MILIEU PROFESSIONNEL

Le milieu professionnel est caractérisé par la catégorie socioprofessionnelle et par l'activité. Les catégories socioprofessionnelles ont été regroupées de manière simplifiée en 21 niveaux dits C 21. Ce regroupement a été établi spécialement pour cette recherche, en s'inspirant largement de la *Nomenclature des professions et catégories socioprofessionnelles (PCS)* utilisée par l'INSEE depuis 1982[3]. Toutefois, dans le souci d'avoir des sous-populations disposant d'un effectif supérieur à 100 ou voisin de cette valeur, plusieurs catégories socioprofessionnelles ont été, dans certains cas, regroupées en 13 niveaux, dénommés C 13[4]. Le détail de ces regroupements de catégories socioprofessionnelles est donné en annexe XXVII.

Les activités ont été caractérisées à partir de la *Nomenclature d'activité et de produits (NAP 1973)*[5]. Cette nomenclature a été utilisée de préférence à la *Nomenclature d'activités française (NAF)*[6] en usage depuis 1992 car elle nous paraît mieux convenir à la période étudiée. Ces activités ont été plus précisément regroupées en 21 niveaux dénommés A 21, en détaillant plus particulièrement, pour les besoins de cette recherche, les industries agro-alimentaires. Elles ont été regroupées à un niveau

3 Desrosières, Alain, Thévenot, Laurent, *Les catégories socioprofessionnelles*, Paris, La Découverte, 4e éd., 2000.

4 C'est ainsi que les ingénieurs, les cadres administratifs et les cadres commerciaux des entreprises constituent, à l'exception des directeurs, les cadres supérieurs d'entreprise et leur effectif est de 195, soit 10 % de la population totale des parents des étudiants de l'ENSIA. Les hauts fonctionnaires, les officiers et les cadres supérieurs de la fonction publique constituent, en y incluant les parlementaires, les catégories supérieures de la fonction publique. Les artisans et les commerçants constituent deux catégories proches du point de vue socioprofessionnel. Les employés constituent un groupe socioprofessionnel bien identifié. Il en est de même pour les ouvriers.

5 Nomenclature d'activité et de produits (NAP 1973), *Journal officiel*, Paris, 1973.

6 Depuis 2009, cette nomenclature a été remplacée par la *Nomenclature statistique des activités économiques dans la Communauté européenne (NACE).*

plus détaillé, dénommées A 25 afin de faire ressortir certaines activités concernant les industries agro-alimentaires. Dans certains cas un regroupement beaucoup plus large en 6 niveaux (A 6) s'est avéré nécessaire. Le détail de ces regroupements d'activités est donné en annexe XXVIII.

La localisation géographique et la nationalité des individus pris en compte a été présentée précédemment[7].

L'ANALYSE DES CARRIÈRES DES INGÉNIEURS ENSIA

À l'origine, le parti avait été adopté d'évaluer ces situations tous les 10 ans. Toutefois, dans la mesure de l'information pouvant être recueillie sur la situation des ingénieurs, c'est-à-dire des annuaires disponibles, il a été recherché les dates les plus voisines des recensements généraux de la population (RGP) afin de pouvoir situer la place des ingénieurs ENSIA dans la société française. C'est ainsi que nous avons été conduits à retenir plus précisément les situations en : 1921, 1929, 1937, 1948, 1959, 1970, 1975 et 1982. Les écarts entre deux situations varient donc de 5 ans à 11 ans avec une moyenne d'à peine 9 ans[8] . C'est pourquoi nous avons pu, en définitive, raccourcir cette périodicité à 9 années environ.

LA CONSTITUTION DES COHORTES

Le parti a été adopté, à l'origine de cette recherche, d'évaluer la place occupée par les ingénieurs des industries agricoles et alimentaires à partir de la « situation professionnelle la plus représentative » c'est-à-dire celle atteinte entre 50 et 60 ans. Étant donné que l'âge moyen d'entrée se situe autour de 20 ans, ceci revient à retenir la situation entre 30 et 40 ans après l'entrée à l'école. Ceci permet de constituer des cohortes[9]qui sont récapitulées dans le tableau 32[10].

---

7 Voir plus particulièrement chap. « Le paradoxe des ingénieurs des industries agricoles et alimentaires », p. 520.

8 Seules les situations en 1921, 1975 et 1982 sont rigoureusement synchrones avec des RGP, les écarts étant d'un an pour la situation en 1937 par rapport au RGP de 1936, de 2 ans pour les situations en 1929 par rapport à celui de 1931, en 1948 par rapport à celui de 1946, ainsi que pour celle en 1970 par rapport à celui de1968 et enfin de 3 ans pour celle en 1959 par rapport à celui de1962.

9 Voir : Vigreux, Pierre, *La naissance, le développement et le rôle de l'École nationale supérieure des industries agricoles et alimentaires, 1893-1986*, thèse de doctorat en histoire, Université de Paris XII-Créteil 2001. chap. 13, p. 382-383.

10 Voir annexe XXIX.

Étant donné la borne supérieure dans le temps adoptée pour cette recherche, on constate qu'il n'est pas possible de connaître la situation la plus représentative des ingénieurs de la dernière cohorte. Ces situations correspondent aux années allant de 1929 à 1982. Il est indiqué l'âge moyen des individus de chacune des cohortes, l'année pendant laquelle la situation professionnelle est étudiée, ainsi que les âges du plus âgé et du plus jeune des individus de chacune de ces cohortes. Les âges extrêmes sont de 68 ans pour le plus âgé de la 3e cohorte et de 46 ans pour le plus jeune de la 2e cohorte, l'écart maximal dans une cohorte étant celui de la 2e et 3e cohorte qui est de 17 années. On constate que l'âge moyen des ingénieurs de chaque cohorte, au moment de la situation professionnelle la plus représentative, ne varie que de 53 à 56 ans, donc très peu. Il n'en est pas de même pour les âges extrêmes puisque l'écart entre le plus jeune et le plus âgé, à l'entrée, varie, selon les cohortes, de 10 à 17 ans[11]. Ceci provient de la très grande dispersion des âges à l'entrée à l'école avant 1914, conséquence de sa faible attractivité à l'époque.

Par ailleurs, il est nécessaire, pour que l'estimation de la place des ingénieurs ENSIA soit pertinente, de tenir compte du fait que l'échantillon étudié ne représente qu'une borne inférieure de la sous-population réelle. Ce sont ceux pour lesquels l'information étudiée a pu être recueillie. De manière analogue, il existe une borne supérieure constituée par la sous-population totale, diminuée de ceux dont on est sûr qu'ils sont décédés au moment considéré. Cette évaluation ne correspond pas non plus à la sous-population réelle puisque, parmi les individus sur lesquels nous n'avons aucune information, certains ont pu décéder avant la date considérée.

LA PLACE DES INGÉNIEURS ENSIA DANS LA POPULATION ACTIVE EN 1959

Les données relatives à cette question sont rassemblées dans le tableau 34 qui nécessite certaines précisions. Tout d'abord, il faut rappeler que ces valeurs sont obtenues à partir de :

11 Sur l'ensemble de la sous-population ainsi étudiée, qui est de 1474 individus, le taux d'informations parfois partielles sur la situation atteinte aux environs de 55 ans est de 61 %.

- INSEE, *Recensement général de la population 1954, Population active*, p. 66 ;
- INSEE, *Recensement général de la population 1962, Population active*, tableau 1, p. 68-69.

Pour l'établissement de ce tableau, les caractéristiques nécessaires à l'estimation de la place des ingénieurs ENSIA en 1959 sont obtenues en interpolant les données des recensements généraux de la population, effectués respectivement en 1954 et 1962. En outre, il est tenu compte de ce que les valeurs de la population active ont été obtenues à partir d'un sondage au 1/20. Cette situation entraîne une marge d'erreur qui, en première approximation, peut être représentée par : $\pm 4\sqrt{n}$ (n étant le nombre lu)[12].

C'est pourquoi il a été donné une borne inférieure et une borne supérieure pour les résultats du RGP.

LA MOBILITÉ SOCIOPROFESSIONNELLE SUR DEUX GÉNÉRATIONS

Pour la recherche de la mobilité socioprofessionnelle entre les pères et les fils, les catégories retenues sont celles de niveau 13[13]. Rappelons que les catégories socioprofessionnelles des pères prises en compte sont celles occupées au moment de l'entrée de leur fils à l'ENSIA.

Cette relation entre deux générations a pu être établie pour 546 individus. C'est l'objet du tableau 38[14]. Si on convient que :

$n_{i\bullet}$ = effectif marginal en ligne,

$n_{ij=i}$ = effectif de la diagonale, c'est-à-dire l'effectif de ceux pour lesquels la catégorie socioprofessionnelle du fils est la même que celle du père,

- le taux de reproduction peut alors être défini par :

$$t_3 = \frac{n_{ij=i}}{n_{i\bullet}}$$

12 Source : *RGP 1954, Population active*, 1re partie, p. 25.

13 Voir annexe XXVII.

14 Voir annexe XXXII.

– le taux d'accès à des fonctions de direction dans l'entreprise peut être caractérisé par :

$$t_4 = \frac{n_{ib} + n_{ie}}{n_{i\bullet}}$$

n_{ib} étant le nombre d'ingénieurs ENSIA dont les pères appartiennent à la catégorie *i* qui deviennent chefs d'entreprise ;

n_{ie} étant le nombre d'ingénieurs ENSIA dont les pères appartiennent à la catégorie *i* qui deviennent directeurs.

ANNEXE XXVII

Les catégories socioprofessionnelles

Niveau C 21	Niveau C 13
Agriculteurs (toutes catégories)	Agriculteurs
Catégories supérieures	
Indépendants Chefs d'entreprise (de plus de 10 salariés) Professions libérales En entreprise Directeurs (Dir. génér., Dir. d'usine), (ingénieurs ou non)[1]	Chefs d'entreprise Professions libérales Directeurs
Ingénieurs (toutes catégories) Cadres administratifs supérieurs (et autres cadres sup.) Cadres commerciaux supérieurs	Cadres supérieurs d'entreprise
De la fonction publique Parlementaires, élus politiques à plein temps Hauts fonctionnaires et officiers généraux Officiers Ingénieurs, professeurs, scientifiques Cadres supérieurs Fonctionnaires (non précisé)	Cadres supérieurs de la fonction publique
Professions intermédiaires	
Indépendants Artisans (y compris les membres du clergé) Commerçants	Artisans et commerçants
Salariés en entreprise Techniciens (non précisé)	Techniciens
Salariés de la fonction publique Instituteurs et assimilés	Instituteurs

1 Il s'agit des directeurs d'entreprise et non des directeurs d'administration qui sont classés dans les cadres supérieurs de la fonction publique.

Fonctionnaires moyens (non précisé) Militaires et policiers (sous-officiers)	Cadres moyens fonction publique
Personnel d'exécution	
Employés Employés divers de la fonction publique Employés (y compris en entreprise et non précisé)	Employés
Ouvriers Ouvriers qualifiés (et de la fonction publique) Ouvriers non qualifiés	Ouvriers
Inactifs divers (Retraité, inactifs, rentiers)	Inactifs divers

ANNEXE XXVIII

Les activités

<table>
<tr><th colspan="4">Codification</th></tr>
<tr><th>Codification NAP</th><th>niveau A 21</th><th>niveau A 25</th><th>niveau A 6</th></tr>
<tr><td></td><td>Agriculture et viticulture</td><td>Agriculture et viticulture</td><td>Agriculture et viticulture</td></tr>
<tr><td>04, 06 à 18</td><td>Énergie (sauf production de pétrole et gaz naturel</td><td>Énergie</td><td rowspan="7">Industries diverses autres que IAA</td></tr>
<tr><td>19 à 16, 20, 21, 43, 50, 52, 53</td><td rowspan="2">Industries de biens intermédiaires</td><td>Industries de biens intermédiaires (sauf industrie chimique de base)</td></tr>
<tr><td>17, 18</td><td>Chimie et parachimie</td></tr>
<tr><td>22, 23, 25, à 34
2401 à 2408
et 2411</td><td rowspan="2">Industries de biens d'équipement</td><td>Industries de biens d'équipement (sauf fabrication de machines pour les industries alimentaires)</td></tr>
<tr><td>2409</td><td>Équipement pour les IAA</td></tr>
<tr><td>19</td><td rowspan="2">Industries de biens de consommation</td><td>Industrie pharmaceutique</td></tr>
<tr><td>44 à 49, 51, 54</td><td>Autres industries de consommation</td></tr>
<tr><td>55</td><td>Bâtiment, génie civil et agricole</td><td>Bâtiment, génie civil et agricole</td><td>Bâtiment, Génie civil</td></tr>
</table>

<table>
<tr><th colspan="4">Industries agricoles et alimentaires</th></tr>
<tr><td>35</td><td>Industrie de la viande</td><td>Industrie de la viande</td><td rowspan="10">Industries agricoles et alimentaires</td></tr>
<tr><td>36</td><td>Industrie laitière</td><td>Industrie laitière</td></tr>
<tr><td>37</td><td>Fabrication de conserves</td><td>Fabrication de conserves</td></tr>
<tr><td>38, 39</td><td>Travail du grain (y compris boulangerie et sauf malterie)</td><td>Travail du grain</td></tr>
<tr><td>4031 à 4037
4011, 4012</td><td>Fabrication de produits alimentaires divers (sauf sucrerie)</td><td>Fabrication de produits alimentaires divers</td></tr>
<tr><td>4021</td><td>Sucrerie</td><td>Sucrerie</td></tr>
<tr><td>4103 à 4105
4107 à 4110</td><td>Fabrication de boissons autres que brasserie et distillerie</td><td>Fabrication de boissons</td></tr>
<tr><td>4101, 4102</td><td>Distillerie</td><td>Distillerie</td></tr>
<tr><td>4106, 3906</td><td>Brasserie et malterie</td><td>Brasserie-malterie</td></tr>
<tr><td>42</td><td>Transformation du tabac</td><td>Transformation du tabac</td></tr>
<tr><td>57 à 64</td><td>Commerce</td><td>Commerce</td><td rowspan="4">Services marchands</td></tr>
<tr><td>68 à 7307
7309 à 74</td><td>Transports (sauf entrepôts frigorifiques)</td><td>Transports</td></tr>
<tr><td>55, 65, 76,
7704 à 7706
7710 à 7713,
78 à 81, 84 à 89</td><td rowspan="2">Services marchands [sauf hôtels, cafés, restaurants, services rendus aux entreprises, recherche (services marchands)]</td><td>Services marchands (sauf cabinets d'études)</td></tr>
<tr><td>7701 à 7703,
7707 à 7709</td><td>Cabinets d'études techniques, économiques, sociologiques, informatiques, d'organisation, de documentation et juridiques</td></tr>
<tr><td>90, 91
940 à 98</td><td>Administration générale et autres services non marchands</td><td>Administration générale et autres services non marchands</td><td>Administration générale</td></tr>
</table>

92, 93	Enseignement et recherche (services non marchands)	Enseignement et recherche (services non marchands)	Enseignement et recherche
Récapitulation des activités annexes aux IAA			
2409	Industries de biens d'équipements	Équipements pour les IAA	Industries diverses
7701 à 7703 7707 à 7709	Services marchands	Cabinets d'études	Services marchands

La classification A 25 diffère de la classification A 21 pour les activités suivantes :

- Industries de biens intermédiaires,
- Industries de biens d'équipements,
- Industries de biens de consommation,
- Services marchands.

ANNEXE XXIX

Carrière des ingénieurs ENSIA

Cohortes						Situation professionnelle représentative									
N°	Année d'entrée	Nombre de promotions	Effectifs	Effectifs moyens par promotion	Effectifs totaux partiels	Année	Nombre d'individus	Âge moyen	Individu le plus âgé			Individu le plus jeune			Écart (ans)
									Année de naissance	Âge à l'entrée	Âge (ans)	Année de naissance	Âge à l'entrée	Âge (ans)	
1	1893	4	84	21		1929	42	53	1870	24	59	1881	15	48	11
	1896														
2	1897	11	239	22	443	1937	122	53	1874	26	63	1891	16	46	17
	1907														
3	1908	6	120	20		1948	63	56	1880	30	68	1897	16	51	17
	1913														
4	1919	11	344	31		1959	213	54	1896	23	63	1912	17	47	16
	1929														
5	1930	10	235	23	579	1970	117	56	1907	24	63	1922	17	48	15
	1939														
6	1941	4	83	21		1975	67	53	1915	27	60	1925	19	50	10
	1944														
7	1945	10	369	37	452	1982	277	54	1922	23	60	1935	19	47	13
	1954				1474										
8	1955	11	421	38	421	–	–	–	–	–	–	–	–	–	–
	1965														
Totaux		**67**	**1895**	**28**	**1895**	–	**901**	–	–	–	–	–	–	–	–

Tableau 32 – Carrière des ingénieurs ENSIA. Constitution des cohortes.

ANNEXE XXX

Place des ingénieurs ENSIA dans la population active en 1959

Sources	Années			RGP	Minimum		Maximum		Moyenne des ratios
	1954	1959 (estimé)	1962	marge d'erreur	nombre (estimé)	Ratio pour dix mille	nombre (estimé)	Ratio pour dix mille	
Population active totale									
RGP	12.505.026	12.551.385	12.579.200	14.171	12.537.214	/	12.565.556	/	/
Ingénieurs ENSIA	/	/	/	/	749	0,597	1090	0,867	0,732
Salariés du secteur privé*									
RGP	6.282.417	6.735.481	7.007.320	10.381	6.725.100	/	6.745.862	/	/
Ingénieurs ENSIA	/	/	/	/	562	0,836	818	1,213	1,024
Employés en entreprise (y compris cadres supérieurs et moyens)*									
RGP	1.180.220	1.373.220	1.489.020	4.687	1.368.533	/	1.377.907	/	/
Ingénieurs ENSIA	/	/	/	/	562	4,107	818	5,937	5,022
Cadres supérieurs secteur public et secteur privé*									
RGP	374.800	471.050	528.800	2.745	468.035	/	473.795	/	/
Ingénieurs ENSIA	/	/	/	/	593	12,67	863	18,215	15,442
Industriels									
RGP	70.740	68.553	67.240	1.047	67.506	/	69.600	/	/
Ingénieurs ENSIA	/	/	/	/	43	6,37	63	9,052	7,711
Professions libérales									
RGP	101.524	102.309	102.780	1.279	101.030	/	103.588	/	/
Ingénieurs ENSIA	/	/	/	/	29	2,87	42	4,055	3,462
Ingénieurs du secteur privé*									
RGP	77.700	91.087	99.120	1.207	89.880	/	92.294	/	/
Ingénieurs ENSIA	/	/	/	/	354	39,386	515	55,8	47,593

* Non compris les sans-emploi

TABLEAU 34 – Place des ingénieurs ENSIA dans la population active en 1959.

ANNEXE XXXI

Place des ingénieurs ENSIA en 1962

Groupes de filières (secteur)	Ingénieurs et cadres (hommes)	Ingénieurs ENSIA (hommes)				Moyenne des %	V.A.B.C.F. * (1,000 F)	Valeur ajoutée par salarié (F)
		Minimum		Maximum				
		Nombre	%	Nombre	%			
Sucrerie, distillerie, levurerie	1051	165	15,70	243	23,12	19,41	683.596	24.813
Brasserie, malterie	911	10	1,10	15	1,65	1,37	489.816	23.236
Industrie du lait	2.510	39	1,55	57	2,27	1,91	1.741.771	23.633
Autres IAA	8.860	128	1,44	188	2,12	1,78	4.889.824	21.700
Automobile	–	–	–	–	–	–	7.574.626	19.109
Aéronautique	–	–	–	–	–	–	2.122.298	23.430
Ensembles des activités recensées	**218.186**	–	–	–	–	–	**118.665.887**	**18.349**

*V.A.B.C.F. : valeur ajoutée brute au coût des facteurs.

TABLEAU 36 – Place des ingénieurs ENSIA en 1962. Performances économiques.

ANNEXE XXXII

Mobilité père-fils chez les ingénieurs ENSIA

Fils	a	b	d	e	f	m	n	r	s	t	u	w	y	Totaux
Père														
a	18	7	5	24	21	1	1	4	0	0	0	0	3	84
b	2	25	1	20	16	2	0	1	0	1	0	0	2	70
d	4	0	0	3	8	2	0	0	0	0	0	0	0	17
e	1	6	2	12	8	1	0	0	0	0	0	0	0	30
f	1	4	3	19	24	3	0	1	0	0	0	0	1	56
m	1	3	4	16	25	11	2	1	0	2	0	0	1	66
n	0	5	3	19	17	4	0	1	0	0	0	0	1	50
r	0	5	3	18	17	0	1	1	0	0	0	0	1	46
s	1	1	1	10	13	2	0	1	0	0	0	0	0	29
t	0	2	2	10	8	3	1	1	0	0	0	0	0	27
u	1	3	6	11	17	1	1	3	0	1	0	0	0	44
w	0	2	2	6	8	1	0	0	0	0	0	0	0	19
y	0	1	2	3	2	0	0	0	0	0	0	0	0	8
	29	64	34	171	184	31	6	14	0	4	0	0	9	546

TABLEAU 39 – Mobilité père-fils chez les ingénieurs ENSIA (Matrice des catégories socioprofessionnelles).

Codes de niveau 13 des catégories socioprofessionnelles

a agriculteurs
b chefs d'entreprise
d professions libérales
e directeurs
f cadres sup.d'entreprise
m cadres sup. fonct. publique
n artisans et commerçants

r techniciens
s instituteurs
t cadres moy. fonct. publique
u employés
w ouvriers
y inactifs, divers

GLOSSAIRE

Branche et secteur : Dans la comptabilité nationale française, deux notions relatives à l'analyse de l'activité de production coexistent, la branche et le secteur. La *branche* se définit comme l'ensemble des unités (entreprises ou parties d'entreprises, établissements voire ateliers) qui fabriquent le même produit. [...] Le *secteur* se définit comme l'ensemble des entreprises qui ont la même activité principale, quelles que soient par ailleurs leurs activités secondaires. Source : *Encyclopædia Universalis, Thésaurus-Index**, 1985, p. 423.

Carbonatation double : Opération d'épuration du jus sucré provenant de la diffusion. Sous l'action de la chaux, il se forme un précipité qui élimine les impuretés contenues dans le jus. Cette opération doit être interrompue suffisamment tôt pour éviter la redissolution de ce précipité. Une deuxième carbonatation est nécessaire pour éliminer par précipitation la chaux restante. (Voir annexe II)

Diffusion : Opération de la fabrication du sucre pendant laquelle le sucre contenu dans la betterave diffuse dans un jus qui se charge en sucre pour être ensuite transformé jusqu'à l'extraction du sucre solide. (Voir annexe II).

Évaporation à multiple effet : Opération par laquelle le jus sucré, une fois épuré doit être concentré par l'action de la vapeur. Cette opération est d'autant plus efficace que le jus ainsi concentré une première fois l'est une deuxième fois, d'où l'expression d'« évaporation à multiple effet ». Pratiquement cette opération est effectuée trois fois consécutives. (Voir annexe II)

Fermentation (haute ou basse) : La fermentation du « moût » obtenu après le « brassage » peut être basse (de 8 à 10°C) pendant 7 à 10 jours, ou haute (de 15 à 20°C) pendant 4 à 6 jours. C'est le choix des levures qui détermine le mode de fermentation. Les bières actuelles sont, dans leur grande majorité, à fermentation basse. (Voir annexe XIII).

Maillard (réaction de) : Il s'agit de réactions intervenant dans la transformation du sucre par chauffage telles que la caramélisation. Pour plus de détails, le lecteur intéressé peut se rapporter en particulier à J.J. Bimbenet et M. Loncin : *Les bases du génie des procédés alimentaires*, Paris, Masson, 1995, p. 57.

Mélasse : La mélasse est l'un des co-produits de la cristallisation et la centrifugation du sucre se présentant sous l'aspect une substance sirupeuse.

La mélasse est utilisée en alimentation animale, en distillerie, en levurerie ainsi que pour la fabrication de divers autres produits chimiques. (Voir annexe II).

Rectification : C'est une distillation fractionnée destinée à séparer les différents constituants d'un liquide. Cette opération est utilisée pour purifier les alcools.

Turbines : On désigne sous ce terme les essoreuses centrifuges qui servent à extraire par centrifugation le sucre encore contenu dans la « masse cuite » qui est le co-produit de la première cristallisation laquelle a donné, par ailleurs, le sucre blanc « de premier jet ». (Voir annexe II).

Transformation (première et deuxième) : Une industrie agro-alimentaire est dite de *première transformation* lorsque sa matière première est un produit agricole. Elle est dite de *deuxième transformation* lorsque sa matière première a déjà fait l'objet d'une transformation. La meunerie est une industrie de première transformation. La boulangerie est une activité de deuxième transformation car sa matière première, la farine a déjà fait l'objet d'une première transformation par la meunerie.

BIBLIOGRAPHIE

Achard Franz Karl, [1809, Liepzig], 1812, *Traité complet sur le sucre européen de betteraves. Culture de cette plante considérée sous le rapport agronomique et manufacturier*, (traduction abrégée de M. Achard par M.D. Angar), Paris, éd. M. Derosne, pharmacien et D. Colas Imprimeur-Libraire.

Ageron Charles Robert, 1991, *La décolonisation française*, Paris, Armand Colin.

Augé-Laribé Michel, 1950, *La politique agricole de la France, de 1880 à 1940*, Paris, Presses Universitaires de France.

Balzac Honoré de, [1837], 1978, *Le curé de village*, Paris, Gallimard. t. IX, La Pléiade, La Comédie humaine.

Barbier Frédéric, 1989, (dir.), *Le patronat du Nord sous le second Empire, une approche prosopographique*, Genève, Librairie Droz.

Baretge Joseph, 1911, *Le Monopole des alcools en France et à l'étranger*, thèse de doctorat en sciences politiques et économiques, Montpellier, Imprimerie coopérative ouvrière.

Barral Pierre, 1968, *Les agrariens français, de Méline à Pisani*, Paris, Armand Colin.

Becker Jean-Jacques, avec la collaboration de Pascal Ory, 1998, *Crises et alternances 1974-1995*, Paris, Le Seuil, Nouvelle histoire de la France contemporaine – 19.

Bergeron Louis, Bourdelais Patrice, 1998, *La France n'est-elle pas douée pour l'industrie ?* Paris, Éditions Belin.

Berstein Serge, 1989, *La France de l'expansion. 1. La République gaullienne 1958-1969*, Paris, Le Seuil, Nouvelle histoire de la France contemporaine – 17.

Bessis Sophie, [1979], 1981, *L'arme alimentaire*, Paris, François Maspéro.

Bettahar Yamina et Birck Françoise (dir.), 2009, *Étudiants étrangers en France. L'émergence de nouveaux pôles d'attraction au début du XXe siècle*, Nancy, Presses universitaires de Nancy.

Bimbenet Jean-Jacques et Loncin Marcel, 1995, *Bases du génie des procédés alimentaires*, préface de B. Guérin, Paris, Masson.

Bimbenet Jean-Jacques, Duquenoy Albert et Trystram Gilles, 2007, *Génie des procédés alimentaires. Des bases aux applications*, Paris, Dunod, 2e éd.

Bloch Marc, [1931, Oslo], 1960, *Les caractères originaux de l'histoire rurale française*, t. 1er ; 1961, t. 2, Supplément établi par Robert Dauvergne d'après les travaux de l'auteur (1931-1944), Paris, Armand Colin.

Bonneuil Christophe, Humbert Léna et Lyautey Margot, (dir.), à paraître, *Une autre histoire des modernisations agricoles au XXe siècle*, Rennes, Presses Universitaires de Rennes.

Bougard Pierre et Nolibos Alain, (dir.) 1988, *Le Pas-de-Calais, de la préhistoire à nos jours*, Saint-Jean-d'Angély, Éditions Bordessoules.

Bourdieu Pierre, 1989, *La noblesse d'État, grandes écoles et esprit de corps*, Paris, Les Éditions de Minuit.

Bousser Robert, 1956, *Unité, progrès technique et productivité dans les industries agricoles et alimentaires*, Paris, Commission internationale des industries agricoles et alimentaires.

Bouvier Jean, 1960, *Le krach de l'Union générale*, Paris, Presses universitaires de France.

Breton Yves, Broder Albert et Lutfalla Michel, 1997, *La longue stagnation en France, L'autre grande dépression 1873-1897*, Paris, Economica.

Breysse Jacques, 2004, *Du génie chimique au génie des procédés : émergence en France d'une science pour l'ingénieur (1947-1991)*, Mémoire de DEA, CNAM-Centre de Documentation en Histoire des Techniques et de l'Environnement.

Breysse Jacques, 2014 « Du "Chemical Engineering" au "génie des procédés" (1888-1990). Émergence en France d'une science pour l'ingénieur en chimie », *in* Gérard Emptoz et Virginie Fonteneau, (dir.), « L'enseignement de la chimie industrielle et du génie chimique », *Cahiers d'histoire du CNAM*, vol. 2, 2e semestre 2014, p. 21-57.

Broder Albert, 1993, *L'économie française au XIXe siècle*, Gap, Paris, Éd. Ophrys, Synthèse histoire.

Broder Albert, 1998, *Histoire économique de la France au XXe siècle – 1914-1997*, Gap, Paris, Éd. Ophrys. Synthèse histoire.

Bureau Jean-Christophe, 2007, *La politique agricole commune*, Paris, La Découverte, Repères.

Caillaux Joseph, 1942, *Mes mémoires, t. 1, Ma jeunesse orgueilleuse, 1863-1909*, Paris, Plon.

Carvais Robert, Garçon Anne-Françoise et Grelon André (dir.), 2017, *Penser la technique autrement XVIe-XXIe siècle En hommage à l'œuvre d'Hélène Vérin*, Paris, Classiques Garnier.

Castro Josué de, [1952], 1971, préface de l'édition française de Max Sorre, *Géopolitique de la faim*, Paris, Les Éditions ouvrières.

Centre national de la recherche scientifique, Institut national de la recherche agronomique, Ministère de la recherche et de la technologie, septembre 1991, « Histoire des techniques et compréhension de l'innovation, séminaire de recherche, mars1989-Février 1990 », INRA, Économie et sociologie, *Actes et communications*, n° 6.

Cépède Michel et Weil Gérard, 1965, *L'agriculture*, Paris, Presse universitaire de France, « L'administration française ».

Charle Christophe, 1991, *Histoire sociale de la France au XIXe siècle*, Paris, Le Seuil.

Charmasson Thérèse, Lelorrain Anne-Marie, Ripa Yannick, 1987, *L'enseignement technique de la Révolution à nos jours*, Paris, Economica, Institut national de la recherche pédagogique.

Charmasson Thérèse, Lelorrain Anne-Marie, Ripa Yannick, 1992, *L'enseignement agricole et vétérinaire, de la Révolution à la Libération*, Paris, Institut national de la recherche pédagogique, Publications de la Sorbonne.

Charmasson Thérèse, 1998, « l'École des eaux et forêts de Nancy (1824-1900) », *in* Grelon André et Birck Françoise, (dir.), *Des ingénieurs pour la Lorraine XIXe-XXe siècles*, Metz, Éditions Serpenoise, p. 39-56.

Chatelain René, 1953, *L'agriculture française et la formation professionnelle*, Paris, Librairie du Recueil Sirey.

Chessel Marie-Emmanuelle et Dumons Bruno, (dir.), 2003, *Catholicisme et modernisation de la société française (1890-1960)*, (actes de la journée d'études du 24 avril 2002), Lyon, Cahiers du Centre Pierre Léon d'histoire économique et sociale, nº 2.

Combris Pierre et Nefussy Jacques, 1982, *L'agro-alimentaire, une catégorie qui ne va pas de soi pour l'analyse économique*, INRA.

Commission mondiale sur l'environnement et le développement, [1987, Oxford University Press], 1988, *Notre avenir à tous*, introduction de Gro Harlem Brundtlant, Montréal, Éditions du Fleuve.

Creveaux Eugène, 1911, *Un siècle d'industrie sucrière dans le Laonnois, 1812-1912*, Vervins, Imprimerie du « Démocrate ».

Csergo Julia, (dir.), 2004, *Histoire de l'alimentation Quels enjeux pour la formation ?* (actes du séminaire de Tours, 11 et 12 décembre 2002), Dijon, Éditions Educagri.

Dancel Brigitte, 2010, « L'enseignement primaire », p. 129-137, *in* Renaud d'Enfert, François Jacquet-Francillon et Laurence Loeffel, (dir.), *Une histoire de l'école Anthologie de l'éducation et de l'enseignement en France XVIIIe-XXe siècle, Paris*, Éditions Retz.

Dandan Najah, 1980, *Bulletin signalétique du CNRS Reflets de l'évolution des sciences et techniques*, [En ligne], mémoire de diplôme d'études supérieures spécialisées en informatique scientifique, technique et économique, sous la direction de Mme Madeleine Wagner, Université de Lyon-I et Université de Grenoble-II.

Day, Charles R., [1987, *Education for the Industrial World : the Écoles d'Arts et Métiers and the Rise of French Industrial Engineering*, MIT], trad. de l'anglais par Jean-Pierre Bardos, 1991, *Les Écoles d'Arts et Métiers : l'enseignement technique en France XIXe-XXe siècles*, Paris, Belin.

Debatisse Michel, 1963, *La révolution silencieuse, le combat des paysans*, Paris, Calmann-Lévy.

Déclaration des droits de l'homme et du citoyen, 1988, présentée par Stéphane Rials, Hachette, Pluriel.

Decottignies Gérard, [1949], 1950, *La betterave et l'industrie sucrière dans l'Aisne, de ses débuts à nos jours*, thèse de doctorat en droit et sciences économiques, Université de Paris, Soissons, Imprimerie Saint-Antoine.

Denis Gilles, 2014, « Une histoire institutionnelle de l'Institut de la recherche agronomique (Inra) – Le premier Inra (1946-1980) », *in Histoire de la recherche contemporaine*, Paris, t. III-N° 2 / 2014, p. 125-136.

Desrosières Alain, [1993], 2010, *La politique des grands nombres Histoire de la raison statistique*, Paris, La Découverte / Poche.

Desrosières Alain et Thévenot Laurent, [1988], 2000, *Les catégories socioprofessionnelles*, Paris, La Découverte, Repères.

Dictionary of scientific biography, 1981, J. B. Gough, « Achard, Franz, Karl », t. 1, p. 44-45 ; Yves Laissus, « Cels, Jacques-Philippe-Martin », t. 3, p. 172-173 ; W.A. Smeaton, « Chaptal Jean-Antoine », t. 5, p. 198 ; E. McDonald, « D'Arcet, Jean », t. 3, p. 560-561 ; Alex Berman, « Derosne, (Louis-) Charles », t. 4, p. 41-42 ; W.A. Smeaton, « Fourcroy, Antoine-François de », t. 5, p. 89-93 ; W.A. Smeaton, « Guyton de Morveau, Louis-Bernard », t. 5, p. 600-604 ; Martin S. Staum, « Marggraf, Andreas Sigismund », t. 9, p. 104-107 ; Alex Berman, « Parmentier, Antoine-Augustin », t. 10, p. 325-326 ; W.V. Farrar, « Payen, Anselme », t. 10, p. 436 ; Alex Berman, « Persoz, Jean-François », t. 10, p. 532 ; Alex Berman, « Pelouze, Théophile-Jules », t. 10, p. 499 ; « Vauquelin, Louis-Nicolas », t. 13, p. 596, New York, Charles Scribner's sons.

Dictionnaire de biographie française, Prévost M., 1954, « Bixio (Jacques-*Alexandre*) », t. 6, p. 537-538 ; Letourneur St., 1965, « Derosne (Louis-*Charles*) », t. 10, p. 1143-1144 ; Temerson H. 1967, « Develle (Jules-Paul) », t. 11 ; É. Franceschini, 1967, « Deyeux (Nicolas) », t. 11, p. 230 ; Letourneur St., 1967, « Dubrunfaut (Auguste-Pierre) », t. 11, p. 1095-1096 ; Letourneur St., 1970, « Dupont (François) », t. 12, p. 438 ; Letourneur St., 1979, « Fourcroy (Antoine-François de) », t. 14, p. 749-752 ; Letourneur St., « Foville (Alfred de) », t. 14, p. 893-894 ; Tétry A., 1985, « Girard (Alfred-Claude, *Aimé*) », t. 16, p. 136-137, Paris, Letouzey et Ané.

Duby Georges, Wallon Armand (dir.), 1976, t. 3, Étienne Julliard (dir.), Maurice Agulhon, Gabriel Désert et Robert Specklin, « Apogée et crise de la civilisation paysanne, de 1789 à 1914 » ; 1976, t. 4, Michel Gervais, Marcel Jolivet et Yves Tavernier, « La fin de la France paysanne, de 1914 à nos jours », *Histoire de la France rurale*, Paris, Le Seuil.

Dumont René, [1966], 1974, *Nous allons à la famine*, Paris, Le Seuil.

Dumont René, [1974], 1975, *Agronome de la faim*, Paris, Éditions Robert Laffont.

Dumont René, [1935], 1995, *La culture du riz dans le delta du Tonkin*, Patani (Thaïlande), Prince of Songka University.

Dureau, Jean-Baptiste, 1894, *L'industrie du sucre depuis 1860 (1860-1890)*, Paris, Bureaux du Journal des fabricants de sucre.

Duverger Maurice, 1976, *Éléments de fiscalité*, Paris, Presses Universitaires de France.

El Mostain, Abdelhak, *L'industrie de la distillation des alcools de bouche à Fougerolles de 1839 à 1940. Capacité de résistance et dynamique socio-économiques des firmes familiales rurales.* Thèse soutenue à l'Université de technologie de Belfort-Montbéliard, Université de Franche-Comté, 27 avril 2017.

Emptoz Gérard et Fonteneau Virginie, (dir.), 2014 « L'enseignement de la chimie industrielle et du génie chimique », *Cahiers d'histoire du CNAM*, vol. 2, 2e semestre.

Emptoz Gérard, Fauque Danielle et Breysse Jacques, 2018, *Entre reconstructions et mutations : Les industries de la chimie entre les deux guerres*, 91944, Les Ulis cedex, EDP Sciences.

Enfert Renaud d', Jacquet-Francillon François et Loeffel Laurence, (dir.), 2010, *Une histoire de l'école Anthologie de l'éducation et de l'enseignement en France XVIIIe-XXe siècles, Paris*, Éditions Retz.

Fauconneau Guy, Hémard Jean, Macé Roger, (avec le concours de Frédéric Tiberghien), 1978, *Rapport sur l'organisation de l'enseignement supérieur agro-alimentaire et de la recherche liée à cet enseignement*, s.l.

Fontanon Claudine et Grelon André, (dir.), 1994, *Les professeurs du Conservatoire national des arts et métiers, dictionnaire biographique 1794-1955*, t. 1 : A à K ; t. 2 : L à Z, Paris, Institut national de la recherche pédagogique, Conservatoire national des arts et métiers.

Fontanon Claudine, 2017, « La mécanique des fluides à la Sorbonne entre les deux guerres », *Comptes Rendus Mécanique*, Paris, Elsevier Masson, 345 (8), p. 545-555.

Fonteneau Virginie, 2009, « Les étudiants étrangers, un enjeu de développement de l'Institut Polytechnique de l'Ouest ? », *in* Yamina Bettahar et Françoise Birck, (dir.), *Étudiants étrangers en France. L'émergence de nouveaux pôles d'attraction au début du XXe siècle*, Nancy, Presses universitaires de Nancy, p. 73-89.

Fonteneau Virginie, 2012, « Études des anciens élèves de l'Institut de chimie de Paris (promotions 1896-1912) : questions méthodologiques avant le choix d'une approche biographique ou prosopographique », *in* Laurent Rollet et Philippe Nabonnand, (dir.), *Les uns et les autres…Biographies et prosopographies en histoire des sciences*, coll. « Histoire des institutions scientifiques », Nancy, Presses universitaires de Nancy, p. 367-386.

Fonteneau Virginie, 2018, « Le cas des thèses d'ingénieur-docteur à Lyon : une nouvelle façon de penser l'enseignement et la recherche en chimie dans l'entre-deux-guerres », *in* Gérard Emptoz, Danielle Fauque et Jacques Breysse, (dir.), *Entre reconstructions et mutations : Les industries de la chimie entre les deux guerres*, 91944, Les Ulis cedex, EDP Sciences, p. 229-260.

Fonteneau Virginie, à paraître, « Former à la recherche pour l'industrie ? : la création du titre d'ingénieur docteur dans l'entre-deux-guerres », e-*Phaïstos.*

Foucault, Michel, 2004, « Quelles demandes pour la formation ? L'Institut supérieur de l'agroalimentaire », *in* Julia Csergo, (dir.), *Histoire de l'alimentation Quels enjeux pour la formation ?* (Actes du séminaire de Tours, 11 et 12 décembre 2002), Dijon, Éditions Educagri, p. 103-105.

Fox Robert and Weisz Georges, (dir.), 1980, *The organization of science and technology in France 1808-1914*, Cambridge University Press, Paris, Maison des sciences de l'homme.

Gaignault Jean-Cyr et Deforeit Huguette, 1984, *Industries agro-alimentaires et pharmacie, l'heure du rapprochement*, Paris, Institut scientifique Roussel.

Galvez-Béhar Gabriel, 2018, « Louis Pasteur ou l'entreprise scientifique au temps du capitalisme industriel », Paris, Éditions de l'EHESS, *Les Annales*, 2018/3, p. 629-656.

Garçon, Anne-Françoise, 2012, *« The three states of technology : an historical approch to a thought regime, 16th – 20th centuries », in* Michel Faucheux et Joëlle Forest, (dir.), *New Elements of technology*, Belfort-Montbéliard, Presses de l'UTBM, p. 11-26.

Garçon, Anne-Françoise, 2014, « Des modes d'existence du geste technique », [En ligne], e - *Phaïstos*, vol. III n° 1, p. 84-92.

Garçon, Anne-Françoise, 2017, « Technologie : Histoire d'un régime de pensée, XVIe-XIXe siècles », *in* Robert Carvais, Anne-Françoise Garçon et André Grelon, *Penser la technique autrement*, Paris, Classiques Garnier, p. 73-102.

Garrigues Jean, 1993, *Léon Say et le centre gauche (1871-1896) – La grande bourgeoisie libérale dans les débuts de la Troisième République*, thèse de doctorat en histoire, Université de Paris-X (Nanterre).

Girard Aimé, 1889, « Matériels et procédés des usines agricoles et des industries alimentaires », *Rapports du jury international de l'Exposition universelle de Paris.*

Grelon André, 1986, *Les ingénieurs de la crise : titre et profession entre les deux guerres*, Paris, Éditions de l'EHESS.

Grelon André et Birck Françoise, (dir.), 1998, *Des ingénieurs pour la Lorraine XIXe – XXe siècles*, Metz, Éditions Serpenoise.

Grelon André, 2003, « La naissance des instituts industriels catholiques : le rôle pionnier du nord de la France (1885-1914) », *in*, Marie-Emmanuelle

Chessel et Bruno Dumons, (dir.), *Catholicisme et modernisation de la société française (1890-1960)*, (Actes de la journée d'études du 24 avril 2002), Lyon, Cahiers du Centre Pierre Léon d'histoire économique et sociale, n° 2.

Grignon Claude, 1971, *L'ordre des choses les fonctions sociales de l'enseignement technique*, Paris, Les Éditions de minuit.

Gros François, Jacob François et Royer Pierre, 1979, *Science de la vie et société*, Rapport présenté à M. le Président de la République, Paris, La Documentation française.

Grossetti Michel, Detrez, Claude, 1999, « Sciences d'Ingénieurs et Sciences Pour l'Ingénieur : l'exemple du génie chimique », *Sciences de la Société*, Toulouse-Le Mirail, Presses universitaires du Midi, p. 63-85.

Guillemet Raymond, [1948], 1950, « Formation des ingénieurs des industries agricoles et de l'alimentation, Rapport général », *VIIe congrès international des industries agricoles*, Paris, Commision internationale des industries agricoles.

Guitard Eugène-Humbert, 1942, *Manuel d'histoire de la littérature pharmaceutique*, Paris, Caffin.

Haudricourt André-Georges, 1988, préface de François Sigaut, *La technologie, science humaine : recherches d'histoire et d'ethnologie des techniques*, Paris, Maison des sciences de l'Homme.

Hilaire Yves-Marie, Legrand André, Ménager Bernard et Vandenbussche Robert, 1977, Hilaire, Y.M., « Léon Jules Maurice », p. 63 ; Hilaire, Y.M., « Alfred Trannin », p. 76, 284 ; Vandenbussche R. « Charles Goniaux » p. 131, *Atlas électoral du Nord Pas-de-Calais (1876-1936)*, Villeneuve d'Ascq, Publications de l'Université de Lille-III.

Hocquet Jean-Claude, 1987, *Le roi, le marchand et le sel*, Villeneuve d'Ascq, Presses universitaires de Lille.

Hubscher Ronald, 1979 et 1980, préface de François Crouzet, *L'Agriculture et la Société rurale dans le Pas-de-Calais du milieu du XIXe à 1914*, thèse de doctorat d'État, Université de Paris-IV, Arras, Commission départementale des monuments historiques du Pas-de-Calais, t. XX, 2 vol.

Huiban Jean-Pierre, 1988, *L'emploi dans les industries agro-alimentaires, analyse des stratégies de gestion de la main d'œuvre*, Villeneuve d'Ascq, INRA, Laboratoire de recherches et d'études économiques sur les IAA.

Huygue Marjorie, Lepy Jean-François et Wilhelem Emmanuelle, 1992, *Étude de la population de l'ENIA de 1894 à 1950*, Lille, Institut supérieur d'agriculture, Dossier de troisième année.

Jessenne Jean-Pierre, 1987, *Pouvoir au village et Révolution (Artois 1760-1848)*, Lille, Presses universitaires de Lille.

Jolly Jean, (dir.) 1966, « Develle (Jules-Paul) », t. 4, p. 1435-1436 ; 1977, « Say (Léon) », t. 8, p. 2973 ; « Trannin (Alfred) », t. 8, p. 3113 ; « Viger

(Albert) », t. 8, *Dictionnaire des parlementaires français (1889-1940)*, Paris, Presses universitaires de France.

Knittel Fabien, 2009, *Agronomie et innovation : le cas Mathieu de Dombasle (1777-1843)*, Nancy, Presses Universitaires de Nancy.

Knittel Fabien, 2019, *Transformations agronomiques, transitions techniques, dynamiques rurales (France XIXe siècle)*, Dossier d'habilitation à diriger des recherches en histoire contemporaine, Université Bordeaux Montaigne.

Lagrée Michel, 1999, *La bénédiction de Prométhée Religion et technologie XIXe-XXe siècle*, avant-propos de Jean Delumeau, Paris, Fayard.

Landes David S., [1969, *The unbound Prometheus, technical change and industrial development in Western Europe from 1750 to the présent*, Londres], 1975, trad. de l'anglais par Louis Evrard, *L'Europe technicienne, révolution technique et libre essor industriel en Europe occidentale de 1750 à nos jours*, Paris, Gallimard.

Grand dictionnaire universel du XIXe *siècle*, 1867, « Bromatologie », t. 2, p. 1303, Paris Larousse.

Larousse mensuel illustré, « Dupont François », t. 3, 1914-1916, p. 159 Paris.

Larousse du XXe siècle, 1928, « Bromatologie », t. 1, p. 878 ; 1929, « Dupont François », t. 2 ; 1933, « Tisserand, Louis-Eugène », t. 6, p. 712, Paris.

Larousse (Grand Larousse encyclopédique), 1960, « Chevreul Eugène », t. 3, p. 12 ; 1964, « Léon Say », t. 9, p. 646, Paris.

Larousse (Grand Larousse universel), 1992, « Rhéologie », p. 8977, Paris.

Légier Émile, 1901, *Histoire des origines de la fabrication du sucre en France*, Paris, La Sucrerie indigène et coloniale.

Legros Jean-Paul et Argelès Jean, avec la participation de Gabriel Buchet, 1986, *La Gaillarde à Montpellier*, Montpellier, Association des anciens élèves de l'ENSAM.

Lehman Christine, 2011, « Les multiples facettes des cours de chimie en France au milieu du XVIIIe siècle », *Histoire de l'éducation*, [En ligne], 130/2011, ENS Éditions.

Lembré Stéphane, 2016, *Histoire de l'enseignement technique*, Paris, La Découverte.

Lemercier Claire et Zalc Claire, 2008, *Méthodes quantitatives pour l'historien*, Paris, La Découverte, Repères.

Leroy Pierre, 1982, *Le problème agricole français*, Paris, Economica.

Lévy-Leboyer Maurice, 1979, *Le patronat de la seconde industrialisation*, Paris, Les Éditions ouvrières.

Lindet Léon, 1902, « Matériels et procédés des industries agricoles », *in* Ministère du Commerce, de l'Industrie, des Postes et des Télégraphes, Exposition universelle de 1900 à Paris, *Rapports du jury international*, groupe VII – Agriculture, classe 37, Paris Imprimerie nationale.

Lindet Léon, 1922, *L'outillage de l'industrie chimique agricole et alimentaire*, Paris, Eyrolles.

Loncin Marcel, 1961, *Les opérations unitaires du génie chimique*, Paris, Dunod.

Loncin Marcel, 1976, *Génie industriel alimentaire*, Paris, Masson.

Maeght-Bournay Odile et Valceschini Égizio, à paraître, « Industrialiser l'alimentation dans les années 1970 : l'innovation nouveau paradigme modernisateur », *in* Christophe Bonneuil, Léon Humbert et Margot Lyautey, (dir.), à paraître, *Une autre histoire des modernisations agricoles au XXe siècle*, Rennes, Presses universitaires de Rennes.

Marggraf Andréas Sigismond, 1762, *Opuscules chimiques*, Paris, 1er vol.

Mariller Charles, 1917, *La distillation fractionnée et la rectification*, Paris, Dunod.

Marnot Bruno, 2000, *Les ingénieurs au Parlement sous la IIIe République*, Paris, CNRS Éditions.

Martin Édouard, 1968, *Une étape de l'épopée pasteurienne*, Loos-les-Lille, Imprimerie L. Danel.

Mathieu de Dombasle Christophe-Joseph-Alexandre, 1823, *Faits et observations sur la fabrication du sucre de betteraves*, Paris, Mme Huzard, 2e éd.

Mazoyer Marcel et Roudart Laurence, 1997, *Histoire des agricultures du monde*, Paris, Le Seuil.

Mendras Henri, [1967], 1984, *La fin des paysans : innovations et changements dans l'agriculture française*, Paris, S.É.I.D.É.I.S., nouvelle édition augmentée d'une postface, *Réflexion sur la fin des paysans vingt ans après*, Le Paradou, Actes Sud.

Ministère de l'Agriculture, 1887, *Statistique agricole de la France, résultats généraux de l'enquête décennale de 1882*, Nancy.

Ministère de l'Agriculture, 1894, *Rapport sur l'enseignement agricole en France*, 2 vol., Paris, Imprimerie nationale.

Ministère de l'Agriculture, 1897, *Statistique agricole de la France, résultats généraux de l'enquête décennale de 1892*, Paris, Imprimerie nationale.

Ministère de l'Agriculture, 1897, *Atlas de statistique agricole, résultats généraux des statistiques agricoles décennales de 1882 et 1892*, Paris, Imprimerie nationale.

Ministère de l'Agriculture, 1907, *L'École nationale des industries agricoles, brasserie-distillerie-sucrerie, conditions d'admission et programmes des cours*, Douai, Imprimerie H. Brugère, A. Dalsheimer et Cie.

Ministère de l'Agriculture, 1921, *Enseignement agricole, lois, décrets, arrêtés, circulaires et instructions*, Paris.

Ministère de l'Agriculture, 1985, *L'enseignement supérieur agronomique, agro-alimentaire et vétérinaire, annuaire 1985*, Paris.

Ministère de l'Éducation nationale, 1970, *Cent cinquante ans de Haut Enseignement technique au Conservatoire National des Arts et Métiers*, Paris.

Miquel Pierre, 1961, *Poincaré*, Paris, Fayard.

Monod Jacques, 1970, *Le Hasard et la Nécessité. Essai sur la philosophie naturelle de la biologie moderne*, Paris, Le Seuil.

Nicolas G., 1926, *Centenaire de Grignon, un siècle d'enseignement agricole*, Toulouse, Édouard Privat.

Olivier Jean-Paul, 1995, *Roger Walkowiak, le maillot jaune assassiné*, Grenoble, Éditions Glénat.

Paillotin Guy, Rousset Dominique, 1999, *Tais-toi et mange ! L'agriculteur, le scientifique et le citoyen*, Paris, Bayard Éditions, Sciences-Société.

Plandé Romain, 1944, *Géographie et histoire du département de l'Aude*, Grenoble, Les Éditions françaises nouvelles.

Pasteur Louis, 1939, *Œuvres*, réunies par Louis Pasteur Vallery-Radot, Paris, Masson.

Pasteur Louis, *Dissymétrie moléculaire*, 1922 ;

Pasteur Louis, *Fermentations, générations dites spontanées*, 1922 ;

Pasteur Louis, *Études sur le vinaigre et sur le vin*, 1924 ;

Pasteur Louis, *Études sur les maladies des vers à soie*, 1926 ;

Pasteur Louis, [1876], *Études sur la bière*, 1928 ;

Pasteur Louis, *Maladies virulentes, virus, vaccins et prophylaxie de la rage*, 1933 ;

Pasteur Louis, *Mélanges scientifiques et littéraires*, 1939,

Paul, Harry W., 1980, « Appolo courts the Vulcans ; the applied, science institutes in the nineteenth-century French science faculties », *in* Fox Robert and Weisz Georges, (dir.) *The organization of science and technology in France 1808-1914*, Cambridge University Press, Paris, Maison des sciences de l'homme.

Payen Anselme, 1832, *Traité de la fabrication et du raffinage des sucres*, Paris.

Picoux Eugène, Werquin Victor, 1926, *Manuel de brasserie*, Paris, Librairie J-B. Baillière et fils.

Pothier Francis, 1887, *Histoire de l'École centrale des arts et manufactures, d'après des documents inédits et en partie authentiques*, Paris, Delamotte Fils.

Philips Max, 1940, « Anselme Payen, distinguished French chimist and pioneer investigator of the chemistry of lignin », *Journal of Washington academy of sciences*, vol. 30.

Reynaud Jean-Daniel, [1989], 1997, *Les règles du jeu L'action collective et la régulation sociale*, Armand Colin, 3e éd.

Rioux Jean-Pierre, 1980, *La France de la quatrième République, 1. L'ardeur et la nécessité 1944-1952 ;* 1983, *2. L'expansion et l'impuissance 1952-1958*, Paris, Le Seuil, Nouvelle histoire de la France contemporaine – 15, 16.

Risch Léon, Brétinières Lucien, Guicherd Jean et Jouvet F., 1926, *Grignon (le château et l'école)*, Paris, La Bonne Idée.

Robert Adolphe, Bourloton Edgar et Cougny Gaston (dir.), 1889-1891, *Dictionnaire des parlementaires français (1789-1889)*, « Bixio (Jacques-Alexandre) », t. 1, p. 330-331 ; « Develle (Jules-Paul) », t. 2, p. 378 ; « Foucher de Careil (Louis-Alexandre, comte) », t. 3, p. 37 ; « Say (Léon)) », t. 5, p. 281-282 ; « Tisserand (Louis) », t. 5, p. 424 ; « Viger (Albert) », t. 5, p. 518-519, Paris, Bourloton éditeur.

Rollet Laurent et Nabonnand Philippe, 2012, *Les uns et les autres... Biographies et prosopographies en histoire des sciences*, coll. « Histoire des institutions scientifiques », Nancy, Presses universitaires de Nancy.

Rouche Michel (dir.), 1985, *Histoire de Douai*, Dunkerque, Westhoek, Éditions des Beffrois.

Saillard Émile, 1913, *Betterave et sucrerie de betteraves*, Paris, J.B. Baillère et fils, 3e éd.

Savoie Philippe, 2010, « L'enseignement secondaire », p. 149-155 ; « Le secondaire du peuple », p. 157-163, *in* Renaud d'Enfert, François Jacquet-Francillon et Laurence Loeffel, *Une histoire de l'école. Anthologie de l'éducation et de l'enseignement en France XVIIIe-XXe siècle, Paris*, Éditions Retz.

Scriban René, (dir.), 1988, *Les industries agricoles et alimentaires : progrès des sciencces et des techniques*, Paris, Tec & doc, Lavoisier.

Scriban René, 1999, *Biotechnologies*, Paris, Tec & doc, Lavoisier, 5e éd.

Serres Olivier de, [1600], 1979, *Le théâtre d'agriculture et mesnage des champs*, Grenoble, éd. Roissard.

Shinn Terry, 1980, *Savoir scientifique et pouvoir social. L'École polytechnique (1794-1914)*, préface de François Furet, version française de Michelle de Launay, Paris, Presses de la Fondation nationale des sciences politiques.

Shinn Terry, 1981, « Des sciences industrielles aux sciences fondamentales. La mutation de l'École supérieure de physique et de chimie (1882-1970) », *Revue française de sociologie*, 1981, vol. 22, N° 2.

Sidersky David, 1901, *Comptes-rendus du Congrès des emplois industriels de l'alcool*, Paris.

Simon Jonathan, 2014, « Pharmacy and Chemistry in the Eighteenth Century : what lessons for the history of science », *Osiris*, 29, p. 283-297.

Simon Jonathan, [2005], 2016, *Chemistry, pharmacy and Revolution in France, 1777-1809*, Londres, Routledge.

Syndicat des fabricants de sucre, 1912, *Histoire centennale du sucre*, Paris.

Thépot André, « Clément, Nicolas, dit Clément-Desormes (1778-1841) Professeur de Chimie industrielle (1819-1836) », *in* Claudine Fontanon et André Grelon, (dir.), *Les professeurs du Conservatoire national des arts et métiers, dictionnaire biographique 1794-1955*, Paris, Institut national de la recherche pédagogique, Conservatoire national des arts et métiers t. 1, p. 337-339.

Thomas Émile, 1848, *Histoire des ateliers nationaux*, Paris, Michel-Lévy Frères.

Tocqueville Alexis de, [1835, 1840], « De la démocratie en Amérique », 1992, *Œuvres*, Paris, Gallimard, t. II. La Pléiade.

Touraine Alain, 1984, *Le retour de l'acteur. Essai de sociologie*, Paris, Fayard.

Traynhan James G., (dir.), 1987, *Essays on history of organic chemistry*, Bâton Rouge (USA), Louisiana State University Press.

Valléry-Radot René, [1900], *La vie de Pasteur*, Paris, Flammarion, 1962, 30e éd.

Valynseele, Joseph, 1871, *Les Say et leurs alliances*, Paris, [J. Valynseele éditeur].

Vernant Jean-Pierre, Vidal-Naquet, Pierre, [1972], 2001, *Mythe et tragédie en Grèce ancienne*, t. 2, La Découverte / Poche.

Vérin Hélène, 1993, *La gloire des ingénieurs, L'intelligence technique du* XVIe *au* XVIIIe, Paris, Albin Michel, L'évolution de l'humanité.

Viger Albert, 1895, *Deux années au ministère de l'Agriculture, 11 janvier 1893 – 27 janvier 1895*, Paris, G. Masson.

Vigreux Pierre, 1993, « Chimistes, pharmaciens et sucre de betteraves : du jardin des apothicaires à l'Enia », *in* Institut Fédératif de Recherches sur les Économies et les Sociétés Industrielles, 3e Journées I.F.R.E.S.I., Lille, CNRS, Universités de Lille-I, Lille-II, Lille-III.

Vigreux Pierre, 1994, « Girard, Aimé (1830-1898) Professeur de Chimie industrielle (1871-1897) », t. 1, p. 555-566. ; « Payen, Anselme (1795-1871) Professeur de Chimie appliquée à l'industrie (1839-1871) », t. 2, p. 357-371, *in* Fontanon Claudine et Grelon André, (dir.), *Les professeurs du Conservatoire national des arts et métiers, dictionnaire biographique 1794-1955*, Paris, Institut national de la recherche pédagogique, Conservatoire national des arts et métiers.

Vigreux Pierre, 2001, *La naissance, le développement et le rôle de l'École nationale supérieure des industries agricoles et alimentaires (ENSIA)1893-1986*, thèse de doctorat en histoire économique et culturelle, sous la direction du Professeur Albert Broder, Université de Paris-XII (Créteil).

Voluer Philippe, 1998, « L'École de brasserie de Nancy », *in* André Grelon et Françoise Birck, ouvr. cité, p. 203-213.

Wahl Jean, 1983, *Le pétrole vert français*, Paris, Flammarion, enjeux pour demain.

Walker William Hultz, Lewis Warren K. et Mc Adams William Henry, [1923, *Principles of Chemical Engineering*, New-York, Mc Graw-Hill], 1933, *Principes de chimie industrielle*, Paris.

Weiss John H., 1982, *The making of technological man, the social origins of french engineering education*, Cambridge (USA).

INDEX DES NOMS

ABIS, Sébastien : 77, 86
ACHARD, Franz Karl : 19-25, 29, 33, 570, 574-576
ADDA, Jacques : 432
AGERON, Charles-Robert : 395
ALBERT, Michel : 85, 90-91
ALGLAVE, Émile : 181-182
ALLARD, Robert : 30
AMET : 573
ANDRIET : 573
APPERT, Nicolas : 191, 194, 329, 401, 470, 493, 501
ARGELÈS, Jean : 435
AUGÉ-LARIBÉ, Michel : 45, 54, 63, 114-115, 138, 146-147, 153, 182, 490

BACHOUX, D.M. : 108
BACOT, Gaston : 208, 210
BACOT, Georges : 209, 210, 287, 475
BAERT, Jean-Paul : 467
BAILLY DE MERLIEUX, Charles-François : 29, 30
BAILLIÈRE, J.B. : 198, 207, 597, 616
BALZAC, Honoré de : 562
BARBE, François : 116
BARBÉ, Jean : 241
BARBET, Émile : 125, 187, 194, 197, 357
BARETGE, Joseph : 181-183
BARRE, Raymond : 75, 466
BARRET, André : 288
BARRUEL, J. : 569, 571-574
BAUDOT, J.M. : 33
BEAUVALOT, Émile : 237-238, 244, 547
BECKER, Jean-Jacques : 75, 454
BERGERON, Louis : 69
BERK, Zéki : 479
BERKALOFF, André : 496, 497
BERSET, Claudette : 432, 477
BERSTEIN, Serge : 390, 395
BERTHAULD, A. : 128
BERTHELOT, Marcellin : 192, 593
BERTIN, Charles : 151
BERTRAND, Gabriel : 187, 598
BESSIS, Sophie : 88, 89
BETTAHAR, Yamina : 204, 260, 275
BICHON, René : 30
BIGO-TILLOY, Louis : 190
BILLET, A. : 182
BILLIARD, Georges : 257
BIMBENET, Jean-Jacques : 323, 368, 408-413, 422, 428, 429, 442, 476, 667
BIRCK, Françoise : 194, 260, 275, 627
BIXIO, Alexandre : 30
BLIN, Ferdinand : 99
BLOCH, Marc : 94
BLOCH-LAINÉ, François : 461
BOITEL, Ferdinand : 106
BOLTON, Judy : 101
BONASTRE, André : 65, 297, 301-302, 307, 309, 312, 314, 322-324, 329, 405, 408, 418, 425, 426, 432, 442, 446, 453, 454, 629, 638, 642
BONMARTIN : 574
BONNEUIL, Christophe : 85
BOUGARD, Pierre : 283
BOUILLON, Charles-Octave : 241, 244, 247, 268
BOUIX, Marielle : 319, 368, 434, 435, 450-451, 476, 477

BOULANGER, Ernest : 123
BOULET, Michel : 29, 226
BOURDELAIS, Patrice : 69
BOURDET, Albert : 289
BOURDIEU, Pierre : 505, 645
BOURGEOIS, Claude-Marcel : 435
BOURLOTON, Edgar : 124, 140, 574
BOUSSER, Robert : 301, 307-311, 402
BOUVIER, Jean : 45, 74
BOUYSSOU, Maurice : 198
BOYER, Robert : 69
BRÉTIGNIÈRE, Lucien : 528, 639
BRETON, Yves : 44, 63, 74, 532
BREYSSE, Jacques : 218, 399
BRISORGUEIL, Fernand : 274, 275
BROCAS, Claude : 455, 458, 466, 467
BRODER, Albert : 12, 14, 44, 75, 160, 164, 283, 471, 552
BRUGÈRE-PICOUX, Jeanne : 207
BURÉ, Jean : 302, 319, 448-449, 475
BUREAU, Jean-Christophe : 455
BUSSEREAU, Dominique : 499
BUSTARRET, Jean : 619
BUTEZ, Rémy : 242
BUTZ, Earl : 89

CADET DE VAUX, Antoine Alexis : 25
CAFEY, A. : 179
CAILLAUX, Joseph : 124, 153, 155, 182
CALVEL, Étienne : 575
CAMUS, André : 288, 637
CASALIS, Jacques : 288, 319, 475
CASTRO, Josué de : 88
CAYRE, Henri : 352
CÉLERIER, Jacques : 358-360, 381, 551
CELS, Jacques-Philippe : 22
CÉPÈDE, Michel : 85-86, 295
CHAPPELET : 571
CHAPPEVILLE, François : 432
CHAPTAL, Jean Antoine : 22, 569, 573
CHARLE, Christophe : 146
CHARLIE, Georges : 178
CHARMASSON, Thérèse : 115, 166, 173, 258, 392
CHATELAIN, René : 76, 115, 203, 285, 325-326, 530
CHAUTEMPS, Émile : 110
CHAVARD : 209
CHEVAUGEON : 482
CHEVREUL, Eugène : 32
CLAEYS, Léon : 125
CLAUDE, Nicolas : 181
CLAVEAU, Jean : 318-319, 358, 421, 436, 476-477, 619
CLÉMENT, Jean-Michel : 425, 446-447, 451, 463, 485, 578, 629, 642, 644
CLÉMENT-DESORMES, Nicolas : 33-36, 44
CODRON : 129
COLLINS, Joseph : 89
COMBRIS, Pierre : 18, 438
CONTINSOUZAS, Jean : 216
CORBEL, Bernard : 341, 365-366, 382, 543, 551
CORENWINDER, B. : 99
CORRIEU, Georges : 435
COUGNY, Gaston : 124, 140, 585
COUPEROT, Guy : 209-210, 286, 475
CRESPEL-DELISSE, Louis : 26, 108, 351
CREVEAUX, Eugène : 24
CUVELIER, Gérard : 475, 477

DABLINCOURT, G. : 129
DAIX : 99
DANDAN, Najah : 66
DANZART, Marc : 449, 644-645
DARCET, Jean : 22
DARDENNE, Guy : 358, 360-361, 379-380, 420-421
DARTEVELLE, Rémi : 229
DARTOIS, Édouard : 202, 206-209, 286, 288, 352, 642
DAUTHY, Étienne : 64, 202-205, 209, 213, 217-219, 250, 276, 286, 288, 302-304, 313, 318, 320, 324, 327, 330, 352, 366, 441, 475, 558, 619, 642
DAVID, Fernand : 165, 175
DAVIS, John Herbert : 18, 462

Day, Charles R. : 526
Debatisse, Michel : 461
Decottignies, Gérard : 27
Decourt : 482
Deforeit, Huguette : 24, 92
Dehérain, Pierre-Paul : 100-101, 105-107, 109, 113, 125
Delage, Jacques : 492
Delavière, Fernand : 99
Demarne, Yves : 494, 642
Denis, Gilles : 438, 466
Depeyre, Dominique : 479
Derosne, Charles : 21, 23, 27, 36
Desormes, Charles : 35
Desprez, Florimond : 125, 151
Desrosières, Alain : 647
Detrez, Claude : 399
Deux, Yves : 266, 286-288, 475
Develle, Jules : 113, 120
Devos, Paul : 136, 292, 313-314, 316, 327, 377-379
Devreux, André : 307
Deyeux, Nicolas : 22-23, 30, 569
Diderot, Denis : 93, 443
Dienesch, Marie-Madeleine : 317, 392
Dijoux, Mme : 184
Dopter, Pierre : 214, 477
Doumer, Marcel : 175
Doumer, Paul : 174-175
Drapron, Roger : 289
Dryden, E. C. : 581
Dubaele, A. : 99
Dubourg, Jean : 207, 286, 320, 407, 413, 475, 598, 617-618
Dubrunfaut, Auguste-Pierre : 27-29, 32, 43, 581
Duby, Georges : 45, 390
Duclaux, Émile : 120, 125, 182, 194-195, 223, 560, 591, 602, 636
Dufresse, Urbain : 163, 176-177, 199-200, 210-211, 230, 235, 254, 275-276, 605-606, 642
Dumas, Jean-Baptiste : 34, 40, 583
Dumont : 207
Dumont, René : 88, 472-473
Dupaigne, Paul : 302
Dupont, François : 59, 99, 106-111, 113, 126, 158, 212, 409, 502
Dupont, Henry-François : 306, 353, 397
Dureau, Georges : 28
Dureau, Jean-Baptiste : 53-54, 58, 582, 589
Durin, Edmond : 99, 103, 113, 120, 125, 181
Durot, Jules : 99
Duquenoy, Albert : 412

Easterlin, Richard : 13
Échevin, Albert : 627
El Mostain, Abdelhak : 185
Emptoz, Gérard : 218, 399
Espiard, Étienne : 358, 362-363, 379-380

Fabre, Alexis : 315-316
Falempin, Achille : 256
Falempin, Arsène : 256
Fauconneau, Guy : 458-461
Fauque, Danielle : 218
Faure, André : 295
Fernbach, Auguste : 195, 594
Fontanon, Claudine : 35-36, 40, 181, 216, 593
Fonteneau, Virginie : 204, 218, 233, 260, 275, 305, 399, 673-674
Foucault, Michel : 462, 467
Fourcroy, Antoine-François : 22
Fourastier, Charles : 306
Ford, Gérald : 89
Foville, Alfred de : 140
Frédéric-Guillaume III : 21
Frémy, M. : 116

Gac, André : 479
Gaignault, Jean-Cyr : 24, 92
Gambetta, Léon : 114, 116, 159
Gallemand : 209
Gallois, Charles : 99, 108-110, 113, 121
Galvez-Behar, Gabriel : 189

GARÇON, Anne-Françoise : 117, 443
GARDY, H. : 399
GARRY, Henri : 236-237, 247
GARRY, Paul : 236-237, 247
GAULTIER-VOITURIER, Odile : 109
GAY-LUSSAC, Louis Joseph : 27
GAYOUER, Jean-Paul : 368
GERVAIS, Michel : 390, 467-468
GIRARD, Aimé : 35, 40-44, 90, 116-117, 120, 125, 129, 135, 147, 181, 212, 223, 321, 402-403, 560, 580, 593, 602, 635-636
GIRAULT, Philippe : 187
GISCARD D'ESTAING, Valéry : 89, 454
GLADSTONE, William Ewart : 153
GOIGOUX, Alain : 379-380
GOLDBERG, Ray-Allan : 18, 462
GONIAUX, Charles : 170-171
GOUÉLIN, Louis : 240, 247
GOUGH, J.B. : 20
GOURLET, Bernard : 256
GOURLET, Joseph : 256
GOURLET, Robert : 256
GOURSAUD, Jean : 475
GRAVEUX, Élie : 617
GRELON, André : 35-36, 40, 117, 181, 194, 276, 392, 443, 593, 627
GRÉVY, Jules : 45
GRIENINGER, F. : 108
GRILLON-VILLECLAIR, Charles : 572-573
GROS, François : 91
GROSFILLEY, Jean : 198-199, 210
GROSJEAN, Henri : 135, 150
GROSSETTI, Michel : 399
GUÉRIN, Bernard : 66, 412, 414, 493-494, 501, 642
GUÉRIN, Jean : 20-21, 26, 45, 493, 572
GUÉRIN, Philippe : 68, 482, 497
GUICHERD, Jean : 528, 639
GUIGNOT : 209
GUILBOT, André : 289
GUILLAUME, Didier : 499
GUILLAUME, François : 492
GUILLEMET, Gaston : 182
GUILLEMET, Raymond : 68, 301, 305, 314, 324, 326, 430-431, 448-449, 476-477, 619-620, 642
GUILLOT (Docteur vétérinaire) : 558
GUITTONEAU, Gustave : 636
GUYOT, Yves : 82
GUYTON DE MORVEAU, Louis-Bernard : 22

HARLEM BRUNDTLAND, Gro : 79
HAYEZ, Paul : 175-176, 214, 227
HEITMAN, John A. : 60, 104
HÉMARD, Jean : 265-268, 270, 273, 354, 381, 458-461
HERPIN, Jean : 266-268, 354-355
HILAIRE, Yves-Marie : 118, 170
HOOVER, Herbert : 400
HOSSENLOPP, Joseph : 91, 432, 438, 482
HUBSHER, Ronald : 17, 588
HUIBAN, Jean-Pierre : 24
HUMBERT, Léna : 85
HUYGUE, Marjorie : 221

ISAUTIER, Alfred : 272-273, 312, 361, 377, 421, 553
ISNARD, Maximin : 569, 574

JACOB, François : 91, 197, 416
JAKUBCZACK, Edmond : 319, 477
JAURÈS, Jean : 182-183
JENNINGS, W.G. : 432
JESSENNE, Jean-Pierre : 588
JOB, André : 187
JOLIVET, Marcel : 467
JONGE, K.W. de : 99
JOULIN, Gérard : 462
JOUVET, F. : 528, 639
JUNGFLEISCH, Émile : 593

KAYSER, Edmond : 104-105, 125, 135
KEILLING, Jean : 203, 288, 295, 416, 493, 617, 643
KNITTEL, Fabien : 44
KOUNELIS, Catherine : 593

LABROUSSE, Philippe-Michel : 123, 139
LABYE, Yves : 207, 216, 249, 270-272, 276, 284, 318, 378, 540
LACH, Georges : 271
LACHAUME, H. : 99
LAGRÉE, Michel : 86-87
LALANDE, Marc : 435
LAMBERT-GOURSAUD, Achille : 242-244, 247
LANDES David : 69, 81
LANGEVIN, Paul : 304
LAUNAY, Bernard : 319, 449, 477
LAUZE, Jean : 312, 314-316
LE BIHAN, Joseph : 438
LE BLANC, Jean : 244, 350-351, 547
LECOMTE, René : 297-299, 302, 305, 437
LÉCRINIER, Maurice : 243-244
LEDUC : 129
LEGENDRE, Georges : 187
LÉGIER, Émile : 20-21, 569, 574-575
LEGRAND, André : 170
LEGRAND, J. : 99
LEGROS, Jean-Paul : 635
LELORRAIN, Anne-Marie : 115, 166, 173, 258
LE MAGUER, Marc : 368-370
LENOIR, Jean : 432
LEPLAY, Hippolyte : 99
LEPY, Jean-François : 221
LEQUIN, Yve Claude : 417
LEROY, Pierre (ingénieur ENSIA 1931) : 571-572
LEROY, Pierre : 69
LEROY-BEAULIEU, Paul : 62, 114, 141, 153, 156, 182-183
LESTAVEL, Georges : 417
LEVEAU, Jean-Yves : 319, 368, 431, 433-435, 450, 468, 476-477
LÉVY, Jacques : 482
LÉVY, Lucien : 58, 129, 187, 197, 200, 210, 591-594, 598
LÉVY-LEBOYER, Maurice : 235
LEWIS, Warren K. : 404
LIÉBIG, Justus von : 597
LINARD, Désiré : 125
LINDET, Léon : 30, 43, 125, 138, 187, 223, 403-404, 406, 408-409, 636, 676-677
LONCIN, Marcel : 65-66, 323, 387, 402, 404-412, 426, 431, 442, 476-477, 479, 554, 566, 643, 667
LUTFALLA, Michel : 44, 63, 74, 552
LUYNES, Victor de : 42
LWOFF, André : 197, 416
LYAUTEY, Margot : 85

MAC ADAMS, William, Henry : 404
MACÉ, Roger : 458-461
MAC LEAN, Charles : 432
MAC LEOD, Patrick : 479, 558
MAEGHT-BOURNAY, Odile : 85
MAITROT, Charles : 203
MAMELLE, Gabriel : 125
MANTEAU, Adolphe : 148, 151, 642
MARCELLIN, Jacques : 359-360
MARCHAND, Marcel : 245, 547
MARGGRAF, Andréas, Sigismond : 20, 599
MARIAGE : 573
MARILLER, Charles : 63, 177, 197-199, 202, 219, 223, 270, 273-274, 286-287, 327, 353, 368, 435, 475, 561
MARNOT, Bruno : 165
MARTIN, Adonaï : 169, 177, 274
MARTIN, Édouard : 190
MARTINET, Christian : 360
MARTRAIRE, Maurice : 352
MATHIEU DE DOMBASLE, Christophe-Joseph-Alexandre : 44, 340
MAUJAN, Adolphe : 182
MEIGNIN, Jean-Michel : 482
MÉJANE, Jean : 286-287, 353, 368, 413-414, 438, 475
MÉLINE, Jules : 145-149, 151, 153
MÉNAGER, Bernard : 170
MENDÈS-FRANCE, Pierre : 287, 352
MENDRAS, Henri : 485
MENIER, Émile-Justin : 82

MENIER, Gaston : 83
MERLE, Claudie : 358, 364
MERLIN, Charles : 118, 125
MIENS, Jean-Pierre : 239
MOHR, Léonard : 574
MONOD, Jacques : 197, 416, 478
MONS, Jean : 226
MONS Van : 20
MORAN, Thomas : 400
MOREAU, Georges : 128-129, 194, 210-211, 591, 593, 629
MOREL, Jules : 226
MORIN, Arthur (Général) : 589
MOTHES, Jean : 465, 470, 482-492, 497-498, 500-501
MULTON, Jean-Louis : 432
MUNIER, Michel : 190

NABONNAND, Philippe : 233
NALLET, Henri : 89, 492, 498
NAPOLÉON Ier : 21-22, 69, 580
NEFFUSSY, Jacques : 18, 438
NÈGRE, Edouard : 307
NGUYEN, Lé : 596
NGUYEN, Phi Phung : 367-368
NICOLAS, Jacques : 368-369
NICOLAS, G. : 226
NIVAT, Maurice : 487
NOLIBOS, Alain : 283
NOUET, Martine : 432
NUGUES, Auguste : 125, 128, 145, 212, 642

OLIVIER, Jean-Paul : 562
OLLENDORFF, Gustave : 112
ORY, Pascal : 75
ORRY, Albert : 145, 639, 642
ORTOLI, François-Xavier : 417

PAGE, Kathryn : 101
PAGÈS, Georges : 199-200, 202-203, 208, 215, 225-226, 642
PAGNOUL, Aimé : 99
PAILHERET, Jules : 208
PAILLOTIN, Guy : 76-79, 86, 91
PAMS, Jules : 165-166
PARMENTIER, Antoine-Augustin : 20, 22, 25
PASCAL, Gérard : 479
PASCAUD, Henri : 182
PASTEUR, Louis : 18, 27-28, 41, 82, 105, 120, 188-197, 199, 560, 585-586, 591-592, 602, 636
PASTEUR VALLÉRY-RADOT, Louis : 189-190
PAYEN, Anselme : 31-32, 34-39, 41, 43-44, 62, 111, 212, 559-560, 579-583, 590
PÉLIGOT Eugène : 36
PELLET, H. : 99
PELOUZE, Théophile : 40
PERPÈRE : 575
PERRIER, Edmond : 108, 110
PERRET, Jean : 359
PERRIN DE BRICHAMBAUT, Marc : 89
PERROT, Annick : 393
PERSOZ, Jean-François : 580
PETIT, Léon : 289
PETIT-LAFITTE, Auguste : 29
PETITMENGIN, Pierre : 193
PHILIPS, Max : 39, 581
PICOUX, Eugène : 200, 207, 209, 274, 287
PIETTRE, Maurice : 400
PINGUET-ROUSSEAU, Jean-Claude : 458, 467, 492
PLANDÉ, Romain : 576
PLANK, Rudolph : 400
PLISSONNIER, Simon : 165, 171, 173
POINCARRÉ, Raymond : 113, 121, 127, 142, 212, 223, 288
POLY, Jacques : 445, 455, 465, 494-495, 497, 499
POMA, Jean-Pierre : 475
PONCELET, A. : 729
PORCHIER, Jean-Claude : 482
POTHIER, Francis : 31, 34
POULAIN, Michel : 479
PRACHE, Charles : 242
PRESCOTT, Samuel C. : 399-400

PRUD'HOMME, Michel : 378-379

QUÉVY, Paul : 238-239, 244, 247, 547

RAINCOURT, Philippe de : 317
RAMBAUD, Michel : 434, 436, 477
REGNAULT, Victor : 40
RÉGNIER, Pierre : 172
REID, J. D. : 581
RÉMY, Émile : 7, 239, 246, 247
RENAUDIN, Charles : 299-300, 302-303, 306
RÉQUILLART, Vincent : 187
REVUZ, Bernard : 353, 356-358
RIBOT, Alexandre : 124, 182
RICHARD, Hubert : 91, 368, 431-433, 476-477
RICHARD, Jean-Paul : 475
RIFFARD, Edmond : 99
RILLIEUX, Norbert : 58
RINGELMAN, Max : 187
RIOU, Charles : 76
RIOUX, Jean-Pierre : 283, 287
RIPA, Yannick : 115, 166, 173, 258
RISCH, Léon : 528, 639
ROBERT, Adolphe : 124, 140, 585
ROBERT, Edmond : 105
ROBERT, Édouard : 209
ROCART, Michel : 89, 470, 481-482, 492
ROCHE, Marcel : 287, 318, 368, 413-414, 438, 475
ROGER, Charles : 306
ROLLET, Laurent : 253
ROUSSEL, André : 294, 299
ROSSET, Roland : 475, 479, 558
ROUSSET, Dominique : 76-79
ROUZÉ, Georges : 236-237
ROY : 400
ROYER, Pierre : 91
RUATTI, Jean-Louis : 482

SABATIER, Paul : 187
SACHS, François : 201, 306
SACHS, Henri : 306
SAGNIER, Henri : 146
SAILLARD, Émile : 58, 129, 200, 204, 206-207, 210, 213, 597, 598, 617
SAINCLIVIER, Marcel : 300
SAINT-MARTIN, Monique : 505
SAINT-MAXEN, Albert : 289
SAINT-RAT, Louis de : 598
SALMON-LEGAGNEUR, Guy : 496
SAMSON, Paul : 208, 210
SANDRET, François : 430-432, 436, 449, 476-477
SANSON, Régis : 354
SARAILLÉ, Julien : 240-241, 247
SARRAUT, Maurice : 188
SAUVAGE, Alcide : 245-246, 547
SAY, Horace : 139
SAY, Jean-Baptiste : 139
SAY, Léon : 63, 99, 139-141, 145, 158-160, 181, 552
SCHERER : 20
SCHLOESING, Théodore : 403
SCHNEIDER, Paul : 274-275
SCHUMANN, Maurice : 417
SCRIBAN, René : 18, 288, 353, 434, 438-440, 448, 450, 475, 576, 603
SERRES, Olivier de : 17, 20
SIDERSKY, David : 102, 185, 187
SIMON, Jonathan : 62
SOYEUX, Annie : 482
STOCLIN (famille) : 109
STOCKLI, A. : 303, 305
STOURM, René : 140, 183
SURUN, Jean : 368

TABATONI, Pierre : 637
TARDIEU, Henri : 32, 99
TAVERNIER, Yves : 390, 467
TÉATINI, Dario : 303-304
TERROINE, Émile : 619-620
TESSIER, Alexandre-Henri : 22
TESTARD, Stanislas : 151, 157
THÉPOT, André : 35, 281
THOMAS Daniel : 468
THOMAS, Léon : 31-32

TIBERGHIEN, Frédéric : 459
TIBERI, Jean : 454
TISSERAND, Eugène : 99, 115-116, 124, 141, 146, 148-149, 158-160, 168, 181, 189, 223-224, 585-586, 635, 641
TOCQUEVILLE, Alexis de : 70
TOMASSONE, Richard : 482
TOURLIÈRE, Simon : 351-353
TOURNAN, Isidore : 188
TOUSSAIN, Rémi : 500
TRANNIN, Alfred : 118-121, 123, 125, 128-129, 135, 145, 159, 161, 222-224, 587-588, 602
TRAYNHMAN, James : 60
TREILLON, Roland : 20-21, 26, 45, 438, 464
TROTEL, Gabriel : 208, 289, 322-324, 405
TROUDE, Joseph : 129, 208, 215, 595-596
TRYSTRAM, Gilles : 412-413, 500

URION, Edmond : 629

VALCESCHINI, Egizio : 85
VALLÉRY-RADOT, René : 189, 192, 586
VANDENBUSSCHE, Robert : 170
VASSILIÈRE, Léon : 150, 182
VAUQUELIN, Nicolas : 22, 33-34, 36
VEILLET, André : 627
VEISSEYRE, Roger : 300, 639
VERGNAUD, Henri : 311
VÉRIN, Hélène : 49, 87, 443
VIARD, Daniel : 467
VIDAL, Frédérique : 499
VIDAL-NAQUET, Pierre : 81
VIGER, Albert : 114, 124, 171
VIVIEN, Armand : 98-99, 120, 128-129, 210, 246, 589-590, 597-598
VOLUER, Philippe : 194, 627
VUILLERMOZ, Albert : 214

WAHL, Jean : 79, 83, 454-457, 463, 485
WALKER, William Hultz : 404
WALKOWIAK, Roger : 562
WALLON, Henri : 304
WALLON, Armand : 45
WEIL, Gérard : 85-86
WERQUIN, Victor : 207, 274-275, 377
WICKAM, Sylvain : 482
WILHELEM, Emmanuelle : 222
WOLFF, Éric : 447, 573
WORMS, Jean : 246, 273

ZOLA, Émile : 185

INDEX DES INSTITUTIONS

IIe République : 114
IIIe République : 75, 115, 140, 161, 165, 220
IVe République : 71, 287, 394
Ve République : 71-72, 281, 390

Académie d'agriculture de France : 37, 187, 369, 403, 496, 586, 598
Académie de Berlin : 20
Académie de médecine : 38
Académie française : 140
Académie des sciences : 38-40, 43, 100, 108, 115, 191, 213, 403, 409, 436, 581, 586, 598, 636
Académie des sciences morales et politiques : 140
Agence française de l'environnement et de la maîtrise de l'énergie : 368
Agence nationale pour la valorisation de la recherche : 439
AgroParisTech : voir *Institut national des sciences et industries du vivant et de l'environnement*
American chemical socitety (voir *États-Unis*) : 581
American society of brewing chemists (voir *États-Unis*) : 439
Assemblée constituante : 246-247
Assemblée consultative : 246
Assemblée nationale : 315, 317, 327, 390-392
Assistance publique : 252, 431, 513
Association amicale des anciens élèves de l'école centrale des arts et manufactures : 242
Association amicale des anciens élèves de l'école nationale des industries agricoles : 169, 171, 174, 177, 223, 247, 255, 263, 273, 316, 347, 591, 593
Association amicale des anciens élèves de l'École nationale supérieure des industries agricoles et alimentaires : 361, 378, 380-381
Association amicale des anciens élèves de l'Institut national agronomique Paris-Grignon : 84, 115, 491, 641
Association belge des chimistes de sucrerie : 201, 306
Association de coordination technique pour l'industrie agro-alimentaire : 68
Association des chimistes de sucrerie et de distillerie de France et des colonies : 97, 99-100, 102, 105-109, 111-113, 117-118, 120-121, 123, 125-129, 138, 140-142, 148, 158-161, 193, 197-198, 201, 212, 218, 223-224, 297, 301, 306, 320, 328, 353, 397, 400-401, 403, 409, 549, 589-590, 595, 636, 639
Association des chimistes, ingénieurs et cadres des industries agricoles et alimentaires : 566
Association des écrivains scientifiques : 108
Association des sciences et de l'agriculture (voir *Louisiane*) : 104
Association du corps préfectoral et des hauts fonctionnaires du ministère de l'Intérieur : 492
Association française pour la sécurité sanitaire des aliments : 409

Association nationale des industries alimentaires : 297, 467
Association pour la promotion industrie agriculture : 361
Association pour l'emploi industriel de l'alcool : 185

Bureau international de chimie analytique des produits destinés à l'alimentation de l'homme et des animaux domestiques : 328
Bureau universitaire de statistique et de documentation scolaires et professionnelles : 291

Centre d'enseignement et de recherches des industries alimentaires (voir *Belgique*) : 307
Centre d'études économiques et techniques de l'alimentation : 64, 293, 299
Centre d'études et de recherches technologiques des industries alimentaires : 417
Centre de coopération internationale en recherche agronomique pour le développement : 495
Centre de documentation internationale des industries utilisatrices de produits agricoles : 67, 397
Centre de perfectionnement des cadres des industries agricoles et alimentaires : 361, 397
Centre de préparation aux affaires : 354
Centre français de la coopération agricole : 380
Centre international de recherches agronomiques pour le développement : 452
Centre international des hautes études agronomiques méditerranéennes : 452
Centre national d'études agronomiques des régions chaudes : 452
Centre national d'études et de recherches des industries agricoles : 299
Centre national d'études vétérinaires et alimentaires : 68
Centre national de coordination des études et des recherches sur la nutrition et sur l'alimentation : 68, 449, 619
Centre national de formation des techniciens du conditionnement des boissons : 470
Centre national de la recherche scientifique : 670
Centre national des expositions et concours agricoles : 85
Centre national des jeunes agriculteurs : 390
Centre national du machinisme agricole, du génie rural, des eaux et des forêts : 495
Centre technique de la conservation des produits agricoles : 401
Chambre de commerce de Douai : 587
Chambre des députés : 112, 121-123, 139, 165-171, 173, 175
Cité scientifique (Villeneuve d'Ascq, Nord) : 417
Cité universitaire internationale de Paris : 65, 291, 324, 327-328, 379, 407
Collège de France : 62, 114, 187, 585
Collèges techniques : 248
Comice agricole de l'arrondissement de Béziers : 187, 198
Comice agricole de l'arrondissement de Lille : 106
Comité central des fabricants de sucre (voir *Syndicat national des fabricants de sucre*) : 98, 103
Comité d'aménagement de la région parisienne : 328-329, 395
Comité de décentralisation de la région parisienne : 328
Commissariat à l'énergie atomique : 466
Commission internationale d'unification des méthodes d'analyse du sucre : 110, 598
Commission internationale des industries agricoles : 67, 201-202, 304-305, 309-311, 325, 328, 361, 397, 401

Commission internationale des irrigations et du drainage : 272
Commission nationale des enseignants chercheurs de l'agriculture : 433
Commission nationale des industries agricoles : 202
Concours du carburant national : 187, 198
Confédération générale betteravière : 352
Confédération nationale des commerces et industries de l'alimentation : 299
Congrès de chimie appliquée : 110-111, 201
Congrès des emplois industriels de l'alcool : 185
Congrès des études économiques pour les emplois industriels de l'alcool : 186
Congrès des ingénieurs agronomes : 618
Congrès international de sucrerie et des industries de la fermentation : 201
Congrès international de la laiterie : 595
Congrès international des applications de l'alcool dénaturé : 186
Congrès international des industries agricoles : 201-202, 292, 301-307, 309-310, 322, 324, 383, 409, 629
Congrès international des industries agricoles et alimentaires des zones tropicales et sud-tropicales : 310
Congrès international technique et chimique de sucrerie et de distillerie : 201, 629
Congrès national des industries agricoles et de l'alimentation : 302-303, 405
Conseil de l'économie nationale : 294
Conseil de la République : 317
Conseil national de l'alimentation : 68
Conseil national d'études et de recommandations pour la nutrition et sur l'alimentation : 68
Conseil national des ingénieurs et des scientifiques de France : 295
Conseil supérieur de l'enseignement agricole : 146
Conservatoire national des arts et métiers : 31, 33, 35-36, 38-41, 43-46, 100, 125, 212, 218, 326, 350, 366, 368-369, 474, 582, 589, 593, 635
Contributions indirectes (voir *ministère des Finances*) : 15, 137, 139, 180, 182-183, 224-226, 240
Convention de Bruxelles : 152, 156-157, 161, 182, 186
Cours des comptes : 226

Délégation à l'aménagement du territoire et à l'action régionale : 389, 395
Délégation aux industries agricoles et alimentaires : 68, 454-455, 461, 469
Délégation générale à la recherche scientifique et technique : 450

École Breguet : 326
École centrale des arts et manufactures de Paris : 29, 31, 34, 37-39, 100, 108, 113, 169, 216, 284, 343, 369, 388, 416, 451, 479, 491, 617
Écoles centrales des arts et manufactures : 500
École d'agriculture de Meknès (Maroc) : 308
École de brasserie de Nancy (voir *École nationale supérieure d'agronomie et des industries alimentaires de Nancy*) : 173, 288, 298, 394, 446, 544, 627, 629
École de chimie industrielle de Lyon : 218
École de laiterie de Nancy (voir *École nationale supérieure d'agronomie et des industries alimentaires de Nancy*) : 173, 394, 627
École de médecine de Paris : 22, 569
École de pharmacie : 593, 635
École de sucrerie de Braunschweig (Allemagne) : 103-104, 117, 135
École des cultures industrielles et des industries annexes de la ferme de Douai : 121, 124, 149

École des hautes études commerciales : 64, 294
École des hautes études en sciences sociales : 69, 392
École des mines de Paris : 397, 451, 470, 482, 486
École nationale d'administration : 454, 482
Écoles nationales d'agriculture : 168, 171, 208, 336, 480
Grignon : 110, 115, 125, 148, 168-169, 173, 199, 208-209, 218, 220, 300, 329, 420, 526, 528-531, 639
Maison-Carrée (Algérie) : 446
Montpellier : 200, 307
Rennes : 203-204, 241, 300
École nationale d'arts et métiers : 112, 229, 249, 271, 312, 316-317, 361, 526-531
École nationale d'horticulture de Versailles : 175, 316, 391, 495
Écoles nationales d'industrie laitière : 636, 638
Aurillac (Cantal) : 637
La Roche-sur-Foron (Haute-Savoie) : 637
Mamirolle (Doubs) : 115, 175, 301
Orbec (Calvados) : 301
Poligny (Jura) : 203, 301, 637
Surgères (Charente-Maritime) : 637
École nationale d'ingénieurs des techniques des industries agricoles et alimentaires : 416
École nationale de la France d'Outre-mer : 395
École nationale des eaux et forêts (Nancy) : 415, 633
École nationale des industries agricoles (voir *École nationale supérieure des industries agricoles et alimentaires*) : 15, 18-19, 45, 49, 71, 100, 124-125, 127, 130, 144, 149, 160-161, 164, 168, 170, 172, 176-178, 192, 200, 213-215, 219, 226, 228, 241, 277, 285, 288, 291, 298, 303, 316, 436, 523-526, 570, 617
École nationale des industries agricoles et alimentaires (voir *École nationale supérieure des industries agricoles et alimentaires*) : 290-291, 310, 312, 316-317, 321, 327, 330, 333, 391
École nationale des sciences agronomiques appliquées (Dijon) : 495
École nationale du génie rural : 271, 415, 617
École nationale du génie rural, des eaux et des forêts : 73, 413, 415, 439, 445, 499, 633-634
École nationale du paysage de Versailles : 495, 498
Écoles nationales supérieures agronomiques : 44, 336, 391, 393, 416, 420, 422, 468, 487, 490, 628
École nationale supérieure d'agronomie
Grignon : 336, 420, 635, 637, 639
Montpellier : 44
Nancy : 446, 627
Rennes : 44
Toulouse : 422
École nationale supérieure d'agronomie et des industries alimentaires (Nancy) : 446, 627, 629
École nationale supérieure de biologie appliquée à la nutrition et à l'alimentation : 416
École nationale supérieure de géologie (Nancy) : 336
École nationale supérieure de meunerie et des industries céréalières : 116, 298, 326
École nationale supérieure des industries agricoles et alimentaires : 19, 51, 361, 387, 393-394, 411, 418, 440, 442, 479, 503, 507, 557, 641, 645
École nationale supérieure des sciences agronomiques appliquées : 495
École nationale supérieure du pétrole et des moteurs : 359

Écoles nationales vétérinaires : 316
École nationale vétérinaire d'Alfort : 207, 498
Écoles normales : 129, 210
École normale supérieure de Saint-Cloud : 210, 235, 605
École normale supérieure de la rue d'Ulm : 193
École polytechnique : 40, 482, 580
École polytechnique de Zurich (Suisse) : 303, 305
Écoles pratiques d'agriculture : 229, 250, 275
 Ahun (Creuse) : 301
 Beaune (Côte d'or) : 230
 Chatillon-sur-Seine (Côte-d'Or) : 230
 Le Chesnoy (Loiret) : 200, 230
 Crézancy (Aisne) : 238, 245
 Douai-Wagnonville (Nord) : 148-150, 171, 239
 La Brosse (Yonne) : 243
 Les Granges (Crocq, Creuse) : 605
 Le Paraclet (Somme) : 605
 Rethel (Ardennes) : 148, 595
 Saulxures (Vosges) : 605
École pratique des hautes études : 397, 479
Écoles primaires supérieures : 243, 271, 318
Écoles régionales d'agriculture : 250
Écoles spéciales de chimie pour la fabrication du sucre de betterave
 Aubervilliers : 25, 570-573
 Castelnaudary : 25, 575
 Douai : 25, 570-574, 576
 Strasbourg : 25, 574
 Wachenheim (Allemagne) : 25, 574
École spéciale et pratique des sucreries de betteraves de Fouilleuse : 29
École sucrière de Glons (Belgique), : 104
École sucrière de La Nouvelle-Orléans (États-Unis) : 104
École supérieure d'électricité : 214
École supérieure de la coopération agricole et des industries alimentaires : 380
École supérieure de physique et de chimie industrielles de la Ville de Paris : 289
École supérieure des sciences économiques et commerciales : 425
École technique de la conserve : 508
Établissement public à caractère scientifique, culturel et professionnel : 491, 634
European brewery convention : 439
Exposition de l'alcool : 185
Exposition universelle d'Anvers (1894) : 595
Exposition universelle de Paris (1889) : 40, 43, 402, 589

Faculté de droit et de lettres de Douai : 112, 129, 161, 181, 192
Faculté de droit de Paris : 181, 637
Faculté de médecine de Strasbourg : 619
Faculté de pharmacie de Paris : 431
Faculté de technologie agro-alimentaire de Moscou : 469
Faculté des sciences Bordeaux : 617
Faculté des sciences Lille : 189, 288, 318, 419, 439, 593
Faculté des sciences Nancy : 627
Faculté des sciences Paris : 195, 411, 431
Fédération européenne du génie chimique : 412
Fédération internationale de laiterie : 595
Fédération nationale des syndicats d'exploitants agricoles : 461
Fédération nationale des syndicats de l'alimentation : 296-297
Fondation nationale des sciences politiques : 493
Food Administration (États-Unis) : 400

Groupement d'études et de recherches pour le développement de l'agronomie tropicale : 452, 495
Groupement d'intérêt économique : 466

Illinois, Institut of technology (voir *Chicago*) : 359
Impôts (Administration des) : 15, 137, 139, 141, 159, 183, 222, 224, 227, 533
Impôt foncier : 139, 182
Impôts sur la consommation : 15, 137-140, 155, 158-159, 182
Impôt sur le revenu : 140
Inspection générale de l'agriculture : 171-172
Institut agricole de Nancy (voir *École nationale supérieure d'agronomie et des industries alimentaires de Nancy*) : 627
Institut agronomique de Berlin : 104
Institut agronomique et vétérinaire Hassan II (Rabat, Maroc) : 452, 490
Institut agronomique méditerranéen : 452
Institut agronomique, vétérinaire et forestier de France : 73, 501, 557, 566
Institut d'administration des entreprises : 493
Institut d'études politiques (Paris) : 446
Institut d'études supérieures d'industrie et d'économie laitière : 495, 544, 637
Institut de chimie de Paris : 233
Institut de France : 22-23, 569
Institut de gestion internationale agro-alimentaire : 425, 457
Institut de mécanique des fluides : 216
Institut de recherches de l'industrie sucrière : 417
Institut de recherches en sciences et techniques pour l'environnement et l'agriculture : 272, 367, 495, 498
Institut de recherche pour les huiles et oléagineux : 413
Institut des actuaires : 271
Institut des recherches agronomiques : 301, 636
Institut électronique de Nancy : 260
Institut français des boissons et de la brasserie-malterie : 628
Institut français du froid industriel et du génie climatique : 362, 366
Institut français du pétrole : 359
Institut Für Lebensmittel verfahren technik (Karlsrhue, Allemagne) : 407
Institut industriel du Nord : 129, 249
Institut international du froid : 479
Institut international des fruits et produits dérivés : 397
Institut national agronomique : 41-43, 84, 87-88, 90, 104, 106, 115-116, 125-126, 167-168, 171, 187, 199, 203-204, 206-207, 211, 226, 249, 271, 286, 288, 295, 301, 308, 316, 325-326, 328-329, 335-336, 362, 366, 378, 388, 391, 393, 403, 410, 416, 422, 446, 480, 493, 585, 593, 595-597, 605, 617, 630, 635-637, 641-644
Institut national agronomique Paris-Grignon : 73, 420, 422-423, 445, 457, 462, 495, 499, 630, 635, 641
Institut national de la recherche agronomique : 76, 117, 311, 313, 438, 445, 463, 466, 619, 637
Institut national de recherche pour l'agriculture, l'alimentation et l'environnement : 446
Institut national de la recherche pédagogique : 35, 115
Institut national de la santé et de la recherche médicale : 68
Institut national de la statistique et des études économiques : 296
Institut national des hautes études de la sécurité et de la justice : 89
Institut national des industries de fermentation (Bruxelles) : 117, 404, 407, 593
Institut national des sciences appliquées de Lyon : 179
Institut national des sciences et industries du vivant et de l'environnement (AgroParisTech) : 44, 73, 90-92, 126, 388, 396, 426, 432, 435, 443, 452, 498-501, 557, 563, 566, 643

Institut océanographique : 326
Institut Pasteur : 82, 193-196, 212, 591, 594, 636
Institut Pasteur de Lille : 214, 417
Institut polytechnique de l'Ouest (Nantes) : 204, 260, 275
Institut polytechnique de Lorraine : 628
Institut scientifique et technique de l'alimentation : 298
Institut supérieur d'agriculture de Lille : 221
Institut supérieur de l'agro-alimentaire : 75, 268, 388, 439, 445, 453-454, 458, 462-463, 465-467, 495
Institut supérieur européen des agro-équipements : 495
Instituts universitaires de technologie de biologie appliquée : 417, 493
Institute of food technologists : 400, 429
International commission for uniforms méthods of sugar analysis : 618
International Food Policy Research Institute : 88
International union of food science and technology : 429

Laboratoire central d'hygiène alimentaire : 495
Laboratoire central de la répression des fraudes : 330, 397
Laboratoire central de recherche vétérinaire : 495
Louisiana State museum (La Nouvelle-Orléans, États-Unis) : 101
Louisiana State University (Bâton-Rouge, États Unis) : 101
Louisiana sugar chemist's association (Louisiane, États-Unis) : 60
Louisiana sugar experiment station (La Nouvelle-Orléans, États-Unis) : 104
Lycées : 165, 240, 248, 250, 287, 301, 318, 350, 352, 354, 357, 359-360, 362, 364, 366-369, 378, 380, 392, 410, 431, 446, 450, 470, 572
Lycées agricoles : 301, 392, 470

Maison des industries agricoles et alimentaires (voir *Cité universitaire internationale de Paris*) : 327-328, 407
Manufacture de porcelaine de Sèvres : 62
Manufacture des Gobelins : 62
Marché d'intérêt national de Rungis : 438, 475
Massachusetts Institute of Technology (Cambridge, États-Unis) : 399, 401
Ministère de l'Aménagement du territoire : 418
Ministère de la Consommation : 68
Ministère de l'Agriculture : 29, 67-68, 70-71, 88, 90, 105, 112-115, 118-120, 122, 124-125, 129, 135, 144-146, 148, 150, 157-161, 163-165, 172, 174, 176, 185, 205, 208, 212-213, 215, 219, 227, 240-241, 269, 271-272, 284, 286, 295, 301, 303, 312, 314, 327-329, 346, 367-368, 395-397, 415, 422, 426, 433, 455, 457, 462, 464, 466, 469, 480, 490-492, 495, 498, 501, 536, 565, 585, 596, 615, 619, 633, 642
Ministère de la Recherche et de la technologie : 15, 399, 450, 454, 463, 499
Ministère de la Santé : 464
Ministère de l'Éducation nationale : 35, 393, 422, 457, 482
Ministère de l'Environnement : 68, 352, 634
Ministère de l'Équipement et du logement : 418
Ministère de l'Industrie : 464, 486
Ministère de l'Instruction publique : 61, 74, 112-113, 173
Ministère de l'Intérieur : 492
Ministère des Finances : 18, 52, 137-140, 158-160, 179, 183-184, 188, 226, 352, 552
Ministère du Commerce : 90, 112
Ministère du Ravitaillement : 67, 619
Monopole de l'alcool : 181-184

Muséum d'histoire naturelle : 32-33, 100, 116

Nobel (Prix Nobel de médecine) : 197, 416

Office national des combustibles liquides : 188
Office national des forêts : 634
Office national interprofessionnel des céréales : 346
Organisation des pays arabes exportateurs de pétrole : 75

Salon international de l'agriculture : 78, 85
Secrétariat d'État aux industries agricoles et alimentaires : 68, 461
Section d'études supérieures des industries du lait : 301, 366, 380, 636-637, 642
Section des industries alimentaires des régions chaudes : 425, 451, 468, 491
Sénat : 123, 140-141, 171, 174-175, 188, 391, 586
Services agricoles (voir *ministère de l'Agriculture*) : 29, 209, 271, 315, 346
Service de la répression des fraudes (voir *ministère des Finances*) : 439
Service des alcools (voir *ministère des Finances*) : 184, 188, 198, 226, 594
Service des poudres : 184, 352
Services vétérinaires : 67-68, 496
Société d'aménagement et d'équipement du grand ensemble de Massy-Antony : 329
Société d'économie politique de Paris : 140
Société d'encouragement pour l'industrie nationale : 40, 43
Société d'étude du carburant national : 187
Société des agriculteurs de France : 106, 114, 185, 187
Société des agriculteurs du Nord : 170, 175, 186, 286, 587
Société des ingénieurs civils de France : 295, 299
Société des sciences, de l'agriculture et des arts de Lille : 190
Société des transports en commun de la Région parisienne : 187
Société industrielle de St Quentin : 589, 598
Société nationale d'agriculture (voir *Académie d'Agriculture*) : 37, 43, 140, 579, 586
Société nationale d'encouragement à l'agriculture : 114
Société pour l'étude et le développement de l'industrie et de l'agriculture : 310
Sorbonne (voir *Université de Paris*) : 40, 115, 187, 216, 585, 593
Station agronomique d'Arras : 99
Station agronomique de l'Est : 206
Station agronomique de la Somme : 107
Station de recherche laitière de Poligny : 203
Subsistances militaires : 308
Syndicat des brasseurs du Nord : 178, 603
Syndicat des distillateurs d'alcool : 185, 352
Syndicat national des fabricants de sucre : 25, 116, 204, 206-207, 350, 417, 590, 597, 617
Syndicat national des industries cidricoles : 353
Syndicat des viticulteurs : 62

Technion (Haïfa, Israël) : 479

Union des groupements de distillateurs d'alcool : 199, 352
Union européenne des alcools, eaux de vie et spiritueux : 353
Union française : 272
Union intersyndicale de la biscuiterie et de l'industrie céréalière : 397
Union nationale des industries agricoles : 296

Université de Caen : 637
Université de Californie (Berkeley et Davis, États-Unis) : 369, 432
Université catholique de Lille : 112, 565
Université d'Edmonton (Alberta, Canada) : 370
Université d'Évry (Essonne) : 218
Université de Franche-Comté : 185
Université de Guelph (Ontario, Canada) : 370
Université de l'Illinois (Chicago) : 400
Université de Lille : 434
Université Lille I : 493
Université de Nancy : 394, 628
Université de Paris : 27, 411
Université de Paris-IV : 165
Université de Paris-VII : 369, 432, 444, 449
Université de Paris-IX Dauphine : 482
Université de Paris-XI Orsay : 328, 432, 444, 449, 496
Université de Paris-Val-de-Marne (Paris XII Créteil) : 14, 503, 648
Université Purdue (West Lafayette, Indiana, États-Unis) : 410
Université Tulane (La Nouvelle-Orléans, États-Unis) : 105
Université de Toulouse : 458
Université des sciences et techniques du Languedoc : 452
Université de technologie de Belfort-Montbéliard : 417
Université de technologie de Compiègne : 417, 435, 458, 468, 470
Université du Wisconsin (Madison, États-Unis) : 400

INDEX DES PÉRIODIQUES

Administration : 492
Agra-alimentation : 490-491, 494-496
Agra-France : 90, 490
Agriculture : 628
Agriculture et industrie (voir *Association amicale des anciens élèves de l'École nationale des industries agricoles*) : 65, 84, 129, 175, 177, 195, 200, 202, 205, 207-208, 217, 219, 223, 236, 238, 259, 292-293, 299, 591, 594
Annales de chimie : 20
Annales de l'Agriculture française : 570
Annales de fermentation : 196
Annales de l'Institut national agronomique : 104, 106
Annales de la brasserie et de la distillerie (voir *Institut Pasteur*) : 195-196
Annales de la falsification et des fraudes (voir *ministère des Finances*) : 436
Annales de l'Institut Pasteur : 194
Annales de l'Office national des combustibles liquides : 188
Annales de technologie agricole (voir *Institut national de la recherche agronomique*) : 448
Annales des Mines : 281
Annales du Conservatoire des arts et métiers : 43, 580
Annuaire administratif de la ville de Paris : 340
Annuaire 1985 (L'enseignement supérieur agronomique, agro-alimentaire et vétérinaire) : 628
Annuaire du ministère de l'Agriculture : 129
Annuaire du ministère de l'Agriculture 1900 : 636
Annuaire statistique de la France (voir *Institut national de la statistique et des études économiques*) : 296
Annuaire sucrier : 108
Avenirs (voir *Bureau universitaire de statistique et de documentation solaires et professionnelles*) : 291-292, 627

Bios : 288, 576, 603
Brasserie et malterie (voir *École de brasserie de Nancy*) : 627
Bulletins analytiques (voir *Centre national de la recherche scientifique*) : 66
Bulletin de l'Association pour l'emploi industriel de l'alcool : 185
Bulletin de l'Association amicale des anciens élèves de l'Institut national agronomique : 115
Bulletin de l'Association des ingénieurs des industries agricoles et alimentaires (voir *Association amicale des anciens élèves de l'École nationale supérieure des industries agricoles et alimentaires*) : 285, 313, 576, 591, 598
Bulletin de statistique et de législation comparée (voir *ministère des Finances*) : 18, 52, 137, 139, 158-159
Bulletin de l'association des chimistes de sucrerie et de distillerie (voir *Association des chimistes de sucrerie et de distillerie de France et des colonies*) : 28, 30, 54, 58-60, 99, 106, 141, 159, 185, 212, 299, 400, 409, 590, 593
Bulletin des lois : 124

Bulletin des sucres (voir *École spéciale et pratique des sucreries de betteraves de Fouilleuse*) : 30-31, 54
Bulletin d'information du ministère de l'Agriculture : 465, 495
Bulletin du centre d'études économiques et techniques de l'alimentation : 294
Bulletin du comice agricole de l'arrondissement de Béziers : 187, 198
Bulletin du Génie rural des eaux et des forêts : 462
Bulletin du ministère de l'Agriculture : 114-115, 146, 148, 159, 595, 635
Bulletins signalétiques (voir *Centre national de la recherche scientifique*) : 66
Bulletin technique d'infirmation (voir *ministère de l'Agriculture*) : 29

Cahiers des ingénieurs agronomes : 84, 423, 460, 492
Cahiers d'histoire du CNAM (voir *Conservatoire national des arts et métiers*) : 399
Cahiers du CENECA (voir *Centre national des expositions et concours agricoles*) : 85
Chambres d'Agriculture : 423
Chimie et industrie : 204
Circulaire d'information des ingénieurs ENIA : 596
Comptes-rendus de l'Académie d'agriculture de France : 498
Culture technique : 20

Droit social : 297

Économie rurale : 89
Enquête annuelle d'entreprise (industries agricoles et alimentaires) : 638
Enquêtes décennales agricoles : 52

Food technology (voir *Institute of food technologists*) : 400-401

Industries alimentaires et agricoles (voir *Association des chimistes, ingénieurs et cadres des industries agricoles et alimentaires*) : 68, 295, 297, 299-301, 309-310, 353, 598
Ingénieurs de la vie. Cahiers des Ingénieurs agronomes INA-PG (voir *Institut national agronomique Paris-Grignon*) : 497

Journal d'agriculture pratique, de jardinage et d'économie domestique (voir *Alexandre Bixio*) : 30, 100, 106, 158
Journal de l'agriculture : 100, 106, 141, 146-147, 149
Journal de l'Empire : 21
Journal des agriculteurs (voir *Société des agriculteurs du Nord*) : 170, 175, 186
Journal des contributions indirectes : 225
Journal des débats : 100, 112, 139
Journal des économistes : 139, 182
Journal des fabricants de sucre et des distillateurs (voir *Jean-Baptiste Dureau*) : 54, 60, 98, 100, 104-105, 110, 112, 114, 121, 126, 128, 135, 141, 144, 149, 580, 582, 589
Journal des Mines : 281
Journal of the Washington academy of sciences (États-Unis) : 39, 581
Journal officiel de la République française, Assemblée nationale, Débats : 317, 390-391
Journal officiel de la République française, Débats parlementaires, Chambre des députés : 169
Journal officiel de la République française, Débats parlementaires, Sénat : 141, 188
Journal officiel de la République française, Documents parlementaires, Assemblée nationale : 315-317, 391-392
Journal officiel de la République française, Documents parlementaires, Chambre des Députés : 121, 123, 139, 165-168, 170-171, 173, 175
Journal officiel de la République française, Documents parlementaires, Conseil de la République : 317

Journal officiel de la République française, Documents parlementaires, Sénat : 123, 171
Journal officiel de la République française, Lois et décrets : 59, 99, 114, 123-124, 129, 174, 181-183, 185, 206, 209, 284-285, 317, 325, 335-336, 392-393, 397, 417, 422-424, 426, 473, 498, 512, 636-637, 647

La Bière et les boissons fermentées : 129, 195
La Brasserie du Nord : 602
La Distillerie française : 135
L'Agriculteur manufacturier : 29
L'Alcool et le sucre : 129
La Réforme économique (voir *Émile-Justin Menier*) : 182
La Sucrerie belge : 103, 224, 589
La Sucrerie indigène et coloniale : 123, 129, 135, 182
La Voix du Nord : 470
Le Brasseur français : 603
L'Économiste français : 112, 114, 141, 158, 182
Le Génie civil : 107
Le Grand écho du Nord : 135
Le Journal de la Doire : 21
Le Monde : 247
Le Monde de l'Éducation : 630
Le Monde diplomatique : 89
Le Moniteur industriel : 107
Le Moniteur universel : 21-22, 25, 329, 571-574
Le Progrès du Nord : 135
Le Progrès de la Somme : 107
Le Temps : 100

Nomenclature statistique des activités économiques de la communauté européenne : 647
Nord-Matin : 470

Planète Agro (voir *Institut des sciences et industries du vivant et de l'environnement*) : 499

Revue des industries agricoles (voir *École nationale des industries agricoles*) : 225
Revue générale de l'agriculture : 595
Regards sur la France : 628
Revue générale de l'alimentation : 299
Revue internationale des industries agricoles : 202, 306
Revue universelle de la brasserie et de la malterie : 135

Sciences des aliments (voir *Institut national de la recherche agronomique*) : 448
Statistiques agricoles annuelles : 52-53
Statistiques agricoles décennales : 55-56
Sucrerie de betterave : 618
Sucrerie française (voir *Journal des fabricants de sucre et des distillateurs*) : 54, 187, 417

INDEX DES ACTEURS, DES ACTIVITÉS ET DES PRODUITS

Abattoirs : 67
Absinthe : 185, 218, 266
Acide sulfurique : 23, 35
Aéronautique : 274, 543, 664
Agriculteur : 17, 23-24, 42, 77-78, 84, 102, 108, 118, 122, 125, 127, 137, 149, 151, 170-171, 175, 185, 197, 199, 215, 230-235, 238, 240-243, 248-249, 251-252, 254, 261-262, 334, 344-345, 367, 373-375, 390, 502, 505, 513-516, 518, 524, 527-528, 531, 533, 546-547, 549, 573, 575, 578, 587, 597, 605, 653, 666
Agriculture comparée : 88, 596
Agro-alimentaire : 15, 18, 20, 22-24, 35, 38, 40, 43-44, 62-63, 66-76, 79-80, 82-84, 86-87, 90-92, 94, 297, 305, 363-364, 369, 388, 413, 423, 435, 438-439, 443, 445, 451, 455-456, 458-464, 466-467 469-471, 473, 482-483, 485-488, 491-492, 494, 518, 524-525, 536, 550-551, 554, 563, 565-566, 578, 628, 633, 643, 647-648, 668
Agronomie : 42, 44, 67, 73, 116, 364, 393, 483, 495, 627, 630
Agrotechnicien : 305
Alcool : 15, 59, 61, 105, 111, 116, 120, 130, 137-140, 157-159, 179, 185, 187-190, 199, 224, 259, 287, 352-353, 403, 414, 418, 601, 668
Alcool absolu : 197-198, 203
Alcool carburant : 185-188, 219, 352
Alcool industriel : 58-59, 184, 186-188, 287
Alcoolisme : 180-181, 184-185, 218-219, 267
Alimentation animale : 601, 686
Aménagement du territoire : 394-395, 418-419, 456, 633-634
Antibiotiques : 291, 316, 383
Appertisation : 191, 401
Architecte-décorateur : 244
Armagnac : 287
Artisan : 60, 230-231, 233, 248-249, 251-252, 254, 261, 263, 274, 335, 345-346, 374-375, 513-515, 524-525, 527, 530, 534-535, 546-547, 549, 593, 647, 653, 666
Aubergiste : 238, 274
Automobile : 63, 180, 185-186, 266, 365-366, 543, 664
Avocat : 29, 128

Banquier : 108
Betterave à sucre : 17, 19-30, 32-33, 39, 42, 45, 53-58, 82, 100, 102, 111, 125, 130, 140, 151, 156-157, 163, 168-169, 179, 180, 184, 186-187, 190, 197, 309, 352, 502, 521, 555, 559, 574-575, 577, 587, 589, 593, 597, 667
Beurre : 29, 33, 288, 364, 637
Bière : 18, 24, 29, 41, 61, 111, 116, 120, 130, 138, 141, 196, 207, 575, 601-603, 607, 667
Biochimie : 195, 197, 207, 288-289, 290, 302, 369, 416, 430-431, 433, 436-437, 447-448, 456, 476-477, 554, 560-562, 619-620, 622, 628

Biochimie industrielle alimentaire : 369, 432, 436
Biochimie microbienne : 309
Biodiversité : 633
Biologie : 82, 91, 197, 270, 305, 309, 399, 416-417, 423, 429, 434, 442, 451, 456, 486, 493, 497, 537, 550, 559-560, 634
Biologie forestière (voir annexe XXIII) : 634
Biologie moléculaire : 496
Biologiste : 598
Biotechnologie : 497
Biscotterie : 325, 397
Biscuits : 65, 115
Biscuiterie : 397
Blé : 42, 78, 88, 93-94, 111, 619
Boissons : 41, 59, 77, 137-138, 141, 181, 264-267, 285, 319, 348, 353, 355, 517, 656
Botanique : 596
Botaniste : 22
Bouilleur : 179
Boulangerie : 36, 78, 403, 597, 656
Brasserie : 18, 36, 61-62, 74, 82, 105-107, 109, 112-113, 116, 118-121, 123, 126-128, 130, 134-136, 141-142, 147, 149-150, 159, 168-169, 173-174, 177-178, 193-196, 200-201, 205, 207, 209-210, 213-214, 237-239, 243-244, 250, 256, 264-265, 277, 285, 287-290, 299, 321, 324-325, 348, 350, 353, 377-378, 398, 403, 405, 438-440, 446, 448-449, 465, 470, 475, 517-518, 524-525, 543-544, 560, 576, 591, 594, 601-603, 610, 626-629, 636, 656, 664
Brasseur : 28, 125, 137, 168, 226, 237-238, 255-256, 440, 591, 602-603

Cabinet d'études : 264, 268, 348, 356, 358, 360, 364, 367, 370, 378, 381, 656-657
Cadre : 70-72, 160, 183, 211, 297-298, 305, 314, 346, 354, 360-361, 393-394, 419, 483, 542-543, 553, 633, 636, 664
Cadre administratif : 261-263, 337, 344-346, 544, 647, 653
Cadre commercial : 261-263, 337, 344-346, 544, 647, 653
Cadre moyen de la fonction publique : 230-231, 234, 252, 254, 261-262, 345-346, 374-375, 513, 515, 524, 529, 534, 546-547, 654, 666
Cadre supérieur : 334
Cadre supérieur d'entreprise : 65, 231, 233, 235, 249, 254, 261-263, 337, 344-346, 373-375, 460, 473, 494, 513, 515, 524-525, 529, 534, 540, 546-547, 550, 647, 653, 662, 666
Cadre supérieur de la fonction publique : 248, 254, 337, 345, 373-375, 513, 515, 540, 544-547, 653, 662, 666
Café : 23-24, 29
Carburant national : 187, 198, 277
Cellulose : 38, 43, 288, 560, 581-583
Céréales : 88, 149, 196, 212, 289, 302, 319-321, 369, 431, 440, 448-449, 456, 475, 477, 610, 619, 626
Chaleur spécifique des gaz : 35
Chanvre : 29, 122
Champagnisation : 353
Charbon : 36, 555, 585
Chef-cuisinier : 91, 433
Chef d'entreprise : 45, 57, 98, 102, 137, 166, 178, 225, 232-233, 236, 245, 248-249, 251-252, 261-263, 272-273, 286, 335, 344-347, 362, 364, 373-375, 378, 511, 513-515, 524-525, 529-530, 534-535, 538, 540-541, 545-547, 549, 553, 583, 630, 651, 653, 666
Chemin de fer : 308, 580
Chimie : 22-25, 27-28, 32-33, 35-38, 40, 43, 57, 62, 100-101, 105, 109-111, 116, 126, 136, 169, 189-190, 199-201, 205-209, 211-213, 215-216, 218, 228, 235, 269-270, 289, 304-305, 322, 349, 365, 367, 369, 399, 403, 429, 432-433, 437, 448, 471, 480, 500, 559-561, 569-571, 581-582, 589, 593, 596-598, 612, 617, 619, 622, 639, 655
Chimie analytique : 207, 488

Chimie industrielle : 34-35, 37-38, 40-41, 44, 105, 399
Chimie minérale : 23, 36
Chimie organique : 23, 36, 38, 40, 288, 431, 579, 617
Chimiste : 20, 22, 28-29, 34-35, 43, 52, 58-60, 98-99, 103, 111, 116, 122, 125, 137, 141-142, 157, 168-169, 212, 233, 378, 402, 404, 559, 574-575, 579, 583, 590, 598, 619
Chimiste de sucrerie et de distillerie : 52, 57-60, 97, 99, 101-105, 107, 109, 122, 128, 158-159, 169-171, 201, 215, 239, 277, 381, 502, 504, 590
Chocolaterie : 82, 288, 403
Cidrerie : 33, 109, 173, 203-204, 208, 212, 214-215, 217, 288, 316, 324, 362, 378, 440, 553, 610, 626
Citoyen : 51, 76, 78
Clerc de notaire : 128, 242
Commerçant : 150-151, 230-231, 233, 244, 248-249, 251-252, 254, 261, 263, 335, 345-346, 368, 374-375, 410, 513-515, 524-525, 527, 530, 534-535, 546-547, 549, 579, 647, 653, 666
Comptabilité : 126, 128, 142, 178, 214, 613, 667
Comptable : 168, 178, 357
Confiserie : 285, 403
Confiseur : 329, 573
Confiture : 17, 65, 155
Conservation des fruits et légumes : 285, 290
Conserves alimentaires : 173
Consommateur : 77-78, 80, 91, 156, 355, 402, 428
Constructeur d'appareils pour brasserie : 243
Constructions industrielles : 126, 136, 169, 204, 211, 216
Contremaître : 157, 168, 175, 178, 222-223, 527
Corps gras alimentaires : 285, 290, 316, 324-325, 406, 610, 626
Couturière : 239, 595
Crise économique : 44-45, 69, 73-76, 80, 84, 163-164, 199, 217, 270, 276, 308, 346, 415, 454, 471, 552
Culture industrielle : 80, 115, 121, 123-125, 147, 149, 173

Degré saccharimétrique : 98, 352
Dessin industriel : 126, 129, 136, 211, 216-217, 293, 411
Dessinateur-projeteur : 402
Directeur : 127, 148, 163, 202, 207, 212, 215, 233, 235, 239, 243, 249, 254, 261-263, 267, 274, 276, 286, 289, 301-302, 307-309, 314, 324, 327-329, 331, 335, 337, 344-346, 351, 354, 357-359, 361-362, 366, 375, 380, 405, 418, 446-447, 476, 485, 493-494, 497, 513, 515, 524, 527-529, 534, 544, 546-547, 605, 619, 629, 639, 642, 651, 653, 666
Disette : 87, 93-94
Distillateur : 59, 63-64, 71, 75, 168, 177, 179, 187, 190, 196, 226, 329, 587
Distillation : 25, 27, 29, 31, 33, 36, 106, 170, 179-180, 184, 189, 321, 357, 406, 414, 436, 575, 593, 668
Distillerie : 17-18, 59, 61-62, 67, 82, 97, 99, 101, 105-109, 112-113, 116, 118-121, 123, 125-126, 128-130, 133, 135-136, 141, 147, 159, 163-164, 168-169, 173-174, 178-180, 185-188, 190, 193-200, 202-203, 206, 209, 211, 217, 219, 239, 259, 264-266, 268, 272-275, 277, 285-288, 290, 296, 306, 320-321, 324-325, 348, 351-354, 364, 377-381, 403, 413-414, 436, 438, 449, 468, 470, 472-473, 475, 517-518, 524-525, 543, 549, 565, 589, 593, 596, 610, 626, 636, 656, 664, 668
Distribution : 69, 77, 294, 438, 591
Docteur ingénieur : 319, 411, 425, 434, 450
Droit : 51-52, 61, 64, 98, 112, 129, 155, 161, 164, 181, 200, 210, 223, 297, 315, 392, 563, 566, 637

Eau : 36, 488, 578
Eau gazeuse : 403
Eau-de-vie : 59, 140, 180, 352-353
Économie : 13, 21, 44-45, 62-64, 73, 78, 80, 84, 98, 139-140, 163-164, 199, 204, 214, 290, 294, 306, 390, 415, 428, 437-438, 451, 464, 471-472, 482-483, 486, 488, 494, 549-550, 567, 595-596, 613, 615, 623, 628, 634, 637, 643
Économie agro-alimentaire : 94, 388, 397, 447, 451, 462
Économie du travail : 24
Économie laitière : 288, 495, 544, 549, 617, 637, 643
Économie rurale : 17, 38-39, 43, 126, 128, 304
Écume de sucrerie : 59, 108, 577
Éditeur : 29, 66
Électricité : 214, 216, 554, 559, 612, 622
Électronique : 242, 411
Électrotechnique : 411
Élites : 341, 486, 503, 552
Employés : 60, 178, 230, 232, 234, 244-245, 248, 251-252, 254, 261, 263, 335, 345, 347, 374-375, 513-515, 524, 527, 535, 539-540, 546-547, 647, 654, 662, 666
Engrais : 24, 102, 177, 580, 596-597
Enseignement technique : 25, 29, 62, 90, 115, 117, 135, 141, 169, 172, 206, 250, 306, 392, 509, 526, 551-552, 615, 627-628, 630, 632
Enseignement de filière : 174, 204, 209, 211-214, 217, 288, 290, 293, 319-320, 368, 414, 428, 440, 447-448, 472-473, 476, 478, 480, 558, 609, 615, 625-626
Entrepreneur en bâtiment : 257
Environnement : 79, 272, 499-500, 633-634
Enzymologie : 369, 488
Épices : 555
Épicier : 240, 274, 573
Équipement : 130, 135, 139, 264, 348, 356-358, 363, 365-366, 419, 456, 470, 488, 493, 517, 603, 655, 657
Éther : 190, 197
Éthique : 79, 86-87

Fabricant de sucre : 31, 44, 59, 108, 118, 123, 125, 137, 151, 157, 168, 190, 240, 387, 589, 590
Fabrication de conserves : 264, 348, 356, 517-518, 656
Falsification des denrées alimentaires : 200
Famine : 87, 93
Farine : 42, 94, 116, 601, 668
Féculerie : 29, 62, 106, 109, 113, 123, 147, 201, 208, 288, 316, 597, 636
Féculiste : 28
Fer : 555, 587
Fermentation : 41, 46, 106, 111, 117, 150, 169, 188, 190-191, 194-196, 200-201, 212, 319-321, 353, 357, 362, 434, 436, 467, 590, 601-603, 619, 636, 667
Filière : 19, 24-25, 43, 51, 67, 78, 82, 92, 94, 100, 106, 113, 117, 120, 124, 126-128, 135-136, 142, 147, 164, 173, 178, 196, 204, 211-212, 215, 225, 230, 236, 240, 244, 247, 253, 255-257, 264-265, 267-270, 275, 285, 288, 290, 303, 307-308, 311, 313, 316, 320-321, 330-331, 348, 350-351, 353-356, 358, 365, 367, 376-377, 379-381, 387, 403, 408-410, 412-413, 417, 424, 427, 438-441, 445, 447-448, 453, 456-457, 466, 470, 473-476, 479-480, 497, 502, 517, 523-525, 536, 542-544, 557-559, 562, 610, 627-628, 643, 664
Fiscalité : 30-31, 54, 137, 141, 158
Fonction publique : 230-232, 234, 248-249, 252, 254, 261-263, 334, 337, 345-346, 349, 361, 365, 367, 374-375, 377, 380, 460, 513-515, 524, 527-528, 534, 536, 546-547, 647, 653-654, 666

Fonctionnaires : 63, 146, 255-256, 312, 337, 431, 492, 527-530, 585, 634, 647, 653-654
Formation humaine : 291, 319, 440
Fraudes : 140, 225, 330, 397, 439
Froid industriel : 214, 216, 271, 403, 409, 411, 559, 612, 622
Fromagerie : 288, 553-554
Fructose : 493
Fruits et légumes : 285, 290, 295, 302, 324, 363, 440, 456, 472, 610, 626

Gastronomie : 91, 432-433, 563
Gaz carbonique : 573, 577, 601
Génie chimique : 66, 300, 322, 324, 358-359, 369, 387, 399, 401, 404-405, 407, 410, 412, 417, 639
Génie industriel alimentaire (Génie des procédés alimentaires) : 43, 65, 322-325, 331, 336, 353, 369, 383, 387-389, 399, 402, 407-408, 410-411, 413-414, 427-430, 437, 440-443, 446-449, 453, 460-461, 465-466, 469, 471, 476-477, 481, 493, 542, 550-551, 558-559, 561, 566, 622
Génie manufacturier : 412
Gestion : 142, 290, 308, 370, 421, 428, 437, 451, 467, 472, 488, 494, 497, 500, 573, 613, 616, 628, 633-634
Gestion durable des ressources naturelles : 500
Gestion industrielle : 628
Glucides : 434
Grains : 93-94, 130, 163, 177, 180, 184, 196, 518, 581, 601
Glucoserie : 109, 113, 121, 597
Génie civil : 270, 365, 517, 655
Géologie : 456, 596

Horticulture : 240, 246
Histoire : 13-15, 19, 44, 49-50, 61, 64, 70, 74, 76, 82, 85, 94-95, 117, 185, 221, 288, 302, 323, 331, 333, 351, 383, 392, 396, 399, 408, 438, 442-443, 453, 466, 486, 500, 504, 506, 530, 557, 561, 565-566, 576, 593, 646
Huilerie : 29, 33, 413
Huile de palme : 405
Hydraulique agricole : 271
Hygiène : 91, 182-183, 214, 558
Hygiène des aliments : 468
Hygiène industrielle et professionnelle : 212

Inactifs : 231-232, 234, 252, 261, 345, 347, 375, 513-515, 524, 535, 654, 666
Indigo : 29
Industrie agricole : 27-28, 30, 43, 105, 118, 126, 150, 167, 169-170, 172, 188, 191-192, 194, 196, 206, 211, 246, 257, 268-269, 281, 304, 314-315, 322, 403, 639
Industrie agro-alimentaire : 443, 488, 643
Industrie alimentaire : 246-247, 277, 284, 286-287, 296, 300, 317-318, 320, 324, 331, 358, 366, 379, 401, 404-405, 408, 410, 412, 415-416, 425-427, 441, 453-454, 458, 466, 468, 479, 639, 642-643
Industrie chimique : 40, 111, 256, 358, 404, 406, 655
Industrie de la viande : 264, 288, 321, 324-325, 348, 355-356, 440, 517-518, 610, 626, 656
Industrie des amylacés : 324, 455
Industrie des antibiotiques : 291, 316, 383
Industrie des céréales : 212, 289, 302, 319-320, 324, 431, 440, 448-449, 475, 477, 610, 626
Industrie frigorifique : 316
Industrie laitière : 173, 264, 288, 319, 321, 325, 348, 355, 517-518, 628, 636-638, 656
Industrie pharmaceutique : 269-270, 349, 365, 367, 381, 655
Industrie sucrière : 357, 413, 494, 506, 554, 590, 628

Informatique : 364, 369, 449, 486-488, 500, 504, 507, 612, 622, 644-645
Ingénierie pétrolière : 353, 359, 383
Ingénieur agronome : 84, 88, 105, 125, 145, 167, 209-210, 214, 286, 288, 294, 312, 393, 422, 424, 467, 474, 480, 485, 493-494, 500, 592, 617-618, 636, 638, 641-642
Ingénieur-chimiste : 128, 137, 378, 402, 404, 619, 642
Ingénieur conseil : 243, 308, 378-379
Ingénieur de recherche : 302-303
Ingénieur des arts et manufactures : 35, 125, 242, 312, 479, 617
Ingénieur des arts et métiers : 165, 217, 229, 312, 316-317, 360
Ingénieur des industries agricoles : 8, 15, 50, 64, 175, 183, 207, 216, 221, 233-237, 239-241, 244-245, 247-248, 260-265, 267-270, 272-273, 276-277, 284-285, 287, 300, 304, 306-307, 315-318, 338, 340, 345, 352, 354, 372, 377-378, 388, 392, 458, 511, 514, 522, 531, 533, 536-538, 540, 547, 549, 553, 591, 598, 629, 638
Ingénieur des industries agricoles et alimentaires : 92, 221, 227, 236, 244, 248-249, 251-254, 258, 260, 267-268, 292, 296, 309, 312, 318, 323, 333, 335, 337-338, 341-342, 344-349, 351, 353, 355-356, 368, 370-372, 374-376, 381-383, 388, 394, 420-421, 424, 459, 469, 483, 503-506, 523, 531, 533, 536-538, 540, 543, 545, 547-551, 554, 556, 558, 561, 566, 642, 648
Ingénieur-docteur : 218, 305, 318
Ingénieur d'usine : 302-303, 307
Ingénieur électricien : 308
Ingénieur forestier : 633
Instituteur : 179, 199, 210, 230, 232, 241-243, 251, 274, 374-375, 513, 515, 524, 528, 534, 546-547, 549, 595, 653, 666

Jardinier : 245, 518
Journalisme : 40, 139
Journaliste : 76, 99-101, 146, 155, 562
Juriste : 22

Langues vivantes : 235, 291, 440, 472
Législation : 42, 126, 128, 136, 172, 181, 183, 206, 214, 225, 392, 613
Levurerie : 543, 664
Lin : 29, 122

Machines agricoles : 177, 187, 229, 596
Maçon : 239
Magistrat : 203, 256, 579
Maïs : 24, 92, 180, 493, 601
Malterie : 18, 136, 151, 169, 196, 207, 209, 211, 264-265, 277, 288, 321, 324-325, 348, 350, 353, 356, 377, 394, 438-439, 470, 475, 517, 543-544, 576, 602, 628-629, 656, 664
Maltose : 28, 601
Marin : 240
Matériaux : 319, 406, 409
Matériaux de construction : 411, 536
Matériel pour les industries agricoles : 21, 32, 43, 116, 125, 177, 239, 241, 268, 290, 316, 356, 365-366, 378-379, 398, 402-403, 409, 412, 428-430, 437, 448, 460-461, 472, 481, 559, 612, 615-616, 622
Mathématiques : 126, 136, 169, 204, 206, 228, 271, 290, 354, 368-369, 430, 448-449, 456, 487, 644
Matières grasses : 288, 364
Mécanique appliquée : 216, 290, 293, 559, 612, 622
Mécanique des fluides : 214, 216, 271, 411
Médecin : 22, 62, 88, 192, 214, 266, 446, 555, 558, 617
Médecine : 25, 86, 91, 456, 479, 570, 619
Mégisserie : 62
Mélasses : 128, 179-180, 184
Menuisier : 505
Mercerie : 62
Métallurgie : 293

Météorologie : 596
Méthodologie : 497, 503
Meunerie : 29, 33, 36, 42, 67, 147, 207-208, 285, 288, 296, 316, 320-321, 324-325, 403, 518, 597, 668
Microbiologie : 193-194, 196, 204, 214, 217, 288, 300, 318-319, 418, 433-437, 447, 449, 451, 463, 467-468, 470, 476-477, 480, 488, 554, 560, 566, 594, 612, 616, 622, 628, 636
Mildiou : 42
Militaires : 362, 527-528, 585, 654
Minéralogie : 40, 596
Mines : 256, 482
Mineur : 170, 238

Négociant : 29-30, 108, 237, 274, 351, 359, 518, 572-573
Neurobiologie sensorielle : 397, 479, 558
Noir animal : 36-37, 39
Nématode : 42
Notaire : 35, 128, 203, 242, 287, 589

Œnologie : 307
Oïdium : 58, 180
Oléagineux : 358, 413, 456
Organismes génétiquement modifiés : 79
Ouvrier : 31, 60, 116, 178, 230-231, 234, 244-245, 248, 251-252, 254, 374-375, 428, 513-515, 524, 527, 529, 535, 546-547, 549, 553, 647, 654, 666
Ouvrier agricole : 518
Ouvrier professionnel : 178, 223, 654
Ouvrier verrier : 238-239, 256

Panification : 33, 61, 553, 619
Parachimie : 269-270, 349, 365, 367, 665
Parlementaire : 83, 161, 166, 220, 246, 273, 315, 391, 647, 653
Pasteurisation : 191, 194, 406, 602, 607
Pâtes alimentaires : 33, 36, 288, 299, 321
Pêche : 86-87, 400, 633
Personnel d'exécution : 230, 232, 234, 252, 374-375, 505, 518, 654
Pétrochimie : 83, 198, 359
Pétrole : 72, 75, 79, 83, 182, 242, 359, 454, 555, 582, 655
Pharmacie : 20, 29, 92, 555, 570-571, 593
Pharmacien : 20-23, 25, 62, 554-556, 563, 571, 573
Phylloxéra : 45, 58, 139
Physiologie : 450, 481, 596
Physiologie végétale : 37, 100, 596
Physique : 20, 116, 126, 129, 136, 138, 196, 199-200, 205-209, 215-216, 228, 271, 289-300, 322-323, 368, 403, 411, 429-430, 448, 456, 480, 500, 559-561, 593, 596-598, 612, 617, 619, 622
Phytopathologie : 67
Phytopharmacie : 67
Politique agricole : 68, 187, 455, 486, 633-634
Production animale : 452, 488, 497
Production végétale : 452, 488, 497
Produits alimentaires : 17-18, 24-25, 33-34, 36, 38-39, 41, 43, 67, 89, 91, 106, 109, 111, 117, 136, 160, 173, 192, 196, 201, 212, 264-265, 293, 308, 312-313, 318-319, 348, 356, 364, 399, 402-403, 441, 460, 466, 502, 517, 562, 565, 576, 628-629, 642, 656
Produits amylacés : 316, 455
Produits laitiers : 285, 456
Produits diététiques : 361
Professeur : 31-32, 35-38, 40, 58, 62-63, 90-91, 100, 108, 114, 116, 121, 125, 127-129, 147, 167, 171, 181, 187, 194, 197, 199-208, 210-211, 213, 215, 225-226, 243, 250, 268, 286-290, 293, 295, 303, 307-308, 310, 318-319, 322-323, 358, 368-370, 378, 393, 403, 407, 410-414, 416, 423, 430, 432-434, 436, 438, 448, 461, 464, 468, 473-477, 479, 482, 487, 493, 496, 500, 528, 554, 558, 582, 590, 593-595, 198-199, 603, 605, 617, 619-620, 635-637, 639, 643-644, 653

Profession intermédiaire : 230, 232, 234, 252, 273-275, 429, 505, 514, 518, 528, 535, 653
Profession libérale : 232-233, 235, 249, 254, 261-262, 337, 344-345, 375, 513-516, 527-530, 534, 538-541, 545-546, 653, 662, 666
Pomme de terre : 36, 42, 163, 190
Pomologie : 173
Publiciste : 29, 111, 353

Qualification : 18, 24, 337, 492, 502

Raffinerie de sucre : 17, 29, 36, 54, 109, 128, 155, 257, 372, 570-571, 578
Raffineur : 28, 30, 570
Recherche : 13, 15, 19, 21, 24, 28-29, 31, 37-39, 41-42, 51, 68, 77, 83, 85, 94, 102, 111, 118, 121, 128, 135, 140, 172, 183-184, 191, 195-198, 202-204, 218, 221, 237, 244, 256, 258, 267, 269-272, 296, 298, 300, 305, 308, 313-315, 327, 337, 349, 364, 368, 398, 400, 402, 410-411, 417, 431-434, 438-439, 449-451, 455-457, 460-464, 466, 468-471, 484, 488, 493-497, 500-501, 517, 519, 552, 580-581, 585, 591, 628-629, 634, 636, 645, 656-657
Représentant de commerce : 274
Retraité : 263, 347, 654
Rhéologie : 319, 449
Rhum : 23, 387

Saccharimétrie : 42
Saucisson : 65
Science de l'aliment : 433, 448, 480, 500
Sciences biologiques : 66, 450, 466, 560
Sciences économiques : 430, 447, 466, 500
Scientifiques : 80, 105, 108, 127, 160, 212, 429, 581, 633, 653
Sellier : 585, 595
Services marchands : 269, 337, 349, 377, 379-380, 517-519, 656-657
Services publics : 337, 518-519, 540
Sidérurgie : 536
Sirop : 23
Sociologie rurale : 486
Soie : 63, 189, 555, 585
Sorbitol : 92
Sous-produits : 21, 92, 319, 357, 436, 575, 578
Stagiaire : 137, 166, 179, 183-184, 204, 209, 222, 224, 226-227, 229, 248-249, 259, 261, 266, 284, 335, 342-343, 509-511, 532-533, 549, 574
Succédanés : 23-24
Sucre de canne : 17, 26, 39-40, 54, 101, 154, 200, 208, 257, 372
Sucrerie : 17-19, 21, 23-27, 30-37, 39, 41-46, 49, 51-53, 55, 57-58, 60-62, 74, 82, 97, 99, 101, 103-113, 115, 119-121, 123, 127-128, 130, 135-137, 141, 147, 150, 155, 159, 161, 167-169, 174, 177-178, 186, 192-193, 200-202, 206-209, 211, 236, 239, 243, 245-246, 255-256, 259, 264-265, 271, 273-275, 277, 285-286, 290, 296, 318, 320-321, 324-325, 348, 350-352, 354, 356, 361, 366, 377-381, 398, 401, 403, 407, 413-414, 438-439, 449, 468, 470, 472-474, 493, 517-518, 523-525, 543, 549, 551-552, 559, 570-575, 577, 589, 590, 597-598, 610, 617-618, 626, 628-629, 636, 656, 664
Sucrerie de betterave : 32-33, 35-37, 39, 43-46, 53, 57-59, 62, 98, 108-109, 111, 152-154, 158, 161, 351, 401, 507, 554, 569, 572, 574-575, 577, 597
Système industriel : 19, 221, 236, 251, 388, 497, 503-504, 537, 550-551, 556, 561, 566

Tabac : 24, 264, 348, 355, 517, 656
Tannerie : 62
Technicien : 230, 232, 248, 251-252, 254, 261, 263, 305, 335, 345-347, 361, 374-375, 390, 417, 423, 513, 515, 524, 528-529, 534, 544, 546-547, 628, 638, 653, 666

Technologie : 13, 20, 41, 119, 203, 207, 300, 308, 362, 369, 403, 417, 433-434, 443, 456, 460, 499, 543, 552, 596, 628, 635
Technologie agricole comparée : 18, 117, 135, 321-322, 332, 414
Technostructure : 224
Thermodynamique : 214, 216, 271
Tisserand : 243
Tonnelier : 237-238, 518
Traitement du gaz naturel : 359
Transformation de produits agricoles en produits alimentaires : 18-19, 24-25, 33-34, 38, 41, 43-44, 67, 111, 117, 136, 160, 173, 192, 196, 201, 212, 265, 293, 311, 313, 318, 402, 405, 441, 466, 488, 562, 565, 576, 628-629, 642
Transporteur : 591
Travail des métaux : 246, 293, 536, 579
Trieur de laine : 243

Verrerie : 536
Vétérinaire : 71, 474-475, 479-480, 494, 496, 501, 558, 628
Vin : 28, 51, 58, 61, 63, 111, 138, 140, 180, 191, 237, 351, 518
Vinage : 58-59
Vinaigre : 23-24, 28-29, 490
Vinification : 17, 29, 33, 42, 61-62, 194, 316, 434, 543, 638
Viticulteur : 58, 62, 180, 184, 186-187, 351
Viticulture : 173, 240, 253, 264, 348, 517-520, 596, 655
Vulcanisateur de pneumatiques : 242

Zoologie : 596
Zootechnie : 67, 126, 129, 208, 596

INDEX DES LIEUX

Abbeville (Somme) : 186
Abidjan (Côte d'ivoire) : Institut de recherche pour la technologie et l'industrialisation des produits agricoles tropicaux : 310
Afghanistan : 258-259
Afrique : 88, 308, 340, 360, 371
Agon (Manche) : 240
Aisne (département) : 26-27, 29, 98, 140, 149, 180, 238, 243, 245, 350, 589-590
Agadir (Maroc) : 362
Alger : 362, 446
Algérie : 123, 310, 342, 359, 362, 395, 446, 506
Allemagne : 25, 31, 53, 72, 103, 105-107, 115, 117, 119, 135, 141, 152, 155, 354, 400, 408, 457, 574, 585, 587, 592, 597, 601-602
Allennes les Marais (Nord) : 274
Alsace (ex-région) : 338, 340, 520, 522, 548
Amiens : 101, 107
Amsterdam (Pays-Bas) : 570
Aniche (Nord) : 238-239, 256
Antigua (Antigua-et-Barbuda) : 153
Antilles (anglaises) : 153, 155
Antilles (françaises) : 17, 257
Antony (Hauts de Seine) (voir *Centre national du machinisme agricole, du génie rural, des eaux et des forêts*) : 495
Anvers (Belgique) : 570, 595
Aquitaine (ex région) : 338, 340, 606
Arbois (Jura) : 192
Arbusigny en Bornes (Haute-Savoie) : 108
Ardennes : 57, 125, 148, 507, 595
Argentine : 104, 259
Arpajon (Essonne) : 329
Arras : 17, 26, 98-99, 108, 186, 587
Artois : 588
Arzew (Algérie) : 359
Asnières (Hauts-de-Seine) : 378
Aube (département) : 57
Aubervilliers (Seine-Saint-Denis) : 25, 128, 570-573, 580
Aude : 25, 315, 575-576, 618
Audruicq (Pas-de-Calais) : 242
Aulnoye (Nord) : 178
Aurillac : 637
Australie : 104
Autriche : 363
Autriche-Hongrie : 42, 53, 152, 155
Auvergne : 606
Auvergne-Rhône-Alpes : 371-372
Auxerre (Yonne) : 366
Avelin (Nord) : 239
Avesnes sur Helpe (Nord) : 186
Avignon : 266, 368-369

Bagneux (Hauts-de-Seine) : 328
Bas-Rhin : 25, 574
Basse-Normandie (ex-région) : 338, 507
Bâton-Rouge (États-Unis), *Louisiana State University* : 101
Beaucaire (Gard) : 591
Beaune (Côte-d'Or) : 230, 351-352
Beauvais : 185, 497
Belgique : 58-59, 104, 107-108, 119, 152, 155, 243, 258, 306-307, 341, 366, 400, 404, 601
Association belge des chimistes de sucrerie : 201, 306
La Sucrerie belge : 103, 224, 589

Berlin : 22, 110, 135
Académie : 20
Institut agronomique : 104
Berkeley (États-Unis), Université de Californie : 369
Béthune (Pas-de-Calais) : 364
Béziers (Hérault) : 187-188, 198
Biache Saint Vaast (Pas-de-Calais) : 587
Blavet (Morbihan) : 203
Blois : 354
Bollezeele (Nord) : 274
Bondy (Seine-Saint-Denis) : 357
Bordeaux : 29, 315, 617
Bouchain (Nord) : 128
Bouches-du-Rhône : 180
Boulogne sur Mer (Pas-de-Calais) : 237
Bourg la Reine (Hauts-de-Seine) : 236
Bourgogne (ex-région) : 230, 257, 340, 507, 548
Bourgogne Franche-Comté : 371-372
Boursies (Nord) : 243
Braunschweig (Allemagne) école de sucrerie : 103-104, 117, 135
Bray sur Seine (Seine-et-Marne) : 378
Brésil : 198, 245, 273, 547, 551, 587
Bretagne : 257, 371-372
Brioude (Haute-Loire) : 357
Bruxelles : 49, 107, 152-153, 156-157, 161, 183, 186, 201, 306, 353, 405
Institut national des industries de fermentation : 117, 404, 407, 593
Centre d'enseignement et de recherches des industries alimentaires : 307
Bucy le Long (Aisne) : 350
Budapest : 202
Bulgarie : 110, 258-259
Bully les Mines (Pas-de-Calais) : 238

Caen : 497, 637-638
Calais (Pas de Calais) : 238
Cambodge : 258
Cambrai (Nord) : 241, 572, 587
Cambridge, (États-Unis) : 400
Massachusetts Institute of Technology : 399, 401
Canada : 368, 370, 429
Capelle (Nord) : 125
Carnoux en Provence (Bouches-du-Rhône) : 432
Castelnaudary (Aude) : 575
Centre : 230, 338, 371, 497, 507, 606
Cergy Pontoise (Val-d'Oise) : 425
Champagne-Ardenne (ex-région) : 338, 507, 548
Charleroi (Belgique) : 404
Charleville Mézières : 178, 595
Chartres : 595
Charvonnex (Haute-Savoie) : 108, 110
Châteauroux : 572
Cher (département) : 57
Chicago (États-Unis) :
Illinois, Institut of technology : 359
Université de l'Illinois : 400
Chine : 38, 88, 258-259, 358-359, 397
Choisy le Roi (Val de Marne) : 245
Chypre : 258-259
Clermont Ferrand : 380, 458, 464, 497, 499, 633
Colleville (Seine-Maritime) : 274, 354
Commercy (Meuse) : 245
Compiègne (Oise) : 105, 108, 497
Congo : 360
Corbehem (Pas-de-Calais) : 120
Corée du Nord : 358
Corse : 338, 340, 371-372
Côte-d'Ivoire : 310, 413
Côte-d'Or : 57, 230, 238
Courbevoie (Hauts-de-Seine) : 242, 326
Courchelettes (Nord) : 587
Créteil (Val-de-Marne) : 266, 503, 648
Creuse (département) : 605-606
Crèvecœur le Grand (Oise) : 99
Criquetot (Seine-Maritime) : 354
Croix (Nord) : 243, 253
Cuincy (Nord) : 253
Cupim (Brésil) : 273
Cussy le Châtel (Côte-d'Or) : 238
Cuvat (Haute-Savoie) : 108

Danemark : 31, 585
Davis (États-Unis), Université de Californie : 432
Deux-Sèvres (département) : 571
Desvres (Pas-de-Calais) : 256
Dijon : 35, 226, 462, 489
Dompierre (Somme) : 350
Donges (Loire-Atlantique) : 359
Dordogne (département) : 246
Doubs (département) : 597
Douai (Nord) : 18, 61, 71, 74, 90, 99, 112-113, 118-121, 123, 125, 127-130, 142, 144-145, 148-151, 157, 161, 169-170, 173, 175, 177-178, 181, 192-193, 214, 223, 227, 238, 253, 255, 277, 286, 327, 333, 398, 463, 470, 587, 645
Dunkerque : 112, 178

Écosse : 585
Ecoust Saint Mein (Pas-de-Calais) : 587
Edmonton (Alberta, Canada), université : 370
Égypte : 108
Espagne : 155
Essonne (département) : 329, 495, 506
États-Unis : 54, 58, 60, 75, 88-89, 154, 163, 362, 366, 400-401, 410, 413, 432, 601
American chemical society : 581
American society of brewing chemists : 439
Food Administration : 400
Eure (département) : 57
Eure-et-Loir : 57
Europe : 53, 69, 79, 81, 94, 152, 157, 168, 179, 258-259, 400-401, 566
Extrême-Orient : 258

Flavigny sur Moselle (Meurthe-et-Moselle) : 585
Forges les Eaux (Seine-Maritime) : 271
Fouilloy (Somme) : 589
Franche-Comté (ex-région) : 185, 338, 340, 371-372, 520, 522
Francières (Oise) : 99, 108-109

Gand (Belgique) : 107, 119, 243, 570
Gennevilliers (Hauts-de-Seine) : 366
Glons (Belgique), école sucrière : 104
Grand Est : 371-372
Grande-Bretagne : 18, 21, 119, 152, 155, 259, 283, 366, 400, 455, 457
Grandjouan (Commune de Nozay, Loire-Atlantique) : 115
Gravelines (Nord) : 238
Grèce : 31, 81, 258-259
Grignon (Yvelines) : voir *École nationale supérieure d'agronomie*
Guelph (Ontario, Canada), université : 370

Haïfa (Israël) Technion : 479
Haïti : 364
Hambourg (Allemagne) : 570
Haute-Marne : 57
Haute-Normandie (ex-région) : 507
Haute-Vienne : 207, 571, 605
Haut-Rhin : 522
Hauts-de-France : 17, 55, 57, 277, 338, 371-372, 507, 548-549
Hauts-de-Seine : 31, 236-237, 329
Hénin Beaumont (Pas-de-Calais) : 256

Île-de-France : 65, 257, 328-329, 338-239, 371-373, 384, 389, 423, 442, 444, 466-467, 469, 471, 494, 497-499, 507, 520, 548, 565
Inde : 258, 272
Indonésie : 103-104
Indre (département) : 57, 237
Iowa (états-Unis), université : 400
Iran : 258-259
Issigeac (Dordogne) : 242
Italie : 22, 104, 155, 192, 201, 303-304, 363, 439

Jamaïque : 153-154
Joinville le Pont (Val-de-Marne) : 42
Jordanie : 258, 341

Karlsrhue (Allemagne) : *Institut Für Lebensmittel verfahren technik* : 407
Kunern (Allemagne avant 1945, actuellement Kolany, Pologne) : 21, 23, 25, 29, 570, 575-576
Kourou (Guyane) : 499, 633

La Barbade (Antigua-et-Barbuda) : 153-154
La Bassée (Nord) : 240
La Fère (Aisne) : 245
Laigle (Orne) : 589
La Madeleine (Nord) : 253
Lambres (Nord) : 587
Landes (département) : 241
Langrunes sur Mer (Calvados) : 595
Languedoc-Roussillon (ex région) : 338, 340
La Nouvelle Orléans (États-Unis) :
École sucrière : 104
Louisiana State museum : 101
Louisiana sugar experiment station : 104
Université Tulane : 105
La Réunion : 257, 272, 287, 361
La Roche sur Foron (Haute-Savoie) : 108, 657
La Trinité (Trinité-et-Tobago) : 153-154
Legrand (Algérie) : 362
Leipzig (Allemagne) : 23
Leuilly sous Coucy (Aisne) : 590
Levallois Perret (Hauts-de-Seine) : 242, 274
Liège (Belgique) : 242, 274
Liez (Aisne) : 99
Lille : 27, 106, 108, 112, 118, 121, 161, 178, 190, 192, 214, 237, 253, 255, 329, 357-358, 398, 416, 418, 421, 439, 463, 465, 493, 500, 565, 588
Limousin (ex-région) : 230, 257, 372, 521, 523, 605-606
Loiret (département) : 57, 124
Londres : 60, 62, 69, 110, 154, 454
Lorient : 369
Lorraine (ex région) : 194, 338, 340, 521, 627
Louiseville (États-Unis, Kentucky) : 413
Louisiane (États-Unis) : 54, 60, 101, 104
Association des sciences et de l'agriculture : 104
Louisiana sugar chemist's association : 60
The Louisiana sugar bowl : 101
Louvain (Belgique) : 107, 119
Lunéville (Meurthe-et-Moselle) : 585, 595
Lyon : 66, 218, 244, 354, 497, 500, 618

Madison (États-Unis), Université du Wisconsin : 400
Madrid : 307, 309, 311, 322, 324-325, 405
Magnac Bourg (Haute-Vienne) : 359
Maisons Alfort (Val-de-Marne) : 266
Marcq en Barœul (Nord) : 243
Marne (département) : 57
Maroc, Services agricoles du Protectorat : 308
Marquise (Pas-de-Calais) : 242
Marseille : 354, 362, 500, 570
Massy (Essonne) : 65, 67, 71, 319, 323, 326, 329-330, 368-370, 387, 389, 394, 396-398, 408, 416, 418-421, 427, 431, 433-434, 440, 443, 445, 450, 455, 465, 468-470, 473, 478, 481, 493-494, 499-500, 616
Médéa (Algérie) : 362
Meknès (Maroc), école d'agriculture : 308
Melle (Deux-Sèvres) : 198, 203, 286
Melun Sénart (ex-ville nouvelle) : 497
Mesnil Saint Nicaise (Somme) : 99
Metz : 194, 627
Meurthe-et-Moselle : 585
Meuse (département) : 121
Mexique : 364
Michigan (États-Unis) : 366
Midi-Pyrénées (ex-région) : 338, 340, 606
Molliens Dreuil (Somme) : 271
Monaco : 258
Montlhéry (Essonne) : 484
Montmorency (Val-d'Oise) : 108
Montpellier : 181, 329, 451-452, 464, 489, 499, 633, 635

Montreuil (Pas-de-Calais) : 236
Montreuil sous Bois (Seine-Saint-Denis) : 265, 357
Montrond (Jura) : 413
Morbihan (département) : 203, 571
Moselle (département) : 522
Moscou : 77, 258
 Faculté de technologie agro-alimentaire : 469
Moyen-Orient : 258-259, 359
Munich (Allemagne) : 591

Namur (Belgique) : 572
Nancy : 44, 173, 194, 204, 233, 260, 275, 340, 489, 499, 633
Nantes : 54, 369, 416-417, 458, 489, 570-571
Nassandres (Eure) : 493
Neufchâteau (Vosges) : 340
Niger : 308
Nogent sur Marne (Val-de-Marne) : 452
Nogent sur Vernisson (Loiret) : 499, 633
Nord (département) : 18, 55, 107, 118-120, 123, 125, 127, 129-130, 137, 142, 145, 151, 159, 168, 170, 175, 178, 180, 187-190, 195, 200, 225, 228, 237-240, 243, 253-256, 283, 288, 315, 327, 417-418, 434, 440, 445, 463, 470, 572-575, 587-588, 595, 602-603, 606
Normandie : 371-372
Norvège : 341, 400
Nouvelle Aquitaine : 371-372
Nouvelle Église (Pas-de-Calais) : 242

Occitanie : 371-372
Oise (département) : 180
Orchies (Nord) : 177
Orléans : 36, 497, 570
Outre-mer (Départements et territoires) : 257, 506-507, 521-522

Palaiseau (Essonne) : 328
Paraiso (Brésil) : 273
Paris : 25, 27, 31, 35-37, 40, 55, 75, 98-99, 108-110, 116, 121, 149, 152, 171, 185-186, 192-193, 200-203, 237, 241-246, 271, 281, 284, 286, 298, 303, 310, 315, 325-330, 334, 338-340, 350, 357, 360, 370, 378-379, 397, 405, 410, 431, 433, 457, 463-464, 484, 489, 499-500, 549, 572, 575, 579, 582, 593, 596, 633, 635
Pas-de-Calais : 15, 125, 137, 180, 254-256, 283, 315
Pays-Bas : 72, 152, 155, 457, 585
Pays de la Loire : 257, 372, 548
Pékin : 358
Perrégaux (Algérie) : 362
Picardie (ex-région) : 230, 253, 256-257, 497, 507, 521, 523
Piémont (Italie) : 22, 31
Piracicaba (Brésil) : 198, 273
Plessis Piquet (Plessis Robinson, Hauts-de-Seine) : 246
Poitou-Charentes (ex-région) : 257, 340
Pologne : 21, 258-259, 575-576
Pontarlier (Doubs) : 266
Porto-Féliz (Brésil) : 273
Provence-Alpes-Côte d'Azur : 338, 340, 372
Provin (Nord) : 240
Prusse (Allemagne) : 21, 25, 576
Puisieux (Aisne) : 27
Puteaux (Hauts-de-Seine) : 318
Puy-de-Dôme : 343, 585
Pyrénées-Atlantiques : 241

Rabat (Maroc) : Institut agronomique et vétérinaire Hassan II : 452, 490
Raches (Nord) : 237
Rafarel (Brésil) : 273
Rang du Fliers (Pas-de-Calais) : 236
Reims (Marne) : 497-499
Rennes : 115, 464, 489
Rhénanie-Palatinat (Allemagne) : 200, 208, 574
Rhône-Alpes (ex région) : 254, 338, 340
Ripiceni (Roumanie) : 110
Ris Orangis (Essonne) : 361

Rome : 110, 306, 309
Roost Warendin (Nord) : 253
Roubaix (Nord) : 243, 253
Rouen : 497
Roumanie : 155, 243, 258-259
Roville devant Bayon (Meurthe-et-Moselle) : 44
Roye (Somme) : 351
Rue (Somme) : 99, 236, 239
Rueil Malmaison (Hauts-de-Seine) : 31, 359
Russie : 53, 77, 155, 182

Saclay (Essonne) : 328, 497-498, 495, 499-501
Saïgon (Vietnam) : 367
Sains du Nord (Nord) : 243
Saint André (Nord) : 253
Saint Benoît du Sault (Indre) : 236
Saint Castin (Pyrénées-Atlantiques) : 240
Saint Germain en Laye (Yvelines) : 450
Saint Leu d'Esserent (Oise) : 243
Saint Quentin (Aisne) : 98-99, 120, 140, 156, 178, 245, 501, 589-590
Saint Rémy l'Honoré (Yvelines) : 197
Sainte Marie Kerque (Pas-de-Calais) : 109
Saône-et-Loire : 57
Sao Paulo (Brésil) : 198
Sarrebourg (Moselle) : 585
Sartrouville (Yvelines) : 242
Sassegnies (Nord) : 242
Sauchy Lestrée (Pas-de-Calais) : 243
Seine-et-Marne : 57, 506
Seine-Maritime : 57
Seine-et-Oise (ancien département) : 57, 180, 506, 570
Seine-Saint-Denis : 25, 507, 580
Senergues (Aveyron) : 287
Sequedin (Nord) : 99
Sin le Noble (Nord) : 253
Soissons (Aisne) : 350
Somme (département) : 110, 180
Souppes sur Loing (Seine-et-Marne) : 99
Stains (Seine-Saint Denis) : 580
Strasbourg : 25, 497, 574
Suède : 155
Suresnes (Hauts-de-Seine) : 274, 378
Syrie : 258, 341

Taroudant (Maroc) : 362
Tchécoslovaquie : 205
Theil sur Huisne (Orne) : 362
Thônes (Haute-Savoie) : 108
Thouars (Deux-Sèvres) : 433
Tonnerre (Yonne) : 591
Toulouse : 489
Tourcoing (Nord) : 253
Tourmignies (Nord) : 239
Tours : 497
Tourville (Manche) : 240
Trumilly (Oise) : 413
Tunis : 341, 362
Tunisie : 226
Turquie : 258

Union des Républiques Socialistes Soviétiques : 89, 259, 272, 358-359

Val-de-Marne : 329
Val-d'Oise : 245, 506
Valenciennes (Nord) : 255-256
Vassy (Calvados) : 454
Vendée : 619
Verrières le Buisson (Essonne) : 329
Verquin (Pas-de-Calais) : 274
Versailles : 43, 585, 635
Verviers (Belgique) : 108
Vieille Église (Pas-de-Calais) : 238, 242
Vienne (Autriche) : 41, 110, 363
Vierzy (Aisne) : 243
Vietnam : 341, 367
Villeneuve d'Ascq (Nord) : 417, 450, 466, 469
Villeneuve sur Verberie (Oise) : 99
Villenoy (Seine-et-Marne) : 271, 378

Wageningen (Pays-Bas) : 488
Wallers (Nord) : 128
Washington (États-Unis), *Journal of the Washington academy of sciences* : 39, 581
West Lafayette (Indiana, États-Unis), Université Purdue : 410

Yonne (département) : 57
Yvelines (département) : 506

Zurich (Suisse), École polytechnique : 303, 305

TABLE DES FIGURES ET DES TABLEAUX

FIGURES

FIG. 1 – Nombre d'ouvrages concernant le sucre par décennies d'après le fichier « Sucre » de la bibliothèque du Conservatoire des arts et métiers 46
FIG. 2 – Localisation de la culture de la betterave à sucre en 1882. Rapport de la production totale de betterave à sucre exprimée en quintaux pour 100 hectares de terres labourables 56
FIG. 3 – Vue de l'usine de démonstration 131
FIG. 4 – Vue de la sucrerie 132
FIG. 5 – Vue de la distillerie 133
FIG. 6 – Vue de la brasserie 134
FIG. 7 – Emplacement de l'école dans la ville de Douai (entrée principale) 143
FIG. 8 – Le projet pédagogique fondateur de l'École nationale des industries agricoles 160
FIG. 9 – L'avenir de l'ENSIA ? 465
FIG. 10 – Position dans le temps des établissements fréquentés par les étudiants de l'ENSIA avant leur entrée à l'école 510
FIG. 11 – Position dans le temps des catégories socioprofessionnelles des pères des étudiants de l'ENSIA 516
FIG. 12 – Positions dans le temps des zones de résidence des parents des étudiants de l'ENSIA 521
FIG. 13 –Le modèle des pharmaciens 555

TABLEAUX

TABLEAU 1 – Nombre d'heures consacrées aux enseignements de filières de 1907 à 1951 . . . 610
TABLEAU 2 – Nombre d'heures consacrées aux enseignements généraux de 1907 à 1951 . . . 613
TABLEAU 3 – Comparaison des grandes catégories socio-professionnelles des grands-pères avec celles des pères (exprimé en fréquence) . . . 232
TABLEAU 4 – Ingénieurs des industries agricoles entrés avant 1914 . . . 234
TABLEAU 5 – Ingénieurs des industries agricoles fils d'ouvriers et d'employés accédant à des fonctions de direction dans l'entreprise . . . 245
TABLEAU 6 – Catégories socioprofessionnelles des ingénieurs des industries agricoles . . . 261
TABLEAU 7 – Récapitulation des activités liées aux industries agricoles et alimentaires dans lesquelles exercent les ingénieurs des industries agricoles . . . 264
TABLEAU 8 – Activités des ingénieurs des industries agricoles . . . 269
TABLEAU 9 – Étudiants ENSIA nés respectivement à Paris et en Île-de-France . . . 339
TABLEAU 10 – Catégories socioprofessionnelles des ingénieurs des industries agricoles et alimentaires . . . 345
TABLEAU 11 – Activités des ingénieurs ENSIA dans les industries agricoles et alimentaires et celles qui leur sont liées, de 1948 à 1982 . . . 348
TABLEAU 12 – Activités des ingénieurs des industries agricoles et alimentaires . . . 349
TABLEAU 13 – Zones de résidence des parents des ingénieurs des industries agricoles et alimentaires entrés respectivement avant et après 1940 . . . 371
TABLEAU 14 – Catégories socioprofessionnelles des pères des ingénieurs des industries agricoles et alimentaires entrés respectivement avant et après 1940 . . . 375

TABLEAU 15 – Équivalents mandat plein des dirigeants de l'Association des anciens élèves de l'ENSIA par activité 377
TABLEAU 16 – Correspondance des chapitres de l'ouvrage de Loncin avec celui de Lindet 406
TABLEAU 17 – Nombre d'heures consacrées aux enseignements généraux en 1971 et en 1981. 623
TABLEAU 18 – Nombre d'heures consacrées aux enseignements de filières en 1971 et en 1981 626
TABLEAU 19 – Diminution du temps consacré aux enseignements généraux entre 1971 et 1981 (en pourcentage) 472
TABLEAU 20 – Place des enseignants titulaires en microbiologie et en biochimie 477
TABLEAU 21 – Enseignements généraux. Évolution de la part consacrée aux principaux champs du savoir 632
TABLEAU 22 – Établissements fréquentés par les étudiants entrés à l'ENSIA de l'origine à 1965 508
TABLEAU 23 – Établissements fréquentés par les étudiants de l'ENSIA avant leur entrée à l'école 509
TABLEAU 24 – Diplômes obtenus avant l'entrée à l'ENSIA 512
TABLEAU 25 – Catégories socioprofessionnelles des pères des étudiants de l'ENSIA 513
TABLEAU 26 – Rapport du nombre d'étudiants de l'ENSIA de sexe masculin à la population active en 1936 en fonction de la catégorie socioprofessionnelle des pères (exprimé en un pour dix mille) 514
TABLEAU 27 – Catégories socioprofessionnelles des pères des étudiants de l'ENSIA 515
TABLEAU 28 – Activités des pères des étudiants de l'ENSIA. Classement par effectif croissant 517
TABLEAU 29 – Activités des pères des étudiants de l'ENSIA pour dix mille actifs en 1936 518
TABLEAU 30 – Promotions médianes des activités des pères des étudiants de l'ENSIA 519
TABLEAU 31 – Déroulement des études des ingénieurs ENSIA . . . 533
TABLEAU 32 – Carrière des ingénieurs ENSIA. Constitution des cohortes 660

TABLEAU 33 – Place des ingénieurs ENSIA dans la population active en 1937 539
TABLEAU 34 – Place des ingénieurs ENSIA dans la population active en 1959 662
TABLEAU 35 – Situations professionnelles en 1970 des ingénieurs ENSIA entrés avant 1955 542
TABLEAU 36 – Place des ingénieurs ENSIA en 1962. Performances économiques 664
TABLEAU 37 – Place des ingénieurs ENSIA dans les industries agricoles et alimentaires en 1970 (Ingénieurs de sexe masculin entrés avant 1955) 544
TABLEAU 38 – Caractéristiques de la mobilité socioprofessionnelle père-fils chez les ingénieurs ENSIA 546
TABLEAU 39 – Mobilité père-fils chez les ingénieurs ENSIA (Matrice des catégories socioprofessionnelles) 666

TABLE DES MATIÈRES

ABRÉVIATIONS 9

PRÉFACE 13

AVANT-PROPOS 15

INTRODUCTION 17

La découverte du sucre de betterave 20

L'enseignement de la sucrerie de betterave de 1815 à 1880 26

La sucrerie de betterave en 1880 : un savoir en quête d'institution 44

PREMIÈRE PARTIE

LA MISE EN PLACE DE L'ÉCOLE NATIONALE DES INDUSTRIES AGRICOLES

DOUAI, 1880-1939

LA REVANCHE DE CÉRÈS 51

L'émergence de la fonction de chimiste de sucrerie et de distillerie 52

Les chemins de la reconnaissance 61

Deux interrogations sur la formation technique pour l'agro-alimentaire 74

Les enjeux culturels de l'agro-alimentaire 80

Conclusion 93

LE PROJET DES SUCRIERS (1880-1903) 97
Le rôle de l'association des chimistes de sucrerie et de distillerie 97
La contrainte institutionnelle 112
La contrainte fiscale 137
Bilan pédagogique du projet des sucriers 158
Conclusion 161

LE PROJET DES DISTILLATEURS (1904-1939) 163
L'école au temps de la croissance retrouvée (1904-1930) 164
L'atout de la distillerie industrielle 179
L'école face à la crise (1931-1939) 199
Conclusion. Bilan du projet des distillateurs 218

LES INGÉNIEURS DES INDUSTRIES AGRICOLES FORMÉS AVANT 1940 221
Les étudiants entrés avant 1914 222
Les ingénieurs des industries agricoles entrés de 1919 à 1939 . . . 248
Conclusion 275

CONCLUSION DE LA PREMIÈRE PARTIE 277

DEUXIÈME PARTIE

L'AFFIRMATION DE L'UNITÉ DES INDUSTRIES ALIMENTAIRES

L'ENIAA (PARIS – DOUAI 1940-1960)

LE PROJET D'ÉCOLE CENTRALE DES INDUSTRIES ALIMENTAIRES (PARIS, 1940-1960) 283
L'école pendant la guerre et la reconstruction (1940-1953) . . . 283
La prise de conscience de l'unité des industries agricoles et alimentaires 291

Le projet d'école centrale des industries alimentaires 311
Conclusion. Bilan du projet d'école centrale des industries alimentaires 330

LES INGÉNIEURS DES INDUSTRIES AGRICOLES ET ALIMENTAIRES FORMÉS DE 1941 À 1968 333
Les caractéristiques des étudiants formés de 1941 à 1968 334
Les carrières des ingénieurs des industries agricoles et alimentaires formés de 1941 à 1968 341
La rupture de 1940 pour les ingénieurs des industries agricoles et alimentaires 370
Conclusion 381

CONCLUSION DE LA DEUXIÈME PARTIE 383

TROISIÈME PARTIE

L'INSTITUTIONNALISATION DE L'APPROCHE TRANSVERSALE DANS L'ENSEIGNEMENT

L'ENSIA (MASSY 1961-2014)

LE PROJET DU GÉNIE INDUSTRIEL ALIMENTAIRE (MASSY 1961-1976) 389
La refondation du cadre institutionnel de l'agriculture 389
La mise en place de l'enseignement du génie industriel alimentaire 399
D'un dynamisme intellectuel aux incertitudes institutionnelles 415
Les conséquences sur l'enseignement 427
Conclusion. Bilan du projet du génie industriel alimentaire 441

LE PROJET D'INSTITUT DES SCIENCES ET TECHNIQUES DU VIVANT (MASSY 1977-2014) 445

La traduction de l'approche transversale dans l'enseignement 445

L'institut supérieur de l'agro-alimentaire (1977-1983) 453

La poursuite de l'élargissement institutionnel (1984-2014) 482

Conclusion. Bilan du projet d'institut des sciences et techniques du vivant 501

LE PARADOXE DES INGÉNIEURS DES INDUSTRIES AGRICOLES ET ALIMENTAIRES 503

Rappels problématiques et méthodologiques 503

Les étudiants de l'école nationale supérieure des industries agricoles et alimentaires 507

Les carrières des ingénieurs des industries agricoles et alimentaires 531

Le paradoxe des ingénieurs des industries agricoles et alimentaires 549

Conclusion 556

CONCLUSION DE LA TROISIÈME PARTIE 557

Bilan général de l'enseignement de l'ENSIA 557

Ingénieurs et sociétés à travers l'ENSIA 562

CONCLUSION GÉNÉRALE 565

ANNEXE I
Les écoles spéciales de chimie pour la fabrication du sucre de betterave (1811-1814) 569

ANNEXE II
La sucrerie de betterave 577

ANNEXE III
Les paradoxes d'Anselme Payen (1795-1871) 579

ANNEXE IV
Eugène Tisserand (1830-1925) 585

ANNEXE V
Alfred Trannin (1842-1894) 587

ANNEXE VI
Armand Vivien (1844-1922) 589

ANNEXE VII
Georges Moreau (1845-1924) 591

ANNEXE VIII
Lucien Lévy (1858-1934) 593

ANNEXE IX
Joseph Troude (1866-1947) 595

ANNEXE X
Émile Saillard (1865-1937) 597

ANNEXE XI
La brasserie 601

ANNEXE XII
Urbain Dufresse (1864-1947) 605

ANNEXE XIII
La pasteurisation 607

ANNEXE XIV
Tableau présentant le nombre d'heures
consacrées aux enseignements de filières de 1907 à 1951 609

ANNEXE XV
Tableau présentant le nombre d'heures
consacrées aux enseignements généraux de 1907 à 1951 611

ANNEXE XVI
Commentaires sur les tableaux 1, 2, 17 et 18 615

ANNEXE XVII
Jean Dubourg (1900-1969) 617

ANNEXE XVIII
Raymond Guillemet (1896-1951) 619

ANNEXE XIX
Tableau présentant le nombre d'heures
consacrées aux enseignements généraux en 1971 et en 1981 621

ANNEXE XX
Tableau présentant le nombre d'heures
consacrées aux enseignements de filières en 1971 et en 1981 625

ANNEXE XXI
L'École nationale supérieure d'agronomie
et des industries alimentaires de Nancy (ENSAIA) 627

ANNEXE XXII
Enseignements généraux 631

ANNEXE XXIII
L'École nationale du génie rural des eaux
et des forêts (ENGREF) 633

ANNEXE XXIV
L'Institut national agronomique Paris-Grignon (INA-PG) 635

ANNEXE XXV
Les relations entre l'École nationale supérieure
des industries agricoles et alimentaires
et l'Institut national agronomique Paris-Grignon 641

ANNEXE XXVI
L'outil informatique 645

ANNEXE XXVII
Les catégories socioprofessionnelles 653

ANNEXE XXVIII
Les activités 655

ANNEXE XXIX
Carrière des ingénieurs ENSIA 659

ANNEXE XXX
Place des ingénieurs ENSIA
dans la population active en 1959 661

ANNEXE XXXI
Place des ingénieurs ENSIA en 1962 663

ANNEXE XXXII
Mobilité père-fils chez les ingénieurs ENSIA 665

GLOSSAIRE 667

BIBLIOGRAPHIE 669

INDEX DES NOMS 681

INDEX DES INSTITUTIONS 689

INDEX DES PÉRIODIQUES 699

INDEX DES ACTEURS, DES ACTIVITÉS ET DES PRODUITS 703

INDEX DES LIEUX 713

TABLE DES FIGURES ET DES TABLEAUX 721

Achevé d'imprimer par Corlet,
Condé-en-Normandie (Calvados), en novembre 2021
N° d'impression : 21110234 - dépôt légal : novembre 2021
Imprimé en France